컴퓨터응용선반
· 밀링기능사 필기

한국산업인력공단 주관

최신출제경향 완벽 반영!

김원중 저

도서
출판 **책과 상상**
www.SangSangbooks.co.kr

[preface]
컴퓨터응용선반·밀링기능사

    컴퓨터응용선반·밀링기능사는 정밀한 부품을 가공하기 위하여 가공 도면을 해독하고 작업계획을 수립하며 적합한 공구를 이용하여 평면, 곡면, 홈, 구멍, 나사 등을 CNC 공작기계를 운용하여 가공한 후, 공작물을 측정하여 필요시 수정하고, 장비를 점검, 정비, 관리하는 등의 직무를 수행합니다.

    본 수험서는 한국산업인력공단이 주관 및 시행하고 있는 컴퓨터응용선반·밀링기능사 자격시험에 보다 쉽고 빠르게 대비할 수 있도록 구성하였습니다. 필자는 교단과 현장에서의 경험을 토대로 컴퓨터응용선반·밀링기능사 자격을 취득하고자 하는 수험생들을 위하여 다음과 같은 내용에 중점을 두고 이 책을 집필하였습니다.

1. 새로 개정된 출제기준과 유형을 분석하여 핵심적인 내용을 수록하였습니다.
2. 본문 이해가 쉽도록 풍부한 삽화와 일러스트를 추가하였습니다.
3. 과목별 출제예상문제와 해설을 통해 실제시험에 대한 적응력을 향상시킬 수 있도록 하였습니다.
4. CBT 시행 이전 한국산업인력공단이 주관하여 시행한 3년간의 컴퓨터응용선반·밀링기능사 기출문제 및 CBT 시험 출제문제를 반영한 5회분의 적중모의고사를 상세한 해설과 함께 수록함으로써 문제은행 방식으로 치러지는 자격시험에 보다 효과적으로 대비할 수 있도록 하였습니다.

    내용의 오류가 없도록 세심히 정성을 다했지만 혹 미비한 부분이 있어 불편함이 있다면 독자 여러분들의 조언과 충고를 통해 차후 보다 나은 내용으로 수험생 여러분들에게 찾아뵐 것을 약속드리며 여러분들에게 합격의 영광이 있기를 진심으로 기원합니다.

출제기준

개요

컴퓨터응용선반·밀링기능사는 정밀한 부품을 가공하기 위하여 가공 도면을 해독하고 작업계획을 수립하며 적합한 공구를 이용하여 평면, 곡면, 홈, 구멍, 나사 등을 CNC 공작기계를 운용하여 가공한 후, 공작물을 측정하여 필요시 수정하고, 장비를 점검, 정비, 관리하는 등의 직무 수행을 평가하는 종목입니다.

직무내용

컴퓨터응용선반·밀링기능사는 정밀한 부품을 가공하기 위하여 가공 도면을 해독하고 작업계획을 수립하며 적합한 공구를 이용하여 평면, 곡면, 홈, 구멍, 나사 등을 CNC 공작기계를 운용하여 가공한 후, 공작물을 측정하여 필요시 수정하고, 장비를 점검, 정비, 관리하는 등의 직무 수행을 합니다.

취득방법

① 시 행 처   한국산업인력공단
② 시험과목   - 필기 : 1. 도면해독
              2. 측정
              3. 선반기능사 - 선반가공
                 밀링기능사 - 밀링가공
              - 실기 : 선반-컴퓨터응용선반가공 실무, 밀링-컴퓨터응용밀링가공
③ 검정방법   - 필기 : 객관식 4지 택일형 60문항(60분)
              - 실기 : 작업형(선반 3시간 30분, 밀링 3시간)
④ 합격기준   100점 만점으로 하여 60점 이상 득점자

진로 및 전망

주로 각종 기계제조업체, 금속제품 제조업체, 의료기기·계측기기·광학기기 제조업체, 조선, 항공, 전기·전자기기 제조업체, 자동차 중장비, 운수장비업체, 건설업체 등으로 진출할 수 있다. 컴퓨터응용가공 분야의 기능인력수요는 지속적으로 증가할 전망이다.
이는 기존 범용공작기계에서부터 CNC공작기계로의 빠른 대체가 이루어지고 있고, 또한 CNC 공작기계를 이용한 각종 제품의 생산증대에 의해 영향을 받기 때문이다. 이에 따라 최근 해당 자격을 취득하려는 응시인원도 매년 증가하는 추세이다.

컴퓨터응용선반기능사

필기과목 : 도면해독, 측정 및 선반가공

주요항목	세부항목	세세항목	
1. 기계제도	1. 도면 파악	1. KS, ISO 표준	2. 공작물 재질
		3. 도면의 구성요소	4. 가공기호
		5. 체결용 기계요소(나사, 키, 핀 등)	6. 운동용 기계요소(베어링, 기어 등)
		7. 제어용 기계요소(스프링, 클러치 등)	
	2. 제도 통칙 등	1. 일반사항(양식, 척도, 선, 문자 등)	2. 투상법 및 도형 표시법
		3. 치수 기입	4. 누적치수 계산
		5. 치수공차	6. 기하공차
		7. 끼워맞춤	8. 표면거칠기
		9. 기타 제도 통칙에 관한 사항	
	3. 기계요소	1. 기계설계기초	
		2. 재료의 강도와 변형(응력과 안전율, 재료의 강도, 변형 등)	
		3. 결합용 요소(나사, 키, 핀, 리벳 등)	
		4. 전달용 기계요소(축, 기어, 베어링, 벨트, 체인 등)	
		5. 제어용 기계요소(스프링, 브레이크)	
	4. 도면해독	1. 투상도면해독	2. 기계가공도면
		3. 비절삭가공도면	4. 기계조립도면
		5. 재료기호 및 중량산출	
2. 측정	1. 작업계획 파악	1. 기본측정기 종류	2. 기본측정기 사용법
		3. 도면에 따른 측정방법	
	2. 측정기 선정	1. 측정기 선정	2. 측정기 보조기구
	3. 기본측정기 사용	1. 기본측정기 사용법	2. 기본측정기 0점 조정
		3. 교정성적서 확인	4. 측정 오차
		5. 측정기 유지관리	
	4. 측정 개요 및 기타 측정 등	1. 측정 기초	2. 측정단위 및 오차
		3. 길이측정(버니어캘리퍼스, 하이트게이지, 마이크로미터, 한계게이지 등)	
		4. 각도측정(사인바, 수준기 등)	5. 표면거칠기 및 윤곽측정
		6. 나사 및 기어측정	7. 3차원 측정기
3. 선반가공	1. 선반의 개요 및 구조	1. 선반가공의 종류	2. 선반의 분류 및 크기 표시방법
		3. 선반의 주요부분 및 각부 명칭 등	
	2. 선반용 절삭공구, 부속품 및 부속장치	1. 바이트와 칩 브레이커	2. 가공면의 표면거칠기 등
		3. 부속품 및 부속장치(센터, 센터드릴, 면판, 돌림판, 방진구, 척 등)	
	3. 선반가공	1. 선반의 절삭조건(절삭속도, 절삭깊이, 이송, 절삭동력 등)	
		2. 원통가공	3. 단면가공
		4. 홈가공	5. 내경가공
		6. 널링가공 및 테이퍼가공	7. 편심 및 나사가공
		8. 가공시간 및 기타가공	

주요항목	세부항목	세세항목	
4. CNC 선반	1. CNC선반 조작 준비	1. CNC선반 구조	2. CNC선반 안전운전 준수사항
		3. CNC선반 조작기 주요 경보메시지	4. CNC선반 공작물 고정방법
	2. CNC선반 조작	1. CNC선반 조작방법	2. 좌표계 설정
		3. 공구 보정	
	3. C선반가공프로그램준비	1. CNC선반 가공 프로그램 개요	
	4. C선반가공프로그램작성	1. CNC선반 수동 프로그램 작성 (준비기능, 주축기능, 이송 기능, 공구기능, 보조 기능 등)	
		2. 원점 및 좌표계 설정(기계원점, 프로그램 원점, 공작물 좌표계 설정)	
		3. 나사가공, 기타가공 프로그램	
		4. 단일형, 복합형 고정 사이클	
	5. CNC선반 프로그램 확인	1. CNC선반 수동 프로그램 수정	2. CNC선반 컨트롤러 입력·가공
		3. CNC선반 공구경로 이상 유무 확인	
5. 기타 기계 가공	1. 공작기계일반	1. 기계공작과 공작기계	2. 칩의 생성과 구성인선
		3. 절삭공구 및 공구수명	4. 절삭온도 및 절삭유제
	2. 연삭기	1. 연삭기의 개요 및 구조	
		2. 연삭기의 종류(외경, 내경, 평면, 공구, 센터리스 연삭기 등)	
		3. 연삭숫돌의 구성요소	4. 연삭숫돌의 모양과 표시
		5. 연삭조건 및 연삭가공	6. 연삭숫돌의 수정과 검사
	3. 기타 기계가공	1. 드릴링 머신	2. 보링머신
		3. 기어가공기	4. 브로칭 머신
		5. 고속가공기	6. 셰이퍼 및 플레이너 등
	4. 정밀 입자 가공 및 특수가공	1. 래핑	2. 호닝
		3. 수퍼피니싱	4. 방전가공
		5. 레이저 가공	6. 초음파 가공
		7. 화확적 가공 등	
	5. 손다듬질 가공	1. 줄작업	2. 리머작업
		3. 드릴, 탭, 다이스 작업 등	
	6. 기계 재료	1. 철강재료	2. 비철금속재료
		3. 비금속재료	4. 신소재
		5. 일반 열처리	
6. 안전 규정 준수	1. 안전수칙 확인	1. 가공 작업 안전 수칙	2. 수공구 취급 안전 수칙
	2. 안전수칙 준수	1. 안전보호장구	2. 기계가공시 안전사항
	3. 공구·장비 정리	1. 공구 이상유무 확인	2. 장비 이상유무 확인
	4. 작업장 정리	1. 작업장 정리 방법	
	5. 장비 일상점검	1. 일상점검	2. 점검 주기
		3. 윤활제	
	6. 작업일지 작성	1. 작업일지 이해	

컴퓨터응용밀링기능사

필기과목 : 도면해독, 측정 및 밀링가공

주요항목	세부항목	세세항목	
1. 기계 제도	1. 도면 파악	1. KS, ISO 표준	2. 공작물 재질
		3. 도면의 구성요소	4. 가공기호
		5. 체결용 기계요소(나사, 키, 핀 등)	6. 운동용 기계요소(베어링, 기어 등)
		7. 제어용 기계요소(스프링, 클러치 등)	
	2. 제도 통칙 등	1. 일반사항(양식, 척도, 선, 문자 등)	2. 투상법 및 도형 표시법
		3. 치수 기입	4. 누적치수 계산
		5. 치수공차	6. 기하공차
		7. 끼워맞춤	8. 표면거칠기
		9. 기타 제도 통칙에 관한 사항	
	3. 기계요소	1. 기계설계기초	
		2. 재료의 강도와 변형(응력과 안전율, 재료의 강도, 변형 등)	
		3. 결합용 요소(나사, 키, 핀, 리벳 등)	
		4. 전달용 기계요소(축, 기어, 베어링, 벨트, 체인 등)	
		5. 제어용 기계요소(스프링, 브레이크)	
	4. 도면해독	1. 투상도면해독	2. 기계가공도면
		3. 비절삭가공도면	4. 기계조립도면
		5. 재료기호 및 중량산출	
2. 측정	1. 작업계획 파악	1. 기본측정기 종류	2. 기본측정기 사용법
		3. 도면에 따른 측정방법	
	2. 측정기 선정	1. 측정기 선정	2. 측정기 보조기구
	3. 기본측정기 사용	1. 기본측정기 사용법	2. 기본측정기 0점 조정
		3. 교정성적서 확인	4. 측정 오차
		5. 측정기 유지관리	
	4. 측정 개요 및 기타 측정 등	1. 측정 기초	2. 측정단위 및 오차
		3. 길이측정(버니어캘리퍼스, 하이트게이지, 마이크로미터, 한계게이지 등)	
		4. 각도측정(사인바, 수준기 등)	5. 표면거칠기 및 윤곽측정
		6. 나사 및 기어측정	7. 3차원 측정기
3. 밀링 가공	4. 밀링의 종류 및 부속품	1. 밀링의 종류 및 구조	
		2. 부속품 및 부속장치(밀링바이스, 분할대, 원형테이블, 슬로팅장치, 래크 절삭장치 등)	
	5. 밀링 절삭 공구 및 절삭이론	1. 밀링 커터의 분류와 공구각	
		2. 밀링 절삭이론(절삭속도, 이송, 절삭저항, 절삭동력 등)	
	6. 밀링 절삭가공	1. 상향절삭 및 하향 절삭	2. 표면거칠기
		3. 분할법	4. 밀링에 의한 가공방법
4. CNC밀링 (머시닝 센터)	1. CNC밀링(머시닝센터) 조작 준비	1. CNC밀링 구조	2. CNC밀링 안전운전 준수사항
		3. CNC밀링 조작기 주요 경보메시지	4. CNC밀링 부속품
		5. CNC밀링 공작물 고정방법	
	2. CNC밀링(머시닝센터) 조작	1. CNC밀링 조작방법	2. 좌표계 설정
		3. 공구 보정	

주요항목	세부항목	세세항목	
4. CNC밀링 (머시닝 센터)	3. CNC밀링(머시닝센터) 가공 프로그램 작성 준비	1. CNC밀링 가공프로그램 개요	
	4. CNC밀링(머시닝센터) 가공 프로그램 작성	1. CNC밀링 수동 프로그램 작성(준비기능, 주축기능, 이송기능, 공구기능, 보조기능 등)	
		2. 머시닝센터 프로그램(초기점 및 R점 복귀, 고정사이클의 동작 및 종류, 기타 가공 프로그램)	
	5. CNC밀링(머시닝센터) 가공프로그램확인	1. CNC밀링 수동 프로그램 수정	2. CNC밀링 조작기 입력 · 가공
		3. CNC밀링 공구경로 이상유무 확인	
	6. CNC밀링(머시닝센터) 가공CAM프로그램 작성 준비	1. CNC밀링 가공 CAM 프로그램 개요(입력장치, 출력장치, CAD/CAM 일반, 공장자동화 등)	
	7. CNC밀링(머시닝센터) 가공CAM프로그램작성	1. CNC밀링 가공 CAM 프로그램 작성	
	8. CNC밀링(머시닝센터) 가공CAM프로그램확인	1. CNC밀링 가공 CAM 프로그램 수정	
5. 기타기계 가공	1. 공작기계일반	1. 기계공작과 공작기계	2. 칩의 생성과 구성인선
		3. 절삭공구 및 공구수명	4. 절삭온도 및 절삭유제
	2. 연삭기	1. 연삭기의 개요 및 구조	
		2. 연삭기의 종류(외경, 내경, 평면, 공구, 센터리스 연삭기 등)	
		3. 연삭숫돌의 구성요소	4. 연삭숫돌의 모양과 표시
		5. 연삭조건 및 연삭가공	6. 연삭숫돌의 수정과 검사
	3. 기타 기계가공	1. 드릴링 머신	2. 보링머신
		3. 기어가공기	4. 브로칭 머신
		5. 고속가공기	6. 셰이퍼 및 플레이너 등
	4. 정밀 입자 가공 및 특수가공	1. 래핑	2. 호닝
		3. 수퍼피니싱	4. 방전가공
		5. 레이저 가공	6. 초음파 가공
		7. 화학적 가공 등	
	5. 손다듬질 가공	1. 줄작업	2. 리머작업
		3. 드릴, 탭, 다이스 작업 등	
	6. 기계 재료	1. 철강재료	2. 비철금속재료
		3. 비금속재료	4. 신소재
		5. 일반 열처리	
6. 안전규정 준수	1. 안전수칙 확인	1. 가공 작업 안전 수칙	2. 수공구 취급 안전 수칙
	2. 안전수칙 준수	1. 안전보호장구	2. 기계가공시 안전사항
	3. 공구 · 장비 정리	1. 공구 이상유무 확인	2. 장비 이상유무 확인
	4. 작업장 정리	1. 작업장 정리 방법	
	5. 장비 일상점검	1. 일상점검	2. 점검 주기
		3. 윤활제	
	6. 작업일지 작성	1. 작업일지 이해	

NCS(국가직무능력표준) 안내

NCS(국가직무능력표준)와 NCS 학습모듈

- 국가직무능력표준(NCS, National Competency Standards)이란 산업현장에서 직무를 수행하기 위해 요구되는 지식·기술·소양 등의 내용을 국가가 산업부문별·수준별로 체계화한 것으로 국가적 차원에서 표준화한 것을 의미합니다.
- NCS 학습모듈은 NCS 능력단위를 교육 및 직업훈련 시 활용할 수 있도록 구성한 교수·학습자료입니다. 즉, NCS 학습모듈은 학습자의 직무능력 제고를 위해 요구되는 학습 요소(학습 내용)를 NCS에서 규정한 업무 프로세스나 세부 지식, 기술을 토대로 재구성한 것입니다.

NCS 개념도

NCS의 활용영역

구분		활용 콘텐츠
산업현장	근로자	평생경력개발경로, 자가진단도구
	기업	현장수요 기반의 인력채용 및 인사관리기준, 직무기술서
교육훈련기관		직업교육 훈련과정 개발, 교수계획 및 매체·교재개발, 훈련기준 개발
자격시험기관		자격종목설계, 출제기준, 시험문항, 시험방법

NCS 학습모듈의 특징

- NCS 학습모듈은 산업계에서 요구하는 직무능력을 교육훈련 현장에 활용할 수 있도록 성취목표와 학습의 방향을 명확히 제시하는 가이드라인의 역할을 합니다.
- NCS 학습모듈은 특성화고, 마이스터고, 전문대학, 4년제 대학교의 교육기관 및 훈련기관, 직장 교육기관 등에서 표준교재로 활용할 수 있으며 교육과정 개편 시에도 유용하게 참고할 수 있습니다.

NCS와 NCS 학습모듈의 연결 체제

과정평가형 자격취득 안내

과정평가형 자격

과정평가형 자격은 국가기술자격법에 근거하여 국가직무능력표준(NCS)에 따라 설계된 교육·훈련과정을 체계적으로 이수한 교육·훈련생에게 내·외부 평가를 통해 국가기술자격증을 부여하는 새로운 개념의 국가기술자격 취득 제도로서 2015년부터 시행되고 있다.

과정평가형 자격 운영 절차

시행 대상

국가기술자격법의 과정평가형 자격 신청자격에 충족한 기관 중 공모를 통하여 지정된 교육·훈련기관의 단위과정별 교육·훈련을 이수하고 내부평가에 합격한 자

교육·훈련생 평가

① 내부평가(지정 교육·훈련기관)
  ㉮ 평가대상 : 능력단위별 교육·훈련과정의 75% 이상 출석한 교육·훈련생
  ㉯ 평가방법
    ㉠ 지정받은 교육·훈련과정의 능력단위별로 평가
    ㉡ 능력단위별 내부평가 계획에 따라 자체 시설·장비를 활용하여 실시
  ㉰ 평가시기
    ㉠ 해당 능력단위에 대한 교육·훈련이 종료된 시점에서 실시하고 공정성과 투명성이 확보되어야 함
    ㉡ 내부평가 결과 평가점수가 일정수준(40%) 미만인 경우에는 교육·훈련기관 자체적으로 재교육 후 능력단위별 1회에 한해 재평가 실시
② 외부평가(한국산업인력공단)
  ㉮ 평가대상 : 단위과정별 모든 능력단위의 내부평가 합격자
  ㉯ 평가방법 : 1차·2차 시험으로 구분 실시
    ㉠ 1차 시험 : 지필평가(주관식 및 객관식 시험)
    ㉡ 2차 시험 : 실무평가(작업형 및 면접 등)

합격자 결정 및 자격증 교부

① 합격자 결정 기준
  내부평가 및 외부평가 결과를 각각 100점을 만점으로 하여 평균 80점 이상 득점한 자
② 자격증 교부
  기업 등 산업현장에서 필요로 하는 능력보유 여부를 판단할 수 있도록 교육·훈련 기관명·기간·시간 및 NCS 능력단위 등을 기재하여 발급

> NCS 및 과정평가형 자격에 대한 내용은 NCS국가직무능력표준 홈페이지(www.ncs.go.kr)에서 보다 자세하게 살펴볼 수 있습니다.

CBT 필기시험제도 안내

변경된 제도 개요

기능사 CBT(컴퓨터 기반 시험) 필기시험제도는 한국산업인력공단 상설시험장과 외부기관의 시설 및 장비를 임차하여 시행하기 때문에 시험장 사정에 따라 시험일자가 달라질 수 있으며, 수험생들이 선호하는 시험장은 조기 마감될 수 있으므로 주의하여야 합니다.

원서접수 기간 및 접수처

- 한국산업인력공단이 주관 및 시행하는 기능사 정기 CBT 필기시험 및 상시 CBT 필기시험과 관련한 정보는 큐넷 홈페이지(http://www.q-net.or.kr)를 방문하여 확인합니다.
- 기능사 필기시험의 원서접수는 인터넷으로만 가능하며 정기 및 상시시험 모두 큐넷 홈페이지(http://www.q-net.or.kr)에서 접수할 수 있습니다.
- 기능사 상시시험 종목 : 한식조리기능사, 양식조리기능사, 일식조리기능사, 중식조리기능사, 제과기능사, 제빵기능사, 미용사(일반), 미용사(피부), 미용사(네일), 미용사(메이크업), 굴착기운전기능사, 지게차운전기능사, 건축도장기능사, 방수기능사 [14종목]
  ※ 건축도장기능사, 방수기능사 2종목은 정기검정과 병행 시행

CBT 부별 시험시간 안내

구분	입실시간	시험시간	비고
1부	09:30	09:50 ~ 10:50	
2부	10:00	10:20 ~ 11:20	
3부	11:00	11:20 ~ 12:20	
4부	11:30	11:50 ~ 12:50	
5부	13:00	13:20 ~ 14:20	시험실 입실 시간은 시험 시작 20분 전
6부	13:30	13:50 ~ 14:50	
7부	14:30	14:50 ~ 15:50	
8부	15:00	15:20 ~ 16:20	
9부	16:00	16:20 ~ 17:20	
10부	16:30	16:50 ~ 17:50	

※시행지역별 접수인원에 따라 일일 시행횟수는 변동될 수 있으며, 지역에 따라 원거리 시험장으로 이동할 수 있습니다.

합격자 발표

종이 시험과 달리 CBT 필기시험은 시험이 종료된 후 시험점수와 함께 합격 여부를 확인할 수 있으며, 이 결과는 시험일정 상의 합격자 발표일에 최종 확인할 수 있습니다.

CBT 필기시험 체험하기

01 CBT 필기시험 응시를 위해 지정된 좌석에 앉으면 해당 컴퓨터 단말기가 시험감독관 서버에 연결되었음을 알리는 연결 성공 메시지가 나타납니다.

02 수험자 접속 대기 화면에서 좌석번호를 확인합니다. 좌석번호 확인이 끝나면 시험감독관의 지시에 따라 시험 안내 화면으로 자동으로 이동합니다.

03 수험자 정보를 확인합니다. 감독관의 신분 확인 절차가 진행됩니다. 신분 확인이 모두 끝나면 시험을 시작할 수 있습니다.

04 CBT 필기시험에 대한 안내사항이 나타납니다. 화면은 예제이며, 실제 기능사 필기시험은 총 60문제로 구성되며, 60분간 진행됩니다.

05 다음 항목에서 시험과 관련된 유의사항을 확인합니다. 특히, 시험과 관련한 부정행위 적발 시 퇴실과 함께 해당 시험은 무효처리되어 불합격 될 뿐만 아니라, 이후 3년간 국가기술자격검정에 응시할 수 있는 자격이 정지되므로 부정행위로 인정되는 내용을 꼼꼼히 확인하도록 합니다.

06 메뉴설명 항목에서는 문제풀이와 관련된 메뉴에 대한 설명을 확인할 수 있습니다. CBT 화면에서는 글자 크기를 크게 하거나 작게 할 수 있을 뿐 아니라, 화면 배치를 1단 또는 2단 화면 보기 혹은 한 문제씩 보기로 선택할 수 있습니다.

07 문제풀이 연습 항목에서는 실제 문제를 푸는 과정을 연습할 수 있습니다. 실제 시험에서 실수하지 않도록 하기 위해 [자격검정 CBT 문제풀이 연습] 버튼을 클릭합니다.

08 보기의 연습 문제는 국가기술자격시험의 정부 위탁기관인 한국산업인력공단의 본부 청사 소재지를 묻는 것입니다. 현재 한국산업인력공단 본부는 울산광역시에 소재하고 있습니다. 문제 아래의 보기에서 번호 항목을 클릭하거나 답안 표기란의 번호 항목에서 해당 답안을 클릭하여 답안을 체크합니다.

09 문제 아래의 보기를 클릭하거나 오른쪽 답안 표기란의 답안 항목을 클릭하면 화면과 같이 선택한 답안이 OMR 카드에 색칠한 것과 같이 색이 채워집니다.

> 답안을 수정할 때는 마찬가지 방법으로 수정하고자 하는 문제의 보기 항목이나 답안 표기란의 보기 항목에서 수정하고자 하는 답안을 클릭합니다.

10 문제를 풀고 나면 다음 문제를 풀기 위해 화면 하단의 [다음] 버튼을 클릭하여 문제를 계속 풀어나가면 됩니다. 참고로 하단 버튼 중 [계산기]를 클릭하면 간단한 공학용 계산기를 사용하여 계산 문제를 푸는 데 도움을 받을 수 있습니다.

> 계산이 끝나고 계산기를 화면에서 사라지게 하려면 계산기 창의 오른쪽 상단에 있는 닫기 ❌ 버튼을 클릭합니다.

11 문제 풀이 연습이 끝나면 하단의 [답안 제출] 버튼을 클릭하여 답안을 제출합니다.

> 어려운 문제의 경우 하단의 [다음] 버튼을 클릭하여 다음 문제를 풀 수도 있습니다. 단, 이러한 경우 답안을 제출하기 전에 하단의 [안 푼 문제] 버튼을 클릭하여 혹시 풀지 않은 문제가 있는 지 최종적으로 확인하도록 합니다.

12 답안 제출을 클릭하면 나타나는 화면입니다. 수험생들이 실수로 답안을 모두 체크하지 않고 제출할 수 있는 실수를 방지하기 위해 2회에 걸쳐 주의 화면이 나타납니다. 답안을 제출하려면 [예] 버튼을 누릅니다.

13 문제풀이 연습을 모두 마치면 나타나는 화면에서 [시험 준비 완료] 버튼을 클릭합니다. 이후 시험 시간이 되면 시험감독관의 지시에 따라 시험이 자동으로 시작됩니다.

14 본 시험이 시작되면 첫 번째 문제가 화면에 나타납니다. 앞서 문제풀이 연습 때와 마찬가지 방법으로 문제의 보기에서 정답을 클릭하거나 답안 표기란에 해당 문제의 정답 항목을 클릭하여 답을 선택합니다.

15 화면 하단의 [다음] 버튼을 클릭하면 다음 문제를 풀 수 있습니다. 앞서와 마찬가지 방법으로 답안에 체크하고 모든 문제를 풀었다면 [답안 제출] 버튼을 클릭합니다.

화면의 상단 오른쪽에 제한 시간과 남은 시간이 표시됩니다. 본 예제는 체험을 위한 것으로 실제 시험시간은 60분이며, 이에 따라 남은 시간도 표시됩니다.

16 수험생의 실수를 방지하기 위해 2회에 걸쳐 주의 문구가 출력됩니다. 모든 문제를 이상없이 풀고 답안에 체크했다면 [예] 버튼을 클릭하여 답안을 제출하고 시험을 마무리합니다.

> 문제 화면으로 다시 돌아가고자 한다면 [아니오] 버튼을 클릭하여 이미 푼 문제들을 다시 확인하고 필요한 경우 답안을 수정할 수 있습니다.

17 답안 제출 화면이 나타납니다. 잠시 기다립니다.

18 CBT 필기시험을 모두 끝내고 답안을 제출하면 곧바로 합격, 불합격 여부를 화면과 같이 확인할 수 있습니다. 독자분들은 꼭 화면과 같은 합격 축하 문구를 볼 수 있기를 기원합니다.

19 앞서의 합격 여부 화면에서 [확인 완료] 버튼을 클릭하면 CBT 필기시험이 종료됩니다. 고생하셨습니다.

본 도서에 수록된 CBT 필기시험 체험하기 내용은 한국산업인력공단의 CBT 체험하기 과정을 인용하여 구성 및 정리한 것입니다. 직접 한국산업인력공단에서 제공하는 CBT 필기시험을 체험하고자 하는 독자께서는 한국산업인력공단이 운영하는 큐넷 홈페이지(www.q-net.or.kr)를 방문하시기 바랍니다.

제1부 이론편

제1장 | 기계재료
- 01 기계재료 총론   024
- 02 철강재료 이론   027
- 03 비철금속재료의 종류   033
- 04 비금속 재료 및 신소재의 특성과 용도   035
- ◆ 적중예상문제   039

제2장 | 기계요소
- 01 응력과 변형률   055
- 02 재료의 강도   058
- 03 나사   060
- 04 키와 핀   065
- 05 리벳   068
- 06 축계 요소   070
- 07 마찰차   074
- 08 기어   075
- 09 벨트 · 로프 · 체인 전동장치   078
- 10 그 밖의 기계 요소   082
- ◆ 적중예상문제   086

제3장 | 제도의 기초
- 01 제도 통칙(KS A 0005)   104
- 02 도면의 종류와 크기   105
- 03 선   108
- 04 문자   110
- 05 투상법의 종류   111
- 06 도형의 도시 방법   113
- 07 단면도   115
- 08 치수기입 일반   122
- 09 치수 기입 방법   126
- 10 표면 거칠기   131
- 11 치수 공차   137
- 12 IT 기본 공차 (ISO Tolerance)   138
- 13 끼워맞춤(Fitting)   138
- 14 치수 공차 기입법   140
- 15 끼워맞춤 기입법   141
- 16 기하 공차   141
- 17 재료 표시   143
- ◆ 적중예상문제   147

제4장 | 기계요소의 제도
- 01 결합용 기계요소   192
- 02 리벳과 용접 이음   200
- 03 축용 기계 요소   206
- 04 전동용 기계 요소   209
- 05 관용 기계 요소   213
- 06 그 밖의 기계 요소   216
- ◆ 적중예상문제   219

제5장 | 기계가공 및 작업안전
- 01 기계가공법   246
- 02 손다듬질 및 정밀측정   257
- 03 기계작업안전   259
- ◆ 적중예상문제   267

제6장 | CNC 공작기계
- 01 CNC 공작기계의 개요   290
- 02 NC 프로그래밍의 종류 및 기능   294
- 03 CAM 가공 이론 및 특징   309
- ◆ 적중예상문제   312

제2부 컴퓨터응용선반기능사 기출문제

2014년 제1회 기출문제	354
2014년 제4회 기출문제	362
2015년 제1회 기출문제	370
2015년 제4회 기출문제	378
2016년 제1회 기출문제	386
2016년 제2회 기출문제	394
2016년 제3회 기출문제	402

제3부 컴퓨터응용선반기능사 CBT 대비 적중모의고사

CBT 대비 적중모의고사 제1회	412
CBT 대비 적중모의고사 제2회	421
CBT 대비 적중모의고사 제3회	430
CBT 대비 적중모의고사 제4회	439
CBT 대비 적중모의고사 제5회	448

제4부 컴퓨터응용밀링기능사 기출문제

2014년 제1회 기출문제	458
2014년 제4회 기출문제	466
2015년 제1회 기출문제	474
2015년 제4회 기출문제	482
2016년 제1회 기출문제	490
2016년 제2회 기출문제	499
2016년 제3회 기출문제	508

제5부 컴퓨터응용밀링기능사 CBT 대비 적중모의고사

CBT 대비 적중모의고사 제1회	518
CBT 대비 적중모의고사 제2회	527
CBT 대비 적중모의고사 제3회	536
CBT 대비 적중모의고사 제4회	545
CBT 대비 적중모의고사 제5회	554

PART

01

Craftsman **Computer Aided Lathe · Milling**

이론편

01 기계재료

1 기계재료 총론

가. 금속의 성질

(1) 금속의 공통적 성질
① 실온에서 고체이며, 결정체(Hg 제외)이다.
② 가공이 용이하고 연성 전성이 크다.
③ 고유의 색상이 있으며 빛을 반사한다.
④ 열 및 전기의 양도체이다.
⑤ 비중이 크고 경도 및 용융점이 높다.

> **금속의 분류**
> 비중 4.5를 기준으로 경금속과 중금속을 구분한다.
> ① 경금속 : Al(2.7), Mg(1.74), Na(0.97), Si(2.33), Li(0.53)
> ② 중금속 : Fe(7.87), Cu(8.96), Ni(8.85), Au(19.32), Ag(10.5), Sn(7.3), Pb(11.34), Ir(22.5)

(2) 금속재료의 성질
① 물리적 성질
  ㉮ 비중
  ㉯ 용융점
  ㉰ 비열
  ㉱ 선팽창 계수

    ㉮ 열전도율 및 전기전도율 : Ag-Cu-Au(Pt)-Al-Mg-Zn-Ni-Fe-Pb-Sb
    ㉯ 금속의 탈색
    ㉰ 자성
    ㉱ 성분, 조직, 전기저항
  ② 기계적 성질
    ㉮ 연성, 전성, 인성, 취성(메짐)
    ㉯ 강도 및 경도
    ㉰ 피로한계, Creep, 연신율, 단면수축률, 충격값

나. 기계적 시험 및 비파괴검사

(1) **인장 시험(tensile test)** : 암슬러 시험기를 이용한다.

  ① 인장강도(σ_t)　　$a_t = \dfrac{P_{max}}{A_0}[kgf/mm^2]$

  ② 연신율(e)　　$e = \dfrac{l - l_0}{l_0} \times 100\%$

  ③ 단면수축율(∅)　　$\phi = \dfrac{A_0 - A}{A_0} \times 100\%$

(2) **경도 시험(hardness test)**

  ① 압입자 하중에 의한 경도시험
    ㉮ 브레넬 경도(HB) : 고탄소강 강구
    ㉯ 비커즈 경도(HV) : 대면각 136°
    ㉰ 로크웰 경도(H_RC, B)
      ㉠ B스케일 : 1/6" 강구
      ㉡ C스케일 : 120° 다이아몬드 원추
  ② 반발 높이에 의한 방법(탄성 변형에 대한 저항으로 강도를 표시)
    ㉮ 완성제품 검사
    ㉯ 쇼어경도 : $H_S = 10000/65 \times h/h_0$

(3) **충격시험(impact test)** : 인성과 메짐을 알아보는 시험
  ① 방법 : 샤르피식(단순보), 아이조드식(내다지보)
  ② 충격값
    $U[kgf \cdot m/cm^2]$
    $U = \dfrac{E}{A} = \dfrac{WR(\cos\beta - \cos\alpha)}{A}[kgf \cdot m/cm^2]$
    E : 시험편을 절단하는데 흡수된 에너지
    A : 노치부의 단면적

(4) 피로 시험(fatigue test) : 반복되어 작용하는 하중상태의 성질을 알아낸다.
   ① 강의 피로 반복 회수 : $10^6 \cdots 10^7$ 정도
   ② 피로파괴 : 재료의 인장강도 및 항복점으로부터 계산한 안전하중 상태에서도 작은 힘이 계속적으로 반복하면 재료가 파괴를 일으키는 경우

(5) 비파괴검사 : 비파괴 검사 : 시간단축, 재료절약 및 완성제품의 검사
   ① 타진법
   ② 자분 탐상법
   ③ 침투 탐상법, 형광검사법
   ④ 초음파 탐상법 : 반사식, 투과식, 공진식
   ⑤ 방사선 탐상법(X-선, γ-선)

다. 금속의 결정

(1) 체심입방격자(BCC)
   ① 융점 높고 강도 크다.[소속원자수 : 2개, 배위수(인접원자수) : 8개]
   ② Cr, W, Mo, V, Li, Na, Ta, K, α-Fe, δ-Fe

(2) 면심입방격자(FCC)
   ① 전연성, 전기전도율이 크다. 가공성 우수(소속원자수 : 4개, 배위수 : 12개)
   ② Al, Ag, Au, Cu, Ni, Pb, Ca, Co, γ-Fe

(3) 조밀육방격자(HCP)
   ① 전연성, 접착성, 가공성 불량(소속원자수 : 2개, 배위수: 12개)
   ② Mg, Zn, Cd, Ti, Be Zr, Ce

> **금속재료의 자유도**
> $F = C - P + 1$
> 여기서 C : 성분의 수, P : 상의 수

라. 금속가공

(1) 가공경화
   재료에 외력을 가하여 변형시키면 굳어지는 현상(결정결함수의 증가)

(2) 냉간가공시 기계적 성질
① 냉간가공의 장점 : 제품의 치수 정확, 가공면이 아름답다. 기계적 성질 개선 강도 및 경도증가 연신율 감소
② 냉간가공의 단점 : 가공방향으로 섬유조직이 되어 방향에 따라 강도가 다르다.
㉮ 시효 경화(age hardening) : 냉간가공시 시간 경과로 경화
㉯ 재결정 : 가공 경화된 재료를 가열시 결정핵이 성장하여 전체가 새로운 결정으로 변화

2 철강재료 이론

가. 철강재료의 개요

(1) 철강의 분류
① 순철 : 0.03%C 이하(전기재료, 단접성이 좋다)
② 강(steel) : 탄소강 : 0.03~2.1%(기계구조용)
: 합금강 : 탄소강~다른금속
③ 주철 : 2.1~6.6% (주물재료 : 보통 2.0~4.5%C 사용)

(2) 철강재료의 5대 원소
① 탄소, 황, 인, 규소, 망간
② C(강에 가장 큰 영향), S<0.05%, P<0.04%, Si<0.1~0.4%, Mn<0.2~0.8%

(3) 강괴(steel ingot)
① 림드강(remmed steel) : Fe-Mn으로 약하게 탈산시킨 것(가공및 내부에 편석발생)
② 킬드강(killed steel) : Fe-Si,Al로 충분히 탈산시킨 것(상부에 수축관 생김)
③ 세미킬드강(semi-killes steel) : 약탈산강, 용접 구조물에 사용

나. 순철(pure iron)

(1) 순철의 성질
① 비중 : 7.86, 용융점 : 1538
② 항자력이 낮고 투자율이 높아 전기재료(변압기, 발전기용 박판)로 사용
③ 단접성, 용접성이 양호하며 유동성 및 열처리성 불량
④ 상온에서 전연성 풍부, 항복점, 인장강도 낮고 연신율, 단면 수출률, 충격값, 인성은 높다
⑤ 순철의 종류로는 암코철, 전해철, 카보닐철 등이 있다
⑥ 인장강도 : 18~25kg/mm^2, H_B : 60~70kg/mm^2

(2) 순철의 변태

① 동소 변태 : A_3(912℃), A_4(1400℃)
② 자기 변태 : A_2(768℃) → Fe, Ni, CO

다. 탄소강(carbon steel)

(1) 탄소함량에 따른 분류
① 공석강 : 0.77%C(펄라이트)
② 아공석강 : 0.025~0.77%C(페라이트+펄라이트)
③ 과공석강 : 0.77~2.0%C(철라이트+시멘타이트)
④ 공정주철 : 4.3%C(레데뷰라이트)
⑤ 아공정주철 : 2.0~4.3%C(오스테나이트+레데뷰라이트)
⑥ 과공정주철 : 4.3~66.7%C(레데뷰라이트+시멘타이트)

(2) 탄소강에 함유된 성분
① Si(0.1~0.35%) : 강도, 경도 탄성한계증가, 연신율, 충격값 낮고, 단접성 불량, 유동성 우수
② Mn(0.2~0.8%) : 고온가공이 용이, 강도, 경도, 인성이 크며, 담금질 효과가 크다. 황과 화합하여 적열취성방지(MnS)
③ P(0.06% 이하) : 강도, 경도 증가, 연신율 감소, 상온취성(편석 및 균열) 원인(Fe_3P)
④ S(0.08~0.35%) : 강도, 연신율, 충격값 저하, 용접성 및 유동성을 해친다. 적열메짐 원인
  MnS강 : 절삭성 향상
⑤ Cu : 내식성 증가, 압연시 균열 원인

(3) 탄소강의 기계적 성질
① 탄소량이 증가할 때(아공석강일 때)
  ㉮ 기계적 성질 : 인장강도 및 경도 증가, 열처리성 양호, 연성및 인성 감소, 용접성 불량
  ㉯ 물리적 성질 : 결정입자 조밀, 비중, 용융점 및 열전도율, 전기전도도감소, 전기저항 증가
② 공석강 부근에서 인장강도와 경도가 최대

(4) 탄소강의 용도
① 연강(0.13~0.20%) : 관, 교량, 강철봉, 철골, 철교, 볼트, 리벳(SM15C)
② 경강(0.40~0.50%) : 차축, 크랭크축, 기어, 캠, 레일(SM45C)

(5) 취성(메짐)의 종류
① 적열취성 : 900℃ 이상에서의 S에 의한 상의 메짐
② 상온취성 : P이 많은 강에서 발생
③ 청열취성 : 200~300℃의 강에서 강도는 크지만, 연신율이 대단히 작아져 취성이 발생
④ H_2 : Hair crack 또는 백점(白點)의 원인(철을 여리게 하고 산이나 알칼리에 약함)

라. 특수강(special steel)

(1) 구조용 특수강
① 강인강
  ㉮ Ni강 : 강도가 큼
  ㉯ Cr강 ; 경도가 큼
  ㉰ Ni-Cr강(SNC) : 550~580℃에서 뜨임메짐 발생(방지제 : Mo 첨가)
  ㉱ Ni-Cr-Mo강 : 뜨임메짐 방지하고 내열성, 열처리 효과가 크다
  ㉲ Cr-Mo강 : 열간가공이 쉽고, 다듬질 표면이 깨끗하고, 용접성 우수, 고온강도 큼
  ㉳ Cr-Mn-Si강
  ㉴ Mn강
    ㉠ 저Mn강(1~2%) : 펄라이트 Mn강, 듀콜강, 고력강도강 구조용으로 사용
    ㉡ 고Mn강(10~14%) : 오스테나이트 Mn강, Hard field강, 수인강
      용도로는 각종 광산기계, 기차 레일의 교차점 등의 내마멸성이 요구되는 곳에 사용
② 표면 경화강
  ㉮ 침탄용강 : Ni, Cr, Mo 함유강
  ㉯ 질화용강 : Al, Cr, Mo 함유강(Al은 질화층의 경도향상)
③ 스프링강 : 탄성한계, 항복점, 충격값, 피로한도가 높다
  ㉮ Si-Mn강, Mn-Cr강
  ㉯ Cr-V강
  ㉰ Cr-Mo강(대형 겹판·코일 스프링용 : SPS 9)
④ 쾌삭강 : 강의 피삭성을 증가시켜 절삭가공을 쉽게 하기 위하여 S, Pb 등을 첨가한 강

(2) 공구강 및 공구 재료
① 공구강의 구비 조건
  ㉮ 상온 및 고온에서 경도를 유지할 것
  ㉯ 내마멸성 및 강인성이 클 것
  ㉰ 열처리가 쉬울 것
  ㉱ 제조와 취급이 쉽고, 가격이 저렴할 것

② 공구강의 종류
⨋ 탄소공구강 : 0.6~1.5%C, 300℃ 이상에서 사용할 수 없음. 주로 줄, 정, 펀치, 쇠톱날, 끌 등의 재료에 사용
⨌ 합금공강 : 0.6~1.5%C+Cr, W, Mn, Ni, V 등을 첨가하여 성질을 개선. 종류로는 절삭용(절삭공구), 내충격용(정, 펀치, 끌), 열간 금형용(단조용공구, 다이스)
⨍ 고속도강 : Taylor가 발명(일명 "하이스")

> **W계 고속도강**
> 0.8%C, W(18)-Cr(4)-V(1%) : 표준형
> 600℃까지 경도 저하 안됨
> 예열 : 800~900℃
> 담금질 : 1250~1300℃
> 뜨임 : 550~580℃(목적 : 경도 증가)

⨎ 주조경질합금(Stellite) : Co-Cr-W-C, 열처리를 하지 않고 주조한 후 연삭하여 사용
⨏ 초경합금 : 금속탄화물(WC, TiC, TaC)에 Co 분말과 함께 금형에 넣어 압축성형하여 800~900℃로 예비 소결하고, 1400~1500℃의 H_2기류 중에 소결한 합금
⨐ 세라믹(ceramic) : Al_2O_2을 1600℃ 이상에서 소결 성형. 고온경도가 가장 크며 내열성이 크다. 인성이 적어 충격에 약하며 고온절삭시 절삭제를 사용하지 않는다.

(3) 특수 목적용 특수강
① 스테인리스강(STS : stainless steel)
⨋ 13Cr : 페라이트계 스테인리스강으로 열처리하면 마텐자이트계 스테인리스강이 된다
⨌ 18Cr-8Ni: 오스테나이트계(18-8형 : 표준형), 담금질 안 됨, 용접성이 우수, 비자성체, 내식성 및 내충격성이 크다. 600~800℃에서입계부식 발생(방지제 : Ti)
② 규소강 : 변압기 철심이나 교류 기계의 철심 등에 사용
③ 베어링강 : 주성분은 고탄소 크롬강(C : 1%, Cr ; 1.2%)이며, 높은 강도, 경도, 내구성 및 탄성한계, 피로한도가 높아야 한다. 담금질 후 반드시 뜨임 필요
④ 불변강(고 Ni강)
⨋ 인바(invor) : Fe-Ni36%, 길이 불변이며, 미터기준봉, 표준자, 지진계, 바이메탈, 정밀 기계부품으로 사용
⨌ 엘린바(elinvar) : Fe-Ni 36%-Cr12%, 탄성 불변이며, 저울의 스프링, 시계 부품, 정밀 계측기 부품으로 사용
⨍ 퍼멀로이(permalloy) : Ni75~80%, 해저전선의 장하코일용
⨎ 플래티나이트(platinite) :Fe-Ni 42~46%, 전구나 진공관의 도임선(봉입선) 열팽창계수

가 유리나 백금과 같다.

(4) 강의 열처리

① 일반 열처리

㉮ 담금질(quenching or hardening)
  ㉠ 목적 : 강의 강도 및 경도 증대(단단하게 하기 위함)
  ㉡ 담금질액(냉각제) : 기름, 비눗물, 보통물(담금질 효과가 크다), 소금물(NaCl :1.96, 냉각효과 큼)
  *냉각 효과 가장 큰 냉각제는 NaOH(2.06)이다
  ㉢ 담금질 조직(냉각 속도에 따라서)

냉각방법	조직	냉각방법	조직
노중 냉각(공냉)	펄라이트	유중 냉각(유냉)	트루스타이트
공기 중 냉각(공냉)	소르바이트	수중 냉각(수냉)	마텐자이트

> **심랭(sub-zero) 처리**
> 담금질 직후 잔류 오스테나이트를 마텐자이트화 하기 위하여 0℃ 이하로 처리하는 것
>
> **각 조직의 경도 순서**
> C(HB800) 〉 M(600) 〉 T(400) 〉 S(230) 〉 P(200) 〉 A(150) 〉 F(100)

㉯ 뜨임(tempering : 소려)
  ㉠ 목적 : 내부 응력 제거, 인성 개선
  ㉡ 열처리 조직 변화 순서 : 오스테나이트(200℃) → 마텐자이트(400℃) → 트루스타이트(600℃) → 소르바이트(700℃) → 입상 펄라이트
㉰ 풀림(annealing : 소둔) : 내부응력 제거, 재질 연화, 노냉
㉱ 불림(normalizing : 소준) : A_3점 보다 30~50℃ 높게 가열 후 공기 중에서 냉각하면 미세하고 균일한 조직을 얻는 방법

② 항온 열처리 : 항온 변태 곡선(TTT 곡선, S곡선, C곡선)을 이용하여 열처리 하는 것, 균열 방지 및 변형 감소의 효과(담금질+뜨임을 동시에)

㉮ 오스템퍼(austemper) : 하부 베이나이트(B), 뜨임할 필요가 없고 강인성이 크며, 담금질 변형 및 균열 방지
㉯ 마템퍼(martemper) : 베이나이트(B)와 마텐자이트(M)의 혼합조직
㉰ 마퀜칭(marquenching) : 마텐자이트(M), 복잡한 물건의 담금질.(고속도강, 베어링, 게이지) 마퀜칭 후 뜨임하여 사용한다.

> **TTT곡선(time temperature transformation diafram)**
> 시간, 온도, 변태 곡선

③ 표면 경화법
  ㉮ 침탄법 : 고체(목탄, 코크스), 가스(CO, CO_2, 메탄, 에탄, 프로판), 침탄깊이 0.5~2mm
  ㉯ 시안화법 : KCN, NaCN(청화법)
  ㉰ 질화법 : NH_3, 50~100HR, 자동차의 크랭크축, 캠, 펌프축 등에 사용, 질화층 0.4~0.8mm
  ㉱ 화염 경화법 : 대형 가공물에 사용(선반의 베드, 공작기계의 스핀들)
  ㉲ 고주파 경화법 : 경화시간이 짧다.(수초에 가능)

마. 주철(cast iron)

(1) 주철의 장점
① 용융점(1110~1250℃) 및 비중(7.1~7.3)이 낮고, 유동성(주조성)이 우수하다
② 단위 무게당 값이 싸고 복잡한 형상도 쉽게 제작할 수 있다
③ 녹이 잘 생기지 않으며 전·연성이 작고, 소성가공이 안된다.
④ 마찰저항 및 절삭성이 우수하다
⑤ 인장강도, 휨강도 및 충격값이 작으나 압축강도는 크다
⑥ 열처리의 경우 담금질, 뜨임이 안되나 주조응력 제거의 목적으로 풀림 처리를 한다.(500~600℃, 6~10시간)
⑦ 자연시효(시즈닝) : 주조 후 장시간(1년 이상) 외기에 방치하여 주조응력을 없어지는 현상

(2) 주철의 성장
① 주물을 600℃ 이상의 온도에서 가열 냉각을 반복하면 주철의 부피가 팽창하여 변형 및 균열이 발생하는 현상
② 성장원인
  ㉮ Fe_3C의 흑연화에 의한 팽창, A_1변태점 이상에서 체적의 변화
  ㉯ 페라이트 주의 Si의 산화에 의한 팽창
  ㉰ 불균일한 가열에 생기는 균열에 의한 팽창
  ㉱ 흡수된 가스에 의한 팽창
③ 방지법
  ㉮ 흑연화 방지제 : Mo, S, Cr, V, Mn
  ㉯ 흑연화 촉진제 : Al, Si, Ni, Ti (알규니티)

(3) 주철의 분류
① 보통 주철(회주철 : GC 1~3종)→ GC100~GC200
㉮ 인장강도 : 10~20kg/mm²
㉯ 조직 : 페라이트 + 흑연(편상)
② 고급주철(회주철 : GC 4~6종)→ GC250~ GC350
㉮ 내마멸성이 요구되는 주철로 펄라이트 주철이라고 한다.
㉯ 인장강도 : 25kg/mm² 이상
㉰ 조직 : 펄라이트 + 흑연
③ 합금 주철
㉮ 내열 주철 : 고크롬 주철(Cr34~40%) : 내산화성(1000℃)
㉯ 내산 주철 : 고규소 주철(Si14~18%)이라고도 하며, 절삭가공이 곤란
④ 특수 용도 주철
㉮ 구상 흑연 주철(GCD) : 용융상태에서 Mg, Ce, Ca 등을 첨가 처리하여 흑연을 구상화로 석출시킨 것, 소형 자동차의 크랭크 축, 캠축, 브레이크 드럼 등의 자동차 주물, 잉곳 상자 및 특수 기계부품용 재료로 사용
㉯ 칠드(냉경)주철: 용융상태에서 금형에 주입하여 접촉면을 백주철(Fe_3C)로 만든 것
㉰ 가단주철 : 백주철을 장시간 열처리하여 탄소의 상태를 분해 또는 소실시켜 인성 또는 연성을 증가시킨 주철, 자동차 부품, 관이음쇠 등의 대량생산에 많이 이용되는 주철이다.

3 비철금속재료의 종류

가. 구리와 그 합금

(1) 구리의 성질
① 비중은 8.96, 용융점 1083℃이며 변태점이 없다.
② 비자성체이며, 전기 및 열의 양도체이다(전기 전도율을 해치는 원소 : Al, Mn, P, Ti, Fe, Si, As).
③ 전연성이 풍부하며, 가공 경화로 경도 크다(600~700℃에서 30분간 풀림하여 연화).
④ 황산, 질산, 염산에 용해, 습기, 탄산가스, 해수에 녹 발생, 공기 중에서 산화피막형성

(2) 황동(Cu-Zn)
① 톰백(tombac) : 8~20% Zn 함유, 생상이 황금빛이며, 연성이 크다. 금대용품 장식품(불상, 악기, 금박)에 사용

② 주석 황동 : 내식성 및 내해수성 개량(Zn의 산화, 탈아연방지)
　㉮ 애드미럴티 황동(admiralty brass) : 7·3황동 + Sn 1% 첨가
　㉯ 네이벌 황동(naval brass) : 6·4 황동에 Sn 1% 첨가
③ 강력 황동 : 6·4황동에 Mn, Al, Fe, Ni, Sn을 첨가
④ 양은(nikel silver) : 7·3황동에 Ni 15~20% 첨가, 전기 저항선, 스프링 재료, 바이메탈용에 사용(백동, 양백)

(3) 청동(Cu-Sn)
① 인청동 : Cu +Sn 9%+P0.35%(탈산제), 내마멸성, 인장강도, 탄성한계 높으며 용도로는 스프링재(경년변화가 없다), 베어링, 밸브시트 등에 쓰인다.
② 베어링용 청동 : Cu + Sn13~15%
③ 켈밋(kelmet) : Cu +Pb 30~40%, 고속 고하중용 베어링에 사용
④ 오일레스 베어링 : Cu +Sn + 흑연분말을 소결시킨 것, 기름 급유가 곤란한 곳의 베어링용으로 사용 주로 큰하중 및 고속회전부에는 부적당하고 가전제품 시품기계 인쇄기 등에 사용
⑤ 베릴륨 청동(Be-bronze) : Cu +Be 2~3%, 베어링 고급스프링 등에 이용

나. 알루미늄 합금

(1) 주조용 Al 합금
① 실루민 : Al-Si계, 개량처리(Na : 가장 널리 사용, NaOH, F)
② 라우탈 : Al-Cu-Si계, 피스톤, 기계부품, 시효경화성이 있다.
③ Y합금(내열합금) : Al-Cu 4%-Ni 2%-Mg 1.5%, 내연기관의 실린더, 피스톤에 사용(알구니마)
④ 로우엑스 : Al-Si-Mg계, 열팽창 계수가 적고 내열성, 내마멸성이 우수
⑤ 하이드로나륨 : Al-Mg계, 내식성이 가장 우수하다.

(2) 단련용(가공용) Al합금
두랄루민 : Al-Cu-Mg-Mn계, 항공기재료, 시효경화 합금(알구마망)

(3) 내식용 Al합금
① 하이드로날륨(hydronalium) : Al-Mg계, 내식성이 가장 우수
② 알민(Almin) : Al-Mn계
③ 알드레(Aldrey) ; Al-Mn-Si계
④ 알클래드(Alclad) : 내식 알루미늄 합금을 피복한 것

다. 그 밖의 비철금속

(1) 마그네슘과 그 합금
① Mg-Al계 합금(Al 4~6% 첨가) : 도우메탈(dow metal)이 대표적이다. Al 6%(인장강도최대), Al 4%(연신율 최대)
② Mg-Al-Zn계 합금(Mg, Al 3~7%, Zn 2~4%) : 엘렉트론(electron)이 대표, 주로 주물용 재료

(2) 니켈과 그 합금 티탄
① Ni-Cu계 합금
  ㉮ 콘스탄탄(constantan) : Cu-Ni 40~45%, 열전대용 재료
  ㉯ 어드벤스(advance) : Cu-Ni 44%, Mn 1%
  ㉰ 모넬메탈(monel metal) : Cu-Ni 65~70%, Cu, Fe 1~3%(화학공업용)
② 티탄(Ti)
  ㉮ 성질 : 비중 4.5 인장강도 50kgf/mm^2, 강도가 크다. 고온강도 내식성 내열성 우수 절삭성이 우수하다.
  ㉯ 용도 : 초음속 항공기외판, 송풍기의 프로펠러

(3) 베어링 합금
① 화이트 메탈(white matal) : Sn +Cu +Sb +Zn의 합금, 저속기관의 베어링
② 주석계 화이트 메탈 : 배빗 메탈(babbit metal)이라고 하며, 우수한 베어링 합금
③ 납계 화이트 메탈 : Pb-Sn-Sb계
④ 아연계 합금 : Zn - Cu - Sn계

4 비금속 재료 및 신소재의 특성과 용도

가. 신소재의 종류 및 특성과 용도

(1) 금속 복합 재료
① 섬유 강화 금속 복합 재료(FRM : fiber reinforced metal) : 휘스커(whisker) 등의 섬유를 Al, Ti, Mg 등의 연성과 인성이 높은 금속이나 합금 중에 균일하게 배열시켜 복합화한 재료를 섬유 강화 복합 재료(FRM : fiber reinforced metal)이다.

㉮ 강화 섬유의 종류
  ㉠ 비금속계 : C, B, SiC, AlO, AlN, ZrO₂등
  ㉡ 금속계 : Be, W, Mo, Fe, Ti 및 그 합금
㉯ 특징
  ㉠ 경량이고 기계적 성질이 매우 우수하다.
  ㉡ 고내열성, 고인성, 고강도를 지닌다.
  ㉢ 주로 항공우주 산업이나 레저산업 등에 사용 된다.

② 분산 강화 금속 복합 재료 : 기지 금속중에 0.01~0.1㎛정도의 산화물 등 미세한 입자를 균일하게 분포시킨 재료로 기지금속으로는 Al, Ni, Ni-Cr, Ni-Mo, Fe-Cr등이 이용 된다.
  ㉮ 특징
    ㉠ 고온에서 크리프 특성이 우수하다.
    ㉡ 분산된 미립자는 기지 중에서 화학적으로 안정하고 용융점이 높다.
    복합 재료의 성질은 분산 입자의 크기, 형상 양에 따라 변한다.
  ㉯ 제조 방법 : 혼합법, 열분해법, 내부 산화법 등이 있다.
  ㉰ 실용재료의 종류
    ㉠ SAP(sintered aluminium powder product) : 저온 내열 재료
      - Al 기지 중에서 의 미세 입자를 분산시킨 복합 재료로 다름 Al합금에 비하여 350~550℃에서도 안정한 강도를 나타낸다.
      - 주로 디젤 엔진의 피스톤 밴드나 제트 엔진의 부품으로 사용된다.
    ㉡ TD Ni(thoria dispersion strengthened nickel) : 고온 내열 재료
      - Ni 기지 중에 ThO₂ 입자를 분산시킨 내연재료로 고온 안정성이 크다.
      - 주로 제트 엔진의 터빈 블레이드(tuebine blade) 등에 응용된다.

③ 입자 강화 금속 복합 재료 : 1~5㎛ 정도의 비금속 입자가 금속이나 합금의 기지 중에 분산되어 잇는 것으로 서멧(cermet)이라고 한다.

④ 클래드 재료
  ㉮ 종류 이상의 금속 특성을 복합적으로 얻을 수 있는 재료로 얇은 특수한 금속을 두껍고 가격이 저렴한 모재에 야금학적으로 접합시킨 것이 많다.
  ㉯ 제조법으로는 폭발 압착법, 압연법, 확산 결합법, 단접법, 압출법 등이 있다.

⑤ 다공질 재료 : 다공질 금속으로는 소결체의 다공성을 이용한 베어링이나 다공질 금속 필터가 있다. 소결 다공성 금속 제품으로는 방직기용 소결 링크, 열교환기, 전극 촉매, 발포성 금속 등이 있다.

(2) 형상 기억 합금

① 형상기억 합금이란, 문자 그대로 어떠한 모양을 기억할 수 있는 합금을 말한다. 즉, 고온상태에서 기억한 형상을 언제까지라도 기억하고 있는 것으로, 저온에서 작은 가열만으로도 다른

형상으로 변화시켜 곧 원래의 형상으로 되돌아가는 현상을 형상기억 효과라 하며, 이 효과를 나타내는 합금을 형상기억 합금(shape memory alloy)이라고 한다.

② 현재 실용화된 대표적인 형상 기억합금은 Ni-Ti합금이며, 회복력은 30kgf/cm^{2}이고 반복 동작을 많이 하여도 회복 성능이 거의 저하되지 않는다. 이 합금은 주로 우주선의 안테나, 치열 교정기, 여성의 브래지어 와이어, 전투기의 파이프 이음 등에 사용 된다.

나. 그 밖의 재료

(1) 제진 재료
제진 재료란, "두드려도 소리가 나지 않는 재료"라는 뜻으로, 기계장치나 차량 등에 접착되 진동가 소음을 제어하기 위한 재료를 말한다.

(2) 초전도 재료
① 금속은 전기 저항이 있기 때문에 전류를 흐르면 전류가 소모된다. 보통 금속은 온도가 내려갈수록 전기저항이 감소하지만, 절대온도 근방으로 냉각하여도 금속 고유의 전기 저항은 남는다. 그러나 초전도 재료는 일정 온도에서 전기 저항이 0이 되는 현상이 나타나는 재료를 말한다.

② 초전도 재료의 응용분야는 전기 저항이 0으로 에너지 손실이 전혀 없으므로 전자석용 선재의 개발 및 초고속 스위칭 시간을 이용한 논리 회로 및 미세한 전자기장 변화도 감지할 수 있는 감지기 및 기억 소자 등에 응용할 수 있다.

③ 또한, 전력 시스템의 초전도화, 핵융합, MHD(magnetic hydrodynamic generator), 자기 부상열차, 핵자기 공명 단층 영상 장치, 컴퓨터 및 계측기 등의 여러 분야에 응용할 수 있다.

(3) 자성 재료
① 경질 자성 재료(영구 자석 재료) : 주로 음향기기, 전동기, 통신 계측기기 등에 이용된다.
② 연질 자성 재료 : 주로 전동기나 변압기의 자심, 자기 헤드 마이크로파(microwave) 재료 등에 이용된다.

(4) 무기 공업 재료
무기 공업 재료로는 세라믹, 단열재, 연마재 등이 있다.

(5) 유기 공업 재료
유기공업 재료에는 플라스틱과 고무가 있다.
① 플라스틱
㉮ 플라스틱은 열가소성 수지와 열경화성 수지가 있으며, 주로 전선, 스위치, 커넥터, 전기 기계기구 부품 및 장난감, 생활용품 등에 많이 사용되고 있다.
㉯ 플라스틱의 특징

　　　　㉠ 원하는 복잡한 형상으로 가공이 가능하다.
　　　　㉡ 가볍고 단단하다.
　　　　㉢ 녹이 슬지 않고 대량생산으로 가격도 저렴하다.
　　　　㉣ 우수하여 전기재료로 사용 된다.
　　　　㉤ 열에 약하고 금속에 비해 내마모성이 적다.
　② 열가소성 수지와 열경화성 수지
　　㉮ 열가소성 수지
　　　　㉠ 열가소성 수지는 가열하여 성형한 후에 냉각하면 경화 하며, 재가열하여 새로운 모양으로 다시 성형할 수 있다.
　　　　㉡ 종류로는 폴리에틸렌 수지, 폴리프로필렌 수지, 폴리스티렌 수지, 염화 비닐 수지, 폴리아미드 수지, 폴리카보네이트 수지, 아크릴니트릴 브타디엔 스티렌 수지 등이 있다.
　　㉯ 열경화성 수지
　　　　㉮ 열경화성 수지는 가열하면 경화하고 재용융하여도 다른 모양으로 다시 성형할 수 없다.
　　　　㉯ 종류로는 페놀 수지, 멜라민 수지, 에폭시 수지, 요소 수지 등이 있다.

적중예상문제_ 기계재료

01 다음 중 항온 변태를 통해서만 얻어지는 조직은?

㉮ 트루스타이트(troostite)
㉯ 솔바이트(sorbite)
㉰ 레데브라이트(ledbrite)
㉱ 베이나이트(bainite)

02 편상 흑연주철 중에서 인장강도가 몇 kgf/mm² 이상인 주철을 고급 주철이라 하는가?

㉮ 5
㉯ 10
㉰ 25
㉱ 50

03 절삭공구강의 일종인 고속도강(18-4-1)의 표준성분은?

㉮ Cr18%, W4%, V1%
㉯ V18%, Cr4%, W1%
㉰ W18%, Cr4%, V1%
㉱ W18%, V4%, Cr1%

04 다음 중 니켈합금과 관계가 없는 것은?

㉮ 문쯔메탈
㉯ 백동
㉰ 콘스탄탄
㉱ 모넬메탈

해설

01 트루스타이트 : 기름에서 서냉
솔바이트 : 공기중에 서냉

02 인장강도가 25kgf/mm² 이상의 주철, 펄라이트 조직을 갖고 있으며 강도를 요하는 기계부품에 사용

03 표준형 고속도강 : 18-4-1형

04 문쯔메탈 : 6·4황동 (Zn40%)

01 ㉱ 02 ㉰ 03 ㉰ 04 ㉮

해설

06 톰백 : 8~20%Zn 금대용품

07 체심입방격자 금속 : Fe, Cr, W, Mo, V, Li, Na, Ta, K

08 침탄법, 질화법, 청화법, 금속침투법

09 7.3황동은 구리70, 아연30
6.4황동은 구리60, 아연40

10 물리적성질-비중1.74, 용융점 650℃, 조밀육방격자, 산화연소가 잘됨.

05 ㉰　06 ㉱　07 ㉰　08 ㉰
09 ㉯　10 ㉰

05 비중 1.74로 실용 금속 중에서 가장 가볍고 비강도가 알루미늄보다 우수하여 항공기, 자동차, 선박, 전기기기, 광학기계 등에 이용되며 구상흑연 주철의 첨가제로 사용되는 것은?

㉮ Ag ㉯ Cu
㉰ Mg ㉱ Sn

06 황동에 Pb1.5~3.0%를 첨가한 합금을 무엇이라고 하는가?

㉮ 톰백　　　㉯ 강력 황동
㉰ 문쯔 메탈　㉱ 쾌삭 황동

07 다음 중 체심입방격자에 해당하는 금속으로만 이루어진 항은?

㉮ Al, Pb　㉯ Mg, Cd
㉰ Cr, Mo　㉱ Cu, Zn

08 다음 강의 표면 경화법 중 물리적인 방법에 해당하는 것은?

㉮ 침탄법　　㉯ 금속 침투법
㉰ 화염 경화법　㉱ 질화법

09 7.3 황동이란?

㉮ 구리 70%, 주석 30%
㉯ 구리 70%, 아연 30%
㉰ 구리 70%, 니켈 30%
㉱ 구리 70%, 규소 30%

10 마그네슘의 성질에 대한 설명으로 틀린 것은?

㉮ 비중이 1.74 로서 실용금속 중 가벼운 금속이다.
㉯ 표면의 산화마그네슘은 내부의 부식을 방지한다.
㉰ 산, 알칼리에 대해 거의 부식되지 않는다.
㉱ 망간의 첨가로 철의 용해작용을 어느 정도 막을 수 있다.

11 탄소 공구강이 구비해야 할 조건이 아닌 것은?

㉮ 열처리성이 양호할 것
㉯ 내마모성이 클 것
㉰ 고온 경도가 클 것
㉱ 내충격성이 작을 것

12 합금강에서 0.28~0.48 %의 탄소강에 약 1~2 %의 Cr을 첨가하여 Cr에 의한 양호한 담금질성과 뜨임 효과로 기계적 성질을 개선한 구조용 합금강은?

㉮ Ni-Cr 강
㉯ Cr 강
㉰ Ni-Cr-Mo 강
㉱ Cr-Mo 강

13 푸아송의 비(poisson's ratio)에 관한 설명으로 틀린 것은?

㉮ 탄성 한도 이내에서는 일정한 값을 가진다.
㉯ 주철의 푸아송의 비가 납보다 크다.
㉰ 푸아송의 수와 역수 관계에 있다.
㉱ 가로 변형률과 세로 변형률과의 비이다.

해설

13 • 주철의 푸아송의 비 : 0.27
• 납의 푸아송의 비 : 0.43

14 금속 재료의 성질 중 기계적 성질이 아닌 것은?

㉮ 인장강도
㉯ 연신율
㉰ 비중
㉱ 경도

14 비중은 물리적 성질에 해당된다.

15 탄소강에서 헤어 크랙의 발생에 가장 큰 영향을 주는 원소는?

㉮ 산소   ㉯ 수소
㉰ 질소   ㉱ 탄소

15 헤어 크랙 : H₂가스에 의해 머리칼 모양으로 미세하게 갈라진 균열

11 ㉱ 12 ㉱ 13 ㉯ 14 ㉰
15 ㉯

해설

16 Mg : 비중 1.74

17 변태점이 없고 비자성체이며 전기와 열의 양도체

19 $U[kgf \cdot m/cm^2] = \dfrac{E}{A}$
$= \dfrac{WR(\cos\beta - \cos\alpha)}{A}$
$= \dfrac{1000 \times 1(\cos 30 - \cos 90)}{10}$
$= 86.6$

16 ㉱ 17 ㉱ 18 ㉰ 19 ㉰
20 ㉮

---

16 다음 비철 금속 합금 중 비중이 가장 가벼운 합금은?

㉮ Cu합금
㉯ Ni합금
㉰ Al합금
㉱ Mg합금

17 구리가 다른 금속에 비해 우수한 성질이 아닌 것은?

㉮ 전연성이 좋아 가공이 용이하다.
㉯ 전기 및 열의 전도성이 우수하다.
㉰ 화학적 저항력이 커서 부식이 잘되지 않는다.
㉱ 비중이 크므로 경금속에 속하며 금속적 광택을 갖는다.

18 탄소강에 Ni, Cr, W, Si, Mn등 원소를 합금하면 일반적으로 개선되는 성질이 아닌 것은?

㉮ 기계적 성질
㉯ 내식, 내마멸성
㉰ 결정입자의 성장 증가
㉱ 고온에서 기계적 성질 저하방지

19 샤르피 충격 시험에서 해머의 무게가 1000N, 해머의 암(arm) 거리 1m, 시험편 노치의 단면적 10cm², 초기해머 올려진 각도 90°, 시험편 파괴 후 올라간 각도 30° 일 때 충격 강도 값(J/cm²)은?

㉮ 66.6
㉯ 76.6
㉰ 86.6
㉱ 96.6

20 재료의 내외부에 열처리 효과의 차이가 생기는 현상을 무엇이라 하는가?

㉮ 질량효과   ㉯ 담금질성
㉰ 시효경화   ㉱ 열량 효과

21 내열강의 구비 조건으로 틀린 것은?

㉮ 기계적 성질이 우수할 것
㉯ 화학적으로 안정할 것
㉰ 열팽창계수가 클 것
㉱ 조직이 안정할 것

22 주조성이 우수한 백선 주물을 만들고, 열처리하여 강인한 조직으로 단조를 가능하게 한 주철은?

㉮ 가단 주철
㉯ 칠드 주철
㉰ 구상 흑연 주철
㉱ 보통 주철

23 구리계 베어링 합금이 아닌 것은?

㉮ 문쯔 메탈(muntz metal)
㉯ 켈밋(kelmet)
㉰ 연청동(lead bronze)
㉱ 알루미늄 청동

24 다음 Ni 합금 중 80% Ni에 20% Cr이 함유된 합금으로 열전대 재료로 사용되는 것은?

㉮ 인코넬
㉯ 크로멜
㉰ 알루멜
㉱ 엘린바

25 기계재료의 단단한 정도를 측정하는 시험법으로 옳은 것은?

㉮ 경도시험
㉯ 수축시험
㉰ 파괴시험
㉱ 굽힘시험

---

21 내열강 : 고온에서 기계적, 화학적으로 안정적, 내연기관의 밸브 사용.

21 ㉰ **22** ㉮ **23** ㉮ **24** ㉯
25 ㉮

해설

28 탄소강의 기계적 성질 : 200~300℃에서 가열되면 강도는 최대, 연신율, 단면수축율은 줄어 메짐.

29 표준형고속도강 : W18%-Cr4%-V1%

31 청동 : Cu+Sn

| 26 ㉣ | 27 ㉮ | 28 ㉰ | 29 ㉮ |
| 30 ㉯ | 31 ㉯ | | |

---

26 탄소강에 어떤 원소가 함유하면 강도, 연신율, 충격치를 감소시키며 적열취성의 원인이 되는가?
㉮ Mn ㉯ Si
㉰ P   ㉣ S

27 구리의 원자기호와 비중으로 가장 적합한 것은?
㉮ Cu - 8.9   ㉯ Ag - 8.9
㉰ Cu - 9.8   ㉣ Ag - 9.8

28 탄소강(0.25%C)의 고온 기계적 성질을 설명한 사항 중 올바르지 않은 것은?
㉮ 200~300℃ 에서 청열 메짐현상이 발생한다.
㉯ 280~300℃ 부근에서 인장강도와 경도가 최대로 된다.
㉰ 200~300℃ 부근에서 연신율 및 단면수축률은 최대가 된다.
㉣ 400℃ 부근에서 충격치는 최소가 된다.

29 다음 원소 중 고속도강의 주요 성분이 아닌 것은?
㉮ 니켈 ㉯ 텅스텐
㉰ 바나듐 ㉣ 크롬

30 납에 대한 설명으로 틀린 것은?
㉮ 수도관으로도 사용된다.
㉯ 모든 산에 약하며 부식된다.
㉰ 방사선의 방어에도 이용된다.
㉣ 4-8% 안티몬을 함유하는 것을 경납 이라한다.

31 황동의 합금 원소는 무엇 인가?
㉮ Cu - Sn   ㉯ Cu - Zn
㉰ Cu - Al   ㉣ Cu - Ni

32 비틀림 시험의 목적과 관계없는 것은?

㉮ 비틀림 강도 측정
㉯ 강성 계수 측정
㉰ 연신률 측정
㉱ 비틀림 각 측정

33 다음 중 강의 표준조직이 아닌 것은?

㉮ 페라이트
㉯ 마텐자이트
㉰ 시멘타이트
㉱ 펄라이트

34 온도 변화에 따라 선팽창계수나 탄성률 등의 특성이 변화하지 않는 합금강은?

㉮ 내열강
㉯ 쾌삭강(Free cutting steel)
㉰ 불변강(invariable steel)
㉱ 내마멸강

35 금속의 조직검사로서 측정이 불가능한 것은?

㉮ 기공
㉯ 결정입도
㉰ 내부응력
㉱ 결함

36 탄소강에서 탄소량이 증가할 때 기계적 성질 변화에 알맞는 것은?

㉮ 경도증가, 연성감소
㉯ 경도증가, 연성증가
㉰ 경도감소, 연성감소
㉱ 경도감소, 연성증가

32 연신율 : 변형율을 백분율로 표현

33 강의 기본조직
• 페라이트 : 순철에 가까운 조직.
• 펄라이트 : 페라이트보다 강도나 경도가 큼.
• 시멘타이트 : C6.88%, 매우단단, 잘부서짐.

34 내열강 : 고온에서 기계적, 화학적으로 안정적, 내연기관의 밸브사용. 불변강 : 고Ni강, 주위온도에 변하지 않는 강.

35 • 매크로(육안)조직검사
• 마이크로(현미경)조직검사

32 ㉰ 33 ㉯ 34 ㉰ 35 ㉰
36 ㉮

해설

37
- 고급주철 : 인장강도 25kg/mm² 이상
- 가단주철 : 백주철에 인성과 연성을 증가시킨 주철
- 합금주철 : Ni, Cr, Mo, Ti emd 첨가 내열, 내마멸 목적으로 사용

40
- 인바 : Ni(36%)정밀기계부품, 시계등 사용
- 엘린바 : Ni(35%), Cr(12%)
- 탄성불변, 퍼멀로이 : C(10.5%), Ni(80%), Co(0.5%)큰 투자율

37 ㉯ 38 ㉯ 39 ㉯ 40 ㉮
41 ㉯

---

37 주조시 주형에 냉금을 삽입하여 표면을 급냉시켜 경도를 증가시킨 내마모성 주철은?

㉮ 가단주철 ㉯ 고급주철
㉰ 칠드주철 ㉱ 합금주철

38 Fe–C 상태도에서 온도가 낮은 것부터 일어나는 순서가 맞는 것은?

㉮ 포정점< 자기변태점< 공석점< 공정점
㉯ 공석점< 자기변태점< 공정점< 포정점
㉰ 공석점< 공정점< 자기변태점< 포정점
㉱ 공정점< 공석점< 자기변태점< 포정점

39 청동의 한 종류로 8~12% Sn에 1~2% Zn을 넣어 만든 합금으로 내해수성이 좋고 수압, 증기압에도 잘 견디므로 선박용 재료로 널리 사용되는 것은?

㉮ 특수 청동
㉯ 포금
㉰ 인청동
㉱ 연청동

40 다음 중 불변강의 종류에 속하지 않는 것은?

㉮ 인코넬 ㉯ 엘린바
㉰ 플라티나이트 ㉱ 인바

41 공작기계, 자동차, 선박 및 항공기에 사용되는 소결마찰 재료로서의 구비조건 중 틀린 것은?

㉮ 내마모성, 내열성이 클 것
㉯ 마찰계수가 적고 안정적일 것
㉰ 열전도성, 내유성이 좋을 것
㉱ 가격이 저렴할 것

42 18-4-1형의 고속도강에서 18-4-1에 해당하는 원소로 맞는 것은?

㉮ W-Cr-Co
㉯ W-Ni-V
㉰ W-Cr-V
㉱ W-Si-Co

43 다음 경도 시험 중 압입자를 이용한 방법이 아닌 것은?

㉮ 브리넬 경도
㉯ 로크웰 경도
㉰ 비커스 경도
㉱ 쇼어 경도

44 탄소강에서 탄소량이 증가할 경우 경도와 연성에 미치는 영향을 가장 잘 설명한 것은?

㉮ 경도증가, 연성감소
㉯ 경도감소, 연성감소
㉰ 경도감소, 연성증가
㉱ 경도증가, 연성증가

45 합금강에서 소량의 Cr이나 Ni를 첨가하는 이유로 가장 중요한 것은?

㉮ 경화능을 증가시키기 위해
㉯ 내식성을 증가시키기 위해
㉰ 마모성을 증가시키기 위해
㉱ 담금질 후 마텐자이트 조직의 경도를 증가시키기 위해

46 다이캐스팅용 알루미늄(Al)합금이 갖추어야 할 성질로 틀린 것은?

㉮ 유동성이 좋을 것
㉯ 응고수축에 대한 용탕 보급성이 좋을 것
㉰ 금형에 대한 점착성이 좋을 것
㉱ 열간취성이 적을 것

---

42 표준형고속도강 : W18%-Cr4%-V1%

43 쇼어경도 : 추를 일정한 높이에서 낙하시켜 측정.

45 • Ni : 강인성, 내식·내마멸 증가
• Cr : 경도, 인장강도, 내열성 내식, 내마멸성 증가.

42 ㉰ 43 ㉱ 44 ㉮ 45 ㉯
46 ㉰

해설

50 초경합금 : WC, TiC, TaC등의 분말에 Co분말을 조제 혼합하여 금형에 넣어 성형 소결.

47 ㉣   48 ㉯   49 ㉰   50 ㉯
51 ㉯

47 금속재료에 비해 구리의 일반적 성질을 설명한 것 중 다른 것은?

㉮ 전기 및 열의 전도성이 우수하다.
㉯ 비자성체이다.
㉰ 화학적 저항력이 커서 부식되지 않는다.
㉣ Zn, Sn, Ni, Ag등과는 합금이 안된다.

48 온도가 변화될 때 재료의 길이 변화에 영향을 주는 인자가 아닌 것은?

㉮ 선팽창계수
㉯ 단면적
㉰ 재료 길이
㉣ 온도차

49 특수강을 제조하는 목적으로 적합하지 않는 것은?

㉮ 기계적 성질을 증대시키기 위하여
㉯ 내마멸성을 증대시키기 위하여
㉰ 경도저하를 시키기 위하여
㉣ 내식성을 증대시키기 위하여

50 분말형 금속 탄화물의 원소를 프레스로 성형한 다음 이것을 소결하여 만든 합금이며, 절삭 공구 및 내열, 내마멸성이 요구되는 부품에 많이 사용되는 금속명은?

㉮ 모넬메탈
㉯ 초경 합금
㉰ 화이트 메탈
㉣ 주조 경질 합금

51 지름 15mm, 표점거리 100mm인 인장 시험편을 인장시켰더니 110mm가 되었다면 길이 방향의 변형률은?

㉮ 2.5%   ㉯ 10%
㉰ 5.5%   ㉣ 15%

52 재료의 물리적 성질로 볼 수 있는 것은?

㉮ 연성 ㉯ 취성
㉰ 자성 ㉱ 내마모성

53 톱날과 면도날 같은 얇은 물건을 담금질하는 방법은?

㉮ 시간 담금질
㉯ 분사담금질
㉰ 프레스 담금질
㉱ 슬랙 담금질

54 초경합금의 특성 중 틀린 것은?

㉮ 경도가 높다.
㉯ 강에 비하여 인장강도가 높다.
㉰ 고온에서 변형이 적다.
㉱ 내마모성이 크다.

55 비중이 1.74로서 실용 금속 중 가장 가벼운 금속은?

㉮ 아연 ㉯ 니켈
㉰ 마그네슘 ㉱ 알루미늄

56 같은 재질이라 할지라도 재료의 크기에 따라 열처리 효과가 다른데 이것을 무엇이라 하는가?

㉮ 담금질 효과 ㉯ 질량효과
㉰ 시효경화 ㉱ 뜨임효과

57 절삭공구강의 일종인 고속도강(18-4-1)의 표준성분은?

㉮ Cr18%, W4%, V1%
㉯ V18%, Cr4%, W1%
㉰ W18%, Cr4%, V1%
㉱ W18%, V4%, Cr1%

해설

52 • 연성 : 길게 늘어나는 성질
• 전성 : 얇은 판을 넓게 만들 수 있는 성질, 퍼지는 성질.
• 인성 : 굽힘이나 비틀림 작용을 반복하여 가할 때 이외력에 저항하는 성질.

55 • 아연(Zn) : 7.1
• 니켈(Ni) : 8.85
• 알루미늄(Al) : 2.69

| 52 ㉰ | 53 ㉯ | 54 ㉯ | 55 ㉰ |
| 56 ㉯ | 57 ㉰ | | |

58 다음 중 주철에 흑연화를 촉진시키는 원소가 아닌 것은?

㉮ Si㉯ Al
㉰ Ni㉱ Mn

59 가공용 황동의 대표적인 것으로 판, 봉, 관, 선 등을 만드는데 널리 사용되는 것은?

㉮ 주석 황동㉯ 니켈 황동
㉰ 6.4황동㉱ 7.3황동

60 구리의 설명 중 올바른 것은?

㉮ 비중은 8.96, 용융점은 1083℃, 체심입방격자이다.
㉯ 변태점이 있고, 비자성체이며, 전기 및 열의 양도체이다.
㉰ 황산, 염산에 쉽게 용해된다.
㉱ 탄산가스(CO_2), 습기, 해수에 강하다.

61 다음 절삭 공구 중 비금속 재료에 해당하는 것은?

㉮ 고속도강㉯ 탄소공구강
㉰ 합금공구강㉱ 세라믹 공구

62 다음 중 고용체의 종류가 아닌 것은?

㉮ 침입형㉯ 치환형
㉰ 규칙 격자형㉱ 면심 입방 격자형

63 황동에 대한 기계적 성질과 물리적 성질을 설명한 것 중에서 잘못된 것은?

㉮ 30% Zn 부근에서 최대의 연신율을 나타낸다.
㉯ 45% Zn 에서 인장강도가 최대로 된다.
㉰ 50% Zn 이상의 황동은 취약하여 구조용재에는 부적합하다.
㉱ 전도도는 50% Zn에서 최소가 된다.

해설

62
- 침입형 고용체 : Fe-C
- 치환형 고용체 : Ag-Cu, Cu-Zn
- 규칙격자형 고용체 : Ni₃-Fe, Cu₃-Au, Fe₃-Al

63
- 황동의 성질 : 구리와 아연의 합금. 주조성, 내식성, 기계성 우수.
- 7.3황동 : 연신율 최대
- 6.4황동 : 인장강도 최대
- 50% 이상 : 취성이 크므로 사용불가.

58 ㉱ 59 ㉱ 60 ㉰ 61 ㉱
62 ㉱ 63 ㉱

64 다음 중 형상 기억 효과를 나타내는 합금은?

㉮ Ti-Ni ㉯ Fe-Al
㉰ Ni-Cr ㉱ Pb-Sb

65 고온의 오스테나이트 영역에서 탄소강을 냉각하면 냉각속도의 차이에 따라 여러 조직으로 변태되는데, 이들 조직의 강도와 경도를 큰 순서대로 바르게 나열한 것은?

㉮ 마텐자이트 〉 펄라이트 〉 소르바이트 〉 트루스타이트
㉯ 마텐자이트 〉 트루스타이트 〉 펄라이트 〉 소르바이트
㉰ 트루스타이트 〉 마텐자이트 〉 소르바이트 〉 펄라이트
㉱ 마텐자이트 〉 트루스타이트 〉 소르바이트 〉 펄라이트

66 금속의 상 변태 중 동소변태에 대한 설명으로 맞는 것은?

㉮ 한 결정구조에서 일어나는 상의 변화가 아닌 단순한 에너지적인 변화이다.
㉯ 동일 원소의 두 고체로서 원자 배열의 변화에 따라 서로 다른 상태로 존재한다
㉰ 금속을 가열하면 일정한 온도 이상에서 자성을 잃지 않고 상자성체로 자성이 변한다.
㉱ 철(Fe), 코발트(Co), 니켈(Ni) 같은 금속에서 잘 일어난다.

67 다음 중 강의 표면 경화법이 아닌 것은?

㉮ 담금질
㉯ 침탄법
㉰ 질화법
㉱ 화염 경화법

68 다음 중 청동에 Sn 8~12%, Zn 1~2%을 함유한 내식성이 우수한 합금은?

㉮ 포금 ㉯ 인청동
㉰ 연청동 ㉱ 켈밋

64 형상기억합금(Shape Memory Alloy)의 종류
Ti-Ni, Cu-Zn-Si, Cu-Zn-Al

67 표면경화법의 종류 : 침탄법, 질화법, 청화법, 금속침투법
열처리의 종류 : 담금질, 뜨임, 불림, 풀림.

68 • 인청동 : Cu+Sn9%+P0.35%
• 켈밋 : Cu+Pb30~40% 열전도
• 압축강도가 큼, 고속고하중 베어링 사용.

64 ㉮ 65 ㉱ 66 ㉯ 67 ㉮
68 ㉮

해설

70 FRM : 금속 안에 매우 강한 섬유를 넣은 것으로 금속과 같은 기계적강도를 가지면서도 가벼운 재료이다. 우주, 항공쪽 부품에 사용.

71 비중
- Mg : 1.74, Al : 2.7
- Fe : 7.87, Ag : 10.497

72 담금질 : 강의 강도와 경도를 증가시킬 목적으로 가열 후 급냉

73 델타메탈(철황동) : 강도 내식성 우수.
- 애드미럴티 : 7.3+Sn1%
- 네이벌 : 6.4+Sn1%

69 ㉣ 70 ㉣ 71 ㉯ 72 ㉮
73 ㉮

---

69 주철의 특성이 아닌 것은?
㉮ 주조성이 우수하다.
㉯ 복잡한 형상을 생산할 수 있다.
㉰ 주물제품을 값싸게 생산 할 수 있다.
㉣ 강에 비해 강도가 비교적 높다.

70 다음 중 섬유 강화 금속(FRM)의 용도로 가장 알맞은 것은?
㉮ 파이프 이음쇠 ㉯ 절삭 공구
㉰ 원자로 자기 장치 ㉣ 피스톤 헤드

71 비중이 2.70이며 가볍고 내식성과 가공성이 좋으며 전기 및 열전도도가 높은 금속재료는?
㉮ 금(Au)
㉯ 알루미늄(Al)
㉰ 철(Fe)
㉣ 은(Ag)

72 다음 열처리의 방법 중 강을 경화시킬 목적으로 실시하는 열처리는?
㉮ 담금질
㉯ 뜨임
㉰ 불림
㉣ 풀림

73 6·4 황동에 Fe 1~2% 정도를 첨가한 합금을 무엇이라고 하는가?
㉮ 델타메탈(delta metal)
㉯ 애드미럴티 황동(admiralty brass)
㉰ 네이벌 황동(naval brass)
㉣ 주석 황동(tin brass)

74 철-탄소계 상태도에서 주철의 공정점은?

㉮ 4.3%C − 1,145℃
㉯ 2.1%C − 1,145℃
㉰ 0.86%C − 738℃
㉱ 4.3%C − 738℃

75 다음 중 선박의 복수 기관에 많이 사용되며, 용접용으로도 쓰이는 것으로서, 1% 내외의 주석을 함유한 황동은?

㉮ 켈밋 합금
㉯ 쾌삭 황동
㉰ 델타메탈
㉱ 애드미럴티 황동

76 고속도강의 담금질 온도는 몇 ℃인가?

㉮ 750 ~ 900℃   ㉯ 800 ~ 900℃
㉰ 1200 ~ 1350℃   ㉱ 1500 ~ 1600℃

77 재료의 하중 변형 시험선도 중 항복점이 나타나는 것은?

㉮ 구리   ㉯ 주철
㉰ 특수강   ㉱ 연강

78 다음 중 델타메탈(delta metal)의 성분이 올바른 것은?

㉮ 6:4 황동에 철을 1~2% 첨가
㉯ 7:3 황동에 주석을 3% 내외 첨가
㉰ 6:4 황동에 망간을 1~2% 첨가
㉱ 7:3 황동에 니켈을 3% 내외 첨가

79 고강도 알루미늄합금강으로 항공기용 재료등에 사용되는 것은?

㉮ 두랄루민   ㉯ 인바
㉰ 콘스탄탄   ㉱ 서멧

해설

74 • 공정주철 : 4.3%C−1145℃
• 아공정주철 : 0.86%C−738℃
• 과공정주철 : 4.3%C−738℃

76 뜨임 : 550~580℃

79 • 인바 : 불변강, 줄자, 정밀기계 부품
• 콘스탄탄 : Cu+Ni45%합금, 열전대용, 전기저항선.

74 ㉮   75 ㉱   76 ㉰   77 ㉱
78 ㉮   79 ㉮

해설

81
- 림드강 : Fe-Mn으로 불완전탈산.
- 킬드강 : Fe-Si, Si등으로 완전 탈산시킨 강.
- 세미킬드강 : Al으로 림드와 킬드의 중간탈산.

---

80 표준 성분이 4% Cu, 2% Ni, 1.5% Mg인 알루미늄 합금으로 시효 경화성이 있어서 모래형 및 금형 주물로 사용되고, 열간단조 및 압출가공이 쉬워 단조품 및 피스톤에 이용되는 금속은?

㉮ Y합금 ㉯ 하이드로날륨
㉰ 두랄루민 ㉱ 알클래드

81 전로에서 정련된 용강을 페로망간(Fe-Mn)으로 불완전 탈산시켜 주형에 주입한 것은?

㉮ 탄소강 ㉯ 킬드강
㉰ 림드강 ㉱ 세미킬드강

82 TTT곡선도에서 TTT가 의미하는 것이 아닌 것은?

㉮ 시간(Time)
㉯ 뜨임(Tempering)
㉰ 온도(Temperature)
㉱ 변태(Transformation)

83 스테인레스강과 인바(invar) 등을 조합시켜 가정용 전기기구 등의 온도 조절용 바이메탈(bimetal)에 사용되는 신소재는?

㉮ 제진 재료 ㉯ 클래드 재료
㉰ 비정질 재료 ㉱ 초전도 재료

84 다음 중 철강재료에 관한 올바른 설명은?

㉮ 탄소강은 탄소를 2.0%~4.3% 함유한다.
㉯ 용광로에서 생산된 철은 강이라 하고 불순물과 탄소가 적다.
㉰ 탄소강의 기계적 성질에 가장 큰 영향을 끼치는 것은 규소(Si)의 함유량이다.
㉱ 합금강은 탄소강이 지니지 못한 특수한 성질을 부여하기 위하여 합금원소를 첨가하여 만든 것이다.

80 ㉮ 81 ㉰ 82 ㉯ 83 ㉯
84 ㉱

02 기계요소

Craftsman Computer Aided Lathe & Milling

1 응력과 변형률

가. 하중

기계가 작동하여 에너지의 입력과 전달과 변환을 행하려면 기계의 각 부분에 여러 가지 힘이 작용한다. 이와 같은 힘을 재료역학에서는 하중(load)이라 한다.

(1) 하중의 작용 상태에 따른 종류
① 인장하중 : 늘어나는 하중
② 압축하중 : 누르려는 하중
③ 비틀림 하중 : 재료를 비틀려고 하는 하중
④ 휨 하중 : 재료를 구부리려는 하중
⑤ 전단 하중 : 재료를 가위로 자르려는 것 같은 하중

(2) 하중의 시간적인 작용에 따른 종류
① 정하중 : 항상 일정한 크기를 유지하면서 작용하는 하중이며, 외력이 매우 서서히 작용하고, 물체 자신의 무게도 이에 속한다. 정하중은 사하중(Dead Load)이라 한다.
② 동하중 : 하중이 가해지는 속도가 빠르고 시간에 따라 크기와 방향이 변하거나 작용점이 변하는 하중.
㉮ 반복하중 : 하중의 방향은 변하지 않고 연속하여 반복적으로 작용하는 하중
　　예 차축을 지지하는 압축 스프링
㉯ 교번하중 : 하중의 크기와 방향이 동시에 주기적으로 변하는 하중
　　예 피스톤로드와 같이 인장과 압축이 교대로 반복되는 상태
㉰ 충격하중 : 순간적으로 짧은 시간에 작용하는 하중

㉮ 못을 박을 때와 같은 상태
㉱ 이동 하중 : 이동하면서 작용하는 하중
㉮ 철교 또는 레일 등에 작용하는 것과 같은 상태

(3) 하중의 분포 상태에 따른 분류
① 집중 하중 : 재료의 한 점에 집중하는 하중
② 분포 하중 : 재료의 어느 범위 내에 분포되어 작용하는 하중
하중의 분포 상태에 따라 균일 분포 하중과 불 균일 분포 하중이 있다.

나. 응력(Stress)

물체에 하중을 작용시키면 물체 내부에 저항력이 생긴다. 이때 생긴 단위 단면적에 대한 저항력을 응력이라 한다. 응력의 단위 : kg/mm^2

인장력(전단력) : W[kg], 단면적 : A[mm²], 인장응력 : σ_t, 압축응력 : σ_c, 전단응력 : τ

(1) 인장 응력 : $\sigma_t = \dfrac{W}{A} [kg/mm^2]$

(2) 압축 응력 : $\sigma_c = \dfrac{W}{A} [kg/mm^2]$

(3) 전단응력 : $\sigma_t = \dfrac{W}{A} [kg/mm^2]$ 또는 $[kg/mm^2]$

다. 변형률(strain)

변형률이란, 단위 길이에 대한 변형량을 말한다.

(1) 변형률의 종류
작용하는 하중에 따라서 인장, 압축, 전단변형률이 있다.
① 인장 변형률 : 인장 하중 W가 작용하면 늘어나서 변형이 생긴다.
l : 최초의 재료의 길이(mm)   l' : 변형 후 재료의 길이(mm)   λ : 변형량(늘어난 양)이라고 하면,

세로변형률 : $e = \dfrac{\lambda}{l} = \dfrac{l' - l}{l}$

변형률을 백분율로 표시한 것을 연신율이라 하며, $\dfrac{\lambda}{l} \times 100(\%)$

② 압축 변형률 : 막대의 지름 d(mm), 지름의 수축율을 δ(mm)라고 하면 직각 방향의 변형률 $e' = \dfrac{\delta}{d}$ 가 된다. 여기서 직각방향의 변형률을 가로 변형률이라고 한다.

③ 전단변형률 : 전단력 W에 대하여 재료가 A' B' CD로 변형되었을 때, 즉 λ_s만큼 밀려 났을 때, 평행면의 거리 l의 단위 높이 당의 밀려남을 전단 변형률이라고 한다.

전단변형률 $\gamma = \dfrac{\lambda_s}{l} = \tan \varnothing = \varnothing (rad)$

(2) 응력 변형률 선도

연강의 시험편을 인장 시험기에 걸어 하중을 작용시키면 재료는 변형한다. 이와 같이 하중에 따른 변형량을 나타낸 것을 하중 변형 선도이다.

① (A) 비례한도 : 하중의 증가와 함께 변형이 비례적으로 증가
② (B) 탄성한도 : 응력을 제거 했을 때 변형이 없어지는 한도이상 응력을 가하면 응력을 제거해도 변형은 완전히 없어지지 않는다. (=소성변형)
③ (C, D) 항복점 : 응력이 증가하지 않아도 변형이 계속 증가
④ (E) 인장강도 : 최대 응력 점으로 응력을 변화하기전의 단면적으로 나눈 값을 인장 강도로 한다.
⑤ 기타 재료의 응력 변형 곡선 : 연강 이외의 재료를 인장 시험한 응력변형 곡선으로 항복점이 없는 것이 특징이다.

[응력 변형률 선도]　　　　[재료의 응력 변형 곡선]

라. 후크의 법칙

비례한도 범위 내에서 응력과 변형률은 비례한다.

(1) 세로 탄성률

축하중을 받는 재료에 생기는 수직응력을 $\sigma[kg/mm^2]$ 그 방향의 세로 변형률을 ε이라 하면 후크의 법칙에 의하여 다음 식이 성립된다.

$$\frac{응력(\sigma)}{변형률(\varepsilon)} = E \text{ 또는 } \sigma = E \cdot \varepsilon$$

여기서 비례상수 E를 세로 탄성계수 또는 영률이라고 한다.

$$E = \frac{\sigma}{\varepsilon} = \frac{W/A}{\lambda/l} = \frac{Wl}{A\lambda}[kg/cm^2] \text{ 또는 } \lambda = \frac{Wl}{AE}$$

(2) 가로 탄성률

전단 하중을 받는 경우의 재료에서도 한도 이내에서는 후크의 법칙이 성립한다.

즉, $\dfrac{\text{전단응력}(\tau)}{\text{전단변형률}(\gamma)} = G$, 따라서 $\tau = G \cdot \gamma$

여기서 비례상수 G를 가로 탄성계수 또는 전단 탄성률이라고 한다.

$$\gamma = \dfrac{\tau}{G} = \dfrac{W/A}{G} = \dfrac{W}{AG}$$

마. 푸아송의 비

탄성 한도 이내에서의 가로와 세로변형률의 비는 재료에 관계없이 일정한 값이 된다.

$$\text{푸아송의 비}(\mu) = \dfrac{\text{가로변형률}(e')}{\text{세로변형률}(e)} = \dfrac{1}{m} \text{ 또는 } \dfrac{1}{m} = \dfrac{e'}{e} = \dfrac{\dfrac{\delta}{d}}{\dfrac{\lambda}{l}} = \dfrac{\delta l}{\lambda d}$$

여기서 1/m은 푸아송의 비로 항상 1보다 작으며, m을 푸아송 수라고 한다. m은 보통 2~4정도의 값이며, 연강은 10/3이다.

[푸아송의 비]

재료	$\dfrac{1}{m}$	재료	$\dfrac{1}{m}$
주철	0.20~0.29	금	0.42
강	0.28~0.30	아연	0.33
구리	0.33	납	0.45
황동	0.33	유리	0.244
알루미늄	0.34	고무	0.50

2 재료의 강도

가. 응력집중

단면 형상이 균일한 재료가 인장 하중을 받으면 (b)에서 보는 것처럼 단면 XX'에는 평균 응력 σ_n이 고르게 분포 한다. 그러나 (a)에서 보는 것처럼 노치(notch)가 있으면 홈 단면 XX'에는 응력이 균일하게 분포하지 않고, 이 부분에 최대의 응력 σ_{max}가 발생하며, 중심부의 응력은 평균 응력 σ_n보다 작아진다.

(c)에서 보면 재료 단면 모양이 갑자기 변화하면 그 곳에 국부적으로 아주 큰 응력이 발생한다. 이러한 현상을 응력 집중이라 한다.

$$\alpha_k = \frac{\sigma_{max}}{\sigma_n}$$

$$\alpha_k = \frac{\tau_{max}}{\tau_n}$$

α_k = 형상계수 또는 응력 집중 계수

[응력 집중 상태]

나. 열응력(thermal stress)

모든 물체는 온도 변화에 따라 팽창하고 수축한다. 만일, 온도가 올라가서 늘어나려고 하는 경우, 이것이 방해가 된다면 재료는 마치 압축을 받는 것과 같은 상태로 되어 압축 응력이 생긴다. 이와 같이 온도의 변화에 따라 재료 내부에 생기는 응력을 열응력이라 한다.

봉의 길이 : l, 선팽창계수 : α, 온도변화 : $(t_2 - t_1)$, 세로탄성계수 : E

온도 변화에 의한 자연 팽창 및 수축량은 $\lambda = l \times \alpha (t_2 - t_1)$

따라서 변형률은 $e = \alpha(t_2 - t_1)$, 열응력은 $\sigma = E \chi e(t_2 - t_1)$

다. 피로한도

재료가 정하중보다 작은 반복 하중이나 교번 하중에 파단되는 현상을 피로라고 한다.

(1) 피로한도

재료가 어느 한도까지는 아무리 반복해도 피로 파괴 현상이 생기지 않는다. 이 응력의 한도를 피로 한도라고 한다. 보통 강 또는 주철은 반복 횟수 10^7 정도에서 피로 한도가 나타난다.

(2) 피로 현상에 영향을 미치는 요소

재료의 피로는 하중의 종류, 반복 속도, 재료의 치수, 노치의 상태, 표면 거칠기, 부식 온도와 관계가 있다.

라. 크리프

기계를 구성하고 있는 재료가 고온하에서 일정 하중을 받으면서 장시간 동안 머무르게 되면 재료 내의 응력은 일정함에도 불고하고 그 변형률은 시간의 경과와 더불어 증대하여 간다. 이 현상을 크리프라 한다.

일정한 시간이 지나면 크리프가 정지하는 것과 같이 일정한 온도에서 응력의 최대값을 크리프 한도라 한다.

마. 허용응력과 안전율

(1) 사용응력과 허용응력

기계나 구조물에 실제로 사용하는 응력을 사용 응력(working stress)이라고 하며, 재료를 사용할 때 허용할 수 있는 최대 응력을 허용응력이라고 한다.

인장응력(σu) 〉 허용응력(σa) 〉 사용응력(σw)

(2) 안전율

재료의 허용 응력은 재료에 대한 신뢰도, 응력 중점과 변형 중점, 하중의 종류, 응력의 종류, 가공 방법, 사용 온도등 여러 가지 조건을 생각하여 결정한다.

재료의 파괴강도 σa와 허용 응력 σa와의 비를 안전율(S)이라고 한다.

$$S = \frac{\sigma_B}{\sigma_A}$$

3 나사

가. 나사

(1) 나사 곡선

원통 면에 직각삼각형을 감을 때 원통면에 나타나는 삼각형의 빗면이 만드는 선을 나사 곡선(helix)이라 하며, 이때의 나사 곡선의 각 α는 다음 식에 의한다.

$\tan\alpha = \dfrac{l}{\pi d}$ 여기서 α= 나사 곡선의 각, d=원통의 지름, l=리드

[나사 각부의 명칭]

(2) 나사 각부의 명칭
① 피치 : 인접하는 나사 산과 나사 산의 거리를 피치라 한다. (p)
② 리이드 : 나사를 1회전 시켰을 때 진행한 거리를 말한다. (l) $l = n \cdot p$
③ 유효 지름 : 수나사와 암나사가 접촉하고 있는 부분의 평균 지름, 즉 나사 산의 두께와 골의 틈새가 같은 가상 원통의 지름을 말한다.
④ 호칭 지름 : 수나사는 바깥지름으로 나타내고, 암나사는 상대 수나사의 바깥지름으로 나타낸다.
⑤ 비틀림각 : 직각에서 리드를 뺀 나머지 값을 비틀림 각이라 한다.
⑥ 플랭크각과 나사산각 : 나사의 골을 잇는 면을 플랭크라 하고, 나사의 축선과 플랭크가 이루는 각을 플랭크 각이라 하며, 플랭크각 2개의 값이 나사 산의 각도이다.

나. 나사의 종류

(1) 삼각 나사 : 나사산의 모양이 삼각형인 나사
① 미터나사 : 미터보통나사(M10)와 미터가는나사(M10×0.8)가 있다.
② 유니파이 나사 : 유니파이보통나사(3/8-12 UNC)와 유니파이가는나사(3/8-20 UNF)가 있다.
③ 관용나사 : 관용평행나사와 관용테이퍼나사가 있다.
(2) 사각 나사 : 나사산의 모양이 사각형인 나사로써 사각볼트와 사각너트가 있다.
(3) 사다리꼴 나사 : 사다리꼴나사에는 29°와 30°사다리꼴 나사가 있다.
(4) 톱니 나사 : 바이스나 잭 등에 쓰인다.
(5) 둥근 나사 : 전구나 소켓 등에 쓰인다.
(6) 볼 나사 : 나사축과 너트가 강구(Steel Ball)를 매개로 작동, 수치제어공작기계의 위치결정 이동용으로 쓰인다.

다. 볼트와 너트

볼트(bolt)와 너트(nut)는 결합 및 분해가 쉬워 기계 부품에 많이 사용된다.

(1) 볼트는 사용 목적에 따라 다음과 같이 분류한다.

① 관통 볼트(through bolt) : 부품에 구멍을 뚫고 죄는 것으로 가장 많이 사용되고 있다.
② 탭볼트(tap bolt) : 구멍을 뚫을 수 없을 때 암나사를 만들어 끼워서 조여주는 볼트이다.
③ 스터드 볼트(stud bolt) : 부품을 자주 분해 할 때 암나사 손상으로 볼트를 기계 몸체에 탭볼트와 같이 나사를 박고 너트를 죌 때 사용된다.

[사용 목적에 다른 분류]

종류	설명 · 용도
관통 볼트	결합하고자 하는 두 물체에 구멍을 뚫고, 여기에 볼트를 관통시킨 다음, 반대편에서 너트로 죈다.
탭 볼트	물체의 한 쪽에 암나사를 깎은 다음 나사박음을 하여 죄며, 너트는 사용하지 않는다. 결합하려고 하는 부분이 너무 두꺼워 관통구멍을 뚫을 수 없을 경우에 사용된다.
스터드 볼트	양 끝에 나사를 깎은 머리 없는 볼트로서, 한 쪽 끝은 본체에 박고, 다른 끝에는 너트를 끼워 죈다.

(2) 볼트의 종류

머리모양과 용도에 따른 볼트는 매우 다양하지만 일반적으로 많이 사용되는 것은 다음과 같다.

[볼트의 종류]

종류	설명 · 용도
육각 볼트	일반적으로 각종 부품을 결합하는 데 널리 쓰이는 대표적인 볼트이다.

종류	설명 · 용도
육각 구멍 붙이 볼트	둥근 머리에 육각 홈을 파 놓은 것으로 볼트의 머리가 밖으로 나오지 않아야 하는 곳에 사용된다.
나비 볼트	머리 부분을 나비의 날개 모양으로 만들어 손으로 쉽게 돌릴 수 있도록 한 볼트이다.
기초 볼트	여러 가지 모양의 원통부를 만들어 기계 구조물을 콘크리트 기초 위에 고정시키도록 하는 볼트이다.
접시 머리 볼트	볼트의 머리가 밖으로 나오지 않아야 하는 곳에 사용하며 홈 붙이 접시 머리 볼트, 키 붙이 접시 머리 볼트 등이 있다.
아이 볼트	나사 머리부를 고리 모양으로 만들어 체인 또는 훅 등을 걸 때 사용한다.

(3) 너트의 종류
　① 보통너트 : 머리 모양에 따라 4각, 6각, 8각이 있으며, 6각이 가장 많이 쓰인다.
　② 특수너트의 종류
　　㉮ 사각 너트 : 외형이 4각으로서 주로 목재에 쓰이며, 기계에서는 간단하고 조잡란 것에 사용
　　㉯ 둥근 너트 : 자리가 좁아서 육각너트를 사용하지 못하는 경우나 너트의 높이를 작게 했을 때 쓴다.
　　㉰ 플랜지 너트 : 볼트 구멍이 클 때, 접촉면이 거칠거나 큰 면압을 피하려 할 때 쓰인다.
　　㉱ 홈 붙이 너트 : 너트의 풀림을 막기 위하여 분할 핀을 꽂을 수 있게 홈이 6개 또는 10개정도 있는 것이다.

㉮ 캡 너트 : 유체의 누설을 막기 위한 것이다.
　　　㉯ 아이 너트 : 물건을 들어 올리는 고리가 달려 있다.
　　　㉰ 나비 너트 : 손으로 돌릴 수 있는 손잡이가 있다.
　　　㉱ T너트 : 공작 기계 테이블의 T홈에 끼워지도록 모양이 T형이며, 공작물 고정에 쓰인다.
　　　㉲ 슬리브 너트 : 머리 밑에 슬리브가 달린 너트로서 수나사의 편심을 방지하는데 쓰인다.
　　　㉳ 플레이트 너트 : 암나사를 깎을 수 없는 얇은 판에 리벳으로 설치하여 사용한다.
　　　㉴ 턴 버클 : 오른 나사와 왼 나사가 양 끝에 달려 있어서 막대나 로프를 당겨서 조이는데 쓰인다.

(4) 작은 나사와 세트 스크루
　① 작은 나사 : 호칭 지름 8mm이하에서 사용된다.
　② 세트 스크루 : 축에 바퀴를 고정시키거나 위치를 조정할 때 쓰이는 작은 나사
　　키(key)의 대용으로도 사용되며, 홈형, 6각 구멍형, 머리형 등이 있다.
　③ 태핑 나사 : 암나사 부분에 미리 구멍을 뚫고 수나사를 그 구멍에 돌려 끼우면 암나사가 만들어지며 고정되는 수나사를 말한다.

(5) 와셔
　스프링 와셔, 이붙이 와셔, 갈퀴붙이 와셔, 혀붙이 와셔 등이 있다.
　와셔의 재료로서는 연강이 많이 사용되지만 경강, 황동, 인청동도 쓰인다.
　와셔가 사용되는 경우는 다음과 같다.
　① 볼트 지름보다 구멍이 클 때
　② 너트의 풀림 방지를 위할 때
　③ 자리가 다듬어지지 않았을 때
　④ 접촉면이 바르지 못하고 경사졌을 때
　⑤ 너트가 재료를 파고 들어갈 염려가 있을 때

(6) 너트의 풀림 방지법
　① 탄성 와셔에 의한 법
　② 핀 또는 작은 나사를 쓰는 법
　③ 로크 너트에 의한 법
　④ 너트의 회전 방향에 의한 법
　⑤ 철사에 의한 법
　⑥ 자동 죔 너트에 의한 법
　⑦ 세트 스크루에 의한 법

라. 나사의 설계

(1) 볼트의 설계

① 정하중을 받는 경우

볼트의 외경 : d_0, 볼트 허용 인장 응력 : σ_t, 골 지름 : d_1, 축방향 인장 하중 : W

$$\sigma_a = \frac{W}{A} = \frac{W}{\frac{\pi d_1^2}{4}} = \frac{4W}{\pi d_1^2} \text{이므로} \therefore d_1 = \sqrt{\frac{4W}{\pi \sigma_a}} \, (mm)$$

② 정하중과 비틀림 하중을 받는 경우

축 방향의 하중과 비틀림 하중이 동시에 작용할 경우, 비틀림에 의한 응력은 인장 응력이나 압축응력의 1/3을 넘는 일이 없으므로, 수직 하중의 4/3 배의 하중이 작용하는 것으로 하여 지름을 구한다.

$$\frac{4}{3}W = \frac{1}{2}d_0^2 \sigma_a \quad \therefore d_0 = \sqrt{\frac{8W}{3\sigma_a}} \, (mm)$$

③ 전단 하중을 받는 경우

축의 직각 방향에 하중이 작용하는 경우, 볼트에 생기는 전단 응력을 τ_a라 하면

$$W_s = \frac{\pi d_0^2}{4} \cdot \tau_a \quad \therefore d_0 = \sqrt{\frac{4W_s}{\pi \tau_a}} \, (mm)$$

(2) 너트의 높이

일반적으로 너트의 높이는 (0.8~ 1.0)d로 결정된다.

4 키와 핀

가. 키(Key)

키는 축에 풀리(pulley), 커플링(coupling) 및 기어(gear) 등의 회전체를 고정시켜 축과 회전체가 미끄럼이 없이 회전을 전달시키는데 사용한다.

(1) 키의 종류

① 묻힘 키(sunk key)

㉮ 드라이빙 키 : 축과 보스에 다 같이 홈을 파서 사용하며, 기울기가 1/100이며, 해머로 때려 박는다.

㉯ 세트 키 : 축과 보스에 다 같이 홈을 파서 사용하며, 축심에 평행으로 끼우고 보스를 밀어 넣는다.

② 평 키(flat key) : 축에 자리만 평편하게 가공하며 보스에 기울기(1/100)가 있다. 경하중에 쓰이며, 안장 키이 보다는 강하다.
③ 안장 키(saddle key) : 축은 키홈을 절삭치 않고 보스에만 홈을 파서 사용하며, 극 경하중용으로 마찰력으로 고정시킨다.
④ 반달 키(woodruff key) : 축이 약해지는 결점이 있으나 공작기계 핸들축과 같은 테이퍼 축에 사용한다.
⑤ 패더 키(feather key) : 묻힘키의 일종으로 미끄럼 키라고도 한다. 축방향으로 보스의 이동이 가능하며 보스와의 간격이 있어 회전 중 이탈을 막기 위해 고정하는 수가 많다.
⑥ 접선 키(tangential key) : 축과 보스에 접선방향으로 홈을 파서 사용하며, 역전하는 경우는 120° 각도로 두 곳에 설치한다. 정사각형 단면의 키를 90°로 배치한 것을 케네키이라 한다.
⑦ 원뿔 키(cone key) : 축과 보스에 키홈을 파지 않고 보스의 구멍을 테이퍼 구멍으로 한다. 한 군데가 갈라진 원뿔 통을 끼워 넣어 마찰력으로 고정시키는 키로 축의 어느 곳에도 장치 가능하며 바퀴가 편심되지 않는다.
⑧ 스플라인(spline) : 축의 둘레에 4~20개의 턱을 만들어 큰 회전력을 전달할 경우에 쓰인다.
⑨ 세레이션(serration) : 축에 작은 삼각형의 이를 만들어 축과 보스를 고정시킨 것으로, 주로 자동차의 핸들 고정용, 전동기나 발전기의 전기자 축 등에 이용된다.

(a) 묻힘 키   (b) 안장 키   (c) 평 키   (d) 반달 키

(e) 접선 키   (f) 원뿔 키   (g) 스플라인   (h) 세레이션

[키의 종류]

(2) 키의 강도 계산(키의 전단강도)

　　b : 키의 나비
　　L : 키의 길이
　　d : 축의 지름
　　F : 키에 작용하는 전단력
　　T : 토크
　　τ : 키의 전단응력
　　σ : 키의 압축응력

[전단을 받는 키]

$$F = \tau bl \qquad F = \frac{2T}{d} \text{에서} \quad \tau bl = \frac{2T}{d} \qquad \therefore \tau = \frac{2T}{bdl}$$

나. 핀 (Pin)

(1) 핀의 개요
핀은 기계 접촉면의 미끄럼 방지나 나사의 풀림방지 및 위치 고정등 비교적 작은 힘이 작용되는 곳에 사용된다.

(2) 핀의 종류
핀의 종류는 그림과 같이 여러 종류가 있다.
① 테이퍼 핀 : 1/50의 테이퍼가 있다. 호칭지름은 작은 쪽의 지름으로 표시한다.
② 평행 핀 ; 분해 조립을 하게 되는 부품의 맞춤면의 관계 위치를 항상 일정하게 유지하도록 안내하는데 사용한다.
③ 분할 핀 : 두갈래로 갈라지기 때문에 너트의 풀림방지 등에 쓰인다.
④ 스프링 핀 : 세로 방향으로 쪼개져 있어 구멍의 크기가 정확하지 않을 때 해머로 때려 박는다.

[핀의 종류]

다. 코터 이음
코터는 키의 일종으로 축 방향으로 인장력이나 압축력이 작용하는 두 축을 연결하거나 풀 필요가 있을 때에 주로 쓰인다. 코터의 기울기는 보통 1/20이 많이 사용된다.
그림은 코터이음을 나타낸다.

[코터 이음]

5 리벳

가. 리벳의 개요

(1) 리벳의 종류와 호칭법

① 리벳의 모양에 의한 종류

둥근머리, 접시머리, 납작머리, 냄비머리, 보일러용 둥근머리, 선박용 둥근 접시머리등.

② 제조방법에 의한 종류

냉각 리벳 (호칭 지름 1~13mm), 열간 리벳 (호칭 지름 10~44mm)

③ 사용목적에 의한 종류

㉮ 보일러용 리벳 : 강도와 기밀을 필요로 하는 리벳으로 보일러, 고압 탱크에 사용된다

㉯ 저압용 리벳 : 주로 수밀을 중요시하는 리벳으로 저압 탱크에 사용한다

㉰ 구조용 리벳 : 주로 강도를 목적으로 하는 리벳으로서 차량, 철료, 구조물 등에 사용된다

④ 리벳의 호칭 : 리벳의 호칭은 리벳종류, 지름(d)×길이(L), 재료로 표시한다

보기 : 열간 접시 머리 리벳 16×40 SBV34

⑤ 리벳의 크기 표시

㉮ 머리 부분을 제외한 길이 : 둥근 머리 리벳, 납작 머리 리벳, 남비머리 리벳

㉯ 머리 부분을 포함함 전체 길이 : 접시 머리 리벳

[리벳의 종류]

종류·형상		종별	재료	종류·형상		종별	재료
둥근머리		열간	SV330 SV440	둥근접시머리		열간	SV330 SV400
		보일러용	SV400			보일러용	SV400
		냉간	MSWR 12, 15, 17			냉간	SV330
		소형열간	B, W				
납작머리		열간	SV330 SV400	접시머리		열간	SV330
						냉간	SV400

(2) 리벳팅

보일러, 철교, 구조물, 탱크와 같은 영구 결합에 널리 쓰인다.

① 리벳 이음할 구멍은 20mm까지 대개 펀치로 뚫는다.
② 리벳 구멍은 리벳 지름보다 1~1.5mm 크게 한다.
③ 리벳의 여유 길이는 지름의 4/3~7/4배이다.
④ 8mm이하는 상온에서 10mm이상은 열간 리베팅 한다.
⑤ 지름 25mm 이상은 리베터를 쓴다.
⑥ 유체의 누설을 막기 위하여 코킹이나 플러링을 하며, 이때의 판 끝은 75~85°로 깎아준다.
⑦ 코킹이나 플러링은 판재 두께 5mm이상에서 행한다.

(3) 리벳 이음의 종류

리벳 이음에는 겹치기 이음(lap joint)과 맞대기 이음(butt joint)이 있고 리벳열은 1-3열이 있다. 2열 이상일 때의 배열은 평행형과 지그잭 형이 있다.

(4) 리벳 이음의 특징

리벳이음은 용접 이음에 비해 다음과 같은 특징이 있다.

① 초응력에 의한 잔류 변형률이 생기지 않으므로 취약 파괴가 일어나지 않는다.
② 구조물 등에서 현지 조립할 때는 용접 이음보다 쉽다.
③ 경합금과 같이 용접이 곤란한 재료에는 신뢰성이 있다.
④ 강판의 두께에 한계가 있으며, 이음 효율이 낮다.

나. 리벳 이음의 강도

W : 1피치당 하중   t : 판재의 두께   p : 리벳의 피치
d_0 : 리벳 구멍의 지름   d : 리벳의 지름   e : 리벳의 판 끝까지의 거리
σ_c : 리벳 또는 판의 압축응력 σ_t : 판재에 생기는 허용인장응력 τ_c : 판에 생기는 전단응력
τ_a : 리벳에 생기는 전단응력

(1) 리벳의 전단 응력 : $W = \dfrac{\pi}{4} d^2 \tau_a, \quad \tau_a = \dfrac{4W}{\pi d^2}$

(2) 판재의 인장 응력 : $W = (p - d_0) t \sigma_t, \quad \sigma_t = \dfrac{W}{(p - d_o) t}$

(3) 판재의 전단 응력 : 전단 면적은 2et이므로 $W = 2et\tau_0, \quad \tau_0 = \dfrac{W}{2et}$

(4) 판재의 압축 응력 : $W = dt\sigma_c, \quad \sigma_c = \dfrac{W}{dt}$

6 축계 요소

가. 축(shaft)

(1) **축(shaft)의 종류**

모양에 따른 축의 종류

① 직선 축 : 보통 사용되는 곧은 축

② 전동축(transmission shaft) : 전동축은 회전에 의해 동력을 전달하는 축으로 주로 비틀림과 굽힘모멘트를 동시에 받는다. (주축, 선축, 중간축으로 구성)

  ㉮ 주축 : 원동기에서 직접 동력을 받는 축이다.

  ㉯ 선축 : 주축에서 동력을 받아 각 동장에 분배하는 축이다.

  ㉰ 중간축 : 선축에서 동력을 전달 받아 각각의 기계에 동력을 전달하는 축이다.

③ 차축 : 차축은 주로 굽힘 모멘트를 받는다.

④ 스핀들 : 스핀들은 주로 비틀림 모멘트를 받으며 직접 일을 하는 회전축으로 치수가 정밀하며 변형량이 적다.

  ㉮ 곡선 축 : 크랭크 축과 같이 굽은 축

  ㉯ 플렉시블 축(flexible shaft) : 축의 굽힘이 비교적 자유로운 축으로 철사를 코일 모양으로 이중, 삼중으로 감아 만든 축

(2) **축(shaft)의 재료**

① 탄소 성분 : C 0.1~0.4%
② 중하중 및 고속 회전용 : 니켈, 니켈 크롬강
③ 마모에 견디는 곳 : 표면 경화강
④ 크랭크축 : 단주강, 미하나이트 주철

(3) 축(shaft)의 설계
① 휨만을 받는 축
- 속이 찬 축 : $M = \sigma_b \cdot Z = \sigma_b \times \dfrac{\pi d^3}{32}$ $\therefore d = \sqrt[3]{\dfrac{32M}{\pi \sigma_b}}$

② 비틀림이 작용하는 축
- 속이 찬 축 : $T = \tau \cdot Z_p = \tau \times \dfrac{\pi d^3}{16}$ $\therefore d = \sqrt[3]{\dfrac{16T}{\pi \sigma_b}}$

③ 휨과 비틀림이 동시에 받는 축 : 상당 휨 모멘트 M_e 또는 상당 비틀림 모멘트 T_e를 생각하여 축의 지름을 계산하여 큰 쪽의 값을 취한다.
- 속이 찬 축 : $Te = \sqrt{T^2 + M^2}$, $M_e = \dfrac{M + (\sqrt{M^2 + T^2})}{2}$ $\therefore d = \sqrt[3]{\dfrac{32M_e}{\pi \sigma_b}}$, $d = \sqrt[3]{\dfrac{16T_e}{\pi \sigma_b}}$

(4) 축에 영향을 끼치는 요인
① 진동 : 회전시 고유 진동과 강제 진동으로 인하여 현상이 생길 때 축이 파괴된다. 이 때 축의 회전속도를 임계속도라 한다
② 부식(corrosion) : 방식 처리 또는 굵게 설계한다
③ 온도 : 고온의 열을 받은 축의 크리프와 열팽창을 고려해야 한다

나. 축 이음

몇 개의 축과 연결하는 기계요소를 축 이음이라 하고 축 이음에는 이음 방식에 따라 커플링(coupling)과 클러치(clutch)로 크게 나눈다.

(1) 커플링 (coupling)
커플링에는 원통 커플링, 올덤 커플링, 플랜지 커플링, 플렉시블 커플링, 자재 이음(universal joint)등이 있다. (참고 : 자재 이음의 α ≤ 30°가 되어야 한다.)
① 두 축이 일직선상에 있는 경우
  ㉮ 슬리이브 커플링 : 고정축 이음으로 주철제 원통 안에 두 축을 맞추어 키로 고정한 것으로 머프 커플링, 반중첩 커플링, 마찰원동커플링, 클램프 커플링, 셀러 커플링 등이 있다
  ㉯ 플랜지 커플링 : 가장 많이 사용하는 축 이음으로, 주철제 또는 주강제의 플랜지를 양축에 고정한 후 볼트로 고정한 것이다
  ㉰ 플렉시블 커플링 : 두 축이 정확히 일치하지 않는 경우에 사용되며, 플랜지 플렉시블 커플링, 그리드 플렉시블 커플링 등이 있다

② 두 축이 평행하거나 교차하는 경우
  ㉮ 올덤 커플링 : 두 축이 평행하며 약간 어긋나는 경우에 사용하며, 윤활이 어렵고 원심력에 의하여 진동이 발생되므로, 고속 회전축의 축 이음으로는 적당하지 않다.
  ㉯ 유니버설 조인트 : 두 축의 만나는 각이 (30° 이내) 수시로 변화하는 경우에 사용되며, 공작 기계. 자동차 등의 축 이음에 사용된다.

(2) 클러치 (clutch)
축의 회전을 중지하지 않으면서 회전 토크(torque)를 단속하고자 할 때 사용한다. 클러치의 종류에는 맞물림 클러지(claw clutch), 마찰 클러치(frictiov clutch), 유체 클러지(fluid clutch), 마그네틱 클러치(magnetic clutch) 등이 있고, 맞물림 클러치에는 맞물림 형태에 따라 직사각형, 사다리꼴형, 톱날형, 덩굴형 등이 있다.

(3) 베어링
회전축을 지지하는 축용 기계요소를 베어링(bearing)이라 하며, 베어링과 접촉하고 있는 축 부분을 저널(jornal)이라 한다. 저널과 베어링의 상대 운동에 따라 미끄럼 베어링(Sliding bearing)과 구름 베어링(Rolling bearing)으로 나누고, 축에 받는 하중의 방향에 따라 레이디얼 베어링과 스러스트 베어링으로 구분한다.
① 롤링 베어링의 기호와 치수
  ㉮ 치수는 mm계와 inch계열을 사용하며 mm치수는 ISO에 의해 구체적으로 표준화 되어 있다.
  ㉯ 롤러 베어링은 KS B 2012 호칭 번호로 정해져 있다.

| 형식 번호 | 치수기호(나비와 지름 기호) | 안지름 번호 | 등급 기호 |

- 형식번호 (첫번째 숫자)
    1 : 복렬 자동 조집형   2,3 : 복렬 자동 조심형(큰 나비)   5 : 드러스트 베어링
    6 : 단영 홈형   7 : 단열 앵귤러 볼형   N : 원통 롤러형
- 치수 번호 (두번째 숫자)
    0,1 : 특별 경하중형   2 : 경하중형   3 : 중간하중형   4 : 중하중형
- 안지름 번호(세번째, 네번째 숫자)
    00 : 안지름 10mm   01 : 안지름 12mm   02 : 안지름 15mm
    03 : 안지름 17mm   04 : 안지름 20mm   05 : 안지름 25mm
    16 : 안지름 80mm   /22 : 안지름 22mm
- 등급 기호 (다섯번째 이후의 기호)
    무기호 : 보통급   H : 상급   P : 정밀급   SP : 초정밀급

② 호칭번호의 구성 및 배열

[베어링 호칭번호의 배열]

기본번호			보조기호					
베어링 계열기호	안지름 번호	접촉각 기호	내부치수	밀봉기호 또는 실드기호	궤도륜 모양기호	조합기호	내부틈새 기호	정밀도 등급기호

〈보기〉 6308 Z NR
    63 : 베어링 계열 기호 – 단열 깊은 홈 볼베어링6, 지름 계열 03
    08 : 안지름 번호(호칭 베어링 안지름 8×5=40mm
    Z : 실드 기호(한쪽 실드)
    NR : 궤도륜 모양기호(멈춤링 붙이)

[접촉각 기호]

베어링 형식	호칭 접촉각	접촉각 기호
단열 앵귤러 볼 베어링	10° 초과 22° 이하	C
	22° 초과 32° 이하(보통 30°)	A(*)
	32° 초과 45° 이하(보통 40°)	B
테이퍼 롤러 베어링	17° 초과 24° 이하	C
	24° 초과 32° 이하	D

주 : (*)는 생략할 수 있다.

[보조기호]

내부기호		실·실드		궤도륜모양		베어링의 조합		레이디얼 내부 틈새		정밀도 등급	
내용	기호	내용	기호	내용	기호*	종류	기호	구분	기호	등급	기호
내부 설계가 표준과 다른 베어링	A	양쪽 실붙이	UU	내륜 원통구멍	없음	뒷면 조합	DB	보통의 레이디얼 내부 틈새보다 작다.	C2	0급	없음
		한쪽 실붙이	U	플랜지 붙이	F	정면 조합	DF	보통의 레이디얼 내부 틈새	CN	6X급	P6X
ISO 규정에 따라 제작된 테이퍼 로울러 베어링	J			내륜 테이퍼 구명 (기준 테이퍼 1/12)	K					6급	P6
		양쪽 실드 붙이	ZZ	링 홈붙이	N	병렬 조합	DT	보통의 레이디얼 내부 틈새보다 크다.	C3	5급	P5
		한쪽 실드 붙이	Z	멈충링 붙이	NR			C3보다 크다.	C4	4급	P4
								C4보다 크다.	C5	2급	P2

주 : * 표는 다른 기호로 사용할 수 있다.

③ 베어링의 설계

㉮ 레이디얼 저널의 설계
- 베어링의 압력 : 지름 a, 길이 l, 가로 하중 W가 작용할 때

$$W = q_a dl, \quad q_a = \frac{W}{dl}$$

㉯ 구름 베어링의 수명과 정격 하중
- 베어링의 수명 : 이상적인 상태에서 운전하여 베어링 내외륜에 박리 현상이 최초로 생길 때까지의 총 회전수로 표시하며, 이 수명을 정격 수명이라 한다.

$$L = \left(\frac{P}{C}\right)^r \times 10^6 (회전) \qquad P = \frac{C\sqrt{10^6}}{\sqrt{L}} (kgf) \quad Lh = \frac{L}{n \times 60}$$

F : 정격 하중(kgf) C : 기본 동정격 하중(kgf) C' : 기본 정격 하중(kgf)
r : 베어링 내외륜과 전동체의 접촉 상태에서 결정되는 상수 Lh : 수명시간
위의 식에서 L를 100만 회전이라 규정하였으므로 단위는 10^6이다

7 마찰차

가. 마찰차의 종류

(1) 마찰차의 응용범위
① 전달하여야 될 힘이 그다지 크지 않고 속도 비를 중요시하지 않는 경우
② 회전 속도가 커서 보통의 기어를 사용할 수 없는 경우
③ 양 축 사이를 단속할 필요가 있을 경우
④ 무단 변속을 하는 경우

(2) 마찰차의 종류
① 원동 마찰차 : 평행한 두 축 사이에서 외접 또는 내접하여 동력을 전달하는 원통형 바퀴를 말한다.
② 홈붙이 마찰차 : V자 모양의 홈 5 ~ 10개를 표면에 파서 회전력을 크게 한 원통형 바퀴를 말한다. 홈 중앙 부분의 한 곳에서는 구름 접촉을 하고, 다른 곳에서는 미끄럼 접촉을 하므로 전동시 마멸과 소음을 일으키는 단점이 있다.
③ 원뿔 마찰차 : 동일 평면 내의 어긋나는 두 축 사이에서 외접하여 동력을 전달하는 원뿔형 바퀴를 말하며, 무단 변속 장치로 사용 된다.

④ 원판 마찰차 : 직각으로 만나는 두 축 사이에서 원판과 롤러의 접촉으로 동력을 전달하는 원판형 바퀴를 말한다. 문단 변속 장치로 사용 된다.

⑤ 구면 마찰차 : 직각 또는 직선으로 만나는 두 축에 롤러 또는 플랜지를 고정하고 그 사이에 구면형 또는 롤러 등의 중간차를 넣어 동력을 전달하는 마찰차를 말한다. 무단 변속 장치에 사용.

나. 마찰차의 동력 전달

(1) 회전 속도비

원주속도 : $v = \dfrac{\pi D_1 n_1}{60 \times 1000} = \dfrac{\pi D_2 n_2}{60 \times 1000}$

속도비 : $i = \dfrac{n_2}{n_1} = \dfrac{D_1}{D_2}$

중심거리 : $l_c = \dfrac{D_2 \pm D_1}{2}$

(2) 전달 동력(원통)

$P = \dfrac{Fv}{102} = \dfrac{\mu F \pi D_1 n_1}{102 \times 1000 \times 60} = \dfrac{\mu F \pi D_1 n_2}{102 \times 1000 \times 60} (Kw)$

8 기어

한 쌍의 마찰차 접촉면에 이(tooth)를 깎아 미끄러지지 않고 서로 물고 돌아가는 기계요소로서, 축간거리가 가까우며 큰 동력을 일정 속도비로 정확하게 전달할 때 사용된다.

가. 기어의 종류

기어는 사용 목적, 두 축의 상대 위치 및 이의 접촉에 따라 다음 표와 같이 구분할 수 있다.

[기어의 종류에 따른 두 축의 상대 위치 및 접촉]

기어의 종류	두 축의 상대 위치	이의 접촉	비고
스퍼 기어(spur gear)	평행	직선	원통형, 잇줄이 축에 평행
내접 기어(internal gear)			이는 스퍼 기어와 같음
헬리컬 기어(helical gear)			잇줄이 비틀린 원통형
더블 헬리컬 기어(double helical gear)			좌우의 헬리컬 기어를 조합
래크(rack)			회전 운동을 직선 운동으로 바꿈

기어의 종류	두 축의 상대 위치	이의 접촉	비고
직선 베벨 기어(straight bevel gear)	교차	직선	잇줄이 원뿔의 모선과 일치
스파이럴 베벨 기어(spiral bevel gear)		곡선	잇줄이 비틀린 베벨 기어
하이포이드 기어(hypoid gear)	평행하지도, 교차하지도 않음	곡선	운뿔형
스크류 기어(screw gear)		점	2개의 헬리컬 기어
웜 기어(worm gear)		점	감속 비율이 큼

나. 치형 곡선과 이의 크기

(1) 치형 곡선

① 인벌루트(involute)곡선
  ㉮ 원 기둥에 감은 실을 풀 때 실의 1점이 그리는 원의 일부 곡선
  ㉯ 압력 각이 일정하고 중심거리가 다소 어긋나도 속도 비는 불변한다.
  ㉰ 맞물림이 원활하며 공작이 쉽다.
  ㉱ 호환성이 있고 이 뿌리가 튼튼하다.
  ㉲ 결점은 마멸이 크다

② 사이클로이드(cycloid) 곡선
  ㉮ 기준 원 위에 원판을 굴릴 때 원판상의 1점이 그리는 궤적
  ㉯ 피치원이 완전히 일치해야 바르게 물린다.
  ㉰ 기어 중심거리가 맞지 않으면 물림이 나쁘다. 이 뿌리가 약하다
  ㉱ 효율이 높고 소음 및 마멸이 작다.

(2) 이의 크기

① 원주피치 : 원주 피치는 피치 원주에서의 인접한 2개의 이의 원주거리로 이 크기의 기준이며, 기호 p로 표시된다.
② 모듈 : 모듈은 기어의 피치원 지름을 이의 수로 나눈 값을 나타내며, 기호 m으로 표시한다.
③ 지름 피치 : 기어 이의 수를 피치원 지름(인치)으로 나눈 값을 나타낸다. 기호 P_d로 표시한다.
④ 이 크기의 기준의 상호관계
  기어에서 D_p = 피치원지름(mm) Din = 피치원지름 (in) Z = 이의 수라 하면,
  P, m, P_a의 관계는 다음과 같다.

$D_p(mm) = 25.4 D_{in}$

$p = \dfrac{\pi D_p}{z}(mm)$ 또는 $p = \dfrac{\pi D_{in}}{z}(in)$

$m = \dfrac{D_p}{z}(mm)$ 또는 $m = \dfrac{25.4 D_{in}}{z}$

$$p_d = \frac{z}{D_{in}} \quad \text{또는} \quad pd = \frac{z}{\frac{D_p}{25.4}} = \frac{25.4z}{D_p}$$

$$p = \pi m \qquad m = \frac{25.4}{p_d} \qquad p_d = \frac{\pi}{P}$$

(3) 이의 각 부 명칭

① 피치원(pitch circle) : 피치면의 축에 수직한 단면상의 원
② 원주 피치(circle pitch) : 피치원 주위에서 측정한 2개의 이웃에 대응하는 부분간의 거리
③ 이끝원(addendum circle) : 이 끝을 지나는 원
④ 이뿌리 원(dedendum) : 이 밑을 지나는 원
⑤ 이 폭 : 축 단면에서의 이의 길이
⑥ 이의 두께 : 피치 상에서 잰 이의 두께
⑦ 총이 높이 : 이 끝 높이와 이 부리의 높이의 합, 즉 이의 총 높이
⑧ 이 끝 높이(addendum) : 피치원에서 이 끝 원까지의 거리
⑨ 이 뿌리 높이(dedendum) : 피치원에서 이 뿌리 원까지의 거리

다. 기어의 속도비

각 기어의 피치원을 지름을 D_1, D_2 잇수를 z_1, z_2 회전수를 n_1, n_2라고 하고 속도비를 i 라하면 다음 식이 성립한다.

$$i = \frac{n_2}{n_1} = \frac{D_1}{D_2} = \frac{n_2}{n_1} = \frac{z_1}{z_2}$$

라. 인벌류트 표준 기어

(1) 기준 래크

기어의 피치원 지름이 무한대가 되면 기어는 래크로 된다. 따라서 래크의 치형을 피치에 따라 규정하면 모든 기어의 치형을 결정할 수가 있다. 규정된 래크를 기준래크라 한다.

(2) 표준 스퍼 기어

기준 래크의 기준 피치선이 기어의 기준 피치원과 인접하고 있는 것을 표준 스퍼 기어라 한다 표준 스퍼기어의 이 두께는 원주 피치의 1/2이다.

(3) 이의 물림률

$$물림률 = \frac{접촉호의 \ 길이}{원주피치의 \ 길이}$$

(4) 이의 간섭과 언더컷

2개의 기어가 맞물려 회전 시에 한쪽의 이 끝 부분이 다른 쪽 이뿌리 부분을 파고들어 걸리는 현상을 이의 간섭이라 하며, 이의 간섭에 의하여 이뿌리가 파여진 현상을 언더컷이라 한다.

① 이의 간섭을 막는법
　㉮ 이의 높이를 줄인다.
　㉯ 압력각을 증가시킨다(20° 또는 그 이상)
　㉰ 치형의 이끝면을 깎아 낸다.
　㉱ 피니언의 반경 방향의 이뿌리면을 파낸다

② 언더 컷 방지하는 법
　㉮ 낮은 이의 사용
　㉯ 전위 기어의 사용

(5) 전위 기어

① 전위 량과 전위 계수
　㉮ 전위 기어에서 기준 피치원의 접선을 절삭 피치 선이라 하고 래크의 기준 피치선과 절삭 피치선과의 거리를 전위량이라 한다.
　㉯ 전위량 X를 모듈로 나눈 값을 전위 계수(f_x)라 한다. $fx = X/m$

② 전위 기어의 용도
　㉮ 중심거리를 변화시키려고 할 경우
　㉯ 언더컷을 피하려고 할 경우
　㉰ 이의 강도를 개선하려고 할 경우

9 벨트·로프·체인 전동장치

가. 평벨트 전동

벨트에 사용하는 재료는 가죽, 직물, 고무, 강철이 있으며, 평벨트 풀리는 구조에 따라서 일체형과 분할형으로 구분할 수 있다.

(1) 평벨트 호칭법

| 명칭 | 등급 또는 종류 | 치수(폭×층수) |

〈보기〉　평가죽 벨트 1급 114×2
　　　　평고무 벨트 1종 50×3

(2) 평벨트 풀리의 구조

① 림(rim) : 풀리의 둘레를 구성하는 얇은 살을 가진 원통형의 바퀴둘레를 말한다.

② 보스(boss) : 전동축을 끼울 수 있는 축구멍을 구성하는 가운데 부분을 말한다.

③ 아암(arm) : 림과 보스 부분을 방사선의 형상으로 연결하는 몇 개의 막대부분을 말한다. 암 대신 평판을 사용한 것도 있다.

재료는 일반적으로 주철로 된 것이 사용되며, 고속(원주 속도 30m/s 이상)일 때에는 주강으로 만든 것이 쓰인다.

(3) 평벨트의 전동의 특징

① 수직 압력에 의한 마찰력을 이용하여 동력을 전달한다.

② 축간 거리가 길어도 사용할 수 있다(10m까지 사용 가능)

③ 단차를 이용하여 자유로운 변속이 가능하다

④ 전동 효율이 높다(95%)

⑤ 장치가 간단하며 염가이다.

⑥ 급격한 하중의증가에도 미끄럼에 의하여 안전하다.

(4) 벨트의 속도비 : 두 축의 지름과 회전수를 각각 D_1 및 D_2라 할 때 속도비 i는

$$i = \frac{n_2}{n_1} = \frac{D_1}{D_2} \qquad n_1 = \frac{D_1}{D_2} n_2$$

(5) 평밸트의 장력과 응력

① 초기 장력 : 전동에 필요한 마찰력을 주기 위하여 벨트에 주는 장력을 말한다.

② 유효 장력 : 인장 쪽의 장력과 이완 쪽의 장력과의 차이를 말한다.

③ 전달 동력 P는 $P = \dfrac{F_e v}{102}(kw)$

(6) 벨트의 단면적 : $bt = \dfrac{F_t}{\sigma_a \cdot \eta}$

나. V 벨트전동

V벨트는 사다리꼴의 단면을 가진 벨트로서, V형의 홈이 파져있는 V풀리(V-pulley)에 밀착시켜 구동하는 방법이다. 평벨트에 비해 미끄럼과 진동이 적고, 운전이 조용하며 공작 기계나 내연 기관 등의 동력전달에 널리 사용된다. 풀리는 주로 주철제이고, 고속인 경우에는 주강이나 알루미늄 합금제를 사용한다.

(1) V벨트의 치수 : V벨트의 치수는 단면의 치수로 표시하며, 단면의 크기에 따라 M, A, B, C, D, E 형으로 나눈다. 각은 $40° \pm 1$이다.

[V벨트의 표준치수(KS M 6535)]

치수 형별	a(mm) 치수	허용값	b(mm) 치수	허용값	θ(°) 치수	허용값	인장강도 (kN/가닥)	굴곡 후의 인장강도 (kN/가닥)	영구 신장률 (%)
M	10.0	±0.6	5.5	±1.0	40	±1.0	1.2 이상	0.8 이상	7 이하
A	12.5	±0.7	9.0	±1.0	40	±1.0	2.4 이상	1.4 이상	7 이하
B	16.5	±0.8	11.0	±1.0	40	±1.0	3.5 이상	2.4 이상	7 이하
C	22.0	±1.0	14.0	±1.5	40	±1.0	5.9 이상	4.0 이상	8 이하
D	31.5	±1.5	19.0	±1.5	40	±1.0	10.8 이상	8.0 이상	8 이하
E	38.0	±1.5	24.0	±2.0	40	±1.0	14.7 이상	12 이상	8 이하

(2) V벨트 홈부의 모양과 치수

다음 표는 V벨트 홈부의 모양과 치수를 나타낸 것이다.

[V벨트 홈부의 모양과 치수 (KS B 1400)]

종류	호칭지름	α(°)	l_a	k	k_o	e	f	r_1	r_2	r_3	V벨트의 두께 (참고)
M	50 이상 71 이하	34	8.0	2.7	6.3	—(1)	9.2	0.2~0.5	0.5~1.0	1~2	5.5
	71 초과 90 이하	36									
	90을 초과	38									
A	71 이상 100 이하	34	9.2	4.5	8.0	15.0	10.0	0.2~0.5	0.5~1.0	1~2	9
	100 초과 125 이하	36									
	125를 초과	38									
B	125 이상 160 이하	34	12.5	5.5	9.5	19.0	12.5	0.2~0.5	0.5~1.0	1~2	11
	160 초과 200 이하	36									
	200를 초과	38									
C	200 이상 250 이하	34	16.9	7.0	12.0	25.5	17.0	0.2~0.5	1.0~1.6	2~3	14
	250 초과 315 이하	36									
	315를 초과	38									
D	355 이상 450 이하	36	24.6	9.5	15.5	37.0	24.0	0.2~0.5	1.6~2.0	3~4	19
	450를 초과	38									
E	500 이상 630 이하	36	28.7	12.7	19.3	44.5	29.0	0.2~0.5	1.6~2.0	4~5	24
	630를 초과	38									

주 : (1) M형은 원칙으로 한 줄만 걸친다

(3) V벨트 제품의 호칭

(4) V 벨트 전동 장치의 특성
① 운전이 조용하고 진동, 충격의 흡수 효과가 있다.
② 풀리의 지름이 적어지면 풀리의 홈 각도는 40 보다 적게 한다.
③ 속도비는 1 : 7 이다.
④ 중심 거리가 짧은 데 쓴다.(5m 이하)
⑤ 전동 효율이 90%~95%로 매우 높다.
⑥ 초기 장력을 주기 위한 중심 거리 조정 장치 필요

다. 체인 전동

체인 전동은 체인을 스프로킷 휠(sprocket wheel)에 걸어 감아서 체인과 휠의 이가 서로 물리는 힘으로 동력을 전달시키며, 축간 거리가 4m 이하이고, 회전비를 일정하게 할 필요가 있을 때나, 전달 동력이 크고 속도가 5m/s 이하일 때 사용한다.

(1) 체인의 종류
① 롤러 체인 : 롤러 링크(roller link)와 핀 링크(pin link)로 연결
② 링크 체인 : 강판을 펀칭(punching)하여 링크를 연결

(2) 스프로킷
롤러 체인용 스프로킷은 주강 또는 고급 주철등으로 만든다. 치형은 S형과 U형이 있으나 S형이 주로 많이 사용된다.

(3) 체인 전동의 특성
① 미끄럼이 없다
② 속도 비가 정확하다.
③ 큰 동력이 전달된다.
④ 수리 및 유지가 쉽다.
⑤ 진동, 소음이 심하다.
⑥ 내열, 내유, 내습성이 있다.
⑦ 고속 회전에 부적당하다.
⑧ 체인의 탄성으로 충격이 흡수된다.

라. 로프와 로프 풀리

벨트 대신에 로프를 사용하는데 두 축간의 거리가 아주 클 때 큰 동력을 전달할 때 사용하며, 이음매가 없다.

(1) 특징
    ① 장점
        ⓐ 평벨트보다 큰 동력을 전달할수 있다.
        ⓑ 먼 거리 전동을 할 수 있다.
        ⓒ 전동 경로가 직선이 아니어도 괜찮다.
        ⓓ 고속 운전이 가능하다.
    ② 단점
        ⓐ 장치가 복잡하고 착탈이 어렵다.
        ⓑ 조정이 곤란하고 절단시 수리가 어렵다.
        ⓒ 전동이 불확실하다.

(2) 로프의 재료
    ① 와이어 로프 : 아연 도금한 철사를 여러개 꼬아서 만든 것으로 강도 및 내구력이 크며 먼 거리에 큰 동력을 전달 할 수 있다.
    ② 섬유 로프 : 목면 로프와 대마 로프가 있으며, 목면은 연하고, 대마는 강하다.

(3) 로프의 꼬임 종류
    ① 꼬임의 방향에 따라 : 오른 꼬임(Z 꼬임) 왼 꼬임(S 꼬임)
    ② 가닥과 로프의 꼬인 방향에 따라 : 보통 꼬임, 랭 꼬임

10 그 밖의 기계 요소

가. 스프링

(1) 스프링의 종류
    ① 재료에 의한 분류 : 금속 스프링(강철, 인청동, 황동). 비금속 스프링(고무, 합성수지), 유체 스프링(공기, 물, 기름) 등이 있다.
    ② 하중에 의한 분류 : 인장, 압축, 토오션 바아 스프링 등이 있다.
    ③ 모양에 의한 분류 : 코일 스프링, 판 스프링, 스파이럴 스프링, 비틀림 막대스프링 등이 있다.

(2) 스프링의 재료 및 용도

① 재료 : 스프링 재료는 탄성계수와 피로한도가 커야하며, 또한 크리프 한도도 높아야 한다. 재료는 스프링강, 피아노 선재, 인청동 등이 있으며, 규격은 KS로 규정되어 있다.

② 스프링의 용도
  ㉮ 진동 또는 탄성 에너지를 흡수한다.(열차의 완충 스프링 등)
  ㉯ 에너지 저축 및 측정(시계 태엽, 저울)
  ㉰ 압력의 제한(안전 밸브) 및 침의 측정(압력 게이지)
  ㉱ 기계의 부품의 운동 제한 및 운동 전달(내연 기관의 밸브 스프링)

(3) 스프링의 용어

① 지름 : 소선의 지름: d, 코일의 평균 지름 : D, 코일의 내경 : D1, 코일의 외경 : D2

② 스프링의 종횡비(k) : $k = \dfrac{코일의 평균지름}{자유높이} = \dfrac{D}{H}$

③ 피치(P) : 서로 이웃하는 소선의 중심간 거리

④ 코일의 감김 수
  ㉮ 총 감김 수 : 코일 끝에서 끝까지의 감김 수
  ㉯ 유효 감김 수 : 스프링의 기능을 가진 부분의 감김 수
  ㉰ 자유 감김 수 : 무하중 일 때 압축 코일 스프링의 소선이 서로 접하지 않는 부분

⑤ 스프링 지수(C) : $C = \dfrac{코일의 평균지름}{소선의 지름} = \dfrac{D}{d}$

⑥ 스프링 상수(k) : $k = \dfrac{하중(kg)}{휨(mm)} = \dfrac{W}{\delta}$

병렬연결 $k = k_1 + k_2$ 직렬연결 $k = \dfrac{1}{\dfrac{1}{k_1} + \dfrac{1}{k_2}}$

나. 파이프

(1) 파이프의 종류

① 주철관 (cast iron pipe) : 이음매가 없으며, 압력 7~10kg/cm² 미만에 사용한다.
② 강관 (steel pipe) : 이음매 없는 강관(seamless steel pipe)은 보통 압력 300kg/cm² 미만에 사용하며, 이어 만든 강관(seamed steel pipe)은 단접, 용접, 리벳으로 이어서 만든다.
③ 가스관 (gas pipe) : 가스, 물, 증기, 석유 등의 수송에 사용하며, 양끝은 관용 나사로 되어 있다.
④ 구리관 및 황동관 : 이음매 없는 관으로 휨성이 좋고 내식성이 우수하다.
⑤ 납관(lead pipe) : 내산성, 휨성이 풍부하여 상수도, 가스, 산 알칼리의 수송 및 폐수용에 사용된다.

⑥ 플렉시블 관(flexible pipe) : 강철, 구리, 알루미늄등의 얇은 판으로 만든 것으로 구부리기가 쉬워 물, 기름 등의 수송 및 전선 보호, 신축 이음용으로 이용된다.
⑦ 합성 수지관 (synthetic resin pipe) : 염화비닐 등의 합성수지로 만든 관으로 휨성,내식성은 풍부하나 내열성이 나쁘다.

(2) 파이프의 도시 기호 및 방법
① 파이프 (pipe) : 하나의 실선으로 표시하고 같은 도면내에는 같은 굵기로 나타낸다.
② 유체의 종류 기호 : 유체의 종류 기호를 나타낼 때는 다음 표와 같이 나타내고 유체와 관을 표시 할 때는 그림과 같다.

[유체의 종류 기호]

유체의 종류	글자기호
공기	A(air)
가스	G(gas)
유류	O(oil)
수증기	S(steam)
물	W(water)
증기	V(vapor)

(a) 유체 표시   (b) 관의 굵기 및 재질표시

[유체와 관의 표시]

③ 관의 굵기 표시 : 관의 굵기 표시는 관 도시선 위에 나타내는 것이 원칙이며 관의 굵기 표시 문자, 관의 종류, 재질 등을 표시한다. 굵기 표시는 강관은 내경으로 표시하며, 스테인레스 강관과 동관은 외경으로 나타낸다.
④ 계기(gauge) : 계기의 종류를 나타낼 때에는 기호 안에 글자 기호 (압력계는 P, 온도계는 T, 유량계 F)를 기입한다.
⑤ 파이프 이음의 도시

[파이프 이음의 도시기호]

이음의 종류	도시 기호	이음의 종류	도시 기호
일반		엘보 또는 밴드	
플랜지형		T	
턱걸이형		크로스	

이음의 종류	도시 기호	이음의 종류	도시 기호
유니언형	—‖—	신축관이음	—▭— ⊃⊂ ―◯―
막힘 플랜지형	———‖		

다. 밸브

(1) 개요
파이프 속을 흐르는 유체의 유량, 압력, 온도를 제어하기 위하여 사용된다.

(2) 밸브의 종류
① 스톱 밸브(stop valve) : 파이프의 입구와 출구가 일직선상에 있는 글로브 밸브(globe valve)와 직각으로 되어 있는 앵글 밸브(angle valve)가 있으며, 밸브는 밸브 시이트에 대하여 수직 방향으로 움직인다.

② 슬루스 밸브 (sluice valve) : 밸브가 파이프 축에 대하여 직각 방향으로 개폐되는 밸브로써 대형 밸브로 사용한다.

③ 콕 (cock) : 콕은 파이프의 구멍에 직각으로 박힌 원뿔 모양의 마개를 돌려서 유체의 통로를 개폐하는 장치이다.

④ 체크 밸브 (check valve) : 유체를 한 방향으로만 흐르게 하여 역류를 방지하는데 사용한다.

⑤ 안전 밸브 (safety valve) : 압력용기의 압력이 규정 압력보다 높아지면 밸브가 열려 사용 압력을 조절 하는데 사용된다.

적중예상문제_ 기계요소

해설

01 속도비(i)
= 원동차의 잇수/종동차의 잇수
= 28/84 = 1/3

02 $D_0 = \dfrac{z \times m}{\cos \beta°}$

$\therefore D_0 = \dfrac{72 \times 4}{\cos 30°}$

$= 332.55 mm$

03 • 인치계 사다리꼴나사 = 29°
• 미터계 사다리꼴나사 = 30°

05 세레이션 : 큰동력전달

01 ㉮ 02 ㉯ 03 ㉯ 04 ㉮
05 ㉮

---

01 원동차의 잇수 28, 종동차의 잇수 84인 한 쌍의 스퍼기어의 속도비(i)는 얼마인가?

㉮ i = 1/3   ㉯ i = 1/4
㉰ i = 1/6   ㉱ i = 1/8

02 이 직각 방식에서 모듈이 M=4, 잇수는 72의 헬리컬 기어의 피치원은 몇mm인가? (단, 비틀림각은 30°이다.)

㉮ 132   ㉯ 233
㉰ 333   ㉱ 432

03 인치계 사다리꼴 나사산의 각도로서 맞는 것은?

㉮ 60°   ㉯ 29°
㉰ 30°   ㉱ 55°

04 훅의 법칙(Hooke's law)이 성립되는 구간은?

㉮ 비례한도
㉯ 탄성한도
㉰ 항복점
㉱ 인장강도

05 자동차의 핸들, 전동기의 축 등에 사용되며 축에 작은 삼각형 키이 홈을 만들어 축과 보스를 고정시키는 것은?

㉮ 스플라인 축   ㉯ 페더키이
㉰ 세레이션   ㉱ 접선키이

06 전동축에서 동력전달 순서가 맞는 것은?

㉮ 주축 → 중간축 → 선축
㉯ 선축 → 중간축 → 주축
㉰ 선축 → 주축 → 중간축
㉱ 주축 → 선축 → 중간축

07 패킹을 끼워 유체의 누설을 방지하는 리벳 작업의 판 두께는?

㉮ 13mm 이하
㉯ 10mm 이하
㉰ 8mm 이하
㉱ 5mm 이하

08 테이퍼 핀(taper pin)의 호칭 직경으로 바른 것은?

㉮ 핀의 굵은 쪽 직경
㉯ 핀의 가는 쪽 직경
㉰ 핀의 중간 직경
㉱ 핀 길이 1/2지점의 직경

09 다음 그림과 같은 용접의 인장응력 계산식은? (단, W : 인장하중(kgf), ℓ : 용접부 길이(mm), t : 용접부 목 두께(mm), σ : 인장응력(kgf/mm²)이다.)

㉮ $\sigma = \dfrac{W}{t\ell}$ ㉯ $\sigma = \dfrac{W\ell}{t}$

㉰ $\sigma = \dfrac{6W}{t^2\ell}$ ㉱ $\sigma = \dfrac{6W}{t\ell^2}$

해설

06 비틀림과 힘을 동시에 받고 동력전달을 목적으로 함
주축 → 선축 → 중간축

08 테이퍼핀은 가는 쪽의 직경으로 나타냄

09 용접강도(σ) = 하중/단면적

06 ㉱ **07** ㉱ **08** ㉯ **09** ㉮

해설

11 $a = m(Z_1 + Z_2)/2$

$$\therefore m = \frac{a \times 2}{z_1 + z_2} = \frac{80 \times 2}{30 + 50} = 2$$

13 • 피치(P) : 나사산과 나사산거리
  • 리드(L) : 나사가 1회전하여 진행한 거리

10 ㉮ 11 ㉰ 12 ㉰ 13 ㉰
14 ㉱ 15 ㉱

---

10 두 축의 회전방향이 같으며, 높은 감속비의 경우에 쓰이며, 원통의 안쪽에 이가 있는 기어는?

㉮ 내접 기어 ㉯ 하이포이드 기어
㉰ 크라운 기어 ㉱ 스퍼 베벨 기어

11 모듈이 같은 두 기어가 외접하여 서로 물려 있다. 두 기어의 잇수가 30, 50 이고 축간거리가 80mm 일 때, 모듈은?

㉮ 4 ㉯ 3
㉰ 2 ㉱ 1

12 평행한 두 축 사이에서 외접하거나 내접하는 2개의 원통형 바퀴에 의하여 동력을 전달하는 것은?

㉮ 홈붙이 마찰차
㉯ 원뿔 마찰차
㉰ 원통 마찰차
㉱ 변속 마찰차

13 나사 곡선을 따라 축의 둘레를 한 바퀴 회전하였을 때 축방향으로 이동하는 거리를 무엇이라 하는가?

㉮ 나사산 ㉯ 피치
㉰ 리드 ㉱ 나사홈

14 다음 중 캠의 종류가 아닌 것은?

㉮ 판 캠 ㉯ 직동 캠
㉰ 반대 캠 ㉱ 구름 캠

15 응력의 단위를 올바르게 표시한 것은?

㉮ kgf/mm^3 ㉯ m/s^2
㉰ $kgf \cdot mm$ ㉱ N/mm^2

16 원동차의 직경이 100mm, 종동차의 직경이 140mm, 원동차의 회전수가 400rpm일 때 종동차의 회전수는?

㉮ 300rpm ㉯ 200rpm
㉰ 560rpm ㉱ 286rpm

17 키에 대한 설명 중 틀린 것은?

㉮ 원뿔 키이는 축의 어느 위치에나 설치할 수 있다
㉯ 반달 키이는 테이퍼축에 사용하면 편리하다
㉰ 미끄럼 키이를 핀 키라고도 한다.
㉱ 접선 키이는 중심각 120°로 2조 설치한다.

18 저널(journal)이란?

㉮ 베어링과 접촉하는 축의 부분
㉯ 전동축의 윤활유
㉰ 축의 양끝 부분
㉱ 축과 접촉하는 베어링의 부분

19 선반, 밀링 머신의 동력 전달 장치로 사용되는 밸트(belt)로 올바른 것은?

㉮ 평 밸트 ㉯ V밸트
㉰ 직물 밸트 ㉱ 털 밸트

20 하중이 작용하는 방법에 의한 분류가 아닌 것은?

㉮ 압축 하중 ㉯ 인장 하중
㉰ 충격 하중 ㉱ 전단 하중

21 리벳 이음에서 전단이 되는 것이 아닌 것은?

㉮ 리벳의 전단 ㉯ 판 끝의 전단
㉰ 판이 인장으로 전단 ㉱ 리벳 구멍의 압축

해설

16 $n_2 = \dfrac{D_1}{D_2} \times n_1$

$= \dfrac{100}{140} \times 400$

$= 285.714$

17 • 원뿔키 – 축의 임의위치에 원뿔슬롯을 끼워 고정
• 접선키 – 두 군데 홈을 파서 조합 후 설치

16 ㉱ **17** ㉰ **18** ㉮ **19** ㉯
20 ㉰ **21** ㉰

해설

23 t = P·D·S/200 σtη + C =
1×2000/2×60×07 + 2 =
25.809

24 $\sigma = \dfrac{144}{12 \times 12} = 1$

22 ㉣　23 ㉯　24 ㉯　25 ㉮

---

22 다음 그림의 "A"부 나사와 같이 반시계 방향으로 회전하는 롤러를 고정시킬 나사축을 만들 때 나사의 종류와 목적이 맞는 것은?

㉮ 오른나사–회전원활
㉯ 오른나사–풀림방지
㉰ 왼나사–회전원활
㉱ 왼나사–풀림방지

23 압력용기의 안지름 2,000mm, 수압이 1 N/mm², 강판의 허용응력 60 N/mm² 일 때 강판의 두께는 몇 mm가 적당한가? (단, 리벳의 이음 효율을 70%, 부식여유 2mm를 가산한다.)

㉮ 24
㉯ 26
㉰ 28
㉱ 30

24 한변의 길이 12mm인 정사각형 단면 봉에 축선 방향으로 144kgf의 압축하중이 작용할 때 생기는 압축응력값은?

㉮ 4.75kgf/mm²　㉯ 1kgf/mm²
㉰ 0.75kgf/mm²　㉱ 12kgf/mm²

25 먼지, 모래 등이 들어가기 쉬운 장소에 사용되는 나사는?

㉮ 너클나사　㉯ 사다리꼴나사
㉰ 톱니나사　㉱ 볼나사

26 다음 그림과 같은 와셔의 명칭은? (단, d는 볼트의 지름이다.)

㉮ 혀붙이 와셔 ㉯ 클로 와셔
㉰ 스프링 와셔 ㉱ 둥근평 와셔

27 두축의 중심선을 완전히 일치시키기 어려운 경우 또는 고속 회전으로 진동을 일으키는 경우에 적당한 커플링은?

㉮ 플랜지 커플링
㉯ 플렉시블 커플링
㉰ 올덤 커플링
㉱ 슬리이브 커플링

28 하중이 걸리는 속도에 의한 분류중 동하중이 아닌 것은?

㉮ 정하중
㉯ 충격하중
㉰ 반복하중
㉱ 교번하중

29 웜 기어의 사용목적 중 가장 큰 비중을 차지하는 것은?

㉮ 직선운동을 시키기 위함
㉯ 고속회전을 하기 위함
㉰ 역회전을 시키기 위함
㉱ 큰 감속비를 얻기 위함

30 코일의 평균지름과 소선지름과의 비를 무엇이라 하는가?

㉮ 스프링 상수 ㉯ 스프링 지수
㉰ 스프링의 종횡비 ㉱ 스프링 피치

해설

27 • 플랜지커플링 : 큰축이나 고속회전에 사용
• 올덤커플링 : 두 축이 평행
• 유니버설 : 두 축이 교차

26 ㉯ 27 ㉯ 28 ㉮ 29 ㉱
30 ㉯

해설

31 $m = \dfrac{1}{\mu} = \dfrac{1}{0.28} = 3.57$

33
- 링크체인 : 체인블록, 닻에 사용
- 롤러체인 : 큰 동력전달
- 사일런트체인 : 고속 또는 조용한 운전용

34 $\ell = \dfrac{240 + 360}{2} = 300$

36 $n_2 = \dfrac{D_1}{D_2} \times n_1$
$= \dfrac{120}{160} \times 300 = 225$

31 ⓝ 32 ⓓ 33 ㉮ 34 ⓝ
35 ⓝ 36 ㉣

---

31 프아송의 비가 0.28일 때 프와송의 수는 얼마인가?
㉮ 2.8 ㉯ 3.57
㉰ 4.37 ㉱ 5.57

32 다음은 보일러용 리벳 이음에 대한 설명이다. 옳은 것은?
㉮ 피치는 대개 리벳팅하는 소재의 길이에 의해 결정된다.
㉯ 원주 방향의 응력은 축방향 응력의 1/2 이다.
㉰ 원통을 반지름 방향의 내압으로 위아래로 분리하려고하는 힘은 강판의 저항력보다 작아야 한다.
㉱ 리벳이음의 세로 이음은 원주 이음보다 약한 것을 써도 좋다.

33 다음 중 저속, 소용량의 컨베어, 엘리베이터용으로 사용하는데 가장 적당한 체인은?
㉮ 엇걸이 체인 ㉯ 링크 체인
㉰ 롤러 체인 ㉱ 사일런트 체인

34 지름 240mm 및 360mm의 외접 마찰차에서 중심 거리는?
㉮ 60mm ㉯ 300mm
㉰ 400mm ㉱ 600mm

35 리벳이음을 한 강판에 하중을 가할 때 강판 사이의 리벳단면에 나란히 발생하는 응력은?
㉮ 인장응력 ㉯ 전단응력
㉰ 압축응력 ㉱ 경사응력

36 원동차의 직경이 120mm, 종동차의 직경이 160mm, 원동차의 회전수가 300rpm일 때 종동차의 회전수는?
㉮ 200rpm ㉯ 150rpm
㉰ 287rpm ㉱ 225rpm

37 재료의 전단응력이 35 N/mm²이고, 키이의 길이가 40mm, 접선력은 3000 N이면 너비는?

㉮ 1.6mm ㉯ 1.8mm
㉰ 2.2mm ㉱ 2.8mm

38 일반적으로 고온에서 볼 수 있는 것으로 금속이 일정한 하중 밑에서 시간이 걸림에 따라 그 변형이 증가되는 현상은?

㉮ 피로(fatigue)
㉯ 크리프(creep)
㉰ 허용응력(allowable stress)
㉱ 안전율(safety factor)

39 자동차와 철도차량의 현가용으로 사용되는 스프링은?

㉮ 코일 스프링 ㉯ 토션바
㉰ 겹판 스프링 ㉱ 원통형 스프링

40 모듈3, 잇수 30과 60의 한 쌍의 표준 평기어의 중심거리는 얼마인가?

㉮ 114mm ㉯ 126mm
㉰ 135mm ㉱ 148mm

41 바깥지름 126, 잇수 40인 스퍼기어의 모듈은?

㉮ 6 ㉯ 3.15
㉰ 2.5 ㉱ 3

해설

37 전단응력 = $\dfrac{접선력}{키의\ 길이 \times 너비}$

∴ 너비 = $\dfrac{접선력}{전단응력 \times 키의\ 길이}$

= 2.1428

38 • 피로 : 재료가 어느 한도까지 아무리 반복해도 파괴현상이 생기지 않는 것
• 크리프 : 재료에 일정하중이 작용했을 때, 일정시간이 경과하면 변형량이 커지는 현상

40 $a = \dfrac{m(z_1 + z_2)}{2}$

$= \dfrac{3(30 + 60)}{2} = 135$

41 바깥지름 = (Z + 2) × M = 126
∴ M = 126/(40 + 2) = 3

37 ㉰ 38 ㉯ 39 ㉰ 40 ㉰
41 ㉱

42 일반적으로 60mm 이하의 작은 축에 사용되고 특히 테이퍼축에 사용이 용이하며, 축의 강도가 약하게 되기는 하나 키에 키홈 등의 가공이 쉬운 것은?

㉮ 성크키
㉯ 접선키
㉰ 반달키
㉱ 원뿔키

43 원통 커플링의 종류에 속하지 않는 것은?

㉮ 반중첩 커플링
㉯ 머프 커플링
㉰ 셀러 커플링
㉱ 플렌지 커플링

44 베어링 메탈의 구비 조건이 아닌 것은?

㉮ 열전도도가 좋아야 한다.
㉯ 피로 강도가 작아야 한다.
㉰ 내부식성이 좋아야 한다.
㉱ 마찰이나 마멸이 적어야 한다.

45 다음 중 하중이 작용하는 방향에 따른 분류를 나타낸 것 중 틀린 것은?

㉮ 인장 하중   ㉯ 휨 하중
㉰ 전단 하중   ㉱ 충격 하중

46 체결용 요소 중 볼나사(ball screw)의 장점을 설명한 것 중 올바르지 않는 것은?

㉮ 나사의 효율이 좋다.
㉯ 백래시를 작게 할 수 있다.
㉰ 먼지에 의한 마모가 적다.
㉱ 자동 체결용으로 좋다.

---

46 마찰이 매우 적어 수치제어, 공작기계에 사용한다.

42 ㉰   43 ㉱   44 ㉯   45 ㉱
46 ㉱

47 길이 200cm의 정사각형 봉에 8ton의 인장하중이 작용할 때 정사각형의 한 변의 길이는? (단, 봉의 허용응력은 500kgf/cm² 이다.)

㉮ 4cm ㉯ 6cm
㉰ 8cm ㉱ 10cm

48 유체가 나사의 접촉면 사이의 틈새나 볼트의 구멍으로 흘러오는 것을 방지할 필요가 있을 때 사용하는 너트는?

㉮ 캡너트 ㉯ 홈붙이너트
㉰ 플랜지너트 ㉱ 슬리브너트

49 다음 그림과 같이 스프링을 연결하는 경우 직렬접속은 어느 것인가? (단, W는 하중이고 K_1, K_2, K_3는 스프링 상수이다.)

㉮   ㉯

㉰   ㉱

50 인장 코일 스프링에 3kgf의 하중을 걸었을 때 변위가 30mm이었다면, 이 스프링의 상수는 얼마인가?

㉮ 1/10kgf/mm ㉯ 1/5kgf/mm
㉰ 5kgf/mm ㉱ 10kgf/mm

51 피치원의 지름이 일정한 기어에서 모듈의 값이 커지면 잇수는?

㉮ 많아진다. ㉯ 적어진다.
㉰ 같다. ㉱ 이것만으로는 알 수 없다.

---

50 $k = \dfrac{적용하중}{변위량} = \dfrac{3}{30} = \dfrac{1}{10}$

51 모듈과 이 ↑ = 잇수와 지름피치 ↓

| 47 ㉮ | 48 ㉮ | 49 ㉱ | 50 ㉮ |
| 51 ㉯ | | | |

53
- 인장하중 : 늘어나는 하중
- 압축하중 : 누르려는 하중

55 L(리드) = n(줄수) × P(피치)
= 3 × 2 = 6

56 $D_p = m \times z$

$\therefore m = \dfrac{D_p}{z} = \dfrac{165}{55} = 3$

| 52 ㉯ | 53 ㉮ | 54 ㉮ | 55 ㉯ |
| 56 ㉰ | 57 ㉮ | | |

52 하중의 크기와 방향이 동시에 변화하면서 작용하는 하중은?
- ㉮ 반복하중
- ㉯ 교번하중
- ㉰ 충격하중
- ㉱ 정하중

53 못을 뺄 때의 못에 작용하는 하중상태는 무슨 하중에 속하는가?
- ㉮ 인장하중
- ㉯ 압축하중
- ㉰ 비틀림하중
- ㉱ 전단하중

54 구름베어링 기본구성요소 중 회전체 사이에 적절한 간격을 유지해 주는 구성요소를 무엇이라 하는가?
- ㉮ 리테이너
- ㉯ 내륜
- ㉰ 외륜
- ㉱ 회전체

55 피치 3mm인 2줄 나사의 리드(lead)는 얼마인가?
- ㉮ 1.5mm
- ㉯ 6mm
- ㉰ 2mm
- ㉱ 0.66mm

56 피치원지름 165mm, 잇수 55 인 기어의 모듈은?
- ㉮ 2.89
- ㉯ 30
- ㉰ 3
- ㉱ 2.54

57 순간적인 짧은 시간에 갑자기 격렬하게 작용하는 하중은?
- ㉮ 충격하중
- ㉯ 반복하중
- ㉰ 교번하중
- ㉱ 집중하중

58 양 방향의 접선 키를 사용할 때의 중심각은?

㉮ 30° ㉯ 60°
㉰ 90° ㉱ 120°

59 두꺼운 강판을 겹치기 이음할 경우에 리벳팅을 하면 판과 판 사이에 틈이 생겨 공기 또는 기름 등이 새는 현상을 방지하기 위해 해머로 때리는 작업을 무엇이라 하는가?

㉮ 플러링
㉯ 코킹
㉰ 패킹
㉱ 실링

60 엔진의 밸브 스프링과 같이 빠른 반복하중을 받는 스프링에서는 그 반복속도가 스프링의 고유진동수와 가까워지면 심한 진동을 일으켜 스프링 파손의 원인이 되는 현상을 무엇이라 하는가?

㉮ 공명 현상
㉯ 피로 현상
㉰ 서징 현상
㉱ 동진동 현상

61 가스 관 이음쇠에서 관의 양끝은 유체의 누설을 막기 위하여 테이퍼 나사로 되어 있는데 그 테이퍼는 어느 정도 인가?

㉮ 1/20
㉯ 1/16
㉰ 1/10
㉱ 1/5

62 벨트를 걸었을 때 이완 쪽에 설치하여 벨트와 벨트 풀리의 접촉각을 크게 하는 것을 무엇이라고 하는가?

㉮ 단 차 ㉯ 안내 풀리
㉰ 중간 풀리 ㉱ 긴장 풀리

---

58 축과 보스에 120° 각도로 두 군데 홈을 판 것.

58 ㉱ 59 ㉯ 60 ㉰ 61 ㉯
62 ㉱

해설

66 스프링지수(G)
= 코일의 평균지름 / 소선의 지름
= 30/5 = 6

63 ㉣　64 ㉣　65 ㉰　66 ㉰
67 ㉣　68 ㉮

---

63 기어의 이의 크기를 표시하는 방법이 아닌 것은?

㉮ 모듈　　　　　　㉯ 지름 피치
㉰ 원주 피치　　　　㉱ 반지름 피치

64 너트의 풀림 방지 방법이 아닌 것은?

㉮ 와셔를 사용하는 방법
㉯ 핀 또는 작은 나사 등에 의한 방법
㉰ 로크 너트에 의한 방법
㉱ 키에 의한 방법

65 전동축의 동력전달 순서가 옳게 된 것은?

㉮ 주축 – 중간축 – 선축
㉯ 선축 – 중간축 – 주축
㉰ 주축 – 선축 – 중간축
㉱ 선축 – 주축 – 중간축

66 코일스프링의 직경이 30mm, 소선의 직경이 5mm 일 때 스프링 지수는?

㉮ 0.17　　　　　　㉯ 2.8
㉰ 6　　　　　　　　㉱ 17

67 축을 설계할 때 고려하지 않아도 되는 것은 무엇인가?

㉮ 축의 강도　　　　㉯ 피로 충격
㉰ 응력 집중 영향　　㉱ 축의 표면조도

68 훅의 법칙(Hooke's law)은 어느 점내에서 응력과 변형률이 비례하는가?

㉮ 비례한도　　　　㉯ 탄성한도
㉰ 항복점　　　　　㉱ 인장강도

69 다음 중 직접 전달 장치에 해당하는 것은?

㉮ 벨트 ㉯ 체인
㉰ 기어 ㉱ 로프

70 체결용 기계요소가 아닌 것은?

㉮ 나사 ㉯ 키
㉰ 브레이크 ㉱ 핀

71 단면적이 100mm²인 강재에 300kgf의 전단하중이 작용할 때 전단응력(kgf/mm²)은?

㉮ 1 ㉯ 2
㉰ 3 ㉱ 4

72 베어링 번호가 6201인 레이디얼 볼 베어링의 안지름은 얼마인가?

㉮ 10mm
㉯ 12mm
㉰ 15mm
㉱ 17mm

73 다음 중 키의 전달 토크의 크기에서 가장 큰 것은?

㉮ 안장 키
㉯ 평 키
㉰ 묻힘 키
㉱ 접선 키

74 파이프의 연결에서 신축이음을 하는 것은 온도변화에 의해 파이프내부에 생기는 무엇을 방지하기 위해서인가?

㉮ 열응력 ㉯ 전단응력
㉰ 응력집중 ㉱ 피로

---

70 브레이크 : 기계운동부분의 에너지를 흡수하여 속도를 낮추거나 정지시키는 장치

71 τ = 하중 / 단면적

73 키의 회전력이 큰 순서 : 세레이션〉스플라인〉접선키〉성크키〉반달키〉평키〉새들키

69 ㉰　70 ㉰　71 ㉰　72 ㉯
73 ㉱　74 ㉮

76
- 교번하중 : 하중의 크기와 방향이 바뀌는 하중.
- 충격하중 : 순간적으로 충격을 주는 하중.

75 물체에 하중을 작용시키면 물체 내부에는 하중에 대응하는 저항력이 발생한다. 이 저항력을 무엇이라 하는가?

㉮ 응력(stress)
㉯ 변형률(strain)
㉰ 프와송의 비(Posson's ratio)
㉱ 탄성(elasticity)

76 힘의 크기와 방향이 동시에 주기적으로 변하는 하중은?

㉮ 반복 하중
㉯ 교번 하중
㉰ 충격 하중
㉱ 정하중

77 기어, 풀리, 커플링 등의 회전체를 축에 고정시켜서 회전운동을 전달시키는 기계요소는?

㉮ 나사   ㉯ 리벳
㉰ 핀   ㉱ 키

78 주철의 경우 인장강도와 전단강도는 그 크기가 비슷하여 인장응력이 극한강도를 넘어서면 축선 직각단면에서 파단이 일어나지만 압축강도는 인장강도나 전단강도보다 훨씬 크므로 축선과 몇 도의 각도로 파괴되는가?

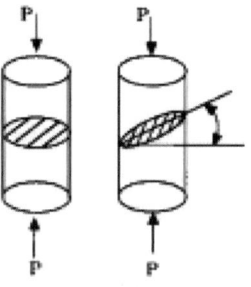

㉮ 30°   ㉯ 45°
㉰ 60°   ㉱ 75°

75 ㉮   76 ㉯   77 ㉱   78 ㉰

79 직선 운동을 회전 운동으로 변환하거나, 회전 운동을 직선운동으로 변환하는데 사용되는 기어는?

㉮ 스퍼 기어(spur gear)
㉯ 헬리컬 기어(helical gear)
㉰ 베벨 기어(bevel gear)
㉱ 래크와 피니언(rack and pinion)

80 테이퍼 핀의 테이퍼와 호칭 표시는?

㉮ 1/100 – 큰 쪽의 지름
㉯ 1/50 – 작은 쪽의 지름
㉰ 1/50 – 큰 쪽의 지름
㉱ 1/100 – 작은 쪽의 지름

81 자동차의 핸들, 전동기의 축 등에 사용되며 축에 작은 삼각형 키 홈을 만들어 축과 보스를 고정시키는 것은?

㉮ 스플라인 축
㉯ 페더 키
㉰ 세레이션
㉱ 접선 키

82 후크의 법칙을 표현한 식으로 맞는 것은? (단, σ: 응력, E : 영률, ε: 변형율 이다.)

㉮ $\sigma = 2E/\varepsilon$
㉯ $E = \sigma/\varepsilon$
㉰ $E = \varepsilon/\sigma$
㉱ $\varepsilon = 2E \cdot \sigma$

83 다음 중 운동용 나사에 해당하는 것은?

㉮ 미터나사　　㉯ 유니파이나사
㉰ 볼나사　　　㉱ 관용나사

해설

79 • 두축 평행 : 스퍼기어, 헬리컬 기어
• 두축 교차 : 베벨기어
• 래크는 직선운동, 피니언은 회전운동

80 테이퍼핀 : 1/50의 테이퍼가 있고, 호칭지름은 작은 쪽의 지름으로 표시.

82 후크의 법칙 : 비례한도 범위내에서 응력과 변형의 비례

79 ㉱　80 ㉯　81 ㉰　82 ㉯
83 ㉰

해설

84 • 두축 평행 : 스퍼기어, 헬리컬 기어
 • 두축 교차 : 베벨기어

87 니들롤러베어링 : 롤러길이가 길고 가늘며 내륜없이 사용가능. 마찰저항이 큼. 중하중용·충격하중에 강함.

88 $a = \dfrac{m(z_1 + z_2)}{2}$
$= \dfrac{4(75 + 150)}{2} = 450$

84 ㉣ 85 ㉣ 86 ㉯ 87 ㉮
88 ㉣

---

84 다음 중 두 축이 직각으로 만났을 때 동력을 전달하려면 어떤 기어를 사용하여야 하는가?

㉮ 스퍼기어
㉯ 헬리컬기어
㉰ 래크
㉣ 베벨기어

85 다음 중 전동용 기계요소에 해당하는 것은?

㉮ 리벳 ㉯ 볼트와 너트
㉰ 핀   ㉣ 체인

86 일반적인 너트의 풀림을 방지하기 위하여 사용하는 방법이 아닌 것은?

㉮ 와셔에 의한 방법
㉯ 나비너트에 의한 방법
㉰ 로크너트에 의한 방법
㉣ 멈춤 나사에 의한 방법

87 길이에 비하여 지름이 아주 작은 바늘모양의 롤러(직경 2~5mm)를 사용한 베어링은?

㉮ 니들 롤러 베어링
㉯ 미니어처 베어링
㉰ 데이더 롤러 베어링
㉣ 원통 롤러 베어링

88 모듈 4, 잇수가 각각 75개, 150개인 1쌍의 스퍼 기어가 맞물려 있을 때, 두 기어의 축간 거리는 몇 mm인가?

㉮ 420 ㉯ 430
㉰ 440 ㉣ 450

89 피치 3mm인 3줄 나사의 리드는 mm인가?

㉮ 1mm ㉯ 2.87mm
㉰ 3.14mm ㉱ 9mm

90 기본 설계 단계로부터 상세 설계 및 도면 작성에 이르는 설계 전체의 과정을 컴퓨터를 이용하여 설계하는 방식은?

㉮ CAM(Computer Aided Manufacturing)
㉯ CAD(Computer Aided Design)
㉰ CAE(Computer Aided Engineering)
㉱ CAT((Computer Aided Testing)

91 냉각이 쉽고 큰 회전력의 제동이 가능한 브레이크는?

㉮ 원판 브레이크 ㉯ 복식 블록 브레이크
㉰ 벤드 브레이크 ㉱ 자동하중 브레이크

92 축을 모양에 의해 분류할 때, 여기에 해당되지 않는 것은?

㉮ 크랭크축 ㉯ 직선축
㉰ 플렉시블축 ㉱ 중간축

93 표준화와 규격화를 하면 어떤 부분이 부족할 수 있는가?

㉮ 부품의 호환성 ㉯ 자원의 절약
㉰ 비정질 재료 ㉱ 초전도 재료

94 벨트에 장력을 가하는 방법이 아닌 것은?

㉮ 자중에 의한 방법
㉯ 탄성 변형에 의한 방법
㉰ 스냅 풀리를 사용하는 방법
㉱ 벨트를 엇걸기 한다.

---

89 L(리드) = n(줄수) × P(피치)
  = 3 × 3 = 9

92 • 작용하는 힘에 의한 분류 : 차축, 스핀들, 전동축
• 모양에 의한 분류 : 크랭크축, 직선축, 플렉시블축.

---

89 ㉱ 90 ㉯ 91 ㉮ 92 ㉱
93 ㉱ 94 ㉱

03 제도의 기초

1 제도 통칙(KS A 0005)

가. 제도의 의의

(1) 제도(drawing)

규정으로 일정하게 정해진 선, 문자, 기호 등을 사용한 제도법에 따라 도면을 작성하는 것

(2) 도면

① 설계자와 제작자 또는 발주자와 수주자 사이에서 필요한 정보를 전달하는 수단
② 일정한 규칙에 따라 점, 선, 문자, 부호 등을 사용함
③ 물체의 모양, 구조, 기능, 재료, 공정 등을 확실하고 쉽게 나타낸 것
④ 정보의 보존, 검색, 이용이 확실히 이루어지도록 함

나. 제도의 표준 규격 및 도면의 요건

(1) 제도의 표준 규격

① 제도 통칙 : KS A 0005(1966년 제정, 2014년 12월 3일 개정)
② 기계제도 통칙 : KS B 0001(1967년 제정, 2008년 12월 23일 개정)

[KS 규격의 부문별 분류]

기호	A	B	C	D	E	F	G	H	K	L	M	P	V	R	W
부문	기본	기계	전기	금속	광산	건설	일용품	식료품	섬유	요업	화학	의료	조선	수송기계	항공

(2) 도면이 구비하여야 할 기본 요건
  ① 대상물의 도형, 필요로 하는 크기, 모양, 자세, 위치의 정보를 포함할 것
  ② 면의 표면, 재료, 가공방법 등의 정보를 포함할 것
  ③ 명확하고 이해하기 쉬운 방법으로 표현할 것
  ④ 애매한 해석이 생기지 않도록 표현상 명확한 뜻을 가질 것
  ⑤ 기술의 각 분야 교류의 적합성, 보편성을 가질 것
  ⑥ 무역 및 기술의 국제교류 입장에서 국제성을 가질 것
  ⑦ 복사, 도면의 보존, 검색 및 이용이 확실히 되도록 내용과 양식을 구비할 것

2 도면의 종류와 크기

가. 도면의 종류

(1) 도면의 용도에 따른 분류
  ① 계획도(scheme drawing)   ② 제작도(manufacture drawing)
  ③ 주문도(drawing for order)   ④ 견적도(estimation drawing)
  ⑤ 승인도(approved drawing)   ⑥ 설명도(explanation drawing)

(2) 도면의 내용에 따른 분류
  ① 조립도(assembly drawing)
  ② 부분 조립도(partial assembly drawing)
  ③ 부품도(part drawing)
  ④ 상세도(detail drawing)
  ⑤ 공정도(process drawing)
  ⑥ 접속도(electrical schematic diagram)
  ⑦ 배선도(wiring diagram)
  ⑧ 배관도(piping diagram)
  ⑨ 기타 : 기초도, 계통도, 설치도, 전개도, 구조선도, 외형도, 배치도, 장치도, 스케치도, 곡면선도 등

(3) 도면의 성격에 따른 분류
  ① 원도(original drawing)   ② 트레이스도(traced drawing)
  ③ 복사도(copy drawing)

나. 도면의 크기와 양식

(1) 도면의 크기(종이의 재단치수)

① 도면은 A열로 A0~A4(다만 연장하는 경우 연장사이즈 사용)
② 도면은 긴 쪽을 좌우 방향으로 놓고서 사용한다.(다만 A4는 짧은 쪽을 좌우 방향으로 놓고서 사용하여도 좋다.)
③ 도면의 폭과 길이의 비는 1 : $\sqrt{2}$, A0의 넓이는 $1m^2$, B0의 넓이는 약 $1.5m^2$
④ 도면은 접을 때의 크기는 원칙적으로 A4의 크기로 접는다.
⑤ 원도를 말아서 보관할 때는 그 안지름이 Ø40mm 이상 되게 한다.

[도면의 크기 및 윤곽의 치수 (단위:mm)]

호칭 방법	치수 a x b	c (최소)	d(최소) 철하지 않을 때	철할 때
A0	841 X 1189	20	20	25
A1	594 X 841	20	20	25
A2	420 X 594	10	10	25
A3	297 X 420	10	10	25
A4	210 X 297	10	10	25

비고 1. 원도는 접지 않는 것이 보통이며 말아서 보관시에도 내경 40mm 이상으로 하는 것이 좋다.
     2. 도면을 접을 때에는 그 접음의 크기는 A4로 기준한다.
     3. 도면을 접을 때에는 표제란이 겉으로 나오게 하고 d부가 표제란 좌측에 오도록 한다.

(a) 가로 도면   (b) 세로 도면

[도면의 크기]

(2) 도면의 양식
  ① 반드시 마련하여야 할 사항 : 윤곽선, 중심마크, 표제란
  ② 마련하는 것이 바람직한 사항 : 비교눈금, 도면구역 구분선·구분기호, 재단마크
    ㉮ 윤곽선 : 굵기 0.5mm 이상의 실선
    ㉯ 표제란
      ㉠ 도번, 도명, 척도, 투상법, 기업(단체, 학교)명, 도면작성 연월일, 제도자 이름 등
      ㉡ 도면 오른쪽 아랫부분에 위치
    ㉰ 중심마크(중심태그)
      ㉠ 4변의 각 각 중앙에 표시, 그 허용차 0.5mm
      ㉡ 굵기 0.5mm 실선
    ㉱ 부품란
      ㉠ 부품번호(품번), 부품명(품명), 재질, 수량, 공정, 중량, 비고란 등
      ㉡ 일반적으로 표제란 위에 위치, 부품수가 많은 조립도의 경우 별지 부품도 사용
    ㉲ 비교눈금
      ㉠ 길이 100mm를 눈금간격 10mm로 10등분하여 도면 아래 중심마크를 중심으로 표시
      ㉡ 눈금선의 굵기는 윤곽선과 같고, 길이는 5mm이내로 한다.
    ㉳ 도면구역 구분선·구분기호
      ㉠ 도면 중 특정부분의 위치를 지시할 때의 편의를 위하여 사용 : "예" : B-2
      ㉡ 좌상 모서리에 변 : 1, 2, 3, ·· ·의 아라비아 숫자
      ㉢ 세로의 변 : A, B, C, · · ·의 알파벳 대문자 사용
      ㉣ 상하좌우의 상대하는 변에 같은 기호 기입
    ㉴ 재단마크
      ㉠ 복사한 도면을 절단한 경우, 용지의 영역을 쉽게 알수 있도록 표시
      ㉡ 자동 절단의 경우 센서의 검지용마크가 된다.

다. 척도

(1) 척도의 사용
  ① A : B로 표시(A : 도면에 그려지는 크기, B : 실물의 크기)
  ② 표제란에 기입
  ③ 같은 도면에 다른 척도를 사용할 때는 그 그림 부근에 기입

[축척, 현척 및 배척의 값]

척도의 종류	값
축척	1:2 1:5 1:10 1:20 1:50 1:100 1:200
현척	1:1
배척	2:1 5:1 10:1 20:1 50:1

(2) 척도의 종류
 ① 실척(Full scale) : 실물과 동일한 크기로 그린 척도
 ② 축척(Contraction scale) : 실물보다 축소하여 그린 척도
 ③ 배척(Enlargrd scale) : 실물보다 크게 그린 척도
  ㉮ NS(Not scale) : 비례척이 아님
  ㉯ _(Under Line) : 비례척이 아님. "예" 20:치수밑의 "_"은 비례척이 아님

3 선

가. 선의 종류와 용도

(1) 모양에 따라 분류한 선
 ① 실선(────────) : 연속된 선
 ② 파선(─ ─ ─ ─) : 짧은 선을 약간의 간격으로 나열한 선
 ③ 1점 쇄선(── - ──) : 긴 선과 짧은선 1개를 서로 규칙적으로 나열한 선
 ④ 2점 쇄선(── - - ──) : 긴 선과 짧은선 2개를 서로 규칙적으로 나열한 선

(2) 굵기에 따라 분류한 선
 ① 가는선 : 굵기가 0.18 ~ 0.25mm인 선
 ② 굵은선 : 굵기가 0.35 ~ 0.5mm인 선(가는선 굵기의 2배)
 ③ 아주 굵은선 : 굵기가 0.7 ~ 1mm인 선(굵은선 굵기의 2배)
  ㉮ 선의 굵기 종류 : 0.18, 0.25, 0.35, 0.5, 0.7, 1mm의 6종이 있다.
  ㉯ 가는 선 : 굵은 선 : 아주 굵은 선 = 1 : 2 : 4

(3) 용도에 의하여 분류한 선의 종류

[용도에 의한 선의 종류]

용도에 의한 명칭	선의 종류		용도
외형선	굵은 실선	———	대상물의 보이는 부분의 모양을 나타내는데 사용한다.
치수선	가는 실선	———	치수 기입을 위하여 쓰인다.
치수보조선			치수 기입을 위하여 도형으로부터 끌어내는데 쓰인다.
지시선			기술, 기호 등을 표시하기 위하여 끌어내는데 쓰인다.
회전단면선			도형의 중심선을 간략하게 표시하는데 쓰인다.
중심선			도형내의 그 부분의 절단면을 90도 회전하여 표시하는데 쓰인다.
수준면선(1)			수면, 유면 등의 위치를 표시하는데 쓰인다.
숨은선	가는 파선 또는 굵은파선	-----	대상물의 보이지 않는 부분의 모양을 표시하는데 쓰인다.
중심선	가는 1점 쇄선	—-—-—	(1) 도형의 중심을 표시하는데 쓰인다. (2) 중심이 이동한 중심궤적을 표시하는데 쓰인다.
기준선			특히 위치 결정의 근거임을 명시하는데 쓰인다.
피치선			반복 도형의 피치를 잡는 기준이 되는 선으로 사용한다.
특수지정선	굵은 1점 쇄선	—-—-—	특수한 가공을 하는 부분 등 특별한 요구사항을 적용할 범위를 표시하는데 쓰인다.
가상선(2)	가는 2점 쇄선	—--—--—	(1) 인접 부분을 참고로 표시하는데 사용한다. (2) 공구, 지그 등의 위치를 참고로 나타내는데 사용한다. (3) 가공 부분을 이동 중의 특정한 위치 또는 이동 한계의 위치로 표시하는 데 사용한다. (4) 가공 전 또는 가공 후의 모양을 표시하는데 사용한다. (5) 되풀이하는 것을 나타내는데 사용한다. (6) 도시된 단면의 앞쪽에 있는 부분을 표시하는데 사용한다.
무게중심선			단면의 무게 중심을 연결한 선을 표시하는데 사용한다.
파단선	불규칙한 파형의 가는 실선 또는 지그 재그선	～～～	대상물의 일부를 파단하는 경계 또는 일부를 떼어낸 경계를 표시하는데 사용한다.
절단선	가는 1점 쇄선으로 끝부분 및 방향이 변하는 부분을 굵게 한 것(3)	⌐_⌐	단면도를 그리는 경우, 그 절단 위치를 대응하는 그림에 표시하는데 사용한다.
해칭	가는실선으로 규칙적으로 줄을 늘어 놓은 것	/////	도형의 한정된 특정 부분을 다른 부분과 구별하는데 사용한다. 보기를 들면 단면도의 절단된 부분을 나타낸다.

용도에 의한 명칭	선의 종류		용도
특수용도선	가는실선	————	(1) 외형선 및 숨은선의 연장을 표시하는데 사용한다. (2) 평면이란 것을 나타내는데 사용한다. (3) 위치를 명시하는데 사용한다.
	아주 굵은 실선	▬▬▬	얇은 부분의 단면선 도시를 명시하는데 사용한다.

주(1) ISO 128 (Technical drawings-General principles of presentation)에는 규정되어 있지 않다.
주(2) 가상선은 투상법상에서는 도형에 나타나지 않으나, 편의상 필요한 모양을 나타내는데 사용한다. 또 기능상, 공작상의 이해를 돕기위해 도형을 보조적으로 나타내기 위해 사용한다.
주(3) 다른 용도와 혼용할 염려가 없을 때는 끝부분 및 방향이 바뀌는 부분을 굵게 할 필요는 없다.
비고) 가는 선, 굵은 선, 아주 굵은 선의 굵기 비율은 1:2:4로 한다.

(3) 선의 우선 순위
　① 외형선
　② 숨은선
　③ 절단선
　④ 중심선
　⑤ 무게 중심선
　⑥ 치수 보조선

4 문자

(1) 글자 쓰기의 원칙
　① 명백히 쓰고, 글자체는 고딕체로하여 수직 또는 15°경사로 쓴다.
　② 한글, 로마자 및 아라비아 숫자의 크기는 높이 2.24,, 3.15, 4.5, 6.3 및 9mm의 5종류
　③ 서체는 B형 입체, B형 사체 또는 J형 사체 3종류, 혼용은 불가능함
　④ 문장은 왼편에서 가로쓰기를 원칙

(2) 쓰이는 곳에 따른 문자의 높이(mm)
　① 공차 치수 문자 : 2.24 ~ 4.5
　② 일반치수 문자 : 3.15 ~ 6.3
　③ 부품번호 문자 : 6.3 ~ 12.5
　④ 도면번호 문자 : 9 ~ 12.5
　⑤ 도면이름 문자 : 9 ~ 18

5 투상법의 종류

가. 사투상법

(1) 캐비닛도
① 투상선이 투상면에 대하여 63°26'인 경사를 갖는 사투상도이다.
② 3축 중 Y, Z축은 실제 길이를 나타내므로 정면도는 실제 크기이다.
③ X축은 보통 실제크기의 1/2을 나타낸다.

(2) 카발리에도
① 투상선이 투상면에 대하여 45°인 경사를 갖는 사투상도이다.
② 3축 모두 실제의 길이를 나타낸다.
③ X축을 수평하게 45°기울여 그리는 것이 일반적이다.

나. 축측투상법

(1) 등각 투상도
① 3좌표축의 투상이 서로 120° 등간격이 되는 축측 투상
② X축과 Y축이 수평선과 이루는 각이 30°
③ 정면, 평면, 측면을 동시에 입체적으로 볼 수 있음

(2) 2등각 투상도
3좌표축 투상의 교각 중, 2개의 교각이 같은 축측 투상

(3) 부등각 투상도
3좌표축 투상의 교각이 각기 다른 축측 투상

다. 정투상도법

(1) 제3각법
① 물체를 투상공간의 제3각 안에 놓고 투상하는 방법
② 투상면 뒤쪽에 물체를 놓음
③ 눈 → 화면 → 물체의 순
④ 물체 외부를 펼쳐서 표현하므로 비교 대조 용이 : 기계
⑤ 투상도 위치
　㉠ 평면도 : 정면도 위에
　㉡ 우측면도 : 정면도 우측에

ⓒ 좌측면도 : 정면도 좌측에
ⓔ 저면도 : 정면도 아래
ⓜ 배면도 : 우측면도 우측에

(2) 제1각법
① 물체를 투상공간의 제 1각 안에 놓고 투상
② 투상면의 앞쪽에 물체를 놓음
③ 눈 → 물체 → 화면의 순
④ 투상 시점이 안쪽에 있는 경우 표현이 편리 : 건축, 조선
⑤ 투상도 위치
　㉮ 평면도 : 정면도 아래　　㉯ 우측면도 : 정면도 좌측에
　㉰ 좌측면도 : 정면도 우측에　㉱ 저면도 : 정면도 위에
　㉲ 배면도 : 좌측면도 우측에

(3) 제3각법과 제 1각법의 비교

[제3각법과 제1각법의 비교]

위치 각법	기준	평면도위치	우측면도 위치	좌측면도 위치	배면도(참고)	비고
3각법	정면도	위	우측	좌측	우측면도 우측에	비교 대조하기 쉬움 기계도면
1각법	정면도	아래	좌측	우측	좌측면도 우측에	투상 시점이 안쪽일 경우 유리, 건축 및 조선 도면

비고 : 배면도의 위치는 한 보기를 나타낸다.

[제 3각법과 제 1각법의 비교]

(4) 투상법의 기호
  ① 일반적으로 표제란에 "제3각법" 또는 "제1각법" 이라 기입한다.
  ② 문자대신 기호를 사용하기도 한다.

(a) 제1각법   (b) 제3각법
[투상법의 기호]

6 도형의 도시 방법

가. 주 투상도와 필요 추상도

(1) 주 투상도(정면도) 선택 방법
  ① 물체의 모양과 기능 등의 특징이 가장 잘 나타난 면
  ② 은선이 가급적 적은 면
  ③ 가공 공정 순서와 같게 나타냄
  ④ 안전감을 갖도록 배치
  ⑤ 기어, 베어링 등은 축과 직각 방향에서 본 것

(2) 필요 투상도
  ① 1면도 : 정면도 1개로 투상 : 원통, 각 기둥, 평판 등(a)
  ② 2면도 : 정면도와 평면도, 정면도와 측면도 2개로 투상 : 각 기둥, 원통형 등(b)
  ③ 2면도 : 정면도, 저면도 배열(c)

(a)   (b)   (c)
[필요 투상도]

제3장 | 제도의 기초   113

나. 특수 투상도

(1) 보조 투상도(relevant view)
대상물의 경사면에 맞서는 위치에 그린 투상도(a)

(2) 부분 투상도(partial view)
물체의 홈, 구멍 등 투상도의 일부를 나타낸 투상도(b)

(3) 회전 투상도(revolved view)
투상면에 대하여 대상물의 일부분이 경사 방향으로 있는 경우, 그것을 투상면에 평행한 위치까지 회전했다고 가정하여 그린 투상도(c)

(4) 국부 투상도(local view)
구멍 · 홈 등, 대상물의 1국부를 나타낸 투상도(d)

(5) 부분 확대도(elemnts on larger scale)
그림의 특정 부분만을 확대해서 그린 그림(e)

(6) 전개도(development drawing)
입체표면을 평면에 펼쳐서 그린 그림으로 주로 판금 제품의 소재 모양이 됨

(e)
[특수투상도]

7 단면도

가. 단면도와 단면법칙

(1) 단면도
물체의 내부를 명확히 도시할 필요가 있는 경우 그 부분을 절단하여 내부가 보이도록 도시한 것

(2) 단면법칙
① 단면은 일반적으로 기본 중심선으로 절단한 면을 표시
② 기본 중심이 아닌 곳에서 절단할 필요가 있는 경우, 절단할 위치에 절단선(파단선)을 넣고 단면
③ 단면은 해칭이나 스머징
④ 단면 방향을 표시하는 화살표는 보는 방향으로 도시
⑤ 은선은 이해하기에 필요하지 않으면 생략
⑥ 뒤에 있는 외형이 절단면에 나타나지 않고 보일 때에는 나타낸다.

(3) 절단하지 않는 부품
① 길이 방향으로 절단하지 않는다.
② 축, 핀, 볼트, 너트, 와셔(washer), 캡, 스크루(screw), 멈춤나사, 리벳(rivet), 키, 테이퍼(taper), 핀, 리브(rib), 바퀴의 암, 기어의 이

(4) 해칭(Hatching)
① 주 중심선에 대하여 45° 등간격의 가는 실선으로 표시한다.
② 해칭선 간격은 2~3mm, 같은 도면 내에는 해칭선의 간격을 같게 유지한다.
③ 부품이 인접해 있는 경우, 이의 구분을 위하여 해칭의 방향을 바꾸거나 간격을 달리한다.

④ 해칭선은 글자, 기호 등을 기입할 필요가 있을때는 중단하고 외형선 밖으로는 나올 수 없다.
⑤ 동일한 부품의 해칭은 서로 떨어져 있더라도 각도와 간격을 동일하게 한다.
⑥ 간단한 도면에서 단면을 쉽게 알 수 있는 것은 해칭을 생략할 수 있다.
⑦ 해칭한 부분에는 가능한 은선의 기입을 피한다.

나. 단면도의 종류

(1) 온 단면도(full section)
　① 기본 중심선을 중심으로 물체를 1/2로 절단하여 도면 전체를 단면으로 표시한다.
　② 원칙적으로 대상물의 기본적인 모양을 가장 좋게 표시할 수 있도록 절단면을 정한다. 이 경우 절단선은 기입하지 않는다.(절단부가 확실한 경우)
　③ 필요한 경우에는 특정 부분의 모양을 잘 표시할 수 있도록 절단면을 정하여 그리는 것이 좋다. 이 경우에는 절단선에 의하여 절단 위치를 나타낸다.

(a)　　　　　　　　(b)　　　　　　　　(c)

[온 단면도]

(2) 한쪽 단면도(half section)
　① 대칭 물체를 1/4로 절단하여 단면으로 나타낸 것이다.
　② 한쪽은 단면도, 다른 한쪽은 외형도를 표시한다.
　③ 대칭형의 대상물을 외형도시 절반과 온단면도의 절반을 조합하여 표시할 수 있다.

(3) 부분단면도
　① 필요한 부분만을 절단하여 단면으로 나타내는 것이다.
　② 절단부 경계는 파단선으로 나타낸다.

(4) 회전도시 단면도(revolved sectin)
　① 핸들이나 기어, 벨트 풀리 등의 암, 리브, 훅, 축 구조물의 부재 등의 절단면은 90° 회전하여 나타낸다.

② 절단할 곳의 전후를 끊어서 그 사이에 그린다.
③ 절단선의 연장선 위에 그린다.
④ 도형내의 절단한 곳에 겹쳐서 가는 실선을 사용하여 그린다.

[한쪽 단면도]   [부분 단면도]

[회전 도시 단면도]

(5) 조합에 의한 단면(연속단면)
① 2개 이상의 절단면에 의한 단면도를 조합하여 행하는 단면 도시방법이다.
② 필요에 따라서 단면을 보는 방향을 나타내는 화살표와 글자 기호를 붙인다.
③ 단면도는 필요에 따라 예각 및 직각 단면도, 계단 단면도, 곡면 단면도를 조합하여 표시한다.
  ㉮ 예각 및 직각 단면도 : 대칭형 또는 이에 가까운 형의 대상물의 경우에는 대칭의 중심선을 경계로하여 그 한쪽을 투상면에 평행하게 절단하고, 다른쪽을 투상면과 어느 각도를 이루는 방향으로 절단할 수 있다. 다른 쪽을 투상면과 어느 각도를 이루는 방향으로 절단하는 단면도는 그 각도만큼 투상면 쪽으로 회전시켜서 도시한다.(a, b, c)
  ㉯ 계단 단면도 : 절단해야 할 부분이 일직선상에 있지 않을때, 평행한 2개 이상의 평면에서 절단한 단면도의 필요 부분만을 합성시켜 나타낼 수 있다. 이 경우, 절단선에 따라 절단의 위치를 나타내고 조합에 의한 단면도라는 것을 나타내기 위하여 2개의 절단선을 임의의 위치에서 이어지게 하고 그 양 끝에 화살표를 붙여, 보는 방향을 나타내어야 한다.(c)
  ㉰ 곡면단면도 : 구부러진 관 등의 단면을 표시하는 경우에는 그 구부러진 중심선에 따라 절단하고, 그대로 투상할 수 있다.(b)

[조합에 의한 단면도]

(6) 다수의 단면도에 의한 도시
    ① 복잡한 모양의 물체를 단면할 때(a, b)
    ② 일련의 단면도는 치수기입과 도면 이해에 도움이 되도록 절단선의 연장선상 또는 중심선상에 배치한다.(b)
    ③ 물체의 모양이 서서히 변화하는 경우(프로펠러 날개)

[다수 단면에 의한 도시]

(7) 얇은 두께부분의 단면도
    ① 개스킷, 박판, 형강 등의 절단면이 얇은 경우
    ② 실제 치수와 관계없이 아주 굵은 실선으로 그린다.
    ③ 인접한 경우는 선 사이의 간격을 둔다.

[얇은 두께부분의 단면도]

다. 도형의 생략

(1) 대칭 도형의 생략 – 도형이 대칭인 경우
① 대칭 중심선의 한쪽 도형만을 그리고, 그 대칭 중심선의 양끝 부분에 짧은 2개의 나란한 가는 선(대칭 도시기호라한다.)을 그린다.(a)
② 대칭 중심선의 한쪽의 도형을 대칭 중심선을 조금 넘은 부분까지 그린다. 이때에는 대칭도시 기호를 생략할 수 있다.(b)

[대칭 도형의 생략]

(2) 반복 도형의 생략
① 같은 종류, 같은 모양의 것이 다수 줄지어 있는 경우에는 다음에 따라 도형을 생략할 수 있다. 다만, 그림 기호를 사용하여 생략할 경우에는 그 뜻을 알기 쉬운 위치에 기술하거나, 지시선을 사용하여 기술한다.
② 실형 대신 그림 기호를 피치선과 중심선과의 교점에 기입한다.
③ 잘못 볼 우려가 있을 경우에는 양끝부(한 끝은 1피치분), 또는 요점만을 실형 또는 도면 기호로 나타내고 다른 쪽은 피치선과 중심선과의 교점으로 나타낸다. 다만, 치수 기입에 의하여 교점의 위치가 명확할 때는 피치 선에 교차되는 중심선을 생략 하여도 좋다. 또, 이 경우에는

반복 부분의 수를 치수 기입 또는 주기에 의하여 지시하여야 한다.

(3) 중간부의 생략

① 동일 단면형의 부분(보기1), 같은 모양이 규칙적으로 줄지어 있는 부분(보기2) 또는 긴 테이퍼 등의 부분(보기3)은 지면을 생략하기 위하여 중간 부분을 잘라 내서 그 간요한 부분만을 가까이하여 도시할 수가 있다. 이 경우, 잘라 낸 끝 부분은 파단선으로 나타낸다.

> (보기) 1) 축, 막대, 관, 형강
> 2) 래크, 공작 기계의 어미 나사, 교량의 난관, 사다리
> 3) 테이퍼 축

② 요점만을 도시하는 경우 혼동될 염려가 없을 때는 파단선을 생략하여도 좋다.
③ 긴 테이퍼 부분, 또는 끼우기 부분을 잘라 낸 도시에서는 경사가 완만한 것은 실제의 각도로 도시하지 않아도 좋다.

라. 특별한 도시 방법

(1) 전개도

① 판을 구부려서 만드는 대상물이나 면으로 구성되는 대상물의 전개한 모양을 나타낼 경우 이용한다.
② 이 경우 전개도의 위쪽 또는 아래쪽 어느 곳에나 통일해서 "전개도"라고 기입한다.

(2) 간명한 도시

① 숨은선은 그것이 없어도 이해할 수 있는 경우에는 이것을 생략하여도 좋다.
② 보충한 투상도에 보이는 부분을 전부 그렸을 때, 도면이 도리어 알기 어렵게 될 경우에는 부분 투상도로 하여 표시하는 것이 좋다.
③ 절단면의 앞쪽에 보이는 선은 그것이 없어도 이해할 수 있는 경우에는 생략하여도 좋다.
④ 일부분에 특정한 모양을 가진 것은 되도록 그 부분이 그림의 위쪽에 나타나도록 그리는 것이 좋다.

(3) 2개면의 교차 부분을 표시

① 교차 부분에 둥글기가 있는 경우, 대응하는 그림에 이 둥글기의 부분을 표시할 필요가 있을 때는 교차 부분에 둥글기가 없는 경우의 교차 선의 위치에 굵은 실선으로 표시한다.
② 리브(rib) 등을 표시하는 선의 끝 부분은 직선 그대로 멈추게 한다. 또한, 관련 있는 둥글기의 반지름이 현저하게 다를 경우에는 끝부분을 안쪽 또는 바깥쪽으로 구부려서 멈추게 해도 좋다.
③ 곡면 상호 또는 곡면과 평면이 교차하는 부분의 선(상관선)은 직선으로 표시하던가 올바른 투상에 가깝게 한 원호로 표시한다.

(4) 가공 전 또는 후의 모양의 도시
   ① 가공 전의 모양을 표시하는 경우에는 가는 2점 쇄선으로 도시한다.
   ② 가공 후의 모양, 보기를 들어 조립 후의 모양을 표시하는 경우에는 가는 2점 쇄선으로 도시한다.

(5) 기타
   ① 가공에 사용하는 공구·지그 등의 모양은 가는 2점 쇄선으로 도시한다.
   ② 절단면의 앞쪽에 있는 부분은 가는 2점 쇄선으로 도시한다.
   ③ 인접 부분의 도시
      ㉮ 대상물의 도형은 인접 부분에 숨겨지더라도 숨은 선으로 하면 안된다.
      ㉯ 단면도에 있어서의 인접 부분에는 해칭을 하지 않는다.

마. 기타 제도

(1) 특수한 가공 부분의 표시
   ① 대상물의 면의 일부분에 특수한 가공을 하는 경우에는 그 범위를 외형선에 평행하게 약간 떼어서 그은 굵은 1점 쇄선으로 나타낼 수 있다.
   ② 도형 중 특정 범위를 지시할 필요가 있을 경우에는 그 범위를 굵은 1점쇄선으로 둘러싼다.
   ③ 이들의 경우 특수한 가공에 관한 필요 사항을 지시한다.

(2) 조립도 중의 용접 구성품의 표시 방법
   ① 용접 구성품의 용접의 비드의 크기만을 표시하는 경우에는 (a)의 보기에 따른다.
   ② 용접 구성 부재의 겹침의 관계 및 용접의 종류와 크기를 표시하는 경우에는 (b)의 보기에 따른다.
   ③ 용접 구성 부재의 겹침의 관계를 표시하는 경우에는 (c)의 보기에 따른다.
   ④ 용접 구성 부재의 겹침과 관계 및 용접의 비드의 크기를 표시하지 않아도 좋을 때에는 (d)에 따른다.

[용접 구성품의 표시]

(3) 무늬 등의 표시

널링 가공 부분, 철망, 줄무늬 있는 강판 등의 특징을 외형의 일부분에 그려서 표시하는 경우에는 다음 보기에 따른다.

[무늬 등의 표시]

(4) 비금속 재료 표시

① 원칙적으로 지정된 표시 방법에 의하든지, 해당 규격의 표시 방법에 따른다. 이 경우에도 부품도에는 별도로 재질을 글자로 기입한다.
② 겉모양을 나타낼 경우도 단면을 할 경우에도 이에 따르는 것이 좋다.

(5) 관용 도시법

① 일부가 특정한 형태로 되어 있는 것의 표시 : 일부가 특정한 것으로 되어 있는 것은 되도록 그 부분이 그림의 위쪽에 나타나도록 그리는 것이 좋다. 예를 들면 키홈을 가지는 보스 구멍, 벽에 구멍 또는 홈을 가지는 관, 실린더 한 곳이 잘리진 링 등을 도시할 때 등
② 평면의 도시 : 면이 평면인 것을 나타낼 필요가 있는 경우에는 가는 실선으로 대각선을 기입한다.
③ 원주의 교차부 표시 : 원주가 다른 원주 또는 각주와 교차하는 부분의 선은 정확한 투상법에 의하지 않고 직선 또는 원으로 표시하는 것이 좋다.

8 치수기입 일반

가. 치수기입의 원칙 및 표시방법

(1) 치수기입의 원칙

① 대상물의 기능, 제작, 조립 등 필요하다고 생각되는 치수를 명료하게 도면에 지시한다.
② 치수는 대상물의 크기, 자세 및 위치를 가장 명확하게 표시하는데 필요하다고 충분한 것을 기

입한다.
③ 치수에는 기능상(호환성을 포함) 필요로한 경우 KS A 0108 에 따라 치수의 허용 한계를 지시한다. 다만, 이론적으로 정확한 치수를 제외한다.
④ 치수는 되도록 주 투상도에 집중한다.
⑤ 치수는 중복 기입을 피한다.
⑥ 치수는 되도록 계산해서 구할 필요가 없도록 기입한다.
⑦ 치수는 필요에 따라 기준으로 하는 점, 선, 또는 면을 기준으로 하여 기입한다.
⑧ 관련되는 치수는 되도록 한곳에 모아서 기입한다.
⑨ 치수는 되도록 공정마다 배열을 분리하여 기입한다.
⑩ 치수 중 참고 치수에 대하여는 치수 수치에 괄호를 붙인다.

(2) **치수 수치의 표시 방법**
① 길이 치수 수치 : 원칙적으로 mm의 단위로 기입하고 단위 기호는 붙이지 않는다.
② 각도 치수 : 도의 단위로 기입하고, 필요한 경우에는 분 및 초를 병기할 수 있다. 각도를 표시하는 데에는 숫자의 오른쪽 위에 각각 °, ', " 를 기입한다.
(보기) 90°   22.5°   6°2'15"   8°0'12"
또 각도의 치수 수치를 라디안의 단위로 기입하는 경우에는 그 단위 기호 rad를 기입한다.
(보기) 0.52rad   1/3πrad
③ 치수 수치의 소수점 : 아래쪽의 점으로 하고 숫자 사이를 적당히 떼어서 그 중간에 약간 크게 쓴다. 또, 치수 수치의 자리수가 많은 경우, 3자리마다 숫자의 사이를 적당히 띄우고 콤마를 찍지 않는다.
(보기) 123.25   12.00   22.320

나. 치수기입 요소

(1) **치수선**
① 가는 실선으로 긋고, 중앙을 끊지 않는다.
② 외형선, 은선, 중심선, 치수보조선은 치수선으로 사용하지 않는다.
③ 치수선은 외형선으로 부터 10 ~ 15mm 띄워서 긋는다.
④ 원칙적으로 지시하는 길이 또는 각도를 측정하는 방향에 평행하게 긋는다.
⑤ 원칙적으로 치수 보조선을 사용하여 기입한다.
⑥ 치수 보조선을 빼내 그림을 혼동하기 쉬울 때는 외형선에 바로 그을 수 있다.
⑦ 각도를 기입하는 치수선은 각도를 구성하는 2변 또는 그 연장선(치수 보조선)의 교점을 중심으로하여 양변 또는 그 연장선 사이에 그린 원호로 표시한다.

(2) 치수 보조선
   ① 가는 실선으로 긋고, 치수선에 직각 되게 한다.
   ② 지시하는 치수의 끝에 닿는 도형상의 점 또는 선 중심을 통과하고 치수선을 약간(2~3mm) 지날 때까지 연장한다.
   ③ 치수 보조선과 도형 사이를 약간 떼어 놓아도 좋다.
   ④ 치수를 지시하는 점 또는 선을 명확히 하기 위하여 특히 필요한 경우에는 치수선에 대하여 적당한 각도를 가진 서로 평행한 치수 보조선을 그을 수 있다. 이 각도는 되도록 60°가 좋다.

(3) 화살표
   ① 치수선 끝에 붙여 그 한계를 표시한다.(a)
   ② 길이와 나비의 비율이 3 : 1 되게 한다.(d)
   ③ 화살표의 각도는 적당한 각도(90°를 포함)로 하나 30° 이하로 하는 것이 좋다.
   ④ 한계를 표시하는 방법은 그림과 같다.(a, b, c)

(a) 화살표   (b) 둥근 동그라미   (c) 사선   (d)
[단말기호 및 화살표]

(4) 지시선
   ① 가는 실선으로 수평에 대하여 60° 경사지게 긋는다.
   ② 가공방법, 가공 구멍의 치수, 부품 번호 등을 기입할 때 쓰인다.

(5) 치수 수치
   ① 치수선 중앙에 정자로 정확히 써야 한다.
   ② 수직방향의 치수선에는 왼쪽을 향하여 중앙에 쓴다.
   ③ 크기는 도면과 조화를 이루도록 한다.

다. 치수 기입에 사용되는 기호

[치수 기입에 사용되는 기호]

기호 이름	기호 모양	기호의 사용방법
지름	∅	원형의 지름치수 앞에 붙인다.
반지름	R	원형의 반지름치수 앞에 붙인다.
구의 지름	S∅	구의 지름치수 앞에 붙인다.
구의 반지름	SR	구의 반지름치수 앞에 붙인다.

기호 이름	기호 모양	기호의 사용방법
정사각형의 변	□	정사각형의 모양이나 위치치수 앞에 붙인다.
판의 두께	t	판재의 두께치수 앞에 붙인다.
원호의 길이	⌒	원호의 길이치수 위에 붙인다.
45° 모떼기(모따기)	C	45°의 모떼기(모따기) 치수 앞에 붙인다.
이론적으로 정확한 치수	50	위치 공차 기호를 기입할 때 이론적으로 정확한 치수를 사각형으로 둘러싼다.
참고 치수	(50)	참고로 기입하는 치수를 괄호로 하고, 제작치수로 사용하지 않는 치수에 사용한다.
치수의 취소	~~50~~	치수를 가로질러 직선을 붙이며, 치수를 수정할 때 사용한다.
비례 척도가 아닌 치수	50	치수 밑에 직선을 붙이며, 투상도의 크기와 치수 값이 일치하지 않을 때 사용한다.
치수의 기준	●—	누진좌표치수 기입을 할 때 치수의 기준이 되는 지점을 표시한다.

라. 치수 수치를 기입하는 위치 및 방향

특별히 정한 누진 치수 기입법의 경우를 제외하고는 다음 방법에 따른다. 이 두 개의 방법은 같은 도면내에서는 혼용하면 안된다.

(1) 정향법
① 치수 수치는 수평 방향의 치수선에 대하여는 도면의 하변으로부터, 수직방향의 치수선에 대하여는 도면의 우변으로부터 읽도록 쓴다.
② 경사 방향의 치수선에 대해서도 이에 준하여 쓴다.
③ 치수 수치는 치수선을 중단하지 않고 이에 연하여 그 위쪽으로 약간 띄어서 기입한다. 이 경우, 치수선의 거의 중앙에 쓰는 것이 좋다.
④ 수직선에 대하여 좌상(左上)에서 우하(右下)로 향하여 약 30° 이하의 각도를 이루는 방향에는 치수선의 기입을 피한다. 다만, 도형의 관계로 기입하지 않으면 안될 경우에는 그 장소에 혼동하지 않도록 기입한다.

(2) 정렬법
① 치수 수치는 도면의 하변에서 읽을 수 있도록 쓴다.
② 수평방향 이외의 방향의 치수 수치를 끼우기 위하여 중단하고, 그 위치는 치수선의 거의 중앙으로 하는 것이 좋다.

9 치수 기입 방법

가. 치수 기입 및 배치

(1) 좁은 곳에서의 치수의 기입
  ① 부분 확대도를 그려서 기입하든지 또는 다음 중 어느 것을 사용하여도 좋다.
  ② 지시선을 치수선에서 경사 방향으로 끌어내고 원칙으로 그 끝을 수평으로 구부리고 그 위쪽에 치수를 기입한다. 이 경우, 지시선을 끌어내는 쪽 끝에는 아무것도 붙이지 않는다.
  ③ 가공방법, 주기, 부품의 번호 등을 기입하기 위하여 사용하는 지시선은 원칙으로 경사 방향으로 끌어낸다. 이 경우, 지시선을 모양을 표시하는 선으로부터 끌어내는 경우에는 화살표를 붙이고, 모양을 표시하는 선의 안쪽에서 끌어내는 경우에는 검은 둥근점을 끌어낸 곳에 붙인다
  ④ 주기 등을 기입하는 경우에는 원칙적으로 그 끝을 수평으로 구부려, 그 위쪽에 쓴다.
  ⑤ 치수 보조선의 간격이 좁아서 화살표를 기입할 여지가 없을 경우에는 화살표 대신 검은 둥근점 또는 경사선을 사용하여도 좋다.

(2) 치수의 배치
  ① 직렬 치수 기입법 : 직렬로 나란히 연결된 개개의 치수에 주어진 치수 공차가 축차로 누적되어도 좋은 경우에 사용한다.
  ② 병렬 치수 기입법 : 병렬로 기입하는 개개의 치수 공차는 다른 치수의 공차에는 영향을 주지 않는다. 이 경우, 공통쪽 치수 보조선의 위치는 기능, 가공 등의 조건을 고려하여 적절히 선택한다.

[직렬 치수 기입법]

[병렬 치수 기입법]

  ③ 누진 치수 기입법 : 치수 공차에 관하여 병렬 치수 기입법과 완전히 동등한 의미를 가지면서, 한 개의 연속된 치수선으로 간편하게 표시한다. 이 경우 치수의 기점의 위치는 기점 기호(○)로 나타내고 치수선의 다른끝은 화살표로 나타낸다. 치수 수치는 치수 보조선에 나란히 기입하든지, 화살표 가까운 곳에 치수선의 윗쪽에 이에 연하여 쓴다. 또한, 2개의 형체 사이의 치수선에도 준용할 수 있다.

④ 좌표 치수 기입법 : 구멍의 위치나 크기 등의 치수는 좌표를 사용하여 표로 하여도 좋다. 이 경우 표에 나타낸 X, Y는 β의 수치는 기점에서의 치수이다.

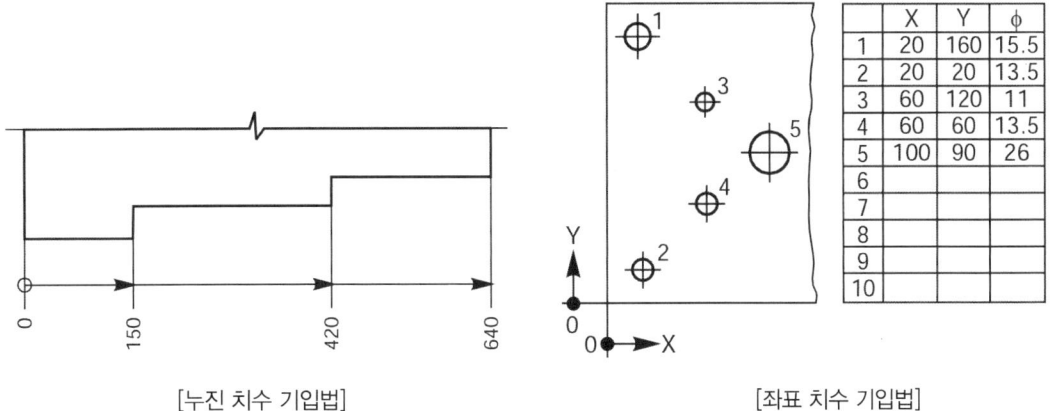

[누진 치수 기입법]   [좌표 치수 기입법]

나. 치수의 표시 방법

(1) 지름의 표시 방법

① 대상으로 하는 부분의 단면이 원형일 때, 그 모양을 도면에 표시하지 않고 원형인 것을 나타내는 경우에는 지름의 기호 Ø를 치수 수치의 앞에 치수 숫자와 같은 크기로 기입하여 표시한다.

② 원형의 그림에 지름의 치수를 기입할 때는, 치수 수치의 앞에 지름의 기호 Ø는 기입하지 않는다. 다만, 원형의 일부를 그리지 않은 도형에서 치수선의 끝부분 기호가 한쪽인 경우는 반지름의 치수와 혼동되지 않도록 지름의 치수 수치 앞에 Ø를 기입한다.

③ 지름이 다른 원 등이 연속되어 있고, 그 치수 수치를 기입할 여지가 없을 때는 아래의 그림과 같이 한쪽에 써야할 치수선의 연장선과 화살표를 그리고, 지름의 기호 Ø와 치수 수치를 기입한다.

[지름의 표시 방법]

(2) 반지름의 표시 방법
  ① 반지름의 치수는 반지름의 기호 R을 치수 수치 앞에 치수 숫자와 같은 크기로 기입하여 표시한다. 다만, 반지름을 나타내는 치수선을 원호의 중심까지 긋는 경우에는 이 기호를 생략하여도 좋다.
  ② 원호의 반지름을 표하는 치수선에는 원호쪽에만 화살표를 붙이고 중심쪽에는 붙이지 않는다.
  ③ 반지름 치수를 지시하기 위하여 원호의 중심위치를 표시할 필요가 있을 경우에는 +자 또는 검은 둥근점으로 그 위치를 나타낸다.
  ④ 원호의 반지름이 커서 그 중심 위치를 나타낼 필요가 있을 경우, 지면 등의 제약이 있을때는 그 반지름의 치수선을 구부리더라도 좋다. 이 경우, 치수선의 화살표가 붙은 부분은 정확한 중심 위치로 향하여야 한다.
  ⑤ 동일 중심을 가진 반지름은 길이 치수와 같이 누진 치수 기입법을 사용해서 표시할 수 있다.
  ⑥ 실형을 나타내지 않는 투상도형에 실제의 반지름 또는 전개한 상태의 반지름을 지시하는 경우에는 치수 수치의 앞에 "실R" 또는 "전개R"의 글자 기호를 기입한다.

(a) R기호를 붙인 경우   (b) R기호를 생략한 경우
[반지름의 표시 방법]

(3) 구의 지름 또는 반지름 표시 방법
치수 수치의 앞에 치수 숫자와 같은 크기로 구의 기호 SØ 또는 SR을 기입하여 표시한다.

(4) 정사각형의 변의 표시 방법
대상으로 하는 부분의 단면이 정사각형 일 때, 그 모양을 그림에 표시하지 않고 정사각형인 것을 표시하는 경우에는 그 변의 길이를 표시하는 치수 수치 앞에 치수 숫자와 같은 크기로 정사각형의 일변이라는 것을 나타내는 기호 □을 기입한다.

(5) 두께의 표시 방법
판의 주 투상도에 그 두께의 치수를 표시하는 경우에는, 그 도면의 부근 또는 그림 중 보기 쉬운 위치에, 두께를 표시하는 치수 수치의 앞에 치수 숫자와 같은 크기로 두께를 나타내는 기호 t를 기입한다.

(6) 현, 원호의 길이 표시 방법
  ① 현의 길이 표시 방법 : 현의 길이는 원칙적으로 현에 직각으로 치수 보조선을 긋고, 현에 평행한 치수선을 사용하여 표시한다.
  ② 원호의 길이의 표시 방법
    ㉮ 현의 경우와 같은 치수 보조선을 긋고 그 원호와 중심의 원호를 치수선으로 하고, 치수 수치와 원호의 길이의 기호를 붙인다.
    ㉯ 원호를 구성하는 각도가 클 때나, 연속적으로 원호의 치수를 기입할 때는 원호의 중심으로부터 방사형으로 그린 치수 보조선에 치수선을 맞추어도 좋다.
    ㉰ 원호의 치수 수치에 대하여 지시선을 긋고 끌어낸 원호쪽에 화살표를 그린다.
    ㉱ 원호의 길이의 치수 수치 뒤에 원호의 반지름을 괄호에 넣어서 나타낸다. 이 경우에는 원호의 길이의 기호를 붙이지 않는다.

(a) 변의 길이 치수   (b) 현의 길이 치수   (c) 호의 길이 치수   (d) 각도 치수
[현, 원호의 길이의 표시 방법]

(7) 곡선의 표시 방법
  ① 원호로 구성되는 곡선의 치수는 일반적으로는 이들 원호의 반지름과 그 중심 또는 원호와의 접선 위치까지를 기입한다.
  ② 원호로 구성되지 않은 곡선의 치수는 곡선상 임의의 점의 좌표 치수로 표시한다. 이 방법은 원호로 구성되는 곡선의 경우에도 필요하면 사용하여도 좋다.

(8) 모떼기의 표시 방법
  ① 일반적인 모떼기는 보통 치수 기입 방법에 따라 표시한다.
  ② 45°모떼기의 경우에는 모떼기의 치수 수치 × 45° 또는 기호 C를 치수 수치 앞에 치수 숫자와 같은 크기로 기입하여 표시한다.

(9) 구멍의 표시 방법
  ① 드릴 구멍, 펀칭 구멍, 코어 구멍 등 구멍의 가공방법에 의한 구별을 나타낼 필요가 있을 경우에는 원칙적으로 공구의 호칭 치수 또는 기준치수를 나타내고, 그 뒤에 가공방법의 구별을 표시한다.

② 1군의 동일 치수 볼트 구멍, 작은 나사 구멍, 핀 구멍, 리벳 구멍 등의 치수 표시는 구멍으로부터 지시선을 끌어내어 그 총수를 나타내는 숫자 다음에 짧은 선을 끼워서 구멍의 치수를 기입한다. 이 경우, 구멍의 총수는 같은 개소의 1군의 구멍 총수(보기를 들면 양쪽 플랜지를 가진 판이음이면 한쪽 플랜지에 대해서의 총수)를 기입한다.

③ 구멍의 깊이를 지시할 때는 구멍의 지름을 나타내는 치수 다음에 "깊이"라 쓰고 그 수치를 기입한다. 다만, 관통 구멍인 때는 구멍 깊이를 기입하지 않는다. 또한 구멍의 깊이란 드릴의 앞끝의 원추부, 리머의 앞끝의 모떼기부 등을 포함하지 않는 원통부의 깊이를 말한다.

④ 자리파기의 표시방법은 자리파기의 지름을 나타내는 치수 다음에 "자리파기"라고 쓴다. 자리파기를 표시하는 도형은 그리지 않는다.

⑤ 볼트 머리를 잠기게 하는 경우에 사용하는 깊은 자리파기의 표시방법은 깊은 자리파기의 지름을 나타내는 치수 다음에 "깊은 자리파기"라고 쓰고 그 수치를 기입한다. 다만, 깊은 자리파기의 아래 위치를 반대쪽면으로 부터 치수를 지시할 필요가 있을 때는 치수선을 사용하여 표시한다.

⑥ 경사진 구멍의 깊이는 구멍 중심선상의 깊이로 표시하든가, 그것에 따를 수 없는 경우에는 치수선을 사용하여 표시한다.

[구멍의 표시 방법]

(10) 키홈의 표시 방법
  ① 축의 키홈의 표시 방법
    ㉮ 축의 키홈의 치수는 키홈의 나비, 깊이, 길이, 위치 및 끝부를 표시하는 치수에 따른다.
    ㉯ 키홈의 깊이는 키홈과 반대쪽의 축지름면으로 부터 키홈의 바닥까지의 치수를 표시한다. 다만, 특히 필요한 경우에는 키홈의 중심면 위에서의 축지름으로부터 키홈의 바닥까지의

치수(절삭 깊이)로 표시하여도 좋다.
② 구멍의 키홈 표시 방법
㉮ 구멍의 키홈의 치수는 키홈의 나비 및 깊이를 표시하는 치수에 따른다.
㉯ 키홈 깊이는 키홈과 반대쪽의 구멍 지름면으로부터 키홈의 바닥까지의 치수로 표시한다. 다만, 특히 필요한 경우에는 키홈의 중심면상에서의 구멍지름면으로부터 키홈의 바닥까지의 치수로 표시하여도 좋다.
㉰ 경사 키용의 보스의 키홈의 깊이는 키홈의 깊은 쪽에서 표시한다.

(11) 테이퍼. 기울기의 표시방법
① 테이퍼는 원칙적으로 중심선에 연하여 기입하고, 기울기는 원칙적으로 변에 연하여 기입한다. 다만, 테이퍼 또는 기울기의 정도와 방향을 특별히 명확하게 나타낼 필요가 있을 경우에는 별도로 도시한다.
② 특별한 경우에는 경사면에서 지시선을 끌어내어 기입할 수 있다.

다. 기타 치수 표시 방법
① 얇은 두께 부분의 표시 방법 : 얇은 두께 부분의 단면을 아주 굵은 실선으로 그린 도형에 치수를 기입하는 경우에는 단면을 표시한 극히 굵은 선에 연하여 짧고 가는 실선을 긋고, 여기에 치수선의 끝부분 기호를 댄다. 이 경우 가는 실선을 그려준 쪽까지의 치수를 의미한다.
② 강 구조물 등의 치수 표시 : 강 구조물 등의 구조 선도에서 절점(구조선도에 있어서 부재의 무게 중심선의 교점)사이의 치수를 표시하는 경우에는 그 치수를 부재를 나타내는 선에 연하여 직접 기입한다.

10 표면 거칠기

가. 표면 거칠기의 종류(KS B0 0161)

(1) 산술 평균 거칠기(Ra)
① 정의 : 거칠기 곡선에서 그 중심의 방향으로 측정길이 l 을 취하고, 이 채취 부분의 중심선을 X축, 세로 방향을 Y축으로 하여 거칠기 곡선을 y = f(x)로 표시 하였을 때, 다음식으로 구해지는 값을 μm 단위로 나타낸 것을 말한다.
② 구하는 방법 : 중심선 아래 면적의 합 S_1과 위쪽 면적의 합 S_2를 더한 값을 S라 할 때 이 값을 측정길이 l로 나누어 Ra를 구한다.
$Ra = (S_1 + S_2)/l = S/l$

③ 컷오프 (Cutoff)값 : 0.08mm, 0.25mm, 0.8mm, 2.5mm, 8mm, 25mm
④ 측정 길이 : 컷오프 (Cutoff)값의 3배 또는 그것보다 큰 값으로 취한다.
⑤ 호칭 방법 : 중심선 평균 거칠기_μm, 컷오프값_mm, 측정길이_mm 또는_μm Ra, λc_mm, l_m
⑥ 최대값 표시 : 표준수열에서 선정한 수치 다음에 a를 붙여서 표시한다.
⑦ 표준수열 : 0.013, 0.025, 0.05, 0.1, 0.2, 0.4, 0.8, 1.6, 3.2, 6.3, 12.5, 25, 50, 100.

(2) 최대 높이 거칠기(Ry)

① 정의 : 단면 곡선에서 기준 길이만큼 채취한 부분의 가장 높은 봉우리와 가장 깊은 골밑을 통과하는 평균선에서 평행한 두 직선의 간격을 단면곡선의 세로 배율 방향으로 측정하여 이 값을 μm 단위로 표시한 것을 말한다.
② 기준길이 : 기준 길이는 6종류가 있다.(0.08mm, 0.25mm, 0.8mm, 2.5mm, 8mm, 25mm)
③ 호칭 방법 : 최대높이 _μm, 기준길이_mm 또는 Rmax, L_mm로 표시
④ 최대값 표시 : 표준수열에서 선정한 수치 다음에 S를 붙여서 표시한다.
⑤ 표준수열 : 0.05, 0.1, 0.2, 0.4, 0.8, 1.6, 3.2, 6.3, 12.5, 25, 50, 100, 200, 400

(3) 10점 평균 거칠기(Rz)

① 정의 : 단면 곡선에서 기준 길이만큼 채취한 부분에 있어서 평균선에 평행, 또는 단면곡선을 가로지르지 않는 직선에서 세로 배율의 방향으로 측정한 가장 높은 곳으로부터 5번째까지 봉우리의 표고 평균 값과 가장 낮은 곳으로부터 5번째까지 골 밑의 표고 평균값과의 차이를 μm 단위로 나타낸 것을 말한다.
② 기준길이 : 0.08mm, 0.25mm, 0.8mm, 2.5mm, 8mm, 25mm(6종류)
③ 호칭방법 : 10점 평균 거칠기_μm 기준길이 _mm 또는 _μmRz L_mm로 표시
④ 최대값 표시 : 표준수열에서 선장한 수치 다음에 Z를 붙여서 표시한다.
⑤ 표준수열 : 0.05, 0.1, 0.2, 0.4, 0.8, 1.6, 3.2, 6.3, 12.5, 25, 50, 100, 200, 400

나. 표면 거칠기의 표시 방법

(1) 대상면을 지시하는 기호

① 절삭 등 제거 가공의 필요 여부를 문제삼지 않을 경우에는 면에 지시 기호를 붙여서 사용한다.(a)
② 제거 가공을 필요로 한다는 것을 지시할 때에는 면의 지시 기호의 짧은쪽의 다리 끝에 가로선을 부가한다.(b)
③ 제거 가공을 해서는 안 된다는 것을 지시할 때는 면의 지시기호에 내접하는 원을 부가한다.(c)

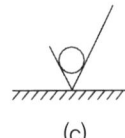

(a)   (b)   (c)

[대상면의 지시시호]

(2) 면의 지시기호의 구성

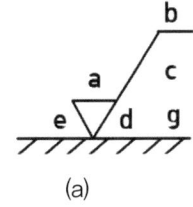

(a)   (b)

a : 중심선 평균 거칠기의 값
c : 컷오프 값
e : 다듬질 여유 기법
g : 표면 파상도

b : 가공 방법의 문자 또는 기호
d : 줄무늬 방향의 기호
f : 중심선 평균 거칠기 이외의 표면 거칠기의 값

[면의 지시기호의 구성]

(3) 가공 방법의 약호

[가공 방법의 약호]

가공 방법	약호 I	약호 II	가공 방법	약호 I	약호 II
선반 가공	L	선반	혼 가공	GH	호닝
드릴 가공	D	드릴	액체호닝 다듬질	SPL	액체호닝
보링 머신 가공	B	보링	배럴연마 가공	SPBR	배럴
밀링 가공	M	밀링	버프 다듬질	FB	버프
플레이너 가공	P	평삭	블라스트 다듬질	SB	블라스트
셰이퍼 가공	SH	형삭	랩 다듬질	FL	래핑
브로치 가공	BR	브로칭	줄 다듬질	FF	줄
리머 가공	FR	리머	스크레이퍼 다듬질	FS	스크레이퍼
연삭 가공	G	연삭	페이퍼 다듬질	FCA	페이퍼
벨트 샌드 가공	GB	포연	주조	C	주조

(4) 가공 모양의 기호

[가공 모양의 기호]

기호	기호의 뜻	설명 그림과 도면 기입 보기
=	가공에 의한 커터의 줄무늬 방향이 기호를 기입한 그림의 투상 면에 평행 (보기) 세이핑 면	커터의 줄무늬 방향
⊥	가공에 의한 커터의 줄무늬 방향이 기호를 기입한 그림의 투상 면에 직각 (보기) 세이핑 면(옆으로부터 보는 상태), 선삭, 원통 연삭 면	커터의 줄무늬 방향
X	가공에 의한 줄무늬 방향이 기호를 기입한 그림의 투상 면에 경사지고 두 방향으로 교차 (보기) 호닝 다듬질 면	커터의 줄무늬 방향
M	가공에 의한 커터의 줄무늬 방향이 여러 방향으로 교차 또는 무방향 (보기) 래핑 다듬질 면, 수퍼 피니싱 면, 가로 이송을 한 정면 밀링 또는 앤드 밀 절삭 면	
C	가공에 이한 커터의 줄무늬가 기호를 기입한 면의 중심에 대하여 대략 동심 원 모양 (보기) 끝 면 절삭 면	
R	가공에 의한 커터의 줄무늬가 기호를 기입한 면의 중심에 대하여 대략 레디얼 모양	

다. 표면 거칠기의 지시 방법

(1) 산술 표면 거칠기로써 표지하는 경우
　① 표면 거칠기의 지시값
　　㉮ 중심선평균거칠기의 표준 수열 중에서 선택하여 지시

㉯ 기호 "a"는 기입하지 않음

㉰ 표준 수열에 따를 수 없는 경우 허용할 수 있는 최대치를 Rmax≤10 또는 Rz≤10과 같이 지시

② 표면 거칠기의 지시값의 기입 위치

㉮ 허용할 수 있는 최대값만을 지시하는 경우 : 면의 지시기호 위쪽 또는 아래쪽에 기입

㉯ 어느 구간으로 지시하는 경우 : 면의 지시기호 위쪽 및 아래쪽에 상한을 위에 하한을 아래에 기입한다.

㉰ 컷오프값의 지시 방법 : 컷 오프 값을 지기할 필요가 있을 경우 면의 지시 기호의 긴쪽 다리에 붙인 가로선 아래에, 표면 거칠기의 지시값에 대응시켜서 가입한다.

(2) 최대 높이 (Rmax) 또는 10점 평균 거칠기(Rz)로서 지시하는 경우

① 표면 거칠기의 지시값 : 최대 높이(Rmax) 또는 10점 평균 거칠기(Rz)의 표준 수열 중에서 선택하여 지시. 표준 수열에 따를 수 없는 경우 허용할 수 있는 최대치를 Rmax≤10 또는 Rz≤10과 같이 지시

② 표면 거칠기의 지시값의 기입 위치 : 면의 지시 기호의 긴 쪽 다리에 가로선을 붙여, 그 아래 쪽에 약호와 함께 기입한다.

③ 기준길이 지시방법 : 표면 거칠기의 지시값의 아래쪽에 기입한다.

라. 특수한 요구 사항의 지시 방법

(1) 가공방법

면의 지시기호의 긴 쪽 다리에 가로선을 붙여, 그 위쪽에 문자 또는 가공기호를 붙인다.

(2) 줄무늬 방향

줄무늬 방향을 지시하는 경우는 면의 지시기호의 오른쪽에 부기하여 지시한다.

[특수한 요구 사항 (가공 방법) 지시]

마. 도면 기입 방법

(1) 도면 기입 방법의 기본
① 기호는 그림의 아래쪽 또는 오른쪽부터 읽을 수 있도록 기입한다.
② 중심선 평균거칠기의 값 a만을 지시하는 경우 그림과 같이 하여도 좋다.
③ 면의 지시 기호는 대상면을 나타내는 선, 그 연장선 또는 그로부터 치수 보조선에 접하여, 실체의 바깥쪽에 기입한다.
④ 그림의 형편상 위 ③항에 따를 수 없을 경우 대상면에서 끌어낸 지시선에 기입하여도 좋다.
⑤ 둥글기부 또는 모떼기부 면의 지시기호를 기입하는 경우에는, 둥글기의 반지름 또는 모떼기 나타내는 치수선을 연장한 지시선에 기입한다.

[표면의 결 도시방법]

⑥ 둥근구멍의 지름치수 또는 호칭을 지시선을 사용하여 표시하는 경우에는 이 지름치수 다음에 기입한다.
⑦ 표면의 결 기호는 되도록 대상면을 표시하는 치수를 지시하는 투상도 위에 기입하고, 동일한 면에 대하여 두 곳 이상에는 기입하지 않는다.

(2) 도면기입의 간략법
① 부품의 전체면을 동일한 결로 지정하는 경우에는 결의 주 투상도 곁에, 부품번호 곁에 또는 표제란 곁에 기입한다.
② 한개의 부품에 있어서, 대부분이 동일한 표면의 결이고, 일부분만이 다르게 되어 있는 경우에는 공통이 아닌 기호를 그림의 이에 해당하는 면 위에 기입함과 동시에, 공통인 표면의 결 기호 다음에 묶음표를 붙여서 면의 지시기호만을 기입하든가, 또는 공통이 아닌 기호를 나란히 기입한다.
③ 여러 곳에 반복해서 기입하는 경우 또는 기입하는 여지가 한정되어 있는 경우, 대상면에 면의 지시기호와 알파벳의 소문자의 부호로 기입하고 그 뜻을 주 투상도 곁에 부품 번호 곁에 또는 표제란에 기입한다.
④ 둥글기 또는 모떼기부의 면의 지시 기호를 기입하는 경우 이들 부분에 접속하는 두 개의 면 중에서 어느 것이든 한쪽의 거친 면과 같으면 된다는 경우에는 이 기호를 생략해도 좋다.

[표면의 결 도시 간략법]

11 치수 공차

가. 공차의 정의
물품의 사용 목적에 따라 실용상 허용할 수 있는 오차의 범위를 미리 정해주는데 이와같이 정해준 허용 범위의 차를 공차(Tolerance)라 한다.

나. 치수 공차의 용어
① 허용 한계의 치수 : 형체의 실 치수가 그 사이에 들어가도록 정한, 허용할 수 있는 대소 2개의 극한의 치수 즉, 최대 허용치수 및 최소 허용치수
② 실치수 : 형체의 실측 치수
③ 최대 허용 치수 : 형체에 허용되는 최대 치수
④ 최소 허용 치수 : 형체에 허용되는 최소 치수
⑤ 기준 치수 : 위 치수 허용차 및 아래 치수 허용차를 적용하는데 따라 허용한계 치수가 주어지는 기준이 되는 치수
⑥ 치수차 : 치수(실 치수, 허용 한계치수 등)와 대응하는 기준 치수와의 대수차. 즉, 치수-기준치수
⑦ 위 치수 허용차 : 최대 허용 치수와 대응하는 기준 치수의 대수차. 즉, 최대 허용치수-기준치수
⑧ 아래 치수 허용차 : 최소 허용 치수와 대응하는 기준 치수의 대수차. 즉, 최소 허용치수-기준치수
⑨ 치수 공차 : 최대 허용 치수와 최소 허용 치수와의 차, 즉 위 치수 허용차 – 아래 치수 허용차
⑩ 기준선 : 허용 한계치수 또는 끼워 맞춤을 도시할 때는 기준 치수를 나타내고, 치수 허용차의 기준이 되는 직선
⑪ 기초가 되는 치수 허용차 : 기준선에 대한 공차역의 위치를 결정하는 치수 허용차. 위 치수 허용차와 아래 치수 허용차 중 기준선에 가까운 쪽의 치수 허용차

12 IT 기본 공차 (ISO Tolerance)

가. IT 기본 공차 규정
① IT 기본 공차는 ISO에 규정된 공차로, 기본 공차의 등급을 IT 01급, IT 0급, IT 1급 · · · · · IT 18급의 20등급으로 구분하여 규정하고 있다.
② IT 기본 공차의 적용은 제작의 난이도를 고려하여 축의 등급은 구멍의 등급보다 한등급 높게 적용한다. 축 : IT n-1급, 구멍 : IT n급(예 : 축h6, 구멍 H7)
③ 기본공차의 적용

[IT 기본 공차의 적용]

구분 \ 적용	게이지 제작 공차	끼워맞춤 공차	끼워맞춤 이외 공차
구멍	IT 01 ~ IT 5	IT 6 ~ IT 10	IT 11 ~ IT 18
축	IT 01 ~ IT 4	IT 5 ~ IT 9	IT 10 ~ IT 18

나. 기호에 의한 기입법
① 기준 치수 뒤에 구멍기호, 축 기호 순으로 기입한다.
② 조립도의 경우는 Ø50H7/g6 , Ø50H7-g6 등으로 기입한다.

13 끼워맞춤(Fitting)

가. 용어의 정의
① 끼워맞춤(Fitting) : 구멍과 축이 조립되는 관계
② 틈새(Clearance) : 구멍의 치수가 축의 치수보다 클 때
③ 죔새(Interferance) : 구멍의 치수가 축의 치수보다 작을 때

나. 끼워맞춤의 종류
① 헐거운 끼워맞춤 : 조립하였을 때, 항상 틈새가 생기는 끼워맞춤. 즉, 도시된 경우에 구멍의 공차역이 완전히 축의 공차역의 위쪽에 있는 끼워맞춤
② 억지 끼워맞춤 : 조립하였을 때, 항상 죔새가 생기는 끼워맞춤. 즉, 도시된 경우에 구멍의 공차역이 완전히 축의 공차역의 아래쪽에 있는 끼워맞춤

③ 중간 끼워맞춤 : 조립하였을 때, 구멍 또는 축의 실 치수에 따라 틈새 또는 죔새의 어느것이나 되는 끼워맞춤. 즉, 도시된 경우에 구멍 또는 축의 공차역이 완전히 또는 부분적으로 겹치는 끼워맞춤

다. 끼워맞춤의 방식

① 구멍 기준식 끼워맞춤 : 여러개의 공차역 클래스의 축과 1개의 공차역 클래스의 구멍을 조립하는데에 따라 필요한 틈새 또는 죔새를 주는 끼워맞춤 방식으로 이 규격에서는 구멍의 최소 허용치수가 기준 치수와 같다. 즉, 구멍의 아래 치수 허용차가 "0"인 H기호의 구멍을 사용하여 H6~H10의 5가지 구멍을 기준으로 하는 끼워맞춤 방식

② 축 기준 끼워맞춤 : 여러개의 공차역 클래스의 구멍과 1개의 공차역 클래스의 축을 조립하는데 따라 필요한 틈새 또는 죔새를 주는 끼워맞춤 방식으로 이 규격에는 축의 최대 허용 치수과 기준 치수와 같다. 즉, 축의 위 치수 허용차가 "0"인 h기호의 축을 사용하여 h5~h9가지 축을 기준으로 하는 끼워맞춤 방식

라. 끼워맞춤용어

① 최소 틈새 : 구멍의 최소 허용 치수에서 축의 최대 허용 치수를 뺀 값
② 최대 틈새 : 구멍의 최대 허용 치수에서 축의 최소 허용 치수를 뺀 값
③ 최소 죔새 : 축의 최소 허용 치수에서 구멍의 최대 허용 치수를 뺀 값
④ 최대 죔새 : 축의 최대 허용 치수에서 구멍의 최소 허용 치수를 뺀 값

[끼워맞춤 종류의 보기]

끼워맞춤	구멍 치수 / 축 치수	최대 허용 치수	최소 허용 치수	최대 틈새	최소 틈새	최대 죔새	최소 죔새
헐거운 끼워맞춤	Ø30 $^{+0.008}_{+0.002}$	Ø30.008	Ø30.002	0.028	0.009	–	–
	Ø30 $^{-0.007}_{-0.020}$	Ø29.993	Ø29.980				
중간 끼워맞춤	Ø30 $^{+0.025}_{0}$	Ø30.025	Ø30.000	0.030	–	0.020	–
	Ø30 $^{+0.020}_{-0.005}$	Ø30.020	Ø29.995				
억지 끼워맞춤	Ø30 $^{+0.025}_{0}$	Ø30.025	Ø30.000	–	–	0.050	0.009
	Ø30 $^{+0.050}_{+0.034}$	Ø30.050	Ø30.034				

마. 공차역의 위치표시 기호

① 구멍의 공차역 위치는 A부터 ZC까지 대문자 기호로 쓴다.
② 축의 공차역 위치는 a부터 zc까지 소문자로 표시한다.

③ 혼동을 피하기 위하여 다음 문자는 사용하지 않는다.
   I, L, O, Q, W, i, l, o, q, w

14 치수 공차 기입법

가. 치수 허용 한계의 표시

① 치수 공차는 공차역 클래스의 기호(치수 공차 기호) 또는 공차값을 기준 치수에 계속하여 다음 보기와 같이 기입한다.
   [보 기] 32H7   80js5   100g6

② 치수 공차를 허용 한계 치수로 나타낼 수 있으며, 최대 치수를 위에, 최소 치수를 아래에 겹쳐서 기입한다.
   [보 기] 99.996
           99.998

나. 치수 공차 기입법

① 치수공차는 허용 한계 치수를 기입한다.
② 허용차의 절대값이 같을 때는 ±기호로 같이 기입한다.
③ 허용차의 절대값이 큰 것은 위 치수허용차에, 절대값이 작은 것은 아래 치수허용차에 기입한다.
④ 0에는 +,−기호를 기입하지 않는다.
⑤ 같은 기준 치수에서 축과 구멍이 조립된 상태에서는 구멍을 치수선 위에, 축을 치수선 아래에 기입한다.

[숫자에 의한 치수 공차 기입]

15 끼워맞춤 기입법

가. 공차 기호에 의한 기입법
① 끼워맞춤은 구멍, 축의 공통 기준 치수에 구멍의 공차 기호와 축의 공차 기호를 계속하여 다음 보기와 같이 표시한다.
[보 기] 50H/g6   50H7-g6 또는 50

나. 공차값에 의한 기입
① 같은 기준 치수에 대하여 구멍 및 축에 대한 위, 아래의 치수 허용차를 명기할 필요가 있을 때에는 구멍의 기준 치수와 공차값은 기준선 위쪽에, 축의 기준 치수와 공차값을 기준선 아래쪽에 기입한다.
② 구멍과 축의 기분 앞에 "구멍", "축"이라 명기한다.

16 기하 공차

가. 기하 공차의 종류와 그 기호

[기하 공차의 종류]

적용하는 모양	공차의 종류		기호
단독 모양	모양 공차	진직도 공차	———
		평면도 공차	▱
		진원도 공차	○
		원통도 공차	⌭
단독 모양 또는 관련 모양		선의 윤곽도 공차	⌒
		면의 윤곽도 공차	⌓

적용하는 모양	공차의 종류		기호
관련 모양	자세 공차	평행도 공차	//
		직각도 공차	⊥
		경사도 공차	∠
	위치 공차	위치도 공차	⌖
		동축도 공차 또는 동심도 공차	◎
		대칭도 공차	═
	흔들림 공차	원주 흔들림 공차	↗
		온 흔들림 공차	↗↗

[기하 공차의 부가 기호]

	표시하는 내용	기호
공차붙이 형체	직접표시하는 경우	↓
	문자 기호에 의하여 표시하는 경우	A
데이텀	직접표시에 의한 경우	▲
	문자기호에 의하여 표시하는 경우	A
데이텀 타깃(target) 기입틀		Ø2/A1
이론적으로 정확한 치수		50
돌출 공차역		Ⓟ
최대실체 공차 방식		Ⓜ

나. 기하 공차의 표시방법

[공차 기입틀의 표시 사항]

17 재료 표시

가. 재료 기호

(1) 제1위 문자

재질을 표시하는 기호 문자로서 영어 또는 로마자의 머리 문자나 원소 기호를 사용한다.

[제1위 문자 기호]

기호	재질	기호	재질
Al	알루미늄(aluminium)	MgA	마그네슘 합금(magnesium alloy)
AlA	알루미늄 합금(Al alloy)	NBs	네이벌황동(naval brass)
Br	청동(broinze)	Nis	양은(nickel silver)
Bs	황동(brass)	PB	인청동(phosphor bronze)
C	초경질합금(carbide alloy)	Pb	납(lead)
Cu	동(copper)	S	강철(steel)
F	철(ferrum)	SzB	실진청동 (silzin bronze)
HBs	강력황동(high strenght brass)	W	화이트메탈 (white metal)
L	경합금 (light alloy)	Zn	아연 (zinc)
K	켈밋(kelmet)		

(2) 제2위 문자

규격명 또는 제품명을 표시하는 기호 문자로서, 영어 또는 로마자의 머리 문자를 사용하며 판(板), 봉(捧), 관(管), 선(線), 주조품 등 제품의 형상별 종류 등과 용도를 표시한다.

[제2위 문자 기호]

기호	규격명 또는 제품명	기호	규격명 또는 제품명
Au	자동차용재	KH	철과 강 고속도강
B	비철금속봉재	L	궤도
B	철과 강보일러용 압연재	M	조선용 압연재
BF	단조용봉재	MR	조선용 리벳
BM	비철금속 머시닝용 봉재	N	철과 강 니켈강
BR	철과 강 보일러용 리벳	NC	니켈크롬강
C	철과 비철주조품	NS	스테인리스강
CM	철과 강 가단 주조품	P	비철금속 판재
DB	볼트, 너트용 냉간인발	S	철과 강 구조용 압연재
E	발동기	SC	철과 강 철근 콘크리트용 봉재
F	철과 강 단조품	T	철과 비철 관
G	게이지 용재	TO	공구강
GP	철과 강 가스 파이프	UP	철과 강 스프링강
H	철과 강 표면경화	V	철과 강 리벳
HB	최강봉재	W	철과 강 와이어
K	철과 강 공구강	WP	철과 강 피아노선

(3) 제3위 문자

재료의 종류를 나타내는 기호로서 최저 인장 강도 또는 종별 번호를 나타낸다. 인장 강도는 kg/mm^{2}의 수치로 표시한다.

(4) 제4위 문자 : 제조법을 표시한다.

[제 4위 문자 기호]

기호	제조법	기호	제조법
Oh	평로강(open hearth steel)	Cc	도가니강(crucible steel)
Oa	산성(acidic)평로강	R	압연(rolled)
Ob	염기성(basic)평로강	F	단조(forged)
Bes	전로강(bessemr steel)	Ex	압출(extruded)
E	전기로강(electric steel)	D	인발(drawin)

(5) 제5위 문자 : 제품 형상 기호를 기입한다.

[제 5위 문자 기호]

기호	제품	기호	제품	기호	제품
P ● ◎	강 판 둥근강 파이프	□ ⚠6 8	각 제 6 각강 8 각강	▫ I ㄷ	평 강 I 형 강 채널(channel)

⟨보기1⟩ 일반 구조용 압연 강재 2종

⟨보기2⟩ 강력 황동 주물 1종

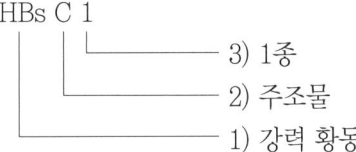

⟨보기3⟩ 인성 구리 막대 1종 연질

⟨보기4⟩ 탄소강 단강품

⟨보기6⟩ 열간 압연강판 1종

나. 금속재료의 기호

[금속 재료의 기호]

재질명	기호	재질명	기호	재질명	기호
일반 구조용 압연 강재	SS	용접 구조용 압연 강재	SWS	피아노 선	PW
크롬 강재	SCr	니켈 크롬강 강재	SNC	니켈 크롬 몰리브덴 강재	SNCM
기계구조용 망간강 및 망간 크롬강 강재	SMn	기계 구조용 탄소강 강재	SM	알루미늄 크롬 몰리브덴 강재	SALCrMo
고속도 공구강 강재	SKH	고탄소 크롬 베어링강 강재	STB	스프링 강재	SPS
탄소 공구강 강재	STC	합금 공구강 강재	STC	합금 공구강 강재	STS, STD
탄소강 단강품	SF	크롬 몰리브덴 강 단강품	SFCM	니켈 크롬 몰리브덴 강 단강품	SFNCM
니켈 크롬 몰리브덴 강 단강품	SFNCM	탄소 주강품	SC	스테인리스 주강품	SSC
용접 구조용 주강품	SCW	회주철품	GC	구상 흑연 주철품	GCD
흑심 가단 주철품	BMC	펄라이트 가단 주철품	PMC	백심 가단 주철품	WMC

다. 비철금속재료의 기호

[비철금속재료의 기호]

재질명	기호	재질명	기호	재질명	기호
티탄선	TW	기계 구조 부품용 소결 재료	SMF	황동 주물	YBsC
청동 주물	BC	화이트 메탈	WM	아연 합금 다이캐스팅	ZDC
알루미늄 합금 다이캐스팅	ALDC	고강도 황동 주물	HBsC	알루미늄 합금 주물	AC
인청동 주물	PBC	연입 황동 주물	LBC	실리콘 청동 주물	SzBC
알루미늄 청동 주물	ALBC	마그네슘합금 주물	MgC	동주물	CuC
니켈 및 니켈 합금 주물	NC				

적중예상문제_ 제도의 기초

01 다음 선의 종류 중에서 특수한 가공을 하는 부분 등 특별한 요구사항을 적용할 범위를 나타내는 선은?

㉮ 굵은 실선 ㉯ 가는 실선
㉰ 가는 1점쇄선 ㉱ 굵은 1점쇄선

02 치수선의 양끝에 사용되는 끝부분 기호가 아닌 것은?

㉮ 화살표
㉯ 기점기호
㉰ 사선
㉱ 검정 동그라미

03 코일 스프링의 중간 부분을 생략할 때에 생략한 부분을 표시하는 선은?

㉮ 가는 실선 ㉯ 굵은 실선
㉰ 가는 1점 쇄선 ㉱ 파단선

04 도면을 접을 때 그 크기의 기준은 얼마로 하여야 하는가?

㉮ A1(594×841) ㉯ A2(420×594)
㉰ A3(297×420) ㉱ A4(210×297)

05 개스킷, 박판, 형강 등과 같이 두께가 얇은 것의 절단면 도시에 사용하는 선은?

㉮ 가는 실선 ㉯ 굵은 1점 쇄선
㉰ 가는 2점 쇄선 ㉱ 아주 굵은 실선

해설

01 • 굵은 실선 : 외형선
• 가는 실선 : 치수선, 회전단면선
• 가는 일점쇄선 : 도형의 이동 궤적, 기준선, 피치선, 중심선

03 코일스프링의 일부를 생략하여 도시하는 경우 가는 2점 쇄선 또는 가는 1점 쇄선을 사용한다.

04 도면을 접을 때 기준은 A4(210×297)

01 ㉱　**02** ㉯　**03** ㉰　**04** ㉱
05 ㉱

08 코일스프링의 일부를 생략하여 도시하는 경우 가는 2점 쇄선 또는 가는 1점 쇄선을 사용한다.

06 도면이 구비하여 할 요건이 아닌 것은?

㉮ 적합성, 보편성을 가져야 한다.
㉯ 국제성이 있어야 한다.
㉰ 표현상 명확한 뜻을 가져야 한다.
㉱ 가격, 유통체제 등의 정보를 포함하여야 한다.

07 도면의 폭과 길이의 비는?

㉮ $1 : \sqrt{2}$ ㉯ $\sqrt{2} : 1$
㉰ $1 : \sqrt{3}$ ㉱ $1 : 2$

08 스프링의 코일 중간 부분을 생략도로 그릴 경우 생략 부분은 어느 선으로 표시하는가?

㉮ 가는실선
㉯ 가는 2점 쇄선
㉰ 굵은실선
㉱ 은선

09 선의 종류는 굵기에 따라 3가지로 구분한다. 이에 속하지 않는 것은?

㉮ 가는선 ㉯ 굵은선
㉰ 아주 굵은선 ㉱ 해칭선

10 도면이 구비해야 할 기본 요건을 잘못 설명한 것은?

㉮ 대상물의 도형과 함께 필요로 하는 크기, 모양, 자세, 위치의 정보를 포함하여야 한다.
㉯ 애매한 해석이 생기지 않도록 표현상 명확한 뜻을 가져야 한다.
㉰ 무역 및 기술의 국제교류의 입장에서 국제성을 가져야 한다.
㉱ 제품의 부피 및 질량 등의 종합 정보를 항상 포함하여야 한다.

06 ㉱ 07 ㉮ 08 ㉯ 09 ㉱
10 ㉱

11 다음 그림에서 대각선으로 그은 가는 실선이 의미 하는 것은?

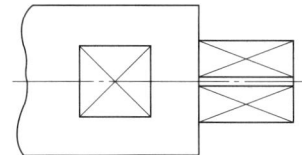

㉮ 열처리 가공 부분   ㉯ 평면 자리 부분
㉰ 가공 금지 부분   ㉱ 단조 가공 부분

12 A2규격의 도면을 철하여 사용하려고 한다. 왼쪽의 윤곽선은 용지의 가장자리로부터 얼마를 떨어지게 하여야 하는가?

㉮ 10mm   ㉯ 15mm
㉰ 20mm   ㉱ 25mm

13 도면의 양식 중 반드시 기입하여야 할 사항이 아닌 것은?

㉮ 비교눈금   ㉯ 표제란
㉰ 중심마크   ㉱ 윤곽선

14 가공 전 또는 가공 후의 모양을 표시하는데 사용하는 선은?

㉮ 가는 실선
㉯ 가는 2점쇄선
㉰ 굵은 1점쇄선
㉱ 가는 1점쇄선

15 한 도면에 사용되는 선의 종류로 가는 실선으로 부적합한 것은?

㉮ 치수선   ㉯ 지시선
㉰ 절단선   ㉱ 회전 단면선

16 한국산업규격을 표시한 것은?

㉮ DIN   ㉯ JIS
㉰ KS   ㉱ ANSI

해설

12 철하지 않을 때 10mm, 철할 때 25mm

13 반드시 기입하여야 하는 사항 : 윤곽선, 중심마크, 표제란

11 ㉯ 12 ㉱ 13 ㉮ 14 ㉯
15 ㉰ 16 ㉰

20 물체의 인접부위나 가공전후의 모양을 도시할 때는 가는2점쇄선 (가상선)을 사용

17 ㉣ 18 ㉰ 19 ㉯ 20 ㉣
21 ㉣ 22 ㉯

17 도면에서 사용되는 선 중에서 가는 2점쇄선을 사용하는 것은?

㉮ 치수를 기입하기 위한 선
㉯ 해칭선
㉰ 평면이란 것을 나타내는 선
㉣ 인접부분을 참고로 표시하는 선

18 제도 용지의 세로와 가로의 비는 얼마인가?

㉮ 1 : 2
㉯ 2 : 1
㉰ $1 : \sqrt{2}$
㉣ $1 : \sqrt{3}$

19 외형선 및 숨은선의 연장선을 표시하는데 사용되는 선은?

㉮ 가는 1점 쇄선
㉯ 가는 실선
㉰ 가는 2점 쇄선
㉣ 파선

20 가공전후의 형상을 나타낼 때 사용하는 선은?

㉮ 파선
㉯ 가는 실선
㉰ 가는 1점 쇄선
㉣ 가는 2점 쇄선

21 도면을 축소 또는 확대 복사를 할 때의 편의를 위하여 윤곽선의 외부에 그려주는 것은?

㉮ 비교표시
㉯ 비교마크
㉰ 중심마크
㉣ 비교눈금

22 척도 기입 방법에 대한 설명으로 틀린 것은?

㉮ 척도는 표제란에 기입하는 것이 원칙이다.
㉯ 같은 도면에서는 서로 다른 척도를 사용할 수 없다.
㉰ 표제란이 없는 경우에는 도명이나 품번 가까운 곳에 기입한다.
㉣ 현척이 가장 보편적으로 사용된다.

23 대상물의 일부를 파단한 경계 또는 일부를 떼어낸 경계를 표시하는데 사용하는 선은?

㉮ 파단선　　㉯ 지시선
㉰ 가상선　　㉱ 절단선

24 도면에 두 종류 이상의 선이 같은 장소에 겹치는 경우 우선순위가 맞는 것은?

㉮ 외형선 → 절단선 → 중심선 → 치수보조선
㉯ 외형선 → 중심선 → 절단선 → 무게중심선
㉰ 숨은선 → 중심선 → 절단선 → 치수보조선
㉱ 외형선 → 중심선 → 절단선 → 치수보조선

25 스프링의 종류와 모양만을 도시할 때에는 재료의 중심선을 어떤 선으로 표시하는가?

㉮ 굵은 실선
㉯ 가는 실선
㉰ 굵은 1점 쇄선
㉱ 가는 1점 쇄선

26 다음 중에서 도면에 반드시 마련해야 하는 사항은?

㉮ 비교눈금
㉯ 도면의 구역
㉰ 중심 마크
㉱ 재단 마크

27 둥근(원형)면에서 어느 부분 면이 평면인 것을 나타낼 필요가 있을 경우에 대각선을 그려 사용하는데 이때 사용되는 선으로 옳은 것은?

㉮ 굵은 실선　　㉯ 가는 실선
㉰ 굵은 1점 쇄선　　㉱ 가는 1점 쇄선

해설

26 반드시 기입하여야 하는 사항 : 윤곽선, 중심마크, 표제란

23 ㉮　24 ㉮　25 ㉮　26 ㉰
27 ㉯

28 피치선 : 가는 1점 쇄선

29 외형선 : 굵은 실선

30 특수지정선 : 굵은 1점 쇄선

32 ㉮ A2, ㉯ A3, ㉰ A0

28 ㉣ **29** ㉣ **30** ㉮ **31** ㉣
32 ㉣

---

28 다음 중에서 가는 실선을 사용하지 않는 것은?

㉮ 지시선 ㉯ 치수 보조선
㉰ 해칭선 ㉣ 피치선

29 도면에서 가는 실선을 사용하지 않는 것은?

㉮ 지시선 ㉯ 치수선
㉰ 해칭선 ㉣ 외형선

30 부품의 일부분을 열처리 할 때 표시 방법은 열처리 부분의 범위를 외형선에 평행하게 약간 떼어서 어떤 선을 긋고 열처리 방법을 기입하는가?

㉮ 굵은 1점 쇄선
㉯ 굵은 2점 쇄선
㉰ 가는 1점 쇄선
㉣ 굵은 실선

31 다음 선의 용도 및 종류에 대한 설명 중 맞는 것은?

㉮ 무게 중심선은 가는 1점 쇄선으로 단면의 무게중심을 나타내는데 쓰인다.
㉯ 기준선은 가는 실선이고, 위치결정의 근거가 된다는 것을 명시하는데 쓰인다.
㉰ 특수 지정선은 가는 1점 쇄선으로 특수한 가공을 하는 부분 등 특별 요구사항을 적용할 수 있는 범위를 표시하는데 쓰인다.
㉣ 중심선은 가는 1점 쇄선이고 도형의 중심을 표시하는데 쓰인다.

32 A1 제도 용지의 크기는 몇 mm인가?

㉮ 420×594 ㉯ 297×420
㉰ 841×1189 ㉣ 594×841

33 다음은 절단선을 사용하여 가상으로 대상물을 절단하여 단면도를 그릴 때의 설명이다. 잘못 설명된 것은?

㉮ 절단한 곳을 나타내는 표시문자는 절단면에 수직하게 쓴다.
㉯ 화살표는 단면을 보는 방향을 나타낸다.
㉰ 절단한 곳을 나타내는 표시문자는 영문자의 대문자로 표시한다.
㉱ 화살표와 글자기호는 생략할 수 있다.

34 코일 스프링의 중간 부분을 생략할 때에 생략한 부분의 선지름의 중심선을 표시하는 선은?

㉮ 가는 실선 ㉯ 굵은 실선
㉰ 가는 1점 쇄선 ㉱ 파단선

35 도면을 접을 때 그 크기의 기준은 얼마로 하여야 하는가?

㉮ A1(594×841) ㉯ A2(420×594)
㉰ A3(297×420) ㉱ A4(210×297)

36 기계제도 도면에 사용되는 척도의 설명이 틀린 것은?

㉮ 도면에 그려지는 길이와 대상물의 실제 길이와의 비율로 나타낸다.
㉯ 한 도면에서 공통적으로 사용되는 척도는 표제란에 기입한다.
㉰ 같은 도면에서 다른 척도를 사용할 때에는 필요에 따라 그림 부근에 기입한다.
㉱ 배척은 대상물보다 크게 그리는 것으로 2:1, 3:1, 4:1, 10:1 등 제도자가 임의로 비율을 만들어 사용한다.

37 물체에 표면처리 부분을 표시하는 선은?

㉮ 가는 2점 쇄선 ㉯ 파선
㉰ 굵은 1점 쇄선 ㉱ 가는 실선

---

33 절단한 곳을 나타내는 표시문자는 절단면에 수평하게 쓴다.

36 배척 2:1, 5:1, 10:1, 20:1, 50:1

33 ㉮ 34 ㉰ 35 ㉱ 36 ㉱
37 ㉰

해설

38 표제란에는 도면 번호, 도면 명칭, 척도, 투상법 등을 기입한다.

39 도면에는 실제치수를 기입한다.

42 도면을 접어서 보관할 경우에는 A4 크기로 한다.

38 ㉣ 39 ㉣ 40 ㉣ 41 ㉮
42 ㉣

---

38 도면에 반드시 마련해야 하는 양식에 관한 설명 중 틀린 것은?

㉮ 윤곽선은 도면의 크기에 따라 0.5mm 이상의 굵은실선으로 그린다.
㉯ 표제란은 도면의 윤곽선 오른쪽 아래 구석의 안쪽에 그린다.
㉰ 도면을 마이크로필름으로 촬영하거나 복사할 때 편의를 위하여 중심마크를 표시한다.
㉣ 부품란에는 도면 번호, 도면 명칭, 척도, 투상법 등을 기입한다.

39 도면에서 100mm를 2 : 1 척도로 그릴 때 도면에 기입되는 치수는?

㉮ 10 ㉯ 200
㉰ 50 ㉣ 100

40 도형이 이동한 중심 궤적을 표시할 때 사용하는 선은?

㉮ 가는 실선   ㉯ 굵은 실선
㉰ 가는 2점 쇄선 ㉣ 가는 1점 쇄선

41 특수한 가공을 하는 부분 등 특별한 요구사항을 적용할 수 있는 범위를 표시하는데 사용하는 선은?

㉮ 굵은 1점 쇄선 ㉯ 가는 2점 쇄선
㉰ 가는 실선   ㉣ 굵은 실선

42 다음은 도면에 관련된 내용이다. 틀린 것은?

㉮ 도면의 폭과 길이 비는 $1:\sqrt{2}$ 이다.
㉯ A2 도면의 크기는 420×594 이다.
㉰ 도면은 말아서 보관할 때는 그 안지름을 40mm 이상으로 하는 것이 좋다.
㉣ 도면을 접어서 보관할 경우에는 A3의 크기로 한다.

43 도면에 기입하는 재료기호 중 "SM40C"를 정확히 설명한 것은?

㉮ 기계 구조용 탄소강재로 인장강도가 40kgf/mm²이다.
㉯ 기계 구조용 탄소강재로 탄소함량이 0.40%이다.
㉰ 몰리브덴강으로 인장강도가 40kgf/mm²이다.
㉱ 몰리브덴강으로 탄소함량이 0.40%이다.

44 다음 중 치수 기입요소가 아닌 것은?

㉮ 치수선
㉯ 치수 보조선
㉰ 화살표
㉱ 치수 경계선

45 다음의 특수 투상법 중 물체의 형상을 그대로 그리면 복잡하고 이해하는데 지장이 있는 경우에 간략하게 작도하는 방법은?

㉮ 관용투상도
㉯ 부분투상도
㉰ 보조투상도
㉱ 회전투상도

46 다음은 단면표시법이다. 틀린 것은?

㉮ 단면은 원칙적으로 기본중심선에서 절단한 면으로 표시한다. 이 때 절단선은 반드시 기입하여 준다.
㉯ 단면은 필요한 경우에는 기본중심선이 아닌 곳에서 절단한 면으로 표시해도 좋다. 단, 이 때에는 절단 위치를 표시해 놓아야 한다.
㉰ 숨은선은 단면에 되도록 기입하지 않는다
㉱ 관련도는 단면을 그리기 위하여 제거했다고 가정한 부분도 그린다

44 치수 기입 요소
- 치수선
- 치수 보조선
- 화살표
- 지시선
- 치수 수치

45
- 관용투상도 : 물체의 형상을 그대로 그리면 복잡하고 이해하는데 지장이 있는 경우에 간략하게 작도하는 방법
- 부분투상도 : 부품의 일부를 도시하는 것으로 충분한 경우에는 그 필요 부분만을 표시할 수 있는 투상도
- 보조투상도 : 대상물의 경사면을 실형으로 표시할 필요가 있는 경우 표시하는 투상도
- 회전투상도 : 투상면이 각도로 인해 실형의 표시가 어려운 경우 그 부분을 회전하여 실형을 표시하는 투상도

43 ㉯ 44 ㉱ 45 ㉮ 46 ㉮

47 해칭선 : 가는 실선

48 d : 줄무늬 방향기호

49 한쪽 단면도는 물체를 1/4절단해서 도시하여 반은 단면, 반은 외형을 볼 수 있게 도시한다.

47 ㉣   48 ㉣   49 ㉢

---

47 단면도에서 해칭에 관한 설명 중 틀린 것은?

㉠ 해칭은 주된 중심선에 대하여 45°로 가는실선을 사용하여 등간격으로 표시한다.
㉡ 2개 이상의 부품이 인접한 경우 단면의 해칭은 방향이나 간격을 다르게 한다.
㉢ 해칭을 하는 부분안에 글자나 기호를 기입하기 위해서는 해칭을 중단할 수 있다.
㉣ 해칭은 굵은 실선으로 하는 것을 원칙으로 하되 혼동의 우려가 없을 경우는 생략한다.

48 면의 지시기호에 대한 표시위치 설명이 틀린 것은?

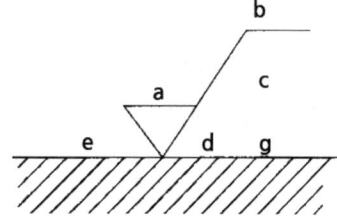

㉠ a : 중심선 평균 거칠기의 값
㉡ b : 가공방법
㉢ c : 컷오프값
㉣ d : a 이외의 표면거칠기의 값

49 그림과 같은 단면도를 무슨 단면도라 하는가?

㉠ 회전 단면도   ㉡ 부분 단면도
㉢ 한쪽 단면도   ㉣ 전 단면도

50 다음 그림에서 기하공차의 해석으로 맞는 것은?

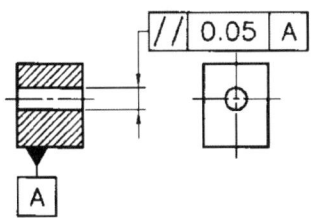

㉮ 데이텀 A를 기준으로 0.05mm 이내로 평면이어야 한다.
㉯ 데이텀 A를 기준으로 0.05mm 이내로 평행해야 한다.
㉰ 데이텀 A를 기준으로 0.05mm 이내로 직각이 되어야 한다.
㉱ 데이텀 A를 기준으로 0.05mm 이내로 대칭이어야 한다.

51 다음 보기의 도면과 같이 40 밑에 그은 선은 무엇을 나타내는가?

㉮ 기준치수　　㉯ 비례척이 아닌 치수
㉰ 다듬질치수　㉱ 가공치수

52 그림과 같이 3각법에 의한 투상도의 평면도와 측면도가 있을 때 이 투상도에 맞는 겨냥도는?

51 숫자에 밑줄이 들어가면 비례척이 아닌 치수이다.

50 ㉯　51 ㉯　52 ㉮

53. 핸들의 암(arm), 주물품의 리브(rib)의 형상을 도시하기 위한 단면도시법으로 적합한 것은?

㉮ 전 단면도
㉯ 부분 단면도
㉰ 한쪽 단면도
㉱ 회전도시 단면도

54. "Ø100 H7/g6"은 어떤 끼워맞춤 상태인가?

㉮ 구멍 기준식 중간 끼워맞춤
㉯ 구멍 기준식 헐거운 끼워맞춤
㉰ 축 기준식 억지 끼워맞춤
㉱ 축 기준식 중간 끼워맞춤

55. 구의 지름을 나타내는 치수 보조기호는?

㉮ Ø
㉯ C
㉰ SØ
㉱ R

56. 다음 도면에서 전체 길이를 표시하고 있는 (A)부의 치수는?

㉮ 1020 ㉯ 1080
㉰ 1170 ㉱ 1220

해설

55 구를 나타내는 기호는 SØ이다.

56 간격 12개(Ø20, 13개 구멍)
∴ (90×12)+(45+45)=1170

53 ㉱ 54 ㉯ 55 ㉰ 56 ㉰

57 다음 표면거칠기의 표시에서 C가 의미하는 것은?

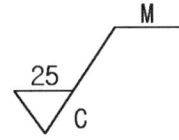

㉮ 주조가공
㉯ 밀링가공
㉰ 가공으로 생긴 선이 무방향
㉱ 가공으로 생긴 선이 거의 동심원

58 상하 또는 좌우 대칭인 물체는 1/4을 떼어 낸 것으로 보고, 기본 중심선을 경계로 하여 1/2은 외형 1/2은 단면으로 동시에 나타내는 단면 도법은?

㉮ 전 단면도   ㉯ 한쪽 단면도
㉰ 부분 단면도 ㉱ 회전 단면도

59 다음 기하 공차 중에서 자세 공차에 해당하는 것은?

㉮ ― : 진직도 공차   ㉯ ⊥ : 직각도 공차
㉰ ◎ : 동심도 공차   ㉱ ╱ : 원주 흔들림 공차

60 다음 중 치수 기입의 원칙으로 틀린 것은?

㉮ 치수는 선에 겹치게 기입해서는 안 된다.
㉯ 치수는 되도록 계산이 필요하게 기입한다.
㉰ 치수는 되도록 정면도에 집중하여 기입한다.
㉱ 치수는 중복기입을 피한다.

61 절단면 및 파단면을 나타낼 목적으로 일정한 간격으로 가는실선을 그어서 표시하는 것은?

㉮ 3차원 그물망   ㉯ 스머징
㉰ 해칭   ㉱ 빗줄

---

57 C는 동심원을 의미

59 ㉮ 모양공차
㉯ 자세공차
㉰ 위치공차
㉱ 흔들림공차

57 ㉱ 58 ㉯ 59 ㉯ 60 ㉯
61 ㉰

62 다음 겨냥도에서 화살표방향을 정면도로 할 때 제3각법 투상의 우측면도로 알맞은 것은?

㉮
㉯
㉰
㉱

63 물체의 표면에 기름이나 광명단을 칠하고 그 위에 종이를 대고 눌러서 실제의 모양을 뜨는 스케치 방법은?

㉮ 모양뜨기 방법
㉯ 프리핸드법
㉰ 사진법
㉱ 프린트법

64 그림과 같은 단면 도시법을 무엇이라고 하는가?

㉮ 온 단면도
㉯ 한쪽 단면도
㉰ 부분 단면도
㉱ 회전 도시 단면도

62 ㉯ 63 ㉱ 64 ㉰

65 그림은 물체를 화살표 방향을 정면도로하여 제3각법에 의하여 정투상도를 그린 것이다. 바르게 그린 것은?

㉮ ㉯

㉰ ㉱

66 다음 기호 중 숫자와 병기하여 사용할 수 없는 것은?

㉮ SØ   ㉯ SR
㉰ ⊠   ㉱ ☐

67 기계재료 표시법 중 중간부분의 기호에서 단조품을 나타내는 기호는?

㉮ F   ㉯ C
㉰ B   ㉱ G

68 다음 끼워맞춤을 표시한 것 중 옳지 못한 것은?

㉮ 20H7 – g6   ㉯ 20H7/g6
㉰ $20\dfrac{H7}{g6}$ ㉱ 20g6H7

69 기준치수가 30, 최대 허용치수가 29.98, 최소 허용치수가 29.95일 때 아래 치수 허용차는 얼마인가?

㉮ +0.03   ㉯ +0.05
㉰ –0.02   ㉱ –0.05

---

66 가는 실선을 대각선으로 도시하는 방법은 평면임을 나타낸다.

67 주조 : C,   단조 : F

69 아래치수 허용차
= 최소허용치수 − 기준치수
= 29.95 − 30.00 = −0.05

65 ㉰   66 ㉰   67 ㉮   68 ㉱
69 ㉱

70 평면도공차는 모양공차에 해당된다.

71 구멍, 홈 등 국부만을 따로 도시한 것을 국부투상도라고 한다.

72 치수는 정면도를 중심으로 기입한다.

---

70 기하공차의 종류에서 위치 공차에 해당되지 않는 것은?

㉮ 위치도 공차   ㉯ 동축도 공차
㉰ 대칭도 공차   ㉱ 평면도 공차

71 투상 관계를 나타내기 위하여 그림과 같이 원칙적으로 주가되는 그림위에 중심선 등으로 연결하여 그린 투상도는?

㉮ 보조 투상도   ㉯ 국부 투상도
㉰ 부분 투상도   ㉱ 회전 투상도

72 치수 기입의 원칙에 대한 설명으로 틀린 것은?

㉮ 치수는 되도록 계산할 필요가 없도록 기입한다.
㉯ 치수는 필요에 따라 기준으로 하는 점, 선, 또는 면을 기초로 한다.
㉰ 치수는 되도록 정면도 외에 분산하여 기입하고 중복기입을 피한다.
㉱ 치수는 선에 겹치게 기입해서는 안되나, 부득이한 경우 선을 중단시켜 기입할 수 있다.

73 다음 중 구멍용 게이지 제작공차에 적용되는 IT공차는?

㉮ IT 6 ~ IT 10   ㉯ IT 01 ~ IT 5
㉰ IT 11 ~ IT 18 ㉱ IT 05 ~ IT 9

74 IT 기본공차의 등급수는 몇 가지인가?

㉮ 16   ㉯ 18
㉰ 20   ㉱ 22

---

70 ㉱ 71 ㉯ 72 ㉰ 73 ㉯
74 ㉰

75 다음 중 치수기입의 원칙 설명으로 틀린 것은?

㉮ 대상물의 기능, 제작, 조립 등을 고려하여 필요한 치수를 명료하게 도면에 기입한다.
㉯ 도면에 나타내는 치수는 특별히 명시하지 않는한 도시한 대상물의 마무리 치수를 표시한다.
㉰ 치수는 되도록이면 정면도, 측면도, 평면도에 분산하여 기입한다.
㉱ 치수는 되도록이면 계산할 필요가 없도록 기입하고 중복되지 않게 기입한다.

76 평화면에 수직인 직선은 입화면에 어떻게 나타나는가?

㉮ 축소되어 나타난다.
㉯ 점으로 나타난다.
㉰ 수직으로 나타난다.
㉱ 실제 길이로 나타난다.

77 다음 중 대칭도 공차를 나타내는 기호는?

㉮ =
㉯ ○
㉰ ⊕
㉱ //

78 50H7 구멍과 50g6 축의 공통 기준치수에 공차기호의 기입 방법으로 올바르지 못한 것은?

㉮ 50H7/g6
㉯ 50H7-g6
㉰ 50g6H7
㉱ $50\dfrac{H7}{g6}$

75 치수는 정면도를 중심으로 기입한다.

77 ㉯ 동심도(동축도) 공차
㉰ 위치도 공차
㉱ 평행도 공차

75 ㉰ 76 ㉱ 77 ㉮ 78 ㉰

제3장 | 제도의 기초 163

79 보기의 입체도를 한쪽 단면도로 나타낸 것은?

80 기하공차의 종류에서 위치공차와 관련이 있는 것은?

㉮ 평면도 ㉯ 원통도
㉰ 동심도 ㉱ 직각도

해설
80 • 평면도, 원통도 : 모양공차
　　• 직각도 : 자세공차

81 대상물의 구멍, 홈등 한 부분만의 모양을 도시하는 것으로 만족하는 경우에 사용하는 투상도로 축에 가공된 키홈을 표현할 때 사용되는 투상도는?

㉮ 보조 투상도
㉯ 국부 투상도
㉰ 부분 투상도
㉱ 회전 투상도

82 다음 중 제3각법의 특징으로 틀린 것은?

㉮ 도면과 물체의 관련도를 대조하는데 편리하다.
㉯ 투상도 간의 치수 비교에 편리하다.
㉰ 투상 순서는 눈 → 물체 → 투상면이다.
㉱ 보조투상도를 이용하여 물체 모양을 정확히 표현할 수 있다.

79 ㉰　80 ㉰　81 ㉯　82 ㉰

83 다음 면의 지시기호에서 a 에 기입할 항목은?

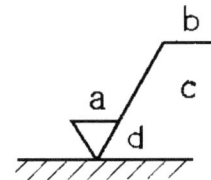

㉮ 산술(중심선) 평균거칠기 값
㉯ 가공 방법
㉰ 줄무늬 방향 기호
㉱ 다듬질 여유 기입

84 도면에서 구의 지름 100mm을 나타낼 때 표시하는 방법은?

㉮ SØ100
㉯ CØ100
㉰ SR100
㉱ 구면Ø100

85 다음 치수 중 원호의 길이를 나타내는 것은?

㉮ □ 50
㉯ Ø50
㉰ ⌒50
㉱ t50

86 기하공차의 종류 중 자세공차가 아닌 것은?

㉮ //
㉯ ⊥
㉰ ⊕
㉱ ∠

87 다음 중 치수기입 원칙에 어긋나는 방법은?

㉮ 관련되는 치수는 되도록 한 곳에 모아서 기입한다.
㉯ 치수는 되도록 공정마다 배열을 분리하여 기입한다.
㉰ 중복된 치수 기입을 피한다.
㉱ 치수는 각 투상도에 고르게 분포되도록 한다.

해설

83 • b : 가공방법의 문자 또는 기호
• c : 컷오프 값
• d : 줄무늬 방향의 기호

86 ㉰항은 위치도 공차로 위치공차임

83 ㉮ 84 ㉮ 85 ㉰ 86 ㉰
87 ㉱

88 단면도의 해칭 방법에서 틀린 것은?

㉮ 인접하는 절단 자리의 해칭은 선의 방향 또는 각도를 바꾸어 구별한다.
㉯ 절단 자리의 면적이 넓을 경우에는 외형선을 따라 적절히 해칭을 한다.
㉰ 해칭을 하는 부분 속에 문자, 기호 등을 기입할 경우라도 해칭을 중단해서는 안된다.
㉱ 단면도에 재료 등을 표시하기 위하여 특수한 해칭을 해도 좋다.

89 보기의 치수 중 □이 뜻하는 것은?

㉮ 정사각형의 한변의 치수
㉯ 참고치수
㉰ 판 두께의 치수
㉱ 이론적으로 정확한 치수

90 기준점, 선, 평면, 원통 등으로 관련 형체에 기하 공차를 지시할 때 그 공차 영역을 규제하기 위하여 설정된 기준을 무엇이라고 하는가?

㉮ 돌출 공차역
㉯ 데이텀
㉰ 최대 실체 공차 방식
㉱ 기준치수

88 ㉰ 89 ㉱ 90 ㉯

91 "가"부에 나타낼 보조 투상도로 올바른 것은?

92 가장 기본적인 도면 요소는?

㉮ 점, 직선   ㉯ 원, 원호
㉰ 점, 곡선   ㉱ 직선, 원

93 허용 한계치수에서 기준치수를 뺀 값을 무엇이라 하는가?

㉮ 실치수   ㉯ 치수 허용차
㉰ 치수 공차   ㉱ 틈새

94 다음 중 억지 끼워 맞춤은?

㉮ H7/h6   ㉯ F7/h6
㉰ G7/h6   ㉱ H7/u6

95 면의 지시 기호에 있어서 각 지시 사항의 설명으로 틀린 것은?

㉮ a – 중심선 평균 거칠기의 값
㉯ b – 컷 오프 값
㉰ c – 다듬질 여유
㉱ d – 줄무늬 방향기호

96 45° 모따기를 나타내는 기호로 올바른 것은?

㉮ C ㉯ R
㉰ □ ㉱ t

97 다음 도면이 나타내는 단면도의 표시 방법은?

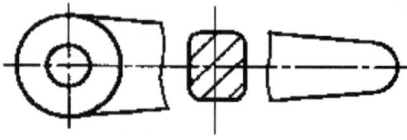

㉮ 전 단면도
㉯ 한쪽 단면도
㉰ 회전 도시 단면도
㉱ 부분 단면도

98 줄무늬 방향 기호 중에서 가공 방향이 무방향이거나 여러 방향으로 교차할 때 기입하는 기호는?

㉮ = ㉯ X
㉰ M ㉱ C

99 보스의 키홈 제도에 있어서 키홈의 가장 적당한 위치는?

㉮ 도형의 아래쪽
㉯ 도형의 위쪽
㉰ 도형의 좌우
㉱ 어떤 곳이라도 관계없다.

100 끼워맞춤에서 IT 기본공차 등급이 작아질 때의 공차값의 변화는? (단, 기타 조건은 일정하다.)

㉮ 항상 같다.
㉯ 관계없다.
㉰ 작아진다.
㉱ 커진다.

---

98 ㉮ 투상면에 평행
㉯ 투상면에 교차
㉰ 여러 방향으로 교차 또는 무방향
㉱ 중심에 대하여 동심원

96 ㉮ 97 ㉰ 98 ㉰ 99 ㉯
100 ㉰

101 다음 표면 지시기호중 가공방법을 지시하는 곳은?

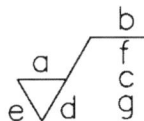

㉮ a ㉯ b
㉰ d ㉱ g

102 다음 중 단면 도시방법에 대한 설명이 틀린 것은?

㉮ 단면 부분을 확실하게 표시하기 위하여 보통 해칭(hatching)을 한다.
㉯ 해칭을 하지 않아도 단면이라는 것을 알 수 있을 때에는 해칭을 생략해도 된다.
㉰ 같은 절단면 위에 나타나는 같은 부품의 단면은 해칭선의 간격을 달리한다.
㉱ 단면은 필요로 하는 부분만을 파단하여 표시할 수 있다.

103 다음 기하공차의 종류 중 모양공차에 해당되는 것은?

㉮ ↗ ㉯ ⊕
㉰ // ㉱ ○

104 다음은 재료기호의 중간 부분의 기호이다. 공구강을 나타내는 기호는?

㉮ TO ㉯ BR
㉰ C   ㉱ W

105 도면에서 표면상태를 줄무늬 방향의 기호로 표시하였다. R은 무엇을 뜻하는가?

㉮ 가공에 의한 커터의 줄무늬 방향이 투상면에 평행
㉯ 가공에 의한 커터의 줄무늬 방향이 레이디얼 모양
㉰ 가공에 의한 커터의 줄무늬 방향이 동심원 모양
㉱ 가공에 의한 줄무늬 방향이 경사지고 두방향으로 교차

해설

101 a : 평균 거칠기 값
b : 가공방법
d : 줄무늬 방향의 기호
g : 표면 파상도

103 ↗ 원주 흔들림 공차 – 흔들림 공차
⊕ 위치도 공차 – 위치공차
// 평행도 공차 – 자세공차

104 • BR : 철과 강 보일러용 리벳
• C : 철과 비철주조품
• W : 철과 강 와이어

101 ㉯ 102 ㉰ 103 ㉱
104 ㉮ 105 ㉯

106 다음 중 표면거칠기 표시 방법에 해당되지 않는 것은?

㉮ 최소 높이
㉯ 최대 높이
㉰ 산술 평균 거칠기
㉱ 10점 평균 거칠기

107 다음은 기계 요소 중에서 원칙적으로 길이 방향으로 절단하여 단면하지 않는 것이다. 틀린 것은?

㉮ 축, 키
㉯ 리벳, 핀
㉰ 볼트, 작은나사
㉱ 베어링, 너트

108 구멍의 치수가 축의 치수보다 클 때, 구멍과 축과의 치수의 차를 무엇이라고 하는가?

㉮ 틈새　　　　㉯ 죔새
㉰ 공차역　　　㉱ 치수차

109 다음 중 기하공차의 기호 설명이 잘못된 것은?

㉮ 평면도 : ▱　　㉯ 원통도 : ⌀
㉰ 대칭도 : ═　　㉱ 위치도 : ◎

110 기계제도에서 투상도의 선택방법에 대한 설명으로 틀린 것은?

㉮ 계획도, 조립도 등 주로 기능을 나타내는 도면에서는 대상물을 사용하는 상태로 놓고 그린다.
㉯ 부품을 가공하기 위한 도면에서는 가공 공정에서 대상물이 놓인 상태로 그린다.
㉰ 정면도에서는 대상물의 모양이나 기능을 가장 뚜렷하게 나타내는 면을 그린다.
㉱ 정면도를 보충하는 다른 투상도는 되도록 크게 그리고 많이 그린다.

해설

109 ⊕ 위치도, ◎ 동심도

106 ㉮　107 ㉱　108 ㉮
109 ㉱　110 ㉱

111 표면 거칠기의 표시법에서 10점 평균 거칠기를 표시하는 기호는?

㉮ Ry
㉯ Rm
㉰ Ra
㉱ Rz

112 대칭형의 물체를 1/4 절단하여 내부와 외부의 모습을 동시에 보여주는 단면법은?

㉮ 전 단면도
㉯ 한쪽 단면도
㉰ 부분 단면도
㉱ 회전도시 단면도

113 축의 치수 Ø$100^{+0.02}_{+0.01}$와 구멍의 치수 Ø$100^{-0.01}_{-0.02}$의 최대 죔새와 최소 죔새값은?

㉮ 최대죔새 : 0.05, 최소죔새 : 0.02
㉯ 최대죔새 : 0.04, 최소죔새 : 0.02
㉰ 최대죔새 : 0.04, 최소죔새 : 0.00
㉱ 최대죔새 : 0.05, 최소죔새 : 0.00

114 다음 기하공차 기호 중 원통도 공차의 기호는?

㉮ ▱
㉯ ○
㉰ ⬡
㉱ ⌖

115 그림과 같은 정원뿔을 단면선을 따라 평면으로 교차시킨 경우 구성되는 단면 형태는?

단면선

㉮ 쌍곡선
㉯ 포물선
㉰ 타원
㉱ 원

해설

111 Ra : 산술평균거칠기
Ry : 최대높이거칠기
Rz : 십점평균거칠기

113 • 최대죔새
= 축의 최대 − 구멍의 최소
= 100.02 − 99.98 = 0.04
• 최소죔새
= 축의 최소 − 구멍의 최대
= 100.01 − 99.99 = 0.02

111 ㉱ 112 ㉯ 113 ㉯
114 ㉰ 115 ㉰

해설

117 게이지제작공차 : IT01–IT 4
끼워맞춤공차 : IT 5 – IT 9
끼워맞춤 이외: IT10 – IT18

119 ㉯ 최소틈새
㉰ 최대틈새
㉱ 최소죔새

116 ㉮ 117 ㉮ 118 ㉯
119 ㉮ 120 ㉱ 121 ㉮

---

116 길이 방향으로 절단해서 단면도를 그리지 않아야 하는 부품은?

㉮ 축 ㉯ 보스
㉰ 베어링 ㉱ 커버

117 다음 중 구멍용 게이지 제작 공차로 맞는 IT공차 등급은?

㉮ IT 01 – IT 5
㉯ IT 6 – IT 10
㉰ IT 10 – IT 18
㉱ IT 11 – IT 18

118 표면 거칠기의 표시법에서 산술 평균 거칠기를 표시하는 기호는?

㉮ Ry ㉯ Ra
㉰ Rz ㉱ Sm

119 끼워 맞춤에서 최대 죔새를 구하는 방법은?

㉮ 축의 최대 허용 치수 – 구멍의 최소 허용 치수
㉯ 구멍의 최소 허용치수 – 축의 최대 허용 치수
㉰ 구멍의 최대 허용 치수 – 축의 최소 허용 치수
㉱ 축의 최소 허용 치수 – 구멍의 최대 허용 치수

120 다음 중 치수 기입의 원칙으로 맞는 것은?

㉮ 어느 정도의 중복 기입은 상관없다.
㉯ 치수는 되도록 평면도에 집중하여 기입한다.
㉰ 치수는 치수선이 만나는 곳에 기입한다.
㉱ 치수는 선에 겹치게 기입해서는 안 된다.

121 구멍의 최소치수가 축의 최대치수보다 큰 경우는 무슨 끼워맞춤인가?

㉮ 헐거운 끼워맞춤 ㉯ 중간 끼워맞춤
㉰ 억지 끼워맞춤 ㉱ 강한 억지 끼워맞춤

122 도면상에 구멍, 축 등의 호칭치수를 의미하며 치수 허용한계의 기준이 되는 치수는?

㉮ IT치수
㉯ 실치수
㉰ 허용한계치수
㉱ 기준치수

123 삼각법으로 그린 3면도 투상도 중 잘못 그려진 투상이 있는 것은?

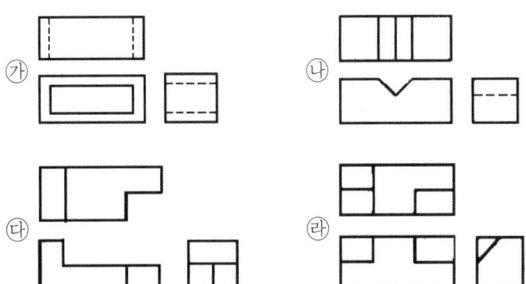

124 3각법에 의한 보기와 같은 정면도와 우측면도에 평면도로 가장 적합한 투상는?

122 ㉱ 123 ㉱ 124 ㉱

125 최소죔새
= 축의 최소 − 구멍의 최대
= 0.034 − 0.025 = 0.009

125 그림과 같은 Ø50H7−r6 끼워맞춤에서 최소 죔새는 얼마인가?

㉮ 0.009   ㉯ 0.025
㉰ 0.034   ㉱ 0.05

126 치수 공차의 기입법 중 25E8 구멍의 공차역은? (단, IT8급 공차 0.033mm이고, 25에 대한 E구멍의 기초가 되는 치수 허용차는 0.040mm이다.)

㉮ $25^{+0.073}_{+0.040}$ ㉯ $25^{+0.040}_{+0.033}$
㉰ $25^{+0.073}_{+0.033}$ ㉱ $25^{+0.073}_{+0.007}$

127 그림과 같이 3각법에 의한 투상도의 평면도와 측면도가 있을 때 이 투상도에 맞는 등각투상도는?

 정면도

㉮   ㉯

㉰   ㉱

125 ㉮   126 ㉮   127 ㉮

128 다음 기계가공 중 일반적으로 표면을 가장 매끄럽게(표면거칠기 값이 작게)가공 할 수 있는 것은?

㉮ 연삭기　　㉯ 드릴링 머신
㉰ 선반　　㉱ 밀링

129 정투상도에 있어서 누락된 투상도를 바르게 나타낸 것은?

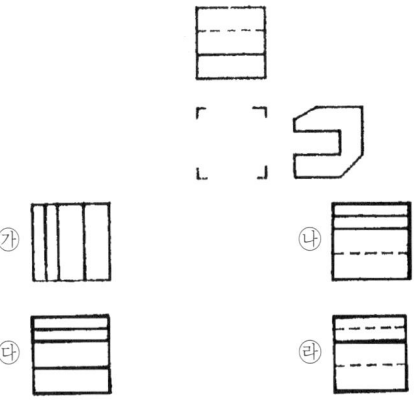

130 다음은 어느 단면도에 대한 설명인가?

> 상하 또는 좌우 대칭인 물체는 1/4을 떼어 낸 것으로 보고, 기본 중심선을 경계로 하여 1/2은 외형, 1/2은 단면으로 동시에 나타낸다. 이 때, 대칭 중심선의 오른쪽 또는 위쪽을 단면으로 하는 것이 좋다.

㉮ 한쪽 단면도　　㉯ 부분 단면도
㉰ 회전도시 단면도　　㉱ 온 단면도

131 다음 중 치수 보조 기호의 설명으로 틀린 것은?

㉮ Ø – 지름 치수　　㉯ R – 반지름 치수
㉰ SØ – 구의 지름　　㉱ SR – 45° 모따기 치수

132 기하공차의 구분에서 자세 공차에 해당되지 않는 것은?

㉮ 평행도 공차　　㉯ 직각도 공차
㉰ 경사도 공차　　㉱ 진직도 공차

해설

131 · SR : 구의 반지름
　　 · C : 45° 모따기

132 ㉱는 모양공차

| 128 ㉮ | 129 ㉰ | 130 ㉮ |
| 131 ㉱ | 132 ㉱ | |

133 보기는 3각법으로 정투상한 도면이다. 입체도로 맞는 것은 어느 것인가?

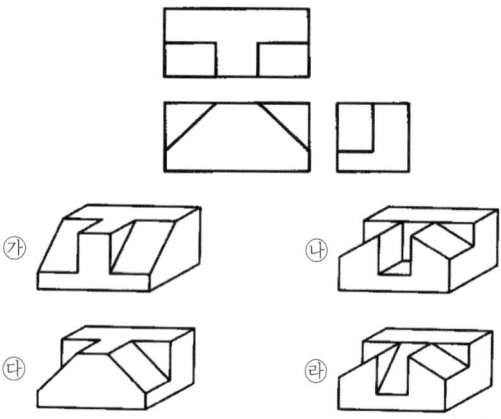

134 다음 중 최대 틈새를 나타내는 것은?

㉮ 구멍의 최대 허용 치수 – 축의 최소 허용 치수
㉯ 축의 최대 허용 치수 – 구멍의 최소 허용 치수
㉰ 구멍의 최소 허용 치수 – 축의 최대 허용 치수
㉱ 축의 최소 허용 치수 – 구멍의 최대 허용 치수

135 3각법과 1각법의 표준 배치에서 서로 반대 위치에 있는 투상도의 명칭은?

㉮ 평면도와 저면도   ㉯ 배면도와 평면도
㉰ 정면도와 저면도   ㉱ 정면도와 측면도

136 다음 그림은 면의 지시기호이다. 그림에서 M은 무엇을 의미하는가?

㉮ 밀링 가공   ㉯ 가공 모양
㉰ 표면 거칠기   ㉱ 선반 가공

해설

134 ㉯ 최대죔새
㉰ 최소틈새
㉱ 최소죔새

136 • L : 가공방법(선반가공)
• M : 가공모양

133 ㉰ 134 ㉮ 135 ㉮
136 ㉯

137 그림과 같이 표현한 단면도를 무슨 단면도라 하는가?

㉮ 온 단면도
㉯ 한쪽 단면도
㉰ 부분 단면도
㉱ 회전도시 단면도

138 다음 그림은 제3각법으로 나타낸 투상도이다. 평면도에 누락된 선을 완성한 것은?

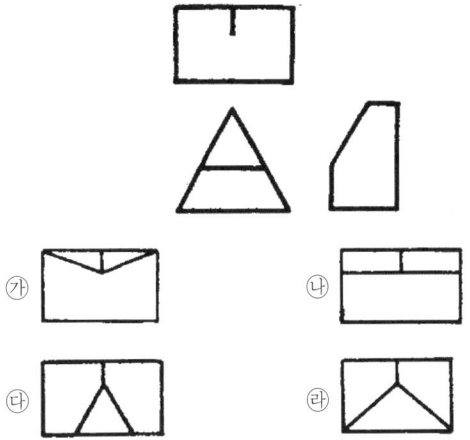

139 직진운동이나 회전운동이 필요한 기계부품 조립에 적용하는 끼워맞춤으로 가장 좋은 것은?

㉮ 헐거운 끼워맞춤
㉯ 억지 끼워맞춤
㉰ 영구조립 끼워맞춤
㉱ 중간 끼워맞춤

137 ㉱ 138 ㉰ 139 ㉮

해설

141
- Ra : 산술평균거칠기
- Ry : 최대높이거칠기
- Rz : 십점평균거칠기

144 기하 공차 : 모양, 자세, 위치, 흔들림 공차

140 재료기호는 원칙적으로 3부분으로 구성되어 있다. 그 중 중간 부분의 기호는 무엇을 나타내는가?

㉮ 재질
㉯ 제품명
㉰ 최저 인장강도
㉱ 열처리 상황

141 산술(중심선) 평균거칠기는 표면거칠기의 표준값 다음에 어느 기호를 기입하는가?

㉮ a ㉯ s
㉰ z ㉱ u

142 IT기본공차는 몇 등급으로 구분되는가?

㉮ 12 ㉯ 15
㉰ 18 ㉱ 20

143 핸들의 암(arm), 주물품의 리브(rib)의 형상을 도시하기 위한 단면도시법으로 적합한 것은?

㉮ 전 단면도
㉯ 부분 단면도
㉰ 한쪽 단면도
㉱ 회전도시 단면도

144 다음 중 기하 공차를 분류한 것으로 틀린 것은?

㉮ 모양 공차
㉯ 자세 공차
㉰ 위치 공차
㉱ 치수 공차

140 ㉯   141 ㉮   142 ㉱   143 ㉱
144 ㉱

145 2개면의 교차 부분을 표시할 때 R1 < R2 일 때 평면도의 모양으로 옳은 것은?

146 치수기입의 원칙 중 적합하지 않은 것은?

㉮ 치수는 선에 겹치게 기입해서는 안된다.
㉯ 치수는 되도록 계산하여 구할 필요가 없도록 기입한다.
㉰ 치수는 되도록 정면도, 평면도, 측면도에 분산하여 보기 쉽도록 기입한다.
㉱ 대상물의 기능, 제작, 조립 등을 고려하여 필요하다고 생각되는 치수를 명료하게 기입한다.

147 아래 그림은 무슨 치수기입인가?

㉮ 변
㉯ 현
㉰ 호
㉱ 각도

해설

145 가. R1 = R2
나. R1 < R2
다. R1 > R2

146 치수는 정면도를 중심으로 기입한다.

145 ㉯ 146 ㉰ 147 ㉰

148 보기의 그림에서 화살표 방향이 정면도일 때 평면도를 올바르게 표시한 것은?

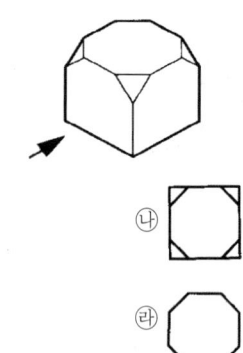

㉮   ㉯

㉰   ㉱

149 다음 표를 보고 최대 틈새는 얼마인가?

	구멍	축
최대허용치수	50.034	49.991
최소허용치수	50.009	49.966

㉮ 0.018   ㉯ 0.025
㉰ 0.043   ㉱ 0.068

150 지름이 일정한 원통을 전개하려고 한다. 어떤 전개 방법을 이용하는 것이 가장 적합한가?

㉮ 삼각형을 이용한 전개도법
㉯ 방사선을 이용한 전개도법
㉰ 평행선을 이용한 전개도법
㉱ 사각형을 이용한 전개도법

151 다음 치수 보조 기호에 관한 내용으로 틀린 것은?

㉮ C : 45° 의 모따기
㉯ SR : 구의 지름
㉰ □ : 정사각형의 변
㉱ ∅ : 지름

---

149 최대틈새
 = 구멍의 최대 − 축의 최소
 = 50.034 − 49.966 = 0.068

150 ㉮ 편심원뿔, 다면체
 ㉯ 사각뿔, 원뿔
 ㉰ 사각기둥, 원기둥

151 SR : 구의 반지름

148 ㉯ 149 ㉱ 150 ㉰ 151 ㉯

152 치수선 끝에 붙는 화살표의 길이와 나비 비율은 어떻게 되는가?

㉮ 2:1   ㉯ 3:1
㉰ 4:1   ㉱ 5:1

153 치수기입에 있어서 참고 치수를 나타내는 것은?

㉮ 치수 밑에 줄을 긋는다.
㉯ 치수 앞에 뫱를 한다.
㉰ 치수에 ( )를 한다.
㉱ 치수 앞에 ※표를 한다.

154 다음 중 재료의 기호와 명칭이 맞는 것은?

㉮ STC : 기계 구조용 탄소 강재
㉯ STKM : 용접 구조용 압연 강재
㉰ SC : 탄소 공구 강재
㉱ SS : 일반 구조용 압연 강재

155 보기는 잘린 원뿔을 전개한 것이다. 다음 중 어떤 전개 방법을 사용하였는가?

㉮ 삼각형법 전개
㉯ 방사선법 전개
㉰ 평행선법 전개
㉱ 사각형법 전개

155 • 삼각형법 : 편심원뿔, 다면체
• 방사선법 : 사각뿔, 원뿔
• 평행선법 : 사각기둥, 원기둥

152 ㉯ 153 ㉰ 154 ㉱ 155 ㉯

156 다음 치수기입법 중 적당하지 않은 것은?

157 다음은 재료 기호 SM20C에서 20이 의미하는 것으로 맞는 것은?

㉮ 탄소 함량을 나타낸다.
㉯ 기계 구조용강을 의미한다.
㉰ 최저인장강도를 나타낸다.
㉱ 변형률을 의미한다.

158 기하 공차의 기호 연결이 옳은 것은?

㉮ 진원도 : ◎   ㉯ 원통도 : ○
㉰ 위치도 : ⊕   ㉱ 진직도 : ⊥

159 원호의 반지름을 기입하는 방법으로 틀린 것은?

160 IT 기본공차에서 구멍용 끼워맞춤에 적용되는 공차등급의 범위는?

㉮ IT 01 ~ IT 5   ㉯ IT 5 ~ IT 9
㉰ IT 6 ~ IT 10   ㉱ IT 10 ~ IT 18

[해설]

156 문자와 치수선은 겹쳐서는 안된다.

160 • 축용 끼워맞춤 등급 : IT 5 ~ IT 9
• 구멍용 끼워맞춤 등급 : IT 6 ~ IT 10

156 ㉰ 157 ㉮ 158 ㉰ 159 ㉱
160 ㉰

161 구멍의 치수가 Ø50$^{+0.025}_{0}$, 축의 치수가 Ø50$^{-0.009}_{-0.025}$ 일 때 최대틈새는 얼마인가?

㉮ 0.025   ㉯ 0.05
㉰ 0.07   ㉱ 0.009

162 화살표 방향에서 본 투상을 정면도로 나타낼 경우 가장 적합한 것은?

163 그림과 같이 여러 각도로 기울여진 면의 치수를 기입할 때 잘못 기입된 치수 방향은?

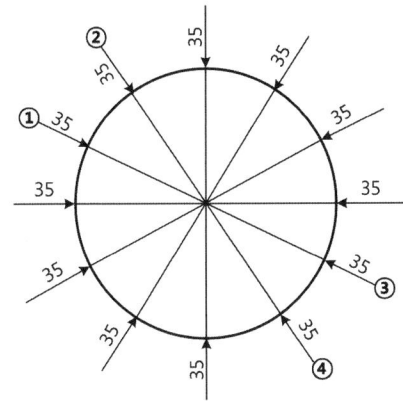

㉮ ①   ㉯ ②
㉰ ③   ㉱ ④

161 최대틈새
= 구멍의 최대 − 축의 최소
= 50.025 − 49.975 = 0.05

161 ㉯ 162 ㉮ 163 ㉯

164 단면도의 표시방법에서 그림과 같은 단면도의 종류는?

㉮ 전단면도 ㉯ 한쪽 단면도
㉰ 부분 단면도 ㉱ 회전 도시 단면도

165 다음 투상도의 표시 방법에 대한 설명 중 틀린 것은?

㉮ 물체는 될 수 있는 대로 자연의 상태, 안정된 상태, 사용 시의 상태로 표시한다.
㉯ 물체의 중요한 면은 될 수 있는 대로 투상면에 나란하거나 수평이 되도록 표시한다.
㉰ 물체의 모양이나 특징을 가장 뚜렷이 나타내는 면을 정면도로 선택한다.
㉱ 서로 관련되는 그림의 배치는 될 수 있는 대로 숨은 선을 사용하지 않도록 한다.

166 아래 그림과 같은 투상도는 어떤 투상도인가?

㉮ 보조 투상도 ㉯ 부분 투상도
㉰ 국부 투상도 ㉱ 회전 투상도

167 축용 게이지 제작에 사용되는 IT공차의 급수는?

㉮ IT01 – IT4 ㉯ IT5 – IT8
㉰ IT8 – IT12 ㉱ IT11 – IT18

---

167 구멍용 게이지공차 : IT01 – IT5

164 ㉯ 165 ㉱ 166 ㉮ 167 ㉮

168 다음 기호 중 숫자와 병기하여 사용할 수 없는 것은?

㉮ Sø
㉯ SR
㉰ ⊠
㉱ □

169 다음 그림과 같은 투상도를 무슨 투상도라 하는가?

㉮ 회전 투상도　　㉯ 국부 투상도
㉰ 부분 투상도　　㉱ 보조 투상도

170 기하 공차를 바르게 해석한 것은?

㉮ 데이텀 A를 기준으로 원의 윤곽이 ø0.05mm이내에 있어야 한다.
㉯ 데이텀 A를 기준으로 원의 대칭도가 ø0.05mm이내에 있어야 한다.
㉰ 데이텀 A를 기준으로 원의 진원도가 ø0.05mm이내에 있어야 한다.
㉱ 데이텀 A를 기준으로 원의 위치가 ø0.05mm이내에 있어야 한다.

168 ㉰　169 ㉯　170 ㉱

171 축에는 IT n-1급, 구멍에는 IT n급을 부여

171 다음 중 구멍 50에 대한 구멍 기준식 끼워맞춤 공차기호 기입 방법으로 옳은 것은?

㉮ Ø50H7
㉯ Ø50h7
㉰ S50h7
㉱ s50H7

172 IT 기본 공차에 대한 설명으로 틀린 것은?

㉮ IT 기본 공차는 치수 공차와 끼워맞춤에 있어서 정해진 모든 치수 공차를 의미한다.
㉯ IT 기본 공차의 등급은 IT01부터 IT18까지 20등급으로 구분되어 있다.
㉰ IT 공차 적용시 제작의 난이도를 고려하여 구멍에는 ITn-1, 축에는 ITn을 부여한다.
㉱ 끼워맞춤 공차를 적용할 때 구멍일 경우 IT6~IT10 이고, 축일 때에는 IT5~IT9이다.

173 정면도의 정의로 가장 옳은 것은?

㉮ 물체의 각면 중 가장 그리기 쉬운면을 그린 그림
㉯ 물체의 뒷면을 그린 그림
㉰ 물체를 위에서 보고 그린 그림
㉱ 물체 형태의 특징을 가장 뚜렷하게 나타내는 그림

174 다음 용어의 뜻으로 맞지 않는 것은?

㉮ 허용한계치수 : 최대허용치수와 최소허용치수로 나눈다.
㉯ 기준치수 : 치수허용한계의 기준이 되는 치수
㉰ 치수허용차 : 허용한계치수와 기준치수의 관계를 결정하는데 기초가 되는 치수의 차
㉱ 기준선 : 허용한계치수 또는 끼워맞춤을 도시할 때 치수허용차의 기준이 되는 선

171 ㉮ 172 ㉰ 173 ㉱ 174 ㉰

175 다음 등각도를 3각법으로 투상할 때 평면도로 맞는 것은?

㉮

㉯

㉰

㉱

176 다음 치수 기입에 관한 설명 중 옳은 것은?

㉮ 도형의 외형선이나 중심선을 치수선으로 대용하여 사용할 수 있다.
㉯ 치수는 되도록 정면도에 집중하여 기입한다.
㉰ 치수는 되도록 계산해서 구할 필요가 있도록 한다.
㉱ 치수 숫자의 자리수가 많은 경우에는 매 3자리마다 콤마를 붙인다.

177 다음과 같이 표시된 기하공차 도면에서 0.01 이 뜻하는 것은?

| // | 0.01/100 | A |

㉮ 지정길이   ㉯ 공차값
㉰ 참고 규격   ㉱ 평행도 등급

177 공차기호 공차값/지정길이 문자기호

178 아래 그림은 몇 각법인가?

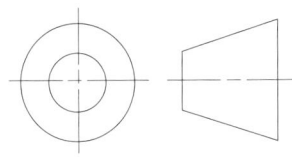

㉮ 제 1 각법   ㉯ 제 2 각법
㉰ 제 3 각법   ㉱ 제 4 각법

175 ㉯ 176 ㉮ 177 ㉮ 178 ㉰

179 아래 투상도는 어떤 물체를 보고 제 3각법으로 투상한 것이다. 이 물체의 등각 투상도로 적합한 것은?

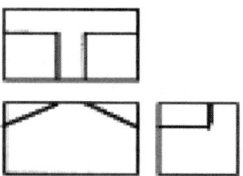

㉮ ㉯
㉰ ㉱

180 기하공차에서 이론적으로 정확한 치수를 나타내는 것은?

㉮   ㉯ ②
㉰   ㉱ (30)

181 45° 모따기를 나타내는 기호로 올바른 것은?

㉮ C   ㉯ R
㉰ □   ㉱ t

182 다음 기하공차 중에서 데이텀이 필요없이 단독으로 규제가 가능한 것은?

㉮ 평행도   ㉯ 진원도
㉰ 동심도   ㉱ 대칭도

183 다음 기하공차 중 평행도 공차기호는 어느 것인가?

㉮ //   ㉯ ⊥
㉰ ∠   ㉱ ─

---

180 ㉰ 비례척도가 아닌 치수
㉱ 참고 치수

183 ㉯ 직각도 공차
㉰ 경사도 공차
㉱ 진직도 공차

179 ㉰ 180 ㉮ 181 ㉮ 182 ㉯
183 ㉮

184 다음 도형은 제3각법으로 정면도와 우측면도를 나타낸 것이다. ㉮에 들어갈 평면도로 맞는 것은?

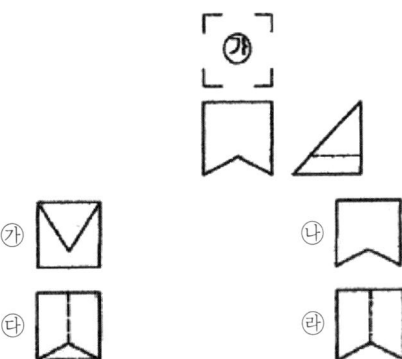

185 기계제도에서 치수 기입의 원칙으로 틀린 것은?

㉮ 치수는 되도록 정면도에 집중하여 기입한다.
㉯ 치수는 되도록 중복 기입을 피한다.
㉰ 치수는 되도록 계산하여 구할 필요가 없도록 기입한다.
㉱ 치수는 되도록 치수선이 만나는 곳에 기입한다.

186 다음 보기의 도면과 같이 40 밑에 그은 선은 무엇을 나타내는가?

㉮ 기준 치수　　㉯ 비례척이 아닌 치수
㉰ 다듬질 치수　㉱ 가공 치수

187 다음 그림의 단면도는?

㉮ 부분 단면도　　㉯ 한쪽 단면도
㉰ 회전도시 단면도　㉱ 조합 단면도

187 ㉯ 한쪽 단면도
　　㉰ 온 단면도
　　㉱ 부분 단면도

184 ㉱　185 ㉱　186 ㉯　187 ㉰

188 SS330로 표시된 기계재료에서 330은 무엇을 나타내는가?

㉮ 최저 인장강도   ㉯ 최고 인장강도
㉰ 탄소함유량   ㉱ 종류

189 회전 단면도를 설명한 것으로 가장 올바른 것은?

㉮ 도형 내의 절단한 곳에 겹쳐서 90° 회전시켜 도시한다.
㉯ 물체의 1/4을 절단하여 1/2은 단면, 1/2은 외형을 도시한다.
㉰ 물체의 반을 절단하여 투상면 전체를 단면으로 도시한다.
㉱ 외형도에서 필요한 일부분만 단면으로 도시한다.

190 원뿔을 경사지게 자른 경우의 전개 형태로 올바른 것은?

191 보기의 그림에서 ㉮부와 ㉯부에 두개의 베어링을 같은 축선에 조립하고자 한다. 이때 ㉮부를 기준으로 ㉯부에 기하공차를 결정할 때 가장 올바른 것은?

192 다음 중에서 3각법의 투시 순서로 옳은 것은?

㉮ 눈 → 투상면 → 물체 ㉯ 물체 → 투상면 → 눈
㉰ 물체 → 눈 → 투상면 ㉱ 눈 → 물체 → 투상면

193 표면거칠기를 나타내는 방법 중 단면곡선에서 기준길이를 잡고 가장 높은 곳과 낮은 곳의 차이를 측정하여 미크론(㎛) 단위로 나타내는 것을 무엇이라고 하는가?

㉮ 최대높이 ㉯ 10점 평균거칠기
㉰ 중심선 평균거칠기 ㉱ 단면 평균거칠기

194 다음 그림의 테이퍼 부분의 테이퍼 값은 얼마인가?

㉮ 0.25 ㉯ 2
㉰ 4 ㉱ 8

195 다음 도형은 제3각법으로 정면도와 우측면도를 나타낸 것이다. 평면도로 옳은 것은?

192 • 1각법 : 눈→물체→투상면
    • 3각법 : 눈→투상면→물체

192 ㉮ 193 ㉮ 194 ㉮ 195 ㉯

04 기계요소의 제도

1 결합용 기계요소

가. 나사

(1) 나사의 종류
  ① 삼각 나사 : 나사산의 모양이 삼각형인 나사
    ㉮ 미터 나사 : 미터 보통나사(M10)와 미터 가는나사(M10×0.8)가 있다.
    ㉯ 유니파이 나사 : 유니파이 보통나사(3/8-12 UNC)와 유니파이 가는나사(3/8-20 UNF)가 있다.
    ㉰ 관용 나사 : 관용 평행나사와 관용테이퍼나사가 있다.
  ② 사각 나사 : 나사산의 모양이 사각형인 나사로써 사각볼트와 사각너트가 있다.
  ③ 사다리꼴 나사 : 사다리꼴 나사에는 29°와 30° 사다리꼴 나사가 있다.
  ④ 톱니 나사 : 바이스나 잭 등에 쓰인다.
  ⑤ 둥근 나사 : 전구나 소켓 등에 쓰인다.
  ⑥ 볼 나사 : 나사축과 너트가 강구(Steel Ball)를 매개로 작동, 수치제어공작기계의 위치결정 이동용으로 쓰인다.

(2) 나사의 표시 방법
  나사의 표시 방법은 나사의 호칭, 나사의 등급, 나사산의 감긴 방향 및 나사산의 줄의 수에 대하여 다음과 같이 나타낸다.

  | 나사산의 감긴 방향 | 나사산의 줄 수 | 나사의 호칭 | ― | 나사의 등급 |

① 나사산의 감긴 방향 및 나사산의 줄
    ㉮ 나사의 감긴 방향 : 왼나사일 때는 "왼" 표시, 오른나사일 때는 생략한다.
    ㉮ 나사산의 줄수 : 한줄 나사일 때는 생략하고, 줄수가 여러 줄일 때는 2줄, 3줄로 표시한다.
② 나사의 호칭
    ㉮ 피치를 mm로 나타내는 경우

나사의 종류를 표시하는 기호	나사의 호칭 지름을 표시하는 숫자	×	피치
M	8		1

   예 M 10 × 1.5 : 호칭 지름이 10이고 피치가 1.5인 미터 가는 나사
        M 8 : 호칭 지름이 8인 미터 보통나사(보통 나사는 원칙적으로 피치를 생략한다.)

   ㉯ 피치를 산의 수로 나타내는 경우 (유니파이 나사 제외)

나사의 종류를 표시하는 기호	나사의 지름을 표시하는 숫자	산	산의 수
SM	1/4	산	40

   예 TM20 산 6 : 호칭 지름이 20이고 산의 수가 6산인 30°사다리꼴 나사
        PT7 : 호칭 지름이 7인 관용 테이퍼 나사 (관용 나사에서는 산의 수를 생략한다)

   ㉰ 유니파이 나사의 경우

나사의 지름을 표시하는 숫자 또는 번호	-	산의 수	나사 종류를 표시하는 기호
3/8	-	16	UNC

   예 3/8-16UNC : 호칭 지름이 3/8인치이고, 1인치에 대한 산의 수가 16산인 유니파이 보통 나사(오해할 염려가 없으면 "산의 수"를 생략 할 수 있다.)

[나사의 종류를 표시하는 기호 및 나사의 호칭에 대한 표시 방법]

(KS B 0200-1984)

구분		나사의 종류	나사의 종류 기호	나사의 호칭에 대한 표시법	관련 규격
일반용	ISO 규격에 있는 것	미터 보통 나사	M	M8	KS B 0201
		미터 가는 나사		M8×1	KS B 0204
		미니어처 나사	S	S 05	KS B 0228
		유니파이 보통 나사	UNC	3/8-16 UNC	KS B 0203
		유니파이 가는 나사	UNF	No. 8-36 UNF	KS B 0206

구분		나사의 종류		나사의 종류 기호	나사의 호칭에 대한 표시법	관련 규격
일반용	ISO 규격에 있는 것	미터 사다리꼴 나사		Tr	Tr 10×2	KS B 0229
		관용 테이퍼 나사	테이퍼 수나사	R	R 3/4	KS B 0222
			테이퍼 암나사	Rc	Rc 3/4	
			평행 암나사	Rp	Rp 3/4	
		관용 평행 나사		G	G 1/2	KS B 0221
	ISO 규격에 없는 것	30 사다리꼴 나사		TM	TM 18	KS B 0227
		관용 테이퍼 나사	테이퍼 나사	PT	PT 7	KS B 0222
			평행 암나사	PS	PS 7	
		관용 평행 나사		PF	PF 7	KS B 0221

[주] 1) 미터 보통 나사 중 M1.7, M2.3, 및 M2.6은 ISO 규격에 규정되어 있지 않다.
    2) 가는 나사임을 특별히 명확하게 나타낼 필요가 있을 때에는 피치 다음에 가는 눈의 글자를 ( ) 안에 넣어서 기입할 수 있다. 예 M8 × 1(가는 눈)
    3) 이 평행 암나사 Rp는 테이퍼 수나사 R에 대해서만 사용한다.
    4) 이 평행 암나사 PS는 테이퍼 수나사 PT에 대해서만 사용한다.

③ 나사의 등급 : 나사의 등급은 나사의 등급을 표시하는 숫자와 문자와의 조합 또는 문자로서 다음의 표와 같이 표시한다.

[나사의 등급 표시 방법]

(KS B 0200-1984)

구분	나사의 종류		정밀도		
			낮은 정밀도 ↔ 높은 정밀도		
ISO 규격에 있는 등급	미터 나사	수나사	8g	6g, 6h	4h
	미터 가는 나사	암나사	7H	6H	5H, 4H
ISO 규격에 없는 등급	유니 파이 나사	수나사	1A	2A	3A
		암나사	1B	2B	3B

[주] 1) 이 조합에 대한 등급의 표시 방법은 KS B 0235에 따른다.
    2) 이 조합에 대한 등급의 표시 방법은 KS B 0237에 따른다.
    3) 이 조합에 대한 등급의 표시 방법은 KS B 0235에 의거 암나사 등급/수나사의 등급으로 한다.

④ 미터 사다리꼴 나사의 표시 방법 보기
  ㉮ 1줄 미터 사다리꼴 나사의 표시 방법
    예 호칭 지름 40mm, 피치가 7mm인 경우
      Tr 40 × 7

예 호칭 지름 40mm, 피치 7mm, 암나사의 등급이 7H인 경우
   Tr 40 × 7-7H
㉯ 여러 줄 미터 사다리꼴 나사의 표시 방법
   예 호칭 지름 40mm, 리드 14mm, 피치 7mm인 경우
      Tr 40 × 14(p7)
   예 호칭 지름 40mm, 리드 14mm, 피치 7mm, 수나사의 등급이 7e인 경우
      Tr 40 × 14(p7)-7e
㉰ 미터 사다리꼴 왼나사의 표시 방법
   미터 사다리꼴 왼나사일 때에는 호칭 다음에 LH의 기호를 붙여서 표시한다.
   예 Tr 40 × 7LH
      Tr 40 × 7LH-7H
      Tr 40 × 14(P7)LH
      Tr 40 × 14(P7)LH-7e

(2) 나사의 도시법
  ① 수나사의 바깥지름, 암나사의 안지름을 나타내는 선은 굵은 실선으로 그린다.
  ② 나사의 골을 표시하는 선은 가는 실선으로 그린다.
  ③ 불완전 나사부를 표시하는 경계선은 굵은 실선으로 그린다.
  ④ 보이지 않는 부분의 나사는 외형선 약 1/2 정도 크기의 파선으로 그린다.

[나사의 도시법]

⑤ 수나사와 암나사의 결합된 부분은 수나사로 표시한다.
⑥ 나사부의 단면을 해칭하는 경우는 나사산까지 하여야 한다.
⑦ 불완전 나사부의 골을 나타내는 선은 축선에 대한 30°의 가는 실선으로 그린다.
⑧ 수나사와 암나사를 측면에서 본 것은 수나사와 암나사의 골 지름은 3/4 만큼 그린다.
⑨ 암나사의 단면에서 드릴 구멍의 끝부분은 굵은 실선으로 120°되게 그린다.

나. 볼트와 너트

(1) 볼트와 너트의 호칭

① 볼트의 호칭

규격 번호	종류	부품 등급	나사부의 호칭 × 길이	- -	강도 구분	재료	-	지정사항
KS B 1002	육각 볼트	A	M12 × 80	- -	8.8	SM25C	-	둥근 끝
KS B 1002	6각 볼트	A	M12 × 80	-	8.8	SM 20 C	-	C

[주] 1) 규격번호는 특히 필요가 없으면 생략해도 좋다.
    2) 지정 사항으로는 나사 끝의 모양, 표면 처리의 종류 등을 필요에 따라 표시한다.

② 너트의 호칭

규격 번호	종류	형식	부품등급	나사부 호칭	- -	강도 구분	재료	-	지정사항
KS B 1012	육각 너트	스타일1	A	M12	- -	8	SM20C		
KS B 1012	6각 너트	스타일1	A	M12	-	8	SM 20 C	-	C

[주] 1) 규격 번호는 특히 필요가 없으면 생략해도 좋다.
    2) 지정 사항으로는 6 각 너트의 자리 붙이, 표면 처리의 종류 등을 필요에 따라 표시한다.

(2) 볼트와 너트의 도시법

볼트와 너트를 도시할 때에는 제작도는 그리지 않고 제작도용 약도로 그리거나 간략도로 나타낸다.

[볼트와 너트의 약도법]

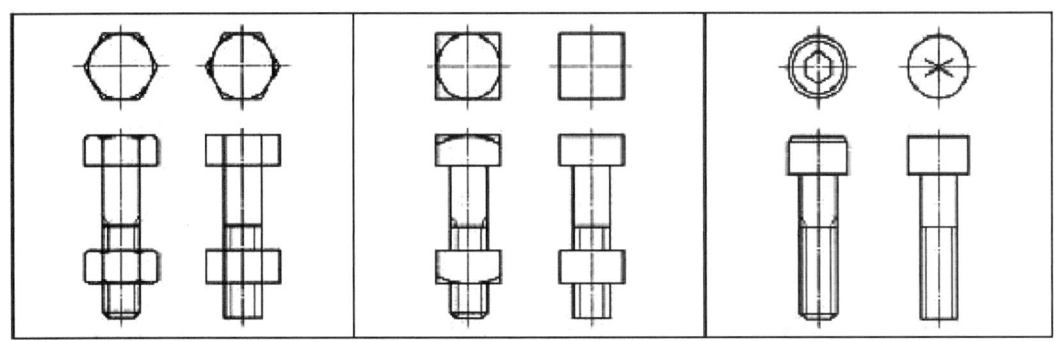

| (a) 6각 볼트 및 너트 | (b) 4각 볼트 및 너트 | (c) 6각 구멍붙이 볼트 및 너트 |

[여러 가지 볼트와 너트의 간략도]

(3) 사용목적에 따른 볼트의 분류

① 관통 볼트(through bolt) : 부품에 구멍을 뚫고 죄는 것으로 가장 많이 사용되고 있다.
② 탭볼트(tap bolt) : 구멍을 뚫을 수 없을 때 암나사를 만들어 끼워서 조여주는 볼트이다.
③ 스터드 볼트(stud bolt) : 부품을 자주 분해할 때 암나사 손상으로 볼트를 기계 몸체에 탭볼트와 같이 나사를 박고 너트를 죌 때 사용된다.

(4) 볼트의 종류

머리모양과 용도에 따른 볼트는 매우 다양하지만 일반적으로 많이 사용되는 것은 다음과 같다.

[볼트의 종류]

종류		설명·용도
육각 볼트		일반적으로 각종 부품을 결합하는 데 널리 쓰이는 대표적인 볼트이다.
육각 구멍 붙이 볼트		둥근 머리에 육각 홈을 파 놓은 것으로 볼트의 머리가 밖으로 나오지 않아야 하는 곳에 사용된다.
나비 볼트		머리 부분을 나비의 날개 모양으로 만들어 손으로 쉽게 돌릴 수 있도록 한 볼트이다.

종류		설명·용도
기초 볼트		여러 가지 모양의 원통부를 만들어 기계 구조물을 콘크리트 기초 위에 고정시키도록 하는 볼트이다.
접시 머리 볼트		볼트의 머리가 밖으로 나오지 않아야 하는 곳에 사용하며 홈 붙이 접시 머리 볼트, 키 붙이 접시 머리 볼트 등이 있다.
아이 볼트		나사 머리부를 고리 모양으로 만들어 체인 또는 훅 등을 걸 때 사용한다.

(5) 너트의 종류

(a) 육각 너트 (b) T-너트 (c) 사각 너트

(d) 플랜지 붙이 육각 너트 (e) 육각 캡 너트 (f) 나비 너트

[너트의 종류]

다. 키와 핀, 코터 이음

(1) 키 (Key)

키는 축에 풀리(pulley), 커플링(coupling) 및 기어(gear) 등의 회전체를 고정시켜 축과 회전체가 미끄럼이 없이 회전을 전달시키는데 사용한다.

규격 번호	종류 및 호칭 치수	×	길이	끝 모양의 특별 지정	재료
KS B 1311	평행키 10×8		25	양 끝 둥긂	SM 45 C
KS B 1313	미끄럼키 10 x 8 x 25			양끝 둥긂	SM 45 C
	평행키 25 x 14 x 80			양끝 모짐	SM 25 C

다음 그림은 키홈의 도시법과 치수 기입법을 도시하고 있다.

[홈의 도시법과 치수 기입법]

(2) 핀 (Pin)

핀은 기계 접촉면의 미끄럼 방지나 나사의 풀림방지 및 위치 고정 등 비교적 작은 힘이 작용되는 곳에 사용된다.

① 핀의 종류

[핀의 종류]

② 핀의 호칭

[핀의 호칭법]

(KS B 1320, 1321, 1323)

명칭	호칭방법	보기
평행 핀[1](KS B 1320)	규격 번호 또는 명칭, 종류, 형식, 호칭 지름 공차×호칭 길이, 재료	KSB 1320 6m6×30-S1 KSB 1320 6m6×30-A1
스플릿 테이퍼 핀(KS B 1323)	규격 번호 또는 규격 명칭, 호칭 지름×호칭 길이, 재료, 지정 사항	스플릿 테이퍼 핀 6×70-S1 갈라짐의 깊이 10
분할 핀(KS B 1321)	규격 번호 또는 규격 명칭, 호칭 지름×길이, 재료	분할 핀 5×50-S1

주 : 1) 종류는 끼워맞춤 기호에 따른 m6, h8의 두 종류이다. 형식은 끝면의 모양이 납작한 것이 A, 둥근 것이 B이다.

(3) 코터 이음

① 코터는 키의 일종으로 축 방향으로 인장력이나 압축력이 작용하는 두 축을 연결하거나 풀 필요가 있을 때에 주로 쓰인다.
② 코터의 기울기는 보통 1/20이 많이 사용된다.

2 리벳과 용접 이음

가. 리벳 이음

(1) 리벳의 호칭 방법

규격 번호(생략할 수 있음)	종류	호칭 지름 × 길이	재료
KS B 1102	둥근머리 리벳	16×40	SV 330

(2) 리벳의 종류

[리벳의 종류]

종류·형상		종별	재료	종류·형상		종별	재료
둥근머리		열간	SV330 SV440	둥근접시머리		열간	SV330 SV400
		보일러용	SV400			보일러용	SV400
		냉간	MSWR 12, 15, 17			냉간	SV330
		소형열간	B, W				
납작머리		열간	SV330 SV400	접시머리		열간	SV330
						냉간	SV400

(3) **리벳 이음 방법** : 리벳 이음에는 겹치기 이음(lap joint)과 맞대기 이음(butt joint)이 있고 리벳열은 1-3열이 있다. 2열 이상일 때의 배열은 평행형과 지그잭 형이 있다.

(4) **리벳 이음의 도시법**
① 리벳을 크게 도시 할 필요가 없을 때에는 리벳 구멍을 약도로 표시한다.(그림a)
② 리벳의 위치많은 도시 할 때에는 중심선만으로 도시한다.(그림a)
③ 얇은 판이나 형강 등의 단면은 굵은 실선으로 도시한다.(그림b)
④ 리벳은 길이 방향으로 절단하여 도시하지 않는다.(그림c)
⑤ 같은 피치로 연속되고 같은 종류의 구멍의 표시법은 피치의 수 x 피치의 간격(=합겨 치수)와 같이 간단히 기입한다.
⑥ 여러 겹의 판이 겹쳐 있을 때, 각 판의 파단선은 서로 어긋나게 외형선을 긋는다.
⑦ 구조물에 사용하는 리벳은 그림과 같이 표시한다.

(a) 리벳의 위치 도시법 (b) 얇은 판의 단면 도시 (c) 리벳의 도시법

[리벳 이음의 도시]

[리벳의 기호]

종별		둥근머리	접시머리					납작머리			둥근접시머리		
약도	공장리벳	○	◎	◉	⌀	⊘	⌀	⊘	○	⊘	⊗	⊙	⊗
	현장리벳	●	⊙	⦿	⊘	⊙	⊘	⊘	⊙	⊘	⊗	⊗	⊗

나. 용접 이음

(1) 용접 이음의 종류

① 모재 배치에 따라 : 맞대기 이음, 양면 덮개판 이음, 겹치기 이음, T이음, 모서리 이음, 끝단 이음 등이 있다.

(a) 맞대기 이음   (b) 겹치기 이음   (c) 모서리 이음
(d) T이음   (e) 끝단 이음   (f) 양면 덮개판 이음

[용접이음의 종류]

(a) 1F(아래보기 자세)   (b) 2F(수평 자세)
(c) 3F(수직 자세)   (d) 4F(위보기 자세)

[용접의 자세]

② 용접 자세에 따라 : 아래보기 자세, 수직 자세, 수평 자세, 위 보기 자세 등이 있다.

(2) 용접 기호

용접의 종류와 형식 등을 도면에 표시할 때에는 용접기호를 사용한다.

[용접부의 기본 기호]

번호	명칭	도시	기호
1	양면 플랜지형 맞대기 이음 용접		八
2	평면형 평행 맞대기 이음 용접		||
3	한쪽면 V형 홈 맞대기 이음 용접		V
4	한쪽면 K형 맞대기 이음 용접		V
5	부분 용입 한쪽면 V형 맞대기 이음 용접		Y
6	부분 용입 한쪽면 K형 맞대기 이음 용접		Y
7	한쪽면 U형 홈 맞대기 이음 용접 (평행면 또는 경사면)		∪
8	한쪽면 J형 홈 맞대기 이음 용접		⌐
9	뒷면 용접		⌣
10	필릿 용접		△
11	플러그 용접 : 플러그 또는 슬롯 용접		⊓

12	스폿 용접		○
13	심 용접		⊖
14	급경사면(스팁 플랭크) 한쪽면 V형 홈 맞대기 이음 용접		\/
15	급경사면 한쪽면 K형 맞대기 이음 용접		|
16	가장자리 용접		|||
17	서페이싱		⌒
18	서페이싱 이음		=

[보조 기호]

용접부 및 용접부 표면의 형상	기호
a) 평면(동일 평면으로 다듬질)	—
b) 凸형	⌒
c) 凹형	⌣
d) 끝단부를 매끄럽게 함	⌄

용접부 및 용접부 표면의 형상	기호
e) 영구적인 덮개 판을 사용	M
f) 제거 가능한 덮개 판을 사용	MR

(3) 용접부의 기호 도시법

① 용접 기호는 기준선 위나 아래에 기입한다.
② 용접부(용접면)가 이음의 화살표 쪽에 있을 때에는 기호는 실선 쪽의 기준선에 기입한다.
③ 용접부(용접면)가 이음의 반대쪽에 있을 때에는 기호는 파선 쪽에 기입한다.
④ 용접 기호가 기선 중앙에 표시되어 있는 것은 양쪽을 나타낸다.
⑤ 부재의 전부를 일주하여 용접, 현장 용접, 온둘레 현장 용접의 보조 기호는 기선과 지시선과의 교점에 기입한다.
⑥ 용접 방법의 표시가 필요한 경우에는 기준선 끝에 꼬리를 붙여서 기입한다.

(a) 양면 대칭용접   (b) 화살표쪽 용접   (c) 화살표 반대쪽 용접

(e) 일주용접과 현장용접표시   (f) 용접 방법 및 참고정보 표시법

[용접 시공 내용의 기재 방법]

3 축용 기계 요소

가. 축(shaft)

(1) 모양에 따른 축의 종류
① 직선 축 : 보통 사용되는 곧은 축
  ㉮ 전동축(transmission shaft) : 전동축은 회전에 의해 동력을 전달하는 축으로 주로 비틀림과 굽힘 모멘트를 동시에 받는다.(주축, 선축, 중간축으로 구성)
    ㉠ 주축 : 원동기에서 직접 동력를 받는 축이다.
    ㉡ 선축 : 주축에서 동력을 받아 각 동장에 분배하는 축이다.
    ㉢ 중간축 : 선축에서 동력을 전달 받아 각각의 기계에 동력을 전달하는 축이다.
  ㉯ 차축 : 차축은 주로 굽힘 모멘트를 받는다.
  ㉰ 스핀들 : 스핀들은 주로 비틀림 모멘트를 받으며 직접 일을 하는 회전축으로 치수가 정밀하며 변형량이 적다.
② 곡선 축 : 크랭크 축과 같이 굽은 축
③ 플렉시블 축(flexible shaft) : 축의 굽힘이 비교적 자유로운 축으로 철사를 코일 모양으로 이중, 삼중으로 감아 만든 축

(2) 축의 도시법
① 축은 길이 방향으로 단면 도시 하지 않는다.
② 긴 축은 중간을 파단하여 짧게 그리되, 치수는 실제 길이로 나타내야 한다.
③ 모따기 및 평면 표시는 치수 기입법에 따른다.
④ 축의 널링(knurling)을 도시할 때 빗줄은 경우는 축선에 대해 30°로 엇갈리게 나타낸다.
⑤ 축을 가공하기 위한 센터의 도시를 한다.(예 KS B 0410 60°A형2, 양끝)

나. 축 이음

(1) 축 이음의 개요
몇 개의 축과 연결하는 기계요소를 축 이음이라 하고 축 이음에는 이음 방식에 따라 커플링(coupling)과 클러치(clutch)로 크게 나눈다.

(2) 커플링과 클러치
① 커플링(coupling) : 커플링에는 원통 커플링, 올덤 커플링, 플랜지 커플링, 플랙시블 커플링, 자재 이음(universal joint)등이 있다.(참고 : 자재 이음의 α ≤ 30°가 되어야 한다.)
② 클러치(clutch) : 축의 회전을 중지하지 않으면서 회전 토크(torque)를 단속하고자 할 때 사용한다. 클러치의 종류에는 맞물림 클러지(claw clutch), 마찰 클러치(frictiov clutch), 유체

클러지(fluid clutch), 마그네틱 클러치(magnetic clutch) 등이 있고, 맞물림 클러치에는 맞물림 형태에 따라 직사각형, 사다리꼴형, 톱날형, 덩굴형등이 있다.

다. 베어링

(1) 베어링의 개요
① 회전축을 지지하는 축용 기계요소를 베어링(bearing)이라 하며, 베어링과 접촉하고 있는 축 부분을 저널(jornal)이라 한다.
② 저널과 베어링의 상대 운동에 따라 미끄럼 베어링(Sliding bearing)과 구름 베어링(Rolling bearing)으로 나누고, 축에 받는 하중의 방향에 따라 레이디얼 베어링과 스러스트 베어링으로 구분한다.

(2) 롤링 베어링의 기호와 치수
① 치수는 mm계와 inch계열을 사용하며 mm치수는 ISO에 의해 구체적으로 표준화 되어 있다.
② 롤러 베어링은 KS B 2012 호칭 번호로 정해져 있다.

| 형식 번호 | 치수기호(나비와 지름 기호) | 안지름 번호 | 등급 기호 |

㉮ 형식번호 (첫번째 숫자)
　　1 : 복렬 자동 조집형　　　2,3 : 복렬 자동 조심형(큰 나비)
　　5 : 드러스트 베어링　　　 6 : 단영 홈형
　　7 : 단열 앵귤러 볼형 N : 원통 롤러형

㉯ 치수 번호 (두번째 숫자)
　　0,1 : 특별 경하중형　　2 : 경하중형
　　3 : 중간하중형　　　　4 : 중하중형

㉰ 안지름 번호(세번째, 네번째 숫자)
　　00:안지름 10mm　　01 : 안지름 12mm　　02 : 안지름 15mm
　　03 : 안지름 17mm　　04 : 안지름 20mm　　05 : 안지름 25mm
　　16 : 안지름 80mm　　/22 : 안지름 22mm

㉱ 등급 기호 (다섯번째 이후의 기호)
　　무기호 : 보통급　　　H : 상급
　　P : 정밀급　　　　　SP : 초정밀급

(3) 호칭번호의 구성 및 배열

[베어링 호칭번호의 배열]

기본번호			보조기호					
베어링 계열기호	안지름 번호	접촉각 기호	내부치수	밀봉기호 또는 실드기호	궤도륜 모양기호	조합기호	내부틈새 기호	정밀도 등급기호

〈보기〉 6308 Z NR
　　　63 : 베어링 계열 기호 - 단열 깊은 홈 볼베어링6, 지름 계열 03
　　　08 : 안지름 번호(호칭 베어링 안지름 8×5=40mm
　　　Z : 실드 기호(한쪽 실드)
　　　NR : 궤도륜 모양기호(멈춤링 붙이)

[접촉각 기호]

베어링 형식	호칭 접촉각	접촉각 기호
단열 앵귤러 볼 베어링	10° 초과 22° 이하	C
	22° 초과 32° 이하(보통 30°)	A(*)
	32° 초과 45° 이하(보통 40°)	B
테이퍼 롤러 베어링	17° 초과 24° 이하	C
	24° 초과 32° 이하	D

주 : (*)는 생략할 수 있다.

[보조기호]

내부기호		실·실드		궤도륜모양		베어링의 조합		레이디얼 내부 틈새		정밀도 등급	
내용	기호	내용	기호	내용	기호*	종류	기호	구분	기호	등급	기호
내부 설계가 표준과 다른 베어링	A	양쪽 실붙이	UU	내륜 원통구멍	없음	뒷면 조합	DB	보통의 레이디얼 내부 틈새보다 작다.	C2	0급	없음
ISO 규정에 따라 제작된 테이퍼 로울러 베어링	J	한쪽 실붙이	U	플랜지 붙이	F	정면 조합	DF	보통의 레이디얼 내부 틈새	CN	6X급	P6X
				내륜 테이퍼 구멍 (기준 테이퍼 1/12)	K					6급	P6
		양쪽 실드 붙이	ZZ	링 홈붙이	N	병렬 조합	DT	보통의 레이디얼 내부 틈새보다 크다.	C3	5급	P5
		한쪽 실드 붙이	Z	멈춤링 붙이	NR			C3보다 크다.	C4	4급	P4
								C4보다 크다.	C5	2급	P2

주 : * 표는 다른 기호로 사용할 수 있다.

4 전동용 기계 요소

가. 기어

(1) 기어의 종류
기어는 사용 목적, 두 축의 상대 위치 및 이의 접촉에 따라 다음 표와 같다.

[기어의 종류에 따른 두 축의 상대 위치 및 접촉]

기어의 종류	두 축의 상대 위치	이의 접촉	비고
스퍼 기어(spur gear)	평행	직선	원통형, 잇줄이 축에 평행
내접 기어(internal gear)			이는 스퍼 기어와 같음
헬리컬 기어(helical gear)			잇줄이 비틀린 원통형
더블 헬리컬 기어(double helical gear)			좌우의 헬리컬 기어를 조합
래크(rack)			회전 운동을 직선 운동으로 바꿈
직선 베벨 기어(straight bevel gear)	교차	직선	잇줄이 원뿔의 모선과 일치
스파이럴 베벨 기어(spiral bevel gear)		곡선	잇줄이 비틀린 베벨 기어
하이포이드 기어(hypoid gear)	평행하지도, 교차하지도 않음	곡선	원뿔형
스크류 기어(screw gear)		점	2개의 헬리컬 기어
웜 기어(worm gear)		점	감속 비율이 큼

(2) 기어의 도시법
기어를 도시할 때 보통 축에 직각인 방향에서 본 그림을 정면도로 축방향에서 본 것을 측면도로 하여 도시한다.

① 스퍼기어
  ㉮ 이끝원은 굵은 실선으로 그린다.
  ㉯ 피치원과 피치선은 가는 1점 쇄선으로 그린다.
  ㉰ 이뿌리원은 가는 실선으로 그리지만, 측면도는 생략해도 좋다. 단, 정면도를 단면으로 도시할 때 이를 절단하지 않고 이뿌리선은 굵은 실선으로 나타낸다.
  ㉱ 스퍼기어의 표준 압력각은 α = 20°로 규정하고 있다.
  ㉲ 서로 맞물리는 한 쌍의 스퍼기어를 도시할 때 측면도의 이끝원은 굵은 실선, 정면도의 단면에서 한 쪽의 이끝원은 은선으로 그린다.
  ㉳ 기어의 제작상 중요한 치형, 모듈, 압력각, 피치원지름 등 기타 필요한 사항은 표3-14와 같이 요목표를 만들어 기입한다.

② 헬리컬 기어와 더블 헬리컬 기어
  ㉮ 잇줄 방향은 3개의 가는 실선으로 나타낸다. 단, 경사각은 실제 외의 각도와 관계없이 그린다.

㉯ 정면도를 단면도로 할 때, 지면보다 앞쪽에 있을 때는 잇줄 방향은 3개의 가는 이점쇄선(가상선)으로 표시한다.
㉰ 간략도의 잇줄은 가는 3줄의 실선으로 나타낸다.
㉱ 기어의 제작상 중요한 치형, 모듈, 압력각, 피치원지름 등 기타 필요한 사항은 표3-15와 같이 요목표를 만들어 기입한다.

③ 베벨 기어
㉮ 축방향에서 본 베벨 기어의 측면도상 이끝원은 굵은 실선, 피치원은 가는 1점쇄선으로 그리지만, 이뿌리원은 생략한다.
㉯ 스파이어럴 베벨 기어의 약도에서 잇줄을 나타내는 선은 한 줄의 굵은 실선으로 나타낸다.
㉰ 한 쌍의 맞물리는 기어의 맞물리는 부분의 이끝원을 숨은선으로 그린다.
㉱ 이끝 및 이뿌리를 나타내는 원뿔각의 선은 꼭지점에 이르기 전에 그친다.

④ 웜 기어
㉮ 웜 기어의 잇줄 방향은 헬리컬 기어에 준하여 3줄의 가는 실선으로 그린다.
㉯ 웜 휠의 측면도는 기어의 바깥지름을 굵은 실선으로 그리고, 피치원은 가는 1점쇄선으로 그리며, 이뿌리원과 목 부분의 웜은 그리지 않는다. 또한 피치원은 상대 웜 축을 포함하여 단면 모양으로 그린다.
㉰ 요목표에는 이 직각방식인지 또는 축 직각방상인지를 기입한다.

⑤ 맞물리는 기어의 간략 도시법
㉮ 조립도 등에 기어를 도시할 때는 제도의 능률을 위해 간략한 그림을 사용하며 요목표에 상세한 사항들을 기입한다.
㉯ 맞물림부와 이끝원은 모두 굵은 실선으로 표시한다.
㉰ 주 투영도를 단면도로 표시할 때는 맞물림부의 하쪽 이끝원을 표시하는 원은 가는 파선 또는 굵은 파선을 사용하여 표시한다.

(a) 스퍼 기어　　(b) 헬리컬 기어　　(c) 이중 헬리컬 기어

(d) 베벨 기어

(e) 스파이럴 베벨 기어   (f) 웜 기어

(g) 하이포이드 기어   (hf) 나사 기어

[기어의 간략 도시법]

나. 벨트 · 로프 · 체인 전동장치

(1) 전동장치 적용 범위

벨트, 로프 및 체인 등을 사용하여 원동차에서 종동차에 동력을 전달하는 장치를 전동장치(transmission)라 하며 축간 거리와 속도비 등에 따라 표3-16에서와 같이 적당한 것을 선택하여야 한다.

[전동장치 적용 범위]

종류		축간거리(m)	속도비	속도(m/s)
벨트	평 벨트	10 이하	1 : 1~6, 최대 1 : 15	10~30 최대 50
	V 벨트	5 이하	1 : 1~7, 최대 1 : 10	10~18 최대 25
로프	섬유	10~30	1 : 1~2, 최대 1 : 5	15~0
	강철	50~100, 최대 150	보통 1 : 1	최대 25

종류		축간거리(m)	속도비	속도(m/s)
체인	사일런트	4 이하	1 : 1~5, 최대 1 : 8	5 이하 최대 10
	롤러			7 이하 최대 10

(2) 평벨트 전동

벨트에 사용하는 재료는 가죽, 직물, 고무, 강철이 있으며, 평벨트 풀리는 구조에 따라서 일체형과 분할형이 있다.

① 평벨트 호칭법

〈보기〉 평가죽 벨트 1급 114×2
평고무 벨트 1종 50×3

② 평벨트 풀리의 구조
　㉮ 림(rim) : 풀리의 둘레를 구성하는 얇은 살을 가진 원통형의 바퀴둘레를 말한다.
　㉯ 보스(boss) : 전동축을 끼울 수 있는 축구멍을 구성하는 가운데 부분을 말한다.
　㉰ 아암(arm) : 림과 보스 부분을 방사선의 형상으로 연결하는 몇 개의 막대부분을 말한다. 암 대신 평판을 사용한 것도 있다. 재료는 일반적으로 주철로 된 것이 사용되며, 고속(원주속도 30m/s 이상)일 때에는 주강으로 만든 것이 쓰인다.

③ 평벨트 풀리의 도시법
　㉮ 벨트 풀리는 축 직각 방향의 투상을 정면도로 한다.
　㉯ 벨트 풀리와 같이 대칭형인 것은 그 일부분만을 도시한다.
　㉰ 암과 같은 방사형의 것은 수직 중심선 또는 수평 중심선까지 회전하여 투상한다.
　㉱ 암의 길이 방향으로 절단하여 단면의 도시를 하지 않는다.
　㉲ 암의 단면형은 도형의 안이나 밖에 도시할 때에는 실선으로 그린다. 또, 단면형은 대개 타원이다.
　㉳ 암의 테이퍼 부분 치수를 기입할 때 치수 보조선은 경사선(수평과 60°또는 30°)으로 긋는다.

(3) V 벨트전동

① V벨트는 사다리꼴의 단면을 가진 벨트로서, V형의 홈이 파져있는 V풀리(V-pulley)를 밀착시켜 구동하는 방법이다. 평벨트에 비해 미끄럼과 진동이 적고, 운전이 조용하며 공작 기계나 내연 기관 등의 동력전달에 널리 사용된다. 풀리는 주로 주철제이고, 고속인 경우에는 주강이나 알루미늄 합금제를 사용한다.
② V벨트의 치수 : V벨트의 치수는 단면의 치수로 표시하며, 단면의 크기에 따라 M, A, B, C, D, E형으로 나눈다. 단면은 좌우 대칭이며 단면의 치수는 규격화되어 있으며 경사각은 40°±1.0 이다.

③ V벨트 제품의 호칭

(4) 체인 전동

체인 전동은 체인을 스프로킷 휠(sprocket wheel)에 걸어 감아서 체인과 휠의 이가 서로 물리는 힘으로 동력을 전달시키며, 축간 거리가 4m 이하이고, 회전비를 일정하게 할 필요가 있을 때나, 전달 동력이 크고 속도가 5m/s 이하일 때 사용한다.

① 체인의 종류
  ㉮ 롤러 체인 : 롤러 링크(roller link)와 핀 링크(pin link)로 연결
  ㉯ 링크 체인 : 강판을 펀칭(punching)하여 링크를 연결
② 스프로킷 : 롤러 체인용 스프로킷은 주강 또는 고급 주철 등으로 만든다. 치형은 S형과 U형이 있으나 S형이 주로 많이 사용된다.
③ 스프로킷의 도시법
  ㉮ 바깥지름은 굵은 실선, 피치원은 가는 1점쇄선, 이뿌리원은 가는 실선 또는 굵은 파선으로 그린다.
  ㉯ 축의 직각 방향에서 본 그림을 단면으로 도시 할 때에는 이뿌리의 위치에서 절단하고 이뿌리선은 굵은 실선으로 그린다.
  ㉰ 요목표에는 톱니의 특성을 기입한다.

5 관용 기계 요소

가. 파이프

(1) 파이프의 종류

① 주철관 (cast iron pipe) : 이음매가 없으며, 압력 7~10kg/cm² 미만에 사용한다.
② 강관 (steel pipe) : 이음매 없는 강관(seamless steel pipe)은 보통 압력 300kg/cm² 미만에 사용하며, 이어 만든 강관(seamed steel pipe)은 단접, 용접, 리벳으로 이어서 만든다.
③ 가스관 (gas pipe) : 가스, 물, 증기, 석유 등의 수송에 사용하며, 양끝은 관용 나사로 되어 있다.
④ 구리관 및 황동관 : 이음매 없는 관으로 휨성이 좋고 내식성이 우수하다.

⑤ 납관(lead pipe) : 내산성, 휨성이 풍부하여 상수도, 가스, 산 알칼리의 수송 및 폐수용에 사용된다.

⑥ 플렉시블 관(flexible pipe) : 강철, 구리, 알루미늄등의 얇은 판으로 만든 것으로 구부리기가 쉬워 물, 기름 등의 수송 및 전선 보호, 신축 이음용으로 이용된다.

⑦ 합성 수지관 (synthetic resin pipe) : 염화비닐 등의 합성수지로 만든 관으로 휨성, 내식성은 풍부하나 내열성이 나쁘다.

(2) 파이프의 도시 기호 및 방법

① 파이프 (pipe) : 하나의 실선으로 표시하고 같은 도면내에는 같은 굵기로 나타낸다.

② 유체의 종류 기호 : 유체의 종류 기호를 나타낼 때는 다음 표와 같이 나타내고 유체와 관을 표시 할 때는 그림과 같다.

[유체의 종류 기호]

유체의 종류	글자기호
공기	A(air)
가스	G(gas)
유류	O(oil)
수증기	S(steam)
물	W(water)
증기	V(vapor)

[유체와 관의 표시]

③ 관의 굵기 표시 : 관의 굵기 표시는 관 도시선 위에 나타내는 것이 원칙이며 관의 굵기 표시 문자, 관의 종류, 재질 등을 표시한다. 굵기 표시는 강관은 내경으로 표시하며, 스테인레스 강관과 동관은 외경으로 나타낸다.

④ 계기(gauge) : 계기의 종류를 나타낼 때에는 기호 안에 글자 기호 (압력계는 P, 온도계는 T, 유량계 F)를 기입한다.

나. 밸브

(1) 밸브의 종류

① 스톱 밸브(stop valve) : 파이프의 입구와 출구가 일직선상에 있는 글로브 밸브(globe valve)와 직각으로 되어 있는 앵글 밸브(angle valve)가 있으며, 밸브는 밸브 시이트에 대하여 수직 방향으로 움직인다.

② 슬루스 밸브 (sluice valve) : 밸브가 파이프 축에 대하여 직각 방향으로 개폐되는 밸브로써 대형 밸브로 사용한다.

③ 콕 (cock) : 콕은 파이프의 구멍에 직각으로 박힌 원뿔 모양의 마개를 돌려서 유체의 통로를 개폐하는 장치이다.
④ 체크 밸브 (check valve) : 유체를 한 방향으로만 흐르게 하여 역류를 방지하는데 사용한다.
⑤ 안전 밸브 (safety valve) : 압력용기의 압력이 규정 압력보다 높아지면 밸브가 열려 사용 압력을 조절 하는데 사용된다.

(2) 밸브의 도시 기호

밸브를 도면상에 도시하고자 할 때는 표와 같이 사용한다.

[밸브 및 계기의 도시 기호]

명칭	도시 기호		명칭	도시 기호	
	플랜지 이음	나사 이음		플랜지 이음	나사 이음
밸브 일반			글로브 밸브		
앵글 밸브			콕		
첵 밸브			전동슬루스 밸브		
게이트 밸브			슬루스 밸브		
안전 밸브			플로트 밸브		

(3) 배관의 제도
① 배관도
  ㉮ 복선 도시법 : 각종 부품을 약도로 상세히 나타낸 도시법
  ㉯ 단선 도시법 : 굵은 실선을 사용하여 나타낸 도시법
    ㉠ 스케치 배관도 : 간단한 수리 작업이나 설명용에 쓰인다.
    ㉡ 투상 배관도 : 축척으로 평면도와 정면도를 그려서 표시하며 제작도로 쓰인다.
    ㉢ 등각 배관도 : 설명용으로 쓰인다.
  ㉰ 치수 기입법 : 치수는 목입구의 중심에서 중심까지의 길이로 표시하고 호칭 지름을 파이프 라인 밖으로 지시선을 끌어내서 표시한다.
  ㉱ 파이프의 끝 부분에 나사가 없거나 왼나사를 필요로 할 때에는 지시선으로 나타내어 표시한다.
  ㉲ 파이프의 자리는 기계의 중심이나 또는 기준이 되는 면으로부터 정확하게 표시한다.

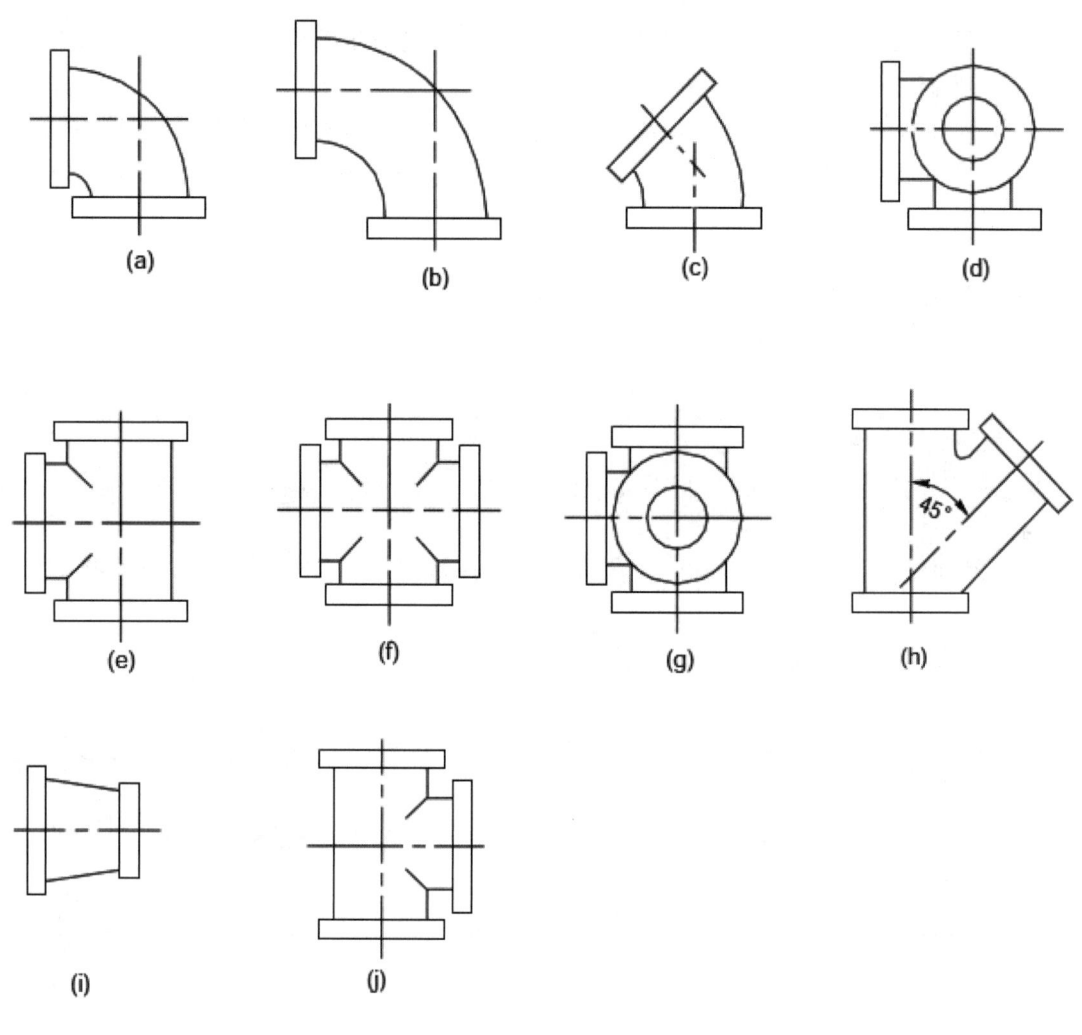

[파이프 이음매 도시]

6 그 밖의 기계 요소

가. 스프링

(1) 스프링의 개요

일반적으로 탄성체는 하중을 받으면 그 만큼 변위를 하게 되고, 그 변위를 탄성 에너지로 흡수하여 재료 내부에 축척하는 특성을 가진다. 이러한 특성과 기능을 이용한 기계요소를 스프링

(spring)이라 한다. 스프링은 각종 계기류 및 기계에 많이 사용된다.

(2) 코일 스프링의 제도
① 스프링 제도는 KS B 0005에 의해 일반적으로 간략도로 도시하고, 필요한 사항은 요목표에 기입한다.
② 스프링은 원칙적으로 무하중인 상태로 그린다. 단, 하중이 걸릴 때에는 치수와 하중을 기입한다.
③ 하중과 높이, 처짐과의 관계를 표시 할 필요가 있을 때에는 선도나 표로서 표시한다. 이때 그 굵기는 스프링을 표시하는 선과 같게 한다.
④ 단서가 없는 한 모두 오른쪽 감기로 도시하고, 왼쪽 감기일 경우 "감기 방향 왼쪽"이라고 표시한다.
⑤ 코일 부분의 투상은 나선으로 시트에 조립한 끝부분을 직선으로 도시한다.
⑥ 중간 부분을 생략할 때에는 생략한 부분을 가는1점 쇄선 또는 가는2점 쇄선으로 도시한다.
⑦ 스프링의 종류와 모양만을 도시할 때에는 재료의 중심선만을 굵은실선으로 도시한다.
⑧ 조립도, 설명도 등에서는 그 단면만 표시하여도 된다.

(3) 겹판 스프링의 제도
① 겹판 스프링은 원칙적으로 스프링 판이 상용 하중 상태에서 그린다. 단, 하중시의 상태에서 그리고 치수를 기입하는 경우에는 하중을 명기한다.
② 무하중인 상태로 그릴 때에는 가상선(가는1점 쇄선)으로 표시한다.
③ 하중과 처짐의 관계는 요목표에 나타낸다.
④ 종류 및 모양만을 도시 할 때에는 스프링의 외형을 굵은 실선으로 도시한다.

(4) 벌류트, 스파이럴, 접시 스프링의 제도
① 벌류트 스프링의 치수는 스프링의 전체 높이, 최대 지름, 최소 지름, 등으로 표시한다.
② 스파이럴 스프링은 바깥 부분과 안쪽 부분만 굵은 실선으로 표시하고 전개도를 그려 주는 것이 좋다.
③ 스파이럴 스프링은 바깥 부분과 안쪽 부분만 굵은 실선으로 표시하고 전개도를 그려 주는 것이 좋다.
④ 접시 스프링은 요목표와 함께 도시한다.

나. 브레이크, 캠

(1) 브레이크
브레이크는 기계 운동 부분의 에너지를 흡수하여, 이 운동을 감소시키거나 정지시키는 장치로 구성하는 각부의 치수, 즉 블록의 크기, 밴드의 폭, 두께등은 작용하는 힘에 의하여 결정된다.

(2) 캠
- ① 캠의 개요
    - ㉮ 다양한 형태를 가진 면 또는 홈에 의하여 회전운동 또는 왕복운동을 함으로써 주기적인 운동을 발생하는 기구를 캠 기구라 한다.
    - ㉯ 캠 기구를 이용한 캠 장치는 내연기관의 밸브 개폐장치, 인쇄기, 직조기, 자동 선반 등에 널리 사용되며, 다양한 형태의 운동과 속도를 제어할 수 있도록 자동화 공정에도 적용되고 있다.
- ② 캠의 종류
    - ㉮ 캠은 궤적곡선과 종동절리 평면운동을 하는 평면 캠과 공간운동을 하는 입체 캠이 있다.
    - ㉯ 평면 캠에는 판 캠, 정면 캠, 직선운동 캠, 삼각 캠 등이 있으며, 입체 캠에는 원통 캠, 원뿔 캠, 구형 캠, 빗판 캠 등이 있다.

적중예상문제_ 기계요소의 제도

01 다음 기호 중 안전 밸브를 나타낸 것은?

㉮   ㉯

㉰   ㉱

02 기어의 도시방법에 관한 내용 중 적합하지 않은 것은?

㉮ 이끝원은 굵은 실선으로 그린다.
㉯ 피치원은 가는 1점쇄선으로 그린다.
㉰ 이뿌리원은 파선으로 그린다.
㉱ 맞물리는 한쌍의 기어의 이끝원은 굵은 실선으로 그린다.

03 다음은 볼트를 제도 한 것이다. 바르게 나타낸 것은?

㉮   ㉯

㉰   ㉱

04 다음은 육각볼트의 호칭이다. ③이 의미하는 것은?

KS B 1002	6각볼트	A	M12×80	−8.8	MFZn2
①	②	③	④	⑤	⑥

㉮ 강도
㉯ 부품등급
㉰ 종류
㉱ 규격번호

해설

01 • ㉮ 게이트 밸브
• ㉰ 체크 밸브
• ㉱ 앵글 밸브

02 • 이끝원 지름 : 굵은 실선
• 피치원 지름 : 가는일점쇄선
• 이뿌리원 지름 : 가는 실선(단면하면 굵은 실선)

04 ① 규격번호, ② 종류, ③ 부품등급, ④ 나사부호칭×길이, ⑤ 강도, ⑥ 재료

01 ㉯ **02** ㉰ **03** ㉰ **04** ㉯

05 축은 길이방향으로 단면하지 않음.

05 축의 도시법에 대한 설명 중 틀린 것은?

㉮ 속이 찬 축은 길이 방향으로 단면 도시한다.
㉯ 긴 축은 중간을 파단하여 짧게 그리고 치수는 실제 치수를 기입한다.
㉰ 축에 빗줄 널링은 축선에 대하여 30°로 엇갈리게 그린다.
㉱ 축에 키 홈은 부분 단면하여 나타낼 수 있다.

06 다음 용접기호의 설명으로 옳은 것은?

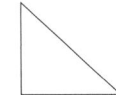

㉮ 필렛 용접
㉯ 점 용접
㉰ 플러그 용접
㉱ 현장 용접

07 $D_0 = m(Z + 2) = 2(30 + 2) = 64$

07 모듈이 2, 잇수가 30인 표준 기어의 이끝원의 지름은 얼마인가?

㉮ 56 ㉯ 60
㉰ 64 ㉱ 68

08 스플라인 : 축둘레에 4~20개의 턱을 만들어 큰 회전력을 전달. 키종류 중 두 번째로 큰 동력을 전달

08 아래 그림과 같은 키의 종류는?

㉮ 세레이션
㉯ 묻힘 키
㉰ 안장 키
㉱ 스플라인

05 ㉮ 06 ㉮ 07 ㉰ 08 ㉱

09 배관도의 치수기입 방법에 대한 설명이다. 틀린 것은?

㉮ 파이프나 밸브 등의 호칭 지름은 파이프라인 밖으로 지시선을 끌어내어 표시한다.
㉯ 치수는 파이프, 파이프 이음, 밸브의 목 입구의 중심에서 중심까지의 길이로 표시한다.
㉰ 여러 가지 크기의 많은 파이프가 근접에서 설치된 장치에서는 단선도시 방법으로 그린다.
㉱ 파이프의 끝부분에 나사가 없거나 왼나사를 필요로 할 때에는 지시선으로 나타내어 표시한다.

10 축의 도시법에 대한 설명 중 잘못된 것은?

㉮ 축은 주로 길이방향으로 단면도시를 한다.
㉯ 긴축은 중간을 파단하여 짧게 그린다.
㉰ 모따기는 각도와 폭을 기입한다.
㉱ 45° 모따기의 경우 C 로 표시할 수 있다.

11 외접 헬리컬 기어의 주투상도(정면도)를 단면으로 도시할 때 잇줄 방향은 어떻게 도시하는가?

㉮ 2개의 가는 2점쇄선
㉯ 3개의 가는 2점쇄선
㉰ 2개의 가는 실선
㉱ 3개의 가는 실선

12 V벨트 풀리의 호칭이 도면에 다음과 같이 기입되어 있다. 잘못 설명된 것은?

```
KS B 1403 250 A1 II 40H8
```

㉮ 250 : 호칭지름
㉯ A1 : 풀리의 종류
㉰ II : 등급
㉱ 40H8 : 보스의 구멍가공 치수

10 축은 길이 방향으로 단면도시 할 수 없다.

11 외접헬리컬기어의 잇줄방향은 3개의 가는 실선. 단면일 경우 3개의 가는 이점쇄선. 스파이럴베벨기어의 잇줄은 한줄의 굵은실선.

12 II는 등급이 아니고 보스의 위치를 구별하는 기호임.

09 ㉰ 10 ㉮ 11 ㉯ 12 ㉰

제4장 | 기계요소의 제도 221

13 동력전달이 가장 원활한 나사로 공작기계의 수치제어용으로 많이 쓰이는 나사는?

㉮ 미터나사
㉯ 사다리꼴나사
㉰ 둥근나사
㉱ 볼나사

14 리벳의 도시법으로 옳은 것은?

 ㉮   ㉯

 ㉰   ㉱

15 호칭지름이 50mm, 피치 2mm인 미터 가는 나사가 2줄 왼나사로 암나사 등급이 6일 때 KS나사 표시 방법으로 올바른 것은?

㉮ 좌 2줄 M50×2 6H
㉯ 좌 2줄 M50×2 6g
㉰ 왼 2N M50×2 6H
㉱ 왼 2N M50×2 6g

16 다음 기어의 쌍 중 회전 가능한 쌍은?

㉮ 잇수 = 100, 피치원의 지름 = 400과 잇수 = 80, 피치원의 지름 = 320
㉯ 잇수 = 80, 피치원의 지름 = 320과 잇수 = 70, 피치원의 지름 = 210
㉰ 잇수 = 60, 피치원의 지름 = 320과 잇수 = 80, 피치원의 지름 = 320
㉱ 잇수 = 100, 피치원의 지름 = 400과 잇수 = 50, 피치원의 지름 = 300

13 ㉱ 14 ㉱ 15 ㉮ 16 ㉮

17 다음은 리벳에 대한 설명 중 틀린 것은?

㉮ 리벳은 길이 방향으로 단면하여 도시한다.
㉯ 리벳을 크게 도시할 필요가 없을 때에는 리벳구멍을 약도로 도시한다.
㉰ 리벳의 체결 위치만 표시할 경우에는 중심선만을 그린다.
㉱ 같은 위치로 연속되는 같은 종류의 리벳 구멍을 표시할 때는 피치의 수 × 피치의 간격 = (합계 치수)로 기입할 수 있다.

18 다음 평벨트 풀리의 도시 방법으로 맞는 것은?

㉮ 암은 길이 방향으로 절단하여 도시한다.
㉯ 벨트 풀리는 축 직각 방향의 투상을 정면도로 한다.
㉰ 암의 단면 모양은 도형의 안이나 밖에 회전 단면을 하여 도시하지 않는다.
㉱ 암의 테이퍼 부분 치수를 기입할 때 치수 보조선은 경사선으로 그어서는 안 된다.

19 호칭지름 40mm, 피치가 7mm인 미터 사다리꼴 왼나사의 표시 방법은?

㉮ TM40×7LH ㉯ Tr40×7LH
㉰ TM40×7H   ㉱ Tr40×7H

20 모듈 m인 한쌍의 기어가 맞물려 있을 때에 각각의 잇수를 Z_1, Z_2 라면 두 기어의 중심거리를 구하는 식은?

㉮ $\dfrac{(Z_1+Z_2)m}{2}$ ㉯ $m(Z_1+Z_2)$
㉰ $\dfrac{m}{2(Z_1+Z_2)}$ ㉱ $2m(Z_1+Z_2)$

21 스퍼 기어의 잇수가 32, 피치원 지름이 96이면 원주 피치는 얼마인가?

㉮ 9.42   ㉯ 10.28
㉰ 12.38 ㉱ 16.26

해설

17 리벳은 단면도시 할 수 없다.

18 암은 절단(단면)할 수 없는 부품이다.

21 $P = \dfrac{\pi D_p}{z}$

$= \dfrac{3.14 \times 96}{32} = 9.42$

17 ㉮ **18** ㉯ **19** ㉯ **20** ㉮
21 ㉮

22 암나사의 골을 표시하는 선은 가는 실선으로 그린다.

22 다음은 나사의 제도법에 대한 설명이다. 틀린 것은?

㉮ 암나사의 골을 표시하는 선은 굵은 실선으로 그린다.
㉯ 수나사의 바깥지름은 굵은 실선으로 그린다.
㉰ 암나사 탭 구멍의 드릴 자리는 120°의 굵은 실선으로 그린다.
㉱ 완전 나사부와 불완전 나사부의 경계선은 굵은 실선으로 그린다.

23 평벨트 풀리의 호칭 지름은 어느 것을 말하는가?

㉮ 축 지름
㉯ 피치원 지름
㉰ 바깥지름
㉱ 보스 지름

24 키의 호칭방법에 포함되지 않는 것은?

㉮ 종류 및 호칭치수
㉯ 길이
㉰ 인장강도
㉱ 재료

25 다음은 센터드릴의 치수를 나타낸 것이다. 치수에서 "2"가 뜻하는 것은?

㉮ 센터드릴 구멍이 2개 있다
㉯ 센터드릴 구멍이 양쪽에 있다.
㉰ 센터드릴의 호칭지름이 Ø2 이다.
㉱ 센터드릴의 형태가 2형이다

22 ㉮ 23 ㉰ 24 ㉰ 25 ㉰

26 보기의 그림은 어떤 키(key)를 나타낸 것인가?

㉮ 묻힘키 ㉯ 접선키
㉰ 세레이션 ㉱ 스플라인

27 베어링 6202의 베어링의 안지름은?

㉮ 5mm ㉯ 10mm
㉰ 12mm ㉱ 15mm

28 보스에서 어느 각도만큼 암이 나와 있는 물체 등을 정투상도에 의하여 나타내면 제도하기가 어렵고 이해하기가 곤란해진다. 이럴 경우, 그 부분을 투상면에 평행한 위치까지 회전시켜 실제 길이가 나타날 수 있도록 그린 투상도는?

㉮ 회전 투상도 ㉯ 국부 투상도
㉰ 보조 투상도 ㉱ 부분 투상도

29 용접부의 기호 도시 방법에 대한 설명 중 잘못된 것은?

㉮ 설명선은 기선, 화살표, 꼬리로 구성된다.
㉯ 꼬리는 반드시 그리고 기본기호를 기입한다.
㉰ 화살표는 필요하면 기선의 한 끝에 2개 이상 붙일 수 있다.
㉱ 기선은 보통 수평선으로 하고 기선의 한쪽 끝에는 화살표를 붙인다.

30 M22인 수나사의 표시 중 22는 무엇을 나타내는가?

㉮ 나사부의 길이가 22mm이다.
㉯ 완전나사부와 불완전나사부를 합한 길이가 22mm이다.
㉰ 나사의 유효지름이 22mm이다.
㉱ 나사의 바깥지름이 22mm이다.

27 • 00 : 10mm
• 01 : 12mm
• 02 : 15mm

26 ㉱ 27 ㉱ 28 ㉮ 29 ㉯
30 ㉱

해설

32 피치원 지름이 같은 경우 모듈값이 커지면 기어의 이크기도 증가한다.

33
- ㉮ 밸브 일반
- ㉯ 앵글 밸브
- ㉱ 게이트 밸브

31 ㉯ 32 ㉰ 33 ㉯ 34 ㉮
35 ㉱

---

31 피치원 지름이 같은 경우 모듈의 값이 커지면 기어의 이크기는 어떻게 되는가?

㉮ 작아진다.   ㉯ 커진다.
㉰ 같다   ㉱ 관계없다

32 맞물린 기어의 도시법에서 측면도(원형으로 보이는 쪽)의 이끝원은 무슨 선으로 도시하는가?

㉮ 한쪽은 실선 다른쪽은 파선으로 도시한다.
㉯ 모두 파선으로 도시한다.
㉰ 모두 굵은실선으로 도시한다.
㉱ 한쪽은 실선 다른 쪽은 가상선으로 도시한다.

33 다음 중 체크밸브를 도시한 것은?

34 기어 도시에서 단면을 하지 않을 경우 이뿌리원을 그리는 선은?

㉮ 가는 실선
㉯ 가는 은선
㉰ 굵은 실선
㉱ 일점 쇄선

35 다음 설명 중 나사의 도시방법으로 틀린 것은?

㉮ 암나사의 안지름은 굵은 실선으로 그린다.
㉯ 측면도시에서 골지름은 약 3/4의 원을 가는 실선으로 그린다.
㉰ 나사면의 표면거칠기는 나사 표시의 마지막에 기입한다.
㉱ 여러 줄 나사의 리드는 나사의 호칭 앞에 괄호로 기입한다.

36 구름 베어링의 호칭번호 "608C2P6"에서 C2가 나타내는 것은?

㉮ 베어링 계열번호　㉯ 안지름 번호
㉰ 접촉각 기호　　　㉱ 내부 틈새 기호

37 다음 설명 중 코일스프링의 도시법으로 틀린 것은?

㉮ 스프링은 원칙적으로 무하중인 상태로 그린다.
㉯ 하중이 걸린 상태에서 그릴 때에는 그때의 치수와 하중을 기입한다.
㉰ 오른쪽 감기로 도시할 때에는 "감김 방향 오른쪽"이라고 표시한다.
㉱ 그림 안에 기입하기 힘든 사항은 일괄하여 항목표에 표시한다.

38 나사의 표시방법 중 Tr 40 x 14(P7) – 7e에 대한 설명 중 틀린 것은?

㉮ Tr은 미터사다리꼴 나사를 뜻한다.
㉯ 줄수는 7줄이다.
㉰ 40은 호칭지름 40mm를 뜻한다.
㉱ 리드는 14mm이다.

39 평벨트 풀리의 제도법을 설명한 것 중 틀린 것은?

㉮ 벨트풀리는 축방향의 투상도를 정면도로 한다.
㉯ 모양이 대칭형인 벨트풀리는 그 일부분만을 도시한다
㉰ 암은 길이방향으로 절단하여 단면을 도시하지 않는다
㉱ 암의 단면 모양은 도형의 안이나 밖에 회전 단면을 도시한다.

40 6208 ZZ으로 표시된 베어링에 결합되는 축의 지름은?

㉮ 10mm　　　㉯ 20mm
㉰ 30mm　　　㉱ 40mm

해설

37 보통 오른쪽 감기이고 왼쪽 감기인 경우 "감김 방향 왼쪽"이라고 표시한다.

38 피치는 나사의 축 방향으로 산과 산 사이의 거리를 나타내며 P7은 피치 7mm, 7e는 등급을 의미한다.

36 ㉱　37 ㉰　38 ㉯　39 ㉮
40 ㉱

43 공기 : A, 기름 : O, 수증기 : S

45
- 테이퍼핀 : 명칭, 등급, d×l, 재료
- 슬롯테이퍼핀 : 명칭, d×l, 재료, 지정사항
- 평행핀 : 명칭, 종류, 형식, d×l, 재료

41 ㉯ 42 ㉭ 43 ㉯ 44 ㉮
45 ㉮

41 다음 설명 중 축의 도시 방법으로 옳은 것은?

㉮ 축 끝에는 모따기를 하지 않는다.
㉯ 축은 길이 방향으로 단면 도시를 하지 않는다.
㉰ 긴 축이라도 중간을 파단하여 짧게 그릴 수 없다.
㉱ 축에 빗줄의 널링(knurling) 도시는 축선에 대하여 45°로 엇갈리게 그린다.

42 스프로킷 휠의 도시 방법 중 틀린 것은?

㉮ 바깥지름은 굵은 실선으로 그린다.
㉯ 피치원은 가는 1점쇄선으로 그린다.
㉰ 요목표에는 톱니의 특성을 기입한다.
㉱ 축에 직각에서 본 그림을 단면으로 도시할 때는 이뿌리선은 가는 실선이다.

43 파이프의 도시 기호에서 글자 기호 "G"가 나타내는 유체의 종류는?

㉮ 공기 ㉯ 가스
㉰ 기름 ㉱ 수증기

44 그림과 같은 용접 기호 기재 방법 설명으로 바르게 된 것은?

㉮ A:홈 각도 ㉯ R:표면 보조기호
㉰ L:특별 지시사항 ㉱ S:다듬질 방법 기호

45 테이퍼 핀의 호칭법을 바르게 열거한 것은?

㉮ 명칭, 등급, 호칭지름 × 길이, 재질
㉯ 명칭, 호칭지름 × 길이, 등급, 재질
㉰ 명칭, 길이 × 호칭지름, 재질, 등급
㉱ 명칭, 재질, 호칭지름 × 길이, 등급

46 다음 중 키의 크기를 나타내는 표시법은 어느 것인가?

㉮ 나비×길이×높이
㉯ 나비×높이×길이
㉰ 높이×길이×나비
㉱ 길이×높이×나비

47 유체의 종류와 기호를 연결한 것으로 틀린 것은?

㉮ 공기 – A   ㉯ 가스 – G
㉰ 유류 – O   ㉱ 수증기 – W

48 기어에서 이의 크기를 나타내는 방법이 아닌 것은?

㉮ 원주피치   ㉯ 지름피치
㉰ 이의 폭   ㉱ 모듈

49 다음 보기는 무엇에 대한 설명인가?

> - 재료는 스프링강, 피아노선, 인청동 등이 사용된다.
> - 무하중 상태로 작도하며 하중이 걸린 상태이면 치수와 하중을 기입한다.
> - 종류와 모양만을 나타낼 때는 재료의 중심선만을 굵은 실선으로 나타낸다.

㉮ 브레이크   ㉯ 평벨트 풀리
㉰ 등가속 캠   ㉱ 스프링

50 잇수 18, 피치원 지름 108인 스퍼기어의 모듈은?

㉮ 2   ㉯ 4
㉰ 6   ㉱ 8

51 완전 나사부와 불완전 나사부의 경계를 표시하는 선은?

㉮ 가는 1점쇄선   ㉯ 가는 2점쇄선
㉰ 굵은 실선   ㉱ 숨은선

해설

43 수증기 : S

50 $m = \dfrac{D_p}{z} = \dfrac{108}{18} = 6$

| 46 ㉯ | 47 ㉱ | 48 ㉰ | 49 ㉱ |
| 50 ㉰ | 51 ㉰ | | |

52 ④ 수나사, ㉞ 암나사

52 그림에서 암나사의 구멍을 도시한 것으로 맞는 것은?

 ㉮   ㉯

 ㉰   ㉱

53 구름 베어링의 호칭 번호에서 "6203 ZZ P6"의 설명 중 틀린 것은?

㉮ 62: 베어링 계열 번호
㉯ 03: 안지름 번호
㉰ ZZ: 실드 기호
㉱ P6: 내부 틈새 기호

54 스프로킷 휠의 도시법에 대한 설명으로 옳은 것은?

㉮ 바깥지름은 굵은실선, 피치원은 가는실선으로 그린다.
㉯ 이뿌리원은 굵은실선 또는 가는파선으로 그린다.
㉰ 축에 직각방향으로 본 그림을 단면으로 도시 할 때는 이 뿌리선은 굵은실선으로 그린다.
㉱ 항목표에는 톱니의 가공방법만 기입한다.

55 호칭지름이 40mm, 피치가 7mm인 1줄 미터 사다리꼴나사의 올바른 표시방법은?

㉮ Tr40 × 7   ㉯ Tr40 × 7H
㉰ M40 × 7   ㉱ M40 × 7H

56 전체 둘레 현장 용접을 나타내는 보조 기호는?

 ㉮   ㉯

 ㉰   ㉱

52 ㉱ 53 ㉱ 54 ㉰ 55 ㉮
56 ㉰

57 나사를 도시할 때 나사 중심선과 불완전 나사부가 이루는 각도는 얼마인가?

㉮ 15° ㉯ 30°
㉰ 45° ㉱ 70°

58 기어 제도법에 대한 설명 중 옳지 않은 것은?

㉮ 스퍼기어의 이끝원은 굵은 실선으로 그린다.
㉯ 맞물리는 한 쌍 기어의 도시에서 맞물림부의 이끝원은 모두 굵은 실선으로 그린다.
㉰ 헬리컬 기어의 잇줄 방향은 3개의 가는 실선으로 그린다.
㉱ 스퍼기어의 피치원은 가는 2점쇄선으로 그린다.

59 구름 베어링의 호칭 번호가 "6203ZZ"일 때 베어링의 안지름은?

㉮ 10
㉯ 13
㉰ 15
㉱ 17

60 나사의 각부를 그릴 때 선의 종류로 맞는 것은?

㉮ 수나사 바깥지름, 암나사 안지름 : 가는 실선
㉯ 수나사와 암나사의 골 : 굵은 실선
㉰ 완전 나사부와 불완전 나사부의 경계선 : 굵은 실선
㉱ 가려서 보이지 않는 나사부 : 가는 실선

61 수나사 막대의 양 끝에 나사를 깎은 머리없는 볼트로서, 한끝은 본체에 박고 다른 끝은 너트로 죌때 쓰이는 것은?

㉮ 관통 볼트
㉯ 미니추어 볼트
㉰ 스터드 볼트
㉱ 탭 볼트

해설

58 스퍼기어의 피치원과 피치선은 가는 1점 쇄선으로 그린다.

59 • 00 : 10mm
• 01 : 12mm
• 02 : 15mm
• 03 : 17mm

57 ㉯ 58 ㉱ 59 ㉱ 60 ㉰
61 ㉰

62 배관도의 제도에 대한 설명 중 잘못된 것은?

㉮ 치수는 밸브의 목 입구의 중심에서 중심까지의 길이로 표시한다.
㉯ 파이프의 호칭지름은 복선이나 단선으로 표시된 파이프라인 밖으로 지시선을 끌어내어 표시한다.
㉰ 배관도에는 단선 도시 방법과 복선 도시방법이 있다.
㉱ 파이프이음 기호를 사용하지 않고 파이프와 파이프이음을 실물모양과 같게 나타내는 방법을 단선 도시라 한다.

63 다음 리벳 중 호칭길이의 표시방법이 다른 것은?

㉮ 　　㉯
㉰ 　　㉱

64 보기의 그림은 V벨트의 단면이다. 벨트의 각 α는 몇 도 인가?

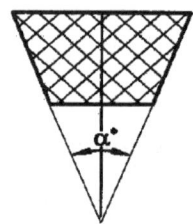

㉮ 30°　　㉯ 35°
㉰ 40°　　㉱ 45°

65 다음 보기의 그림은 체인의 종류 중 어느 것을 나타낸 것인가?

㉮ 롤러체인　　㉯ 사일런트체인
㉰ 링크체인　　㉱ 인벌류트체인

해설

63 접시머리리벳의 경우 전체길이로 도시

64 V벨트의 단면은 40°

62 ㉱　63 ㉯　64 ㉰　65 ㉮

66 나사의 종류 중 미터 사다리꼴나사를 나타내는 것은?

㉮ M ㉯ Rc
㉰ Tr ㉱ PF

67 ISO규격에 있는 관용 테이퍼 나사로 테이퍼 수나사를 표시하는 기호는?

㉮ R ㉯ Rc
㉰ PS ㉱ Tr

68 스프로킷 휠의 도시법으로 적절한 것은?

㉮ 바깥지름 – 굵은 실선
㉯ 피치원 – 가는 실선
㉰ 이뿌리원 – 가는 1점 쇄선
㉱ 축직각 단면으로 도시할 때 이뿌리선 – 굵은 파선

69 축과 보스의 키홈에 KS 규격으로 치수를 기입하려고 할 때 적용 기준이 되는 것은?

㉮ 보스 구멍의 지름 ㉯ 축의 지름
㉰ 키의 두께 ㉱ 키의 폭

70 다음 스프링에 관한 제도 설명 중 틀린 것은?

㉮ 코일 스프링에서 코일 부분의 중간 부분을 생략하는 경우에는 생략하는 부분의 선지름의 중심선을 가는 1점 쇄선으로 나타낸다.
㉯ 하중 또는 처짐 등을 표시할 필요가 있을 때에는 선도 또는 항목표로 나타낸다.
㉰ 도면에서 특별한 지시가 없는 한 모두 오른쪽 감기로 도시한다.
㉱ 벌류트 스프링은 원칙적으로 하중이 가해진 상태에서 그리는 것을 원칙으로 한다.

67 • 관용테이퍼 수나사 : R
• 관용테이퍼 암나사 : Rc
• 관용테이터 평행암나사 : Rp
• 관용 평행나사 : G

68 기어도시법과 동일

70 벌류트 스프링은 원칙적으로 무하중 상태에서 그리는 것을 원칙으로 한다.

66 ㉰ 67 ㉮ 68 ㉮ 69 ㉯
70 ㉱

해설

73 내경번호 00-10, 01-12, 02-15, 03-17, 04×5=20 /22=22

71 한 쌍의 기어가 맞물려 있을 때 모듈을 m이라 하고 각각의 잇수를 Z_1, Z_2라 할 때, 두 기어의 중심거리(C)를 구하는 식은?

㉮ $C = (Z_1+Z_2) \cdot m$
㉯ $C = \dfrac{Z_1+Z_2}{m}$
㉰ $C = \dfrac{(Z_1+Z_2) \cdot m}{2}$
㉱ $C = \dfrac{Z_1+Z_2}{2 \cdot m}$

72 다음 베어링 중 축과 직각 방향으로 하중이 작용하는 베어링은?

㉮ 칼라 베어링
㉯ 드러스트 베어링
㉰ 레이디얼 베어링
㉱ 원뿔 베어링

73 볼베어링의 호칭번호가 62/22 이면 안지름은 몇 mm 인가?

㉮ 22
㉯ 110
㉰ 55
㉱ 100

74 평행 키의 크기를 나타낸 것 중 옳은 것은?

㉮ 나비 × 길이 × 높이, 재료
㉯ 나비 × 높이 × 길이, 재료
㉰ 재료, 나비 × 높이 × 길이
㉱ 나비 × 높이 × 재료 × 길이

75 스퍼기어 제도시 축방향에서 본 도면의 이뿌리원은 어느 선으로 나타내는가?

㉮ 가는실선
㉯ 굵은 1점쇄선
㉰ 가는 1점쇄선
㉱ 가는 2점쇄선

76 V 벨트 풀리의 도시 방법 중 호칭지름(D)의 설명으로 맞는 것은?

㉮ V 벨트를 걸지 않은 상태에서 풀리의 바깥지름
㉯ V 벨트를 걸었을 때 풀리의 바깥지름
㉰ V 벨트를 걸지 않은 상태에서 풀리의 피치원 지름
㉱ V 벨트를 걸었을 때 V 벨트 단면의 중앙을 지나는 가상원의 지름

71 ㉰ 72 ㉰ 73 ㉮ 74 ㉯
75 ㉮ 76 ㉱

77 다음 중 삼각나사의 종류에 해당되지 않는 것은?

㉮ 미터 나사
㉯ 유니파이 나사
㉰ 관용 나사
㉱ 톱니 나사

78 다음 중 치수 기입의 원칙을 설명한 내용으로 옳지 않은 것은?

㉮ 특별히 명시하지 않는 한 도시한 대상물의 마무리 치수를 기입한다.
㉯ 서로 관련되는 치수는 되도록 한 곳에 모아서 기입한다.
㉰ 길이의 치수는 원칙적으로 mm 단위로 기입하고, 단위 기호를 반드시 붙여야 한다.
㉱ 참고치수에 대해서는 수치에 괄호를 붙여 기입한다.

79 스프링 제도에서 스프링 종류와 모양만을 도시하는 경우 스프링 재료의 중심선은 어느 선으로 나타내야 하는가?

㉮ 굵은 실선
㉯ 가는 1점 쇄선
㉰ 굵은 파선
㉱ 가는 실선

80 축의 제도에 대한 설명으로 틀린 것은?

㉮ 축은 보통 길이방향으로 절단하여 도시하지 않는다. 단, 부분단면은 가능하다.
㉯ 긴 축은 중간을 파단하여 그릴 수 있다. 단, 치수는 실제 길이치수를 기입하여야 한다.
㉰ 축 끝의 모따기는 각도와 폭을 모두 기입하지 않아도 된다.
㉱ 축에 있는 널링을 도시할 때 빗줄인 경우에는 축선에 대하여 30°로 엇갈리게 그린다.

해설

78 길이의 치수는 원칙적으로 mm 단위로 기입하고, 단위 기호는 붙이지 않는다. 각도의 치수 수치는 일반적으로 도(°)의 단위로 기입하고, 필요한 경우에는 분(′) · 초(″)도 병용할 수 있다.

77 ㉱ 78 ㉰ 79 ㉮ 80 ㉰

81 요목표 기재사항 : 치형, 공구 치형, 모듈, 압력각, 이높이, 가공법, 정밀도

82 $m = \dfrac{D_p}{z}$

∴ $D_p = m \times z$
    $= 2 \times 30 = 60$

83 ㉮ 암나사, ㉰ 수나사

85 여러 가지 크기의 많은 파이프가 근접해서 설치된 장치에서는 복선도시 방법으로 그린다.

---

81 기어 요목표 작성시 불필요한 항목은?

㉮ 모듈 ㉯ 기어 치형
㉰ 전체 이높이 ㉱ 이끝 높이

82 스퍼 기어의 모듈이 2이고 기어의 잇수가 30인 경우 피치원의 지름은?

㉮ 15 mm ㉯ 32 mm
㉰ 60 mm ㉱ 120 mm

83 수나사의 측면도를 도시한 것으로 옳은 것은?

㉮   ㉯

㉰   ㉱

84 암나사의 호칭지름은 무엇으로 나타내는가?

㉮ 암나사의 안지름
㉯ 암나사의 유효지름
㉰ 암나사에 맞는 수나사의 유효지름
㉱ 암나사에 맞는 수나사의 바깥지름

85 배관도의 치수기입 방법에 대한 설명 중 틀린 것은?

㉮ 파이프나 밸브 등의 호칭 지름은 파이프라인 밖으로 지시선을 끌어내어 표시한다.
㉯ 치수는 파이프, 파이프 이음, 밸브의 목 입구의 중심에서 중심까지의 길이로 표시한다.
㉰ 여러 가지 크기의 많은 파이프가 근접해서 설치된 장치에서는 단선도시 방법으로 그린다.
㉱ 파이프의 끝부분에 나사가 없거나 왼나사를 필요로 할 때에는 지시선으로 나타내어 표시한다.

86 외접 헬리컬기어의 주투상도를 단면으로 도시할 때에는 잇줄 방향을 어떻게 도시하는가?

㉮ 3개의 가는 실선으로 도시
㉯ 3개의 굵은 실선으로 도시
㉰ 1개의 굵은 실선으로 도시
㉱ 3개의 가는 2점 쇄선으로 도시

87 기어의 도시 방법으로 맞는 것은?

㉮ 이끝원은 굵은 실선으로 그린다.
㉯ 이뿌리원은 가는 1점 쇄선으로 그린다.
㉰ 피치원은 가는 2점 쇄선으로 그린다.
㉱ 잇줄 방향은 보통 3개의 굵은 실선으로 그린다.

88 다음 나사 제도법에 대한 설명 중 옳지 않은 것은?

㉮ 암나사의 안지름은 굵은 실선으로 그린다.
㉯ 불완전 나사부의 골을 나타내는 선은 축선에 대하여 30° 되게 그린다.
㉰ 암나사의 탭 구멍의 드릴 자리는 118°가 되게 가는 실선으로 그린다.
㉱ 암나사의 골지름은 가는 실선으로 그린다.

89 다음 중 ISO 규격에 있는 관용 테이퍼 나사 중 테이퍼 암나사의 표시 기호는 어느 것인가?

㉮ R ㉯ Rc
㉰ PT ㉱ PS

90 기어의 도시 방법에 대한 설명으로 옳지 않은 것은?

㉮ 이끝원은 굵은 실선으로 그린다.
㉯ 피치원은 가는 1점 쇄선으로 그린다.
㉰ 축에 직각인 방향으로 본 그림의 단면으로 표시할 때 이뿌리원은 가는 실선으로 그린다.
㉱ 잇줄 방향은 보통 3 개의 가는 실선으로 그린다.

해설

87 기어의 도시법
– 이끝원 : 굵은 실선
– 피치원 : 가는 일점쇄선
– 이뿌리원 : 가는 실선(단, 단면 도시할때는 굵은 실선)

88 암나사의 탭 구멍의 드릴 자리는 120°가 되게 가는 실선으로 그린다.

86 ㉱   87 ㉮   88 ㉰   89 ㉯
90 ㉰

91 다음 기어의 생략도에서 스파이럴 베벨기어를 나타내는 것은?

 ㉮   ㉯

 ㉰   ㉱

92 베어링 호칭번호 608C2P6에서 P6이 뜻하는 것은?

㉮ 등급 기호   ㉯ 안지름 번호
㉰ 베어링 계열번호   ㉱ 베어링의 폭

93 스퍼 기어에서 이끝원 지름(D)을 구하는 공식은? (단, m = 모듈, Z = 잇수)

㉮ $D = mZ$ ㉯ $D = \pi mZ$
㉰ $D = m/Z$ ㉱ $D = m(Z+2)$

94 기계 요소 중에서 원칙적으로 길이 방향으로 절단하여 단면을 표시할 수 있는 것은?

㉮ 기어의 이, 바퀴의 암
㉯ 베어링, 부시
㉰ 볼트, 작은 나사
㉱ 리벳, 키

95 파이프의 접속 표시를 나타낸 것이다. 관이 접속할 때의 상태를 도시한 것은?

 ㉮   ㉯

 ㉰   ㉱

해설

95 ㉮ 접속상태, ㉯ 분기, ㉱ 접속하지 않고 교차

91 ㉱ 92 ㉮ 93 ㉱ 94 ㉯
95 ㉮

96 표준 스퍼 기어에서 이의 높이(h)를 구하는 식은? (단, 모듈은 m이다.)

㉮ h ≦ m
㉯ h ≧ 0.25m
㉰ h ≧ 1.25m
㉱ h ≧ 2.25m

97 구름베어링의 호칭번호가 6203일 때 베어링의 안지름은?

㉮ 15 mm
㉯ 16 mm
㉰ 17 mm
㉱ 18 mm

98 베어링 NU318C3P6에 대한 설명 중 틀린 것은?

㉮ 원통 롤러 베어링 이다.
㉯ 베어링 안지름이 318mm이다.
㉰ 틈새는 C3이다.
㉱ 등급은 6등급이다.

99 보기의 그림은 어떤 키(key)를 나타낸 것인가?

㉮ 묻힘키
㉯ 안장키
㉰ 접선키
㉱ 원뿔키

100 다음 중 나사의 표시 방법으로 틀린 것은?

㉮ 나사산의 감긴 방향은 오른 나사인 경우에는 표시하지 않는다.
㉯ 나사산의 줄 수는 1줄 나사인 경우에는 표시하지 않는다.
㉰ 나사의 호칭이 다른 암나사와 수나사의 조합을 표시하는 경우에는 나사의 호칭을 같이 쓰고, 그 사이에 사선 '/'을 넣어서 표시한다.
㉱ 나사의 등급은 생략하면 안된다.

96 ㉱ 97 ㉰ 98 ㉯ 99 ㉮ 100 ㉱

101 베벨기어에서 피치원은 무슨 선으로 표시하는가?

㉮ 가는 1점쇄선 ㉯ 굵은 1점쇄선
㉰ 가는 실선 ㉱ 굵은 실선

102 베어링의 호칭번호가 6000P6일 때 베어링 안지름은 몇 mm 인가?

㉮ 60 ㉯ 100
㉰ 600 ㉱ 10

해설
102 • 00 : 10mm
• 01 : 12mm
• 02 : 15mm
• 03 : 17mm
• 04 : 20mm
• 05 : 25mm

103 코일스프링의 중간부분을 생략도로 그릴 경우 생략부분은 어느 선으로 표시하는가?

㉮ 가는실선 ㉯ 가는 1점 쇄선
㉰ 굵은실선 ㉱ 은선

104 다음과 같은 기호는 어떤 밸브를 나타낸 것인가?

㉮ 첵 밸브 ㉯ 게이트 밸브
㉰ 글로브 밸브 ㉱ 슬루스 밸브

105 핀의 호칭으로 "평행 핀 h7B-5×32 SM 45 C"라고 되어 있다. 핀의 길이는 얼마인가?

㉮ 7 ㉯ 5
㉰ 32 ㉱ 45

106 다음 중 용접부의 다듬질 방법에 사용되는 보조 기호로 맞는 것은?

㉮ 치핑 : G ㉯ 연삭 : C
㉰ 절삭 : M ㉱ 지정없음 : N

101 ㉮ 102 ㉱ 103 ㉯ 104 ㉮
105 ㉰ 106 ㉰

107 용접부의 기본 기호 중에서 필릿 용접을 나타내는 것은?

㉮ △　　㉯ ⊓
㉰ ○　　㉱ ⌒

108 ISO 규격에 있는 관용 테이퍼수나사의 기호로 맞는 것은?

㉮ G
㉯ PF
㉰ R
㉱ E

109 다음 스프링 제도에 대한 설명 중 잘못 설명한 것은?

㉮ 코일스프링은 원칙적으로 하중이 걸린 상태에서 그린다.
㉯ 겹판스프링은 원칙적으로 스프링 판이 수평한 상태에서 그린다.
㉰ 그림에 단서가 없는 코일스프링은 오른쪽으로 감긴 것을 표시한다.
㉱ 코일스프링이 왼쪽으로 감긴 경우는 "감긴방향 왼쪽"이라고 표시한다.

110 구름 베어링 제도시 계통을 표시하는 경우의 도시방법 중 다음 그림이 뜻하는 것은?

㉮ 앵귤러 볼 베어링
㉯ 원통 롤러 베어링
㉰ 자동조심 볼 베어링
㉱ 니들 롤러 베어링

109 코일스프링은 원칙적으로 무하중 상태에서 그린다.

107 ㉮　**108** ㉰　**109** ㉮　**110** ㉰

111 암은 길이 방향으로 절단하여 도시하지 않는다.

112 세 번째, 네 번째 숫자가 안지름 번호이며 00=10mm, 01=12mm, 02=15mm, 03=17mm, 04부터는 곱하기 5를 한다. 따라서, 6304인 경우 안지름 치수는 20mm이다.

111 다음 중 벨트 풀리의 도시 방법으로 틀린 것은?

㉮ 벨트 풀리는 축 직각 방향의 투상을 주 투상도로 할 수 있다.
㉯ 벨트 풀리는 대칭형이므로 그 일부분만을 나타낼 수 있다.
㉰ 암은 길이 방향으로 절단하여 도시한다.
㉱ 암의 단면형은 회전 단면으로 나타낸다.

112 주어진 베어링 호칭에 대한 안지름 치수가 틀린 것은?

㉮ 6301 → 안지름 치수 12mm
㉯ 6302 → 안지름 치수 15mm
㉰ 6303 → 안지름 치수 17mm
㉱ 6304 → 안지름 치수 19mm

113 "6008C2P6"는 베어링 호칭 번호의 보기이다. 08의 의미는 무엇인가?

㉮ 베어링 계열번호
㉯ 안지름 번호
㉰ 틈새기호
㉱ 등급기호

114 다음 중 부품의 위치를 고정하기 위하여 축에 홈을 파고 사용하는 부품은?

㉮ 멈춤링
㉯ 오일시일
㉰ 패킹
㉱ 플러머블록

111 ㉰ 112 ㉱ 113 ㉯ 114 ㉮

115 기어제도시 이끝원에 사용하는 선의 종류는?

㉮ 가는 2점 쇄선   ㉯ 가는 1점 쇄선
㉰ 굵은 실선   ㉱ 가는 실선

116 다음 스퍼기어 요목표에서 피치원 지름은?

스퍼기어요목표		
기어치형		표준
공구	치형	보통이
	모듈	2
	압력각	20°
공잇수		20
피치원 지름		
전체 이높이		4.5
다듬질 방법		호브절삭
정밀도		KS B 1405 . 3급

㉮ 10 mm   ㉯ 20 mm
㉰ 30 mm   ㉱ 40 mm

117 다음 기호 중 안전밸브를 나타낸 것은?

118 리벳에 대한 호칭법 및 도시법에 대한 설명 중 틀린 것은?

㉮ 리벳의 호칭방법은 규격번호, 종류, 호칭지름 x 길이, 재료 순으로 표시한다.
㉯ 둥근머리 리벳의 길이는 머리부분을 제외한다.
㉰ 리벳의 지름과 구멍의 지름은 같아야 한다.
㉱ 리벳은 길이 방향으로 단면하여 도시하지 않는다.

116 $D_p = m \times z = 2 \times 20 = 40$

117 ㉮ 게이트밸브, ㉰ 체크밸브, ㉱ 앵글밸브

115 ㉰ **116** ㉱ **117** ㉯ **118** ㉰

해설

120 M60(미터 나사 호칭 지름) × 2(피치)

122 피치원은 가는 1점 쇄선으로 그린다.

123 1 : 모양구별, A : 부품등급, M12 : 호칭, 8 : 등급, C : 지정사항

119 ㉮ 120 ㉮ 121 ㉰ 122 ㉯
123 ㉯

---

119 스프로킷 휠의 도시법에서 피치원은 무슨 선으로 표시하는가?

㉮ 가는 1점 쇄선
㉯ 굵은 실선
㉰ 가는 실선
㉱ 굵은 1점 쇄선

120 미터 보통 나사 M60 × 2의 설명으로 맞는 것은?

㉮ 호칭 지름이 60mm이며, 나사 피치가 2mm이다.
㉯ 호칭 지름이 60mm이며, 나사 등급이 2급이다.
㉰ 유효 지름이 60mm이며, 나사 등급이 2급이다.
㉱ 유효 지름이 60mm이며, 나사 피치가 2mm이다.

121 프레스 등의 동력 전달용으로 사용되면 축방향의 큰 하중을 받는 곳에 주로 쓰이는 나사는?

㉮ 미터 나사
㉯ 관용 평행 나사
㉰ 사각 나사
㉱ 둥근 나사

122 기어의 제도에 대한 설명 중 틀린 것은?

㉮ 이끝원은 굵은 실선으로 그린다.
㉯ 피치원은 가는 2점 쇄선으로 그린다.
㉰ 이뿌리원은 가는 실선으로 그린다.
㉱ 헬리컬기어는 잇줄방향으로 보통 3개의 가는 실선으로 그린다.

123 6각너트 스타일1 A M12-8 SM20C - C로 표시된 6각 너트에서 A는 무엇을 의미하는가?

㉮ 볼트 종류 ㉯ 부품 등급
㉰ 강도 구분 ㉱ 지정사항

124 관용 평행 나사를 표시하는 기호는?

㉮ R ㉯ G
㉰ PT ㉱ Tr

125 기어의 잇수는 16개, 피치원 지름은 128mm인 표준 스퍼 기어의 모듈은 얼마인가?

㉮ 4
㉯ 6
㉰ 8
㉱ 10

126 코일 스프링의 제도에 대한 설명 중 틀린 것은?

㉮ 스프링은 원칙적으로 하중이 걸린 상태에서 도시한다.
㉯ 스프링의 종류와 모양만을 도시할 때에는 재료의 중심을 굵은 실선으로 그린다.
㉰ 특별한 단서가 없는 한 모두 오른쪽 감기로 도시하고 왼쪽 감기일 경우 "감긴 방향 왼쪽"이라고 표시한다.
㉱ 코일 부분의 중간 부분을 생략할 때에는 생략한 부분을 가는 1점 쇄선 또는 가는 2점 쇄선으로 표시해도 좋다.

127 유체의 종류와 기호를 연결한 것으로 올바른 것은?

㉮ 수증기 – W
㉯ 가스 – O
㉰ 유류 – G
㉱ 공기 – A

128 스퍼기어의 제도에서 피치원 지름은 어느 선으로 나타내는가?

㉮ 가는 1점 쇄선
㉯ 가는 2점 쇄선
㉰ 가는 실선
㉱ 굵은 실선

---

125 $m = \dfrac{D_p}{z} = \dfrac{128}{16} = 8$

127 · 수증기 – S
· 가스 – G
· 유류 – O
· 물 – W

124 ㉯ 125 ㉰ 126 ㉮ 127 ㉱
128 ㉮

05 기계가공 및 작업안전

1 기계가공법

가. 절삭이론

(1) 공작기계의 기본운동
   ① 절삭운동
      ㉮ 공구 : 밀링, 드릴링, 보링, 셰이퍼, 슬로터, 브로칭 M/C, 평면연삭기
      ㉯ 일감 : 선반, 플레이너
      ㉰ 일감+공구 : 호빙 머신, 래핑, 원통연삭기
   ② 이송운동
   ③ 조정운동(위치조정운동)

(2) 칩의 종류
   ① 유동형
      ㉮ 인성이 있는 연한 재질, 연속적인 칩, 가공면이 아름답다.
         ㉠ 절삭속도가 빠를 때
         ㉡ 경사각이 클 때
         ㉢ 절삭깊이가 작을 때
   ② 전단형 : 인성이 있는 연한 재질, 저속으로 절삭할 때
   ③ 열단형(경작형) : 점성이 큰 재료, 가공면이 거칠다.
   ④ 균열형 : 메짐 주철을 저속으로 절삭할 때

(3) 구성인선(buily-up edge)
   ① 절삭재료가 고온고압에 의하여 공구 인선에 일감이 응착하여 실제 절삭날의 역할을 하는 현상

② 구성인선의 조건
  ㉮ 절삭속도가 빠를 때
  ㉯ 경사각이 클 때
  ㉰ 절삭깊이가 작을 때
  ㉱ 윤활성이 있는 절삭제를 사용

(4) 절삭속도(V) 및 절삭시간(T), 동력(H or H')

$$V = \frac{\pi dn}{1000}[m/\min]$$
$$T = \frac{l}{ns} = \frac{\pi dl}{1000vs}[\min]$$
$$H = \frac{PV}{75 \times 60}[PS], \quad H' = \frac{PV}{102 \times 60}[kW]$$

(5) 절삭저항 3분력 크기 순서
    주분력 > 배분력(정밀도에 영향) > 이송분력(횡분력)

(6) 공구의 수명 및 마멸
  ① 테일러의 공구 수명식 : $VT^n = C$ (C : 상수, T : 공구수명, n : 지수)
  ② 공구의 수명은 절삭속도, 이송, 절삭깊이의 순으로 영향을 받는다.

(7) 공구재료의 종류
  ① 탄소 공구강(STC)
    ㉮ 0.6~1.5%C, 300° 이상에서 사용하지 못한다.
    ㉯ 용도 : 줄, 정, 쇠톱날, 펀치
  ② 합금 공구강(STS, STD)
    ㉮ 0.6~1.5%의 탄소강에 W, Cr, Ni, V, Mo 등을 1종 또는 2종을 첨가한 강.
    ㉯ 용도 : 인발, 다이스, 띠톱, 탭
  ③ 고속도강(SHK) : 0.8%C+W(18%)-Cr(4%)-V(1%) : 표준형
    ㉮ 예열 : 800~900℃
    ㉯ 담금질 : 1250~1350℃
    ㉰ 뜨임 : 550~580℃(목적 : 경도 증가)
    ㉱ 용도 : 바이트, 밀링커터, 드릴
  ④ 주조경질합금 : 일명 "스텔라이트"라고도 하고 열처리하지 않아도 고온경도 및 내마모성이 크다. 주성분은 W-Cr-Co-C-Fe 등이다.
  ⑤ 초경합금 : 금속탄화물(WC, TiC, TaC)+Co 분말을 가압, 성형후 800~900℃에서 예비 소결한 후 수소기류 중에서 1400~1500℃에서 소결시켜 만든 합금

⑥ 세라믹 : Al₂O₃를 주성분으로 소결시켜 만들며, 충격 및 진동에 약하고 절삭유를 사용치 않는다. 고온 경도가 높고 내마멸성이 우수(980℃)
⑦ 서밋 : TiCN을 주성분으로 만든 소결합금
⑧ 다이아몬드 : 비철금속의 정밀절삭

(8) 절삭제
① 절삭유의 3작용
㉮ 냉각작용 : 절삭공구와 일감의 온도 상승을 방지
㉯ 윤활작용 : 공구날의 윗면과 칩사이의 마찰감소
㉰ 세척작용 : 칩을 씻어버림
② 절삭유의 종류
㉮ 수용성절삭유 : 방청을 목적, 유화제와 방청제등을 10~20배 물로 희석하여 연삭 작업에 사용
㉯ 극압유 : 고온고압상태에서 사용하는 윤활유, 첨가제는 황, 규소, 납, 인
㉰ 불수용성 절삭유 : 물에 섞이지 않는 절삭유
㉠ 광유 : 석유, 경유, 스핀들유
㉡ 식물성유 : 종유, 올리브유, 피마자유
㉢ 동물성유 : 라드유, 고래유

나. 선반작업

(1) 선반 및 선반작업의 종류
① 선반의 종류
㉮ 터릿 선반 : 여러 개의 공구를 방사형으로 설치, 콜릿 척을 주로 사용하며 대량생산에 사용
㉯ 모방 선반 : 형판이나 모형을 이용하여 형판과 같은 윤곽절삭
㉰ 수직 선반 : 공구의 길이방향 이송 및 주축이 수직으로 설치되어 있으며, 중량물 절삭에 사용
㉱ 정면 선반 : 길이 짧고 지름이 큰 일감, 큰 면판을 구비
㉲ 그 밖에 차축 선반, 탁상 선반, 보통 선반, 다인 선반, 공구 선반, 크랭크축 선반, 캠축 선반 등
② 선반의 크기
㉮ 깎을 수 있는 공작물의 최대지름(베드상의 스윙)
㉯ 양 센터 사이의 최대거리
㉰ 왕복대 상의 스윙
③ 선반작업의 종류 : 바깥지름, 안지름, 단면, 절단, 홈, 테이퍼, 드릴링, 보링, 암·수나사, 정면, 곡면, 총형, 널링, 구면가공, 육면체가공, 곡면절삭 등

(2) 선반의 주요부분 및 각부 명칭 등
  ① 주축대
    ㉮ 주축대는 중공으로 되어 있어 긴 일감을 가공할 수 있으며, 재질은 Ni-Cr 강이다.
    ㉯ 앞쪽에 모스 테이퍼(T=1/20)가 있으며, 회전센터(live center)를 삽입할 수 있다.
    ㉰ 백기어 장치가 있으며, 주축의 변환속도의 폭을 넓힌다.(저속강력절삭)
  ② 왕복대
    ㉮ 왕복대의 구성은 새들과 에이프런(자동이송 장치가 장착), 복식공구대로 이루어져 있다.
    ㉯ 복식공구대는 새들 위에 있으며 공구를 설치하고 주로 짧은 길이의 테이퍼 절삭에 사용한다.
  ③ 부속품 및 부속장치
    ㉮ 하프 센터(half center) : 끝면 깎기에 사용
    ㉯ 베어링 센터(bearing center) : 중량물 가공 및 고속회전 절삭에 사용
    ㉰ 단동척 : 조(jaw) 4개(개별적), 불규칙한 일감고정, 편심가공가능(4단3연)
    ㉱ 연동척(스크롤척) : 조(jaw) 3개(동시에), 균일한 일감(원형, 삼각형, 육각형 등)
    ㉲ 마그네틱척(자기척) : 두께가 얇은 일감을 고정
    ㉳ 심봉(mandrel) : 내면을 다듬질한 중공의 일감 바깥지름을 가공(기어나 풀리의 소재가공)
    ㉴ 방진구 : 가늘고 긴 일감의 가공시 자중으로 휘거나 절삭력에 의해 구부러지는 것을 방지(길이가 직경에 20배 이상일 때 사용. 이동 방진구(새들에 설치)와 고정 방진구(베드에 설치)

(3) 테이퍼 절삭

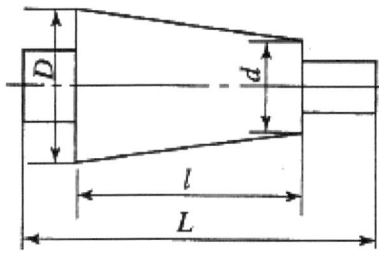

  ① 복식 공구대를 선회시키는 방법(tanθ) : 테이퍼가 크고 길이가 짧을 때
    ※ $\tan\theta = \dfrac{D-d}{2l}$

  ② 심압대를 편위시키는 방법(편위량 : χ) : 테이퍼가 작고 길이가 긴 경우
    ※ $\chi = \dfrac{(D-d)L}{2l}[mm]$

    D : 테이퍼의 큰 지름(mm), d : 테이퍼의 작은 지름(mm),
    l : 테이퍼 부분의 길이(mm), L : 일감 전체의 길이(mm)

③ 테이퍼 절삭장치(어태치먼트)에 의한 방법 : 릴리빙 선반 또는 공구선반

다. 밀링가공

(1) 밀링 및 밀링머신의 작업종류
  ① 밀링머신의 종류
    ㉮ 니형(knee type) : 수평 밀링머신, 수직 밀링머신, 만능 밀링머신
    ㉯ 생산형 밀링머신
    ㉰ 플레이너형 밀링머신
    ㉱ 특수 밀링머신
  ② 밀링머신의 크기 : 번호로 표시(No.0~No.5 : 번호가 클수록 크다. No.0=150, No.1=200, No.2=250)
    ㉮ 테이블면의 크기
    ㉯ 테이블의 최대 이동거리(좌우×전후×상하)
    ㉰ 주축의 중심선에 테이블면까지의 최대거리(수평, 만능 밀링머신), 주축단에서 테이블면까지의 최대거리(수직)
  ③ 작업의 종류 : 평면(플레인 커터 : 수평밀링, 정면커터 : 수직밀링), 홈(엔드밀), 측면, 절단(메탈소오), 각도절삭, 총형절삭(기어, 나선 홈 등) 등

(2) 절삭 방향
  ① 상향 절삭 : 공작물의 이송과 회전방향이 반대인 절삭
  ② 하향 절삭 : 공작물의 이송과 회전방향이 같은 절삭
  ③ 전면 절삭 : 상향절삭과 하향절삭이 동시에 일어나는 절삭

구분	상향 절삭	하향 절삭
장점	• 칩이 날을 방해하지 않는다. • 이송기구의 백래시가 제거된다. • 치수정밀도의 변화가 적다. • 절삭날에 작용하는 충격이 적다. • 기계에 무리를 주지 않는다.	• 공작물 고정이 간단하다. • 커터의 마모와 동력 소비가 적다. • 가공면이 깨끗하다. • 대량생산에 유리하고 절삭량을 크게 할 수 있다.
단점	• 커터의 수명이 짧다. • 동력 소비가 크다. • 가공면이 깨끗하지 못하다.	• 칩이 절삭을 방해한다. • 아버가 휘기 쉽다. • 백래시 제거 장치가 필요하다.

(3) 절삭속도 및 테이블 이송속도

① 절삭속도(V)

※ $V = \dfrac{\pi dn}{1000} [m/\min]$

d : 커터의 지름(mm), n : 분당 회전수(rpm)

② 테이블 이송속도(f)

※ $f = f_z \cdot z \cdot n = f_z \cdot z \cdot \dfrac{1000V}{\pi d} [mm/\min]$

f_z : 1개 날의 이송거리(mm), z : 커터 날의 수, n : 분당 회전수(rpm)

(4) 분할작업

① 직접분할법 : 24구멍을 이용하여 2, 3, 4, 6, 8, 12, 24 등분만 가능
② 단식분할법 : 브라운 샤프형과 신시내티형 크랭크축 1회전시 스핀들을 1/90(9°) 회전한다.

※ $n = \dfrac{40}{n}$, $n = \dfrac{x°}{9°}$

③ 차동(만능)분할법 : 변환기어 12개, 1008등분까지 가능

라. 연삭가공

(1) 연삭기의 종류와 가공특성

① 원통 연삭기 : 원통, 테이퍼
② 만능 연삭기 : 원통, 테이퍼, 단면, 구멍
③ 내면 연삭기 : 구멍, 단면
④ 평면 연삭기 : 평면, 측면
⑤ 공구 연삭기 : 밀링커터, 드릴, 바이트
⑥ 센터리스 연삭기 : 원통, 테이퍼 등에서 센터 구멍이 없는 것.

(2) 센터리스 연삭기의 장점과 담점

① 센터리스 연삭기의 장점
㉮ 연속작업이 가능하다.
㉯ 공작물의 해체 고정이 없다.
㉰ 대량생산에 적합하다.
㉱ 기계의 조정이 끝나면 초보자도 작업이 가능하다.
㉲ 가늘고 긴 핀, 원통, 중공물 등을 연삭하기 쉽다.
㉳ 고정에 따른 변형이 적고 연삭여유가 작아도 된다.

② 센터리스 연삭기의 단점
   ㉮ 긴 홈이 있는 일감은 연삭할 수가 없다.
   ㉯ 대형 중량물은 연삭할 수가 없다.
   ㉰ 연삭숫돌바퀴의 나비보다 긴 일감은 전후이송법으로 연삭할 수가 없다.

(3) 연삭숫돌
① 연삭숫돌바퀴의 3요소 : 숫돌입자, 결합제, 기공
② 연삭숫돌의 5대 구성요소
   ㉮ 숫돌입자
      ㉠ Al_2O_3(- A숫돌 : 일반강재, 갈색 – WA숫돌 : 열처리강, 백색)
      ㉡ SiC(- C숫돌 : 주철, 비철금속, 흑색 – GC숫돌 : 초경, 유리, 녹색)
   ㉯ 입도 : 숫돌입자의 크기를 번호로 표시
   ㉰ 결합도 : 숫돌의 단단한 정도(LMINO : 중간, HIJK : 연함, PQRS : 단단함)
   ㉱ 조직 : 숫돌의 밀도(C ; 0, 1, 2 3 : 치밀, M ; 4, 5, 6 : 중간, W ; 7, 8, 9, 10, 11, 12 : 거친)
   ㉲ 결합제
      ㉠ V : 비트리파이드(점토와 장석)
      ㉡ S : 실리케이트(규산나트륨)
      ㉢ R : 고무
      ㉣ B : 레지노이트(베이클라이트)
      ㉤ E : 셸락(Shellac)
      ㉥ PVA : 비닐결합제
      ㉦ M : 금속결합제

(4) 연삭숫돌의 작용
① 글레이징(glazing, 무딤) : 마모된 숫돌입자가 탈락하지 않아 표면이 매끄러워지는 현상(연삭불량)
② 로딩(loading, 눈메움) : 칩이나 숫돌입자가 기공에 차서 메워지는 현상(연삭불량)
③ 드레싱(dressing) : 눈메움 또는 무딤 발생시 숫돌표면을 드레서를 이용하여 숫돌 날을 생성시키는 작업
④ 트루잉(모양고치기) : 숫돌의 연삭면을 숫돌과 축에 대하여 평행 또는 일정한 형태로 성형시키는 방법
⑤ 자생작용 : 연삭시 숫돌의 마모된 입자가 탈락되고 새로운 입자가 나타나는 현상

마. 기타 범용공작기계 가공

(1) 드릴가공
① 드릴링 머신에 의한 가공
- ㉮ 드릴링 : 드릴로 구멍 뚫기
- ㉯ 리밍 : 드릴로 뚫은 구멍을 더욱 정밀하게 가공
- ㉰ 태핑 : 암나사 가공
- ㉱ 보링 : 전(前)가공 상태에서 얻어진 면을 더욱 크고 정밀하게 가공
- ㉲ 스폿 페이싱 : 볼트나 너트 등이 닿는 부분을 평평하게 자리를 만드는 작업
- ㉳ 카운터 보링 : 작은나사, 볼트의 머리부를 일감에 묻히게 하기 위한 단을 만드는 작업
- ㉴ 카운터 싱킹 : 접시머리나사의 머리부를 묻히게 하기 위해 원뿔자리를 만드는 작업

② 절삭공구
- ㉮ 트위스트 드릴 : 가장 널리 사용
- ㉯ 표준 드릴의 날끝각 : 118°, 여유각 : 12~15°, 비틀림각 : 20~32°
- ㉰ 시닝(thinning) : 웨이브의 두께를 적게 하여 절삭력을 향상시키는 것(절삭저항 감소)

③ 드릴의 절삭속도(V) 및 절삭시간(T)

$$※ V = \frac{\pi d n}{1000} [m/\min], \quad T = \frac{(t+h)}{ns} = \frac{\pi d(t+h)}{1000 vs} [\min]$$

(2) 보링가공
① 주조할 때 뚫린 구멍이나 드릴로 뚫은 구멍을 깎아서 크게 하거나 정밀하게 가공하는 작업(바깥지름, 안지름, 암나사, 수나사, 드릴링, 리밍 작업 등)
② 보링머신의 크기
- ㉮ 주축지름 및 주축 이동거리
- ㉯ 테이블의 크기
- ㉰ 주축거리의 상하 이동거리 및 테이블의 이동거리

(3) 플레이너(planer), 셰이퍼(shaper), 슬로터(slotter)

기계명	절삭운동	크기	가공물	급속귀환 장치
셰이퍼	램의 직선 왕복운동	램의 최대행정	좁은면의 평면, 홈, 측면	크랭크 기어와 암
슬로터	램의 수직 왕복운동	램의 최대행정 회전테이블의 지름	구멍의 내면, 키홈, 스플라인, 세레이션, 홈, 내접기어 등	크랭크 기어와 암
플레이너	테이블의 직선운동	테이블의 최대행정	큰일감 평면(주철제 정반)	벨트와 유압

(4) 기어(gear)

① 기어 절삭법
- ㉮ 형판에 의한 절삭법
- ㉯ 총형공구에 의한 절삭법
- ㉰ 창성법
  - ㉠ 인벌류트 곡선을 그리는 원리를 응용한 이의 절삭 방법으로 가장 널리 사용된다.
  - ㉡ 종류 : 래크커터, 피니언커터, 호브에 의한 방법
- ㉱ 전조에 의한 방법 : 소형기어 가공에 사용

② 기어의 설계
- ㉮ 스퍼 기어

  ※ $D = m_z \cdot D_K = m(z+2) \cdot D_g = D\cos\alpha \cdot C = \dfrac{m(z_1 + z_2)}{2}$

- ㉯ 헬리컬 기어

  ※ $D_k = m\left(\dfrac{z}{\cos\beta} + 2\right) \cdot C = \dfrac{m(z_1 + z_2)}{2\cos\beta}$

(5) 브로칭 머신

① 브로치라는 공구를 사용하여 일감의 표면 또는 내면을 필요한 모양으로 절삭 가공하는 가공법으로 1회 통과시켜 제품을 완성한다.

② 주로 대량생산에 적합하며, 키홈, 스플라인 구멍, 다각형 구멍, 세그먼트 기어의 치형에 사용한다.

바. 정밀입자 가공 및 특수가공

(1) 호닝(honing, 마찰작업)

① 운동상태 : 혼(hone)의 회전 및 직선왕복 운동

② 가공정밀도 : 3~10μ

③ 가공분야 : 보링, 연삭에서 가공된 구멍의 내면, 외면 다듬질

④ 특징
- ㉮ 왕복속도는 원주속도의 1/2~1/5
- ㉯ 호닝유 : 등유나 경유에 라드유를 혼합
- ㉰ 거친호닝입도 : 80~120번, 보통 : 220~280
- ㉱ 연삭입자 : WA(강, 주강), GC(주철, 비금속)

(2) 슈퍼 피닝싱(supper finishing)
   ① 운동상태 : 숫돌의 진동 및 직선왕복 운동
   ② 가공정밀도 : 0.1~0.3μ
   ③ 가공분야 : 변질층 표면깎기, 원통외면, 내면, 평면다듬질
   ④ 특징
      ㉮ 표면의 변질층 제거 짧은 시간(30초~2분)에 가공완료
      ㉯ 방향성이 없는 다듬질

(3) 래핑(lapping)
   ① 운동상태 : 랩과 랩제의 미끄럼 운동
   ② 가공정밀도 : 0.0125~0.025μ
   ③ 가공분야 : 광학렌즈 건식법(블록게이지)
   ④ 랩제의 종류 : 탄화규소 및 산화철(연한금속, 유리, 수정), 알루미나(강), 산화크롬(마무리 다듬질)
   ⑤ 특징
      ㉮ 가공면이 곱고, 정밀도 향상
      ㉯ 대량생산 가능, 비용 저렴, 내식성 및 내마멸성 우수
      ㉰ 랩재료는 주철이 많이 쓰인다.
      ㉱ 랩핑유 : 경화강에는 석유와 기계유를 혼합, 유리, 수정에는 물을 사용한다.

(4) 기타 가공방법
   ① 방전가공
      ㉮ 높은 경도를 갖는 재질(보석류, 경화강, 내열강)의 절단, 천공 등에 쓰이며 직류 축전기법이 대표적이다.
      ㉯ 가공 : 변압기유, 스핀들유, 석유, 물 등을 사용한다.
      ㉰ 전극재료 : 흑연, 텅스텐, 구리합금 등(공작물 : +, 공구 : -)
   ② 초음파 가공
      ㉮ 물이나 경유 등에 연삭 입자를 혼합한 가공액을 공구의 진동면과 일감 사이에 주입시켜 가면서 16~30[kHz/sec]의 초음파에 의한 상하 진동으로 표면을 다듬는 가공 방법이다.
      ㉯ 굳고 취약한 재료에 사용(초경합금, 세라믹, 유리)되며 구멍 뚫기, 절단, 평면가공, 표면가공 등을 한다.
   ③ 전해연마
      ㉮ 전기 화학적인 방법으로 표면을 다듬질하는 방법이다.
      ㉯ 주로 치수정밀보다는 표면에 광택이 있는 거울면이 중요시 될 때 사용한다.
      ㉰ 드릴의 홈, 주사침, 반사경 등이 있는 거울면을 얻을 수 있다.

④ 버니싱 가공
㉮ 원통의 내면 가공시 안지름보다 큰 공구를 압입하여 정밀도가 높은 면을 얻는 가공법이다.
㉯ 버니싱한 면은 가공 경화되어 피로강도, 부식저항, 내마모성, 치수 정밀도, 표면 거칠기 등이 향상된다.

⑤ 텀블링(Tumbling, 배럴연마)
㉮ 금속과 비금속 등의 고형물에 대해 시행한다.
㉯ 대량의 일감을 1개의 배럴에 넣고 가공하므로 노력이 절감되고 모든 일감이 균일하게 다듬어지며, 많은 양을 한 번에 다듬질하는 방법이다.

⑥ 버핑(buffing)
㉮ 버프를 회전시키며 공작물 표면의 녹을 제거하거나 광택내기에 사용하는 방법이다.
㉯ 치수정밀도와는 무관하며 광택내기가 주목적이다.

⑦ 숏 피닝(shot peening)
㉮ 강구를 분사시켜 금속 표면의 강도와 경도를 증가시켜주는 방법이다.
㉯ 주로 스프링재의 수명을 연장시키기 위해 피로강도, 탄성한도를 높인다.
㉰ 부적당한 숏 피닝은 연성을 감소시키므로 균열의 원인이 된다.

(5) NC프로그램코드 기능

① 준비기능(G) : NC지령 블록의 제어기능을 준비시키기 위한 기능
㉮ G00 : 위치결정(급속이송)
㉯ G01 : 직선보간(절삭이송)
㉰ G02 : 원호보간(시계방향, CW)
㉱ G03 : 원호보간(반시계방향, CCW)
㉲ G04 : 드웰기능(휴지기능)

② 보조기능(M) : NC공작기계가 여러 가지 동작을 행할 수 있도록 하기 위해 여러 가지 구동모터를 ON/OFF제어하고 조정해 주는 기능
㉮ M01 : 선택 프로그램 정지
㉯ M02 : 프로그램 끝
㉰ M03 : 주축 정회전
㉱ M04 : 주축 역회전
㉲ M05 : 주축 정지
㉳ M08 : 절삭유 ON
㉴ M09 : 절삭유 OFF

③ 이송기능(F) : 이송속도 지령, 예) F300 : 300m/mim 가공물과 공구속도 지령(머시닝센터 작업시)

④ 주축기능(S) : 주축 회전수를 지령

⑤ 공구기능(T) : 공구의 보정기능, 작업자가 공구를 임의로 번호지정을 하여 공구를 번호로 선택, 예) T0101 : 01번 공구 선택 보정값 번호 01

2 손다듬질 및 정밀측정

가. 손다듬질 가공

(1) 손다듬질 작업순서

① 금긋기 작업
② 펀칭 및 드릴링
③ 쇠톱질 : 톱날의 크기는 양단 구멍중심에서 중심까지의 길이로 표시
④ 정작업
⑤ 줄작업
  ㉮ 탄소공구강(STC)으로 만든다.
  ㉯ 종류 : 직진법(일반적, 정삭), 사진법(거친절삭, 모따기), 횡진법(병진법 : 좁은면)
⑥ 스크레이퍼 작업 : 줄질 작업 후 더욱 정밀한 평면 또는 곡면으로 다듬질할 때 작업시 정반, 광명단, 스크레이퍼 등을 사용

(2) 리머 작업 및 태핑

① 리머 작업
  ㉮ 드릴로 뚫은 구멍을 더욱 정밀하게 다듬는 공구이며, 떨림(채터링)을 방지하기 위해 날의 간격을 다르게 한다.
  ㉯ 리머는 드릴보다 절삭속도는 느리게 이송은 빠르게 한다.(3~4배)
② 태핑(tapping)
  ㉮ 암나사를 만드는 공구이며, 핸드탭은 3개가 1조로 되어 있다.
  ㉯ 가공물 : 1번탭(55%), 2번탭(25%), 3번탭(20%)

나. 정밀측정

(1) 직접측정기

① 버니어 캘리퍼스(vernier calipers)
  ㉮ 길이(외경), 폭(내경), 깊이를 측정한다.(최소 측정값 : 1/20, 1/50mm)
  ㉯ 종류

㉠ M1형 : 최소 측정값은 0.02mm 또는 0.02mm 이다.
㉡ CB형 : 내측 측정 가능, 조의 두께는 10 이하의 작은 내경을 측정할 수 없다.
㉢ CM형

㉣ 버니어 캘리퍼스의 최소 측정값 = $\dfrac{\text{어미자의 눈금수}}{\text{아들자의 등분수}}$

② 마이크로미터(micrometer)
㉮ 보통 삼각나사의 피치가 0.5mm에 딤블의 원주를 50등분하여 최소 측정값이 0.01mm 이다.
㉯ 종류
㉠ 나사 마이크로미터 : 수나사의 유효지름을 측정하며, 고정식과 앤빌 교환식으로 나뉜다.
㉡ 버니어 마이크로미터 : 최소눈금을 0.001mm로 하기 위해 표준마이크로미터에 버니어 눈금을 붙인 것이다.
㉢ 지시 마이크로미터 : 마이크로미터에 인디케이터(지시기)장치를 붙여 0.002mm까지의 정밀 측정이 가능하다.
㉣ 기어 이두께 마이크로미터 : 평기어, 헬리컬기어의 이두께를 측정한다.
㉰ 마이크로미터의 최소 측정값 = $\dfrac{\text{피치}}{\text{딤블의 눈금수}}$

③ 하이트 게이지(height gauge)
㉮ 높이 측정 및 금긋기 작업에 사용한다.
㉯ HT형(0점 조정이 가능), HB형, HM형 등이 있다.

④ 아베의 원리 : 표준자와 피측정물은 같은 축선상에 있어야 한다.
㉮ 적용 : 외측 마이크로미터
㉯ 위배 : 버니어 캘리퍼스

(2) 비교측정기
① 다이얼게이지(dial gauge) : 비교측정기의 대표적이며, 평면도, 진원도, 축의 흔들림, 직각도 등의 측정에 사용
② 공기 마이크로미터(air micrometer) : 공기의 흐름을 확대기구로 하여 길이를 측정하는 방법으로 동시에 다수 구멍 측정
③ 전기 마이크로미터(electric micrometer)
④ 옵티미터(optimeter) : 광학적으로 미소범위를 확대하여 측정
⑤ 미니미터(minimeter) : 레버 확대기구를 이용하여 수백, 수천 배 확대시켜서 측정

(3) 기타 측정기기
① 블록 게이지(block gauge)
㉮ 게이지 중 가장 정밀도가 높으며, 건식래핑에서 얻어진다.(조합 밀착하여 사용 가능)

㉰ 분류 : 연구소용 또는 참조용(AA급), 표준용(A급), 검사용(B급), 일감용 또는 공작용(C급)
② 한계 게이지
　　㉮ 구멍용 한계 게이지 : 플러그 게이지, 평 게이지, 봉 게이지 등이 있다.
　　㉯ 축용 한계 게이지 : 스냅 게이지, 링 게이지 등이 있다.
　　㉰ 테일러의 원리 : "통과 측에는 모든 치수 또는 결정량이 동시에 검사되고 정지 측에는 각 치수를 개개로 검사하지 않으면 안 된다."
③ 각종 게이지(표준 게이지)
　　㉮ 센터 게이지(center gauge) : 선반작업의 나사 절삭시 바이트 위치나 바이트의 각도를 검사하는데 사용
　　㉯ 틈새 게이지(thickness gauge) : 미세한 간격이나 틈새를 측정하는 데 사용
　　㉰ 피치 게이지(pitch gauge) : 나사산의 피치를 측정
　　㉱ 와이어 게이지(wire gauge) : 철사의 지름 및 판의 두께 측정
　　㉲ 반지름 게이지(radius gauge), 드릴 게이지(drill gauge)
④ 진원도 측정방법 : 직경법, 반경법, 삼점법
⑤ 사인 바(sine bar) : 45° 이하의 각도 측정에 사용

　　※ $\sin\alpha = \dfrac{H-h}{L}$

(4) 나사의 유효지름 측정
① 나사 마이크로미터
② 삼선법(삼침법) : 가장 정밀(미터나사 : de(유효지름)= M−3d+0.86603p)
③ 공구현미경 또는 투영기 : 나사산의 각, 높이, 피치 및 d(호칭경), de(유효지름), d1(골지름)을 측정할 수 있다.

3 기계작업안전

가. 안전관리 일반

(1) 보호구
① 안전을 위하여 작업에 필요한 적절한 보호구를 선정하고 올바른 사용 방법을 익혀 둔다.
② 필요한 수량의 비치, 정비, 점검 등 보호구의 관리를 철저히 한다.
③ 필요한 보호구는 반드시 착용한다.
　　㉮ 보안경 : 절삭시 칩이 튀거나, 모래, 숫돌입자 등이 날리는 작업 등에 사용한다.

예를 들면 연삭, 선반, 드릴링, 셰이퍼, 목공 기계 작업시
- ④ 차광 보호 안경 : 용접 작업과 같이 불티나 유해광선이 나오는 작업에 사용한다.
- ④ 방진 마스크 : 먼지가 많은 장소와 인체에 해로운 가스가 발생되는 작업장에 사용한다.
- ④ 장갑 : 선반, 밀링, 연삭, 드릴, 목공기계, 해머, 정밀기계 작업 등에는 장갑을 착용하지 않는다.
- ④ 귀마개 : 소음이 발생하는 작업, 제관, 조선, 단조, 직포 작업 등에는 귀마개를 사용한다.
- ④ 안전모
  - ㉠ 물건이 떨어지거나 추락, 충돌에서 머리를 보호할 수 있도록 안전모를 착용한다.
  - ㉡ 안전모의 상부와 머리 상부 사이의 간격은 25mm 이상 유지해야 한다.
  - ㉢ 턱 조절끈은 반드시 알맞게 조절한다.

(2) 수공구류 안전 수칙

① 해머 작업의 안전
- ㉮ 녹이 슨 재료를 작업할 때 보호안경을 착용한다.
- ㉯ 기름이 묻은 손이나 장갑을 끼고 작업하지 않는다.
- ㉰ 처음부터 큰 힘을 주어 작업하지 않고, 처음에는 서서히 타격한다.
- ㉱ 해머를 자루에 꼭 끼우고 손잡이가 금이 갔거나 머리가 손상된 것은 사용하지 않는다.
- ㉲ 좁은 곳이나 발판이 불안한 곳에서는 해머작업을 하지 않는다.
- ㉳ 해머는 자기 체중에 비례해서 선택하고, 자기 역량에 맞는 것을 선택해서 사용한다.

② 정 작업의 안전
- ㉮ 날끝이 결손된 것이나 둥글어진 것은 사용하지 않는다.
- ㉯ 정은 기름을 깨끗이 닦은 후에 사용한다.
- ㉰ 따내기 작업시는 보호안경을 착용한다.
- ㉱ 작업 중의 시선을 항상 정 끝을 주시하고, 절단시 조각의 비산에 주의한다.
- ㉲ 정을 잡은 손의 힘을 빼고 작업한다.
- ㉳ 적 장업은 처음에는 가볍게 두들기고 목표가 정해진 후에 차츰 세게 두들기며, 작업이 끝날때는 타격을 약하게 한다.
- ㉴ 담금질한 재료를 정으로 치지 말 것
- ㉵ 절삭면을 손가락으로 만지거나 절삭 칩을 손으로 제거하지 말 것

③ 스패너 작업의 안전
- ㉮ 스패너를 해머 대용으로 사용하지 않는다.
- ㉯ 너트에 꼭 맞게 사용한다.
- ㉰ 너트에 스패너를 깊이 물려서 약간씩 앞으로 당기는 식으로 풀고 조이는 작업을 한다.
- ㉱ 작은 볼트에 너무 큰 스패너를 사용하지 않는다.

㉮ 스패너에 파이프를 끼우거나 해머로 두들겨서 돌리지 않는다.
　　　㉯ 스패너와 너트 사이에 쐐기를 끼워 사용하지 않는다.
　④ 드라이버 작업
　　　㉮ 드라이버는 홈의 나비와 길이에 맞는 것을 사용한다.
　　　㉯ 드라이버의 이가 빠지거나 둥글게 된 것은 사용하지 않는다.
　　　㉰ 작업 중 드라이버가 빠지지 않도록 한다.
　　　㉱ 용도 이외의 다른 목적으로 사용하지 않는다.

(3) 다듬질의 안전작업

　① 바이스 작업
　　　㉮ 작업 중 바이스를 자주 조인다.
　　　㉯ 조(jaw)의 중심에 공작물이 오도록 고정한다.
　　　㉰ 가공물에 체결한 다음에는 반드시 핸들을 밑으로 내린다.
　　　㉱ 둥근 가공물은 프리즘(prism)형 보조구를 이용하여 고정한다.
　　　㉲ 불안정한 공작물, 무거운 공작물을 고정할 때는 공작물 밑에 나무 조각 등의 대를 받쳐서 작업 중에 공작물이 낙하하지 않도록 한다.
　② 줄 작업의 안전
　　　㉮ 줄에 담금질 균열이 있는 것은 사용 중에 부러질 우려가 있으므로 잘 점검한다.
　　　㉯ 줄자루는 소정의 크기의 것으로 튼튼한 쇠고리가 끼워진 것을 선택하고 자루를 확실하게 고정하여 사용한다.
　　　㉰ 칩은 입으로 불거나 맨손으로 털지 말고 반드시 브러시로 털어낸다.
　　　㉱ 줄을 레버나 잭 핸들 또는 해머 대신 사용해서는 안된다.
　　　㉲ 줄질 후 쇳가루(칩)를 입으로 불어내지 않도록 한다.
　　　㉳ 바른 손에 힘을 주고 왼손은 균형을 잡도록 한다.
　　　㉴ 자루를 단단히 끼우고 사용한다.

　③ 쇠톱 작업의 안전
　　　㉮ 작업 중 톱날이 부러져서 상처를 입지 않도록 한다.
　　　㉯ 쇠톱자루와 테의 선단을 잘 붙들고 좌우로 흔들리지 않도록 작업한다.
　　　㉰ 절삭이 끝날 무렵에는 힘을 빼고 가볍게 사용한다.
　④ 스크레이퍼 작업의 안전
　　　㉮ 스크레이퍼의 절삭날은 날카로우므로 특히 유의하여 취급한다.
　　　㉯ 작업을 할 때는 공작물이 미끄러지지 않도록 고정시킨다.

나. 공작기계 작업시 안전수칙

(1) 공작기계의 안전수칙
① 기계에 주요할 때에는 정지상태에서 한다.
② 이송을 걸어 놓은 채 기계를 정지시키지 않는다.
③ 기계의 회전을 손이나 공구로 멈추지 않는다.
④ 가공물, 절삭공구의 설치를 견고하게 한다.
⑤ 절삭 공구는 짧게 설치하고 절삭성이 나쁘면 교환하여 사용한다.
⑥ 칩이 비산할 때는 보안경을 사용한다.
⑦ 사용한 공구는 공구상자에 보관한다.
⑧ 칩을 제거할 때는 브러시나 칩 클리너를 사용하고 맨손으로 하지 않는다.
⑨ 절삭 및 회전 중에는 손으로 공작물의 절삭면을 만지거나 측정하지 않는다.
⑩ 운전 중 기계에서 이탈하지 않으며, 고장기계는 반드시 표시한다.

(2) 선반 작업의 안전
① 연속적인 칩(chip)은 쇠솔을 사용하여 제거한다.
② 가공물의 설치는 전원 스위치를 끄고 바이트를 충분히 뗀 다음 설치한다.
③ 공작물의 설치가 끝나면 척 핸들, 렌치는 떼어놓고, 기계 위에 좋아서는 안 된다.
④ 편심된 가공물의 설치는 균형추를 부착하여 작업한다.
⑤ 바이트는 기계를 정지시킨 후 가급적 짧고 견고하게 고정한다.
⑥ 측정 및 속도 변환은 반드시 기계를 정지 후에 한다.
⑦ 돌리개는 적당한 크기의 것을 선택하고 심압대 스핀들이 지나치게 나오지 않도록 한다.

(3) 밀링 작업의 안전
① 절삭 공구 설치 시 시동 레버와 접촉하지 않도록 한다.
② 공작물 설치시 절삭 공구의 회전을 정지시킨다.
③ 상하 이송용 핸들은 사용 후 반드시 빼놓는다.
④ 가공 중에는 기계에 얼굴을 가까이 대지 않는다.
⑤ 절삭 공구에 절삭유를 주유할 때에는 커터 위에서부터 한다.
⑥ 칩이 비산하는 재료는 커터 부분에 커버를 하든가 보안경을 착용한다.
⑦ 작업 중에 갑자기 정전되었을 때에는 기계에 부착된 스위치를 끄고, 경우에 따라 메인(main) 스위치도 끈다. 이때 절삭공구는 공작물에서 떼어 놓는다.

(4) 연삭 작업의 안전
① 숫돌차는 기계에 규정된 것을 사용한다.
② 숫돌을 설치하기 전에 나무망치로 숫돌을 때려 조사한다.(균열이 있으면 탁한 소리가 난다.)
③ 숫돌의 커버를 벗겨 놓은 채 사용해서는 안 된다.

④ 숫돌차의 안지름은 축의 지름보다 0.05~0.1mm 정도 커야 한다.
⑤ 플랜지는 좌우 같은 것을 사용하고 숫돌 바깥지름의 1/3이상의 것을 사용한다.
⑥ 플랜지와 숫돌 사이에는 플랜지와 같은 크기의 패킹을 양쪽에 끼우고 너트를 너무 강하게 조이지 않도록 주의한다.
⑦ 숫돌의 3분 이상, 작업 개시 전에는 1분 이상 시운전하다. 그때, 숫돌의 회전방향으로부터 몸을 피하여 안전에 유의한다.
⑧ 숫돌과 받침대의 간격은 항상 3mm(1.5mm 정도) 이하로 유지한다.
⑨ 공작물과 숫돌은 조용하게 접촉하고, 무리한 압력으로 연삭해서는 안 된다.
⑩ 공작물은 받침대로 확실하게 지지한다.
⑪ 소형 숫돌은 측압에 약하므로 컵형 숫돌 외는 측면 사용을 피한다.
⑫ 안전 차폐막을 갖추지 않은 연삭기를 사용할 때는 방진 안경을 사용한다.

(5) 셰이퍼, 플레이너 작업의 안전
① 테이블의 행정에 따라서 미리 안전책을 배치한다.
② 테이블의 행정 내에 장애물이 없는가를 확인한 후 시동한다.
③ 작업 중 테이블에 발을 올려놓지 않도록 주의한다.
④ 운전 중 램의 운전 방향에 서있지 않는다.
⑤ 램의 행정 내에 장애물이 있어서는 안된다.

(6) 드릴 작업
① 일감을 정확하게 고정하고 장갑을 사용하지 말아야 한다.
② 테이블 위에서는 공작물에 펀치질을 해서는 안 되며, 작업할 대 옷소매가 길거나 찢어진 옷을 입으면 안 된다.
③ 벨트 등의 동력전달장치에 커버를 설지한다.
④ 드릴은 양호한 것을 사용하고, 생크에 상처나 균열이 있는 것을 사용하지 않는다.
⑤ 드릴을 고정하거나 풀 때는 주축이 완전히 멈춘 후에 한다.
⑥ 회전하고 있는 주축이나 드릴에 손이나 걸레를 대거나 머리를 가까이 하지 않는다.
⑦ 작은 물건을 바이스나 고정구로 고정하고 직접 손으로 잡지 말아야 한다.
⑧ 얇은 물건을 드릴 작업할 대는 밑에 나무 등을 놓고 구멍을 뚫어야 한다.
⑨ 드릴 끝이 가공물이 맨 밑에 나올 때, 가공물이 회전하기 쉬우므로 이송을 느리게 한다.
⑩ 가공 중 드릴이 가공물에 박히면 기계를 정지시키고 손으로 돌려서 드릴을 뽑아야 한다.
⑪ 드릴이나 소켓 등을 뽑을 때는 드릴 뽑개를 사용하며, 해머 등으로 두들겨 뽑지 않도록 한다.
⑫ 드릴 및 척을 뽑을 때는 주축과 테이블의 간격을 좁히고 테이블 위에 나무 조각을 놓고 받는다.

(7) 용접작업 안전수칙

① 산소용접
- ㉮ 용접 작업시 적당한 차광 안경을 사용한다.
- ㉯ 점화시 아세틸렌 밸브를 먼저 열고 점화한 뒤 산소 밸브를 연다.
- ㉰ 충전된 산소병은 직사광선이 직접 투사하는 곳에 놓지 않도록 한다.
- ㉱ 작업 후 산소 밸브를 먼저 닫고 아세틸렌 밸브를 닫는다.
- ㉲ 점화는 성냥불이나 담뱃불로 하지 않도록 한다.
- ㉳ 역화가 일어났을 때는 즉시 산소 밸브를 잠근다.
- ㉴ 산소 발생기에서 5m 이내, 발생기실에서 3m 이내의 장소에서 흡연과 화기를 사용하거나 불꽃이 일어나는 행위를 금한다.
- ㉵ 아세틸렌 사용압력은 $1[kg/cm^2]$을 사용하고, 산소 용접기의 압력은 $15[kg/cm^2]$ 이하로 사용한다.
- ㉶ 사용 중 용기의 개폐 밸브용 핸들은 만일에 대비하여 용기 가까이에 둔다.
- ㉷ 아세틸렌 누출 유무는 비눗물을 사용하여 검사한다.
- ㉸ 용접 작업 중 유해가스, 연기, 분진 등의 발생이 심한 때에는 방진 마스크를 사용한다.

② 전기 용접
- ㉮ 용접시에는 소화기 및 소화수를 준비한다.
- ㉯ 우천시 옥외 작업을 금한다.
- ㉰ 홀더는 항상 파손되지 않은 것을 사용한다.
- ㉱ 용접봉을 갈아 끼울 때는 홀더의 충전부에 몸이 닿지 않도록 주의한다.
- ㉲ 작업시에는 반드시 보호장비를 착용한다.
- ㉳ 벗겨진 홀더는 사용하지 않도록 한다.
- ㉴ 작업 중단시는 전원 스위치를 끄고 커넥터를 풀어준다.
- ㉵ 피용접물은 코드를 완전히 접지시킨다.
- ㉶ 환기장치가 완전한 일정한 장소에서 용접한다.
- ㉷ 보호장갑 및 에이프런(앞치마), 정강이받이 등을 착용한다.

다. 산업안전

(1) 안전 · 보건표지의 색채, 색도기준 및 용도

색채	색도기준	용도	사용례
빨간색	7.5R 4/14	금지	정지신호, 소화설비 및 그 장소, 유해행위의 금지
		경고	화학물질 취급장소에서의 유해 · 위험 경고

노란색	5Y 8.5/12	경고	화학물질 취급장소에서의 유해·위험 경고 이외의 위험 경고, 주의 표지 또는 기계방호물
파란색	2.5PB 4/10	지시	특정 행위의 지시 및 사실의 고지
녹색	2.5G 4/10	안내	비상구 및 피난소 사람 또는 차량의 통행 표시
흰색	N9.5	–	파란색 또는 녹색에 대한 보조색
검은색	N0.5	–	문자 및 빨간색 또는 노란색에 대한 보조색

(2) 산업 재해율

① 천인율 : 재해발생 빈도를 나타낸다.

$$천인율 = \frac{근로자의\ 재해건수}{평균근로자수} \times 1{,}000$$

② 도수율 : 재해발생 빈도를 나타낸다.

$$도수율 = \frac{근로재해건수}{근로연시간수} \times 1{,}000{,}000$$

③ 강도율 : 재해발생에 의한 손실 정도를 나타낸다.

$$강도율 = \frac{근로총손실일수}{근로연시간수} \times 1{,}000$$

(3) 소화기 종류와 용도

소화기 \ 종류	보통화재(A급)	기름화재(B급)	전기화재(C급)
포말소화기	적합	적합	부적합
분말소화기	양호	적합	양호
CO_2소화기	양호	양호	적합

(4) 작업자의 조명

장소	조명도(lux)	장소	조명도(lux)
초정밀 작업	600Lux 이상	거친작업	60Lux 이상
정밀 작업	300Lux 이상	옥내의 전반적인 조명	30~50Lux 정도 유지
보통작업	150Lux 이상		

(5) 통로 및 작업장

① 옥내 통로는 통로면으로부터 2m 이내에 장애물이 없도록 한다.
② 기계 사이의 통로 너비는 80cm 이상으로 한다.
③ 비상용 통로 : 비상시 피난할 수 있는 곳으로 2곳을 설치한다.
 ㉮ 폭발성, 발화성, 인화성 등의 물품을 제조, 취급하는 옥내에 설치한다.
 ㉯ 상시 50인 이상의 옥내 작업장에 설치한다.
④ 계단
 ㉮ 계단은 높이 5m를 초과할 때는 높이 5m 이내마다 적당한 계단실을 설치한다.
 ㉯ 적어도 한쪽에는 손잡이를 설치한다.
⑤ 비상용 계단
 지하층 또는 2층 이상에서 상시 20인 이상 근로자가 취업하는 경우, 옥외로 통하는 계단을 2개 이상 설치한다.

적중예상문제_ 기계가공 및 작업안전

01 일반적으로 정밀 공작기계의 밑면이 받는 하중은?

㉮ 압축하중 ㉯ 인장하중
㉰ 충격하중 ㉱ 비틀림하중

02 밀링머신에서 직접 분할법으로 분할이 가능한 분할 수는?

㉮ 12, 8, 6, 3등분 ㉯ 28, 16, 8, 6등분
㉰ 24, 16, 8, 3등분 ㉱ 24, 14, 12, 6등분

03 연삭숫돌에서 결합도의 기호 중 그 호칭이 중간 것에 해당되는 것은?

㉮ E ㉯ H
㉰ L ㉱ P

04 접시머리 나사의 머리부를 묻히기 위해 원뿔자리를 만드는 작업은?

㉮ 카운터 싱킹(counter sinking)
㉯ 스폿 페이싱(spot facing)
㉰ 리밍(reaming)
㉱ 카운터 보링(counter boring)

05 넓은 평면을 절삭하며 공작물에 직선 운동을 주는 공작기계는?

㉮ 브로칭머신 ㉯ 밀링머신
㉰ 플레이너 ㉱ 밴드소오

해설

01 공작기계의 가공 시 위에 있는 부속품이나 부품들을 떠받치는 하중

02 • 직접분할법 : 2, 3, 4, 6, 8, 12, 24의 약수
• 단식분할법 : 2~60까지 수

03 중간 정도 : L, M, N, O

01 ㉮ 02 ㉮ 03 ㉰ 04 ㉮
05 ㉰

06 절삭유의 사용목적 : 공구의 수명연장, 다듬질면 향상 가공능률 향상, 가공치수 및 정밀도 향상

07 다이얼게이지의 진원도
$= \dfrac{\text{편심량}}{2}$

10 동력손실이 적어야 한다.

06 ㉰   07 ㉯   08 ㉱   09 ㉰
10 ㉯

---

06 절삭제의 사용목적 중 틀린 것은?

㉮ 공구의 냉각을 돕는다.
㉯ 공작물의 냉각을 돕는다.
㉰ 공구와 칩의 친화력을 돕는다.
㉱ 가공 표면을 세척한다.

07 양 센터로 지지한 시험봉을 다이얼 게이지로 측정을 하였더니 0.04mm 움직였다. 이 때 시험봉의 편심량은 몇 mm인가?

㉮ 0.01   ㉯ 0.02
㉰ 0.04   ㉱ 0.08

08 드릴작업시 주의할 점으로 틀린 것은?

㉮ 작업복과 작업모를 착용한다.
㉯ 칩은 기계를 정지시킨 다음 브러시로 제거한다.
㉰ 드릴작업시에는 보호안경을 쓴다.
㉱ 작은 공작물은 직접 손으로 잡고 작업을 한다.

09 공작물과 공구사이의 마찰계수가 클 때의 설명으로 맞지 않는 것은?

㉮ 전단각이 적게되고 칩의 변형에 소요되는 절삭 동력이 크게 된다.
㉯ 칩의 형태는 전단형, 열단형, 균열형칩이 되기 쉽다.
㉰ 공구에 작용하는 압력이 작게되어 구성인선을 방지한다.
㉱ 절삭 온도가 높게되어 공구의 수명이 짧아진다.

10 공작기계의 구비 조건중 적당하지 않는 것은?

㉮ 절삭 가공의 능률이 좋을 것
㉯ 동력손실이 크고 치수 정밀도가 좋을 것
㉰ 조작이 용이하고 안전성이 높을 것
㉱ 기계의 강성이 높을 것

11 래핑(lapping)가공의 장점 설명 중 틀린 것은?

㉮ 가공면이 매끈한 거울면을 얻을 수 있다.
㉯ 정밀도가 높은 제품을 만들 수 있다.
㉰ 가공된 면은 내식성, 내마모성이 좋다.
㉱ 가공된 표면의 경도가 높다.

12 드릴 1회전 하는 동안에 이송거리 s = 0.05 mm 라 하고 드릴 끝 원뿔의 높이 h = 1.6mm , 구멍의 깊이 t = 25mm라 하면 이 구멍을 뚫는 데 소요되는 시간은? (단, 절삭속도 v = 50 m/min 드릴지름 D = 12 mm 이다.)

㉮ 약 0.12 분
㉯ 약 0.8 분
㉰ 약 0.4 분
㉱ 약 1 분

13 호브(래크)를 사용하여 기어(피니언)소재에, 인벌류트 치형을 정확히 가공할 수 있는 방법은?

㉮ 형판법
㉯ 성형법
㉰ 오돈토 그래프
㉱ 창성법

14 래핑작업에 사용하는 랩제의 종류가 아닌 것은?

㉮ 탄화규소
㉯ 산화철
㉰ 산화크롬
㉱ 흑연가루

15 KS규격에서 물체를 측정할 때, 표준 온도는?

㉮ 16℃   ㉯ 20℃
㉰ 24℃   ㉱ 36.5℃

---

11 • 래핑가공 : 랩과 일감사이 랩제를 넣어 문지르면서 다듬질
• 랩제 : 탄화규소, 산화알루미늄, 산화철, 다이야몬드미분

12 $T = \dfrac{\pi D(t + h)}{1000vs}$ (min)

$= \dfrac{3.14 \times 12 \times (25 + 1.6)}{1000 \times 50 \times 0.05}$

$\fallingdotseq 0.4$ (min)

13 창성법 : 인볼루우트 치형을 그리는 성질을 응용하여 미끄러지지 않도록 물리고 서로 상대운동을 시켜 기어를 깎는 방법

14 랩제의 종류 : 탄화규소(SiC) 알루미나(Al_2O_3) 산화크롬, 산화철

11 ㉱ **12** ㉰ **13** ㉱ **14** ㉱
15 ㉯

16 극압유는 절삭 공구가 고온 고압 상태에서 마찰을 받을 때 사용하는데, 이 극압유의 극압 첨가제로 사용되지 않는 것은?

㉮ S   ㉯ Cr
㉰ Pb ㉱ P

17 선반의 절삭력을 전달하는 가장 중요한 부분으로서 자중, 절삭저항, 회전력 등의 영향을 받는 것은?

㉮ 본체
㉯ 안내면
㉰ 바이트
㉱ 스핀들

18 드릴을 연삭하면 웨브의 두께가 두꺼워져 절삭성이 나빠진다. 이 점을 개선하기 위해서 하는 작업은?

㉮ 시닝(Thinning)
㉯ 드레싱(Dressing)
㉰ 트루잉(Truing)
㉱ 그라인딩(Grinding)

19 밀링작업에서 하향 밀링가공이란?

㉮ 공작물의 밑면을 깎는 것이다.
㉯ 커터의 회전방향과 공작물의 이송방향이 반대인 것을 말한다.
㉰ 커터의 회전방향과 공작물의 이송방향이 같은 것을 말한다.
㉱ 커터의 회전방향에 관계없이 이송을 주는 것이다.

20 선반 작업 중 일감 1회전당 바이트가 이동되는 거리를 나타내는 것은?

㉮ 이송(mm/rev)   ㉯ 절삭속도(m/min)
㉰ 회전수(rpm)   ㉱ 절삭깊이(mm)

16 ㉯ 17 ㉱ 18 ㉮ 19 ㉰
20 ㉮

21 밀링작업의 안전관리에 적절하지 않은 것은?

㉮ 정면커터 작업시에는 칩이 튀므로 칩 커버를 설치한다.
㉯ 가공 중에 가공상태를 정확히 파악해야 하므로 얼굴을 가까이 대고 본다.
㉰ 절삭가공 중에는 브러쉬로 칩을 제거하지 않는다.
㉱ 절삭공구나 공작물을 설치할 때에는 전원을 끄고 작업한다.

22 경도가 높고 내마멸성도 크며 절삭속도가 가장 크며 능률적이나, 잘부서지는 성질이 있어 일반적으로 강철이나 주철을 절삭하는 데에는 사용하지 않고, 비철금속의 정밀절삭에만 쓰이는 절삭공구 재료는?

㉮ 합금공구강
㉯ 스텔라이트
㉰ 세라믹
㉱ 다이아몬드

23 센터리스 연삭의 장점이 아닌 것은?

㉮ 대형 중량물의 연삭에 적합하다.
㉯ 연속작업이 가능하므로 대량생산에 적합하다.
㉰ 긴 축재료의 연삭이 가능하다.
㉱ 속이 빈 원통의 외면 연삭에 편리하다.

24 접시 머리 나사의 머리부를 묻히게 하기 위하여 원뿔자리를 파는 작업은?

㉮ 카운터 보링
㉯ 카운터 싱킹
㉰ 스폿 페이싱
㉱ 태핑

25 바이스의 크기를 표시하는 것은?

㉮ 조오의 폭
㉯ 바이스의 높이
㉰ 공작물이 물릴 수 있는 길이
㉱ 바이스의 전체 중량

해설

21 절삭도중 검사나 측정을 하지 않는다.

22 다이아몬드 : 내마모성이 뛰어나 거의 모든 재료 절삭에 사용. 경금속 절삭에 매우 좋으며, 정밀기계부품 완성사용.

21 ㉯ 22 ㉱ 23 ㉮ 24 ㉯
25 ㉮

26 절삭유의 사용 목적이 아닌 것은?

㉮ 바이트 및 공작물의 냉각
㉯ 절삭공구의 수명 연장
㉰ 절삭저항의 증대
㉱ 정밀도의 저하 방지

27 리드 스크루의 피치가 4 mm인 선반으로 피치 1mm인 나사를 가공할 때, 가장 적합한 변환 기어의 잇수는?

㉮ 20, 80 ㉯ 10, 40
㉰ 25, 80 ㉱ 30, 90

28 호우닝 머신에서 내면을 가공할 때 호운은 일감에 대하여 어떠한 운동을 하는가?

㉮ 회전운동 ㉯ 왕복운동
㉰ 이송운동 ㉱ 회전운동과 왕복운동

29 플레이너에서 공작물이 고정되는 부분은?

㉮ 베드 ㉯ 테이블
㉰ 바이트 ㉱ 크로스 레일

30 항해 항공의 보안시설 및 조난구조 때에 사용하는, 해상 또는 상공에서 식별하기 쉬운 KS규격 안전 표시 색채는?

㉮ 주황 ㉯ 노랑
㉰ 녹색 ㉱ 청색

31 밀링작업에서 스핀들의 앞면에 있는 24구멍의 직접 분할판을 사용하여 분할하며, 이때에 웜을 아래로 내려 스핀들의 웜 휠과 물림을 끊는 분할법은?

㉮ 섹터분할법 ㉯ 직접분할법
㉰ 차동분할법 ㉱ 단식분할법

26 ㉰ 27 ㉮ 28 ㉱ 29 ㉯
30 ㉮ 31 ㉯

32 CNC 공작기계의 테이블 이송장치에 사용되는 나사는?

㉮ 볼 나사 ㉯ 톱니 나사
㉰ 사각 나사 ㉱ 사다리꼴 나사

33 지름 30mm의 중탄소강 둥근막대를 1400rpm 으로 선반에서 외경가공할 때의 절삭속도(m/min)는?

㉮ 약 132 ㉯ 약 123
㉰ 약 232 ㉱ 약 223

34 −15μm의 오차가 있는 블록 게이지에 다이얼 게이지를 세팅한 후 제품을 측정하였더니 47.86mm로 나타났다면 참값은?

㉮ 47.835mm ㉯ 47.875mm
㉰ 47.845mm ㉱ 47.885mm

35 밀링작업에서 스핀들의 앞면에 있는 24구멍의 직접 분할판을 사용하여 분할하며, 이 때에 웜을 아래로 내려 스핀들의 웜 휠과 물림을 끊는 분할법은?

㉮ 섹터분할법 ㉯ 직접분할법
㉰ 차동분할법 ㉱ 단식분할법

36 다음 공구 재료 중 가장 경도가 높고 내마멸성이 크며 비철금속의 정밀 절삭에 사용하는 공구는?

㉮ 세라믹 ㉯ 탄소공구강
㉰ 다이아몬드 ㉱ 고속도강

37 탭(tap)작업시 탭이 부러지는 원인이 아닌 것은?

㉮ 핸들에 무리한 힘을 가할 때
㉯ 구멍이 클 때
㉰ 탭이 구멍 바닥에 부딪혔을 때
㉱ 칩의 배출이 원활하지 못할 때

---

33 절삭속도(V)

$= \dfrac{\pi \times D \times N}{1000}$

$= \dfrac{3.14 \times 30 \times 1400}{1000}$

$= 131.88$

34 47.86 − 0.015 = 47.845

---

32 ㉮ 33 ㉮ 34 ㉰ 35 ㉯
36 ㉰ 37 ㉯

38 숫돌바퀴에서 눈메움이나 무딤이 일어나면 제거를 해야하는데 이 작업을 무엇이라고 하는가?

㉮ 그라인딩(grinding)
㉯ 템퍼링(tempering)
㉰ 드레싱(dressing)
㉱ 트루잉(truing)

39 수치제어 공작 기계의 서보기구 중 검출기나 되먹임(feed back)회로가 없는 제어 회로방식은?

㉮ 개방 회로방식(open loop system)
㉯ 반 폐쇄 회로방식(semi-closed loop system)
㉰ 폐쇄 회로방식(closed loop system)
㉱ 하이브리드 서보방식(hybrid servo system)

40 드릴링 머신은 다른 적당한 공구를 사용하여 여러 가지 작업이 가능하다. 다음 중 할 수 없는 작업은?

㉮ 널링 작업
㉯ 보링 작업
㉰ 리밍 작업
㉱ 태핑 작업

41 선반작업에서 주로 테이퍼 부분의 길이가 짧고 경사각이 큰 일감의 테이퍼 가공에 가장 적합한 방법은?

㉮ 심압대를 편위시키는 방법
㉯ 총형 바이트를 사용하는 방법
㉰ 복식 공구대를 경사시키는 방법
㉱ 테이퍼 절삭장치를 사용하는 방법

42 랩제로 사용되지 않는 것은?

㉮ 탄화규소   ㉯ 흑연
㉰ 알루미나   ㉱ 산화철

38 ㉰ 39 ㉮ 40 ㉮ 41 ㉰
42 ㉯

43 절삭공구의 수명판정을 하는 데, 그 기준이 되지 않는 것은?

㉮ 마멸량(플랭크 마멸, 크레이터 마멸)이 일정값에 도달한 경우
㉯ 치핑, 파손의 손상을 받을 경우
㉰ 절삭저항이 어느 한도를 넘는 경우
㉱ 구성인선이 발생할 경우

44 센터리스 연삭작업에서 장점, 단점에 대한 각각의 설명으로 옳은 것은?

㉮ 장점: 긴 홈이 있는 일감을 연삭할 수 있다.
㉯ 장점: 대형 중량물을 연삭할 수 있다.
㉰ 단점: 연삭숫돌바퀴의 나비보다 긴 일감은 전후이송법으로는 연삭할 수가 없다.
㉱ 단점: 연삭여유가 적으면 안 된다.

45 렌즈의 끝 다듬질은 어느 래핑에 속하는가?

㉮ 나사 래핑
㉯ 원통 래핑
㉰ 기어 래핑
㉱ 구면 래핑

46 KS규격에 의한 안전색과 사용표지의 연결이 잘못된 것은?

㉮ 빨강 – 고도 위험
㉯ 노랑 – 주의
㉰ 파랑 – 진행
㉱ 녹색 – 피난

47 절삭제의 사용목적 중 틀리는 것은?

㉮ 절삭열의 제거   ㉯ 마찰의 감소
㉰ 공구수명 연장   ㉱ 절삭칩의 보호

---

43 공구의 수명판정
- 횡분력과 배분력이 급격이 증가할 때
- 드릴작업시 절삭된 구멍길이의 총계
- 공구날의 온도가 절삭 중 일정 한계에 미칠 때

46 파랑 – 지시

43 ㉱ 44 ㉰ 45 ㉱ 46 ㉰
47 ㉱

48 드릴 작업에서 구멍을 뚫을 때 걸리는 시간의 계산 공식은 다음 중 어느 것인가? (단, t : 구멍깊이 [mm], h : 드릴끝 원뿔높이[mm], v : 절삭속도 [m/min], s : 드릴1회전당 이송거리[mm/rev], D : 드릴의 지름[mm]이다.)

㉮ $\dfrac{t+h}{1000vs}(\min)$ ㉯ $\dfrac{1000v}{\pi D(t+h)}(\min)$

㉰ $\dfrac{\pi D(t+h)}{1000vs}(\min)$ ㉱ $\dfrac{\pi D(t+h)}{S}(\min)$

49 수직선반(vertical lathe)에 대한 설명 중 틀린 것은?

㉮ 테이블이 수직면 내에서 회전하는 것이다.
㉯ 공구의 길이방향 이송이 수직방향으로 되어 있다.
㉰ 공구대가 터릿식으로 된 수직선반도 있다.
㉱ 일감고정이 쉽고, 안정된 중절삭을 할 수 있다.

50 게이지블럭에서 정밀도가 가장 낮은 것은?

㉮ 00급
㉯ 0급
㉰ 1급
㉱ 2급

51 니이컬럼형 밀링 머신이 아닌 것은?

㉮ 수평 밀링 머신
㉯ 수직 밀링 머신
㉰ 만능 밀링 머신
㉱ 생산 밀링 머신

52 CNC공작기계에서 백 래쉬(Back lash)의 오차를 줄이기 위해 사용하는 기계부품은?

㉮ 유니파이 나사 ㉯ 볼 스크류
㉰ 사각 나사 ㉱ 리드 스크류

48 ㉰ 49 ㉮ 50 ㉱ 51 ㉱
52 ㉯

53 브로치라는 공구를 사용하여 일감의 표면 또는 내면을 필요한 모양으로 절삭가공하는 기계는?

㉮ 마찰전단기
㉯ 크랭크절삭기
㉰ 브로칭 머신
㉱ 밀링 머신

54 직경 30mm인 환봉을, 318rpm으로 선반 가공 할 때의 절삭속도는 약 몇 m/min인가?

㉮ 30   ㉯ 40
㉰ 50   ㉱ 60

55 연삭숫돌 입자의 크기는 "굵기를 표시하는 숫자"로 나타내는데, 이것을 무엇이라 하는가?

㉮ 조직
㉯ 입자
㉰ 입도
㉱ 결합도

56 분할변환기어, 이송변환기어, 차동변환기어를 구비하고 있는 공작기계는?

㉮ 만능드릴머신
㉯ 슬로터
㉰ 호빙머신
㉱ 만능연삭기

57 일반적으로 바이스의 크기를 나타내는 것은?

㉮ 바이스 전체의 중량
㉯ 물건을 물릴 수 있는 조오의 폭
㉰ 물건을 물릴 수 있는 최대 거리
㉱ 바이스의 최대 높이

 해설

53 키홈, 스플라인홈, 다각형의 구멍을 가공하는데 사용.

54 $v = \dfrac{\pi DN}{1000}$
$= \dfrac{3.14 \times 30 \times 318}{1000} \fallingdotseq 30$

55 • 결합도 : 숫돌의 경도, 즉 결합제의 세기를 말함.
• 조직 : 숫돌입자의 밀도
• 결합제 : 숫돌 성형재료 본드

53 ㉰   54 ㉮   55 ㉰   56 ㉰
57 ㉯

58 드릴구멍 = 호칭경 − 피치
= 14 − 2 = 12

61 표면조도
$$s = \frac{f^2}{8r} = \frac{0.2^2}{8 \times 0.5} = 0.01$$

58 미터나사에서 지름이 14mm, 피치가 2mm의 나사를 태핑(tapping) 하기 위한 드릴구멍의 지름은 몇mm로 하는가?

㉮ 16 ㉯ 14
㉰ 12 ㉱ 10

59 래핑작업에서 랩제로 사용되지 않는 것은?

㉮ 탄화규소(SiC) ㉯ 알루미나(Al_2O_3)
㉰ 산화철 ㉱ 탄소강

60 밀링작업시 상향 절삭의 장점이 아닌 것은?

㉮ 기계에 무리를 주지 않는다.
㉯ 날이 부러질 염려가 없다.
㉰ 이송기구의 백래시가 자연히 제거된다.
㉱ 날의 마멸이 작고 수명이 길다.

61 바이트의 날끝 반지름 r = 0.5mm, 이송 s = 0.2mm/rev 일 때 다듬질 표면 거칠기의 이론값은?

㉮ 1.0 ㉯ 0.1
㉰ 0.01 ㉱ 0.04

62 선반에서 다음 식은 어떤 방법으로 테이퍼를 가공할 때 계산하는 공식인가?

$$x = \frac{(D - d)L}{2l}$$

D = 테이퍼의 큰지름   d = 테이퍼의 작은지름
L = 공작물의 전체길이   l = 테이퍼 부분의 길이

㉮ 복식공구대를 경사시키는 방법
㉯ 심압대를 편위 시키는 방법
㉰ 테이퍼 절삭장치를 사용한 방법
㉱ 백오프(back off)장치 이용 방법

58 ㉰ 59 ㉱ 60 ㉰ 61 ㉰
62 ㉯

63 절삭유를 사용할 때의 설명으로 틀린 것은?

㉮ 공구날의 경도 저하를 방지하며 공구 수명을 연장시킨다.
㉯ 일감의 열팽창에 의한 정밀도의 저하를 방지한다.
㉰ 마찰을 증가 시키나 가공면은 매끈하다.
㉱ 칩으로 인한 다듬질면에 상처를 주지 않는다.

64 드릴이 1회전 하는 동안에 이송거리를 s[mm] 라 하고 드릴 끝 원뿔의 높이를 h[mm], 구멍의 깊이를 t[mm] 라 하면 이 구멍을 뚫는데 소요되는 시간 T[min]로 알맞는 것은? (단, v : 절삭속도 [m/min], d : 드릴의 지름 [mm] 이다.)

㉮ $T = \dfrac{ns}{t+h}$ ㉯ $T = \dfrac{\pi s(t+h)}{1000vd}$

㉰ $T = \dfrac{tn}{h+s}$ ㉱ $T = \dfrac{\pi d(t+h)}{1000vs}$

65 선반에서 절삭속도 157m/min로서 지름 100mm의 재료를 깎을 때 적당한 회전수(rpm)는 얼마인가?

㉮ 약 250 ㉯ 약 300
㉰ 약 500 ㉱ 약 750

66 공작기계에서 주축의 회전을 정지시키는 방법으로 가장 옳은 것은?

㉮ 스스로 멈추게 한다.
㉯ 역회전시켜 멈추게 한다.
㉰ 손으로 잡아 정지시킨다.
㉱ 수공구를 사용하여 정지시킨다.

67 선반 절삭작업 중 열단형 칩(chip)이 형성되는 때는?

㉮ 일감의 재질이 유연하고 인성이 많을 때
㉯ 절삭깊이가 작고 절삭속도가 클 때
㉰ 점성이 큰 재질을 작은 경사각의 공구로 절삭할 때
㉱ 주철과 같은 메진 재료를 저속으로 절삭할 때

65 $v = \dfrac{\pi dn}{1000}$ ∴ $n = \dfrac{1000v}{\pi \cdot d}$

63 ㉰ **64** ㉱ **65** ㉰ **66** ㉮
67 ㉰

68 세이퍼에서 가능한 작업 : 평면가공, 측면가공, 곡면가공, 더브테일가공, 홈가공.

69 전극재료 : 흑연, 텅스텐, 구리합금

71 ㉰항은 상향절삭의 장점이다.

73 결합제의 종류
- 비트리파이드 : V
- 실리케이트 : S
- 탄성숫돌
  - 고무 : R
  - 레지노이드 : B
  - 셀락 : E

68 ㉳ **69** ㉳ **70** ㉳ **71** ㉰
72 ㉯ **73** ㉳

---

68 셰이퍼에서 할 수 있는 작업 중 관계가 없는 것은?
㉯ 평면작업　　㉯ 곡면작업
㉰ 더브테일가공작업　㉳ 보링작업

69 방전가공시 전극으로 사용되지 않는 것은?
㉯ 흑연　　㉯ 구리
㉰ 황동　　㉳ 연강

70 다음 중 직접측정기에 속하는 것은?
㉯ 옵티미터　　㉯ 다이얼게이지
㉰ 미니미터　　㉳ 마이크로미터

71 밀링가공에서, 하향 절삭의 장점이 아닌 것은?
㉯ 일감의 고정이 간편하다.
㉯ 가공면이 깨끗하다.
㉰ 이송기구의 백래시가 자연히 제거된다.
㉳ 커터의 수명이 길다.

72 원통연삭기중에서 일감을 설치한 테이블을 왕복시키는 형식으로 소형일감의 연삭에 적합한 형태는?
㉯ 테이블왕복형　㉯ 숫돌대왕복형
㉰ 플런지컷형　　㉳ 센터리스형

73 연삭 숫돌의 결합제를 표시하는 것 중 그 기호가 틀리게 짝지워진 것은?
㉯ 비트리파이드 결합제 – V
㉯ 실리 케이트 결합제 – S
㉰ 비닐 결합제 – PVA
㉳ 레지노이드 결합제 – R

74 드릴링 머신에서 할 수 없는 작업은?

㉮ 탭작업 ㉯ 리밍작업
㉰ 보링작업 ㉱ 펀칭작업

75 다음 스패너나 렌치를 사용할 때 적합하지 않은 것은?

㉮ 넘어지지 않도록 몸을 가눌 것
㉯ 해머 대용으로 사용하지 말 것
㉰ 손이나 공구에 기름이 묻었을 때 사용치 말 것
㉱ 스패너 또는 렌치와 너트 사이의 틈에는 다른 물건을 끼워 사용할 것

76 일감의 재질이 공구에 점착하기 쉬울 때, 공구의 윗면경사각이 작을 때, 절삭깊이가 클 때 나타나는 칩의 형태는?

㉮ 유동형칩
㉯ 전단형칩
㉰ 열단형칩
㉱ 균열형칩

77 밀링머신에 의한 가공에서 상향절삭 설명으로 옳은 것은?

㉮ 밀링커터의 회전 방향과 같은 방향으로 일감을 이송한다.
㉯ 날이 부러질 염려가 없다.
㉰ 날의 마멸이 적고 수명이 길다.
㉱ 백래시 제거장치가 없으면 가공이 곤란하다.

78 초음파 가공에 대한 설명 중 틀린 것은?

㉮ 니켈막대의 자기변형 현상을 이용한 것이다.
㉯ 혼(horn)의 재료는 황동, 연강, 공구강 등이 쓰인다.
㉰ 납, 구리, 연강 등 무른 재료의 가공에 많이 이용된다.
㉱ 적당한 공구와 가공조건의 선택으로 구멍뚫기, 홈파기, 조각, 절단 등의 가공이 가능하다.

해설

78 초음파 가공 : 초음파 진동수로 기계적 진동면과 공작물 사이 숫돌입자, 물 또는 기름을 주입하면서 상하진동으로 일감을 때려 표면을 다듬는 방법

74 ㉱ 75 ㉱ 76 ㉰ 77 ㉯
78 ㉰

79 방진구 : 가늘고 긴 일감 절삭시 하중에 의한 휨이나 처짐을 방지함.(길이가 직경에 20배 이상일 때)*이동방진구, 고정방진구

81 진원도 = $\dfrac{\text{편심량}}{2}$

79 가늘고 긴 공작물을 가공할 때, 자중으로 인한 처짐을 방지하기 위하여 사용하는 선반의 보조 기구는?

㉮ 돌리개
㉯ 방진구
㉰ 돌림판
㉱ 면판

80 셰이퍼나 플레이너에서 급속 귀환 운동기구를 사용하는 목적은?

㉮ 절삭능률을 높이기 위하여
㉯ 재료를 절약하기 위하여
㉰ 기계의 수명을 연장하기 위하여
㉱ 작업자가 지루하지 않도록 하기 위하여

81 V블록 위에 측정물을 올려놓고 회전하였을 때, 다이얼게이지의 눈금이 0.5mm의 차이가 있었다면 진원도는 몇 mm인가?

㉮ 0.25
㉯ 0.50
㉰ 0.75
㉱ 1.00

82 플레이너의 크기를 표시하는 사항이 아닌 것은?

㉮ 테이블의 크기(길이 × 나비)
㉯ 공구대의 수평 및 위아래 이동거리
㉰ 테이블의 높이
㉱ 테이블 윗면부터 공구대까지의 최대높이

83 선반의 크기를 나타내는 방법으로 적당치 않은 것은?

㉮ 베드위의 스윙
㉯ 왕복대위의 스윙
㉰ 양센터 사이의 최대거리
㉱ 공작물을 물릴 수 있는 척의 크기

79 ㉯ 80 ㉮ 81 ㉮ 82 ㉰
83 ㉱

84 알루미나 재질의 연삭 숫돌입자는?

㉮ C
㉯ GC
㉰ WA
㉱ D

85 금긋기 바늘의 손질 및 보관시 유의사항으로 틀린 것은?

㉮ 보관시 바늘끝에 코르크를 끼워 두면 산화되기 쉽다.
㉯ 금긋기 바늘은 공작물보다 경질이어야 한다.
㉰ 항상 중심축과 동심이 되도록 연삭되어 있어야 한다.
㉱ 바늘끝의 연삭이 불량하면 공작물 표면에 그어지는 선의 굵기가 달라진다.

86 절삭작업에서, 구성인선이 증가하는 경우는?

㉮ 공구윗면 경사각을 크게 한다.
㉯ 마찰계수가 작은 공구를 사용한다.
㉰ 고속으로 절삭한다.
㉱ 칩의 두께를 크게 한다.

87 접시 머리 볼트의 머리가 묻히도록 하는 작업은?

㉮ 카운터 싱킹
㉯ 카운터 보링
㉰ 리밍
㉱ 스폿 페이싱

88 슬로터(slotter)의 고정용 공구에 해당 되지 않는 것은?

㉮ 맨드릴
㉯ 클램프
㉰ 앵글플레이트
㉱ 계단블록

89 절삭유에 관한 설명으로 틀린 것은?

㉮ 일감의 열 팽창에 의한 정밀도의 저하를 방지한다.
㉯ 공구날의 경도 저하를 방지한다.
㉰ 마찰을 감소시키므로 가공면이 깨끗하다.
㉱ 칩으로 하여금 다듬어진 면에 상처를 준다.

해설

84 알루미나(Al_2O_3) : 순도에 따라
- 4A, 3A : WA
- 2A, 1A : A

84 ㉰ 85 ㉮ 86 ㉱ 87 ㉮
88 ㉮ 89 ㉱

90 오토콜리메이터의 기능 : 공구나 지그취부구의 세팅 공작기계의 베드나 정반의 정도 검사에 사용되는 각도기의 각도, 진직도, 평면도 측정

90 오토콜리메이터의 부속품에 해당되지 않는 것은?

㉮ 모터 ㉯ 변압기
㉰ 평면경 ㉱ 조정기

91 브라운 샤프형 분할판을 사용하여 원판주위에 5°의 눈금으로 분할하려 할 때, 적당한 분할판의 구멍수는?

㉮ 15 구멍 ㉯ 21 구멍
㉰ 27 구멍 ㉱ 41 구멍

92 방전가공에 쓰이는 가공전극의 요구조건이 아닌 것은?

㉮ 가격이 저렴해야 한다.
㉯ 전극 소모가 적어야 한다.
㉰ 전기저항이 커야 한다.
㉱ 기계가공이 용이해야 한다.

93 절삭가공시 급속귀환 운동을 하는 공작기계는?

㉮ 선반
㉯ 밀링 머신
㉰ 셰이퍼
㉱ 드릴링 머신

94 직물, 피혁, 고무 등으로 만든 유연한 원판을 고속 회전시켜 일감의 표면을 매끈하고 광택있게 가공하는 방법은?

㉮ 텀블링 ㉯ 입자 벨트가공
㉰ 버핑 ㉱ 숏 피닝

95 선반에서 가늘고 긴 일감이 절삭력과 자중에 의해 휘거나 처짐이 일어나는 것을 방지하기 위한 부속장치는?

㉮ 방진구 ㉯ 돌리개
㉰ 에이프런 ㉱ 복식 공구대

90 ㉮ 91 ㉰ 92 ㉰ 93 ㉰
94 ㉰ 95 ㉮

96 드릴링 머신에 의한 가공으로 거리가 가장 먼 것은?

㉮ 슬로팅 ㉯ 리밍
㉰ 태핑 ㉱ 스폿페이싱

97 연삭숫돌 입자틈에 칩과 숫돌가루가 메워져서 눈메움이 일어나는 현상은?

㉮ 로우딩(loading)
㉯ 드레싱(dressing)
㉰ 트루잉(truing)
㉱ 글레이징(glazing)

98 슬로터의 크기를 나타낸 것 중 잘못된 것은?

㉮ 램의 최대 행정
㉯ 테이블의 크기
㉰ 테이블의 이동거리
㉱ 원형 테이블의 최대두께

99 불수용성 절삭유로서 광물성 유에 속하지 않는 것은?

㉮ 스핀들유 ㉯ 기계유
㉰ 올리브유 ㉱ 경유

100 어미자의 최소 눈금이 0.5mm이고 아들자의 눈금기입 방법이 39mm를 20등분한 버니어 캘리퍼스의 최소 측정값은?

㉮ 0.015mm ㉯ 0.020mm
㉰ 0.025mm ㉱ 0.050mm

101 KS규격에 의한 안전색 주황의 의미는?

㉮ 의무적 행동
㉯ 항해, 항공의 보안 시설
㉰ 금지
㉱ 위생, 구호, 보호

97 • 눈메움 : 로우딩(loading)
• 무딤 : 글레이징(glazing)

98 슬로터의 크기 표시방법
• 램의 최대행정
• 테이블의 크기
• 테이블의 이동거리 및 원형 테이블의 지름

99 식물유 : 올리브유

96 ㉮ 97 ㉮ 98 ㉱ 99 ㉰
100 ㉰ 101 ㉯

해설

104 엔드밀 : 드릴과 같이 자루가 있으며 평면, 구멍 가공 시 많이 쓰임

105 • 60° : 소형, 정밀가공
• 75°, 90° : 대형 중량물가공

107 $v = \dfrac{\pi d n}{1000}$

$\therefore n = \dfrac{1000v}{\pi \cdot d} = \dfrac{1000 \cdot 20}{\pi \cdot 10}$

---

102 ⓓ 103 ⓑ 104 ⓒ 105 ⓑ
106 ⓑ 107 ⓑ

---

102 새들과 테이블사이에 회전대가 있어 테이블을 수평면 위에서 적당한 각도로 회전시킬 수 있는 밀링 머신은?

㉮ 각도 밀링 머신   ㉯ 수직 밀링 머신
㉰ 만능 밀링 머신   ㉱ 나사 밀링 머신

103 표면 거칠기 측정 방법이 아닌 것은?

㉮ 표면 거칠기 표준편에 의한 방법
㉯ 영상식 측정기에 의한 방법
㉰ 촉침식 측정기에 의한 방법
㉱ 광 절단식 측정기에 의한 방법

104 직립 밀링 작업시 기본적으로 가장 많이 사용되며, 지름에 비해 길이가 긴 커터는?

㉮ 플레인 커터   ㉯ 메탈소오
㉰ 엔드밀   ㉱ 헬리컬 커터

105 보통 일감에 사용되는 선반 센터 끝의 각도는?

㉮ 55°   ㉯ 60°
㉰ 75°   ㉱ 90°

106 슬리이브의 최소눈금이 0.5mm인 마이크로미터에서 딤블(thimble)의 원주 눈금이 100 등분 되었다면 최소한 읽을 수 있는 값은?

㉮ 0.01mm   ㉯ 0.005mm
㉰ 0.002mm   ㉱ 0.05mm

107 절삭속도 20m/min인 드릴의 지름이 10mm 일 때, 드릴의 회전수는 몇 rpm 정도인가?

㉮ 600rpm   ㉯ 637rpm
㉰ 550rpm   ㉱ 757rpm

108 CNC프로그램의 기호와 그 의미가 잘못 연결된 것은?

㉮ M – 보조 기능　　㉯ T – 공구 기능
㉰ S – 절삭 기능　　㉱ F – 이송 기능

109 전기 도금의 원리와 반대로 연마하려는 일감을 양극으로하여 가공하는 방법은?

㉮ 전해 연마
㉯ 전주 가공
㉰ 이온가공
㉱ 플라스마 가공

110 테이퍼 깍기 장치와 밀링 커터의 여유각을 깎는 릴리빙(Relieving) 장치 등의 부속 장치가 있는 선반은?

㉮ 모방 선반　　㉯ 터릿 선반
㉰ 정면 선반　　㉱ 공구 선반

111 연삭에서 결합제를 금속으로 사용하는 숫돌 바퀴는?

㉮ 탄성 숫돌
㉯ 다이아몬드 숫돌
㉰ 비트리파이드 숫돌
㉱ 실리케이트 숫돌

112 절삭가공 시 칩이 연속적으로 흘러나오며, 가공면이 깨끗하고 절삭작용이 원활한 칩의 형태는?

㉮ 경작형 칩　　㉯ 균열형 칩
㉰ 전단형 칩　　㉱ 유동형 칩

113 나사 마이크로미터는 다음의 어느 측정에 가장 널리 사용되는가?

㉮ 나사의 골지름　　㉯ 나사의 유효지름
㉰ 나사의 호칭지름　　㉱ 나사의 바깥지름

해설

108 S – 주축 기능

109 전해연마 : 전해액에 일감을 양극으로 전기를 통하면 표면이 용해되어 매끈해짐.

111 메탈결합제 : 금속질 분말로 다이아몬드입자 소결 내열, 내마성우수, 중연삭, 정밀연삭에 사용.

113 나사의 유효지름 측정

108 ㉰　**109** ㉮　**110** ㉱　**111** ㉯
112 ㉱　**113** ㉯

해설

115 냉각, 윤활, 세척작용.

116 연삭숫돌 3요소 : 숫돌입자, 결합제, 기공

119
- M00 프로그램 정지
- M01 선택적프로그램 정지
- M02 프로그램 끝
- M03 주축 정회전

114 ㉣ 115 ㉣ 116 ㉣ 117 ㉯
118 ㉣ 119 ㉣

---

114 선반에서 기본 작업의 종류에 해당되지 않는 것은?

㉮ 내경 홈파기 ㉯ 보링
㉰ 절단 ㉣ 기어 가공

115 절삭유의 사용 목적이 아닌 것은?

㉮ 바이트 및 공작물의 냉각
㉯ 절삭 공구의 수명 연장
㉰ 절삭 저항의 증대
㉣ 가공 표면의 방청

116 연삭숫돌 바퀴를 표시할 때 구성하는 요소에 해당되지 않는 것은?

㉮ 결합제 ㉯ 입도
㉰ 결합도 ㉣ 강도

117 선반가공에서 지켜야 할 안전 및 유의 사항이다. 잘못된 것은?

㉮ 척 핸들은 사용 후 척에서 빼 놓아야한다.
㉯ 공작물을 척에 느슨하게 고정한다.
㉰ 기계조작은 주축이 정지 상태에서 실시한다.
㉣ 작업 중 장갑을 착용해서는 안 된다.

118 공작기계의 기본 운동이 아닌 것은?

㉮ 절삭운동 ㉯ 이송운동
㉰ 위치조정운동 ㉣ 공작물 착탈운동

119 NC선반의 보조기능인 M코드에서, 주축 정회전을 나타내는 것은?

㉮ M00 ㉯ M01
㉰ M02 ㉣ M03

120 호닝 작업에서 혼(hone)의 가장 올바른 운동은?

㉮ 곡선 왕복운동
㉯ 회전운동
㉰ 회전운동과 축방향의 왕복운동의 합성운동
㉱ 회전운동과 곡선 왕복운동의 교대운동

121 보링(Boring) 머신에서 할 수 없는 작업은?

㉮ 베벨기어 깎기
㉯ 태핑 작업
㉰ 엔드밀 작업
㉱ 암나사 깎기

122 커터의 날수가 10개이고 1날당 이송량이 0.14mm, 회전수 715 rpm으로 연강을 가공할 때 테이블의 이송속도는 약 몇 mm/min인가?

㉮ 715
㉯ 1000
㉰ 5100
㉱ 7150

해설

122 $f = f_z \times Z \times N$
$= 0.14 \times 10 \times 715$
$\fallingdotseq 1000$

120 ㉰ 121 ㉮ 122 ㉯

06 CNC 공작기계

1 CNC 공작기계의 개요

가. 서보기구

(1) 서보기구의 개요

① 사람의 손과 발의 기계의 위치를 제어하는 대신 Servo motor를 이용하여 이 모터의 위치와 속도를 검출하여 피드 백(feed back)을 시킨다.

② 검출기의 위치에 따라 크게 개방회로 시스템, 폐쇄회로 시스템으로 구분되며 폐쇄회로는 3가지로 다음과 같이 구분되며 비교회로 시스템, feed back system이라고도 한다.
　㉮ 개방회로 방식(Open Loop System)
　㉯ 반폐쇄회로 방식(Semi Closed Loop System)
　㉰ 폐쇄회로 방식(Closed Loop System)
　㉱ 혼합(복합)회로 방식(Hybrid Servo System)

③ 서보기구 중 반폐쇄회로 제어방식(Semi Closed Loop System)이 NC 공작기계에서 현재 가장 널리 사용되고 있다.

(2) 서보기구의 구분

① 개방회로 방식(Open Loop System) : 제어모터에서 지령한 펄스(Pulse)가 직접기계에 전달되는 제어로 검출기와 피드 백(feed back)장치가 없으므로 정밀도가 떨어져 CNC 공작기계에는 잘 사용되지 않고 있다.

[Open loop system]

② 반폐쇄회로 방식(Semi Closed Loop System) : 제어모터에서 지령한 펄스(Pulse)가 직접기계에 전달되기 직전에 검출기가 위치를 검출 하여 지령한 펄스와 비교하여 그 편차량을 피드백 장치가 제어기에 보내어 그 양만큼 펄스를 다시 보내주는 시스템으로 요즈음 정밀한 볼 스크루(ball screw)의 발달과 기계 강성이 좋아 NC 공작기계에 가장 많이 사용하고 있다.

[Semi closed loop system]

③ 폐쇄회로 방식(Closed Loop System) : 제어모터에서 지령한 펄스(Pulse)가 직접기계에 전달되고 테이블에서 검출기가 위치를 검출 하여 지령한 펄스와 비교하여 그 편차량을 피드백(feed back)장치가 제어기에 보내어 그 양만큼 펄스를 다시 보내주는 고정밀도 시스템이나 구축하기 힘들어 고도의 정밀을 요구하는 공작기계 나 대형공작기계 등에 사용된다.

[Closed loop system]

④ 하이브리드 서보 방식(Hybrid Servo Systm) : 반폐쇄회로 방식과 폐쇄회로 방식의 장점을 살린 제어시스템으로 고강성 고정밀도 NC 공작기계에 사용되고 있으며 정밀도가 가장 높다.

[Hybrid servo system]

- 리졸버(resolver) : NC공작기계의 움직임을 전기적인 신호로 표시하는 일종의 feedback 장치이다.
- 볼 스크루 : NC공작기계에 사용되는 정밀이송나사로 마찰이 적고 백래시가 거의 0에 가깝다.(계산식 360° : 볼 스크루의 피치 = θ° : 이동량)

나. 보간법

(1) 보간 방법

시점에서 종점까지 도달하기 위해서는 각축에서 펄스를 어떻게 분배방식에 따라 MIT펄스 분배방식, DDA펄스 분배방식(계수형 미분해석기 : Digital differential analyzer), 대수연산 분배방식 등이 있다.

① MIT방식 : X축과 Y축의 이동을 균일하게 하기 위해 양축에 적당한 시간 간격으로 펄스를 발생시켜 급전하는 방식(45° 방향)이다.

② DDA방식 : 직선 보간에 사용한다.

③ 대수연산방식 : X축과 Y축의 방향을 한정하고 계단식으로 이동하여 접근하는 방법으로 원호 보간에 유리하며 가장 널리 사용된다.

(2) 보간 방식

NC 제어에는 위치결정제어, 윤곽제어, 곡면제어 등이 있다.

① 위치결정제어(point to point control) : 가공물의 위치만을 찾아 공구를 직선적으로 제어하며 PTP제어라고도 한다. 드릴링 작업 및 점(spot)용접기 등에 사용된다.(G00)

② 윤곽제어
  ㉮ 직선제어(linearing control) : 공구를 직선으로 절삭하면서 제어하며 주로 선반, 밀링, 보링머신 등에 사용된다.(G01)
  ㉯ 윤곽제어(countouring control) : 공구를 곡선적으로 절삭제어 하는데 시계방향(CW : G02), 반시계방향(CCW : G03) 제어가 있으며, 주로 밀링작업에 사용된다.
③ 곡면(3차원)제어(3D sculpturing) : 공구를 3차원적으로 제어하는데 이것이 CNC 시스템의 가장 큰 장점이다.

다. NC와 CNC

(1) NC 공작기계의 경제성 평가방법

① 페이백 방법 : NC공작기계의 도입에 따른 연간 절약 비용의 예측값을 투자액에 비교하여 투자액을 보상하는데 필요한 연수를 구하는 방법으로 다음과 같은 특징이 있다.
  ㉮ 매우 간단하게 기계의 내용연수를 구할 수 있다.
  ㉯ 쉽게 못쓰게 되는 장치 등의 평가에 적합하다.
  ㉰ 내용연수가 긴 기계의 평가방법으로 정확성이 떨어진다.
② MAPI 방법 : 구입을 계획하고 있는 NC공작기계에 의한 최소년도의 부품 생산비용을 현재 가지고 있는 NC공작기계에 의한 비용과 비교하여 평가하는 방법이다.
  ㉮ 공작기계의 교체에 좋은 평가 방법으로 가장 널리 사용된다.
  ㉯ 계산에 사용하는 인자를 변화 시킬 수 있어 어느 일정기간의 경제성이 아니더라도 사용할 수 있다.

(2) CNC의 장점

범용공작기계는 단품종 소량생산, CNC공작기계에는 다품종 중량생산, 전용공작기계에는 단품종 대량 생산에 좋으나 이는 회사사정이 약간 다를 수 있으므로 생산성 있는 제품을 만드는데 힘써야 하며 CNC공작기계에는 다음과 같은 일반적인 장점이 있다.
① 제품의 균일성을 유지
② 생산성 향상
③ 제조원가의 인건비 절감
④ 특수공구 제작 불필요로 인하여 공구관리비 감소
⑤ 작업자의 피로도 감소
⑥ 제품의 난의도가 증가하여도 가공성을 향상시킬 수 있다.

(3) 공작기계의 발전단계

① 1단계 : 공작기계 1대에 NC장치 1대 결합
② 2단계 : CNC 공작기계에 여러 개의 자동공구교환장치(ATC), 자동테이블교환장치(APC)를

장착하여 이를 자동으로 교환하면서 작업을 하여 작업시간을 단축시키는 단계
③ 3단계 : 1대의 컴퓨터를 사용하여 여러 개의 CNC공작기계를 제어하는 단계(DNC)
④ 4단계 : 여러 공작기계 및 자동창고(AW, Automatic Warehouse)등 생산라인을 무인운반차(AGV, Automatic Guide Vehicle)로 연결하여 이를 중앙컴퓨터에서 제어하는 유연생산 시스템(FMS)
⑤ 5단계 : 4단계인 FMS에서 생산관리, 경영관리까지 총괄하여 제어하는 단계(CMS, IM)
⑥ 6단계 : 5단계는 기업내부만 제어 대상이지만 외부회사까지 자율적으로 제어하는 지능형 생산 시스템(IMS)

2 NC 프로그래밍의 종류 및 기능

가. CNC 선반 프로그램

(1) ISO 선삭용 공구 홀더 규격

C	S	K	P	R	2 5	2 5	M	1	2
1	2	3	4	5	6 7	8 9	10	11	12

① 1. 클램핑(clamping system) : C, M, P, S 등
② 2. 인서트 형상(insert shape) : R, T, C, E, D, V, W, L, K 등
③ 3. 홀더 유형(holder style) : B, D, E, F, G, J, K L, S, T, V, Y 등
④ 4. 인서트의 여유각(insert clearance angle) : B, C, N, F 등
⑤ 5. 공구방향(head of tool) : R, N, L 등
⑥ 6, 7. 섕크 높이(shank height)
⑦ 8, 9. 섕크 폭(shank width)
⑧ 10. 공구의 길이(tool length) : M(150mm), R(200mm)
⑨ 11, 12. 절삭날 길이(cutting edge length)

(2) 프로그래밍의 개요
① 프로그램에서는 수동프로그램과 자동프로그램이 있는데 NC 선반에서 가공되는 제품은 다른 NC 공작기계에서 가공되는 제품보다 형상이 복잡하지 않으므로 도형정의에서 복잡하지 않으

므로 거의가 수동프로그램을 사용하고 있다. 수동프로그램의 구성은 어드레스와 수치가 합하여 단어를 이루고 단어가 합하여 블록을 형성 하며 여러 개의 블록이 가공순서에 따라 결합하여 하나의 프로그램을 구성하고 있다.

② 단어(word) : 단어는 어드레스와 수치로 구성되는 프로그램에서 가장 작은 단위이다. 단어의 기능은 앞에 붙은 어드레스에 의존하고 있으며 그 어드레스 종류 및 기능은 다음 표와 같다.

[어드레스의 종류 및 기능]

Address	기 능	Address	기 능
O	프로그램 번호	S	주축속도
N	전개번호(블록번호)	T	공구선택 및 공구보정
G	준비기능	M	보조 기능
X, Z	좌표값(절대지령)	P, X, U	휴지기능(Dwell)
U, W	좌표값(상대지령) 및 정삭여유	P	보조프로그램 호출번호 및 나사절입방법
I, K	면취량 및 원호중심의 좌표값 (반지름 지정)	P, Q	복합사이클에서 전개번호지정
		L	보조프로그램의 반복횟수
R	원호의 반지름	D	절식깊이(반지름 지정)
F, E	이송속도 및 나사 리드	A	나사산의 각도

③ 블록(block) : 블록은 여러 개의 단어로 구성되며 기계가 1개의 동작을 하려면 블록 1개에 그 정보가 담겨져야 하고 프로그램은 이러한 블록의 기계의 움직이는 순서에 맞게 블록의 순서를 정하고 1개의 블록은 EOB(End Of Block)로 끝나며, EOB 는 편의상 「;」로 표시한다.

[블록의 구성]

(3) 준비기능(G-code)
CNC 선반에서 사용되는 준비기능은 다음 표와 같다.

[CNC 선반에서의 준비기능]

G-code	기 능	Group	비 고
G00	위치결정(Rapid 이송)	01	♠
G01	직선절삭이송(지정된 피드로 이송)		
G02	원호보간(CW)		
G03	원호보간(CCW)		
G90	고정 안, 바깥지름 황삭 사이클		
G94	고정 단면 황삭 사이클		
G32	나사절삭		
G34	가변리드 나사절삭		
G92	고정나사 사이클		
G04	휴지(Dwell : 바이트의 일시정지)	00	
G27	원점 복귀기능		
G28	자동 원점복귀		
G29	원점으로부터 자동복귀		
G30	제2의 원점복귀		
G50	좌표계설정, 최고속도지정		
G70	정삭 사이클		
G71	바깥지름황삭 사이클		
G72	단면황삭 사이클		
G73	폐 Loof 절삭 사이클(주물 사이클)		
G74	Peck drilling 사이클		
G75	Grooving(홈) 사이클		
G76	반복 나사사이클		
G96	주축속도 일정제어(m/min)	12	
G97	주축속도 일정제어 취소, 회전수 일정제어(rpm)		♠
G22	내장 행정한계 유효	04	♠
G23	내장 행정한계 무효		
G98	매분당 이송(mm/min)	05	
G99	매회전당 이송(mm/rev)		♠
G20	INCH 입력	06	
G21	METRIC 입력		♠
G40	공구인선 반지름 보정취소	07	♠
G41	공구인선 반지름 좌측보정		
G42	공구인선 반지름 우측보정		

① G50(좌표계설정 준비기능)

```
G50__ X__ Z__ S__ T__ M__ ;
```

② G00(위치결정)

```
G00 X(U)    Z(W) ;
```

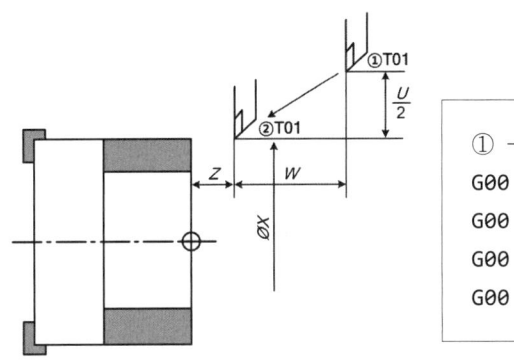

```
①                              ②
G00 X(x.) Z(z.) ;   ⇨ 절대지령방식
G00 U(u.) W(w.) ;   ⇨ 증분지령방식
G00 X(x.) W(w.) ;   ⇨ 혼합지령방식
G00 U(u.) Z(z.) ;   ⇨ 혼합지령방식
```

[위치결정]

③ G01(직선절삭 준비기능)

```
G01 X (U)    Z (W) ;
```

④ G02(원호절삭 준비기능) : 시계방향(CW : Clock Wise)

```
G02 X(U)__ Z(W)__ R__ F__ ;
G02 X(U)__ Z(W)__ I__ K__ F__ ;
```

제6장 | CNC 공작기계 297

```
①────────────────────────────────────②
G02 X(x.) Z(z.) R(r.) F(f.) ;           ⇨ 절대지령방식
G02 U(u.) W(w.) R(r.) F(f.) ;           ⇨ 증분지령방식
G02 X(x.) W(w.) R(r.) F(f.) ;           ⇨ 혼합지령방식
G02 U(u.) Z(z.) R(r.) F(f.) ;           ⇨ 혼합지령방식
G02 X(x.) Z(z.) I(i.) K(k.) F(f.) ;     ⇨ 절대지령방식 I, K 사용
G02 U(u.) W(w.) I(i.) K(k.) F(f.) ;     ⇨ 증분지령방식 I, K 사용
G02 X(x.) W(w.) I(i.) K(k.) F(f.) ;     ⇨ 혼합지령방식 I, K 사용
G02 U(u.) Z(z.) I(i.) K(k.) F(f.) ;     ⇨ 혼합지령방식 I, K 사용
```
[원호절삭(CW)]

증분좌표값이다. 단 I값은 반경지령이다. 그리고 원호의 중심각이 180° 이상이면 R값을 사용할 수 없으나 선반가공 제품에서는 180° 이상되는 라운딩 가공은 없으며 있어도 공구의 간섭으로 가공할 수 없다. 그래서 그 이상의 원호 가공시에는 I, K, R의 어드레스를 사용하여 가공을 하는데 이는 밀링, 와이어 커팅에서 볼 수 있다. 라운딩 가공에서 I, K, R을 모르고 동시에 지령하면 I, R값은 무시되고 R값만이 유효하며 I, R값은 공구의 출발점에 원호의 중심점까지의 상대거리이다.

⑤ G03(원호절삭 준비기능) : 반시계방향(CCW : Counter Clock Wise)

```
G03 X(U)__ Z(W)__ R__ F__ ;
G03 X(U)__ Z(W)__ I__ K__ F__ ;
```

⑥ G04(DWELL : 일시정지기능)

```
G04 P(X, U) ;
```

어드레스 P는 소수점 지령을 붙이고 X, U는 소수점만을 허용한다.

[예제] 다음 지령의 정지시간은 얼마인가?
```
G04 P1500;
G04 X1.5 ;
G04 U1.5;
```
이 세가지 모두 1.5초(sec)의 정지를 말한다.
요구하는 주축의 회전수만큼 정지시키려면 다음과 같은 식을 사용한다.

rpm : 60초 = 정지시간 : 정지시간(초) rpm

$$\therefore 정지시간 = \frac{60초 \times 정지회전수}{rpm}(sec)$$

여기서 60은 분(min)을 초(sec) 단위로 환산시키기 위한 것이다.

⑦ G96(주속일정제어), G97(주속일정제어취소)

```
G96 S__ M__ ;
G97 S__ M__ ;
```

⑧ G98(매분당 이송 mm/min), G99(매회전당이송 mm/rev)
　기계에 전원공급시 G99가 유효하고 가공물이 회전하고 바이트가 직선이송하여 가공되는 CNC 선반에서는 회전당 이송으로 프로그램을 하며 CNC밀링, CNC머신센터 등에서는 매분당 이송인 G98로 프로그램을 한다.

[가공위치 표시]

⑨ G40(공구인선반경 보정취소), G41(공구인선반경 좌측보정), G42(공구인선반경 우측보정)
　기계에 전원공급시 G40이 유효하고 이 보정기능의 바이트는 가상선인 백터값에 의해 모든 좌표값이 이동하나 실제의 바이트는 인선반지름이 있으므로 가공 중 오차가 생기는데 선반에서는 정삭기능 중 2축이 동시에 제어되는 라운딩 가공이나 테이퍼 절삭시 이 보정이 필요하며, 이보정은 기계의 OFFSET 메뉴에서 위치보정 화면에 X축, Z축, 바이트의 인선 반지름(R) 및 바이트의 방향(벡터)을 입력해야 한다.

⑩ G28(자동 제1의 원점복귀 기능)

```
G28 X(U)    Z(W) ;
```

⑪ G30(제2의 원점자동복귀 기능)

```
G30 X (U)    Z (W) ;
```

⑫ G74(Peck Drilling 사이클, 측면 홈가공 사이클)

```
G74 X(U)__ Z(W)__ I(Δi) K(Δk) D(Δd) F(f) ;
```

⑬ G75(Grooving : 홈) 사이클

```
G75 X(U)__ Z(W)__ I(Δi) K(Δk) D(Δd) F(f) ;
```

⑭ G32(나사절삭 준비기능), G34(가변 리드 나사절삭 준비기능)

```
G32 X(U)__ Z(W)__ F(E)__ ;
G34 X(U)__ Z(W)__ K__ F(E)__ ;
```

⑮ G92(고정나사 사이클)

```
G92 X(U)__ Z(W)__ F(E)__ ;
G92 X(U)__ Z(W)__ I__ F(E)__ ;
```

⑯ G76(반복 나사 사이클)

```
G75 X(U) Z(W) I(Δi) K(Δk) D(Δd) F(E) A(a) ;
```

(4) 공구기능
① 필요한 공구의 준비와 공구 교환 등을 지정한다.
② NC 선반에서는 주소 T와 함께 공구 교환과 보정 번호를 지정한다.

③ 공구선택은 좌표계 설정 지령에서 같이 지령하고 보정은 제품을 절삭개시 전에 행한다.

```
[예제] 다음의 공구기능을 설명하여라.
    T0100 ⇨ 1번 공구를 선택
    T0101 ⇨ 1번 공구를 위치보정화면에 1번으로 보정
    T0200 ⇨ 2번 공구를 선택
    T0102 ⇨ 1번 공구를 위치보정화면에 2번으로 보정
    T1200 ⇨ 12번 공구를 선택
    T1212 ⇨ 12번 공구를 위치보정화면에 12번으로 보정
    ※ 작업자의 혼동을 피하기 위해 선택번호와 보정번호를 같게 설정한다.
```

(5) 주축기능
① 주축기능은 절삭속도에 가장 큰 영향을 미치는 인자로 다음과 같이 주소 S 다음에 숫자로 표시한다.

```
S_
```

② 좌표설정은(G50) 지령에서 지령된 값은 최고 주축회전수를 rpm으로 나타나는데 뒤에 나타나는 주축단 설정(M code)에서 사용되는 기계의 사양에 따라 그 단에서 최고로 나올 수 있는 값

보다 크게 지령하여도 그 값은 나오지 않는 그 단에서 최고로 나오는 속도로 지정된다. 즉 주축단 설정이 주축기능을 지배한다고 보면 된다. 또 주속일정제어(G96)에서는 그 값의 단위는 m/min로 주어지고 주속일정제어취소(G97)에서의 단위는 rpm으로 주어진다.

> [예제] 다음 프로그램에서 주축기능을 설명하여라.
>
> G50 X200, Z200. S800 T0100 M41 ; ⇨ 주축은 최고로 800rpm을 초과하지 못함
> G97 S400 M03 ; ⇨ 주축은 항상 400rpm으로 정회전을 할 것(공구의 위치에 따라 절삭속도가 틀림)
> G96 S800 M04 ; ⇨ 절삭속도가 항상 80m/min로 역회전 할 것 (공구의 위체에 따라 주축의 회전수는 틀리나 그 값이 800rpm은 넘지 않을 것)

(6) 보조기능

여러 가지 구동 모터의 ON/OFF를 제어 조정하는 지령이다. 주소 M 뒤에 2자리 숫자를 조합하여 표시하며, M00에서 M99까지 지령할 수 있고 CNC 선반에서 사용되는 코드는 다음 표와 같다.

[보조기능]

지령	기　　능	기능개시	기능유효
M00	프로그램 정지	♠	♣
M01	선택적 프로그램 정지	♠	♣
M02	프로그램 종료	♠	♣
M03	주축 정회전	♦	♥
M04	주축 역회전	♦	♥
M05	주축 정지	♠	♥
M06	ATC 머시닝 센터에 적용	♠	♣
M08	절삭유 급유	♦	♥
M09	절삭유 Off	♠	♥
M19	주축 정위치 정지	♠	♣
M30	프로그램 종료 및 되감기(rewind)	♠	♣
M98	보조 프로그램 호출	♦	♥
M99	보조 프로그램 종료	♠	♣

[주] ♦ : 지령블록의 시작과 함께 작동　♠ : 지령블록이 완료 후 작동　♥ : 취소 변경시까지 유효
　　♣ : 지령블록에서만 유효

나. CNC 밀링(머시닝센터) 프로그램

(1) ATC, APC

머시닝 센터에 있는 것으로 요즈음은 밀링에 이를 부착하면 머시닝 센터가 되므로 제작회사에서 분리하여 제작 후 사용자의 요구에 따라 부착여부를 결정하고 자동공구교환장치(ATC, Automatic Tool Change) 및 자동테이블교환장치(APC, Automatic Pallet Change)를 장착하여 이를 자동으로 교환하면서 작업을 시행하여 작업시간을 단축시킨다.

(2) 프로그램의 구성

① 프로그램에서는 수동프로그램과 자동프로그램이 있는데 NC밀링에서 가동되는 제품은 형상이 간단한 2차원은 수동프로그램 즉 CAM system을 이용한 NC date를 얻는 방식을 취하는데 최종적인 프로그램은 수동이나 자동이나 같다. 따라서, 수동프로그램을 이해하지 못하면 NC date를 이해하지 못한다.

② 프로그램의 구성은 어드레스와 수치가 합하여 단어를 이루고 단어가 합하여 블록을 형성하며 여러 개의 블록이 가공순서에 따라 결합하여 하나의 프로그램을 구성하고 있다.

③ 단어(word) : 단어는 어드레스와 수치로 구성되는 프로그램에서 가장 작은 단위이다. 단어의 기능은 앞에 붙은 어드레스에 의존하고 있으며 그 어드레스의 종류 및 기능은 다음 표와 같다.

[어드레스의 종류 및 기능]

Address	기 능	Address	기 능
O	프로그램 번호	S	주축속도
N	전개번호(블록번호)	T	공구선택 및 공구보정
G	준비기능	M	보조 기능
X, Z	좌표값(절대지령)	P, X, U	휴지기능(Dwell)
U, W	좌표값(상대지령) 및 정삭여유	P	보조프로그램 호출번호 및 나사절입방법
I, K	면취량 및 원호중심의 좌표값 (반지름 지정)	P, Q	복합사이클에서 전개번호지정
		L	보조프로그램의 반복횟수
R	원호의 반지름	D	절식깊이(반지름 지정)
F, E	이송속도 및 나사 리드	A	나사산의 각도

(3) 준비기능(G-code)

CNC 밀링에서 자주 사용되는 준비기능은 다음 표와 같다.

[CNC 밀링에서의 준비기능]

G-code	기　　능	Group	비 고
G00 G01 G02 G03 G33	위치결정(Rapid 이송) 직선절삭이송(지정된 피드로 이송) 원호보간(CW) 원호보간(CCW) 나사 절삭	01	♣ ♣
G04 G09 G10 G11 G27 G28 G29 G30 G45 G46 G47 G48	휴지(Dwell : 바이트의 일시정지) Exact stop DATA 설정 DATA 설정 Mode cancel 원점 복귀점검 자동 원점복귀 원점으로부터 자동복귀 제2의 원점복귀 공구위치 Offset 1배 신장 공구위치 Offset 1배 축소 공구위치 Offset 2배 신장 공구위치 Offset 2배 축소	00	
G92	좌표계 설정, Spindle 최고속도지정		
G96 G97	주축속도 일정제어(m/min) 주축속도 일정제어 취소, 회전수 일정제어(rpm)	12	
G22 G23	내장 행정한계 유효 내장 행정한계 무효	04	★
G94 G95	매분당 이송(mm/min) 매회전당 이송(mm/rev)	05	♣ ♣
G17 G18 G19	X-Y 평면지정 Z-X 평면지정 Y-Z 평면지정	08	♣ ♣
G20 G21	INCH 입력 METRIC 입력	06	◆ ◆
G40 G41 G42	공구인선 반지름 보정취소 공구인선 반지름 좌측보정 공구인선 반지름 우측보정	07	★
G43 G44 G49	공구길이 보정 "+" 공구길이 보정 "-" 공구길이 보정 Cancel	08	★

G90	Absolute 지령(절대좌표)	03	♣
G91	Incremental 지령(증분좌표)		♣
G98	고정 사이클 초기점 복귀	10	★
G99	고정 사이클 R점 복귀		
G73	고속심공 드릴링 사이클		
G74	역 태핑 사이클		
G76	정밀 보링 사이클		
G80	고정사이클 Cancel		★
G81	드릴링 사이클, Stop 보링		
G82	드릴링 사이클, Counter 보링	09	
G83	심공 드릴링 사이클		
G84	태핑 사이클		
G85	보링 사이클		
G86	보링 사이클		
G87	백 보링 사이클		
G88	보링 사이클		
G89	보링 사이클		

[주 1] ♣표시기능은 전원공급 시 파라미터에 의해 두 개중 하나의 기능이 선택된다.
[주 2] ★표시기능은 전원공급 시 선택되는 기능이다.
[주 3] ◆표시기능은 전원차단 시 선택되었던 기능이 유효하다.
[주 4] 00 Group에서 G-code는 그 지령블록에서만 1회 유효한 기능이다.
[주 5] 같은 Group에서는 한번 지령되며 동일 Group에 다른 지령이 올 때까지 연속유효지령이다.
[주 6] 하나의 블록에서 2개 이사의 G-code의 지령은 가능하나 동일그룹 중복지령에 서는 마지막 지령이 유효하다.

① G92(좌표계 설정 준비기능)

```
G92 X__ Y__ Z__ S__ ;
```

② G00(위치결정)

```
G00 G90 X__ Y__ Z__ ;        ⇨ 절대지령방식
G00 G91 X__ Y__ Z__ ;        ⇨ 상대지령방식
```

③ G01(직선절삭 준비기능)

```
G01 G90 X__ Y__ Z__ F__ ;    ⇨ 절대지령방식
G01 G91 X__ Y__ Z__ F__ ;    ⇨ 상대지령방식
```

④ G02(원호절삭 준비기능 : CW)

```
G01 G90 X__ Y__ R__ F__ ;         ⇨ 절대지령방식
G01 G91 X__ Y__ R__ F__ ;         ⇨ 상대지령방식
G01 G90 X__ Y__ I__ J__ F__ ;     ⇨ 절대지령방식
G01 G91 X__ Y__ I__ J__ F__ ;     ⇨ 상대지령방식
```

⑤ G03(원호절삭 준비기능 : CCW)

```
G03 G90 X__ Y__ R__ F__ ;      ⇨ 절대지령방식
G03 G91 X__ Y__ R__ F__ ;      ⇨ 상대지령방식
G03 G90 X__ Y__ I__ J__ F__ ;  ⇨ 절대지령방식
G03 G91 X__ Y__ I__ J__ F__ ;  ⇨ 상대지령방식
```

⑥ G04(일시정지)

```
G04 __ ;       ⇨ 소수점지령 허용
G04 P__ ;      ⇨ 소수점지령 불허
```

이 기능은 Z축으로 가공시 특히 드릴작업, 보링작업 시 절삭저항과 급속한 후퇴로 바닥면을 평면가공 어렵거나, 윤곽절삭 시 가공방향이 바뀔 때, 가공 진행 방향면이 절삭저항에 의하여 수직가동이 어려울 때 일시정지하는 기능으로 X지령은 소수점을 허용하나 P지령은 소수점 지령을 불허한다. 예를 들어 G04 X2.0 ; , G04 P2000 ; 지령일 때는 2초 정지를 하나 가공에서는 정지시간이 중요한 것이 아니라 정지동안 공구의 회전수가 중요하다. 따라서, 앞의 지령 시 주축(공구)회전수가 800rpm일 경우 실제의 정지회전수 계산은 다음과 같다.

$$정지회전수 = \frac{주축회전}{정지회전수} = \frac{800}{2 \times 60} = 6.6(회전)$$

여기서 60은 단위환산(rpm → rps)을 하기 위해서이다.

⑦ G43, G44, G49(공구길이보정 및 취소)

```
G43/G44 이동지령 H** ;   ⇨ **는 보정번호
                          ⇨ G43 : 공구길이 +보정
                          ⇨ G44 : 공구길이 -보정
G49 이동지령 ;            ⇨ 공구경 보정 취소
```

이 기능은 제품이 복잡할수록 한 개의 공구로 가공이 어려울 때, 또는 황삭, 정삭을 하려면 공구를 두개 이상 사용하여야 하는데 공구를 여러 개 사용하면은 공구교환시 마다 좌표계설정을 해야 하는 불편함을 없애기 위하여 CNC 공작기계에서는 이를 해결하기 위하여 이 기능이 개발되어서 가공시간을 줄였다. 그리고 이는 공구의 길이차이를 OFFSET 보정번호에 입력하고 위의 형식과 같이 프로그램을 작성하면은 공구길이 차이만큼 자동적으로 가감산하여 공구가 이동을 하여 정확한 제품을 얻게 된다.
공구길이보정은 공구가 공작물에 접근하면서 지령을 하고 취소는 후퇴하면서 지령을 하는데 이를 잘못 지령하면 공구와 공작물 기계가 충돌을 일으켜 공구, 공작물, 기계에 손상을 주므

로 이 기능을 지령 시는 주의를 하여야 하고 사용자는 G43(+보정), G44(-보정)을 같이 사용할 경우 오히려 혼동할 경우가 있으므로 G43만을 사용하는 것이 편하다. 그러면 G43만을 사용할 경우에는 G44(-보정)인 경우에는 보정량에 -값을 입력하고 G43기능을 사용하면은 아무런 문제가 없다. 그래서 G43만을 사용하고 공구길이 보정량값은 사용공구에서 바라본 기준공구의 상대좌표값을 보정량으로 사용하면은 된다.

⑧ 원점복귀 및 점검기능

㉮ G27(원점복귀 점검기능)

```
G27 X__ Y__ Z__ ;
```

㉯ G28(자동 제1의 원점복귀 기능)

```
G28 G90 X__ Y__ Z__ ;      ⇨ 절대지령방식
G28 G91 X__ Y__ Z__ ;      ⇨ 상대지령방식
```

㉰ G30(제2, 3, 4의 원점자동복귀 기능)

```
G30 G90 P2(3, 4) X__ Y__ Z__ ; ⇨ 절대지령방식
G30 G91 P2(3, 4) X__ Y__ Z__ ; ⇨ 상대지령방식
```

㉱ G29(원점으로부터의 자동복귀기능)

```
G29 G90 X__ Y__ Z__ ;      ⇨ 절대지령방식
G29 G91 X__ Y__ Z__ ;      ⇨ 상대지령방식
```

⑨ G54 - G59(지역좌표계)

```
G54 X__ Y__ Z__ ;
```

⑩ 구멍가공용 고정 사이클

```
G__ X__ Y__ Z__ R__ Q__ P__ F__ L__ ;
```

이 기능은 드릴링, 탭핑, 보링작업에서 반복되는 명령을 한 개의 블록으로 지령하여 프로그램을 간단히 해 주는 기능으로 이는 공구의 접근방법, 가공 시 동작상태, 가공 밑바닥에서 공구의 동작상태, 후퇴방법에 따라 여러 가지 기능으로 구분되고 있는 등간격의 가공은 상대지령으로 하고 반복횟수를 사용하면 프로그램이 상당히 간단하여 지며 이동작의 구분은 6가지로 다음 그림과 같으며 여기서 R점이란 가공이 시작되는 위치를 말한다.

① X, Y축 위치결정(고정사이클을 수행하기 위한 초기점)
② R점까지 급속이송(구멍가공 시작을 위한 Z축 위치결정)
③ 구멍가공(절삭이송)
④ 구멍바닥에서 동작
⑤ R점까지 후퇴(급속이송)
⑥ 초기점으로 복귀

[고정사이클의 동작]

(4) 보조기능

① 보조기능은 M00에서 M99까지 지령할 수 있고 CNC밀링에서 사용되는 보조기능은 표와 같다.
② 보조기능은 제작회사에 따라 다르나 위의 지령에서 벗어나지 않으며 한 블록에 두 개의 보조지령은 가능하나 중복 지령시 나중의 지령이 유효함을 명심하여야 한다.
③ 그리고 하나의 지령이 다른 지령을 포함하도록 PLC(Prgramible Logic Control)에 의하여 주축을 정지(M05)하면 자동적으로 절삭유가 OFF(M09)가 된다.

[CNC 밀링에서의 주 보조기능]

지령	기 능	기능개시	기능유효
M00	프로그램 정지	♠	♣
M01	선택적 프로그램 정지	♠	♣
M02	프로그램 종료	♠	♣
M03	주축 정회전	♦	♥
M04	주축 역회전	♦	♥
M05	주축 정지	♠	♥
M08	절삭유 모터 가동	♦	♥
M09	절삭유 모터 정지	♠	♥

M30	프로그램 종료 및 되감기(rewind)	♠	♣
M40	주축 기어단 중립 위치	♦	♥
M41	주축 기어단 저속 위치	♦	♥
M42	주축 기어단 고속 위치	♦	♥
M98	보조 프로그램 호출	♦	♥
M99	보조 프로그램 종료	♠	♣

[주] ♦ : 지령블록의 시작과 함께 작동, ♠ : 지령블록이 완료후 작동, ♥ : 취소 변경시까지 유효,
♣ : 지령블록에서만 유효

(5) 이송기능

① 이송기능은 제품의 표면 거칠기에 상당한 영향을 미치고 절삭저항에서도 영향을 미치고 G-code에 따라 G94(분당이송지령 : mm/min), G95(회전당 이송지령 : mm/rec)으로 구분되는데 밀링에서는 기계에 전원공급시 G94가 유효하므로 단위는 mm/min로 되고 G95 지령은 밀링에서 나사절삭시(G33)에는 사용하여야 한다.

② 또한 밀링에서는 다인 절삭관계로 날 하나당 이송으로도 표시하고 그 관계는 다음과 같고 자세한 내용은 범용 밀링 도서를 참고 하기 바란다.

$F = f_z \times z \times n [mm/min]$

· F : 전체이송속도
· f_z : 날 하나당 이송(mm/tooth)
· z : 공구의 날 수
· n : 주축회전수(rpm)

다. 기타 CNC 공작기계

(1) CNC 방전가공

① ATC 부착으로 인한 공구교환 시간단축
② 숙련자의 방전조건의 KNOW HOW의 등록화 → 전문가 생산 시스템
③ 전극의 단순화 → 3축 이상의 제어
④ 윤곽방전 가능 → 전극의 회전제어로 가능
⑤ 자동방전조건설정가능 → 소재와 전극재료 및 형상입력으로
⑥ 서보기구의 의한 3축제어 → 전극회전
⑦ 요동기능 → 가공칩 배출, 방전갭, 잔삭방전해결
⑧ 무인운전 가능
⑨ 자동소화장치

(2) 와이어 컷 방전가공기
① 작은 지름의 와이어를 전극으로 사용하므로 미세홈 가공이 가능하다.
② 와이어의 자동공급으로 공구교환 및 와이어 마모에 영향을 안 받는다.
③ 자동 프로그램 장치(APT, Automatic programming Tool) 즉 CAM S/W 도입으로 형상이 아주 복잡한 형상의 작업도 가능해 졌다.
④ 4축제어로 테이퍼 형상 및 상하 이형형상의 제품가공이 용이해졌다.

(3) 전극 재질(재질에 따라 가공성이 좌우됨)의 구비조건
① 전기전도성이 좋아야 한다.
② 전기저항력이 작아야 한다.
③ 제작이 용이해야 한다.
④ 용융점이 높아야 한다.
⑤ 소모율이 낮아야 한다.
⑥ 공작물과 친화력이 작아야 한다.
⑦ 자성이 없어야 한다.

(4) 입력 데이터의 변환과 곡면의 수정 및 보완
① 리메싱(remeshing) : 종방향의 배열이 맞지 않는 데이터를 오와 열의 배열이 가지런한 형태의 곡면 입력점을 새로이 구해내는 절차
② 스무딩(smoothing, fairness) : 표현된 곡면의 심한 굴곡면을 평활한 곡면으로 재계산하는 것
③ 블렌딩(blending) : 이미 정의된 두 곡면을 매끄럽게 연결하는 것
④ 필리팅(filleting) : 연결 부위를 일정한 반지름을 갖도록 하는 것
⑤ 피팅(fitting) : 점 데이터로 곡면을 형성할 때 측정오차 등으로 인한 굴곡이 있는 경우 이를 평평하게 하는 것

3 CAM 가공 이론 및 특징

가. 용어의 정의

(1) CC 포인트와 CL 데이터
① CC포인트 : CC포인트(Cutter Contact Point)는 곡면상의 공구 접촉점을 의미한다.
② CL 데이터(Cutter Location Data) : 3차원 곡면은 몇 개의 복잡한 수식에 의해 정의되며, 곡면을 가공하려면 곡면상의 한 점과 법선벡터를 구할수 있어야 한다. 곡면의 법선 벡터는 공구의 옵셋을 위하여 필요한 것으로 공구의 위치(Cutter Location Data)를 구하여야 한다. CL 데이터는 엔드밀 형상에 따라 다르며 구하는 식은 다음과 같다.

(2) 경로간 간격

공구경로 간격(side step)은 공구가 한번 가공 후 옆으로 이동하는 량으로 사이드 스탭(side step)이다. 특히 커습(cusp, scallop)과 관계되므로 선정에 유의해야 한다.

(3) 공구간섭

① 공구간섭은 금형가공에서 치명적이다. 금형의 원하지 않는 부분을 과절삭하여 금형 전체가 불량처리되거나 과절삭된 부분을 재사용하기 위해 용접하여 재가공해서 사용하는데 이는 금형과 제품의 품질을 저하시키고 가공 공수의 손실이 된다.

② 공구간섭의 구분
  ㉮ 오목간섭 : 오목한 곡면 부위에 곡률반경이 공구반경보다 작을 경우 과절삭이 생기는 것을 말한다.
  ㉯ 블록 간섭 : 곡면의 경계에 라운딩 없이 각진 부분이 있을 때 과절삭이 생기는 것을 말한다.

③ 공구간섭의 제거 방법
  ㉮ 다면체(삼각 다면체)를 이용하는 방법 : 공구 간섭을 제거하는데 계산시간이 많이 들지만 간섭이 제거된 공구 경로를 생성할 수 있다.
  ㉯ Z-map을 이용한 방법 : 공구 간섭을 제거하는데 계산시간은 매우 짧게 걸리지만 원하는 정도를 만족시키려면 격자간격(0.01mm)을 좁혀야 하는 단점이 있다.

(4) 가공여유(머시닝 센터의 경우)

가공해야 할 양이 많은 경우에는 정삭을 해야 할 공구보다 큰 공구로 윤곽을 황삭으로 가공한 후에 정삭을 하는 것이 효과적이다. 황삭 가공 경로는 가공형상을 공구의 반지름만큼 옵셋하며, 옵셋량은 공구의 반지름과 정삭을 위해 남겨 놓은 양을 더하여 정한다.

① 황삭 가공 여유(평엔드밀 사용)
  ㉮ 황삭 가공시 가공여유는 0.5~1mm를 일반적으로 준다.
  ㉯ 공구지름이 12mm 일 경우 일반적으로 이송(feed)은 100mm/min, 주축 회전수는 1000rpm, 경로간격(pitch)은 6mm, 절삭깊이(Plane Step)는 6mm, 가공경로는 지그재그로 지정한다.

② 정삭 가공 여유(볼엔드밀 사용)
  ㉮ 정삭 가공시 가공여유는 0 또는 공차에 맞는 값을 적용한다.
  ㉯ 공구지름이 10mm일 경우 일반적으로 이송(feed)는 150mm/min, 주축 회전수는 1500rpm, 경로간격(pitch)은 2mm, 가공경로는 지그재그로 지정한다.

③ 잔삭 가공 여유(볼엔드밀 여유)
  ㉮ 잔삭 가공시 볼 엔드밀을 사용하며 공구지름은 보통 6mm를 사용한다.
  ㉯ 이송(feed)은 2000mm/min, 주축 회전수는 2000rpm, 경로간격(pitch)은 0.6mm, 가공여유는 0을 지정한다.

나. NC 가공

(1) 가공계획, 가공경로계획

가공할 부품의 도면을 분석할 때 가공계획을 작성하는 것이 먼저 해야 할 일이고, NC프로그램을 작성할 때 필요한 조건을 미리 다음과 같이 결정한다.

① NC기계로 가공하는 범위와 사용하는 공작기계를 선정한다.
② 소재의 고정 방법 및 필요한 지그(JIG)를 선정한다.
③ 가공 공정 순서를 정한다.(공구 출발점, 황삭 및 정삭의 절입량과 공구 경로 등)
④ 절삭공구, tool holder의 선정 및 클리핑 방법을 결정한다.
⑤ 절삭 조건을 결정한다.(주축 회전속도, 이송속도, 절삭유 사용 유무 등)
⑥ NC 프로그램을 작성한다.

(2) 공구 경로 생성

① CAM S/W를 이용한 NC data 생성 및 가공

㉮ 기존의 모델링 S/W, 즉 CAD S/W를 이용하여 모델링된 데이터를 보유하고 있는 CAM S/W로 데이터를 받아 들여 수정 보완하여 NC 데이터를 생성하는 방법

㉯ CAM S/W를 이용하여 도면을 보고 직접 모델링한 후 NC 데이터를 생성하는 방법

㉰ 측정데이터를 받아들여 모델링한 후 NC 데이터를 생성하는 방법이 있다.

② 모델링 및 NC 데이터 생성 단계 : 모델링만 되는 S/W가 있는가 하면 모델링 데이터를 받아 들여 NC 데이터만을 생성하는 S/W도 있고 이를 모델링부터 NC 데이터 생성뿐만 아니라 해석 등까지 하는 통합 S/W가 있다.

적중예상문제_ CNC 공작기계

해설

01 드릴은 선반에서 내경 작업시 사용되는 공구이다.

01 바이트 이외에 선반에서 사용할 수 있는 일반적인 절삭 공구는?

㉮ 호브
㉯ 방전 전극
㉰ 드릴
㉱ 브로우치

02
- WA : 연삭숫돌 입자
- 46 : 입도
- H : 결합도
- S : 조직
- V : 결합제

02 다음은 연삭 숫돌의 표시법이다. 각 항에 대한 설명 중 틀린 것은?

```
WA 46 H 8 V
```

㉮ WA : 연삭 숫돌 입자
㉯ 46 : 조직
㉰ H : 결합도
㉱ V : 결합제

03 공구 인선 반경 보정에서 프로그램 진행방향을 위쪽으로 놓고 볼 때 좌측이면 G41, 우측이면 G42를 사용한다.

03 다음 그림에서 공구 날끝 반지름 보정을 할 때 맞는 준비 기능은?

㉮ G40 ㉯ G41
㉰ G42 ㉱ G43

01 ㉰ 02 ㉯ 03 ㉯

04 그림과 같이 ㉠→㉡으로 평면 원호 가공이나 머시닝 센터 프로그램으로 맞는 것은?

㉮ G17 G03 G90 X50. Y10. R30. F80 ;
㉯ G17 G03 G90 X50. Y10. R-30. F80 ;
㉰ G17 G02 G90 X50. Y10. R-30. F80 ;
㉱ G18 G02 G90 X50. Y10. R30. F80 ;

05 다음 CAD/CAM 장치 출력에 사용되는 것은?

㉮ 키보드(Keyboard)
㉯ 라이트 펜(Light pen)
㉰ 디지타이저(Digitizer)
㉱ 플로터(Plotter)

06 CNC 선반 프로그램의 설명으로 틀린 것은?

㉮ 동일 블록에서 절대 지령과 증분 지령을 혼합하여 지령할 수 있다.
㉯ M01 기능은 자동 운전시 선택적으로 정지시킨다.
㉰ 급속 위치 결정(G00)은 프로그램에서 지령된 이송속도로 이동한다.
㉱ 머신 록 스위치를 ON하면 자동 운전을 실행해도 축이 움직이지 않는다.

---

04 G17은 X-Y평면, G18은 Z-X평면, G19는 Y-Z평면을 각각 지정한다. 보기의 경우 G17에 해당하며, 시계방향 원호가공이므로 G02을 사용한다.

05 입력장치로는 키보드, 라이트 펜, 디지타이저, 마우스, 조이스틱 등이 사용되며, 출력장치로는 모니터, 플로터, 프린터 등이 사용된다.

06 G00의 이송속도는 기계가 가지고 있는 최대 속도이며 파라미터에서 조정할 수 있고, G01의 이송속도는 프로그램에서 지령된 속도를 사용한다.

04 ㉰ 05 ㉱ 06 ㉰

해설

07 충돌 방지를 위해서는 전기적인 동작과 기계적인 동작이 일시에 정지되는 비상 정지 S/W를 누르는 것이 가장 효과적이다.

08 래크는 피니언과 맞물려 회전운동을 직선운동으로 바꾸기 위해 곧은 막대기에 톱니를 절삭한 것으로 CNC 선반에서는 가공하기가 어렵다.

09 머시닝센터에서 사용되는 보링 사이클 코드는 G85, G86, G87, G88, G89 등이다.

10 X, U, P는 시간을 수치로 입력하는데 X와 U는 소수점을 사용하고, P는 소수점을 사용할 수 없다.

11 드릴이나 드릴 소켓을 분리시키기 위해서는 드릴 뽑기를 사용하여야 한다.

---

07 CNC 기계 가공 중 충돌 사고가 발생할 위험이 있을 때, 응급 처리 내용으로 가장 알맞은 것은?

㉮ 선택적 정지(optional stop) 버튼을 누른다.
㉯ 원상 복귀(reset) 버튼을 누른다.
㉰ 가공 시작(cycle start) 버튼을 누른다.
㉱ 비상 정지(emergency stop) 버튼을 누른다.

08 다음 중 CNC 선반에서 가공하기 어려운 것은?

㉮ 나사 가공 ㉯ 래크 가공
㉰ 홈 가공   ㉱ 드릴 가공

09 머시닝 센터 고정 사이클 기능에서 보링 작업용 코드만으로 바른 것은?

㉮ G73, G81   ㉯ G74, G84
㉰ G76, G85   ㉱ G83, G84

10 CNC 선반에서 1초 동안 일시 정지(dwell) 명령으로 틀린 것은?

㉮ G04 X1.0 ;
㉯ G04 W1.0 ;
㉰ G04 U1.0 ;
㉱ G04 P1000 ;

11 드릴링 머신의 작업 시 안전 사항 중 틀린 것은?

㉮ 드릴을 회전시킨 후에는 테이블을 조정하지 않는다.
㉯ 드릴을 고정하거나 풀 때는 주축이 완전히 정지한 후에 작업을 한다.
㉰ 드릴이나 드릴 소켓 등을 뽑을 때는 해머 등으로 가볍게 두드려 뽑는다.
㉱ 얇은 판의 구멍 뚫기에는 밑에 보조 판 나무를 사용 하는 것이 좋다.

07 ㉱ 08 ㉯ 09 ㉰ 10 ㉯
11 ㉰

12 CNC 프로그램에서 보조 프로그램에 대한 설명으로 틀린 것은?

㉮ 보조 프로그램의 마지막에는 M99가 필요하다.
㉯ 보조 프로그램은 다른 보조 프로그램을 가질 수 있다.
㉰ 보조 프로그램을 호출할 때는 M98을 사용한다.
㉱ 주프로그램은 오직 하나의 보조 프로그램만 가질 수 있다.

13 CNC 선반의 복합형 고정 사이클(예 : G71~G76 등)에 있어서 사이클 가공의 종료 시 공구가 복귀하는 위치는?

㉮ 프로그램의 원점   ㉯ 제2원점
㉰ 기계 원점   ㉱ 사이클 가공 시작점

14 다음 보기에서 기능 취소를 나타내는 준비 기능을 모두 고른 것은?

| (A) G40 | (B) G70 | (C) G90 |
| (D) G28 | (E) G49 | (F) G80 |

㉮ B, C, D   ㉯ A, C, E
㉰ B, D, F   ㉱ A, E, F

15 머시닝 센터 작업 중 칩이 공구나 일감에 부착되는 경우 해결 방법으로 잘못된 것은?

㉮ 많은 양의 절삭유를 공급하여 칩이 흘러내리게 한다.
㉯ 고압의 압축 공기를 이용하여 불어 낸다.
㉰ 장갑을 끼고 수시로 제거한다.
㉱ 칩이 가루로 배출되는 경우는 집진기로 흡입한다.

16 CNC 선반 프로그램 중 G96 S120 M03 ; 이 의미하는 것은?

㉮ 절삭 속도 120rpm, 주축 정회전
㉯ 절삭 속도 120rpm, 주축 역회전
㉰ 절삭 속도 120m/min, 주축 정회전
㉱ 절삭 속도 120m/min, 주축 역회전

해설

12 주프로그램에서 호출할 수 있는 보조 프로그램의 개수는 제한이 없으며, 보조 프로그램에서 주프로그램으로 복귀하기 위해서는 M99로 종료한다.

13 사이클 가공의 종료는 G80을 사용하며 공구는 사이클 가공 시작점으로 복귀한다.

14 G40 : 공구반경보정 취소, G70 : 정삭사이클, G90 : 절대지령, G28 : 기계원점복귀. G80 : 고정 사이클 취소

15 가공 중에 장갑을 끼고 칩을 제거하는 것은 안전상 매우 위험하다.

16 · G96 : 절삭속도(m/min)
   · G97 : 주축회전수(rpm) 일정제어
   · M03 : 주축 역회전
   · M05 : 주축정지

12 ㉱ 13 ㉱ 14 ㉱ 15 ㉰
16 ㉰

해설

18 00 그룹의 G코드는 단일 블록에 한해서 유효한(One shot) G코드이다.

19 $F = f_z \times z \times n$
$\therefore F = 0.08 \times 2 \times 2000$
     $= 320 \, mm/min$

20 · G27 : 원점복귀 check
· G28 : 자동원점복귀
· G30 : 제 2원점 복귀
· G40 : 공구경 보정 취소

21 ㉯, ㉰, ㉱항은 상향 절삭의 장점이다.

17 ㉮ 18 ㉰ 19 ㉰ 20 ㉱
21 ㉮

---

17 서보 기구에서 위치와 속도의 검출을 서보 모터에 내장된 엔코더(encoder)에 의해서 검출하는 방식은?

㉮ 반폐쇄 회로 방식   ㉯ 개방 회로 방식
㉰ 폐쇄 회로 방식   ㉱ 반개방 회로 방식

18 다음 설명 중 틀린 것은?

㉮ G코드가 다른 그룹(group)이면 몇 개라도 동일 블록에 지령하여 실행시킬 수 있다.
㉯ 동일 그룹에 속하는 G코드는 동일 블록에 2개 이상 지령하면 나중에 지령한 G 코드만 유효하다.
㉰ 00 그룹의 G코드는 연속 유효(Modal) G코드이다.
㉱ G코드 알람표에 없는 G코드는 지령하면 경보가 발생한다.

19 머시닝센터에서 2날-Ø20 엔드밀 가공할 때 분당 이송량은 얼마인가?(단, 절삭속도는 120m/min, 회전수는 2000rpm, 날당 이송은 0.08mm/tooth이다.)

㉮ 104 mm/min   ㉯ 160 mm/min
㉰ 320 mm/min   ㉱ 380 mm/min

20 머시닝 센터의 G코드 일람표에서 원점복귀 명령과 관련이 없는 코드는?

㉮ G27   ㉯ G28
㉰ G30   ㉱ G40

21 수평 밀링 머신의 플레인 커터 작업에서 상향 절삭에 대한 하향 절삭의 장점은?

㉮ 날의 마멸이 적고 수명이 길다.
㉯ 기계에 무리를 주지 않는다.
㉰ 절삭열에 의한 치수 정밀도의 변화가 작다.
㉱ 이송 기구의 백래시가 자연히 제거된다.

22 센터리스 연삭기의 장점으로 볼 수 없는 것은?

㉮ 중공물의 원통 연삭에 편리하다.
㉯ 가늘고 긴 공작물의 연삭에 알맞다.
㉰ 숫돌의 마모가 적고 수명이 길다.
㉱ 연삭에 상당한 숙련이 요구된다.

23 다음은 CAD/CAM 정보 처리 흐름도 이다. ( ) 안에 알맞은 것은?

도면 → 모델링 → ( ) → 전송 및 가공

㉮ 도형 정의   ㉯ 가공 데이터 생성
㉰ 곡선 정의   ㉱ CNC 가공

24 프로그램의 종류를 표시하는 보조기능이 아닌 것은?

㉮ M02   ㉯ M30
㉰ M05   ㉱ M99

25 CNC 공작기계에서 사용되고 있는 서보기구 시스템에 해당하지 않는 것은?

㉮ 개방회로 방식
㉯ 반폐쇄회로 방식
㉰ 복합회로 방식
㉱ 반개방회로 방식

26 C S K P R 25 25 M 12는 선반용 툴의 홀더의 ISO 규격이다. 두 번째 S는 무엇을 의미하는가?

㉮ 클램핑 방식
㉯ 인서트 형상
㉰ 인서트의 여유각
㉱ 생성 넓이

22 센터리스 연삭은 숙련을 요구하지 않는다.

23 도면 → 모델링 → 곡선정의 → 곡면정의 → 가공조건정의 → 공구(경로생성) → 가공데이터생성(포스트프로세싱) → 가공데이터 전송(DNC) → CNC기계가공 → 측정

24 · M02 : 프로그램 종료
· M30 : 프로그램 종료 및 Rewind
· M05 : 주축정지
· M99 : 보조프로그램 종료

25 CNC공작기계 서보기구는 개방회로, 반폐쇄회로 방식, 폐쇄회로 방식, 복합회로 방식 등이 사용된다.

26 C(클램핑방식), S(인서트 팁 형상), K(절입각), P(인서트 여유각), R(승수), 25(생크 높이), 25(생크 폭), M(생크길이), 12(절삭날 길이)

22 ㉱ 23 ㉯ 24 ㉰ 25 ㉱
26 ㉯

해설

27
- G27 : 원점복귀 check
- G28 : 자동원점복귀
- G29 : 원점으로부터 복귀
- G30 : 제 2원점 복귀

28 절삭 중에 문을 열면 칩이 비산하여 작업자의 안전에 위배된다.

29 범용 공작기계는 가공 노하우의 축적과 전승이 어려워 오랜 기간이 필요하다.

30 X, Y, Z, R, I, J, K, Q, F 등의 어드레스는 소수점 입력이 가능하다.

---

27 다음 중 기계 원점으로 자동 복귀하는 기능은?

㉮ G27 ㉯ G28
㉰ G29 ㉱ G30

28 CNC 공작기계로 가공할 때 안전 사항으로 틀린 것은?

㉮ 기계 가공하기 전에 일상 점검을 유의하고 윤활유 양이 적으면 보충한다.
㉯ 일감의 재질과 공구의 재종에 따라 회전수와 절삭속도를 결정하여 프로그램을 작성한다.
㉰ 절삭 공구, 바이스 및 공작물은 정확하게 고정하고 확인한다.
㉱ 절삭 중 가공 상태를 확인하기 위하여 앞쪽에 있는 문을 열고 작업을 한다.

29 다음은 CNC 공작기계와 범용 공작기계에 의한 절삭 가공의 특징을 비교한 것이다. 틀린 것은?

㉮ CNC 공작기계는 공정관리, 공구관리 등 작업의 표준화에 대응이 용이하다.
㉯ 범용 공작기계는 정밀가공을 위해 오랜 경험이 필요하다.
㉰ 범용 공작기계에서는 가공 노하우의 축적과 전승이 쉽다.
㉱ CNC 공작기계는 비교적 단기간에, 기계조작이나 가공이 가능하다.

30 다음 중 소수점 입력이 가능한 어드레스로 구성된 것은?

㉮ X, I, R, F
㉯ Y, J, G, F
㉰ Z, K, T, S
㉱ X, Y, Z, M

---

27 ㉯   28 ㉱   29 ㉰   30 ㉮

31 CNC 선반에서 안지름과 바깥지름의 거친 가공 사이클을 나타내는 준비 기능은?

㉮ G70 ㉯ G71
㉰ G74 ㉱ G76

32 그림은 CNC선반 도면이다. P점에서 원호 R3을 가공하는 프로그램으로 맞는 것은?

㉮ G02 X44. Z25. R3. F0.2 ;
㉯ G03 X50. Z25. R3. F0.2 ;
㉰ G02 X47. Z22. R3. F0.2 ;
㉱ G03 X54. Z22. R3. F0.2 ;

33 CNC 선반에서 피치가 1.0mm인 2줄 나사를 가공할 때 이송속도(F)는?

㉮ F 1.0 ㉯ F 2.0
㉰ F 3.0 ㉱ F 4.0

34 CNC 공작기계에서 전원 투입 후 기계운전의 안전을 위하여 첫 번째로 해야 하는 조작은?

㉮ 기계 원점 복귀 ㉯ 공구 보정값 설정
㉰ 공구 교환 ㉱ 공작물 좌표계 설정

해설

31 · G70 : 정삭사이클
· G71 : 황삭사이클
· G74 : Z방향 홈가공 사이클
· G76 : 나사절삭 사이클

32 · G02 : 원호가공(시계방향)
· G03 : 원호가공(반시계방향)

33 나사가공을 할 때 나사의 리드는 일회전당 나사의 이송을 의미하므로 이것을 1회전당 이송속도(F)로 사용할 수 있다. 따라서 F = 1 × 2 = 2.0(mm/rev)

34 첫 번째로 기계원점 복귀를 하여야 기계의 모든 조작(공구 보정값 설정 등)이 가능해진다.

31 ㉯ 32 ㉱ 33 ㉯ 34 ㉮

해설

35
- G97 : 주축회전수(RPM) 일정 제어
- G96 : 절삭속도(m/min) 일정제어
- M03 : 주축 정회전
- M04 : 주축 역회전

36 G96은 절삭속도 일정제어 이므로 S80은 절삭속도 V=80m/min, 또 G04는 휴지를 의미하는데 그 때의 지름값은 직전의 블록에 있는 X좌표값이라고 할 수 있으므로 d=30mm이다.

$$\therefore N = \frac{1000 \times V}{\pi \times D}$$
$$= \frac{1000 \times 80}{3.14 \times 30}$$
$$= 849.2(rpm)$$

2회전 휴지에 해당하는 시간

$$\therefore x = \frac{120}{N} = \frac{120}{849.2}$$
$$= 0.14 \sec$$

37 공구지름보정(G41, G42)은 보정값으로 D코드를 함께 사용하며, 공구길이보정(G43, G44)은 보정값으로 H코드를 함께 사용한다. T코드는 공구번호를 의미하며, M06은 공구교환코드이다.

35 ㉯ 36 ㉮ 37 ㉮

---

35 CNC 선반에서 절삭속도가 130mm/min로 일정 제어되면서 주축이 정회전 되도록 지령된 것은?

㉮ G97 S130 M03 ;   ㉯ G96 S130 M03 ;
㉰ G97 S130 M04 ;   ㉱ G96 S130 M04 ;

36 다음과 같은 CNC선반 프로그램에서 2회전의 휴지(Dwell)시간을 주려고 할 때 ( ) 속에 적합한 단어(Word)는?

```
G50 S1500 T0100 ;
G95 S80 M03 ;
G00 X60.0 Z250.0 T0101 ;
G01 X30.0 F0.1 ;
G04 (      ) ;
```

㉮ X0.14   ㉯ P0.14
㉰ X1.5   ㉱ P1.5

37 다음 머시닝센터 프로그램에서 공구 지름 보정에 사용된 보정번호는?

```
G17 G40 G49 G80 ;
G91 G28 Z0. ;
    G28 X0. Y0. ;
G90 G92 X400. Y250. Z500. T01 M06 ;
G00 X-15. Y-15. S1000 M03 ;
G43 Z50. H01 ;
    Z3. ;
G01 Z-5. F100 M08 ;
G41 X9. D11 ;
```

㉮ D11   ㉯ T01
㉰ M06   ㉱ H01

38 선반 작업시 안전 수칙 중 잘못된 것은?

㉮ 작업 중 일감이 튀어나오지 않도록 확실히 고정시킨다.
㉯ 작업 중 회전 가공물에 말려들지 않도록 복장을 단정하게 한다.
㉰ 절삭 가공을 할 때에는 반드시 보안경을 착용한다.
㉱ 바이트는 가공시간의 절약을 위해 가공 중에 교환한다.

39 센터리스 연삭기의 장점을 잘못 설명한 것은?

㉮ 대형 중량물의 연삭이 가능하다.
㉯ 연속 작업을 할 수 있어 대량 생산에 적합하다.
㉰ 연삭 여유가 작아도 된다.
㉱ 긴 축 재료의 연삭이 가능하다.

40 빌트업 에지(built up edge)의 발생을 감소시키기 위한 내용 중 틀린 것은?

㉮ 경사각을 크게 한다.
㉯ 절삭 속도를 크게 하다.
㉰ 절삭 깊이를 크게 한다.
㉱ 윤활성이 좋은 절삭유제를 사용한다.

41 M10×1.5 탭 가공을 하기 위한 다음 프로그램에서 이송 속도는?

```
G43 Z50. H03 S300 M03 ;
G84 G99 Z-10. R5. F__ ;
```

㉮ 150 mm/min
㉯ 300 mm/min
㉰ 450 mm/min
㉱ 600 mm/min

해설

38 바이트 등 공구의 교환은 전원을 차단하고 정지된 상태에서 실행한다.

39 소형 경량물의 연삭에 적합하다.

40 절삭 깊이를 0.5mm 이하로 작게 해야 빌트업 에지(구성인선)의 발생을 억제할 수 있다.

41 주축회전수(n)는 300rpm, 나사의 리드(l)는 1.5
∴이송속도 F = n × l
= 300 × 1.5 = 450[mm/min]

38 ㉱ 39 ㉮ 40 ㉰ 41 ㉰

해설

43 강제로 모터를 구동시키는 것은 사실상 불가능하고 해서는 안 되는 방법이다.

44
- G42 : 공구 인선 반지름 보정 오른쪽
- G40 : 공구 인선 반지름 보정 취소

45
- G94 : 분당 이송(mm/min)
- G59 : 회전당 이송(mm/rev)

42 ㉯ 43 ㉰ 44 ㉰ 45 ㉰

---

42 머시닝센터에서 공구 보정에 대한 설명 중 틀린 것은?

㉮ 툴 프리세터는 공구 길이의 측정시 사용한다.
㉯ 공구 길이 및 공구 지름 보정 취소는 G40이다.
㉰ 공구 길이 (+) 보정은 G43 이다.
㉱ 공구 보정량의 신장, 축소가 가능하다.

43 CNC 공작기계가 자동 운전 도중에 갑자기 멈추었을 때의 조치 사항으로 잘못된 것은?

㉮ 비상 정지 버튼을 누른 후 원인을 찾는다.
㉯ 프로그램의 이상 유무를 하나씩 확인하며 원인을 찾는다.
㉰ 강제로 모터를 구동시켜 프로그램을 실행시킨다.
㉱ 화면상의 경보(alarm) 내용을 확인한 후 원인을 찾는다.

44 CNC 선반에서 사용되는 각 워드에 대한 설명으로 틀린 것은?

㉮ G00 – 위치 결정(급속 이송)
㉯ G28 – 자동 원점 복귀
㉰ G42 – 공구 인선 반지름 보정 취소
㉱ G98 – 분당 이송속도 지정

45 머시닝센터 프로그램에서 G코드의 기능이 틀린 것은?

㉮ G90 – 절대명령
㉯ G91 – 증분 명령
㉰ G94 – 회전당 이송
㉱ G98 – 고정 사이클 초기점 복귀

46 다음 프로그램에서 지름이 30mm인 지점에서의 주축 회전수는 몇 rpm 인가?

```
G50 X100. Z100. S1500 T0100 ;
G96 S160 M 03 ;
G00 X30. Z3. T0303 ;
```

㉮ 1698
㉯ 1500
㉰ 1000
㉱ 160

47 다음 중 보조 프로그램을 호출하는 보조 기능(M)으로 옳은 것은?

㉮ M02
㉯ M30
㉰ M98
㉱ M99

48 CNC 선반에서 드릴을 고정하여 사용하는 곳은?

㉮ 주축대
㉯ 새들
㉰ 공구대
㉱ 베드

49 CAD/CAM 시스템의 적용시 장점과 거리가 가장 먼 것은?

㉮ 생산성 향상
㉯ 품질 관리의 강화
㉰ 비효율적인 생산 체계
㉱ 설계, 제조 시간의 단축

---

46 $V = \dfrac{\pi dN}{1000}$, $V = 160$, $d = 30$

$\therefore N = \dfrac{1000V}{\pi d} = \dfrac{1000 \times 160}{3.14 \times 30}$
$= 1698.5 rpm$

그러나, 주축 최고 회전수가 G50 S1500으로 지름 30mm 지점에서의 주축 회전수는 1500rpm이다.

47 · M02 : 프로그램 종료
· M30 : 프로그램 종료 및 re-wind
· M99 : 보조프로그램 종료

48 · 주축대 : 스핀들 선단에 있는 척을 회전시켜서 척에 고정된 공작물을 회전시킨다.
· 새들 : 선반에서 왕복대의 구성요소이며, 복식공구대 밑에 위치한다.
· 공구대 : 여러 개의 공구를 한꺼번에 설치하여 가공에 필요한 공구를 자동으로 교환하며 사용한다.
· 베드 : 선반의 몸체로서 주축대, 심압대, 왕복대 등을 올려 놓을 수 있다.

49 CAD/CAM 시스템을 적용하면 생산성 향상, 품질관리의 강화, 설계 및 제조시간의 단축 등의 효과를 기대할 수 있다.

46 ㉯ **47** ㉱ **48** ㉰ **49** ㉰

해설

50 $F = f_z \times z \times n$

∴ $F = 0.05 \times 4 \times 1000$
  $= 200 \text{mm/min}$

51 G92는 나사절삭 사이클이며, F는 나사의 리드값을 사용한다. F2.0은 나사의 리드가 2.0mm인 경우이다.

52
- G01 : 직선절삭
- G02 : 원호절삭(시계방향)
- G03 : 원호절삭(반시계방향)
- G04 : 일시정지

53
- 기계좌표계 : 기계원점을 기준으로 하는 좌표계
- 극좌표계 : 각도와 거리로 위치를 나타내는 좌표계
- 상대좌표계 : CNC공작기계에서는 임의로 사용할 수 있는 좌표계, CAD에서는 현재의 위치를 원점으로 삼는 좌표계

50 ㉰ 51 ㉱ 52 ㉯ 53 ㉮

---

50 머시닝센터 프로그램에서 주축회전수를 1000rpm으로 설정하고 4날 엔드밀을 사용하였을 때 테이블의 이송속도는 몇 mm/min/인가?(단, 1날당 이송은 0.05mm이다.)

㉮ 100 ㉯ 160
㉰ 200 ㉱ 240

51 다음 CNC 선반의 나사 절삭 사이클 프로그램을 보고 기술한 내용 설명 중 가장 옳은 것은?

```
G92 X25. Z-19. F2.0 ;
```

㉮ 무조건 1줄 나사로 피치가 2임을 알 수 있다.
㉯ 1줄 나사인지 2줄 나사인지는 알 수 없으나 피치가 모두 2임을 알 수 있다.
㉰ 1줄 나사인 경우 피치가 2이며, 2줄 나사인 경우 피치는 4이다.
㉱ 1줄 나사의 경우 피치는 2이며, 2줄 나사의 경우 리드는 2이다.

52 CNC 프로그래밍에서 세계방향 원호 보간 지령을 하고자 할 때 준비(G) 기능은?

㉮ G01 ㉯ G02
㉰ G03 ㉱ G04

53 "도면을 보고 프로그램을 작성할 때에 절대 좌표계의 기준이 되는 점으로서, 프로그램 원점이라고도 한다."의 설명은 무엇에 대한 좌표계인가?

㉮ 공작물 좌표계 ㉯ 기계 좌표계
㉰ 극 좌표계   ㉱ 상대 좌표계

54 CNC 공작기계에서 비상정지(Emergency stop)에 관한 내용 중 틀린 것은?

㉮ 비상정지 스위치는 비상시 주축의 회전을 정지시킬 용도로만 사용한다.
㉯ 비상정지 스위치를 누르면 전류가 차단되어 기계가 정지한다.
㉰ 비상정지를 실행하기 전에 이상 원인을 찾아서 제거한다.
㉱ 비상정지를 해제 후 수동이나 G28로 기계원점 복귀를 한 후 가공한다.

55 결합도에 따른 숫돌 바퀴의 선택 기준 중 결합도가 낮은 숫돌을 사용하는 경우는?

㉮ 연한 재료를 연삭할 때
㉯ 연삭 깊이가 얕을 때
㉰ 재료 표면이 거칠 때
㉱ 숫돌 바퀴의 원주속도가 빠를 때

56 평면 연삭기에서 가장 많이 사용되는 척은?

㉮ 공기 척   ㉯ 콜릿 척
㉰ 만능 척   ㉱ 마그네틱 척

57 수치제어 가공에서 프로그래밍의 순서가 올바르게 되어 있는 것은?

㉮ 부품도면 → 가공순서 결정 → 프로세스시트 작성 → 프로그램 입력 및 확인
㉯ 부품도면 → 프로세스시트 작성 → 프로그램 입력 → 가공순서 결정
㉰ 부품도면 → 가공순서 결정 → 프로그램 입력 → 프로세스시트 작성
㉱ 부품도면 → 공정 설정 → 프로그램 입력 → 프로세스 시트 작성

해설

54 비상정지 스위치는 주축의 동작 및 공구의 동작 등 모든 기계, 전기적인 동작이 차단된다.

55 ㉮, ㉯, ㉰항은 결합도가 높은 숫돌의 경우의 선정 기준이다.

56 자력의 힘으로 일감을 고정시키는 마그네틱 척은 고정력이 약한 단점이 있다.

57 프로그래밍의 순서 : 부품도면 → 가공순서결정 → 프로세스시트 작성 → 프로그램 입력

54 ㉮   55 ㉱   56 ㉱   57 ㉮

해설

58 G90 : 내·외경 절삭사이클

59 대량생산과 제품의 균일성이 CNC 기계의 가장 큰 특징이다.

60 G97(주축회전수 일정제어) : 분당 회전수로 일정하게 제어하는 방법

61
$$N = \frac{1000V}{\pi d} = \frac{1000 \times 70}{3.14 \times 20}$$
$$= 1114.6 rpm$$
$$F = f_z \times z \times n$$
$$= 0.1 \times 2 \times 114.6$$
$$= 222.92$$
$$\therefore Q = F \times b \times h$$
$$= 222.9 \times 7 \times 7$$
$$= 10923 mm^3 = 11 cm^3$$

---

58 CNC 선반에서 나사 절삭에 사용하는 준비기능이 아닌 것은?

㉮ G32 ㉯ G76
㉰ G90 ㉱ G92

59 CNC 공작기계의 특징에 해당하지 않는 것은?

㉮ 제품의 균일성을 유지할 수 없다.
㉯ 생산성을 향상시킬 수 있다.
㉰ 제조원가 및 인건비를 절감할 수 있다.
㉱ 특수 공구제작의 불필요한 공구관리비를 절감할 수 있다.

60 CNC 선반에서 주속 일정 제어(G96)에 대한 설명으로 옳은 것은?

㉮ 절삭 속도를 변화시키고 회전수를 일정하게 제어하는 방법이다.
㉯ 절삭 속도는 일정하게 하고 회전수를 변화시키는 제어 방법이다.
㉰ 절삭 속도와 회전수를 항상 일정하게 제어하는 방법이다.
㉱ 절삭 속도와 회전수를 동시에 변화시키는 방법이다.

61 머시닝센터를 이용하여 SM30C를 절삭속도 70 m/min으로 가공하고자 한다. 공구는 2날-Ø20 엔드밀을 사용하고 절삭 폭과 절삭 깊이를 각각 7mm씩 주었을 때 칩 배출량은 약 몇 cm^3/min 인가?(단, 날당 이송은 0.1mm이다.)

㉮ 5.5
㉯ 11
㉰ 16.5
㉱ 20

58 ㉰ 59 ㉮ 60 ㉯ 61 ㉯

62 CNC선반 가공에서 지령값 X57.0으로 프로그램하여 외경을 가공한 후 측정한 결과 Ø56.93이었다. 기존의 X 축 보정값이 0.006 였다면 보정값을 얼마로 수정해야 하는가?

㉮ 0.064 ㉯ 0.076
㉰ 0.082 ㉱ 0.093

63 보호구를 사용할 때의 유의사항으로 틀린 것은?

㉮ 작업에 적절한 보호구를 선정한다.
㉯ 관리자에게만 사용방법을 알려준다.
㉰ 작업장에는 필요한 수량의 보호구를 비치한다.
㉱ 작업을 할 때에 필요한 보호구를 반드시 사용하도록 한다.

64 고정 사이클에 관한 설명으로 틀린 것은?

㉮ 여러 동작을 반복하는 프로그램을 간단히 하는 기능이다.
㉯ 고정 사이클은 단일형과 복합형이 있다.
㉰ 단일형 고정 사이클에는 정삭 사이클이 있다.
㉱ 고정 사이클에는 나사 사이클 기능이 있다.

65 일반적으로 프로그램 작성자가 프로그램을 쉽게 작성하기 위하여 공작물 좌표계의 원점과 일치시키는 것은?

㉮ 프로그램 원점
㉯ 기계 원점
㉰ 제 2 원점
㉱ 제 3 원점

66 머시닝센터 작업시 공구길이 보정을 취소하는 지령은?

㉮ G40 ㉯ G43
㉰ G44 ㉱ G49

해설

62 수정 보정값
= 지령값 − 측정값 + 기존 보정값
= 57 − 56.93 + 0.006
= 0.076

63 사용 방법은 실제 필요한 작업자에게 알려주고, 숙지시켜야 한다.

64 CNC선반에서 단일형 고정사이클에는 G90, G94 등이 있으며, 복합형 고정사이클에는 황삭사이클(G71, G72, G73)과 정삭사이클(G70)이 있다.

65 나사 가공 시 드릴의 직경 = 나사의 호칭치수 − 나사의 피치
프로그램 원점과 공작물 좌표계의 원점을 일치시키는 것을 공작물 좌표계 설정이라고 한다.

66 · G40 : 공구반경 보정 취소
· G43 : 공구길이 보정(+)
· G44 : 공구길이 보정(−)

62 ㉯ 63 ㉯ 64 ㉰ 65 ㉮
66 ㉱

해설

67 G00 : 급속이송. G코드 다음에 나오는 좌표값은 일반적으로 도착점이다. T코드에서 처음 두 자리는 공구번호, 뒤의 두 자리는 공구보정 번호를 의미한다.

68 제일 먼저 기계 원점 복귀 및 원점 설정을 해야만 모든 조작이 가능해진다.

69
- G40 : 공구 인선 반지름 보정 취소
- G41 : 공구 인선 반지름 좌측 보정
- G42 : 공구 인선 반지름 우측 보정

70 CNC공작기계는 위치결정 제어, 직선절삭 제어, 윤곽절삭 제어 등 3가지 방식의 제어방식이 있다.

71 모달기능이란 앞서 사용했던 코드는 동일한 그룹의 다른 코드가 나올 때까지 유효한 기능이며, 생략 가능하다.

---

67 CNC 선반 가공에서 다음 프로그램의 설명으로 잘못된 것은?

```
G00 X64.0 Z105.0 T0212 M08 ;
```

㉮ 급속 이송이다.
㉯ 도착점의 좌표값이 절대값으로 X64.0 Z105.0 이다.
㉰ 도착점으로 이동시 2번 공구 2번 보정이다.
㉱ 이동되면서 절삭유가 나온다.

68 수치제어 공작기계에서 전원을 투입한 후 제일 처음 하는 조작은?

㉮ 좌표계 설정　　㉯ 기계 원점 복귀
㉰ 제 2 원점 복귀　㉱ 자동 공구 교환

69 CNC 선반에서 공구 인선 반지름 보정과 관련된 준비기능과 그 의미가 바르게 연결된 것은?

㉮ G40 : 좌측보정, G41 : 우측보정, G42 : 보정취소
㉯ G40 : 보정취소, G41 : 좌측보정, G42 : 우측보정
㉰ G40 : 우측보정, G41 : 보정취소, G42 : 좌측보정
㉱ G40 : 보정취소, G41 : 우측보정, G42 : 좌측보정

70 CNC 공작기계 제어방식의 종류가 아닌 것은?

㉮ 원점 절삭 제어　㉯ 위치 결정 제어
㉰ 직선 절삭 제어　㉱ 윤관 절삭 제어

71 다음 CNC 프로그램에서 밑줄 친 부분에 생략된 모달 G코드는?

```
N01 G01 X20. F0.25 ;
N02 ___ Z-50. ;
N03 G00 X150. Z100. ;
```

㉮ G01　　㉯ G00
㉰ G40　　㉱ G32

---

67 ㉱　68 ㉯　69 ㉯　70 ㉮
71 ㉮

72 CNC선반 작업 시 안전 및 유의 사항으로 틀린 것은?

㉮ 가공 중에는 안전문을 반드시 닫아야 한다.
㉯ 공작물에 칩이 감길 때는 문을 열고 주축이 회전상태에서 갈고리를 이용하여 제거한다.
㉰ 가공 중 위급한 상황에 대비하여 항상 비상정지 버튼을 누를 수 있도록 준비한다.
㉱ 프로그램 입력시 소수점에 유의한다.

73 호닝(Honing)에 대한 설명으로 틀린 것은?

㉮ 숫돌의 길이는 가공 구멍 길이와 같은 것을 사용한다.
㉯ 냉각액은 등유 또는 경유에 리드(lard)유를 혼합해 사용한다.
㉰ 공작물 재질이 강과 주강인 경우는 WA입자의 숫돌재료를 쓴다.
㉱ 왕복운동과 회전운동에 의한 교차각이 40~50°일 때 다듬질 양이 가장 크다.

74 분할대(index table)에 대한 내용으로 틀린 것은?

㉮ 다이빙 헤드(dividing head) 또는 스파이럴 헤드(spiral head)라 한다.
㉯ 밀링머신에서 분할작업 및 각도 변위가 요구되는 작업에 사용한다.
㉰ 밀링커터 제작 등에는 이용하지 않는다.
㉱ 분할법에는 직접 분할법, 단식 분할법, 차동 분할법이 있다.

75 CNC공작 기계에서 간단히 프로그램을 편집과 동시에 시험적으로 실행해 볼 때 사용하는 모드는?

㉮ MDI 모드 ㉯ JOG 모드
㉰ EDIT 모드 ㉱ AUTO 모드

---

72 칩을 제거할 때에는 주축의 회전과 이송을 정지시킨 상태에서 제거해야 한다.

73 숫돌의 길이는 가공 길이의 1/2 이하로 한다.

74 분할대를 이용하여 밀링 커터의 비틀림 홈 등을 가공할 수 있다.

75 · JOG 모드 : JOG 버튼으로 공구를 수동으로 이송시킬 때
· EDIT : 프로그램을 수정하거나 신규로 작성할 때
· AUTO 모드 : 작성된 프로그램을 자동운전할 때

72 ㉯   73 ㉮   74 ㉰   75 ㉮

해설

76 B → C경로 작성
- 절대지령 : G01 X60. Z-50. ;
- 증분지령 : G01 U40. W-35. ;
- 혼합지령 : G01 X60. W-35. ;
  G01 U40. Z-50. ;

77 G71(내·외경 황삭사이클) 각 주소의 기능
- U : X축 1회 절입량
- R : 도피량
- P : 사이클 시작 블록번호
- Q : 사이클 종료 블록번호
- U : X축 방향 정삭 여유
- W : Z축 방향 정삭 여유
- F : 이송속도

79
- G28 : 자동원점복귀
- G30 : 제 2원점 복귀
- G50 : 주축최고회전수 지정(또는 공작물 좌표계설정)
- G94 : 단면가공 사이클

76 ㉯ 77 ㉮ 78 ㉰ 79 ㉰

---

76 CNC선반에서 그림의 B→C 경로의 가공 프로그램으로 틀린 것은?

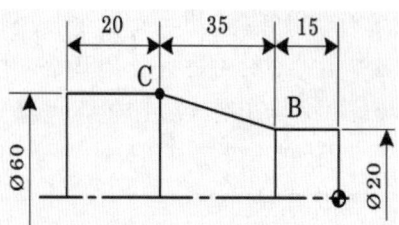

㉮ G01 X60. Z-50. ;   ㉯ G01 U60. Z-50. ;
㉰ G01 U40. W-35. ;   ㉱ G01 X60. W-35. ;

77 다음은 CNC선반 프로그램의 일부이다. 이 프로그램에서 밑줄 친 "U2.0"이 의미하는 것은?

```
G00 X61.0 Z2.0 T0101 ;
G71 U2.0 R0.5 ;
G71 P10 Q20 U0.1 W0.2 F0.3 ;
G00 X100.0 Z100.0 ;
```

㉮ X축 1회 절입량   ㉯ X축 도피량
㉰ X축 정삭 여유량   ㉱ Z축 정삭 여유량

78 CNC공작 기계의 3가지 제어 방식에 속하지 않는 것은?

㉮ 위치결정 제어   ㉯ 직선절삭 제어
㉰ 원호절삭 제어   ㉱ 윤곽절삭 제어

79 CNC선반에서 주축의 최고 회전수를 1500rpm으로 제한하기 위한 지령으로 옳은 것은?

㉮ G28 S1500 ;
㉯ G30 S1500 ;
㉰ G50 S1500 ;
㉱ G94 S1500 ;

80 CNC선반에서 주축을 정지시키기 위한 보조기능 M코드는?

㉮ M02 ㉯ M03
㉰ M04 ㉱ M05

81 CNC선반에서 나사 가공과 관계없는 G 코드는?

㉮ G32 ㉯ G75
㉰ G76 ㉱ G92

82 CAD/CAM 시스템의 압출력 장치에서 출력장치에 해당하는 것은?

㉮ 프린터 ㉯ 조이스틱
㉰ 라이트 펜 ㉱ 마우스

83 CNC공작기계에서 일상적인 점검 사항 중 매일 점검 사항이 아닌 것은?

㉮ 외관 점검 ㉯ 압력 점검
㉰ 기계 정도 점검 ㉱ 유량 점검

84 CNC공작기계를 사용할 때, 안전 사항으로 틀린 것은?

㉮ 칩을 제거할 때는 시간절약을 위하여 맨손으로 빨리 처리한다.
㉯ 칩이 비산할 때는 보안경을 착용한다.
㉰ 기계 위에 공구를 올려놓지 않는다.
㉱ 절삭 공구는 가능한 짧게 설치하는 것이 좋다.

85 밀링 작업 시 안전 및 유의 사항으로 틀린 것은?

㉮ 바이스 및 일감을 단단하게 고정한다.
㉯ 정면 밀링 커터 작업을 할 때에는 보안경을 착용한다.
㉰ 주축을 변속할 때는 저속 상태에서 해야 한다.
㉱ 테이블 위에는 측정기나 공구를 올려놓지 말아야 한다.

해설

80 · M02 : 프로그램 종료
· M03 : 주축 정회전
· M04 : 주축 역회전
· M05 : 주축 정지

81 G75 : X방향 홈가공 사이클

82 · 입력장치 : 조이스틱, 라이트 팬, 마우스, 키보드 등
· 출력장치 : 프린터, 플로터, 모니터

83 기계 정도 검사는 일상적인 점검보다는 기계에 충격을 주었을 때는 분기별 또는 연간 점검도 무방하다.

84 칩을 제거하기 위해서는 반드시 주축의 회전을 정지시킨 상태에서 칩 제거기를 이용하여 제거하여야 한다.

85 주축을 변속시키기 위해서는 주축을 정지시킨 상태에서나 가능하다.

80 ㉱ 81 ㉯ 82 ㉮ 83 ㉰
84 ㉮ 85 ㉰

해설

86
- A에서 시계방향 원호가공 G02 I15. ;
- A에서 반시계방향 원호가공 G03 I15. ;
- B에서 시계방향으로 원호가공 G02 J15. ;
- B에서 반시계방향으로 원호가공 G03 J15. ;

87
- G98 : 분당 이송
- G99 : 회전당 이송

88 G50은 공구의 현재 위치를 원점으로부터 좌표값으로 인식시켜 공작물의 좌표계를 설정하는 기능이다.

86 ㉢   87 ㉮   88 ㉣

---

86 다음 그림에서 B(25,5)에서, 반시계 360° 원호가공을 하려고 한다. 올바르게 명령한 것은?

㉮ G02 J15. ;   ㉯ G02 J-15. ;
㉢ G03 J15. ;   ㉣ G03 J-15. ;

87 CNC선반 프로그램에서 이송과 관련된 준비기능과 그 단위가 맞게 연결된 것은?

㉮ G98 : mm/min, G99 : mm/rev
㉯ G98 : mm/rev, G99 : mm/min
㉢ G98 : mm/rev, G99 : mm/rev
㉣ G98 : mm/min, G99 : mm/min

88 절삭공구와 프로그램 원점까지의 거리가 그림과 같을 경우 좌표계 설정 지령으로 맞는 것은?

㉮ G50 X25. Z100. T0100 ;
㉯ G50 X100. Z150. T0100 ;
㉢ G50 X50. Z100. T0100 ;
㉣ G50 X100. Z100. T0100 ;

89 CNC프로그램에서 공구 지름 보정과 관계없는 준비 기능은?

㉮ G40 ㉯ G41
㉰ G42 ㉱ G43

90 윤활제가 갖추어야 할 조건에 해당하지 않는 것은?

㉮ 한계 윤활 상태에서 견딜 수 있는 유성이 있어야 한다.
㉯ 사용 상태에서 충분한 점도를 유지하여야 한다.
㉰ 산화나 열에 대한 안정성이 낮아야 한다.
㉱ 화학적으로 불활성이며 균질하여야 한다.

91 선반 바이트의 윗면 경사각에 대한 설명으로 틀린 것은?

㉮ 직접 절삭력에 영향을 준다.
㉯ 공구의 끝과 일감의 마찰을 줄이기 위한 것이다.
㉰ 이 각이 크면 절삭성이 좋다.
㉱ 이 각이 크면 일감 표면이 깨끗하게 다듬어지지만 날 끝은 약하게 된다.

92 A점에서 B점으로 그림과 같이 원호가공하는 프로그램으로 맞는 것은?

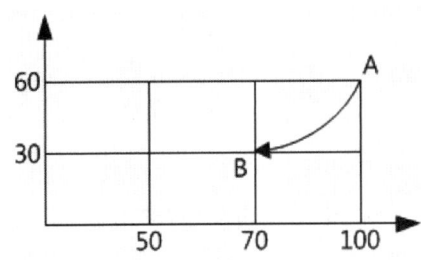

㉮ G90 G02 X70.0 Y30.0 R30.0 ;
㉯ G90 G03 X70.0 Y30.0 R30.0 ;
㉰ G91 G02 X70.0 Y30.0 R30.0 ;
㉱ G91 G03 X70.0 Y30.0 R30.0 ;

해설

89 · G40 : 공구지름 보정 취소
· G41 : 공구지름 보정 왼쪽
· G42 : 공구지름 보정 오른쪽
· G43 : 공구 길이 보정

90 산화나 열에 대하여 안정성이 높아야 한다.

91 ㉯항은 마찰 감소를 위한 여유각에 대한 설명이다.

93 A→B로 가공하는 방법
· 절대지령 G90 G02 X70.0 Y30.0 R30.0 ;
· 증분지령 G91 G02 X-30.0 Y-30.0 R30.0 ;

89 ㉱ 90 ㉰ 91 ㉯ 92 ㉮

93 정보처리회로는 프로그램을 판독하고 정보의 흐름을 제어하는 부분으로 사람의 머리에 해당하고, 서보기구는 기계를 구동시키는 부분으로 사람의 손과 발에 해당된다.

94 G50은 함께 사용되는 S값을 주축최고회전수로 지정하고, G96은 함께 사용되는 S값을 절삭속도로 지령하는데 이때의 절삭속도는 일정하게 유지된다.

95 G98과 G99의 F값 지령
 · G98 : 분당 이송지령(mm/min)
 · G99 : 회전당 이송지령(mm/rev)

96 M00 : 프로그램 정지, M01 : 프로그램 선택적 정지, M02 : 프로그램 종료, M03 : 주축 정회전

97 도면 → 모델링 → 가공정의 → CL 데이터 생성 → 포스트프로세싱 → DNC 가공 → 검사 및 측정

93 ㉯　94 ㉯　95 ㉮　96 ㉭
97 ㉯

---

93 범용공작기계에서 사람의 손, 발이 하는 일을 CNC공작기계에서는 무엇이 대신 하는가?

㉮ 정보처리 회로　㉯ 서보기구
㉰ 제어부　㉭ 기계본체

94 다음과 같은 CNC선반 프로그램에서 S200의 가장 올바른 의미는?

```
G50 X150. Z150. S2000 T0100 ;
G96 S200 M03
```

㉮ 주축 회전수 200rpm
㉯ 절삭 속도 200m/min
㉰ 절삭 속도 200mm/rev
㉭ 주축 최고 회전수 200rpm

95 CNC 선반 프로그래밍에서 매분 당 150mm씩 공구의 이송을 나타내는 지령으로 알맞은 것은?

㉮ G98 F150　㉯ G99 F0.15
㉰ G98 F0.15　㉭ G99 F150

96 보조 기능(M기능) 중 주축 정회전을 의미하는 것은?

㉮ M00　㉯ M01
㉰ M02　㉭ M03

97 CAD/CAM 가공을 하기 위한 일반적인 순서로 알맞은 것은?

> ㉠ 가공 정의
> ㉡ CL(cutting location) 데이터 생성
> ㉢ DNC 가공
> ㉣ 모델링
> ㉤ 포스트 프로세싱

㉮ ㉠ → ㉡ → ㉢ → ㉣ → ㉤
㉯ ㉣ → ㉠ → ㉡ → ㉤ → ㉢
㉰ ㉤ → ㉢ → ㉡ → ㉠ → ㉣
㉱ ㉣ → ㉠ → ㉤ → ㉢ → ㉡

98 CNC 기계가공 중에 지켜야 할 안전 및 유의사항으로 틀린 것은?

㉮ CNC선반 작업 중에는 문을 닫는다.
㉯ 머시닝센터에서 공작물은 가능한 깊게 고정한다.
㉰ 머시닝센터에서 엔드밀은 되도록 길게 나오도록 고정한다.
㉱ 항상 비상 정지 버튼의 위치를 확인한다.

99 CNC공작기계에서 사용되는 좌표치의 기준으로 사용하는 좌표계가 아닌 것은?

㉮ 기계 좌표계
㉯ 공작물 좌표계
㉰ 구역 좌표계
㉱ 원통 좌표계

100 CNC 선반의 반자동(MDI) 모드에서 실행하였을 경우 경보(alarm)가 발생하는 블록은?

```
N01 G00 U20. W-20. ;
N02 G03 U20. W-10. R10. F0.1 ;
N03 T0100 S2000 M03 ;
N04 G70 P01 Q02 F0.1 ;
```

㉮ N01
㉯ N02
㉰ N03
㉱ N04

98 공구는 작업에 지장이 없는 한, 되도록 짧게 나오도록 하여 절삭 시 발생하는 떨림을 줄일 필요가 있다.

99 · 기계좌표계 : 기계의 원점을 기준으로 하는 좌표계로서 공장출하 시에 파라미터에 의해 결정된다.
· 공작물 좌표계 : 공작물의 특정위치에 절대좌표계의 원점을 일치시켜 사용한다.
· 잔여 좌표계 : 자동실행 중에 현재 실행 중인 블록의 나머지 이동 거리를 표시한다.
· 상대 좌표계 : 사용자 편의대로 사용할 수 있는 임의 좌표계로서 공구세팅이나 공작물좌표계 설정 시에 편의에 따라 사용할 수 있다.

100 반자동모드에서는 사이클 코드를 사용할 수 없다.(G70 : 내·외경 정삭 사이클 가공)

98 ㉰ 99 ㉱ 100 ㉱

101
· G42 : 공구지름 우측 보정
· G43 : 공구길이보정 +
· G44 : 공구길이보정

102
· 절대지령
　G01 X30. Z-38. F0.2 ;
· 증분지령
　G01 U10. W-28. F0.2 ;
· 혼합지령
　G01 X30. W-28. F0.2 ;
　G01 U10. Z-38. F0.2 ;

103
· G80 : 고정사이클 취소
· G81 : 드릴사이클
· G82 : 카운터보링사이클
· G83 : 심공드릴사이클

104 ㉣항은 하향 절삭의 특징이다.

101 ㉰ 102 ㉰ 103 ㉮
104 ㉣

101 머시닝센터에서 공구 보정기능에 대한 설명으로 틀린 것은?

㉮ G40 : 공구 지름 보정 취소
㉯ G41 : 공구 지름 좌측 보정
㉰ G44 : (+)방향 공구 길이 보정
㉣ G49 : 공구 길이 보정 취소

102 다음 그림에서 ㉠에서 ㉡까지 직선 가공하는 CNC선반 프로그램으로 맞는 것은?

㉮ G01 X10. Z-28. F0.2 ;
㉯ G01 U5. W-28. F0.2 ;
㉰ G01 X30. Z-38. F0.2 ;
㉣ G01 U10. W-38. F0.2 ;

103 머시닝센터 프로그래밍에서 고정 사이클 취소 기능을 하는 G코드는?

㉮ G80　　㉯ G81
㉰ G82　　㉣ G83

104 수평밀링머신의 플레인 커터 작업에서 하향 절삭과 비교한 상향 절삭의 특징으로 틀린 것은?

㉮ 커터의 수명이 짧다.
㉯ 이송기구의 백래시가 제거된다.
㉰ 절삭열에 의한 치수 정밀도의 변화가 적다.
㉣ 절삭된 칩이 가공된 면 위에 쌓인다.

105 CNC선반 프로그래밍에서 G76 기능을 다음과 같이 한 블록으로 지령할 때 "K"의 의미는?

```
G76 X Z I K D F A P ;
```

㉮ 나사산 높이로 직경 지령이다.
㉯ 나사산 높이로 반지름 지령이다.
㉰ 첫 번째 절입량으로 직경 지령이다.
㉱ 첫 번째 절입량으로 반지름 지령이다.

106 마제를 가공액과 혼합한 것을 압축공기를 이용하여 가공물의 표면에 분사시켜 매끈한 다듬면을 얻는 가공법은?

㉮ 슈퍼 피니싱
㉯ 액체 호닝
㉰ 습식 래핑
㉱ 전해 연마

107 계의 기준점인 기계원점을 기준으로 정한 좌표계이며, 기계제작자가 미리 파라미터에 의해 정하는 좌표계는?

㉮ 공작물 좌표계
㉯ 상대 좌표계
㉰ 기계 좌표계
㉱ 증분 좌표계

108 축의 속도가 500rpm으로 회전하고 있다. 바이트가 홈 가공을 하고 5회전을 드웰(G04) 하려고 한다면 프로그램에서 몇 초간 바이트의 이동을 멈추게 해야 하는가?

㉮ 0.3초
㉯ 0.4초
㉰ 0.5초
㉱ 0.6초

---

105 · X, Z : 나사 끝지점 좌표
· I : 나사 끝점 X와 시작점 X값의 거리(반지름지령)
· K : 나사산 높이(반지름지령)
· D : 첫 번째 절입량(반지름지령)
· A : 나사의 각도
· P : 절삭방법

106 · 슈퍼 피니싱 : 매우 고운 숫돌을 회전하는 일감에 가압과 이송을 주어 표면 정밀도를 향상시키는 가공
· 습식 래핑 : 일감과 랩 사이에 분말 입자인 랩제와 절삭액을 주어 표면 정밀도를 향상시키는 가공
· 전해 연마 : 일감을 양극(+), 전극을 음극(-)으로 하여 전해액 속에서 전기적인 작용에 의해 일감 표면이 용출되어 필요 형상으로 가공

107 · 공작물좌표계 : 공작물의 특정 위치에 절대좌표계의 원점을 일치시켜 사용한다.
· 상대좌표계 : 사용자 편의대로 사용할 수 있는 임의 좌표계로서 공구세팅이나 공작물좌표계 설정 시에 편의 따라 사용할 수 있다.

108 일시정지 회전수 : 분당회전수 = 일시정지 시간(초) : 60초

105 ㉯ 106 ㉯ 107 ㉰
108 ㉱

109 지름지령의 경우 C3는 6mm를 적용하여 계산한다.
∴ 80 − (3 × 2) = 74

109 다음 도면을 보고 CNC 프로그램을 완성시키고자 한다. ( ) 속에 들어갈 값으로 옳은 것은?

```
O4567 ;
N010 G50 X300.0 Z20.0 S1600 T0100 ;
N020 G96 S180 M03 ;
N030 G00 (      ) Z3.0 T0101 M08 ;
N040 G01 X80.0 Z-3.0 F0.15 ;
- 중략 -
N090 G00 X300.0 Z20.0 T0100 M09 ;
N100 M05 ;
N110 M02 ;
```

㉮ X68.0 ㉯ X74.0
㉰ X77.0 ㉱ X80.0

110
- 위치결정제어 : 공구의 최종 위치만을 찾아 제어하는 방식으로 드릴링, 스폿 용접기, 펀치프레스 등에 적용된다.
- 직선절삭제어 : 직선으로 이동하면서 절삭이 이루어지는 방식으로 밀링머신, 보링머신, 선반 등에 적용된다.
- 윤곽절삭제어 : 2개 이상의 축을 제어하는 방식으로 대각선 경로, S자형 경로, 원형 경로 등을 자유자재로 연속 절삭 가능하다.

110 위치제어 방식 중 공구의 위치만 이동시키는 제어 방식으로 정보처리 회로가 매우 간단하여 펀치 프레스, 스폿용접 등에 사용되는 제어는?

㉮ 위치결정 제어
㉯ 윤곽적삭 제어
㉰ 위치결정 직선절삭제어
㉱ 직선절삭 제어

109 ㉯ 110 ㉮

338 제1부 이론편

111 공구보정(OFFSET) 화면에서 가상 인선반경 보정을 수행하기 위하여 노즈 반경을 입력하는 곳은?

㉮ X ㉯ Z
㉰ R ㉱ T

112 다음 중 위급할 때 사용하는 비상 정지 스위치는?

㉮ Optional Stop ㉯ Cycle Start
㉰ Emergency Stop ㉱ Reset

113 아래 도면에서 P1에서 P2까지 가공하는 머시닝센터 프로그램은?

㉮ G90 G03 X25.0 Y18.0 R-10.0 F100 ;
㉯ G90 G03 X25.0 Y18.0 R10.0 F100 ;
㉰ G90 G03 X25.0 Y18.0 I8.0 J5.0 F100 ;
㉱ G90 G03 X25.0 Y18.0 I-5.0 J-8.0 F100 ;

114 다음 중 CNC선반의 가공프로그램에서 보조프로그램의 종료를 나타내는 보조기능은?

㉮ M02 ㉯ M30
㉰ M98 ㉱ M99

115 다음 CNC 선반의 어드레스 중 소수점을 사용할 수 있는 것만으로 짝지어진 것은?

㉮ X, Z, R, I, K ㉯ X, Z, P, D, K
㉰ I, K, P, Z, M ㉱ Z, K, R, P, U

해설

111 · X : X축의 공구보정치
· Z : Z축의 공구보정치
· R : 공구 노즈 반경치
· T : 공구 인선 유형

112 · Optional Stop(선택정지) : 프로그램에 지령된 M01을 선택적으로 정지하는 스위치이다.
· Cycle Start(자동개시) : 자동(Auto), 반자동(MDI), DNC모드에서 프로그램을 실행한다.
· Emergency Stop(비상정지) : 기계의 주전원을 차단한 효과를 나타내며 돌발적인 충돌이나 위급한 상황에서 작동시킨다.
· Reset(초기화) : 알람 해제, 진행프로그램 정지, 편집 시 커서를 선두로 복귀 등의 기능이 있다.

113 180° 이상의 원호가공에는 R에 기호 '-'를 함께 사용한다. 원호가공 시에 반경값 R 대신에 I, J, K를 사용할 경우에는 시작점에서 중심점까지의 벡터값을 사용한다.

114 · M02 : 프로그램 종료
· M30 : 프로그램 종료 및 재시작
· M98 : 보조프로그램 호출
· M99 : 보조프로그램 종류

115 CNC프로그램에서 소수점 사용이 가능한 어드레스는 X, Y, Z, U, W, I, J, K, R, Q, F 등이 있다.

111 ㉰ 112 ㉰ 113 ㉮
114 ㉱ 115 ㉮

해설

116 G71(내·외경 황삭 사이클), G72(단면 황삭 사이클), G73(형상 반복 사이클), G74(Z방향 홈가공·펙드릴 사이클) 이 중에서 G70(내·외경 정삭 사이클)을 사용할 수 있는 것은 G71, G72, G73이다.

117 CAD/CAM은 소품종 다량생산보다는 다품종 소량생산에서 더욱 필요하다.

118 도면치수보다 0.5mm 작게 가공되었고, G43은 + 보정이므로, 0.5mm 높여서 가공해야 한다.
∴ 수정보정값 = 기존 보정값 + 0.5 = 100 + 0.5 = 100.5mm

119 CNC선반에서 이송속도 F는 회전당 이송거리(mm/rev)이며, 나사에서 1회전당 이동거리는 나사의 리드이다. 따라서 CNC선반에서 나사가공 시 이송속도는 나사의 리드를 동일하게 사용하면 된다.
∴ 나사의 리드 = 줄수 × 피치

116 ㉣ 117 ㉣ 118 ㉣
119 ㉰

---

116 CNC선반의 가공프로그램 작성에 있어서 복합형 고정 사이클을 사용한다면 그 복합형 고정 사이클 중 G70 기능을 이용하여 정삭 가공을 할 수 없는 것은?

㉮ G71
㉯ G72
㉰ G73
㉣ G74

117 CAD/CAM의 필요성이 증대되는 요인으로 적절치 않은 것은?

㉮ 소비자 요구의 다양화
㉯ 신제품 개발 경쟁 치열
㉰ 제품 라이프 사이클(Life Cycle)의 단축
㉣ 소품종 다량생산

118 머시닝센터에서 G00 G43 Z10. H12 ; 블록으로 공구 길이 보정을 하여 공작물을 가공하고 측정하였더니 도면의 치수보다 Z값이 0.5mm 작았다. 길이 보정 번호 H12의 보정값을 얼마로 수정하여 가공해야 하는가?(단, H12의 기존의 보정값은 100.0 이 입력된 상태이다.)

㉮ 99.05   ㉯ 99.5
㉰ 100.05   ㉣ 100.5

119 CNC선반에서 나사 가공시 이송속도(F코드)에 무엇을 지령해야 하는가?

㉮ 줄수
㉯ 피치
㉰ 리드
㉣ 호칭

120 머시닝센터의 특징과 관계가 없는 것은?

㉮ 소형 부품의 경우 테이블에 여러 개 고정하여 연속 작업을 할 수 있다.
㉯ 공구가 자동으로 교환되므로 공구교환 시간을 줄일 수 있다.
㉰ 주축회전수의 제어범위가 크고 무단변속이 가능하므로 가공에 요구되는 회전수에 유연하게 대처할 수 있다.
㉱ 주로 엔드밀을 사용하여 작업하므로 특수 치공구의 제작이 필요하다.

121 CNC선반에서 원호가공을 하는데 적합하지 않는 WORD는?

㉮ R8
㉯ I-3. K-5.
㉰ G02
㉱ R-8

122 머시닝센터 작업시 안전 및 유의 사항으로 틀린 것은?

㉮ 작업 전에 일상점검을 하고 부족한 오일을 보충한다.
㉯ 절삭 공구 및 가공물은 정확하고 견고하게 고정한다.
㉰ 작업 전에 컨트롤러에 먼지가 없도록 압축공기로 청소한다.
㉱ 절삭 중에 칩이나 절삭유가 튀어나오지 않도록 문을 닫고 작업한다.

123 도면상의 프로그램 원장에 대한 설명으로 틀린 것은?

㉮ 일감에서 임의 위치를 기준으로 설정한 것이다.
㉯ 일감에서는 기계 원점이라고도 한다.
㉰ 중심선 상의 편리한 위치에 설정할 수 있다.
㉱ 보통 X축은 주축의 중심에서 X축은 일감의 끝단에 위치시킬 수 있다.

120 머시닝센터는 프로그램에 의하여 복잡한 형상 및 다양한 가공을 수행할 수 있으므로 특수 치공구의 제작이 불필요하다.

121 보기 ㉱항과 같이 R값에 "-"를 사용하는 경우는 180° 이상의 원호가공에 해당되는 데 CNC선반에서 바이트 형상으로 인해 180° 이상의 원호 가공은 곤란하다.

122 컨트롤러는 예민한 부분이므로 압축 공기로 충격을 주면 기기의 손상 또는 이상이 발생될 수 있으므로 담당자 이외에는 함부로 다루어선 안 된다.

123 도면상의 프로그램 원점은 일감에서 공작물 좌표계 원점과 일치되어야한다.

120 ㉱ 121 ㉱ 122 ㉰
123 ㉯

해설

124
- 테이블 왕복형 : 공작물이 좌우로 왕복하며 연삭하는 형식
- 숫돌대 왕복형 : 숫돌대가 좌우로 왕복하며 연삭하는 형식
- 유성형 : 내면 연삭 방식으로 일감을 고정시키고 연삭하는 방식

125 공작기계는 절삭능력과 내구력이 커야하며, 운전비용이 적게 들어야 한다.

126 CNC선반에서 공구지령은 T△△ㅁㅁ와 같이 네 자리로 지령하는데, △△는 공구번호를 의미하고, ㅁㅁ는 공구보정번호를 나타낸다.

127 G92 : 나사절삭사이클, G90 : 내·외경절삭사이클, G94 : 단면절삭사이클, G72 : 단면황삭사이클. 이 중에서 G72는 복합반복 사이클이며, G92, G90, G94는 단일 고정 사이클이다.

124 ㉰ 125 ㉣ 126 ㉰
127 ㉰

---

124 바깥지름 연삭 방식 중에서 숫돌을 숫돌의 반지름 방향으로 이송하면서 공작물을 연삭하는 방식으로 원통면, 단이 있는 면, 테이퍼형, 곡선 윤곽 등의 전체 길이를 동시에 연삭 할 때 가장 적합한 방식은?

㉮ 테이블 왕복형   ㉯ 숫돌대 왕복형
㉰ 플랜지 컷형   ㉱ 유성형

125 다음 중 공작 기계의 구비 조건으로 옳은 것은?

㉮ 높은 정밀도를 갖고, 절삭 능력이 작을 것
㉯ 내구력은 작고, 사용은 간편할 것
㉰ 가격은 저렴하고, 운전비용은 많이 들 것
㉱ 고장이 적고, 기계효율이 좋을 것

126 CNC선반에서 공구보정 번호 4번을 선택하여, 2번 공구 를 사용하려고 할 때 공구지령으로 옳은 것은?

㉮ T0402   ㉯ T4020
㉰ T0204   ㉱ T2040

127 CNC선반 가공에서 그림과 같이 ㉠~㉣ 가공하는 단일 고정 사이클 프로그램으로 적합한 것은?

㉮ G92 X20. Z-28. F0.25
㉯ G94 X20. Z28. F0.25
㉰ G90 X20. Z-28. F0.25
㉱ G72 X20. W-28. F0.25

128 다음 CNC선반 프로그램에서 지름이 50mm일 때 주축의 회전수는 약 몇 rpm인가?

```
G50 S2000;
G96 S150;
```

㉮ 850 ㉯ 955
㉰ 1025 ㉱ 2000

129 다음과 같은 그림에서 A점에서 B점까지 이동하는 CNC 선반 가공프로그램에서 (   )안에 알맞은 준비기능은?

```
G03 X40.0 Z-20.0 R20.0 F0.25 ;
G01 Z-25.0 ;
(   ) X60.0 Z35.0 R10.0 ;
G01 Z-45.0 ;
```

㉮ G00 ㉯ G01
㉰ G02 ㉱ G03

130 CNC 공작기계의 일상 점검 중 매일 점검 내용에 해당 하지 않는 것은?

㉮ 베드면에 습동유가 나오는지 손으로 확인한다.
㉯ 유압 탱크의 유량은 충분한가 확인한다.
㉰ 각축은 원활하게 급속이송 되는지 확인한다.
㉱ NC장치 필터 상태를 확인한다.

해설

128 $V = \dfrac{\pi dN}{1000}$, $v = 150$, $d = 50$

$$\therefore N = \dfrac{1000 \times v}{\pi d} = \dfrac{1000 \times 150}{3.14 \times 50}$$
$$= 955(rpm)$$

129
· G00 : 위치결정
· G01 : 직선절삭
· G02 : 원호가공(시계방향)
· G03 : 원호가공(반시계방향)

130 습동유 분비 상태, 유압유의 유량 축이동의 이상 유무, 공기압의 적정성 등은 매일 점검 사항이다.

128 ㉯ 129 ㉰ 130 ㉱

해설

131 고속가공의 특징
- 가공시간의 단축
- 표면조도 향상
- 칩 처리 용이
- 버(Burr) 생성의 감소

132 00그룹의 G코드가 one shot G 코드인데, CNC선반에서는 G04, G27~G31, G50 G70~G76 등이 있다.

133 볼 스크루 : 점접촉 방식으로 백래시가 적고 마찰이 적어 정밀도가 매우 높은 장점이 있다.

134
- 입력장치 : 키보드, 마우스, 태블릿, 디지타이저, 조이스틱 등
- 출력장치 : 플로터, CRT, LCD 등

135 작업 중의 장갑 착용은 어떠한 경우에서도 허용이 안 된다.

---

131 고속가공의 특징에 해당하지 않는 것은?

㉮ 가공시간을 단축시켜 가공능률을 향상시킨다.
㉯ 표면조도를 향상시킨다.
㉰ 칩 처리가 용이하다.
㉱ 버(Burr) 생성이 증가한다.

132 CNC선반 프로그래밍에서 지령된 블록에서만 유효한 G 코드(one shot G-code)에 해당하는 것은?

㉮ G03
㉯ G04
㉰ G41
㉱ G96

133 CNC공작기계에서 백래시의 오차를 줄이기 위해 사용하는 NC 기구는?

㉮ 리드 스크루
㉯ 세트 스크루
㉰ 볼 스크루
㉱ 유니파이 스크루

134 CAD/CAM시스템 입력장치가 아닌 것은?

㉮ 키보드
㉯ 마우스
㉰ 플로터
㉱ 태블릿

135 선반 작업 시 유의 사항으로 틀린 것은?

㉮ 안전을 고려하여 장갑을 착용한다.
㉯ 칩은 손으로 제거하지 말고 갈고리를 사용한다.
㉰ 나사를 절삭할 때는 주축속도를 저속으로 하여 충돌을 예방한다.
㉱ 작업 시 눈을 보호하기 위해 보안경을 착용한다.

---

131 ㉱ 132 ㉯ 133 ㉰
134 ㉰ 135 ㉮

136 CNC선반 프로그래밍에서 다음 지령에 대한 설명으로 틀린 것은?

```
G92 X(U)__ Z(W)__ R__ F__ ;
```

㉮ F는 나사의 리드 값과 같게 지정한다.
㉯ X(U)는 1회 절입할 때 나사의 골 지름을 지정한다.
㉰ Z(W)는 나사 가공 길이를 지정한다.
㉱ R은 자동모서리 코너 값을 지정한다.

137 다음 중 공구 지름 보정 취소와 공구 길이 보정취소를 나타내는 G코드는?

㉮ G10, G40
㉯ G40, G49
㉰ G49, G80
㉱ G49, G80

138 CNC선반 프로그래밍에서 기계원점으로 자동 복귀하는 기능은?

㉮ G27
㉯ G28
㉰ G29
㉱ G30

139 다음 머시닝센터 프로그램에서 G98의 의미로 옳은 것은?

```
G17 G90 G98 G83 Z-25.0 R3.0 Q2.0 F120 ;
```

㉮ 보조프로그램 호출
㉯ 1회 절입량
㉰ R점 복귀
㉱ 초기점 복귀

140 윤활의 목적에 해당하지 않는 것은?

㉮ 냉각작용
㉯ 청정작용
㉰ 방청작용
㉱ 증발작용

136 · G92 : 나사가공 사이클
· X(U) Z(U) : 나사가공 끝점 좌표
· R : 테이퍼 나사 절삭 시 테이퍼 시작점 X좌표와 테이퍼 끝점 X좌표의 차이값(반경지령)
· F : 나사의 리드

137 · G10 : 데이터 설정
· G40 : 공구지름보정 취소
· G49 : 공구길이보정 취소
· G80 : 고정사이클 취소

138 · G27 : 원점복귀 확인
· G28 : 원점복귀
· G29 : 원점으로부터 복귀
· G30 : 제2(3,4)원점복귀

139 G17 : XY평면지정, G90 : 절대지령, G98 : 초기점 복귀, G83 : 심공드릴사이클, Z : 구멍의 최저 위치, R : 구정마공을 시작하는 점 (R점)의 Z위치, Q : 매회 절입량, F : 이송속도

140 윤활의 목적은 윤활작용, 냉각작용, 청정(방청) 작용, 밀폐작용에 있다.

136 ㉱ 137 ㉯ 138 ㉯
139 ㉱ 140 ㉱

해설

141 범용기계에 비해 CNC 기계류는 구입가격이 고액의 비용이 소요되는 만큼 유지 보수 및 관리에도 비용이 많이 든다.

142 $N : 2 = 60 : x$
$\therefore x = \dfrac{2 \times 60}{100} = 1.2 \sec$

143 I, J는 원호 시작점에서 중심점까지 X, Y축 방향에 대한 각각의 증분 좌표값(벡터값)을 나타낸다.

144 · G96 : 절삭속도(m/min) 일정제어
· G97 : 주축회전수(rpm) 일정제어

145 · G41 : 공구 인선 반지름 좌측 보정
· G42 : 공구 인선 반지름 우측 보정
· G49 : 공구길이 보정 취소 (CNC 밀링)
· G40 : 공구 인선 반지름 보정 취소

141 ㉮ 142 ㉰ 143 ㉯
144 ㉮ 145 ㉱

---

141 범용 공작기계와 비교한 CNC공작기계의 장점이 아닌 것은?

㉮ 유지보수 관리비용의 절감
㉯ 리드 타임의 단축
㉰ 품질의 균일성
㉱ 사용기계수의 절감 및 공장크기 축소

142 100rpm으로 회전하는 스핀들에서 2회전 휴지를 프로그램 하려면 몇 초간 정지 시켜야 하는가?

㉮ 12초   ㉯ 1200초
㉰ 1.2초   ㉱ 120초

143 CNC 가공 프로그램에서 원호가공을 할 때 I, K값은 어느 값으로 나타내는가?

㉮ 절대 값으로만 명령이 가능하다.
㉯ 축 방향 값으로 계산한다.
㉰ 증분 값으로 나타낸 반지름 값이다.
㉱ 증분 값으로 나타낸 직경 값이다.

144 CNC선반 프로그램에서 G96 S130 M03 ; 에서 S130의 의미는 무엇인가?

㉮ 절삭속도(m/min)
㉯ 절삭속도(m/rev)
㉰ 주축 회전수(rpm)
㉱ 주축 회전수(rev)

145 CNC선반에서 공구 인선 반지름 보정 취소 코드(code) 는?

㉮ G41
㉯ G42
㉰ G49
㉱ G40

146 보조기능(M기능)에 대한 설명 중 틀린 것은?

㉮ M00 : 프로그램(program) 정지
㉯ M03 : 주축 정회전
㉰ M08 : 절삭유 ON
㉱ M99 : 보조프로그램 호출

147 머시닝센터에서 작업평면이 Y-Z일 때 지령되어야 할 코드는?

㉮ G17 ㉯ G18
㉰ G19 ㉱ G20

148 드릴 작업 시 주의 사항으로 틀린 것은?

㉮ 작업 중 보안경을 착용한다.
㉯ 일감은 정확하게 고정한다.
㉰ 드릴을 고정하거나 풀 때는 주축이 완전히 멈춘 후에 한다.
㉱ 얇은 판에 구멍을 뚫을 때는 손으로 누르고 드릴 작업을 한다.

149 드라이 런 기능 설명으로 맞는 것은?

㉮ 드라이 런 스위치가 ON 되면 이송 속도가 빨라진다.
㉯ 드라이 런 스위치가 ON 되면 프로그램의 이송속도를 무시하고 조작판에서 이송 속도를 조절할 수 있다.
㉰ 드라이 런 스위치가 ON 되면 이송속도의 단위가 회전당 이송 속도로 변한다.
㉱ 드라이 런 스위치가 ON 되면 급속속도가 최고속도로 바뀐다.

150 머시닝센터에서 도면의 치수대로 프로그램을 작성하고, 공구지름 보정 옵셋 값으로 설정하는 보정 값은?

㉮ 공구 지름의 0.5배 ㉯ 공구 지름의 1.0배
㉰ 공구 지름의 1.5배 ㉱ 공구 지름의 2.0배

---

146 M99 : 보조프로그램 종료

147 · G17 : X-Y평면 지정
· G18 : Z-X평면 지정
· G19 : Y-Z평면 지정

148 얇은 판에 구멍을 뚫을 때는 판 밑에 나무 등을 받치고 뚫는 것이 좋으며 손을 사용하는 것은 대단히 위험하다.

149 드라이 런(Dry run) : 프로그램으로 지령된 이송속도를 무시하고 기계조작판에 정해져 있는 이송속도를 사용한다.

150 머시닝센터에서 공구지름 보정에 사용하는 값은 일반적으로 공구의 반지름 치수를 사용한다.

146 ㉱ 147 ㉰ 148 ㉱
149 ㉯ 150 ㉮

해설

151
- 기계 좌표계 : 기계의 원점을 기준으로 하는 좌표계로서 공장출하 시에 파라미터에 의해 결정된다.
- 상대 좌표계 : 사용자 편의대로 사용할 수 있는 임의 좌표계로서 공구세팅이나 공작물좌표계 설정 시에 편의에 따라 사용할 수 있다.

152 프로그램 알람을 말한다.

153
- 도형정의 : 가공경로를 생성하기 위한 기본 형상을 정의한다.
- 가공조건 : 주축회전수, 공구이송속도 등 가공에 필요한 공구조건을 부여한다.
- CL 데이터 : 공구가 이동하는 가공경로를 생성한다.

154 가공 전극의 소모가 많으면 방전가공 후미절삭 부분이 발생할 수 있으므로 가공전극의 소모가 적은 것을 전극재료로 사용하는 것이 좋다.

155 $V = \dfrac{\pi d N}{1000}$, $V = 50$, $d = 25$

$\therefore N = \dfrac{1000V}{\pi d} = \dfrac{1000 \times 50}{3.14 \times 25}$
$= 637 rpm$

| 151 ㉯ | 152 ㉮ | 153 ㉱ |
| 154 ㉯ | 155 ㉰ | |

---

151 CNC가공 프로그램을 작성하기 위하여 공작물의 임의의 점을 원점으로 정한 좌표계는?

㉮ 기계 좌표계
㉯ 절대 좌표계
㉰ 상대 좌표계
㉱ 잔여 좌표계

152 CNC공작기계에서 "P/S_ALARM"이라는 메시지는?

㉮ 프로그램 알람
㉯ 비상정지 스위치 ON 알람
㉰ 주축 모터 과열 알람
㉱ 금지영역 침범 알람

153 CAD/CAM 소프트웨어에서 작성된 가공 데이터를 읽어 특정의 CNC 공작기계 컨트롤러에 맞도록 NC 데이터를 만들어 주는 과정은?

㉮ 도형 정의   ㉯ 가공 조건
㉰ CL 데이터   ㉱ 포스트 프로세서

154 방전 가공용 전극 재료의 조건으로 틀린 것은?

㉮ 방전이 안전하고 가공속도가 클 것
㉯ 가공 전극의 소모가 많을 것
㉰ 가공 정밀도가 높을 것
㉱ 구하기 쉽고 값이 저렴할 것

155 머시닝센터에서 직경 25mm 인 앤드밀로 주철을 가공하려고 할 때 주축의 회전수는 약 몇 rpm 인가?(단, 주철의 추천 절삭속도는 50m/min이다.)

㉮ 393   ㉯ 593
㉰ 637   ㉱ 897

156 다음의 CNC프로그램 시트에서 F300의 의미는?

N	G	X	Y	Z	I	J	F
N1	G90						
N2	G00	X30.	Y20.	Z2.			
N3	G01			Z-5.			F300
N4	G01	X30.	Y70.				
N5	G01	X50.	Y70.				
N6	G03	X90.	Y70.		I20.	J0.	

㉮ 주축 회전수 ㉯ 공구 선택번호
㉰ 공구 보정번호 ㉱ 절입시 이송속도

157 날 수가 4개인 밀링 커터로 공작물을 1날당 0.1mm로 이송하여 절삭하는 경우 이송 속도는 몇 mm/min인가?(단, 주축 회전수는 500rpm이다.)

㉮ 80 ㉯ 150
㉰ 200 ㉱ 250

158 CNC선반 프로그램에서 G99 기능의 이송 단위는?

㉮ mm/rev ㉯ mm/drg
㉰ mm/min ㉱ mm/sec

159 CNC선반에서 나사절삭시 이송기능에 사용되는 숫자는 나사의 호칭법에서 무엇에 해당되는가?

㉮ 피치 ㉯ 감긴 방향
㉰ 호칭 지름 ㉱ 리드

160 공구 보정에 대한 설명으로 틀린 것은?

㉮ G49는 공구 길이 보정 취소를 의미한다.
㉯ G41, G42는 중복하여 지령할 수 있다.
㉰ 공구인선 반경 보정을 시작하는 block을 Start-Up block이라 한다.
㉱ G40은 공구 지름 보정 취소를 의미한다.

156 S : 주축기능, T : 공구기능, F : 이송기능

157 $F = f_z \times z \times n$
∴ $F = 0.1 \times 4 \times 500$
$= 200 mm/min$

158 G99 : 회전당 이송지령 (mm/rev)

159 나사가공을 할 때 나사의 리드는 나사 일회전당 나사의 전진거리를 의미하므로 나사의 리드는 1회전당 이송속도(F)와 동일하게 사용할 수 있다.

160 G41은 공구지름 보정 왼쪽, G42는 공구지름 보정 오른쪽이며, 동시에 사용할 수 없다.

156 ㉱   157 ㉰   158 ㉮
159 ㉱   160 ㉯

161 기계의 외관, 유압유의 유량, 공기압의 적정성 등은 매일 점검 사항이다.

162
- 아버 : 주축에 밀착되어 커터를 잡아주는 밀링 부품
- 밀링 바이스 : 테이블에 공작물을 고정시켜주는 장치

163
- NC : 수치 제어
- CNC : 컴퓨터수치제어
- DNC : 분배 수치 제어
- CAD : 컴퓨터를 이용한 설계

164 G04는 일시정지코드이며, 시간을 나타내는 어드레스 P, U, X 등과 함께 사용한다.

165 주프로그램에서 호출할 수 있는 보조프로그램의 개수는 제한이 없으며, 보조프로그램에서 주프로그램 으로 복귀하기 위해서는 M99로 종료한다.

---

161 CNC선반의 기계 일상 점검 중 매일 점검 항목으로 볼 수 없는 것은?

㉮ 기계 정도 검사
㉯ 외관 검사
㉰ 유량 검사
㉱ 압력 검사

162 CNC밀링에서 나선 홈 절삭에 필요한 부가 축(A, B, C)에 해당되는 범용 밀링머신의 부속장치는?

㉮ 아버
㉯ 수직축 장치
㉰ 분할대
㉱ 밀링 바이스

163 여러 대의 CNC공작기계를 한 대의 컴퓨터에 연결해 데이터를 분배하여 전송함으로써 동시에 운전할 수 있는 방식은?

㉮ NC
㉯ CNC
㉰ DNC
㉱ CAD

164 CNC선반에서 G04 지령절에 사용할 수 없는 어드레스는?

㉮ X ㉯ P
㉰ U ㉱ A

165 CNC 프로그램에서 보조 프로그램에 대한 설명으로 틀린 것은?

㉮ 보조 프로그램의 마지막에는 M99가 필요하다.
㉯ 보조 프로그램은 다른 보조 프로그램을 가질 수 있다.
㉰ 보조 프로그램을 호출할 때는 M98을 사용한다.
㉱ 주프로그램은 오직 하나의 보조 프로그램만 가질 수 있다.

---

161 ㉮ 162 ㉰ 163 ㉰
164 ㉱ 165 ㉱

166 수직 밀링머신에서 평면가공에 주로 사용하는 커터로 외주와 정면에 절삭 날이 있는 커터는?

㉮ 정면 밀링 커터
㉯ 더브테일 커터
㉰ 엔드밀
㉱ 메탈 슬리팅 소

167 밀링 작업에서 떨림(chattering)이 발생할 경우 나타나는 현상으로 틀린 것은?

㉮ 공작물의 가공면을 거칠게 한다.
㉯ 공구 수명을 단축시킨다.
㉰ 생산 능률을 저하시킨다.
㉱ 치수 정밀도를 향상시킨다.

168 CNC선반 가공시 오차를 수정하는 방법이 아닌 것은?

㉮ 기계좌표계 좌표값 수정
㉯ 공구 옵셋 량 수정
㉰ 공작물 좌표계 좌표값 수정
㉱ 프로그램 수정

169 CNC선반에서 보정화면에 입력되는 값과 관계없는 것은?

㉮ X축 길이 보정 값
㉯ Z축 길이 보정 값
㉰ 공구인선 반경 값
㉱ 공구의 지름 보정 값

170 CNC선반에서 Ø52부분을 가공하고 측정한 결과 Ø51.97 이었다. 기존의 X축 보정값이 0.002 라면 보정값을 얼마로 수정해야 Ø52로 가공되는가?

㉮ 0.002
㉯ 0.028
㉰ 0.03
㉱ 0.032

해설

166 · 더브테일 커터 : 수직밀링에서 더브테일 홈을 가공하는 커터
· 엔드밀 : 수직밀링에서 좁은 홈, 계단 등을 가공하는 커터
· 메탈 슬리팅 소 : 수평 밀링에서 좁은 홈 또는 절단을 위한 커터

167 밀링가공에서 떨림은 공구와 공작물의 고정 불량에서 많이 발생된다.

168 기계좌표계의 좌표 값은 일반적으로는 수정할 수 없으며, 충돌이나 변형으로 인하여 부득이 수정해야 할 경우에 한해서 파라미터를 조정하여 변경할 수 있다.

169 CNC 선반에서 보정값으로 공구의 지름 보정값은 사용하지 않는다.

170 도면치수보다 0.03mm 작게 가공되었으므로 0.03mm 크게 가공해야 한다.
∴ 수정보정값 = 기존보정값 + 0.3 = 0.002 + 0.3 = 0.032

166 ㉮ **167** ㉱ **168** ㉮
169 ㉱ **170** ㉱

171
- G01 : 직선절삭
- G41 : 공구지름 보정 왼쪽
- G71 : 내·외경 황삭 사이클
- G81 : 드릴링 사이클

172
- G40 : 공구인선반경 보정 취소
- G41 : 공구인선반경 보정 왼쪽
- G42 : 공구인선반경 보정 오른쪽
- G43 : 공구길이보정

171 CNC 선반에서 테이퍼 절삭시 공구 날끝 반지름보정을 위하여 필요한 준비 기능은?

㉮ G01 ㉯ G41
㉰ G71 ㉱ G81

172 CNC선반작업에서 공구인선 반지름 보정을 인선의 좌측으로 보정하고, 프로그램의 경로 왼쪽에 서 공구가 이동하여 가공하는 것은?

㉮ G40 ㉯ G41
㉰ G42 ㉱ G43

171 ㉯   172 ㉯

PART

02

Craftsman Computer Aided Lathe

컴퓨터응용선반기능사
기출문제

2014년 1회 기출문제

01 금속재료를 고온에서 오랜 시간 외력을 걸어놓으면 시간의 경과에 따라 서서히 그 변형이 증가하는 현상은?

① 크리프
② 스트레스
③ 스트레인
④ 템퍼링

> 크리프(creep) 현상이란 금속재료를 고온에서 오랜 시간 외력을 걸어놓으면 시간의 경과에 따라 서서히 그 변형이 증가하는 현상을 말한다.

02 황동의 연신율이 가장 클 때 아연(Zn)의 함유량은 몇 % 정도인가?

① 30
② 40
③ 50
④ 60

> Cu+Zn30%의 7·3황동(α고용체)은 연신율이 최대로 가공성을 목적으로 한다.

03 공구용 합금강을 담금질 및 뜨임처리하여 개선되는 재질의 특성이 아닌 것은?

① 조직의 균질화
② 경도 조절
③ 가공성 향상
④ 취성 증가

> 뜨임의 목적은 경도 및 강도 조절, 내부 응력 제거, 인성 개선에 있다.

04 주철의 장점이 아닌 것은?

① 압축 강도가 작다.
② 절삭 가공이 쉽다.
③ 주조성이 우수하다.
④ 마찰 저항이 우수하다.

> 주철은 압축강도가 커서 각종 공작기계의 몸체로 사용한다.

05 구상 흑연주철을 조직에 따라 분류했을 때 이에 해당하지 않는 것은?

① 마르텐자이트 형
② 페라이트 형
③ 펄라이트 형
④ 시멘타이트 형

06 절삭공구류에서 초경 합금의 특성이 아닌 것은?

① 경도가 높다.
② 마모성이 좋다.
③ 압축 강도가 높다.
④ 고온 경도가 양호하다.

> 초경 합금은 금속탄화물(WC, TiC, TaC)+Co 분말을 가압, 성형 후 800~900℃에서 예비 소결한 후 수소 기류 중에서 1400~1500℃에서 소결시켜 만든 합금으로 경도와 압축강도가 높고 고온경도가 양호하다.

07 합금의 종류 중 고용융점 합금에 해당하는 것은?

① 티탄 합금
② 텅스텐 합금
③ 마그네슘 합금
④ 알루미늄 합금

> 텅스텐은 용융점이 3410℃로 금속 중 융점이 높은 고용융점 합금을 생성한다.

08 지름이 50mm 축에 폭이 10mm인 성크 키를 설치했을 때, 일반적으로 전단하중만을 받을 경우 키가 파손되지 않으려면 키의 길이는 몇 mm 인가?

① 25mm
② 75mm
③ 150mm
④ 200mm

> $L \geq 1.5d$이므로 $1.5 \times 50 = 75$

09 롤링 베어링의 내륜이 고정되는 곳은?

① 저널
② 하우징
③ 궤도면
④ 리테이너

🔍 저널(Journal)은 베어링의 내륜과 접촉되는 축부분이다.

10 모듈 5, 잇수가 40인 표준 평기어의 이끝원 지름은 몇 mm인가?

① 200mm
② 210mm
③ 220mm
④ 240mm

🔍 바깥지름 $D_o = m(Z+2) = 5 \times (40+2) = 210mm$

11 두 축이 평행하고 거리가 아주 가까울 때 각속도의 변동 없이 토크를 전달할 경우 사용되는 커플링은?

① 고정 커플링(fixed coupling)
② 플랙시블 커플링(flexible coupling)
③ 올덤 커플링(Oldham's coupling)
④ 유니버설 커플링(universal coupling)

🔍 올덤 커플링(Oldham's coupling) : 두 축이 평행해서 약간 편심되어 있는 경우 각속도를 변화시키지 않고 동력을 전달할 수 있는 축이음의 한 종류이다. 한쪽에는 돌기부, 다른 한쪽에는 홈을 파서 조립하는 형식의 연결로 접촉면의 마찰 저항이 크기 때문에 윤활이 필요하다.

12 기계재료의 단단한 정도를 측정하는 가장 적합한 시험법은?

① 경도시험
② 수축시험
③ 파괴시험
④ 굽힘시험

🔍 경도시험 : 금속표면의 외력 즉 마멸, 절삭 등의 저항한 성질을 측정하는 데 적합하다.

13 인장응력을 구하는 식으로 옳은 것은? (단, A는 단면적, W는 인장하중이다.)

① $A \times W$
② $A + W$
③ $\dfrac{A}{W}$
④ $\dfrac{W}{A}$

🔍 인장응력의 개념적 정의는 인장시험에서 임의의 순간 하중을 원래의 단위 면적으로 나눈 응력값을 말한다.

14 다음 중 구름 베어링의 특성이 아닌 것은?

① 감쇠력이 작아 충격 흡수력이 작다.
② 축심의 변동이 작다.
③ 표준형 양산품으로 호환성이 높다.
④ 일반적으로 소음이 작다.

🔍 구름 베어링은 일반적으로 소음이 발생된다.

15 자동차의 스티어링 장치, 수치제어 공작기계의 공구대, 이송장치 등에 사용되는 나사는?

① 둥근나사
② 볼나사
③ 유니파이나사
④ 미터나사

🔍 볼나사는 자동차의 스티어링 장치, 수치제어 공작기계의 공구대, 이송장치 등에 사용하며 백래쉬가 없다.

16 그림과 같은 제 3각 정투상도에 가장 적합한 입체도는?

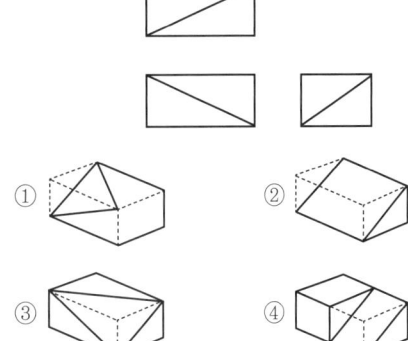

17 원통이나 축 등의 투상도에서 대각선을 그어서 그 면이 평면임을 나타낼 때에 사용되는 선은?

① 굵은 실선
② 가는 파선
③ 가는 실선
④ 굵은 1점 쇄선

🔍 평면임을 나타낼 때는 가는 실선으로 대각선을 긋는다.

18 스프로킷 휠의 도시방법에 관한 내용으로 옳은 것은?

① 바깥지름은 굵은 실선으로 그린다.
② 이뿌리원은 가는 1점 쇄선으로 그린다.
③ 피치원은 가는 파선으로 그린다.
④ 요목표는 작성하지 않는다.

· 이뿌리원은 가는 실선으로 그리거나 생략한다.
· 피치원은 가는 1점 쇄선으로 그린다.
· 요목표는 작성해야 한다.

19 다음 도면에 대한 설명으로 잘못된 것은?

① 긴 축은 중간을 파단하여 짧게 그렸고, 치수는 실제치수를 기입하였다.
② 평행 키 홈의 깊이 부분을 회전도시 단면도로 나타내었다.
③ 평행 키 홈의 폭 부분을 국부투상도로 나타내었다.
④ 축의 양 끝을 1 × 45°로 모떼기 하도록 지시하였다.

평행 키 홈의 깊이 부분을 부분단면도로 나타내었다.

20 다음 중 나사의 표시를 옳게 나타낸 것은?

① 왼 M25 × 2 - 2줄
② 왼 M25 - 2 - 6줄
③ 2줄 왼 M25 × 2 - 2A
④ 왼 2줄 M25 × 2 - 6H

왼 2줄 M25 × 2 - 6H : 왼나사 2줄 감김 미터가는나사 호칭경 25mm 피치2mm 암나사 6H급을 의미한다.

21 부품의 기능과 역할에 따라 틈새 또는 죔새가 생기는 끼워 맞춤은?

① 헐거운 끼워 맞춤
② 억지 끼워 맞춤
③ 표준 끼워 맞춤
④ 중간 끼워 맞춤

틈새와 죔새가 생기는 끼워 맞춤은 중간 끼워 맞춤이다.

22 표면의 결 도시기호에서 가공에 의한 컷의 줄무늬가 여러 방향으로 교차 또는 무방향으로 도시된 기호는?

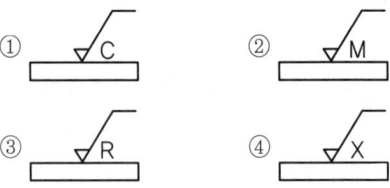

C : 동심원, M : 교차 또는 무방향, R : 방사형, X : 2 방향으로 교차

23 도면에서 치수 숫자와 함께 사용되는 기호를 올바르게 연결한 것은?

① 지름 : D
② 정 사각형의 변 : ◇
③ 반지름 : R
④ 45° 모떼기 : 45°

지름 : Ø, 정사각형의 변 : □, 45° 모떼기 : C

24 도면에서 어떤 경우에 해칭(hatching)하는가?

① 가상 부분을 표시할 경우
② 절단 단면을 표시할 경우
③ 회전 부분을 표시할 경우
④ 부품이 겹치는 부분을 표시할 경우

해칭(hatching) : 절단 단면부분에 45° 가는 실선으로 2~3mm 등간격으로 표시한다.

25 최대 실체 공차 방식의 적용을 올바르게 나타낸 것은?

① 공차 붙이 형체에 적용하는 경우 공차 값 뒤에 기호 Ⓜ을 기입한다.
② 공차 붙이 형체에 적용하는 경우 공차 값 앞에 기호 Ⓜ을 기입한다.
③ 공차 붙이 형체에 적용하는 경우 공차 값 뒤에 기호 Ⓢ을 기입한다.
④ 공차 붙이 형체에 적용하는 경우 공차 값 앞에 기호 Ⓢ을 기입한다.

🔍 공차 붙이 형체에 적용하는 경우 공차 값 뒤에 기호 Ⓜ을 기입한다.

26 연삭 숫돌의 자생 작용이 일어나는 순서로 올바른 것은?

① 입자의 마멸 → 생성 → 파쇄 → 탈락
② 입자의 탈락 → 마멸 → 파쇄 → 생성
③ 입자의 파쇄 → 마멸 → 생성 → 탈락
④ 입자의 마멸 → 파쇄 → 탈락 → 생성

🔍 입자의 자생 작용 순서 : 마멸 → 파쇄 → 탈락 → 생성

27 수평 밀링 머신에서 슬로팅 장치는 어디에 설치하는가?

① 헤드   ② 분할대
③ 새들 위   ④ 테이블 위

🔍 수평 밀링 머신에서 슬로팅 장치는 헤드에 설치한다.

28 버니어 캘리퍼스의 측정시 주의사항 중 잘못된 것은?

① M형 버니어 캘리퍼스로 특히 작은 구멍의 안지름을 측정할 때는 실제 치수보다 작게 측정됨을 유의해야 한다.
② 사용하기 전 각 부분을 깨끗이 닦아서 먼지, 기름 등을 제거한다.
③ 측정 시 공작물을 가능한 힘있게 밀어붙여 측정한다.
④ 눈금을 읽을 때는 시차를 없애기 위해 눈금면의 직각 방향에서 읽는다.

🔍 버니어 캘리퍼스에는 측정력을 일정하게 하는 장치(정압장치)가 없으므로 피측정물을 측정할 때에는 공작물에 무리한 힘을 주면 안 된다.

29 다음 중 내면 연삭기 형식의 종류에 속하지 않는 것은?

① 보통형   ② 유성형
③ 센터리스형   ④ 플랜지 컷형

🔍 플랜지 컷형은 외경 연삭기이다.

30 가늘고 긴 일감은 절삭력과 자중으로 휘거나 처짐이 일어나 정확한 치수로 깎기 어렵다. 이것을 방지하는 선반의 부속장치는 무엇인가?

① 센터   ② 방진구
③ 맨드릴   ④ 면판

🔍 방진구
• 이동식 방진구 : 공구대에 설치
• 고정식 방진구 : 베드 위에 설치

31 다음 중 절삭유제의 작용이 아닌 것은?

① 마찰을 줄여준다.
② 절삭성능을 높여준다.
③ 공구 수명을 연장시킨다.
④ 절삭열을 상승시킨다.

🔍 절삭유제는 절삭열을 냉각시켜서 공구 수명 연장과 제품 정밀도 향상에 기여한다.

32 드릴에서 절삭 날의 웹(web)이 커지면 드릴작업에 어떤 영향이 발생하는가?

① 공작물에 파고 들어갈 염려가 있다.
② 전진하지 못하게 하는 힘이 증가한다.
③ 절삭성능은 증가하나 드릴 수명이 줄어든다.
④ 절삭 저항을 감소시킨다.

🔍 절삭 날의 웹이 커지면 전진하지 못하게 하는 힘이 증가한다. 이 저항을 적게 하기 위해 시닝(Thinning)한다.

33 다음 중 소품종 대량생산에 가장 적합한 공작기계는?

① 만능 공작기계   ② 범용 공작기계
③ 전용 공작기계   ④ 표준 공작기계

> 전용 공작기계, 자동선반, NC선반, 터릿 선반 : 소품종 대량생산

34 절삭속도 126m/min, 밀링커터의 날 수 8개, 지름 100mm, 1날 당 이송을 0.05mm라 하면 테이블의 이송속도는 몇 mm/min인가?

① 180.4   ② 160.4
③ 129.1   ④ 80.4

> - 회전수 $N = \dfrac{1000V}{\pi d} = \dfrac{1000 \times 126}{3.14 \times 100} = 401 rpm$
> - 테이블의 이송속도 $F = f_z \times z \times n$ (f_z : 1날당 이송량, z : 날 수, n : 회전수)
>   ∴ $F = 0.05 \times 8 \times 401 = 160.4 mm/min$

35 절삭공구가 갖추어야 할 조건으로 틀린 것은?

① 고온경도를 가지고 있어야 한다.
② 내마멸성이 커야 한다.
③ 충격에 잘 견디어야 한다.
④ 공구보호를 위해 인성이 적어야 한다.

> 절삭공구는 공구보호를 위해 인성이 커야 한다.

36 다음 중 선반의 주요 부분이 아닌 것은?

① 컬럼   ② 왕복대
③ 심압대 ④ 주축대

> 컬럼은 밀링의 주요부분이다.

37 만능 밀링에서 127개의 이를 가진 기어를 절삭하려고 할 때 가장 적당한 분할방식은?

① 차동 분할법   ② 직접 분할법
③ 단식 분할법   ④ 복식 분할법

> - 직접 분할법 : 직접 분할대를 써서 분할하는 방법으로 분할판에는 24구멍이 있어, 24의 인자인 2, 3, 4, 6, 8, 12, 24 의 7종 분할만 가능하다.
> - 단식 분할법 : 직접 분할로 분할할 수 없는 수를 분할한다. $n = 40/N$ (n : 분할 크랭크의 회전수, N : 분할수)
> - 차동 분할법 : 단식 분할법으로 분할되지 않는 수를 모두 분할할 수 있는 방법이다. 만능 분할대에 부속되는 변환기어는 모두 12개이며, 1,008등분까지 분할이 가능하다.

38 입도가 작고, 연한 숫돌을 작은 압력으로 가공물의 표면에 가압하면서 가공물에 이송을 주고, 동시에 숫돌에 진동을 주어 표면 걸치기를 높이는 가공 방법은?

① 슈퍼 피니싱
② 호닝
③ 래핑
④ 배럴 가공

> 슈퍼 피니싱 : 입도가 작고, 연한 숫돌을 작은 압력으로 가공물의 표면에 가압하면서 가공물에 이송을 주고, 동시에 숫돌에 진동을 주어 표면 거칠기를 높이는 가공방법이다.

39 탭 작업 시 탭의 파손 원인으로 가장 적절한 것은?

① 구멍이 너무 큰 경우
② 탭이 경사지게 들어간 경우
③ 탭의 지름에 적합한 핸들을 사용한 경우
④ 구멍이 일직선인 경우

> 탭이 경사지게 들어가면 탭이 파손된다.

40 연성재료를 절삭할 때 유동형 칩이 발생하는 조건으로 가장 알맞은 것은?

① 절삭 깊이가 적으며 절삭속도가 빠를 때
② 저속 절삭으로 절삭 깊이가 클 때
③ 점성이 큰 가공물을 경사각이 적은 공구로 가공할 때
④ 주철과 같이 메진 재료를 저속으로 절삭할 때

> 유동형 칩은 절삭 깊이가 적으며 절삭속도가 빠를 때, 점성이 큰 가공물을 경사각이 큰 공구로 가공할 때 발생한다.

41 머시닝센터에서 Ø12mm 엔드밀로 가공하려 할 때 절삭속도가 32m/min 이면 공구의 분당 회전수는 약 몇 rpm이어야 하는가?

① 약 750 rpm ② 약 800 rpm
③ 약 850 rpm ④ 약 900 rpm

🔍 회전수 $N = \frac{1000V}{\pi d} = \frac{1000 \times 32}{3.14 \times 12} = 849.3 rpm$

42 기포의 위치에 의하여 수평면에서 기울기를 측정하는 데 사용하는 액체식 각도 측정기는?

① 사인바
② 수준기
③ NPL식 각도기
④ 콤비네이션 세트

🔍 수준기 : 기포의 위치에 의하여 수평면에서 기울기를 측정하는 데 사용하는 액체식 각도 측정기

43 다음 중 CNC 프로그램에서 주축의 회전수를 350 rpm으로 직접 지정하는 블록은?

① G50 S350; ② G96 S350;
③ G97 S350; ④ G99 S350;

🔍 G50 : 주축최고회전수 지정, G96 : 속도 일정제어, G97 : 회전수 일정제어, G99 : 회전당 이송지령(mm/rev)

44 조작판의 급속 오버라이드 스위치가 그림과 같이 급속 위치 결정(G00) 동작을 실행할 경우 실제 이송 속도는 얼마인가? (단, 기계의 급속 이송 속도는 1000mm/min이다.)

① 100mm/min
② 150mm/min
③ 200mm/min
④ 250mm/min

🔍 1000mm/min × 0.25 = 250mm/min

45 다음 중 나사가공 프로그램에 관한 설명으로 가장 적절하지 않은 것은?

① 주축의 회전은 G97로 지령한다.
② 이송속도는 나사의 피치 값으로 지령한다.
③ 나사의 절입 회수는 절입표를 참조하여 여러 번 나누어 가공한다.
④ 복합 고정형 나사 절삭 사이클은 G76 이다.

🔍 이송속도는 나사의 리드 값으로 지령한다.

46 Ø30 드릴 가공에서 절삭속도가 150m/min, 이송이 0.08mm/rev일 때, 회전수와 이송 속도(feed rate)는?

① 150rpm, 0.08 mm/min
② 300rpm, 0.16 mm/min
③ 1592rpm, 127.4 mm/min
④ 3184rpm, 63.7 mm/min

🔍
• 회전수 $N = \frac{1000V}{\pi d} = \frac{1000 \times 150}{3.14 \times 30} = 8592 rpm$
• 이송속도 = 1592 × 0.08 = 127.4mm/min

47 다음 중 지령된 블록에서만 유효한 G 코드 (One shot G code)가 아닌 것은?

① G04 ② G30
③ G40 ④ G50

🔍 G40 : 공구지름 보정 취소

48 CNC 기계의 움직임을 전기식 신호로 변환하여 속도 제어와 위치 검출을 하는 일종의 피드백 장치는?

① 엔코더(encoder)
② 컨트롤러(controller)
③ 서보모터(servo motor)
④ 볼 스크루(ball screw)

🔍 속도제어와 위치검출을 하는 장치를 엔코더(encoder)라 하고 모터 뒤쪽에 붙어있다.

49 다음 프로그램에서 P_ 가 의미하는 것은?

```
G71 U_ R_ ;
G71 P_ Q_ U_ W_ F_ ;
```

① X축 방향의 도피향
② 고정 사이클 시작 번호
③ X축 방향의 1회 절입량
④ 고정 사이클 끝 번호

🔍 G71 : 내·외경황삭 사이클, P : 고정 사이클 시작 번호

50 다음 중 CNC선반 작업에서 전원 투입 전에 확인해야 하는 사항과 가장 거리가 먼 것은?

① 전장(NC)박스 및 외관 상태를 점검한다.
② 공기 압력이 적당한지 점검한다.
③ 윤활유의 급유 탱크를 점검한다.
④ X축, Z축의 백래시(Back lash)를 점검한다.

🔍 각 축의 백래시 점검 및 보정은 매월 점검사항에 해당된다.

51 다음 중 밀링 가공의 작업 안전에 관한 설명으로 틀린 것은?

① 절삭 중 작업화를 착용한다.
② 절삭 중 보안경을 착용한다.
③ 절삭 중 장갑을 착용하지 않는다.
④ 칩(chip) 제거는 절삭 중 브러쉬를 사용한다.

🔍 칩(chip) 제거는 정지 후 브러쉬를 사용한다.

52 다음은 머시닝 센터에서 Ø10mm 엔드밀로 Ø50mm 인 내경을 윤곽 가공하는 프로그램이다. 절삭속도는 약 몇 m/min인가?

```
G97 S800 M03 ;
G02 I-25. F300 ;
```

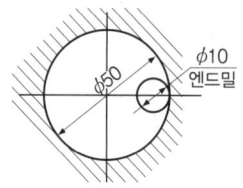

① 12.6 ② 25.1
③ 125.7 ④ 251

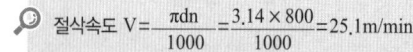
절삭속도 $V = \dfrac{\pi dn}{1000} = \dfrac{3.14 \times 800}{1000} = 25.1\text{m/min}$

53 다음 중 CNC 선반에서 원호가공을 하는데 적합하지 않은 WORD는?

① R-8. ② I-3. K-5.
③ G02 ④ R8.

🔍 R값은 -값이 없다.

54 다음 중 CNC 공작기계에서 사용되는 좌표치의 기준으로 사용하지 않는 좌표계는?

① 고정 좌표계   ② 기계 좌표계
③ 공작물 좌표계   ④ 구역 좌표계

🔍
• 공작물 좌표계 : 공작물의 특정위치에 절대 좌표계의 원점을 일치시켜 사용한다.
• 극 좌표계(구역) : 각도와 거리로 위치를 나타낸다.
• 기계 좌표계 : 기계의 원점을 기준으로 하는 좌표계로서 공장출하 시에 파라미터에 의해 결정된다.

55 다음 중 CNC 선반 프로그램과 공구보정 화면을 보고, 3번 공구의 날 끝(인선) 반경 보정 값으로 옳은 것은?

```
G00 X20. Z0 T0303 ;
```

보정번호	X 축	Z 축	R	T
01	0.000	0.000	0.8	3
02	2.456	4.321	0.2	2
03	5.765	7.987	0.4	3
04	.	.	.	.
05	.	.	.	.
.				

① 0.2mm
② 0.4mm
③ 0.8mm
④ 3.0mm

> T : 공구, 03 : 공구번호, 03 : 공구보정 번호이므로 03에 대한 R값 보정은 0.4mm이다.

56 다음 중 CAD/CAM 시스템에서 입·출력장치에 해당되지 않는 것은?

① 메모리
② 프린터
③ 키보드
④ 모니터

> 키보드는 입력장치, 프린터와 모니터는 출력장치이며, 메모리는 주기억장치이다.

57 NC 기계 작업 중 안전사항으로 틀린 것은?

① NC 기계 주변을 정리정돈한 후 작업을 하였다.
② 작업 도중 정전이 되어 전원스위치를 내렸다.
③ 작업시간과 작업량을 높이기 위하여 작업 중 안전장치를 제거하였다.
④ 작업 공구와 측정기기는 따로 구분하여 정리하였다.

> 작업시간과 작업량을 높이기 위하여 작업 중 안전장치를 제거하면 안전사고의 원인이 되기 때문에 안 된다.

58 다음 중 머시닝센터 프로그램에서 공구 지름 보정에 관한 설명으로 옳은 것은?

① 일반적으로 공구의 지름만큼 보정한다.
② 공구의 진행방향을 기준으로 오른쪽 보정은 G40을 사용한다.
③ 공구를 교환하기 전에 공구 지름 보정을 취소해야 한다.
④ 공구 지름 보정 취소에는 G49를 사용한다.

> G40 : 공구 지름 보정 취소, G41 : 공구 지름 좌측 보정, G42 : 공구 지름 우측 보정

59 다음 보조 기능 중 "M02"를 대신하여 쓸 수 있는 것은?

① M00
② M05
③ M09
④ M30

> M00 : 프로그램 정지(실행중), M05 : 주축 정지, M09 : 절삭유 OFF, M30 : 프로그램 끝, M02 : 프로그램 끝

60 다음 중 머시닝센터에서 공구의 길이 차를 측정하는데 가장 적합한 것은?

① R 게이지
② 사인 바
③ 한계 게이지
④ 하이트 프레세터

> 하이트 프레세터(height presetter)는 기계에 공구를 고정하며 길이를 비교하여 그 차이값을 구하고, 보정값 입력란에 입력하는 측정기이다.

정답 기출문제 – 2014년 1회

01 ①	02 ①	03 ④	04 ①	05 ①
06 ②	07 ②	08 ②	09 ①	10 ②
11 ③	12 ①	13 ④	14 ④	15 ②
16 ③	17 ③	18 ①	19 ②	20 ④
21 ④	22 ②	23 ③	24 ②	25 ①
26 ②	27 ①	28 ②	29 ④	30 ②
31 ④	32 ②	33 ②	34 ②	35 ④
36 ①	37 ①	38 ①	39 ①	40 ①
41 ③	42 ②	43 ②	44 ④	45 ②
46 ③	47 ③	48 ①	49 ②	50 ④
51 ②	52 ②	53 ①	54 ①	55 ②
56 ①	57 ③	58 ③	59 ④	60 ④

2014년 4회 기출문제

01 공구재료의 필요조건이 아닌 것은?

① 열처리가 쉬울 것
② 내마멸성이 적을 것
③ 강인성이 클 것
④ 고온 경도가 클 것

> 내마멸성이 커야 한다.

02 니켈강을 가공 후 공기 중에 방치하여도 담금질 효과를 나타내는 현상은 무엇인가?

① 질량 효과
② 자경성
③ 시기 균열
④ 가공 경화

> 자경성이란 상온에서 강자성체(360℃)의 성질을 나타내는 것을 말하는 것으로 기경성이라고도 한다.

03 구리 4%, 마그네슘 0.5%, 망간 0.5%, 나머지가 알루미늄인 고강도 알루미늄 합금은?

① 실루민
② 두랄루민
③ 라우탈
④ 로우엑스

> 두랄루민은 구리 4%, 마그네슘 0.5%, 망간 0.5%이며 나머지가 알루미늄이다.

04 주철의 성질을 가장 올바르게 설명한 것은?

① 탄소의 함유량이 2.0% 이하이다.
② 인장강도가 강에 비하여 크다.
③ 소성변형이 잘된다.
④ 주조성이 우수하다.

> 주철의 성질
> • 탄소의 함유량이 2.1%~6.67%이다.
> • 압축강도가 크다.
> • 취성이 크다.
> • 주조성이 우수하다.

05 킬드강에는 어떤 결함이 주로 생기는가?

① 편석증가
② 내부에 기포
③ 외부에 기포
④ 상부 중앙에 수축공

> 킬드강은 중앙 상부에 큰 수축관이 있어 그 부분에 불순물이 집적된다.

06 합금주철에서 0.2~1.5% 첨가로 흑연화를 방지하고 탄화물을 안정시키는 원소는 무엇인가?

① Cr
② Ti
③ Ni
④ Mo

> 크롬(Cr)은 흑연화를 방지하고, 펄라이트 조직을 미세화하며 경도 증가, 내열성, 내식성이 좋다.

07 내식용 Al 합금이 아닌 것은?

① 알민(Almin)
② 알드레이(Aldrey)
③ 하이드로날륨(hydronalium)
④ 코비탈륨(cobitalium)

> 내식용 Al 합금 : 알민(Almin), 알드레이(Aldrey), 하이드로날륨(hydronalium)

08 볼트와 볼트 구멍 사이에 틈새에 있어 전단응력과 휨응력이 동시에 발생하는 현상을 방지하기 위한 가장 올바른 방법은?

① 와셔를 사용한다.
② 로크너트를 사용한다.
③ 멈춤 나사를 사용한다.
④ 링이나 봉을 끼워 사용한다.

> 링이나 봉을 끼워 틈새를 제거해서 전단응력과 휨 응력이 동시에 발생하는 현상을 방지한다.

09 웜 기어의 특징으로 가장 거리가 먼 것은?

① 큰 감속비를 얻을 수 있다.
② 중심거리에 오차가 있을 때는 마멸이 심하다.
③ 소음이 작고 역회전 방지를 할 수 있다.
④ 웜 휠의 정밀측정이 쉽다.

🔍 웜 휠의 정밀측정이 어렵다.

10 나사의 용어 중 리드에 대한 설명으로 맞는 것은?

① 1회전시 작용되는 토크
② 1회전시 이동한 거리
③ 나사산과 나사산의 거리
④ 1회전시 원주의 길이

🔍 L = n × p에서 1회전 시 이동한 거리를 말한다.

11 한 변의 길이가 20 mm인 정사각형 단면에 4 kN의 압축 하중이 작용할 때 내부에 발생하는 압축응력은 얼마인가?

① 10 N/mm²
② 20 N/mm²
③ 100 N/mm²
④ 200 N/mm²

🔍 $\sigma = \dfrac{W}{A} = \dfrac{4000}{20 \times 20} = 10 N/mm^2$

12 축의 설계시 고려해야할 사항으로 거리가 먼 것은?

① 강도   ② 제동장치
③ 부식   ④ 변형

🔍 축의 설계시 고려해야할 사항 : 강도, 부식, 변형

13 3줄 나사에서 피치가 2 mm일 때 나사를 6회전시키면 이동하는 거리는 몇 mm인가?

① 6   ② 12
③ 18   ④ 36

🔍 L = n × p = 3 × 2 = 6mm
∴ 6(mm) × 6(cycle) = 36mm

14 사용 기능에 따라 분류한 기계요소에서 직접전동 기계요소는?

① 마찰차   ② 로프
③ 체인   ④ 벨트

🔍 마찰차는 직접전동 기계요소이며 로프, 체인, 벨트는 전동매개물로 간접전동장치에 해당된다.

15 볼트의 머리와 중간재 사이 또는 너트와 중간재 사이에 사용하여 충격을 흡수하여 작용을 하는 것은?

① 와셔 스프링   ② 토션바
③ 벌류트 스프링   ④ 코일 스프링

🔍 와셔 스프링은 볼트의 머리와 중간재 사이 또는 너트와 중간재 사이에 사용하여 충격을 흡수하여 작용을 한다.

16 치수공차의 범위가 가장 큰 치수는?

① $50^{+0.05}_{-0.03}$ ② $60^{+0.05}_{+0.01}$
③ $70^{-0.02}_{-0.05}$ ④ 80 ± 0.02

🔍 $50^{+0.05}_{-0.03}$: 0.08, $60^{+0.05}_{+0.01}$: 0.04, $70^{-0.02}_{-0.05}$: 0.03, 80 ± 0.02 : 0.04

17 나사의 도시법에 대한 설명으로 틀린 것은?

① 수나사의 바깥지름, 암나사의 안지름은 굵은 실선으로 한다.
② 완전나사부와 불완전 나사부의 경계선은 굵은 실선으로 한다.
③ 나사, 암나사의 골 및 불완전 나사부의 골을 표시하는 선은 굵은 실선으로 한다.
④ 수나사와 암사나가 조립된 부분은 항상 수나사가 암나사를 감춘 상태에서 표시한다.

🔍 수나사, 암나사의 골 및 불완전 나사부의 골을 표시하는 선은 가는 실선으로 한다.

18 기계제도에서 "C5" 기호를 나타내는 방법으로 옳은 것은?

🔍 C5는 45° 모떼기를 나타내므로 가로, 세로를 5mm씩 가공한다.

19 주로 대칭인 물체의 중심선을 기준으로 내부 모양과 외부 모양을 동시에 표시하는 단면도는?

① 온 단면도 ② 부분 단면도
③ 한쪽 단면도 ④ 회전도시 단면도

🔍 한쪽 단면도는 주로 대칭인 물체의 중심선을 기준으로 내부 모양과 외부 모양을 동시에 표시하는 단면도이다.

20 그림과 같은 정면도와 우측면도에 가장 적합한 평면도는?

21 기계가공 표면의 결 대상면을 지시하는 기호 중 제거 가공을 허락하지 않는 것을 지시하고자 할 때 사용하는 기호는?

🔍 ① 제거가공여부를 묻지 않을 때 사용. ② 제거가공을 허락하지 않음을 표시. ③ 제거 가공을 필요로 한다는 것을 지시

22 KS 재료기호가 "STC" 일 경우 이 재료는?

① 냉간 압연 강판
② 크롬 강재
③ 탄소 주강품
④ 탄소 공구강 강재

🔍 STC : 탄소 공구강 강재, SCP : 냉간 압연 강판, SCr : 크롬 강재, SC : 탄소 주강품

23 기하공차 기입 틀에서 B 가 의미하는 것은?

| // | 0.008 | B |

① 데이텀 ② 공차 등급
③ 공차 기호 ④ 기준 치수

🔍 공차 종류와 기호 : //, 공차 값 : 0.008, 데이텀 기호 : B

24 스퍼기어를 그리는 방법에 대한 설명으로 올바른 것은?

① 잇봉우리원은 가는 실선으로 그린다.
② 피치원은 가는 2점 쇄선으로 그린다.
③ 이골원은 가는 파선으로 나타낸다.
④ 축에 직각인 방향에서 본 단면도일 경우 이골의 선은 굵은 실선으로 그린다.

🔍 • 잇봉우리원은 굵은 실선으로 그린다.
• 피치원은 가는 1점 쇄선으로 그린다.
• 이골원은 가는 실선으로 나타낸다.

25 도면에서 2종류 이상의 선이 같은 장소에 겹칠 때 다음 중 가장 우선하는 것은?

① 절단선
② 숨은선
③ 중심선
④ 무게 중심선

🔍 문자·숫자 > 외형선 > 숨은선 > 절단선 > 중심선 > 무게중심선 > 치수보조선

26 일반적인 방법으로 밀링 머신에서 가공할 수 없는 것은?

① 테이퍼 축 가공 ② 평면 가공
③ 홈 가공 ④ 기어 가공

🔍 테이퍼 축 가공 : 원주가공은 주로 선반가공이다.

27 밀링 가공의 일감 고정 방법으로 적당하지 않은 것은?

① 바이스는 항상 평행도를 유지하도록 한다.
② 바이스를 고정할 때 테이블 윗면이 손상되지 않도록 주의한다.
③ 가공된 면을 직접 고정해서는 안된다.
④ 바이스 핸들은 항상 바이스에 부착되어 있어야 한다.

🔍 바이스 핸들은 항상 바이스에 부착되어 있으면 위험하므로 항상 없어야 한다.

28 각도를 측정할 수 없는 측정기는?

① 사인 바 ② 수준기
③ 콤비네이션 세트 ④ 와이어 게이지

🔍 와이어 게이지는 와이어 직경을 측정한다.

29 일반적인 버니어 캘리퍼스로 측정할 수 없는 것은?

① 나사의 유효지름
② 지름이 30mm인 둥근 봉의 바깥지름
③ 지름이 35mm인 파이프의 안지름
④ 두께가 10mm인 철판의 두께

🔍 나사의 유효지름은 나사마이크로미터, 삼침법, 투영기로 측정한다.

30 테이퍼 자루 중 드릴에 사용되는 테이퍼는?

① 내셔날 테이퍼 ② 브라운 테이퍼
③ 모스 테이퍼 ④ 쟈콥스 테이퍼

🔍 모스 테이퍼 : 드릴 직경이 13 이상일 때는 주축의 테이퍼(모스 테이퍼)를 이용하여 작업한다.

31 레이저 가공은 가공물에 레이저 빛을 쏘이면 순간적으로 일부분이 가열되어, 용해되거나 증발되는 원리이다. 가공에 사용되는 레이저 종류가 아닌 것은?

① 기체 레이저
② 반도체 레이저
③ 고체 레이저
④ 지그 레이저

🔍 레이저의 종류 : 기체 레이저, 액체 레이저, 고체 레이저, 반도체 레이저

32 선반에서 새들과 에이프런으로 구성되어 있는 부분은?

① 베드 ② 주축대
③ 왕복대 ④ 심압대

🔍 새들과 에이프런(Apron)은 선반의 왕복대를 구성한다.

33 연삭숫돌의 결합제의 구비조건이 아닌 것은?

① 입자 간에 기공이 없어야 한다.
② 균일한 조직으로 필요한 형상과 크기로 가공할 수 있어야 한다.
③ 고속회전에서도 파손되지 않아야 한다.
④ 연삭열과 연삭액에 대하여 안전성이 있어야 한다.

🔍 입자 간에 기공이 있어야 한다.(연삭숫돌3요소 : 입자, 기공, 결합제)

34 고속회전에 베어링의 냉각효과를 원할 때, 경제적인 방법으로 대형기계에 자동 급유되도록 순환펌프를 이용하여 급유하는 방법은?

① 강제 급유법
② 분무 급유법
③ 오일링 급유법
④ 적하 급유법

🔍 강제 급유법 : 고속회전에 베어링의 냉각효과를 원할 때, 경제적인 방법으로 대형기계에 자동 급유되도록 순환펌프를 이용하여 급유하는 방법이다.

35 점성이 큰 재질을 작은 경사각의 공구로 절삭할 때, 절삭 깊이가 클 때 생기기 쉬운 그림과 같은 칩의 형태는?

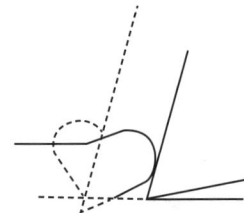

① 유동형 칩
② 전단형 칩
③ 경작형 칩
④ 균열형 칩

> 경작형 칩 : 점성이 큰 재질을 작은 경사각의 공구로 절삭할 때, 절삭 깊이가 클 때 생기는 칩

36 절삭을 목적으로 하는 금속 공작기계에 해당하지 않는 것은?

① 밀링가공　　② 연삭가공
③ 프레스가공　④ 선반가공

> • 절삭가공 공작기계 : 선반, 밀링머신, 세이퍼, 연삭
> • 소성가공 기계 : 프레스

37 드릴을 재연삭할 경우 틀린 것은?

① 절삭날이 중심선과 이루는 날끝 반각을 같게 한다.
② 절삭날의 여유각을 일감의 재질에 맞게 한다.
③ 절삭날의 길이를 좌우 같게 한다.
④ 드릴의 날끝각 검사는 드릴 게이지를 사용한다.

> 드릴의 날끝각 검사는 각도기를 이용하고, 드릴 게이지는 드릴의 직경 측정에 사용한다.

38 방전가공에 대한 일반적인 특징으로 틀린 것은?

① 전기 도체이면 쉽게 가공할 수 있다.
② 전극은 구리나 흑연 등을 사용한다.
③ 방전가공 시 양극보다 음극의 소모가 크다.
④ 공작물은 양극, 공구는 음극으로 한다.

> 방전가공 시 양극과 음극의 소모가 같다.

39 센터리스 연삭의 장점 중 거리가 먼 것은?

① 숙련을 요하지 않는다.
② 가늘고 긴 가공물의 연삭에 적합하다.
③ 중공의 가공물을 연삭할 때 편리하다.
④ 대형이나 중량물의 연삭이 가능하다.

> 대형이나 중량물의 연삭이 불가능하다.

40 CNC선반에 사용되는 세라믹 공구의 주성분은?

① 알루미나
② 티타늄
③ 산화나트륨
④ 서멧

> 산화알루미나(Al_2O_3, 순도 99.5% 이상) 분말을 주성분으로 마그네슘, 규소 등의 산화물과 소결한 절삭공구이다.

41 선반 가공의 경우 절삭 속도가 100m/min이고, 공작물 지름이 50mm일 경우 회전수는 약 몇 rpm으로 하여야 하는가?

① 526　　② 534
③ 625　　④ 637

> $V = \dfrac{\pi \times D \times N}{1000}$
> $V = \dfrac{1000 \times V}{\pi \times D} = \dfrac{1000 \times 100}{3.14 \times 50} = 637$rpm

42 선반 가공에서 기어, 벨트 풀리 등의 소재와 같이 구멍이 뚫린 일감의 바깥 원통면이나 옆면을 가공할 때 구멍에 조립하여 센터 작업으로 사용하는 부속품은?

① 맨드릴
② 면판
③ 방진구
④ 돌림판

> 맨드릴(심봉) : 기어, 벨트 풀리 등과 같이 구멍과 외경이 동심원이고 직각이 필요한 경우에 사용한다.

43 다음 설명에 해당하는 좌표계는?

> 도면을 보고 프로그램을 작성할 때에 절대 좌표계의 기준이 되는 점으로서, 프로그램 원점이라고도 한다.

① 공작물 좌표계   ② 기계 좌표계
③ 극 좌표계   ④ 상대 좌표계

🔍 공작물 좌표계 : 도면을 보고 프로그램을 작성할 때에 절대 좌표계의 기준이 되는 점으로서, 프로그램 원점이라고도 한다.

44 다음 CNC선반 프로그램에서 Ø15mm인 지점을 가공 시 주축의 회전수는 몇 rpm 인가?

```
N10 G50 X150. Z200. S1500 T0500 ;
N20 G96 S130 M03 ;
```

① 130   ② 759
③ 1500 ④ 2759

🔍 첫 블록에 G50(주축의 최고 회전수 설정)이 되어 있으므로 주축의 회전수는 1500 rpm이다.

45 머시닝센터에서 공구길이 보정취소와 공구지름 보정취소를 의미하는 준비기능으로 옳은 것은?

① G49, G40   ② G41, G49
③ G40, G43   ④ G41, G80

🔍 G49(공구길이 보정취소), G40(공구지름 보정취소)

46 다음 중 좌표치의 지령방법에서 현재의 공구위치를 기준으로 움직일 방향의 좌표치를 입력하는 방식은?

① 증분지령 방식
② 절대지령 방식
③ 혼합지령 방식
④ 구역지령 방식

🔍 증분지령 방식은 현재의 공구위치를 기준으로 움직일 방향의 좌표치를 입력하는 방식이다.

47 머시닝센터에서 G84는 탭(Tap) 공구를 이용한 탭가공 고정 사이클이다. G99 G84 X10. Y10. Z-30. R3. F_ ;에서 F는 몇 mm/min을 주어야 하는가? (단, 주축회전수는 240rpm이고, 피치는 1.5mm이다.)

① 160
② 240
③ 360
④ 480

🔍 F=n×L=240×1.5=360rpm

48 CNC 공작기계에서 작업 전 일상적인 점검사항과 가장 거리가 먼 것은?

① 적정 유압압력 확인
② 습동유 잔유량 확인
③ 파라미터 이상 유무 확인
④ 공작물 고정 및 공구 클램핑 확인

🔍 파라미터 이상 유무 확인 : 작업 시 에러를 확인

49 다음 중 CNC 공작기계에서 사용하는 서보기구의 제어 방식이 아닌 것은?

① 개방회로 방식
② 스탭회로 방식
③ 폐쇄회로 방식
④ 반폐쇄회로 방식

🔍 서보기구의 제어방식 : 개방회로 방식, 복합회로 방식, 폐쇄회로 방식, 반폐쇄회로 방식

50 다음 중 수치제어 공작기계에서 Z축에 덧붙이는 축(부가축)의 이동 명령에 사용되는 주소(address)는?

① M(축)
② A(축)
③ B(축)
④ C(축)

🔍 축(부가축) : X(A), Y(B), Z(C축)

51 다음 중 도면의 점 B에서 점 A로 절삭하려 할 때의 프로그램 좌표값으로 틀린 것은?

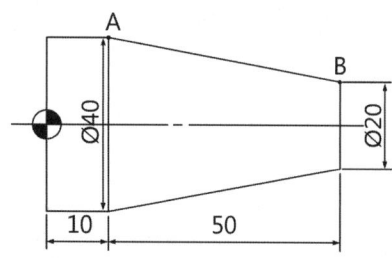

① G01 X40. Z50. F0.2;
② G01 U20. W-50. F0.2;
③ G01 U20. Z10. F0.2;
④ G01 X40. W-50. F0.2 ;

🔍 G01 X40. Z10. F0.2 ;

52 다음 프로그램의 지령이 뜻하는 것은?

```
G17 G02 X40. Y40. R40. Z20. F85 ;
```

① 위치 결정   ② 직선 보간
③ 원호 보간   ④ 헬리컬 보간

🔍 G17(X-Y평면), G02(원호 절삭, 시계방향) X40. Y40. R40. Z20. F85 ;

53 다음 중 연삭 작업할 때의 유의사항으로 가장 적절하지 않은 것은?

① 연삭숫돌은 사용하기 전에 반드시 결함 유무를 확인해야 한다.
② 연삭숫돌 드레싱은 한 달에 한 번씩 정기적으로 해야 한다.
③ 안전을 위하여 일정 시간 공회전을 한 뒤 작업을 한다.
④ 작업을 할 때에는 분진이 심하므로 마스크와 보안경을 착용한다.

🔍 연삭숫돌은 눈 메움이나 무딤 현상이 나타날 때에 드레싱한다.

54 CNC선반의 가공 사이클 프로그램에서 [보기 1]의 "D", [보기 2] N51 블록의 "Q"가 의미하는 것은?

```
[보기 1]
G76 X_ Z_ I_ K_ D_ F_ A_ P_ ;

[보기 2]
N50 G76 P_ Q_ R_ ;
N51 G76 X_ Z_ P_ Q_ R_ F_ ;
```

① 나사의 끝점
② 나사산의 높이
③ 첫 번째 절입 깊이
④ 나사의 시작점에서 끝점까지의 거리

🔍 [보기 1]의 "D", [보기 2] N51 블록의 "Q"가 의미 : 첫 번째 절입 깊이

55 다음과 같은 CNC선반에서의 나사가공 프로그램에서 [ ]안의 내용으로 알맞은 것은?

```
   :
G76 P010060 Q50 R30 ;
G76 Z13.62 Z-32.5 P1190 Q350 F[   ] ;
   :
```

① 1.0
② 1.5
③ 2.0
④ 2.5

🔍 회전당 이송속도(F) = 나사의 리드값을 준다. 1줄나사는 리드와 피치가 같다. F2.0

56 CNC선반의 나사 가공 프로그램에서 두 번째(2회째) 절입시 나사의 골지름은?

```
G28 U0. W0 ;
G50 X200. Z200. T0500 ;
G97 S500 M03 ;
G00 X37. Z3. T0505 M08 ;
G92 X34.3 Z-20. F1.5 ;
    X33.9 ;
    X33.62 ;
    ;
```

① X37.
② X34.3
③ X33.9
④ X33.62

🔍 • G92 X34.3 Z-20. F1.5 ; 첫 번째
　• X33.9 ; 두 번째

57 다음 중 CNC선반 프로그램에서 이송과 관련된 준비 기능과 그 단위가 올바르게 연결된 것은?

① G98 : mm/min, G99 : mm/rev
② G98 : mm/rev, G99 : mm/min
③ G98 : mm/rev, G99 : mm/rev
④ G98 : mm/min, G99 : mm/min

🔍 G98(분당 이송 지정) : mm/min, G99(회전당 이송 지정) : mm/rev

58 다음 중 CNC 공작기계 운전 중 충돌위험이 발생할 때 가장 신속하게 취하여야 할 조치는?

① 전원반의 전기회로를 점검한다.
② 조작반의 비상스위치를 누른다.
③ 패널에 있는 메인 스위치를 차단한다.
④ CNC 공작기계의 전원스위치를 차단한다.

🔍 충돌위험이 발생할 때 가장 신속하게 조작반의 비상스위치를 누른다.

59 다음 중 보조 기능(M 기능)에 대한 설명으로 틀린 것은?

① M02 – 프로그램 종료
② M03 – 주축 정회전
③ M05 – 주축 정지
④ M09 – 절삭유 공급 시작

🔍 M08 – 절삭유 공급 시작, M09 – 절삭유 공급 정지

60 CAD/CAM시스템용 입력장치에서 좌표를 지정하는 역할을 하는 장치를 무엇이라 하는가?

① 버튼(button)
② 로케이터(locator)
③ 셀렉터(selector)
④ 밸류에이터(valuator)

🔍 로케이터(locator)는 CAD/CAM시스템용 입력장치에서 좌표를 지정하는 역할을 하는 장치이다.

정답 기출문제 – 2014년 4회

01 ②	02 ②	03 ②	04 ④	05 ④
06 ①	07 ④	08 ④	09 ④	10 ②
11 ①	12 ④	13 ④	14 ①	15 ①
16 ①	17 ③	18 ③	19 ③	20 ④
21 ②	22 ④	23 ①	24 ④	25 ②
26 ①	27 ④	28 ④	29 ①	30 ③
31 ④	32 ③	33 ①	34 ①	35 ③
36 ③	37 ④	38 ③	39 ①	40 ①
41 ④	42 ①	43 ①	44 ③	45 ①
46 ①	47 ③	48 ③	49 ②	50 ④
51 ①	52 ④	53 ②	54 ③	55 ③
56 ③	57 ①	58 ②	59 ④	60 ②

2015년 1회 기출문제

01 고용체에서 공간격자의 종류가 아닌 것은?

① 치환형 ② 침입형
③ 규칙 격자형 ④ 면심 입방 격자형

> 공간격자의 종류 : 치환형, 침입형, 규칙 격자형

02 가단주철의 종류에 해당하지 않는 것은?

① 흑심 가단주철
② 백심 가단주철
③ 오스테나이트 가단주철
④ 펄라이트 가단주철

> 가단주철의 종류 : 흑심 가단주철, 백심 가단주철, 펄라이트 가단주철

03 주철의 여러 성질을 개선하기 위하여 합금 주철에 첨가하는 특수원소 중 크롬(Cr)이 미치는 영향이 아닌 것은?

① 경도를 증가시킨다.
② 흑연화를 촉진시킨다.
③ 탄화물을 안정시킨다.
④ 내열성과 내식성을 향상시킨다.

> 흑연화를 촉진시키는 원소는 Ni이고, Cr은 흑연화를 방지시킨다.

04 비자성체로서 Cr과 Ni를 함유하며 일반적으로 18-8 스테인리스강이라 부르는 것은?

① 페라이트계 스테인리스강
② 오스테나이트계 스테인리스강
③ 마텐자이트계 스테인리스강
④ 펄라이트계 스테인리스강

> 페라이트(18Cr)계, 오스테나이트(18Cr-8Ni)계, 마텐자이트(13Cr)계 스테인리스강

05 탄소강의 경도를 높이기 위하여 실시하는 열처리는?

① 불림 ② 풀림
③ 담금질 ④ 뜨임

> 불림 : 조직의 표준화, 풀림 : 내부응력제거 및 연화, 담금질 : 경도 증가, 뜨임 : 내부응력제거 및 인성부여

06 다이캐스팅 알루미늄 합금으로 요구되는 성질 중 틀린 것은?

① 유동성이 좋을 것
② 금형에 대한 점착성이 좋을 것
③ 열간 취성이 적을 것
④ 응고수축에 대한 용탕 보급성이 좋을 것

> 금형에 대한 이형성이 좋을 것

07 8~12% Sn에 1~2% Zn의 구리합금으로 밸브, 콕, 기어, 베어링, 부시 등에 사용되는 합금은?

① 코르손 합금
② 베릴륨 합금
③ 포금
④ 규소 청동

> 포금 : 8~12% Sn에 1~2% Zn의 구리합금으로 밸브, 콕, 기어, 베어링, 선박용 프로펠러, 포신, 부시 등에 사용

08 미터나사에 관한 설명으로 틀린 것은?

① 기호는 M으로 표기한다.
② 나사산의 각도는 55°이다.
③ 나사의 지름 및 피치를 mm로 표시한다.
④ 부품의 결합 및 위치의 조정 등에 사용된다.

> 나사산의 각도는 60°이다.

09 브레이크 드럼에서 브레이크를 블록에 수직으로 밀어붙이는 힘이 1000 N 이고 마찰계수가 0.45 일 때 드럼의 접선방향 제동력은 몇 N 인가?

① 150　　② 250
③ 350　　④ 450

🔍 $P = uQ = 0.45 \times 1000 = 450$

10 축 방향으로 인장하중만을 받는 수나사의 바깥지름(d)과 볼트재료의 허용인장응력 (σa) 및 인장하중(W)과의 관계가 옳은 것은?(단, 일반적으로 지름 3mm 이상인 미터나사이다.)

① $d = \sqrt{\dfrac{2W}{\sigma a}}$　　② $d = \sqrt{\dfrac{3W}{8\sigma a}}$

③ $d = \sqrt{\dfrac{8W}{3\sigma a}}$　　④ $d = \sqrt{\dfrac{10W}{3\sigma a}}$

🔍
- 축 방향 하중 : $d = \sqrt{\dfrac{2W}{\sigma a}}$
- 축 방향과 비틀림하중 : $d = \sqrt{\dfrac{8W}{3\sigma a}}$

11 전단하중에 대한 설명으로 옳은 것은?

① 재료를 축 방향으로 잡아당기도록 작용하는 하중이다.
② 재료를 축 방향으로 누르도록 작용하는 하중이다.
③ 재료를 가로 방향으로 자르도록 작용하는 하중이다.
④ 재료가 비틀어지도록 작용하는 하중이다.

🔍 전단하중 : 재료를 가로 방향으로 자르도록 작용하는 하중

12 기어 전동의 특징에 대한 설명으로 가장 거리가 먼 것은?

① 큰 동력을 전달한다.
② 큰 감속을 할 수 있다.
③ 넓은 설치장소가 필요하다.
④ 소음과 진동이 발생한다.

🔍 직접전동이기 때문에 넓은 설치장소가 필요치 않다.

13 지름 $D_1 = 200$ mm, $D_2 = 300$ mm 의 내접 마찰차에서 그 중심 거리는 몇 mm 인가?

① 50
② 100
③ 125
④ 250

🔍 $\dfrac{D_1 - D_2}{2} = a = \dfrac{300 - 200}{20} = 50$(내접)

14 베어링 번호가 6205 인 레이디얼 볼 베어링의 안지름은?

① 5 mm
② 25 mm
③ 62 mm
④ 205 mm

🔍 안지름 치수가 10, 12, 15, 17mm인 경우 안지름 번호는 00, 01, 02, 03이며, 04부터는 x5 이므로 05 x 5 = 25이다.

15 평 벨트의 이음방법 중 효율이 가장 높은 것은?

① 이음쇠 이음
② 가죽 끈 이음
③ 관자 볼트 이음
④ 접착제 이음

🔍 이음쇠 이음(40~70%), 가죽 끈 이음(40~50%), 철사 이음(60%), 접착제 이음(75~90%)

16 치수공차와 기하공차 사이의 호환성을 위한 규칙을 정한 것으로서 생산비용을 줄이는데 유용한 공차 방식은?

① 형상 공차 방식
② 최대 허용 공차 방식
③ 최대 한계 공차 방식
④ 최대 실체 공차 방식

🔍 최대 실체 공차 방식 : 치수공차와 기하공차 사이의 호환성을 위한 규칙을 정한 것으로서 생산비용을 줄이는데 유용

17 다음 그림의 물체에서 화살표 방향을 정면도로 정투상 하였을 때 투상도의 명칭과 투상도가 바르게 연결된 것은?

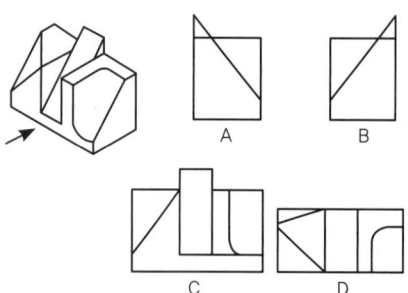

① (A) : 우측면도 ② (B) : 좌측면도
③ (C) : 정면도   ④ (D) : 저면도

18 기계가공 도면에서 기계가공 방법 기호 중 줄 다듬질 가공기호는?

① FJ   ② FP
③ FF   ④ JF

🔍 FF : 줄다듬질, FS : 스크레이퍼

19 기계제도에 사용하는 선의 분류에서 가는 실선의 용도가 아닌 것은?

① 치수선   ② 치수 보조선
③ 지시선   ④ 숨은선

🔍 • 가는 실선의 용도 : 치수선, 치수 보조선, 지시선
• 숨은선(파선) : 대상물의 보이지 않는 부분의 모양을 표시

20 조립한 상태에서의 치수의 허용한계 기입이 "85 H6/g5"인 경우 해석으로 틀린 것은?

① 축 기준식 끼워 맞춤이다.
② 85는 축과 구멍의 기준 치수이다.
③ 85H6의 구멍과 85g5의 축을 끼워 맞춤한 것이다.
④ H6과 g5의 6과 5는 구멍과 축의 IT 기본공차의 등급을 말한다.

21 스퍼 기어의 도시법에서 잇봉우리원을 표시하는 선의 종류는?

① 가는 1점 쇄선   ② 가는 실선
③ 굵은 실선   ④ 굵은 2점 쇄선

🔍 스퍼기어의 도시방법 : 잇봉우리원은 굵은 실선, 피치원은 가는 1점 쇄선, 이골원은 가는 실선, 축의 직각 방향에서 단면을 도시할 때 이뿌리선은 굵은 실선

22 그림과 같은 단면도의 명칭은?

① 온단면도   ② 회전도시 단면도
③ 부분 단면도   ④ 한쪽 단면도

🔍 회전도시 단면도 : 핸들, 벨트풀리, 기어 등과 같은 바퀴의 암, 림, 리브, 훅, 축, 구조물의 부재는 90°회전 도시한다.

23 다음 도면에서 "A" 치수는 얼마인가?

① 17.5
② 23.5
③ 24
④ 29

🔍 R5 + 24 = 29

24 다음의 기호는 어떤 밸브를 나타낸 것인가?

① 4포트 3위치 전환밸브
② 4포트 4위치 전환밸브
③ 3포트 3위치 전환밸브
④ 3포트 4위치 전환밸브

🔍 4포트 3위치 전환밸브

25 다음 중 각도 치수의 허용한계 기입 방법으로 잘못된 것은?

①
②
③
④

🔍 윗치수 허용차와 아래치수 허용차로 구분하거나 한계치수로 표시해야 한다.

26 밀링 머신에서 상향 절삭과 비교한 하향 절삭의 특징으로 옳은 것은?

① 이송 나사의 백래시는 큰 영향이 없다.
② 기계의 강성이 낮아도 무방하다.
③ 절삭 날에 마찰이 적어 수명이 길다.
④ 표면 거칠기가 상향 절삭보다 거칠다.

🔍 절삭 날에 마찰이 적어 수명이 길다.

27 보링 작업에서 가장 많이 쓰이는 절삭 공구는?

① 바이트
② 리머
③ 정면 커터
④ 탭

🔍 보링 작업에서 가장 많이 쓰이는 절삭 공구 : 바이트

28 선반 가공의 경우 절삭 속도가 120m/min 이고 공작물의 지름이 60 mm일 경우, 회전수는 약 몇 rpm 인가?

① 637
② 1637
③ 64
④ 164

🔍 $V = \dfrac{\pi \times D \times N}{1000}$
$N = \dfrac{1000 \times V}{\pi \times D} = \dfrac{1000 \times 120}{3.14 \times 60} = 637$

29 연삭조건에 따른 입도의 선정 방법에서 고운 입도의 연삭숫돌을 선정하는 경우는?

① 절삭 깊이와 이송량이 클 때
② 다듬질 연삭 및 공구를 연삭할 때
③ 숫돌과 가공물의 접촉 면적이 클 때
④ 연하고 연성이 있는 재료를 연삭할 때

🔍 고운 입도의 연삭숫돌을 선정 : 다듬질 연삭 및 공구를 연삭할 때, 숫돌과 가공물의 접촉 면적이 적을 때, 경도가 크고 메진 재료를 연삭할 때

30 일반적으로 래핑유로 사용하지 않는 것은?

① 경유
② 휘발유
③ 올리브유
④ 물

🔍 경유나 석유 등의 광물유, 물, 점성이 적은 올리브유나 종유 등의 식물성유를 사용

31 기차 바퀴와 같이 지름이 크고, 길이가 짧은 공작물을 절삭하기에 가장 적합한 공작기계는?

① 탁상 선반
② 수직 선반
③ 터릿 선반
④ 정면 선반

🔍 정면 선반 : 기차 바퀴와 같이 지름이 크고, 길이가 짧은 공작물을 절삭

32 공기 마이크로미터를 원리에 따라 분류할 경우 이에 속하지 않는 것은?

① 유량식 ② 배압식
③ 유속식 ④ 전기식

🔍 유량식, 배압식, 유속식

33 4개의 조가 각각 단독으로 움직일 수 있으므로 불규칙한 모양의 일감을 고정하는데 편리한 척은?

① 단동척 ② 연동척
③ 콜릿척 ④ 마그네틱척

🔍 단동척 : 4개의 조가 각각 단독으로 움직일 수 있으므로 불규칙한 모양의 일감을 고정하는데 편리한 척

34 절삭공구의 옆면과 가공물의 마찰에 의하여 절삭공구의 옆면이 평행하게 마모되는 것은?

① 크레이터 마모 ② 치핑
③ 플랭크 마모 ④ 온도 파손

🔍 플랭크 마모 : 절삭공구의 옆면과 가공물의 마찰에 의하여 절삭공구의 옆면이 평행하게 마모

35 가늘고 긴 공작물의 센터나 척을 사용하여 지지하지 않고, 원통형 공작물의 바깥지름 및 안지름을 연삭하는 것은?

① 척 연삭 ② 공구 연삭
③ 수직 평면 연삭 ④ 센터리스 연삭

🔍 센터리스 연삭 : 가늘고 긴 공작물의 센터나 척을 사용하여 지지하지 않고 연삭

36 다듬질의 평면도를 측정하는데 사용도는 측정기는 무엇인가?

① 옵티컬 플랫
② 한계 게이지
③ 공기 마이크로미터
④ 사인바

🔍 • 옵티컬 플랫(광선정반) : 다듬질면의 평면도를 측정
• 옵티컬 파라렐(평행광선정반) : 다듬질면의 평행도를 측정

37 공구 날 끝의 구성인선 발생을 방지하는 절삭조건으로 틀린 것은?

① 절삭 깊이를 작게 한다.
② 절삭 속도를 가능한 빠르게 한다.
③ 윤활성이 좋은 절삭 유제를 사용한다.
④ 경사각을 작게 한다.

🔍 • 절삭 깊이를 작게 한다.
• 절삭 속도를 가능한 빠르게 한다.
• 윤활성이 좋은 절삭 유제를 사용한다.
• 경사각을 크게 한다.

38 밀링 공작기계에서 스핀들의 회전 운동을 수직 왕복 운동으로 변환시켜주는 부속 장치는?

① 수직 밀링 장치
② 슬로팅 장치
③ 만능 밀링 장치
④ 래크 밀링 장치

🔍 슬로팅 장치 : 주축의 회전운동을 수직 왕복운동으로 변환시키고, 바이트를 사용하여 가공

39 선반가공에서 이동식 방진구를 사용할 때 어느 부분에 설치하는가?

① 심압대 ② 에이프런
③ 왕복대의 새들 ④ 베드

🔍 • 고정식 방진구 : 베드에 고정
• 이동식 방진구 : 왕복대 새들 부분에 설치

40 주철과 같이 메진 자료를 저속으로 절삭할 때 발생하는 칩의 형태는 어느 것인가?

① 전단형 칩 ② 경작형 칩
③ 균열형 칩 ④ 유동형 칩

🔍 균열형 칩 : 주철과 같이 메진 자료를 저속으로 절삭할 때 발생

41 일반적인 윤활방법의 종류가 아닌 것은?

① 유체 윤활   ② 경계 윤활
③ 극압 윤활   ④ 공기 윤활

🔍 유체 윤활, 경계 윤활, 극압 윤활

42 드릴로 뚫은 구멍의 내면을 매끈하고 정밀하게 다듬질 하는 가공법은?

① 리머 가공   ② 탭 가공
③ 줄 가공   ④ 다이스 가공

🔍 리머 가공 : 드릴로 뚫은 구멍의 내면을 매끈하고 정밀하게 다듬질 하는 가공

43 다음 중 밀링 가공 시 작업안전에 대한 설명으로 틀린 것은?

① 작업 중에는 긴급 상황이라도 손으로 주축을 정지 시키지 않는다.
② 안전화, 보안경 등 작업 안전에 필요한 보호구 등을 반드시 착용한다.
③ 스핀들이 저속 회전중이라도 변속기어를 조작해서는 안된다.
④ 가공물의 고정은 반드시 주축이 회전 중에 실시하여야 한다.

🔍 가공물의 고정은 반드시 주축이 정지 중에 실시하여야 한다.

44 다음 중 머시닝센터의 드릴작업 프로그램에서 사용되지 않는 어드레스는?(단, G81을 사용하는 것으로 가정한다.)

① X   ② Z
③ Q   ④ F

🔍 G81 X _ Y _ Z _ R _ F _ ;

45 다음 중 CNC 선반에서 증분지령 어드레스는?

① V, X   ② Z, W
③ X, Z   ④ U, W

🔍
- 절대지령 : G01 X20. Z-20. ;
- 증분지령 : U20. W-20. ;
- 혼합지령 : G01 X20. W-20. ;, G01 U20. Z-20. ;

46 다음 중 CNC 프로그램에서 보조기능에 대한 설명으로 틀린 것은?

① M00은 "프로그램의 정지"를 의미한다.
② M03은 "주축의 역회전"을 의미한다.
③ M05는 "주축의 정지"를 의미한다.
④ M08은 "절삭유 ON(공급)"을 의미한다.

🔍 M03은 "주축의 정회전"을, M04은 "주축의 역회전"을 의미한다.

47 다음 중 가상 날 끝(nose R) 방향을 결정하는 요소는?

① 공구의 출발 위치
② 공구의 형상이나 방향
③ 공구 날 끝 반지름 크기
④ 공구의 보정 방향과 정밀도

🔍 가상 날 끝(nose R) 방향을 결정하는 요소 : 공구의 형상이나 방향

48 다음 중 DNC의 장점으로 볼 수 없는 것은?

① 유연성과 높은 계산 능력을 가지고 있다.
② 천공테이프를 사용함으로 전송속도가 빠르다.
③ CNC 프로그램을 컴퓨터 파일로 저장할 수 있다.
④ 공장에서 생산성과 관련되는 데이터를 수집하고 일괄 처리할 수 있다.

🔍 LAN을 이용하여 1대의 컴퓨터에서 여러 대의 CNC공작기계에 데이터를 분배하여 전송하므로 동시운전 방식(천공테이프를 사용 안함.)

49 다음 중 머시닝센터에서 "공작물 좌표계 설정과 선택"을 할 때 사용할 수 없는 준비기능은?

① G50   ② G54
③ G59   ④ G92

G54 : 공작물좌표계 1번 선택
G59 : 공작물좌표계 6번 선택
G92 : 공작물좌표계 설정

50 다음 중 CNC 공작기계의 안전에 관한 사항으로 틀린 것은?

① 절삭 가공 시 절삭 조건을 알맞게 설정한다.
② 공정도와 공구 세팅 시트를 작성 후 검토하고 입력 한다.
③ 공구경로 확인은 보조기능(M기능)이 작동(ON)된 상태에서 한다.
④ 기계 가동 전에 비상 정지 버튼의 위치를 반드시 확인 한다.

공구경로 확인은 보조기능(M기능)이 정지(OFF)된 상태에서 한다.

51 다음 중 간단한 프로그램을 편집과 동시에 시험적으로 실행할 때 사용하는 모드 선택 스위치로 가장 적합한 것은?

① 반자동 운전(MDI)
② 자동운전(AUTO)
③ 수동 이송(JOG)
④ 이송 정지(FEED HOLD)

반자동 운전(MDI) : 간단한 프로그램을 편집과 동시에 시험적으로 실행할 때 사용하는 모드 선택 스위치

52 다음 중 머시닝센터 프로그램에서 G17 평면의 원호 보간에 대한 설명으로 틀린 것은?

① R은 원호 반지름 값이다.
② R과 I, J는 함께 명령할 수 있다.
③ I, J 값이 0 이라면 생략할 수 있다.
④ I는 원호 시작점에서 중심점까지의 X축 벡터 값이다.

R과 I, J는 함께 명령할 수 없다.

53 다음과 같은 선반 도면에서 지름지정으로 C점의 위치 데이터로 옳은 것은?

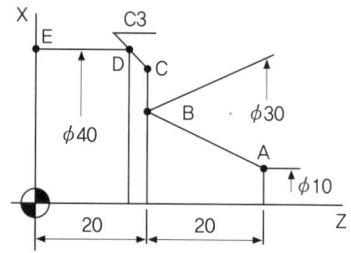

① X34. Z20.
② X37. Z20.
③ X36. Z20.
④ X33. Z20.

X34. Z20.

54 다음 중 CNC 공작기계의 제어 방법이 아닌 것은?

① 직접 제어방식
② 개방회로 제어방식
③ 폐쇄회로 제어방식
④ 하이브리드 제어방식

개방회로 제어방식, 폐쇄회로 제어방식, 반 폐쇄회로 제어방식, 하이브리드 제어방식

55 다음 중 자동 모드(AUTO-MODE)와 반자동 모드(MDI MODE)에서 모두 실행 가능한 복합형 고정 사이클 준비 기능(G-코드)으로 틀린 것은?

① G76
② G75
③ G74
④ G73

G73 : 모두 실행 불가능

56 공작물의 도면과 같이 가공되도록 프로그램 원점과 공작물의 한 점을 일치시킨 좌표계를 무엇이라 하는가?

① 구역 좌표계
② 도면 좌표계
③ 공작물 좌표계
④ 기계 좌표계

> 공작물 좌표계 : 공작물의 도면과 같이 가공되도록 프로그램 원점과 공작물의 한 점을 일치시킨 좌표계

57 다음 중 머시닝센터에서 준비기능인 G44 공구길이 보정으로 옳은 것은?(단, 1번 공구길이는 64mm, 2번 공구길이는 127mm이며, 기준공구는 1번 공구이다.)

① 63
② −63
③ 127
④ −127

> G44 : 공구 길이 보정 "−"
> ∴ 64 - 127 = − 63

58 다음 중 FMC(Flexible Manufacturing Cell)에 관한 설명으로 틀린 것은?

① FMS의 특징을 살려 소규모화한 가공시스템이다.
② ATC(Automatic Tool Changer)가 장착되어 있다.
③ APC(Automatic Pallet Changer)가 장착되어 있다.
④ 여러 대의 CNC 공작기계를 무인 운전하기 위한 시스템이다.

> CNC 공작기계에 공작물을 자동으로 공급하는 장치, 필요한 공구를 자동으로 교환하는 장치, 가공된 제품을 자동으로 측정하고 감시하며 보정하는 장치를 갖추어서 무인 운전하기 위한 시스템이다.

59 CNC 선반에서 G32 코드를 사용하여 피치가 1.5mm 인 2줄 나사를 가공할 때 이송 F의 값은?

① F1.5
② F2.0
③ F3.0
④ F4.5

> F = 피치 × 줄수 = 2 × 1.5 = 3.0

60 CNC 선반 프로그램에서 다음과 같은 내용이고 공작물의 직경이 50mm 일 때 주축의 회전수는 약 얼마인가?

```
G96 S150 M03 ;
```

① 650 rpm   ② 800 rpm
③ 955 rpm   ④ 1100 rpm

> $V = \dfrac{\pi \times D \times N}{1000}$
> $N = \dfrac{1000 \times V}{\pi \times D} = \dfrac{1000 \times 150}{3.14 \times 50} = 955$

정답 기출문제 – 2015년 1회

01 ④	02 ③	03 ②	04 ②	05 ③
06 ②	07 ③	08 ②	09 ④	10 ①
11 ③	12 ③	13 ①	14 ②	15 ④
16 ④	17 ③	18 ③	19 ④	20 ①
21 ③	22 ②	23 ②	24 ①	25 ②
26 ②	27 ①	28 ①	29 ②	30 ②
31 ④	32 ④	33 ①	34 ③	35 ④
36 ①	37 ③	38 ②	39 ③	40 ③
41 ④	42 ①	43 ②	44 ③	45 ④
46 ②	47 ②	48 ②	49 ①	50 ③
51 ①	52 ②	53 ①	54 ①	55 ④
56 ③	57 ②	58 ④	59 ③	60 ③

2015년 4회 기출문제

01 다음 중 청동의 합금 원소는?

① Cu + Fe   ② Cu + Sn
③ Cu + Zn   ④ Cu + Mg

🔍 청동 : Cu(구리)+Sn(주석), 황동 : Cu(구리)+Zn(아연)

02 탄소공구강의 단점을 보강하기 위해 Cr, W, Mn, Ni, V 등을 첨가하여 경도, 절삭성, 주조성을 개선한 강은?

① 주조경질합금
② 초경합금
③ 합금공구강
④ 스테인리스강

🔍 합금공구강(STS, STD) : W, Cr등을 첨가, 내절삭성, 내마멸성이 좋음

03 수기가공에서 사용하는 줄, 쇠톱날, 정 등의 절삭가공용 공구에 가장 적합한 금속재료는?

① 주강   ② 스프링강
③ 탄소공구강 ④ 쾌삭강

🔍 탄소공구강 : 수기가공에서 사용하는 줄, 쇠톱날, 정 등의 절삭가공용 공구재질로 사용

04 일반적인 합성수지의 공통된 성질로 가장 거리가 먼 것은?

① 가볍다.
② 착색이 자유롭다.
③ 전기절연성이 좋다.
④ 열에 강하다.

🔍 단단하나 열에 약하다.

05 철-탄소계 상태도에서 공정 주철은?

① 4.3%C
② 2.1%C
③ 1.3%C
④ 0.86%C

🔍 공정 주철 : 4.3%C, 1145℃

06 다음 비철 재료 중 비중이 가장 가벼운 것은?

① Cu   ② Ni
③ Al   ④ Mg

🔍 Cu : 8.96, Ni : 8.85, Al : 2.7, Mg : 1.74

07 탄소강에 첨가하는 합금원소와 특성과의 관계가 틀린 것은?

① Ni – 인성 증가
② Cr – 내식성 향상
③ Si – 전자기적 특성 개선
④ Mo – 뜨임취성 촉진

🔍 Mo – 뜨임취성 방지, 담금질 깊이 증가

08 나사의 피치가 일정할 때 리드(lead)가 가장 큰 것은?

① 4줄 나사
② 3줄 나사
③ 2줄 나사
④ 1줄 나사

🔍 리드(L) = 줄수(N) × 피치(P) 이므로 4줄 나사가 크다.

09 직접전동 기계요소인 홈 마찰차에서 홈의 각도(2α)는?

① 2α= 10~20° ② 2α= 20~30°
③ 2α= 30~40° ④ 2α= 40~50°

🔍 재질은 주로 주철로 만들고, 홈의 각도는 2α=30~40°

10 2kN의 짐을 들어 올리는 데 필요한 볼트의 바깥지름은 몇 mm 이상 이어야 하는가?(단, 볼트 재료의 허용인장응력은 400N/cm²이다.)

① 20.2 ② 31.6
③ 36.5 ④ 42.2

🔍 $d= \sqrt{\frac{2W}{\sigma}} = \sqrt{\frac{2 \times 2000}{4}} = 31.62$

11 나사의 기호 표시가 틀린 것은?

① 미터계 사다리꼴나사 : Tr
② 인치계 사다리꼴나사 : WTC
③ 유니파이 보통 나사 : UNC
④ 유니파이 가는 나사 : UNF

🔍 인치계 사다리꼴나사 : TW

12 베어링의 호칭번호가 6308 일 때 베어링의 안지름은 몇 mm인가?

① 35 ② 40
③ 45 ④ 50

🔍 안지름 치수가 10, 12, 15, 17mm인 경우 안지름 번호는 00, 01, 02, 03이며, 04부터는 x5 이므로 08 x 5= 40이다.

13 테이퍼 핀의 테이퍼 값과 호칭지름을 나타내는 부분은?

① 1/100, 큰 부분의 지름
② 1/100, 작은 부분의 지름
③ 1/50, 큰 부분의 지름
④ 1/50, 작은 부분의 지름

🔍 테이퍼 핀의 테이퍼 값 : 1/50, 호칭지름 : 작은 부분의 지름

14 원통형 코일의 스프링 지수가 9 이고, 코일의 평균지름이 180 mm 이면 소선의 지름은 몇 mm 인가?

① 9   ② 18
③ 20 ④ 27

🔍 스프링지수(G)= $\frac{코일의 평균지름(D)}{소선의 지름(d)}$
$d= \frac{D}{G} = \frac{180}{9} = 20$

15 간헐운동(intermittent motion)을 제공하기 위해서 사용되는 기어는?

① 베벨 기어   ② 헬리컬 기어
③ 웜 기어   ④ 제네바 기어

🔍 제네바 기어 : 간헐운동(intermittent motion)을 제공하기 위해서 사용되는 기어

16 미터 가는 나사의 호칭 표시 "M8x1"에서 "1"이 뜻하는 것은?

① 나사산의 줄 수   ② 나사의 호칭지름
③ 나사의 피치   ④ 나사의 등급

🔍 나사의 종류 호칭지름 x 피치로 표시

17 그림과 같은 도면에서 A, B, C, D 선과 선의 용도에 의한 명칭이 틀린 것은?

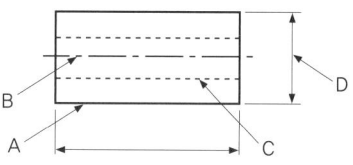

① A : 외형선   ② B : 중심선
③ C : 숨은선   ④ D : 치수 보조선

🔍 D : 치수선

18 기어 제도에 관한 설명으로 틀린 것은?

① 피치원은 가는 실선으로 그린다.
② 잇봉우리원은 굵은 실선으로 그린다.
③ 잇줄 방향은 통상 3개의 가는 실선으로 표시한다.
④ 축에 직각인 방향으로 단면 도시할 경우 이골의 선은 굵은 실선으로 그린다.

> 기어의 피치원은 가는 일점쇄선으로 그린다.

19 다음 기하공차 도시기호에서 "A Ⓜ"이 의미하는 것은?

① 위치도에 최소 실체 공차방식을 적용한다.
② 데이텀 형체에 최대 실체 공차방식을 적용한다.
③ Ø0.04mm의 공차 값에 최소 실체 공차방식을 적용한다.
④ Ø0.04mm의 공차 값에 최대 실체 공차방식을 적용한다.

> 데이텀 형체(A)에 최대 실체 공차방식을 적용한다.

20 도면에서의 치수 배치 방법에 해당하지 않는 것은?

① 직렬 치수 기입법
② 누진 치수 기입법
③ 좌표 치수 기입법
④ 상대 치수 기입법

> 치수 배치 방법 : 직렬 치수 기입법, 병렬 치수 기입법, 누진 치수 기입법, 좌표 치수 기입법

21 축의 치수가 $Ø300^{-0.05}_{-0.20}$, 구멍의 치수가 $Ø300^{-0.15}_{0}$ 인 끼워맞춤에서 최소틈새는?

① 0   ② 0.05
③ 0.15   ④ 0.20

> 최소틈새 = 구멍의 아래치수 - 축의 위치수 = 300.00 - 299.95 = 0.05

22 코일 스프링의 제도 방법으로 틀린 것은?

① 코일 스프링의 정면도에서 나선모양 부분은 직선으로 나타내서는 안 된다.
② 코일 스프링은 일반적으로 하중이 걸린 상태에서 도시하지는 않는다.
③ 스프링의 모양만을 간략도로 나타내는 경우에는 스프링 재료의 중심선만을 굵은 실선으로 그린다.
④ 코일 부분의 양끝을 제외한 동일 모양 부분의 일부를 생략할 때는 선지름의 중심선을 가는 1점 쇄선으로 나타낸다.

> 코일 스프링의 정면도에서 나선모양 부분은 직선으로 나타낸다.

23 그림과 같은 입체도에서 화살표 방향을 정면도로 하였을 때 우측면도로 올바른 것은?

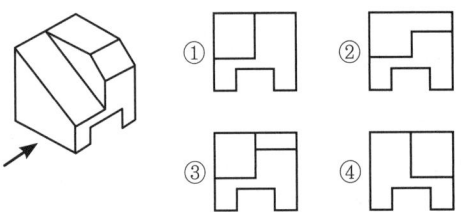

24 정면, 평면, 측면을 하나의 투상면 위에서 동시에 볼 수 있도록 두 개의 옆면 모서리가 수평선에 30°가 되고 3개의 축간 각도가 120°가 되는 투상도는?

① 등각 투상도
② 정면 투상도
③ 입체 투상도
④ 부등각 투상도

> 등각 투상도 : 정면, 평면, 측면을 하나의 투상면 위에서 동시에 볼 수 있도록 두 개의 옆면 모서리가 수평선에 30°가 되고 3개의 축간 각도가 120°가 되는 투상도

25 표면의 결 도시방법에서 가공으로 생긴 커터의 줄무늬가 여러 방향일 때 사용하는 기호는?

① X
② R
③ C
④ M

🔍 M : 가공으로 생긴 커터의 줄무늬가 여러 방향 또는 교차

26 주로 수직 밀링에서 사용하는 커터로 바깥지름과 정면에 절삭 날이 있으며, 밀링 커터 축에 수직인 평면을 가공할 때 편리한 커터는?

① 정면 밀링커터
② 슬래브 밀링커터
③ T홈 밀링커터
④ 측면 밀링커터

🔍 정면 밀링커터 : 수직 밀링에서 사용하는 커터로 바깥지름과 정면에 절삭 날이 있으며, 밀링 커터 축에 수직인 평면을 가공

27 그림과 같이 작은 나사나 볼트의 머리를 공작물에 묻히게 하기 위하여, 단이 있는 구멍 뚫기를 하는 작업은?

① 카운터 보링
② 카운터 싱킹
③ 스폿 페이싱
④ 리밍

🔍 카운터 보링 : 작은 나사나 볼트의 머리를 공작물에 묻히게 하기 위하여, 단이 있는 구멍 뚫기

28 공구의 마멸형태 중에서 주철과 같이 메짐이 있는 재료를 절삭할 때 생기는 것은?

① 경사면 마멸
② 여유면 마멸
③ 치핑(Chipping)
④ 확산 마멸

🔍 여유면 마멸 : 주철과 같이 메짐이 있는 재료를 절삭할 때나 분말상 칩이 발생할 때는 다른 재료를 절삭할 경우보다 뚜렷하게 나타남

29 가공물의 회전운동과 절삭공구의 직선운동에 의하여 내·외경 및 나사가공 등을 하는 가공방법은?

① 밀링작업
② 연삭작업
③ 선반작업
④ 드릴작업

🔍 선반작업 : 가공물의 회전운동과 절삭공구의 직선 운동에 의하여 내·외경 및 나사가공 등을 하는 가공

30 선반 왕복대의 구성요소로 거리가 먼 것은?

① 공구대
② 새들
③ 에이프런
④ 베드

🔍 왕복대의 구성요소 : 공구대, 새들, 에이프런

31 선반에서 가늘고 긴 공작물은 절삭력과 자중에 의하여 휘거나 처짐이 일어나기 쉬워 정확한 치수로 가공하기 어렵다. 이와 같은 처짐이나 휨을 방지하는 부속장치는?

① 면판
② 돌림판과 돌리개
③ 맨드릴
④ 방진구

🔍 방진구 : 선반에서 가늘고 긴 공작물은 절삭력과 자중에 의하여 휘거나 처짐이 일어나기 쉬워 정확한 치수로 가공하기 어려울 때 사용하는 부속장치

32 밀링 작업 시 공작물을 고정할 때 사용되는 부속 장치로 틀린 것은?

① 마그네트 척
② 수평 바이스
③ 앵글 플레이트
④ 공구대

🔍 밀링에서 공작물 고정 : 수평 바이스, 앵글 플레이트, 공구대

33 납, 주석, 알루미늄 등의 연한 금속이나 얇은 판금의 가장자리를 다듬질할 때, 가장 적합한 것은?

① 단목
② 귀목
③ 복목
④ 파목

🔍 단목(Single cut) : 납, 주석, 알루미늄 등의 연한 금속이나 얇은 판금의 가장자리를 다듬질

34 주축의 회전운동을 직선 왕복운동으로 변화시키고, 바이트를 사용하여 가공물의 안지름에 키(Key)홈, 스플라인, 세레이션 등을 가공할 수 있는 밀링 부속장치는?

① 분할대
② 슬로팅 장치
③ 수직 밀링 장치
④ 래크 절삭 장치

🔍 슬로팅 장치 : 주축의 회전운동을 직선 왕복운동으로 변화시키고, 바이트를 사용하여 가공물의 안지름에 키(Key)홈, 스플라인, 세레이션 등을 가공할 수 있는 밀링 부속장치

35 구성인선의 방지 대책으로 틀린 것은?

① 절삭 깊이를 적게 할 것
② 절삭 속도를 크게 할 것
③ 경사각을 작게 할 것
④ 절삭공구의 인선을 예리하게 할 것

🔍 경사각을 크게 할 것

36 시준기와 망원경을 조합한 것으로 미소 각도를 측정하는 광학적 측정기는?

① 오토 콜리메이터
② 콤비네이션 세트
③ 사인 바
④ 측장기

🔍 오토 콜리메이터 : 시준기와 망원경을 조합한 것으로 미소 각도를 측정하는 광학적 측정기

37 재질이 연한 금속을 연삭하였을 때, 숫돌 표면의 기공에 칩이 메워져서 생기는 현상은?

① 눈 메움 ② 무딤
③ 입자탈락 ④ 트루잉

🔍 눈 메움(Loading) : 숫돌 표면의 기공에 칩이 메워져서 생기는 현상으로 이때는 드레싱으로 칩을 제거하여 새로운 입자를 생성

38 고속 주축에 균등하게 급유하기 위한 방법은?

① 핸드 급유
② 담금 급유
③ 오일링 급유
④ 분패드 급유

🔍 오일링 급유 : 고속 주축에 균등하게 급유할 때 사용

39 회전하는 통속에 가공물, 숫돌입자, 가공액, 콤파운드 등을 함께 넣고 회전시켜 서로 부딪치며 가공되어 매끈한 가공면을 얻는 가공법은?

① 롤러 가공
② 배럴 가공
③ 쇼피닝 가공
④ 버니싱 가공

🔍 배럴 가공 : 회전하는 통속에 가공물, 숫돌입자, 가공액, 콤파운드 등을 함께 넣고 회전시켜 서로 부딪치며 가공되어 매끈한 가공면을 얻는 가공

40 센터리스 연삭기에 대한 설명 중 틀린 것은?

① 가늘고 긴 가공물의 연삭에 적합하다.
② 가공물을 연속적으로 가공할 수 있다.
③ 조정숫돌과 지지대를 이용하여 가공물을 연삭한다.
④ 가공물 고정은 센터, 척, 자석척 등을 이용한다.

🔍 가공물 고정은 하지 않고 조정숫돌과 지지대를 이용한다.

41 측정의 종류에서 비교측정 방법을 이용한 측정기는?

① 전기 마이크로미터
② 버니어 캘리퍼스
③ 측장기
④ 사인 바

🔍 전기 마이크로미터는 접촉식 측정자를 가지는 검출기를 써서 미소변위를 전기적 양으로 변환하여 측정하는 비교 측장기이다.

42 테이퍼를 심압대 편위에 의한 방법으로 절삭할 때, 테이퍼 양끝 지름 중 큰 지름이 12mm, 작은 지름이 8mm, 테이퍼 부분의 길이를 80mm, 공작물 전체 길이 200mm라 하면 심압대의 편위량 e(mm)는?

① 4　　② 5
③ 6　　④ 7

> $T = \dfrac{(D-d) \times L}{2l} = \dfrac{(12-8)200}{2 \times 80} = 5$

43 보조 프로그램을 호출하는 보조기능(M)으로 옳은 것은?

① M02　　② M30
③ M98　　④ M99

> M02 : 프로그램 끝, M30 : 프로그램 끝 & Rewind, M98 : 보조프로그램 호출, M99 : 보조프로그램 종료

44 보정화면에 X축 보정치가 0.1의 값이 입력된 상태에서 외경을 Ø60으로 모의가공을 한 후 측정을 한 결과, Ø59.54가 나왔을 경우 X축 보정치를 얼마로 입력해야 하는가?

① 0.56　　② 0.46
③ 0.36　　④ 0.3

> 공구의 보정값 = 기존의 보정값 + 더해야 할 보정값 = 0.1+0.46 = 0.56

45 밀링작업 중에 지켜야할 안전사항으로 틀린 것은?

① 기계 가동 중에 자리를 이탈하지 않는다.
② 테이블 위에 공구나 측정기 등을 올려놓지 않는다.
③ 가공물은 기계를 정지한 상태에서 견고하게 고정한다.
④ 주축속도를 변속시킬 때는 반드시 주축이 회전 중에 변환한다.

> 주축속도를 변속시킬 때는 반드시 주축이 정지 중에 변환한다.

46 반 폐쇄회로 방식의 NC기계가 운동하는 과정에서 오는 운동손실(Lost motion)에 해당되지 않은 것은?

① 스크루의 백래시 오차
② 비틀림 및 처짐의 오차
③ 열변형에 의한 오차
④ 고강도에 의한 오차

> 운동손실(Lost motion) : 스크루의 백래시 오차, 비틀림 및 처짐의 오차, 마찰에 의한 오차, 열변형에 의한 오차

47 CAD/CAM 시스템의 적용시 장점에 대한 설명으로 가장 거리가 먼 것은?

① 생산성 향상
② 품질관리 용이
③ 관리비용의 증대
④ 설계 및 제조시간 단축

> CAD/CAM 시스템의 적용 시 장점 : 생산성 향상, 품질관리 용이, 설계 및 제조시간 단축

48 다음 그림의 머시닝센터의 원호 가공 경로를 나타낸 것으로 옳은 것은?

① G90 G02 X70. Y55. R25.
② G90 G03 X70. Y55. R25.
③ G90 G02 X70. Y55. R-25.
④ G90 G03 X70. Y55. R-25.

> G90 G02 X70. Y55. R25.

49 CNC 선반 프로그램 G70 P20 Q200 F0.2;에서 P20의 의미는?

① 정삭가공 지령절의 첫 번째 전개번호
② 황삭가공 지령절의 첫 번째 전개번호
③ 정삭가공 지령절의 마지막 전개번호
④ 황삭가공 지령절의 마지막 전개번호

🔍 G70(정삭싸이클) P20(싸이클 시작 전개번호) Q200 F0.2;

50 머시닝센터에서 공구의 길이를 측정하고자 할 때, 가장 적합한 기구는?

① 다이얼 게이지   ② 블록 게이지
③ 하이트 게이지   ④ 툴 프리세터

🔍 툴 프리세터 : 기계에 공구를 고정하며 길이를 비교하여 그 차이값을 구하고, 보정값 입력란에 입력하는 측정기이다.

51 다음의 프로그램에서 절삭속도(m/min)를 일정하게 유지시켜 주는 기능을 나타낸 블록은?

```
N01 G50 X250.0 Z250.0 S2000 ;
N02 G96 S150 M03 ;
N03 G00 X70.0 Z0.0 ;
N04 G01 X-1.0 F0.2 ;
N05 G97 S700 ;
N06     X0.01 Z-10.0 ;
```

① N01   ② N02
③ N03   ④ N04

🔍 N02 G96(주축 속도 일정제어) S150 M03 ;

52 다음 중 NC의 어드레스와 그에 따른 기능을 설명한 것으로 틀린 것은?

① F : 이송기능   ② G : 준비기능
③ M : 주축기능   ④ T : 공구기능

🔍 S : 주축기능

53 머시닝 센터 작업 시 안전 및 유의 사항으로 틀린 것은?

① 기계원점 복귀는 급속이송으로 한다.
③ 가공하기 전에 공구경로 확인을 반드시 한다.
② 공구 교환 시 ATC의 작동 영역에 접근하지 않는다.
④ 항상 비상 정지 버튼을 작동시킬 수 있도록 준비한다.

🔍 기계원점 복귀는 급속이송하면 위험하다.

54 CNC 공작기계에서 사용되는 좌표계 중 사용자가 임의로 변경해서는 안 되는 좌표계는?

① 공작물 좌표계
② 기계 좌표계
③ 지역 좌표계
④ 상대 좌표계

🔍 기계 좌표계 : 기계 상에 고정된 임의의 점으로 기계 제작시 제조사에서 위치를 정하는 점으로, 사용자가 임의로 변경해서는 안되는 점

55 다음 그림에서 B→A로 절삭할 때의 CNC선반 프로그램으로 옳은 것은?

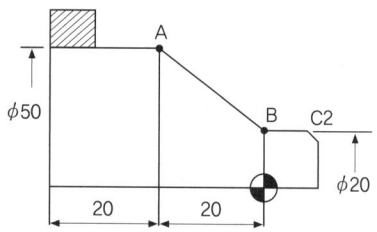

① G01 U30. W-20.;
② G01 X50. Z20.;
③ G01 U50. Z-20.;
④ G01 U30. W20.;

🔍 G01 U30. W-20.;

56 머시닝센터에서 기준공구(T01번)의 길이가 80mm이고, 또 다른 공구(T02번)의 길이는 120mm이다. G43을 사용하여 길이보정을 사용할 때 T02번 공구의 보정량은?

① 40
② −40
③ 120
④ −120

> G43 : 공구 길이 보정 "+" ∴ 120 - 80 = 40

57 1.5초 동안 일시정지(G04)기능의 명령으로 틀린 것은?

① G04 U1.5 ;
② G04 X1.5 ;
③ G04 P1.5 ;
④ G04 P1500 ;

> G04 P1.5 ; P는 소수점을 사용할 수 없으며, X와 U는 소수점 이하 세 자리까지 유효하다.

58 CNC 선반에서 작업 안전사항이 아닌 것은?

① 문이 열린 상태에서 작업을 하면 경보가 발생하도록 한다.
② 척에 공작물을 클램핑할 경우에는 장갑을 끼고 작업하지 않는다.
③ 가공 상태를 볼 수 있도록 문(Door)에 일반 투명유리를 설치한다.
④ 작업 중 타인은 프로그램을 수정하지 못하도록 옵션을 건다.

> 가공 상태를 볼 수 있도록 문(Door)에 특수 투명유리를 설치한다.

59 CNC선반 단일 고정 사이클 프로그램에서 I(R)는 어떤 절삭 기능인가?

```
G90__ X __ I(R)__ F__ ;
```

① 원호 가공
② 직선 절삭
③ 테이퍼 절삭
④ 나사 가공

> 테이퍼 절삭 : 테이퍼의 경우 절삭의 끝점과 절삭의 시작점의 상대 좌표값, 반지름 지령(I : 11T에 적용, 11T가 아닌 경우에 적용)

60 다음 중 CNC선반에서 증분지령으로만 프로그래밍한 것은?

① G01 X20. Z-20. ;
② G01 U20. W-20. ;
③ G01 X20. W-20. ;
④ G01 U20. Z-20. ;

> • 절대지령 : G01 X20. Z-20. ;
> • 증분지령 : U20. W-20. ;
> • 혼합지령 : G01 X20. W-20. ;, G01 U20. Z-20. ;

정답 기출문제 – 2015년 4회

01 ②	02 ③	03 ③	04 ④	05 ①
06 ④	07 ④	08 ①	09 ③	10 ②
11 ②	12 ①	13 ④	14 ①	15 ④
16 ③	17 ④	18 ①	19 ③	20 ④
21 ②	22 ①	23 ③	24 ①	25 ④
26 ①	27 ①	28 ②	29 ③	30 ④
31 ④	32 ①	33 ①	34 ②	35 ③
36 ①	37 ①	38 ③	39 ①	40 ④
41 ①	42 ②	43 ①	44 ①	45 ①
46 ④	47 ③	48 ①	49 ①	50 ④
51 ②	52 ①	53 ①	54 ①	55 ①
56 ①	57 ③	58 ③	59 ③	60 ②

2016년 1회 기출문제

01 접착제, 껌, 전기 절연재료에 이용되는 플라스틱 종류는?

① 폴리초산비닐계
② 셀룰로오스계
③ 아크릴계
④ 불소계

> 폴리초산비닐계 : 접착제, 껌, 전기 절연재료에 이용되는 플라스틱

02 다음 중 표면 경화법의 종류가 아닌 것은?

① 침탄법   ② 질화법
③ 고주파 경화법   ④ 심냉 처리법

> 표면 경화법의 종류 : 침탄법, 질화법, 고주파 경화법

03 금속이 탄성한계를 초과한 힘을 받고도 파괴되지 않고 늘어나서 소성변형이 되는 성질은?

① 연성   ② 취성
③ 경도   ④ 강도

> 연성 : 탄성한계를 초과한 힘을 받고도 파괴되지 않고 늘어나서 소성변형이 되는 성질

04 주철의 결점인 여리고 약한 인성을 개선하기 위하여 먼저 백주철의 주물을 만들고, 이것을 장시간 열처리하여 탄소의 상태를 분해 또는 소실시켜 인성 또는 연성을 증가시킨 주철은?

① 보통 주철   ② 합금 주철
③ 고급 주철   ④ 가단 주철

> 가단 주철 : 주철의 결점인 여리고 약한 인성을 개선하기 위하여 먼저 백주철의 주물을 만들고, 이것을 장시간 열처리하여 탄소의 상태를 분해 또는 소실시켜 인성 또는 연성을 증가시킨 주철(흑심가단주철(BMC), 백심가단주철(WMC))

05 주철의 특성에 대한 설명으로 틀린 것은?

① 주조성이 우수하다.
② 내마모성이 우수하다.
③ 강보다 인성이 크다.
④ 인장강도보다 압축강도가 크다.

> 인장강도, 충격값, 휨강도, 인성은 작으나 압축강도가 크다.

06 Cu와 Pb 합금으로 항공기 및 자동차의 베어링 메탈로 사용되는 것은?

① 양은(nickel silver)
② 켈밋(kelmet)
③ 배빗 메탈(babbit metal)
④ 애드미럴티 포금(admiralty gun metal)

> 켈밋(kelmet) : Cu와 Pb(30~40%) 합금으로 항공기 및 자동차의 베어링 메탈로 사용

07 주조용 알루미늄 합금이 아닌 것은?

① Al-Cu계
② Al-Si계
③ Al-Zn-Mg계
④ Al-Cu-Si계

> 주조용 알루미늄 합금 : Al-Cu계, Al-Si계, Al-Cu-Si계

08 교차하는 두 축의 운동을 전달하기 위하여 원추형으로 만든 기어는?

① 스퍼 기어   ② 헬리컬 기어
③ 웜 기어   ④ 베벨 기어

> 베벨 기어 : 교차하는 두 축의 운동을 전달하기 위하여 원추형으로 만든 기어

09 다음 중 전동용 기계요소에 해당하는 것은?

① 볼트와 너트　② 리벳
③ 체인　　　　④ 핀

🔍 전동용 기계요소 : 기어, 풀리, 체인

10 나사의 피치와 리드가 같다면 몇 줄 나사에 해당이 되는가?

① 1줄 나사　② 2줄 나사
③ 3줄 나사　④ 4줄 나사

🔍 리드(L) = 줄수 × 피치

11 나사가 축을 중심으로 한 바퀴 회전할 때 축방향으로 이동한 거리는?

① 피치　② 리드
③ 리드각　④ 백래쉬

🔍 리드(LEAD) : 나사가 축을 중심으로 한 바퀴 회전할 때 축방향으로 이동한 거리

12 압축코일스프링에서 코일의 평균지름이 50mm, 감김수가 10회, 스프링 지수가 5일 때, 스프링 재료의 지름은 약 몇 mm인가?

① 5　② 10
③ 15　④ 20

🔍 스프링지수(G) = $\dfrac{코일의 평균지름(D)}{소선의 지름(d)}$

$d = \dfrac{D}{G} = \dfrac{50}{5} = 10$

13 축의 원주에 많은 키를 깎은 것으로 큰 토크를 전달시킬 수 있고, 내구력이 크며 보스와의 중심축을 정확하게 맞출 수 있는 것은?

① 성크 키　② 반달 키
③ 접선 키　④ 스플라인

🔍 스플라인 : 축의 원주에 많은 키를 깎은 것으로 큰 토크를 전달시킬 수 있고, 내구력이 크며 보스와의 중심축을 정확하게 맞출 수 있는 키

14 인장시험에서 시험편의 절단부 단면적이 14mm²이고, 시험 전 시험편의 초기단면적이 20mm²일 때 단면수축률은?

① 70%　② 80%
③ 30%　④ 20%

🔍 $\epsilon(단면수축율) = \dfrac{A_0 - A_1}{A_0} \times 100 = \dfrac{6}{20} \times 100 = 30$

15 롤러 체인에 대한 설명으로 잘못된 것은?

① 롤러 링크와 판 링크를 서로 교대로 하여 연속적으로 연결한 것을 말한다.
② 링크의 수가 짝수이면 간단히 결합되지만, 홀수이면 오프셋 링크를 사용하여 연결한다.
③ 조립 시에는 체인에 초기장력을 가하여 스프로킷 휠과 조립한다.
④ 체인의 링크를 잇는 핀과 핀 사이의 거리를 피치라고 한다.

🔍 조립 시에는 체인의 초기장력과 관계없이 스프로킷 휠과 조립한다.

16 대칭형인 대상물을 외형도의 절반과 온단면도의 절반을 조합하여 나타낸 단면도는?

① 한쪽 단면도
② 계단 단면도
③ 부분 단면도
④ 회전 단면도

🔍 한쪽 단면도 : 대칭형인 대상물을 외형도의 절반과 온단면도의 절반을 조합하여 나타낸 단면도

17 기어를 제도할 때 가는 1점 쇄선으로 나타내는 것은?

① 이골원
② 피치원
③ 잇봉우리원
④ 잇줄 방향

🔍 피치원 : 가는 1점 쇄선

18 그림과 같이 축에 가공되어 있는 키 홈의 형상을 투상한 투상도의 명칭으로 가장 적합한 것은?

① 회전 투상도　② 국부 투상도
③ 부분 확대도　④ 대칭 투상도

> 국부 투상도 : 축에 가공되어 있는 키 홈의 형상을 투상한 투상도

19 감속기 하우징의 기름 주입구 나사가 PF 1/2 – A 로 표시되어 있을 때 이 나사는?

① 관용 평행나사, A 급
② 관용 평행나사, 바깥지름 1/2 인치
③ 관용 테이퍼나사, A 급
④ 관용 테이퍼나사, 바깥지름 1/2 인치

> PF 1/2 – A : 관용 평행나사, A 급

20 제3각법에 대한 설명 중 틀린 것은?

① 물체를 제3면각 공간에 놓고 투상하는 방법이다.
② 눈 → 물체 → 투상면의 순서로 투상도를 얻는다.
③ 정면도의 우측에는 우측면도가 위치한다.
④ KS에서는 특별한 경우를 제외하고는 제3각법으로 투상하는 것을 원칙으로 하고 있다.

> 눈 → 투상면 → 물체의 순서로 투상도를 얻는다.

21 치수와 같이 사용될 수 없는 치수 보조 기호는?

① t　② ∅
③ ⊡　④ □

> t : 두께, ∅ : 지름, □ : 정사각형 한변길이

22 기하 공차의 종류 중 모양 공차에 해당하는 것은?

① 평행도 공차
② 동심도 공차
③ 원주 흔들림 공차
④ 원통도 공차

> 모양 공차 : 진직도, 평면도, 진원도, 원통도, 선의 윤곽도, 면의 윤곽도

23 그림과 같은 정면도와 좌측면도에 가장 적합한 평면도는?

24 치수 $\varnothing 24^{+0.041}_{+0.020}$ 의 IT 공차 등급은? (단, 아래의 도표를 참고하시오.)

구분	등급	IT 5급	IT 6급	IT 7급	IT 8급
초과	이하	기본공차(µm)			
10	18	8	11	18	27
18	30	9	13	21	33
30	50	11	16	25	39

① 5급　② 6급
③ 7급　④ 8급

> 축경 18~30에 공차값 21µm이므로 IT 7급에 해당된다.

25 그림과 같은 표면 줄무늬 방향기호의 설명으로 옳은 것은?

① 가공으로 생긴 선이 방사상
② 가공으로 생긴 선이 거의 동심원
③ 가공으로 생긴 선이 두 방향으로 교차
④ 가공으로 생긴 선이 여러 방향

🔍 M : 가공에 의한 커터의 줄무늬가 여러 방향으로 교차 또는 무방향

26 탭 작업 중 탭의 파손 원인으로 거리가 먼 것은?

① 탭이 경사지게 들어간 경우
② 탭이 구멍 바닥에 부딪혔을 경우
③ 탭이 소재보다 경도가 높은 경우
④ 구멍이 너무 작거나 구부러진 경우

🔍 탭이 소재보다 경도가 높다면 탭의 파손 원인으로 보기 어렵다.

27 다음 중 진원도를 측정할 때 가장 적당한 측정기는?

① 게이지 블록   ② 한계 게이지
③ 다이얼 게이지   ④ 오토 콜리미터

🔍 진원도 측정
• 측정기 : 다이얼 게이지
• 측정방법 : 지름법, 삼점법, 반지름법

28 선반의 주축에 대한 설명으로 틀린 것은?

① 합금강(Ni-Cr강)을 사용하여 제작한다.
② 무게를 감소시키기 위하여 속이 빈 축으로 한다.
③ 끝부분은 자콥스 테이퍼(jacobs taper) 구멍으로 되어 있다.
④ 주축 회전 속도의 변환은 보통 계단식 변속으로 등비급수 속도열을 이용한다.

🔍 끝부분은 모스 테이퍼(morse taper) 구멍으로 되어 있다.(모스 테이퍼 No 3~5번 사용)

29 아래 그림은 절삭저항의 3분력을 나타내고 있다. P점에 해당되는 분력은?

① 배분력
② 주분력
③ 횡분력
④ 이송분력

🔍 P : 배분력

30 선반가공에서 방진구의 주된 사용목적으로 가장 적합한 것은?

① 소재의 중심을 잡기 위해 사용한다.
② 소재의 회전을 원활하게 하기 위해 사용한다.
③ 척에 소재의 고정을 단단히 하기 위해 사용한다.
④ 지름이 작고 길이가 긴 소재를 가공할 때 소재의 휨이나 떨림을 방지하기 위해 사용한다.

🔍 방진구 : 지름이 작고 길이(지름의 20배 이상)가 긴 소재를 가공할 때 소재의 휨이나 떨림을 방지하기 위해 사용한다.

31 다음 중 나사의 유효지름을 측정할 때 가장 정밀도가 높은 직접측정법은?

① 삼침법에 의한 측정
② 투영기에 의한 측정
③ 공구현미경에 의한 측정
④ 나사 마이크로미터에 의한 측정

🔍 삼침법에 의한 측정 : 나사의 유효지름을 측정할 때 가장 정밀도가 높은 직접측정법

32 절삭공구에 치핑이 발생하는 원인으로 가장 거리가 먼 것은?

① 충격에 약한 절삭공구를 사용할 때
② 절삭공구 인선에 강한 충격을 받을 경우
③ 절삭공구 인선에 절삭저항의 변화가 큰 경우
④ 고속도강 같이 점성이 큰 재질의 절삭공구를 사용할 경우

🔍 치핑은 초경공구, 세라믹(ceramic) 공구 등에 발생하기 쉽고, 고속도강 같이 점성이 큰 재질의 절삭공구에는 비교적 적게 발생한다.

33 빌트업 에지(built-up edge)의 발생을 감소시키기 위한 방법으로 옳은 것은?

① 날끝을 둔하게 한다.
② 절삭 깊이를 크게 한다.
③ 절삭 속도를 느리게 한다.
④ 공구의 경사각을 크게 한다.

🔍 빌트업 에지의 발생 방지
• 절삭공구의 인선을 예리하게 한다.
• 절삭 깊이를 적게 한다.
• 절삭 속도를 크게 하면 구성인선이 방지된다.

34 다음 측정기 중 스크라이버(scriber)를 사용하여 금긋기 작업을 할 수 있는 것은?

① 한계 게이지   ② 마이크로미터
③ 다이얼 게이지 ④ 하이트 게이지

🔍 하이트 게이지 : 대형부품, 복잡한 모양의 부품 등을 정반 위에 올려놓고 정반면을 기준으로 하여 높이를 측정하거나 스크라이버 끝으로 금긋기 작업을 위해 사용한다.

35 가늘고 긴 일정한 단면 모양의 많은 날을 가진 절삭공구를 사용하여 키 홈, 스플라인 홈, 다각형의 구멍 등 외형과 내면형상을 가공하기에 적합한 절삭방법은?

① 브로칭   ② 방전 가공
③ 호빙 가공   ④ 스퍼터 에칭

🔍 브로칭 : 가늘고 긴 일정한 단면 모양의 많은 날을 가진 절삭공구를 사용하여 키 홈, 스플라인 홈, 다각형의 구멍 등 외형과 내면형상을 가공하는 방법이다.

36 공작물을 테이블에 고정하고, 절삭 공구를 회전 운동시키면서 적당한 이송을 주면서 평면을 가공하는 공작기계는?

① 선반   ② 밀링머신
③ 보링머신   ④ 드릴링머신

🔍 밀링머신 : 공작물을 테이블에 고정하고, 절삭 공구를 회전 운동시키면서 적당한 이송을 주면서 평면을 가공

37 일반적으로 절삭온도를 측정하는 방법이 아닌 것은?

① 방사능에 의한 방법
② 열전대에 의한 방법
③ 칩의 색깔에 의한 방법
④ 칼로리미터에 의한 방법

🔍 절삭온도의 측정방법
• 열전대에 의한 방법
• 칩의 색깔에 의한 방법
• 칼로리미터에 의한 방법
• 복사고온계에 의한 방법
• 시온도료를 이용하는 방법

38 성형 연삭작업을 할 때 숫돌바퀴의 형상이 균일하지 못하거나 가공물의 영향을 받아 숫돌바퀴의 형상이 변화될 때, 연삭숫돌의 외형을 수정하여 정확한 형상으로 가공하는 작업은?

① 로딩   ② 드레싱
③ 트루잉   ④ 그라인딩

🔍 트루잉 : 성형 연삭작업을 할 때 숫돌바퀴의 형상이 균일하지 못하거나 가공물의 영향을 받아 숫돌바퀴의 형상이 변화될 때, 연삭숫돌의 외형을 수정하여 정확한 형상으로 가공

39 여러 가지 부속장치를 사용하여 밀링커터, 엔드밀, 드릴, 바이트, 호브, 리머 등을 연삭할 수 있으며 연삭 정밀도가 높은 연삭기는?

① 만능 공구 연삭기   ② 초경 공구 연삭기
③ 특수 공구 연삭기   ④ CNC 만능 연삭기

🔍 만능 공구 연삭기 : 여러 가지 부속장치를 사용하여 밀링커터, 엔드밀, 드릴, 바이트, 호브, 리머 등을 연삭

40 소재의 피로강도 및 기계적인 성질을 개선하기 위하여 금속으로 만든 작은 덩어리를 가공물 표면에 고속으로 분사하는 가공법은?

① 숏 피닝   ② 방전가공
③ 배럴가공   ④ 슈퍼 피니싱

> 숏 피닝 : 소재의 피로강도 및 기계적인 성질을 개선하기 위하여 금속으로 만든 작은 덩어리를 가공물 표면에 고속으로 분사하는 가공

41 상향절삭과 비교한 하향절삭의 특징으로 틀린 것은?

① 기계의 강성이 낮아도 무방하다.
② 상향절삭에 비하여 인선의 수명이 길다.
③ 이송나사의 백래시를 완전히 제거하여야 한다.
④ 절삭력이 하향으로 작용하여 가공물 고정이 유리하다.

> 기계의 강성은 항상 높아야 한다.

42 절삭속도 70m/min, 밀링 커터의 날 수 10, 커터의 지름 140mm, 1날 당 이송 0.15mm로 밀링 가공할 때, 테이블의 이송속도는 약 얼마인가?

① 144m/min
② 144mm/min
③ 239m/min
④ 239mm/min

> 테이블의 이송속도(F) = 한 날 당 이송량(f_z) × 날수(z) × 회전수(n)에서
> $n = \dfrac{1000 \times 70}{3.14 \times 140} = 159.24$
> $F = 0.15 \times 10 \times 159.2 = 239[mm/min]$

43 CNC선반에서 1초 동안 휴지(dwell)를 주는 지령으로 틀린 것은?

① G04 U1.0   ② G04 X1.0
③ G04 P1000   ④ G04 W1000

> P는 소수점을 사용할 수 없으며, X와 U는 소수점 이하 세 자리까지 유효하다.

44 CNC기계의 서보기구에서 기계적 운동 상태를 전기적 신호로 바꾸는 회전 피드백 장치는?

① 엔코더   ② 서미스터
③ 압력 센서   ④ 초음파 센서

> 엔코더 : CNC기계의 서보기구에서 기계적 운동 상태를 전기적 신호로 바꾸는 회전 피드백 장치

45 머시닝센터에서 사용되는 자동공구 교환장치로 옳은 것은?

① APC   ② AJC
③ ATC   ④ AVC

> ATC(자동공구교환장치) : 공구를 교환하는 ATC아암과 많은 공구가 격납되어 있는 공구매거진으로 구성되어 있다. 매거진의 공구를 호출하는 방법에는 순차방식과 랜덤방식이 있다.

46 머시닝센터 프로그램에서 공작물 좌표계를 설정하는 G코드가 아닌 것은?

① G57   ② G58
③ G59   ④ G60

> • 여러 개의 공작물의 좌표계 설정 준비기능 코드 : G57 공작물좌표계 4번 선택, G58 공작물좌표계 5번 선택, G59 공작물좌표계 6번 선택
> • G60 한방향 위치결정

47 CNC선반 작업을 할 때 안전 및 유의사항으로 틀린 것은?

① 프로그램을 입력할 때 소수점에 유의한다.
② 가공 중에는 안전문을 반드시 닫아야 한다.
③ 가공 중 위급한 상황에 대비하여 항상 비상정지 버튼을 누를 수 있도록 준비한다.
④ 공작물에 칩이 감길 때는 문을 열고 주축이 회전상태에 있을 때 갈고리를 이용하여 제거한다.

> 공작물에 칩이 감길 때는 문을 열고 주축이 정지상태에 있을 때 갈고리를 이용하여 제거한다.

48 아래 프로그램의 밑줄 친 부분의 의미로 맞는 것은?

```
G96 S1000 ;
```

① 1000m/sec   ② 1000m/min
③ 1000m/h   ④ 1000rpm

• G96 : 주속일정제어
• S1000 : 절삭속도 1000m/min

49 아래 그림에서 CNC선반 공구 인선을 보정할 때 우측 보정(G42)을 나타낸 것끼리 짝지어진 것은?

① ⓐ, ⓒ
② ⓐ, ⓓ
③ ⓑ, ⓒ
④ ⓑ, ⓓ

• G41(인선 R보정 좌측) : a, d
• G42(인선 R보정 우측) : b, c

50 보호구를 사용할 때의 유의사항으로 틀린 것은?

① 작업에 적절한 보호구를 선정한다.
② 관리자에게만 사용방법을 알려준다.
③ 작업장에는 필요한 수량의 보호구를 비치한다.
④ 작업을 할 때에 필요한 보호구를 반드시 사용하도록 한다.

작업자에게 사용방법을 숙지시켜야 한다.

51 수치제어선반에서 변경되는 치수만 반복하여 명령하는 단일형 고정사이클 준비기능(G-코드)이 아닌 것은?

① G90   ② G92
③ G94   ④ G96

단일형 고정사이클 준비기능 : G90, G92, G94

52 아래와 같은 CNC선반 프로그래밍의 단일 고정형 나사절삭 사이클에서 1줄 나사를 가공할 때 F 값이 의미하는 것은?

```
G92 X(U) Z(W) R F ;
```

① 리드(lead)   ② 바깥지름
③ 테이퍼 값   ④ Z축 좌표값

F=피치×줄수=리드값

53 아래 NC 프로그램에서 N20블록을 수행할 때 주축 회전수는 몇 rpm인가?

```
N10 G96 S100 ;
N20 G00 X60. Z 20 ;
```

① 361   ② 451
③ 531   ④ 601

$$V = \frac{\pi \times D \times N}{1000}$$
$$N = \frac{1000 \times V}{\pi \times D} = \frac{1000 \times 100}{3.14 \times 60} = 531$$

54 선과 점을 이어 단순히 면을 표현하며 뼈대로만 구성되는 모델링 기법은?

① 솔리드
② 서피스
③ 프랙털
④ 와이어프레임

와이어프레임 모델링 : 선과 점을 이어 단순히 면을 표현하며 뼈대로만 구성

55 머시닝센터에서 공구교환을 지령하는 보조기능은?

① G기능   ② S기능
③ F기능   ④ M기능

M기능 : 머시닝센터에서 공구교환을 지령하는 보조기능

56 CNC선반의 공구기능 T0304의 내용이 아닌 것은?

① 공구번호 03번을 지령한다.
② 공구보정번호 04번을 지령한다.
③ 공구 보정량이 X3mm이고, Z4mm이다.
④ 공구번호와 보정번호를 다르게 지령해도 관계 없다.

🔍 T0304
• 공구번호 03번을 지령한다.
• 공구보정번호 04번을 지령한다.
• 공구번호와 보정번호를 다르게 지령해도 관계없다.

57 CNC선반에서 A에서 B로 이동할 때의 프로그램으로 맞는 것은?

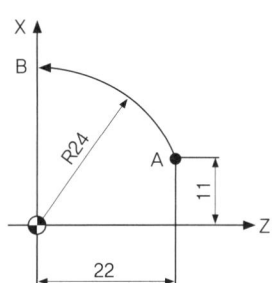

① G02 X0. Z24. I-11. K-11. F0.1 ;
② G02 X0. Z24. I-22. K-11. F0.1 ;
③ G03 X48. Z0. I-11. K-22. F0.1 ;
④ G03 X48. Z0. I-22. K-22. F0.1 ;

🔍 G03 X48. Z0. I-11. K-22. F0.1 ;

58 머시닝센터 프로그래밍에서 공구지름 우측보정 G-코드는?

① G40　　② G41
③ G42　　④ G43

🔍 G42 : 공구경 보정 우측

59 준비기능의 모달(modal) G-코드 설명 중 틀린 것은?

① 모달 G-코드는 그룹별로 나누어져 있다.
② 모달 G-코드 G02가 반복 지령되면 다음 블록의 G02는 생략할 수 있다.
③ 같은 그룹의 모달 G-코드를 한 블록에 지령 하여 동시에 실행시킬 수 있다.
④ 모달 G-코드는 같은 그룹의 다른 G-코드가 나올 때까지 다음 블록에 영향을 준다.

🔍 같은 그룹의 모달 G-코드를 한 블록에 지령하여 동시에 실행시킬 수 없다.

60 머시닝센터를 이용하여 SM30C를 절삭속도 70m/min으로 가공하고자 한다. 공구는 2날-Ø20 엔드밀을 사용하고 절삭폭과 절삭깊이를 각각 7mm씩 주었을 때, 칩 배출량은 약 몇 cm³/min 인가?(단, 날당 이송은 0.1mm이다.)

① 5.5　　② 11
③ 16.5　　④ 20

🔍 $N = \dfrac{1000 \times V}{\pi \times D} = \dfrac{1000 \times 70}{3.14 \times 20} = 1114.6$
$f = 0.1 \times 2 \times 1114.6 = 222.9$
$q = 7 \times 7 \times 222.9 = 10923 mm^3/min = 11 cm^3/min$

정답 기출문제 - 2016년 1회

01 ①	02 ④	03 ①	04 ④	05 ③
06 ②	07 ③	08 ④	09 ③	10 ①
11 ②	12 ②	13 ④	14 ③	15 ③
16 ①	17 ②	18 ②	19 ③	20 ②
21 ③	22 ④	23 ④	24 ③	25 ④
26 ③	27 ③	28 ③	29 ①	30 ④
31 ①	32 ④	33 ④	34 ③	35 ①
36 ②	37 ①	38 ③	39 ①	40 ①
41 ①	42 ④	43 ④	44 ①	45 ③
46 ④	47 ④	48 ②	49 ③	50 ②
51 ④	52 ①	53 ③	54 ④	55 ④
56 ③	57 ③	58 ③	59 ③	60 ②

2016년 2회 기출문제

01 다음 중 표면을 경화시키기 위한 열처리 방법이 아닌 것은?

① 풀림
② 침탄법
③ 질화법
④ 고주파 경화법

> 표면 경화법의 종류 : 침탄법, 질화법, 고주파 경화법

02 다음 중 합금공구강의 KS 재료기호는?

① SKH   ② SPS
③ STS   ④ GC

> SKH : 고속도강, SPS : 스프링강, STS : 합금공구강, GC : 회주철품

03 소결 초경합금 공구강을 구성하는 탄화물이 아닌 것은?

① WC   ② TiC
③ TaC   ④ TMo

> 소결 초경합금 공구강을 구성하는 탄화물 : WC, TiC, TaC

04 구리에 아연이 5~20% 첨가되어 전연성이 좋고 색깔이 아름다워 장식품에 많이 쓰이는 황동은?

① 포금
② 톰백
③ 문쯔메탈
④ 7:3 황동

> 톰백 : 구리에 아연이 5~20% 첨가되어 전연성이 좋고 색깔이 아름다워 장식품에 많이 쓰이는 황동

05 구리에 니켈 40~50% 정도를 함유하는 합금으로서 통신기, 전열선 등의 전기저항 재료로 이용되는 것은?

① 인바   ② 엘린바
③ 콘스탄탄   ④ 모넬메탈

> 콘스탄탄 : 구리에 니켈 40~50% 정도를 함유하는 합금으로서 통신기, 전열선 등의 전기저항 재료로 이용

06 강재의 크기에 따라 표면이 급랭되어 경화하기 쉬우나 중심부에 갈수록 냉각속도가 늦어져 경화량이 적어지는 현상은?

① 경화능   ② 잔류응력
③ 질량효과 ④ 노치효과

> 질량효과 : 강재의 크기에 따라 표면이 급랭되어 경화하기 쉬우나 중심부에 갈수록 냉각속도가 늦어져 경화량이 적어지는 현상

07 Fe-C 상태도에서 온도가 낮은 것부터 일어나는 순서가 옳은 것은?

① 포정점 → A_2변태점 → 공석점 → 공정점
② 공석점 → A_2변태점 → 공정점 → 포정점
③ 공석점 → 공정점 → A_2변태점 → 포정점
④ 공정점 → 공석점 → A_2변태점 → 포정점

> Fe-C 상태도에서 온도가 낮은 것부터 일어나는 순서 : 공석점(723) → A_2변태점(768) → 공정점(1130) → 포정점(1490)

08 모듈이 2 이고 잇수가 각각 36, 74 개인 두 기어가 맞물려 있을 때 축간 거리는 약 몇 mm인가?

① 100mm   ② 110mm
③ 120mm   ④ 130mm

> $a = \dfrac{m(Z_1 - Z_2)}{2} = \dfrac{2(36+74)}{2} = 110$

09 축에 작용하는 비틀림 토크가 2.5kN 이고 축의 허용 전단응력이 49MPa 일 때 축 지름은 약 몇 mm 이상이어야 하는가?

① 2.4
② 3.6
③ 4.8
④ 6.4

$$d = \sqrt[3]{\frac{5.1T}{\tau}} = \sqrt[3]{\frac{5.1 \times 2500}{49}} \times 9.8 = 6.38 ≒ 6.4$$

10 외부 이물질이 나사의 접촉면 사이의 틈새나 볼트의 구멍으로 흘러나오는 것을 방지할 필요가 있을 때 사용하는 너트는?

① 홈붙이 너트
② 플랜지 너트
③ 슬리브 너트
④ 캡 너트

캡 너트 : 외부 이물질이 나사의 접촉면 사이의 틈새나 볼트의 구멍으로 흘러나오는 것을 방지할 필요가 있을 때 사용

11 나사에서 리드(lead)의 정의를 가장 옳게 설명한 것은?

① 나사가 1회전 했을 때 축 방향으로 이동한 거리
② 나사가 1회전 했을 때 나사산상의 1점이 이동한 원주거리
③ 암나사가 2회전 했을 때 축 방향으로 이동한 거리
④ 나사가 1회전 했을 때 나사산상의 1점이 이동한 원주각

리드(lead) : 나사가 1회전 했을 때 축 방향으로 이동한 거리

12 다음 중 하중의 크기 및 방향이 주기적으로 변화하는 하중으로서 양진하중을 말하는 것은?

① 집중하중
② 분포하중
③ 교번하중
④ 반복하중

교번하중 : 하중의 크기 및 방향이 주기적으로 변화하는 하중으로서 양진하중

13 리베팅이 끝난 뒤에 리벳머리의 주위 또는 강판의 가장자리를 정으로 때려 그 부분을 밀착시켜 틈을 없애는 작업은?

① 시밍
② 코킹
③ 커플링
④ 해머링

코킹 : 리베팅이 끝난 뒤에 리벳머리의 주위 또는 강판의 가장자리를 정으로 때려 그 부분을 밀착시켜 틈을 없애는 작업

14 다음 중 축 중심에 직각방향으로 하중이 작용하는 베어링을 말하는 것은?

① 레이디얼 베어링(radial bearing)
② 스러스트 베어링(thrust bearing)
③ 원뿔 베어링(cone bearing)
④ 피벗 베어링(pivot bearing)

레이디얼 베어링(radial bearing) : 축 중심에 직각방향으로 하중이 작용하는 베어링

15 다음 중 자동하중 브레이크에 속하지 않는 것은?

① 원추 브레이크
② 웜 브레이크
③ 캠 브레이크
④ 원심 브레이크

자동하중 브레이크 : 웜 브레이크, 캠 브레이크, 원심 브레이크, 나사 브레이크

16 다음 중 밑면에서 수직한 중심선을 포함하는 평면으로 절단했을 때 단면이 사각형인 것은?

① 원뿔
② 원기둥
③ 정사면체
④ 사각뿔

• 원뿔, 정사면체, 사각뿔 : 삼각형
• 원기둥 : 사각형

17 기계제도에서 사용하는 다음 선 중 가는 실선으로 표시되는 선은?

① 물체의 보이지 않는 부분의 형상을 나타내는 선
② 물체의 특수한 표면처리 부분을 나타내는 선
③ 단면도를 그릴 경우에 그 절단 위치를 나타내는 선
④ 절단된 단면임을 명시하기 위한 해칭선

- 물체의 보이지 않는 부분의 형상을 나타내는 선 : 숨은선(파선)
- 물체의 특수한 표면처리 부분을 나타내는 선 : 특수처리선 (굵은 1점 쇄선)
- 단면도를 그릴 경우에 그 절단 위치를 나타내는 선 : 절단선 (가는 1점 쇄선으로 끝부분 및 방향이 변하는 부분을 굵게 한 선)

18 헐거운 끼워 맞춤에서 구멍의 최소 허용 치수와 축의 최대 허용 치수와의 차를 무엇이라 하는가?

① 최대 틈새
② 최소 죔새
③ 최소 틈새
④ 최대 죔새

- 최소 틈새 : 구멍의 최소 허용 치수와 축의 최대 허용 치수와의 차

19 다음 중 센터구멍의 간략도시 기호로서 옳지 않은 것은?

- ① 센터 필요, ② 센터 불필요, ③ 필요하나 기본적으로 요구하지 않음

20 그림과 같은 입체의 투상도를 제 3각법으로 나타낸다면 정면도로 옳은 것은?

21 나사의 도시법에서 나사 각 부를 표시하는 선의 종류로 틀린 것은?

① 수나사의 바깥지름은 굵은 실선으로 그린다.
② 암나사의 안지름은 굵은 실선으로 그린다.
③ 가려서 보이지 않는 나사부는 가는 실선으로 그린다.
④ 완전 나사부와 불완전 나사부의 경계선은 굵은 실선으로 그린다.

- 숨겨진 나사를 표시할 때는 나사산의 봉우리와 골밑은 가는 파선으로 그린다.

22 치수기입 시 사용되는 기호와 그 설명으로 틀린 것은?

① C : 45° 모떼기
② Ø : 지름
③ SR : 구의 반지름
④ ◇ : 정사각형

- □ : 정사각형

23 표면거칠기와 관련하여 표면 조직의 파라미터 용어와 그 기호가 잘못 연결된 것은?

① Ra : 평가된 프로파일의 산술 평균 높이
② Rq : 평가된 프로파일의 제곱 평균 평방근 높이
③ Rc : 프로파일의 평균 높이
④ Rz : 프로파일의 총 높이

- Rz : 평가된 프로파일의 10점 평균 높이

24 도면에서 Ø50H7/g6로 표기된 끼워 맞춤에 관한 내용의 설명으로 틀린 것은?

① 억지 끼워 맞춤이다.
② 구멍의 치수 허용차 등급이 H7 이다.
③ 축의 치수 허용차 등급이 g6 이다.
④ 구멍 기준식 끼워 맞춤이다.

🔍 헐거운 끼워 맞춤이다.

25 KS 기하 공차기호 중 진원도 공차기호는?

① ⌭
② ○
③ ◎
④ ⌖

🔍 ⌭ : 원통도, ○ : 진원도, ◎ : 동심도, ⌖ : 위치도

26 다음 중 구성인선의 임계속도에 대한 설명으로 가장 적합한 것은?

① 구성인선이 발생하기 쉬운 속도를 의미한다.
② 구성인선이 최대로 성장할 수 있는 속도를 의미한다.
③ 고속도강 절삭공구를 사용하여 저탄소강재를 120m/min으로 절삭하는 속도이다.
④ 고속도강 절삭공구를 사용하여 저탄소강재를 10~25m/min으로 절삭하는 속도이다.

🔍 고속도강 절삭공구를 사용하여 저탄소강재를 120m/min으로 절삭하는 속도이다.

27 선반에서 테이퍼를 절삭하는 방법이 아닌 것은?

① 복식 공구대에 의한 방법
② 분할대 사용에 의한 방법
③ 심압대 편위에 의한 방법
④ 테이퍼 절삭장치에 의한 방법

🔍 테이퍼 절삭 방법 : 복식 공구대에 의한 방법, 심압대 편위에 의한 방법, 테이퍼 절삭장치에 의한 방법

28 연삭가공의 특징에 대한 설명으로 거리가 먼 것은?

① 가공면의 치수 정밀도가 매우 우수하다.
② 부품 생산의 첫 공정에 많이 이용되고 있다.
③ 재료가 열처리되어 단단해진 공작물의 가공에 적합하다.
④ 높은 치수 정밀도가 요구되는 부품의 가공에 적합하다.

🔍 부품 생산의 마지막 공정(정밀가공)에 많이 이용되고 있다.

29 다음 중 연삭숫돌이 결합하고 있는 결합도의 세기가 가장 큰 것은?

① F
② H
③ M
④ U

🔍 결합도 : A~G(극연), H~K(연), L~O(중), P~S(경), T~Z(극경)

30 절삭온도를 측정하는 방법에 해당하지 않는 것은?

① 열전대에 의한 방법
② 칩의 색깔에 의한 방법
③ 칼로리미터에 의한 방법
④ 초음파 탐지에 의한 방법

🔍 절삭온도 측정 방법
• 열전대에 의한 방법
• 칩의 색깔에 의한 방법
• 칼로리미터에 의한 방법
• 복사고온계에 의한 방법
• 시온도료를 이용하는 방법

31 오차의 종류에서 계기오차에 대한 설명으로 옳은 것은?

① 측정자의 눈의 위치에 따른 눈금의 읽음 값에 의해 생기는 오차
② 기계에서 발생하는 소음이나 진동 등과 같은 주위 환경에서 오는 오차
③ 측정기의 구조, 측정 압력, 측정 온도, 측정기의 마모 등에 따른 오차
④ 가늘고 긴 모양의 측정기 또는 피측정물을 정반 위에 놓으면 접촉하는 면의 형상 때문에 생기는 오차

> 계기오차 : 측정기의 구조, 측정 압력, 측정 온도, 측정기의 마모 등에 따른 오차

32 직경이 크고 길이가 짧은 공작물을 가공할 때, 사용하는 선반은?

① 보통선반　　② 정면선반
③ 탁상선반　　④ 터릿선반

> 정면선반 : 직경이 크고 길이가 짧은 공작물을 가공

33 인공합성 절삭 공구재료로 고속작업이 가능하며, 난삭재료, 고속도강, 담금질강, 내열강 등의 절삭에 적합한 공구재료는?

① 서멧　　② 세라믹
③ 초경합금　　④ 입방정 질화붕소

> 입방정 질화붕소(CBN) : 인공합성 절삭 공구재료로 고속작업이 가능하며, 난삭재료, 고속도강, 담금질강, 내열강 등의 절삭에 적합

34 다음 중 각도측정에 적합하지 않은 측정기는?

① 사인바
② 수준기
③ 오토 콜리메이터
④ 삼점식 마이크로미터

> 각도측정기 : 사인바, 수준기, 오토 콜리메이터

35 수작업으로 암나사 가공을 할 수 있는 공구는?

① 정　　② 탭
③ 다이스　　④ 스크레이퍼

> 수나사 가공 : 다이스, 암나사 가공 : 탭

36 밀링작업에서 하향절삭과 비교한 상향절삭의 특징으로 옳은 것은?

① 백래시를 제거하여야 한다.
② 절삭날의 마멸이 적고 공구수명이 길다.
③ 가공할 때 충격이 있어 높은 강성이 필요하다.
④ 절삭력이 상향으로 작용하여 고정이 불리하다.

> 하향절삭
> • 백래시를 제거하여야 한다.
> • 절삭날의 마멸이 적고 공구수명이 길다.
> • 가공할 때 충격이 있어 높은 강성이 필요하다.

37 전극과 가공물 사이에 전기를 통전시켜, 열에너지를 이용하여 가공물을 용융 증발시켜 가공하는 것은?

① 방전 가공　　② 초음파 가공
③ 화학적 가공　　④ 숏 피닝 가공

> 방전 가공 : 전극과 가공물 사이에 전기를 통전시켜, 열에너지를 이용하여 가공물을 용융 증발시켜 가공

38 밀링에서 커터의 지름이 100mm, 한날 당 이송이 0.2mm, 커터의 날수 10개, 회전수가 478rpm일 때, 절삭속도는 약 m/mm 인가?

① 100　　② 150
③ 200　　④ 250

> $V = \dfrac{\pi DN}{1000} = \dfrac{3.14 \times 100 \times 478}{1000} = 150$

39 공작기계의 기본운동에 속하지 않는 것은?

① 이송운동　　② 절삭운동
③ 급송회전운동　　④ 위치조정운동

> 공작기계의 기본운동 : 이송운동, 절삭운동, 위치조정운동

40 주조된 구멍이나 이미 뚫은 구멍을 필요한 크기나 정밀한 치수로 넓히는 가공법은?

① 보링(boring)
② 태핑(tapping)
③ 스폿 페이싱(spot facing)
④ 카운터 보링(counter boring)

> 보링(boring) : 주조된 구멍이나 이미 뚫은 구멍을 필요한 크기나 정밀한 치수로 넓히는 가공

41 드릴, 탭, 호브 등의 날 여유면을 절삭할 수 있는 선반의 부속장치는?

① 이송 장치
② 릴리빙 장치
③ 총형 바이트 장치
④ 테이퍼 절삭 장치

🔍 릴리빙 장치(선반) : 드릴, 탭, 호브 등의 날 여유면을 절삭할 수 있는 선반의 부속장치

42 연마제를 가공액과 혼합하여 가공물 표면에 압출공기로 고압과 고속으로 분사해 가공물 표면과 충돌시켜 표면을 가공하는 방법은?

① 래핑(lapping)
② 버니싱(burnishing)
③ 액체 호닝(liquid honing)
④ 슈퍼 피니싱(super finishing)

🔍 액체 호닝(liquid honing) : 연마제를 가공액과 혼합하여 가공물 표면에 압출공기로 고압과 고속으로 분사해 가공물 표면과 충돌시켜 표면을 가공

43 다음 중 수치제어 공작기계의 일상점검 내용으로 가장 적절하지 않은 것은?

① 습동유의 양 점검
② 주축의 정도 점검
③ 조작판의 작동점검
④ 비상정지 스위치 적동점검

🔍 수치제어 공작기계의 일상점검 : 습동유의 양 점검, 조작판의 작동점검, 비상정지 스위치 적동점검

44 다음 CNC선반 프로그램에서 가공해야 될 부분의 지름이 80mm 일 때, 주축의 회전수는 약 얼마인가?

```
G50 S1000 ;
G96 S120 ;
```

① 209.5 rpm
② 477.5 rpm
③ 786.8 rpm
④ 1000.8 rpm

🔍 $V = \dfrac{\pi DN}{1000}$ 에서 $N = \dfrac{1000V}{\pi D}$
$= \dfrac{1000 \times 120}{3.14 \times 80} = 477.5$

45 다음 CNC선반 프로그램의 설명으로 틀린 것은?

```
G50 X150.0 Z200.0 S1300 T0100 ;
```

① G50 - 좌표계 설정
② X150.0 - X축 좌표값
③ S1300 - 주축 최고회전수
④ T0100 - 공구 보정번호 01번

🔍 T0100 - 공구번호 01, 보정번호 00번

46 CNC선반에서 주축의 최고 회전수를 지정해 주는 프로그램으로 옳은 것은?

① G30 S700 ;
② G40 S1500 ;
③ G42 S1500 ;
④ G50 S1500 ;

🔍 G50(주축의 최고회전수 지정) S1500(주축최고회전수)

47 그림의 A→B→C 이동지령 머시닝센터 프로그램에서 ㉠, ㉡, ㉢에 들어갈 내용으로 옳은 것은?

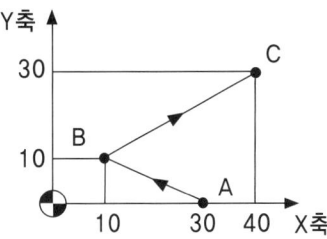

```
A → B : N01 G01 G91 ㉠ Y10. F120;
B → C : N02 G90 ㉡ ㉢ ;
```

① ㉠ X10. ㉡ X30. ㉢ Y20.
② ㉠ X20. ㉡ X30. ㉢ Y30.
③ ㉠ X-20. ㉡ X30. ㉢ Y20.
④ ㉠ X-20. ㉡ X40. ㉢ Y30.

㉠ X-20, ㉡ X40, ㉢ Y30.

48 CNC선반의 원호 절삭에서 가공방향이 시계방향(CW)일 경우에 올바른 기능은?

① G00　② G01
③ G02　④ G03

G02 : 원호 절삭에서 가공방향이 시계방향(CW)

49 다음 중 CNC선반 가공 시 연속형 또는 불연속형 칩이 발생하는 황동이나 주철과 같이 절삭저항이 적은 재료류를 가공하기에 가장 적합한 초경공구 재질의 종류는?

① P　② M
③ K　④ S

• P종 : 비교적 긴 칩이 발생하는 재질
• M종 : 치핑이나 크레이터를 유발하는 재료
• K종 : 칩이 분말상태이거나 짧게 끊어지는 재료

50 다음 그림에서 절삭조건 "G96 S157"로 가공할 때 A 점에서의 회전수는 약 얼마인가? (단, π는 3.14로 한다.)

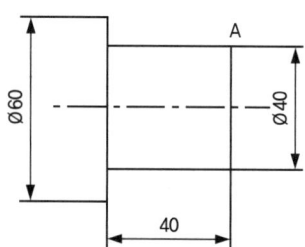

① 200 rpm
② 250 rpm
③ 1250 rpm
④ 1500 rpm

$V = \dfrac{\pi DN}{1000}$ 에서 $N = \dfrac{1000V}{\pi D}$

$= \dfrac{1000 \times 157}{3.14 \times 40} = 1250$

51 와이어 컷 방전 가공기의 사용 시 주의 사항으로 틀린 것은?

① 운전 중에는 전극을 만지지 않는다.
② 가공액이 바깥으로 튀어나오지 않도록 안전 커버를 설치한다.
③ 와이어의 지름이 매우 작아서 공구경의 보정을 필요로 하지 않는다.
④ 가공물의 낙하 방지를 위하여 프로그램 끝 부분에 정지기능(M00)을 사용한다.

와이어의 지름이 매우 작아서 공구경의 보정을 반드시 해야 한다.

52 머시닝센터에서 공구 길이 보정 시 보정번호를 나타낼 때 사용하는 것은?

① A　② C
③ D　④ H

• G43(공구길이 보정 "+") Z_ H_ ;
• G44(공구길이 보정 "-") Z_ H_ ;

53 서보 기구의 위치 검출 제어 방식이 아닌 것은?

① 폐쇄 회로(closed loop)방식
② 패리티 체크(parity check)방식
③ 복합 회로 서보(hybrid servo)방식
④ 반폐쇄 회로(semi-closed loop)방식

서보 기구의 위치 검출 제어 방식 : 폐쇄 회로(closed loop) 방식, 복합 회로 서보(hybrid servo)방식, 반폐쇄 회로(semi-closed loop)방식

54 CNC공작기계의 정보처리회로에서 서보모터를 구동하기 위하여 출력하는 신호의 형태는?

① 문자신호
② 위상신호
③ 펄스신호
④ 형상신호

펄스신호 : CNC공작기계의 정보처리회로에서 서보모터를 구동하기 위하여 출력하는 신호

55 CNC선반에서 그림과 같이 공작물 원점을 설정할 때 좌표계설정으로 옳은 것은? (단, 지름지령이다.)

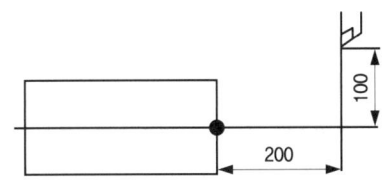

① G50 X100. Z100. ;
② G50 X100. Z200. ;
③ G50 X200. Z100. ;
④ G50 X200. Z200. ;

🔍 G50 X200. Z200. ;

56 다음 머시닝센터의 고정 사이클 지령에서 P의 의미는?

```
G90 G99 G82 X_ Y_ Z_ R_ P_ F_ ;
```

① 매 절입량을 지정
② 탭 가공의 피치를 지정
③ 고정사이클 반복횟수 지정
④ 구멍 바닥에서 드웰시간을 지정

🔍 G90(절대지령) G99(고정싸이클 R점 복귀) G82(카운트보링 싸이클) X_ Y_ Z_ R_ P_(구멍 바닥에서 드웰시간을 지정) F_ ;

57 다음 중 반드시 장갑을 착용하고 작업해야 하는 것은?

① 드릴 작업   ② 밀링 작업
③ 선반 작업   ④ 용접 작업

🔍 용접 작업 : 장갑을 착용하고 작업

58 DNC(Direct Numerical Control) 시스템의 구성요소가 아닌 것은?

① 컴퓨터와 메모리 장치
② 공작물 장·탈착용 로봇
③ 데이터 송수신용 통신선
④ 실제 작업용 CNC 공작기계

🔍 DNC(Direct Numerical Control) 시스템의 구성요소 : 컴퓨터와 메모리 장치, 데이터 송수신용 통신선, 실제 작업용 CNC 공작기계

59 CNC 프로그램에서 보조 프로그램(sub program)을 호출하는 보조기능은?

① M00   ② M09
③ M98   ④ M99

🔍 M98 : 보조프로그램 호출, M99 : 주프로그램 호출

60 CNC선반에서 나사절삭 시 이송기능(F)에 사용되는 숫자의 의미는?

① 리드   ② 절입각도
③ 감긴 방향   ④ 호칭 지름

🔍 F=피치×줄수=리드값

정답 기출문제 – 2016년 2회

01 ①	02 ③	03 ④	04 ②	05 ③
06 ③	07 ②	08 ②	09 ④	10 ④
11 ①	12 ③	13 ②	14 ①	15 ①
16 ②	17 ②	18 ③	19 ④	20 ①
21 ③	22 ④	23 ④	24 ①	25 ②
26 ③	27 ②	28 ②	29 ④	30 ④
31 ③	32 ②	33 ④	34 ④	35 ②
36 ④	37 ②	38 ②	39 ③	40 ①
41 ②	42 ③	43 ②	44 ②	45 ④
46 ④	47 ②	48 ③	49 ③	50 ③
51 ③	52 ②	53 ②	54 ④	55 ④
56 ④	57 ④	58 ②	59 ③	60 ①

2016년 3회 기출문제

01 6-4 황동에 철 1~2%를 첨가함으로써 강도와 내식성이 향상되어 광산기계, 선박용 기계, 화학기계 등에 사용되는 특수 황동은?

① 쾌삭 메탈
② 델타 메탈
③ 네이벌 황동
④ 애드머럴티 황동

> 델타 메탈 : 6-4 황동에 철 1~2%를 첨가함으로써 강도와 내식성이 향상되어 광산기계, 선박용 기계, 화학기계 등에 사용한다.

02 냉간 가공된 황동제품들이 공기 중의 암모니아 및 염류로 인하여 입간부식에 의한 균열이 생기는 것은?

① 저장균열   ② 냉간균열
③ 자연균열   ④ 열간균열

> 자연균열 : 냉간가공된 황동제품들이 공기 중의 암모니아 및 염류로 인하여 입간부식에 의한 균열이 생기는 것

03 탄소강에 함유되는 원소 중 강도, 연신율, 충격치를 감소시키며 적열취성의 원인이 되는 것은?

① Mn   ② Si
③ P   ④ S

> S(황) : 탄소강에 함유되는 원소 중 강도, 연신율, 충격치를 감소시키며 적열취성의 원인

04 절삭 공구로 사용되는 재료가 아닌 것은?

① 페놀   ② 서멧
③ 세라믹   ④ 초경합금

> 페놀수지 : 경질이고 내열성이 있는 열경화성 수지로서 전기기구, 기어 및 프로펠러 등에 사용

05 탄소강에 함유된 원소 중 백점이나 헤어크랙의 원인이 되는 원소는?

① 황   ② 인
③ 수소   ④ 구리

> 수소(H) : 탄소강에 함유된 원소 중 백점이나 헤어크랙의 원인

06 철강의 열처리 목적으로 틀린 것은?

① 내부의 응력과 변형을 증가시킨다.
② 강도, 연성, 내마모성 등을 향상시킨다.
③ 표면을 경화시키는 등의 성질을 변화시킨다.
④ 조직을 미세화하고 기계적 특성을 향상시킨다.

> 내부의 응력과 변형을 감소할 목적으로 열처리를 한다.

07 상온이나 고온에서 단조성이 좋아지므로 고온가공이 용이하며 강도를 요하는 부분에 사용하는 황동은?

① 톰백
② 6-4황동
③ 7-3황동
④ 함석황동

> 6-4황동 : 상온이나 고온에서 단조성이 좋아지므로 고온가공이 용이하며 강도를 요하는 부분에 사용

08 미끄럼 베어링의 윤활 방법이 아닌 것은?

① 적하 급유법
② 패드 급유법
③ 오일링 급유법
④ 충격 급유법

> 미끄럼 베어링 윤활 방법 : 적하 급유법, 패드 급유법, 오일링 급유법

09 일반 스퍼기어와 비교한 헬리컬 기어의 특징에 대한 설명으로 틀린 것은?

① 임의의 비틀림 각을 선택할 수 있어서 축중심 거리의 조절이 용이하다.
② 물림 길이가 길고 물림률이 크다.
③ 최소 잇수가 적어서 회전비를 크게 할 수가 있다.
④ 추력이 발생하지 않아서 진동과 소음이 적다.

🔍 추력이 발생하며 선접촉이므로 진동이나 소음이 발생하기 쉽다.

10 8kN의 인장하중을 받는 정사각봉의 단면에 발생하는 인장응력이 5MPa이다. 이 정사각봉의 한 변의 길이는 약 몇 mm인가?

① 40 ② 60
③ 80 ④ 100

🔍 인장응력 $\sigma = \dfrac{W}{A}$ 에서 $A = \dfrac{W}{\sigma} = \dfrac{8000}{5} = 1600$
$L = \sqrt{1600} = 40$

11 기계의 운동에너지를 흡수하여 운동속도를 감속 또는 정지시키는 장치는?

① 기어 ② 커플링
③ 마찰차 ④ 브레이크

🔍 브레이크 : 기계의 운동에너지를 흡수하여 운동속도를 감속 또는 정지시키는 장치

12 핀(Pin)의 종류에 대한 설명으로 틀린 것은?

① 테이퍼 핀은 보통 1/50 정도의 테이퍼를 가지며, 축에 보스를 고정시킬 때 사용할 수 있다.
② 평행핀은 분해·조립하는 부품의 맞춤면의 관계 위치를 일정하게 할 필요가 있을 때 주로 사용된다.
③ 분할핀은 한쪽 끝이 2가닥으로 갈라진 핀으로 축에 끼워진 부품이 빠지는 것을 막는데 사용할 수 있다.
④ 스프링 핀은 2개의 봉을 연결하기 위해 구멍에 수직으로 핀을 끼워 2개의 봉이 상대 각운동을 할 수 있도록 연결한 것이다.

🔍 스프링 핀은 세로 방향으로 갈라져 있으므로 바깥지름보다 작은 구멍에 끼워 넣고, 스프링 작용을 할 수 있도록 하여 기계부품을 결합해야 한다.

13 체인 전동의 일반적인 특징으로 거리가 먼 것은?

① 속도비가 일정하다.
② 유지 및 보수가 용이하다.
③ 내열, 내유, 내습성이 강하다.
④ 진동과 소음이 없다.

🔍 고속전동에서는 진동과 소음이 생기기 쉽다.

14 회전체의 균형을 좋게 하거나 너트를 외부에 유출시키지 않으려고 할 때 주로 사용하는 너트는?

① 캡 너트 ② 둥근 너트
③ 육각 너트 ④ 와셔붙이 너트

🔍 둥근 너트 : 회전체의 균형을 좋게 하거나 너트를 외부에 돌출시키지 않으려고 할 때 주로 사용

15 한쪽은 오른나사, 다른 한쪽은 왼나사로 되어 양끝을 서로 당기거나 밀거나 할 때 사용하는 기계요소는?

① 아이 볼트 ② 세트 스크류
③ 플레이트 너트 ④ 턴 버클

🔍 턴 버클 : 한쪽은 오른나사, 다른 한쪽은 왼나사로 되어 양끝을 서로 당기거나 밀거나 할 때 사용

16 가공에 의한 줄무늬 방향의 기호 중 대략 동심원 모양을 나타내는 것은?

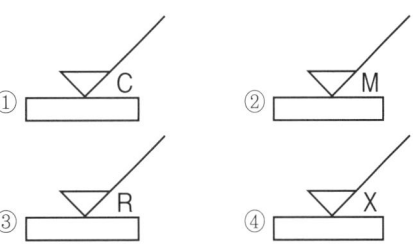

🔍 C : 가공에 의한 커터의 줄무늬 방향의 기호를 기입한 면의 중심에 대하여 대략 동심원 모양

17 단면유의 표기 방법에서 그림과 같이 도시하는 단면도의 종류 명칭은?

① 전단면도　② 한쪽 단면도
③ 부분 단면도　④ 회전 도시 단면도

🔍 회전 도시 단면도 : 핸들이나 암, 리브, 축 등의 절단면을 90° 회전시켜서 나타내는 단면도

18 헐거운 끼워맞춤에서 구멍의 최대 허용치수와 최소 허용치수와의 차를 의미하는 용어는?

① 최소 틈새　② 최대 틈새
③ 최소 죔새　④ 최대 죔새

🔍 최대 틈새 : 헐거운 끼워맞춤에서 구멍의 최대 허용치수와 최소 허용치수와의 차

19 다음과 같이 지시된 기하공차 기입 틀의 해독으로 옳은 것은?

| // | 0.07/100 | B |

① 평행도가 데이텀 B를 기준으로 지정길이 100mm에 대하여 0.07mm의 허용 값을 가지는 것
② 평행도가 데이텀 B를 기준으로 지정길이 0.07mm에 대하여 100mm 허용 값을 가지는 것
③ 평행도가 데이텀 B를 기준으로 0.0007mm의 허용 값을 가지는 것
④ 평행도가 데이텀 B를 기준으로 0.07~100mm의 허용 값을 가지는 것

🔍 평행도(//)가 데이텀 B를 기준으로 지정길이 100mm에 대하여 0.07mm의 허용 값을 가지는 것

20 가는 1점 쇄선의 용도로 적합하지 않은 것은?

① 도형의 중심을 표시하는데 사용
② 중심이 이동한 중심궤적을 표시하는데 사용
③ 위치 결정의 근거가 된다는 것을 명시할 때 사용
④ 단면의 무게 중심을 연결한 선을 표시하는데 사용

🔍 무게 중심선은 가는 2점 쇄선으로 표시한다.

21 다음 치수 기입 방법 중 호의 길이로 옳은 것은?

🔍 ① 변의 길이, ② 현의 길이, ③ 호의 길이, ④ 각도치수

22 도면과 같이 위치도를 규제하기 위하여 B 치수에 정확한 치수를 기입한 것은?

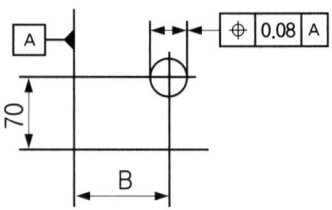

① (100)
② 100
③ 100
④ 100

🔍 100 : 이론적으로 정확한 치수

23 그림과 같은 입체도를 화살표 방향에서 본 투상도로 가장 옳은 것은? (단, 해당 입체는 화살표 방향으로 볼 때 좌우 대칭 구조이다.)

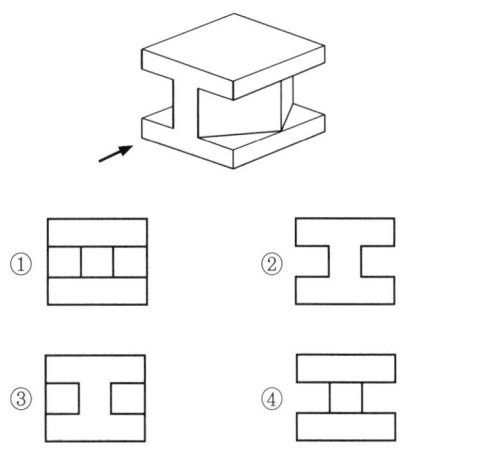

🔍 구동 방법에 의한 3차원 측정기의 분류 : 수동형, 자동형, 조이스틱형

27 바깥지름 연삭기의 이송방법에 해당하지 않는 것은?

① 플런지 컷형
② 테이블 왕복형
③ 연삭 숫돌대 왕복형
④ 공작물 고정 유성형 연삭

🔍 • 외경 연삭기 이송방법 : 플런지 컷형, 테이블 왕복형, 연삭 숫돌대 왕복형
• 내경 연삭기 이송방법 : 공작물 고정 유성형 연삭

24 축의 도시 방법에 관한 설명으로 옳은 것은?

① 축은 길이방향으로 온단면 도시한다.
② 길이가 긴 축은 중간을 파단하여 짧게 그릴 수 있다.
③ 축의 끝에는 모떼기를 하지 않는다.
④ 축의 키 홈을 나타낼 경우 국부 투상도로 나타내어서는 안 된다.

🔍 축은 길이방향으로 단면 도시하지 않는다.

28 선반 주축대에 대한 설명으로 틀린 것은?

① 주축과 변속장치를 내장하고 있다.
② 주죽 내부는 모스 테이퍼로 되어 있다.
③ 절삭저항이나 진동에 견딜 수 있는 특수강을 사용한다.
④ 주축은 강도와 경도를 높이기 위하여 중실축으로 만든다.

🔍 주축(Spindle)은 중공축으로 쓴다. 그이유는
• 긴공작물 가공
• 베어링에 걸리는 하중감소
• 주축의 무게 감소
• 실축보다 굽힘 및 비틀림응력에 강하다.

25 도면에 표시된 3/8-16UNC-2A의 해석으로 옳은 것은?

① 피치는 3/8 인치이다.
② 산의 수는 1인치당 16개이다.
③ 유니파이 가는 나사이다.
④ 나사부의 길이는 2인치이다.

🔍 3/8(호칭경)-16(산의 수는 1인치당 16개)UNC(유니파이 가는 나사)-2A(수나사의 등급 2급)

29 줄작업 시 줄눈의 거친 순서에 따라 작업하는 순서로 옳은 것은?

① 세목 → 황목 → 중목
② 중목 → 세목 → 황목
③ 황목 → 세목 → 중목
④ 황목 → 중목 → 세목

26 구동 방법에 의한 3차원 측정기의 분류가 아닌 것은?

① 래핑형   ② 수동형
③ 자동형   ④ 조이스틱형

🔍 줄작업 순서 : 황목 → 중목 → 세목

30 다음 바이트의 각도를 나타낸 그림에서 C는?

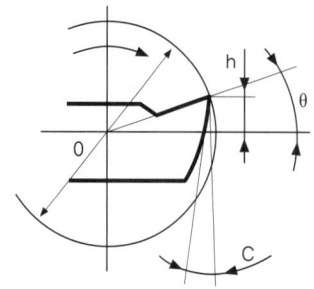

① 경사각　　② 날끝각
③ 여유각　　④ 중립각

> C : 여유각

31 숫돌의 표시방법 순서로 옳은 것은?

① 숫돌입자의 종류 → 입도 → 결합제 → 조직 → 결합도
② 숫돌입자의 종류 → 입도 → 결합도 → 조직 → 결합제
③ 숫돌입자의 종류 → 조직 → 결합도 → 입도 → 결합제
④ 숫돌입자의 종류 → 입도 → 조직 → 결합도 → 결합제

> WA · 60 · K · 5 · V
> WA(입자의 종류, WA입자), 60(입도, 중목), K(결합도, 연), 5(조직, 중), V(결합제, 비트리이드)

32 절삭 공구의 구비조건에 대한 설명으로 틀린 것은?

① 성형성이 좋고 가격이 저렴할 것
② 내마모성이 작고 마찰계수가 높을 것
③ 높은 온도에서 경도가 떨어지지 않을 것
④ 공작물보다 단단하고 적당한 인성이 있을 것

> • 인성, 강도와 내마모성이 클 것
> • 마찰계수가 적을 것

33 드릴링 머신에서 할 수 없는 작업은?

① 리밍
② 태핑
③ 카운터 싱킹
④ 슈퍼 피니싱

> 드릴링 머신작업 : 리밍, 태핑, 카운터 싱킹, 카운터 보링, 드릴링

34 밀링머신의 규격을 나타내는 방법으로 옳은 것은?

① 밀링 본체의 크기
② 전동 마력의 크기
③ 테이블의 이송거리
④ 스핀들의 RPM 크기

> 새들(테이블)의 전후 이송거리를 호칭번호로 표시 No 0. : 150, No1. : 200, ~ No5. : 400

35 선반에서 테이퍼 절삭 방법이 아닌 것은?

① 리드 스크루에 의한 방법
② 복식 공구대에 의한 방법
③ 심압대 편위에 의한 방법
④ 테이퍼 절삭장치에 의한 방법

> 테이퍼 절삭 방법 : 복식 공구대에 의한 방법, 심압대 편위에 의한 방법, 테이퍼 절삭장치에 의한 방법

36 윤활제의 구비조건으로 틀린 것은?

① 열에 대해 안정성이 높아야 한다.
② 산화에 대한 안정성이 높아야 한다.
③ 온도변화에 따른 점도변화가 커야 한다.
④ 화학적으로 불활성이며 깨끗하고 균질해야 한다.

> • 사용상태에서 충분한 점도를 유지할 것
> • 한계 윤활상태에서 견딜 수 있는 유성이 있을 것

37 가공 방법에 따른 공구와 공작물의 상호 운동 관계에서 공구와 공작물이 모두 직선 운동을 하는 공작 기계로 바르게 짝지어진 것은?

① 셰이퍼, 연삭기
② 밀링머신, 선반
③ 셰이퍼, 플레이너
④ 호닝머신, 래핑머신

> 급속귀환공작기계 : 셰이퍼, 슬로터, 플레이너

38 측정자의 직선운동을 지침의 회전 운동으로 변화시켜 눈금으로 읽을 수 있는 길이 측정기는?

① 드릴 게이지
② 마이크로미터
③ 다이얼 게이지
④ 와이어 게이지

> 다이얼 게이지 : 측정자의 직선 또는 원호운동을 기계적으로 확대하여 그 움직임을 지침의 회전 운동으로 변화시켜 눈금으로 읽을 수 있는 길이 측정기.

39 블록게이지, 한계게이지 등의 게이지류, 렌즈, 광학용 유리 기구 등을 다듬질하는 가공법은?

① 래핑
② 호닝
③ 액체호닝
④ 평면 그라인딩

> 래핑 : 주철, 동 사이에 미세한 분말상태의 랩제를 넣고 가공물에 압력을 가하면서 상대운동을 시켜 블록게이지, 한계게이지 등의 게이지류, 렌즈, 유리 기구 등을 다듬질하는 가공법

40 다음 설명에 해당하는 칩(chip)은?

> 공구가 진행함에 따라 일감이 미세한 간격으로 계속적으로 미끄럼 변형을 하여 칩이 생기며, 연속적으로 공구 윗면을 흘러 나가는 모양의 칩이다.

① 균열형 칩(crack type chip)
② 유동형 칩(flow type chip)
③ 열단형 칩(tear type chip)
④ 전단형 칩(shear type chip)

> 유동형 칩(flow type chip) : 칩이 경사면 위를 연속적으로 원활하게 흘러 나가는 모양으로 연속칩이라고 한다.

41 직접 분할법으로 6등분을 할 때, 직접 분할판의 크랭크 회전수는?

① 1회전
② 2회전
③ 3회전
④ 4회전

> 직접 분할법 : 24개의 구멍(24, 12, 8, 6, 4, 3, 2는 직접분할)
> 회전횟수 = $\frac{24}{6}$ = 4회전

42 수평 밀링머신에서 밀링커터를 고정하는 곳은?

① 아버
② 컬럼
③ 바이스
④ 테이블

> 주축을 기둥(colummn) 상부에 수평으로 설치하고, 주축 아버(arbor)에 밀링커터를 고정하고 회전시켜 가공물을 절삭한다.

43 다음 그림에서 자동코너 R가공을 할 때 A점에서 C점까지의 가공 프로그램으로 옳은 것은?

① G01 X10. R5. F0.1 ;
② G01 X20. R5. F0.1 ;
③ G01 X10. R-5. F0.1 ;
④ G01 X20. R-5. F0.1 ;

> G01 X20. R-5. F0.1 ;

44 머시닝센터 프로그램에서 G코드의 기능이 틀린 것은?

① G90 - 절대 명령
② G91 - 증분 명령
③ G99 - 회전당 이송
④ G98 - 고정 사이클 초기점 복귀

> G99 - 고정 사이클 R점 복귀

45 CNC선반에서 900rpm으로 회전하는 스핀들에 3회전 동안 이송정지를 하고자 한다. 올바른 지령으로만 짝지어진 것은?

① G04 X0.2; G04 U0.2; G04 P200;
② G04 X1.5; G04 U1.5; G04 P1500;
③ G04 X2.0; G04 U2.0; G04 P2000;
④ G04 X2.7; G04 U2.7; G04 P2700;

> 정지시간(초) = $\frac{60 \times 공회전수(회)}{스핀들회전수(rpm)} = \frac{60 \times 3}{900} = 0.2$
> G04 X0.2; G04 U0.2; G04 P200;

46 안전한 작업자의 행동으로 볼 수 없는 것은?

① 기계 위에 공구나 재료를 올려놓지 않는다.
② 기계의 회전을 손이나 공구로 멈추지 않는다.
③ 절삭공구는 길게 장착하여 절삭 시 접촉면을 크게 한다.
④ 칩을 제거할 때는 장갑을 끼고 브러시나 칩클리너를 사용한다.

> 절삭공구는 짧게 장착하여 절삭 시 접촉면을 적게 한다.

47 공작기계의 핸들 대신에 구동모터를 장치하여 임의의 위치에 필요한 속도로 테이블을 이동시켜 주는 기구의 명칭은?

① 검출기구
② 서보기구
③ 펀칭기구
④ 인터페이스 회로

> 서보기구 : 공작기계의 핸들 대신에 구동모터를 장치하여 임의의 위치에 필요한 속도로 테이블을 이동시켜 주는 기구

48 CNC선반 가공 프로그램에서 반드시 전개 번호를 사용해야 하는 G-코드는?

① G30
② G32
③ G70
④ G90

> G70(정삭 싸이클) P_ Q_ F_ ;

49 도면을 보고 프로그램을 작성할 때 절대 좌표계의 기준이 되는 점으로서 프로그램 원점 또는 공작물 원점이라고도 하는 좌표계는?

① 기계 좌표계
② 상대 좌표계
③ 공작물 좌표계
④ 공구보정 좌표계

> 공작물 좌표계 : 도면을 보고 프로그램을 작성할 때 절대 좌표계의 기준이 되는 점으로서 프로그램 원점 또는 공작물 원점이라고도 하는 좌표계

50 CNC선반에서 날끝 반지름 보정을 하지 않으면 가공치수에 영향을 주는 가공은?

① 나사 가공
② 단면 가공
③ 드릴 가공
④ 테이퍼 가공

> 테이퍼 가공 : CNC선반에서 날끝 반지름 보정을 하지 않으면 가공치수에 영향이 있다.

51 여러 대의 CNC 공작기계를 한 대의 컴퓨터에 연결해 데이터를 분배하여 전송함으로써 동시에 운전할 수 있는 방식은?

① NC
② CAD
③ CNC
④ DNC

> DNC : 여러 대의 CNC 공작기계를 한 대의 컴퓨터에 연결해 데이터를 분배하여 전송함으로써 동시에 운전

52 CNC장비에서 공구장착 및 교환 시 안전을 위하여 필수적으로 점검할 사항이 아닌 것은?

① 공구 길이보정 상태를 확인하고 보정 값을 삭제한다.
② 윤활유 및 공기의 압력이 규정에 적합한지 확인한다.
③ 툴홀더의 공구 고정볼트가 견고히 고정되어 있는지 확인한다.
④ 기계의 회전부나 작동부위에 신체접촉이 생기지 않도록 한다.

🔍 공구 길이보정 상태를 확인하고 보정 값을 삭제하는 것은 프로그램 후 공작물 셋팅 시에 한다.

53 CNC선반에서 G92를 이용하여 나사가공 할 때, 그림에서 나사를 절삭하는 부분에 해당하는 것은?

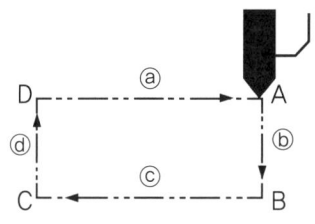

① ⓐ
② ⓑ
③ ⓒ
④ ⓓ

🔍 ⓑ 바이트 공작물까지 이동 – ⓒ 나사가공 – ⓓ 가공 후 공작물에서 나옴 – ⓐ 복귀

54 CNC선반에서 현재의 위치에서 다른 점을 경유하지 않고 X축만 기계원점으로 복귀하는 것은?

① G28 X0;
② G28 U0;
③ G28 W0;
④ G28 U100.0;

🔍 G28(기계원점복귀) U0(X0);

55 다음 CNC선반 프로그램에서 N50 블록에 해당되는 주축 회전수는 약 몇 rpm인가?

```
N10 G50 X150. Z150. S1800;
N20 T0100 ;
N30 G96 S170 M03 ;
N40 G00 X40. Z3. T0101 M08 ;
N50 G01 X35. F0.2 ;
```

① 1546
② 1719
③ 1800
④ 1865

🔍 $V = \dfrac{\pi \times D \times N}{1000}$
$N = \dfrac{1000 \times V}{\pi \times D} = \dfrac{1000 \times 170}{3.14 \times 35} = 1546$

56 CNC선반 가공에서 기준 공구 인선의 좌표와 해당 공구 인선의 좌표 차이를 무엇이라 하는가?

① 공구 간섭
② 공구 보정
③ 공구 벡터
④ 공구 운동

🔍 공구 보정(G36(X), G37(Z))

57 머시닝센터 이송에 관련된 준비기능의 설명으로 옳은 것은?

① G95는 1분당 이송량이다.
② G94는 1회전당 이송량이다.
③ G95의 값을 변화시키면 가공시간이 변한다.
④ G94의 값을 변화시키면 주축회전수가 변한다.

🔍 G95(회전당 이송), G94(분당 이송)

58 보조기능(M-기능)에 대한 설명으로 틀린 것은?

① M00 : 프로그램 정지
② M03 : 주축 정회전
③ M08 : 절삭유 ON
④ M99 : 보조프로그램 호출

🔍 M98 : 보조프로그램 호출, M99 : 주프로그램 호출

59 드릴작업에 있어 안전사항에 관한 설명으로 틀린 것은?

① 장갑을 끼고 작업하지 않는다.
② 드릴을 회전시킨 후에는 테이블을 조정하지 않도록 한다.
③ 얇은 판에 구멍을 뚫을 때에는 나무판을 밑에 받치고 구멍을 뚫도록 해야 한다.
④ 가공 중 드릴 끝이 마모되어 이상한 소리가 나면 공구의 이송속도를 더욱 빠르게 한다.

> 가공 중 드릴 끝이 마모되어 이상한 소리가 나면 공구의 이송속도를 천천히 하고 재연삭 사용한다.

60 머시닝센터에서 여러 개의 공작물을 한 번에 가공할 때 사용하는 좌표계 설정 준비기능 코드가 아닌 것은?

① G54　　② G56
③ G59　　④ G92

> • 여러 개의 공작물의 좌표계 설정 준비기능 코드 : G54 공작물좌표계 1번 선택, G56 공작물좌표계 3번 선택, G59 공작물좌표계 6번 선택.
> • G92 공작물좌표계 설정

정답 기출문제 – 2016년 3회

01 ②	02 ③	03 ④	04 ①	05 ③
06 ①	07 ②	08 ④	09 ④	10 ①
11 ④	12 ④	13 ④	14 ②	15 ④
16 ①	17 ④	18 ②	19 ①	20 ④
21 ③	22 ④	23 ③	24 ②	25 ②
26 ①	27 ④	28 ④	29 ④	30 ③
31 ②	32 ④	33 ④	34 ③	35 ①
36 ③	37 ③	38 ③	39 ①	40 ②
41 ④	42 ①	43 ②	44 ③	45 ①
46 ③	47 ②	48 ③	49 ③	50 ④
51 ④	52 ①	53 ③	54 ②	55 ①
56 ②	57 ③	58 ④	59 ④	60 ④

PART

03

Craftsman Computer Aided Lathe

컴퓨터응용선반기능사
CBT 대비
적중모의고사

제1회 CBT 대비 적중모의고사

01 공구강의 구비조건 중 틀린 것은?

① 강인성이 클 것
② 내마모성이 작을 것
③ 고온에서 경도가 클 것
④ 열처리가 쉬울 것

> 🔍 공구강의 구비조건
> • 강인성이 있을 것
> • 내마모성이 높을 것
> • 성형하기 쉬울 것
> • 고온에서 경도가 클 것

02 다음 중 청동의 주된 성분 구성으로 알맞은 것은?

① Cu-Sn 합금   ② Cu-Pb 합금
③ Cu-Zn 합금   ④ Cu-Ni 합금

> 🔍 황동 이외의 구리합금을 청동이라 하며, 대표적인 청동은 주석청동(Cu-Sn합금)으로 가구 장신구, 무기, 불상, 종 등의 제작에 사용된다.

03 스텔라이트계 주조경질합금에 대한 설명으로 틀린 것은?

① 주성분이 Co 이다.
② 단조품이 많이 쓰인다.
③ 800℃까지의 고온에서도 경도가 유지된다.
④ 열처리가 불필요하다.

> 🔍 주조경질합금(스텔라이트) : Co + Cr + W를 금형에서 주조하여 연마한 것으로 주로 공구용 합금강으로 사용된다.

04 다음 합성수지 중 일명 EP라고 하며, 현재 이용되고 있는 수지 중 가장 우수한 특성을 지닌 것으로 널리 이용되는 것은?

① 페놀 수지   ② 폴리에스테르 수지
③ 에폭시 수지   ④ 멜라민 수지

> 🔍 에폭시수지(Epoxy) : 둘 또는 그 이상의 에폭시기를 가지는 저분자량 중합체로부터 만들어지는 강력한 접착제로 내약품성이 좋아 도료 등에도 쓰인다.

05 금속을 상온에서 소성변형시키면 재질이 경화되고 연신율이 감소한다. 이러한 현상을 무엇이라고 하는가?

① 재결정
② 가공경화
③ 고용강화
④ 열변형

> 🔍 상온에서 소성변형을 시켰다는 말은 가열하지 않은 상태에서의 가공, 즉 냉간 가공을 의미한다. 금속을 냉간 가공하면 가공경화가 일어난다.

06 다음 중 내식용 알루미늄 합금이 아닌 것은?

① 라우탈
② 알민
③ 알드레이
④ 하이드로날륨

> 🔍 고강도 알루미늄 합금에는 Al-Cu-Mg합금으로 두랄루민, 초두랄루민, 초강두랄루민 등이 있으며, 내식성 알루미늄 합금에는 알민(Al-Mn계), 알드레이(Al-Mg-Si계), 하이드로날륨(Al-Mg계) 등이 있으며, 라우탈은 주조용 알루미늄 합금에 해당된다.

07 강을 충분히 가열한 후 물이나 기름 속에 급랭시켜 조직변태에 의한 재질의 경화를 주목적으로 하는 것은?

① 담금질   ② 뜨임
③ 풀림   ④ 불림

> 🔍 • 뜨임 : 담금질된 것에 인성을 부여한다.
> • 풀림 : 재질을 연하고 균일하게 한다.
> • 불림 : 소재를 일정 온도에 가열 후 공랭시켜 표준화한다.

08 다음 중 핀(Pin)의 용도가 아닌 것은?

① 핸들과 축의 고정
② 너트의 풀림 방지
③ 볼트의 마모 방지
④ 분해 조립 시 조립할 부품의 위치결정

> 핀은 키(key)의 대체용으로 많이 쓰이며, 용도로는 ①, ②, ④ 항이 있다.

09 다음 중 나사의 피치가 일정할 때 리드가 가장 큰 것은?

① 4줄 나사   ② 3줄 나사
③ 2줄 나사   ④ 1줄 나사

> 리드(L) = 줄수(n) × 피치(p)이므로 줄이 많을수록 리드가 커진다.

10 베어링의 호칭번호가 608일 때, 이 베어링의 안지름은 몇 mm 인가?

① 6   ② 8
③ 12   ④ 15

> 60은 베어링 계열 번호, 8은 안지름 번호로 8 = 8mm이다. 참고로 안지름 번호 0.6~9까지는 안지름도 동일하게 0.6~9mm를 나타낸다. 또한, 00 = 10mm, 01 = 12mm, 02 = 15mm, 03 = 17mm이고 04부터는 곱하기 5를 하여 나타낸 수가 안지름이 된다.

11 회전하고 있는 원동 마찰자의 지름이 250mm이고 종동차의 지름이 400mm일 때 최대 토크는 몇 N·m인가?(단, 마찰자의 마찰계수는 0.2이고 서로 밀어 붙이는 힘은 2kN이다.)

① 20   ② 40
③ 80   ④ 160

> $Q_{max} = \mu P = 0.2 \times 2000 = 400(N)$
> (P : 밀어 붙이는 힘, μ : 마찰계수)
> ∴ $T = Q_{max} \times \dfrac{D_1}{2} = 400 \times \dfrac{0.4}{2} = 80(N \cdot m)$
> (D_1 : 종동차의 지름)

12 다음 중 마찰차를 활용하기에 적합하지 않은 것은?

① 속도비가 중요하지 않을 때
② 전달할 힘이 클 때
③ 회전속도가 클 때
④ 두 축 사이를 단속할 필요가 있을 때

> 마찰차는 ①, ③, ④항과 전달할 힘이 크지 않을 때(힘이 크면 미끄러워지므로), 속도비가 커서 기어로 전동하기 어려운 경우에 활용한다.

13 너비가 좁고 얇은 긴 보의 형태로 하중을 지지하는 스프링은?

① 원판 스프링
② 겹판 스프링
③ 인장 코일 스프링
④ 압축 코일 스프링

> 겹판 스프링은 너비가 좁고 얇은 긴 보를 여러 장 겹쳐서 사용한다.

14 기계 부분의 운동 에너지를 열에너지나 전기에너지 등으로 바꾸어 흡수함으로써 운동 속도를 감소시키거나 정지시키는 장치는?

① 커플링   ② 캠
③ 브레이크   ④ 마찰차

> • 커플링 : 축을 하나로 제작하지 못할 때 여러 개의 짧은 축을 제작한 후, 축 이음하는 기계요소
> • 캠 : 특수한 모양의 원동절(캠)에 회전 또는 직선 운동을 주어 짝을 이루는 종동절이 왕복 직선 또는 왕복 각운동을 하는 기구
> • 마찰차 : 동력을 전달하는 2개의 바퀴를 직접 접촉시켜 밀어 붙임으로써 그 사이에 발생하는 마찰력으로 동력을 전달하는 부품

15 평벨트 풀리의 구조에서 벨트와 직접 접촉하여 동력을 전달하는 부분은?

① 림   ② 암
③ 보스   ④ 리브

> 평벨트 풀리는 벨트가 접촉하는 원형으로 되어 있는 림, 림과 보스를 연결하여 주는 암, 축을 연결하는 구멍이 있는 보스로 구성되어 있다.

16 그림과 같이 코일 스프링의 간략도를 그릴 때 A 부분에 나타내야할 선으로 옳은 것은?

① 굵은 실선　　② 가는 실선
③ 굵은 파선　　④ 가는 2점 쇄선

🔍 생략된 부분은 가는 1점 쇄선 또는 가는 2점 쇄선으로 그린다.

17 다음 중 스프링의 도시방법에 관한 설명으로 틀린 것은?

① 그림에 기입하기 힘든 사항은 요목표에 일괄하여 표시한다.
② 조립도, 설명도 등에서 코일 스프링을 도시하는 경우에는 그 단면만을 나타내어도 좋다.
③ 요목표에 단서가 없는 코일 스프링 및 벌류트 스프링은 모두 오른쪽 감는 것을 나타낸다.
④ 겹판 스프링은 일반적으로 무하중 상태(스프링 판이 휘어진 상태)에서 그린다.

🔍 겹판 스프링은 일반적으로 상용하중 상태(힘을 받고 있는 상태)로 도시하며, 무하중일 때의 모양을 이점쇄선으로 표시한다.

18 그림과 같은 단면도의 명칭이 올바른 것은?

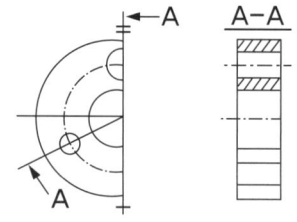

① 온 단면도
② 회전 도시 단면도
③ 한쪽 단면도
④ 조합에 의한 단면도

🔍 • 온 단면도 : 대상물의 1평면의 절단면으로 절단해서 얻어지는 단면을 빼놓지 않고 그린 단면도
• 회전 도시 단면도 : 핸들, 풀리, 리브, 후크 등을 절단한 단면을 90°회전시켜 투상도 안이나 밖에 그리는 것
• 한쪽 단면도 : 주로 대칭인 물체의 중심선을 기준으로 내부 모양과 외부 모양을 동시에 표시하는 방법
• 조합에 의한 단면도 : 그림과 같이 절단면(A)을 2개 이상으로 설치하고 그린 단면도

19 기어의 도시 방법에 관한 설명으로 틀린 것은?

① 잇봉우리원은 굵은 실선으로 표시한다.
② 피치원은 가는 1점 쇄선으로 표시한다.
③ 이골원은 가는 실선으로 표시한다.
④ 잇줄 방향은 통상 3개의 굵은 실선으로 표시한다.

🔍 잇줄 방향은 통상 3개의 가는 실선으로 표시한다.

20 다음 도면에서 (A)의 치수는 얼마인가?

🔍 부품 전체의 폭은 45mm, 돌출부는 12mm × 2개 이므로, (A)의 치수는 45 − 24 = 21mm 이다.

21 그림과 같은 입체도에서 화살표 방향에서 본 것을 정면도로 할 때 가장 적합한 정면도는?

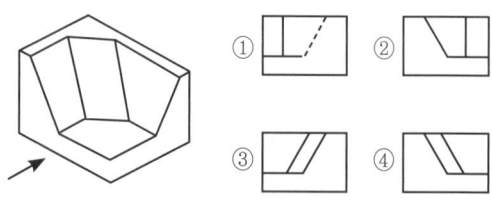

22 축의 도시 방법에 관한 설명으로 옳은 것은?

① 축은 길이방향으로 온단면 도시한다.
② 길이가 긴 축은 중간을 파단하여 짧게 그릴 수 있다.
③ 축의 끝에는 모떼기를 하지 않는다.
④ 축의 키 홈을 나타낼 경우 국부 투상도로 나타내어서는 안 된다.

🔍 축은 일반적으로 길이 방향으로 절단하지 않으며, 필요에 따라 ②항과 같이 부분 단면만 가능하다.

23 치수보조(표시) 기호와 그 의미 연결이 틀린 것은?

① R : 반지름
② SR : 구의 반지름
③ t : 판의 두께
④ ( ) : 이론적으로 정확한 치수

🔍 ( ) : 참고 치수 , □ : 이론적으로 정확한 치수

24 다음 기하 공차에 기입 틀에서 ⊕가 의미하는 것은?

| ⊕ | Ø0.02Ⓜ | C |

① 진원도
② 동축도
③ 진직도
④ 위치도

🔍 진원도 : ○, 동축도 : ◎, 진직도 : ─

25 구멍의 치수가 Ø50$^{+0.05}_{+0.02}$ 이고 축의 치수가 Ø50$^{-0.03}_{-0.05}$ 인 경우의 끼워 맞춤은?

① 억지 끼워 맞춤
② 중간 끼워 맞춤
③ 헐거운 끼워 맞춤
④ 고정 끼워 맞춤

🔍 구멍의 최소 치수(Ø50.02)가 축의 최대 치수(Ø49.97)보다 큰 경우로 항상 틈새가 생기는 헐거운 끼워 맞춤이다.

26 다음 리머 중 자루와 날 부위가 별개로 되어 있는 리머는?

① 솔리드 리머(solid reamer)
② 조정 리머(adjustable reamer)
③ 팽창 리머(expansion reamer)
④ 셸 리머(shell reamer)

🔍
• 솔리드 리머 : 단체 리머라고도 하며 날과 자루가 한 몸체로 되어 있다.
• 조정 리머 : 날의 위치를 너트를 이용하여 조절할 수 있는 리머이다.
• 팽창 리머 : 조정리머보다 조정 범위가 작은 정밀 리머이다.

27 선반에서 면판이 설치되는 곳은?

① 주축 선단
② 왕복대
③ 새들
④ 심압대

🔍 주축 선단에는 척 플랜지, 돌림판, 면판 등을 설치하게 되어 있다.

28 외경 연삭기의 이송방법에 해당하지 않는 것은?

① 연삭 숫돌대 방식
② 테이블 왕복식
③ 플랜지 컷 방식
④ 새들 방식

🔍 원통(외경)연삭의 이송 방법은 연삭 숫돌대(숫돌대 왕복형)방식, 테이블 왕복형, 플랜지 컷(숫돌대 전후 이송형) 방식이 있다.

29 연삭 가공을 할 때 숫돌에 눈메움, 무딤 등이 발생하여 절삭상태가 나빠진다. 이때 예리한 절삭날을 숫돌 표면에 생성하여 절삭성을 회복시키는 작업은?

① 호빙
② 리밍
③ 보링
④ 드레싱

🔍 다이아몬드 드레스를 이용하여 새로운 날을 생성시키기 위해 표면을 새롭게 하는 작업을 드레싱이라 한다.

30 다음 중 수용성 절삭유에 대한 설명으로 틀린 것은?

① 원액과 물을 혼합하여 사용한다.
② 표면활성화제와 부식방지제를 첨가하여 사용한다.
③ 점성이 높고 비열이 작아 냉각효과가 작다.
④ 고속절삭 및 연삭 가공액으로 많이 사용한다.

🔍 수용성 절삭유는 점성이 낮아 고속절삭에는 우수한 냉각 효과를 발휘하지만, 윤활 작용이 적어 강력 절삭이 어렵다.

31 정면 밀링 커터와 엔드밀을 사용하여 평면 가공, 홈 가공 등을 하는 작업에 가장 적합한 밀링 머신은?

① 공구 밀링 머신
② 특수 밀링 머신
③ 수직 밀링 머신
④ 모방 밀링 머신

🔍 수직 밀링은 주로 자루가 달린 공구(정면 밀링커터, 엔드밀, T커터, 더브테일 커터 등)를 사용한다.

32 바이트로 재료를 절삭할 때 칩의 일부가 공구의 날 끝에 달라붙어 절삭날과 같은 작용을 하는 구성 인선(built-up edge)의 방지법으로 틀린 것은?

① 재료의 절삭 깊이를 크게 한다.
② 절삭 속도를 크게 한다.
③ 공구의 윗면 경사각을 크게 한다.
④ 가공 중에 절삭유제를 사용한다.

🔍 구성인선의 방지책은 ②, ③, ④항과 함께 절삭 깊이를 작게 하고 이송을 크게 하는 것이다.

33 원통연삭기에서 숫돌 크기의 표시 방법의 순서로 올바른 것은?

① 바깥지름×안지름
② 바깥지름×두께×안지름
③ 바깥지름×둘레길이×안지름
④ 바깥반지름×두께×안반지름

🔍 숫돌의 크기 표시는 바깥지름×두께(폭)×안지름으로 표시한다.

34 측정기로 가공물을 측정할 때 발생할 수 있는 측정 오차가 아닌 것은?

① 측정기의 오차
② 시차
③ 우연 오차
④ 편차

🔍 편차는 측정치로부터 모평균을 뺀 값으로 측정 오차가 아니다.

35 이미 뚫어져 있는 구멍을 좀 더 크게 확대하거나, 정밀도가 높은 제품으로 가공하는 기계는?

① 보링 머신
② 플레이너
③ 브로칭 머신
④ 호빙 머신

🔍 • 플레이너 : 주로 넓은 평면 가공
• 브로칭 머신 : 브로치를 이용하여 복잡한 구멍 가공
• 호빙 머신 : 호브를 이용하여 기어 가공에 사용

36 마이크로미터 측정면의 평면도를 검사하는데 사용하는 것은?

① 옵티미터
② 오토 콜리메이터
③ 옵티컬 플랫
④ 사인바

🔍 옵티컬 플랫(광선 정반)에 나타난 간섭무늬의 수로 평면도를 측정한다.

37 물이나 경유 등에 연삭 입자를 혼합한 가공액을 공구의 진동면과 일감 사이에 주입시켜 가며 초음파에 의한 상하진동으로 표면을 다듬는 가공 방법은?

① 방전 가공
② 초음파 가공
③ 전자빔 가공
④ 화학적 가공

🔍 • 방전 가공 : 전극과 공작물을 가공액 중에 일정한 간격으로 유지시켜 열을 발생시켜 전극의 형상으로 가공
• 전자빔 가공 : 고열에 의한 재료의 용해 분출, 증발 현상을 이용
• 화학적 가공 : 공작물을 화학 가공액 속에 넣고 화학 반응을 일으켜 가공물 표면에 필요한 형상으로 가공

38 선반 가공에서 외경을 절삭할 경우, 절삭가공 길이 200mm를 1회 가공하려고 한다. 회전수 1000rpm, 이송속도 0.15mm/rev이 면 가공 시간은 약 몇 분인가?

① 0.5
② 0.91
③ 1.33
④ 1.48

> 가공시간(T)
> $T = \dfrac{J}{N \times s} = \dfrac{200}{1000 \times 0.15} = 1.33(mm)$
> (J : 공작물의 길이, N : 회전수, s : 이송속도)

39 밀링의 절삭방법 중 상향절삭(up cutting)과 비교한 하향절삭(down cutting)에 대한 설명으로 틀린 것은?

① 절삭력이 하향으로 작용하며 가공물 고정이 유리하다.
② 공구의 마멸이 적고 수명이 길다.
③ 백래시가 자동으로 제거되며 절삭력이 좋다.
④ 저속 이송에서 회전저항이 작아 표면 거칠기가 좋다.

> 하향 절삭은 테이블과 커터의 방향이 같으므로 백래시 제거 장치를 사용해야 한다.

40 공작물에 회전을 주고 바이트에는 절입량과 이송량을 주어 원통형의 공작물을 주로 가공하는 공작기계는?

① 셰이퍼
② 밀링
③ 선반
④ 플레이너

> • 셰이퍼 : 공작물을 테이블에 고정하고 바이트는 전후 왕복운동을 하는 램에 설치되어 주로 평면을 가공
> • 밀링 : 공작물을 테이블과 바이스에 고정하여 전후, 좌우, 상하 직선운동을 하고 커터는 주축에서 회전운동을 하며 주로 평면 가공
> • 플레이너 : 공작물을 테이블에 고정하고 바이트는 공구대에서 상하, 전후 왕복 운동을 하며 주로 넓은 평면을 가공

41 다음 중 일반적으로 선반에서 가공하지 않는 것은?

① 키 홈 가공
② 보링 가공
③ 나사 가공
④ 총형 가공

> 키 홈은 주로 슬로터에서 가공한다.

42 공작기계의 부품과 같이 직선 슬라이딩 장치의 제작에 사용되는 공구로 측면과 바닥면이 60°가 되도록 동시에 가공하는 절삭공구는?

① 엔드밀
② T홈 밀링 커터
③ 데브테일 밀링 커터
④ 정면 밀링 커터

43 머시닝센터에서 주축의 회전수가 1500rpm이며 지름이 80mm인 초경합금의 밀링 커터로 가공할 때 절삭속도는?

① 38.2m/min
② 167.5m/min
③ 376.8m/min
④ 421.2m/min

> $V = \dfrac{\pi d N}{1000}$, N=1500, d=80
> ∴ $V = \dfrac{\pi \times 80 \times 1500}{1000} = 376.8(m/min)$

44 CCNC공작기계가 작동 중 이상이 생겼을 경우의 응급처치 사항으로 잘못된 것은?

① 비상스위치를 누르고 작업을 중지한다.
② 작업을 멈추고 이상 부위를 확인한다.
③ 경고등이 점등되었는지 확인한다.
④ 강전반 내의 회로도를 조작하여 점검한다.

> 강전반 내의 회로도를 조작하여 점검하는 것은 수리전문가가 수행해야 할 일이다.

45 CNC 공작기계 좌표계의 이동위치를 지령하는 방식에 해당하지 않는 것은?

① 절대지령 방식
② 증분지령 방식
③ 잔여지령 방식
④ 혼합지령 방식

> CNC 공작기계의 위치지령 방식
> • 절대지령 방식
> • 증분지령 방식
> • 혼합지령 방식

46 CNC공작기계의 안전에 관한 설명 중 틀린 것은?

① 그래픽 화면만 실행할 때에는 머신 록(machine lock)상태에서 실행한다.
② CNC선반에서 자동원점 복귀는 G28 U0 W0로 지령한다.
③ 머시닝센터에서 자동원점 복귀는 G91 G28 Z0로 지령한다.
④ 머시닝센터에서 G49 지령은 어느 위치에서나 실행한다.

> G49(공구길이보정 취소)는 가공이 끝난 후 안전거리를 확보하기 위해 Z축 +방향으로 이동하면서 지령하여야 한다.

47 다음 중 CNC 프로그램 구성에서 단어(word)에 해당하는 것은?

① S
② G01
③ 42
④ S500 M03 ;

> 단어(word)는 영문대문자(address)와 숫자(data)로 구성된다.

48 다음 중 기계 좌표계에 대한 설명으로 틀린 것은?

① 기계원점을 기준으로 정한 좌표계이다.
② 공작물 좌표계 및 각종 파라미터 설정값의 기준이 된다.
③ 금지영역 설정의 기준이 된다.
④ 기계원점 복귀 준비기능은 G50 이다.

> 기계좌표계 : 기계의 원점을 기준으로 하는 좌표계로서, 공작물 좌표계 및 각종 파라미터 설정값의 기준이 되며, 공장출하 시에 파라미터에 의해 결정된다. 또한 금지영역 설정의 기준이 된다. 기계원점 복귀는 G28로 지령한다.

49 CNC 선반에서 외경 절삭을 하는 단일형 고정 사이클은?

① G89
② G90
③ G91
④ G92

> 단일형 고정 사이클에는 G92, G90, G94 등이 있으며, G90은 내·외경 절삭 사이클, G92는 나사 절삭 사이클, G94는 단면 절삭 사이클이다.

50 CNC 선반의 공구 날끝 보정에 관한 설명으로 틀린 것은?

① 공구 날끝 보정은 가공이 시작된 다음 이루어져야 한다.
② G40 명령은 공구 날끝 보정 취소 기능이다.
③ G41과 G42 명령은 모달 명령이다.
④ 날끝 R에 의한 가공 경로 오차량을 보상하는 기능이다.

> 공구 날끝 보정(공구인선 반경보정)은 가공 시작 전에 이루어져야 정확한 치수로 가공할 수 있으며, 공구 날끝 좌측 보정은 G41을, 공구 날끝 우측 보정은 G42를 사용한다.

51 CAD/CAM 시스템의 주변기기 중 출력장치에 해당되는 것은?

① 조이스틱
② 플로터
③ 트랙볼
④ 하드디스크

> 출력장치 : 플로터, 프린터, 모니터(CRT, LCD), 빔 프로젝터, 하드카피장치 등

52 CNC공작기계에서 일시적으로 운전을 중지하고자 할 때 보조 기능, 주축 기능, 공구 기능은 그대로 수행되면서 프로그램 진행이 중지되는 버튼은?

① 사이클 스타트(cycle start)
② 취소(cancel)
③ 이송 정지(feed hold)
④ 머신 레디(machine ready)

> • cycle start : 자동(Auto), 반자동(MDI), DNC모드에서 프로그램을 실행하는 조작버튼
> • cancel : 프로그램이나 data를 입력 및 수정하고자 할 때, 입력하고자 하는 값을 취소하고자 할 때 사용
> • feed Hold : 자동가공 중에 일시적으로 운전을 중지하고자 할 때, 이송만을 정지시키는 조작버튼
> • machine Ready : 기계작동을 위하여 기계를 준비시키는 조작버튼

53 1000rpm으로 회전하는 스핀들에서 3회전 휴지(dwell, 일시정지)를 주려고 한다. 정지시간과 CNC 프로그램이 옳은 것은?

① 정지시간 : 0.18초, CNC프로그램 : G03 X0.18 ;
② 정지시간 : 0.18초, CNC프로그램 : G04 X0.18 ;
③ 정지시간 : 0.12초, CNC프로그램 : G03 X0.18 ;
④ 정지시간 : 0.12초, CNC프로그램 : G04 X0.18 ;

🔍 3회전 휴지에 해당하는 시간 x는 다음과 같은 비례식으로 산출할 수 있다.
N : 3회전 = 60 : x에서 N=1000
∴ $x = \frac{180}{N} = \frac{180}{1000} = 0.18$ sec

일시정지 지령은 G04로 하며, 0.18초를 word로 표현하면 P1800, X0.18, U0.18 등으로 나타낼 수 있다.

54 선반 작업시 안전사항으로 틀린 것은?

① 칩이나 절삭유의 비산을 방지하기 위해 플라스틱 덮개를 부착한다.
② 절삭가공을 할 때에는 보안경을 착용하여 눈을 보호한다.
③ 절삭작업을 할 때에는 면장갑을 착용하고 작업한다.
④ 척이 회전하는 동안에 일감이 튀어나오지 않도록 확실히 고정한다.

🔍 절삭작업을 할 때 면장갑을 사용하면 공작물 및 칩에 면장갑이 감겨서 큰 사고를 초래할 수 있으므로, 면장갑은 결코 착용해서는 안 된다.

55 그림과 같이 프로그램의 원점이 주어져 있을 경우 A점의 올바른 좌표는?

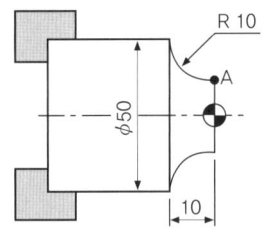

① X40. Z10.
② X10. Z50.
③ X30. Z0.
④ X50. Z-10.

🔍 CNC 선반에서는 가로방향을 Z축, 세로방향을 X축으로 하며, ⊕표시는 절대좌표계 원점을 의미한다. 특히, X축방향의 좌표값은 지름치로 지령한다.

56 CNC 선반에서 전원 투입 후 CNC 선반의 초기 상태의 기능으로 볼 수 없는 것은?

① 공구 인선반경 보정기능 취소(G40)
② 회전당 이송(G99)
③ 회전수 일정제어 모드(G97)
④ 절삭속도 일정제어 모드(G96)

🔍 CNC 선반의 초기 상태의 기능은 G40, G97, G99 등이다.

57 나사가공 프로그램에 관한 설명으로 적당하지 않은 것은?

① 주축의 회전은 G96으로 지령한다.
② 이송속도는 나사의 리드 값으로 지령한다.
③ 나사의 절입 회수는 절입표를 참조하여 여러 번 나누어 가공한다.
④ 복합 고정형 나사 절삭 사이클은 G76이다.

🔍 나사의 리드에 따라 일정하게 나사를 가공해야 하므로 주축회전은 G97로 지령하여 주축회전수를 일정하게 유지하여야 한다. 참고로 G96을 사용할 경우 나사산이 형성되지 않는다.

58 머시닝센터에서 많이 사용하지만, CNC밀링에서는 기능이 수행되지 않는 M 기능은?

① M03 ② M04
③ M05 ④ M06

> M03 : 주축 정회전, M04 : 주축 역회전, M05 : 주축 정지, M06 : 공구 교환

59 일반적으로 NC 가공계획에 포함되지 않은 것은?

① 사용기계 선정
② 가공순서 결정
③ 자동프로그래밍
④ 공구 선정

> NC 가공계획 단계에서 사용기계를 선정하고, 가공순서를 결정하고, 공구를 선정한다.

60 다음 CNC 프로그램에서 T0505의 의미는?

```
G00 X20.0 Z12.0 T0505 ;
```

① 5번 공구의 날끝 반경이 0.5mm 임을 뜻한다.
② 5번 공구의 선택이 5번째임을 뜻한다.
③ 5번 공구 선택과 5번 공구의 보정번호를 뜻한다.
④ 5번 공구를 5번 선택한다는 뜻이다.

> CNC 선반에서 공구지령은 T□□△△와 같이 네 자리로 지령하는데, □□는 공구번호를 의미하고, △△는 공구보정번호를 나타낸다.

정답 CBT 대비 적중모의고사 – 제1회

01 ②	02 ①	03 ②	04 ③	05 ②
06 ①	07 ①	08 ③	09 ①	10 ②
11 ③	12 ②	13 ②	14 ③	15 ①
16 ④	17 ④	18 ④	19 ④	20 ③
21 ④	22 ②	23 ④	24 ④	25 ③
26 ④	27 ①	28 ②	29 ④	30 ③
31 ④	32 ①	33 ②	34 ③	35 ①
36 ③	37 ②	38 ③	39 ③	40 ③
41 ①	42 ③	43 ②	44 ④	45 ③
46 ④	47 ②	48 ④	49 ②	50 ①
51 ②	52 ③	53 ②	54 ④	55 ③
56 ④	57 ①	58 ④	59 ③	60 ③

제2회 CBT 대비 적중모의고사

01 복합 재료 중에서 섬유 강화재료에 속하지 않는 것은?

① 섬유강화 시멘트   ② 섬유강화 금속
③ 섬유강화 플라스틱 ④ 섬유강화 고무

🔍 복합재료란 몇 가지의 소재를 조합시켜 만든 재료를 말하며, 그 중 섬유강화 재료는 섬유강화 플라스틱(FRP), 섬유강화 금속(FRM), 섬유강화 시멘트, 섬유강화 세라믹스(FRC) 등이 있다.

02 초경합금의 특성에 대한 설명 중 올바른 것은?

① 고온경도 및 내마멸성이 우수하다.
② 내마모성 및 압축강도가 낮다.
③ 고온에서 변형이 많다.
④ 상온의 경도가 고온에서 크게 저하된다.

🔍 초경합금은 탄화티타늄(TiC), 탄화탄탈럼(TaC), 탄화텡스텐(WC)과 같은 금속 탄화물을 Fe, Ni, Co 등의 철족 결합금속으로 접합, 소결한 복합금속을 말한다. 내마모성이 높고 고온에서 변형이 적어 절삭공구, 금형다이에 사용된다.

03 탄소 공구강의 구비 조건으로 틀린 것은?

① 내마모성이 클 것
② 가공 및 열처리성이 양호할 것
③ 저온에서의 경도가 클 것
④ 강인성 및 내충격성이 우수할 것

🔍 탄소 공구강은 고온에서 경도가 커야 한다.

04 주철에 대한 설명 중 틀린 것은?

① 강에 비하여 인장강도가 낮다.
② 강에 비하여 연신율이 작고, 메짐이 있어서 충격에 약하다.
③ 상온에서 소성 변형이 잘된다.
④ 절삭가공이 가능하며 주조성이 우수하다.

🔍 소성 변형이란 외력에 의해 영구변형이 일어나는 것을 말하며, 주철은 상온에서 소성 변형이 안 된다.

05 비중이 2.7로써 가볍고 은백색의 금속으로 내식성이 좋으며, 전기전도율이 구리의 60% 이상인 금속은?

① 알루미늄(Al)
② 마그네슘(Mg)
③ 바나듐(V)
④ 안티몬(Sb)

🔍 비중은 알루미늄(2.7), 마그네슘(1.74), 바나듐(5.6), 안티몬(6.67)이다. 알루미늄은 규소 다음으로 지구상에 많이 존재하는 원소이며, 마그네슘(Mg : 1.74), 베릴륨(Be : 1.85)를 제외하고는 가장 가벼운 실용 금속이다.

06 WC를 주성분으로 TiC 등의 고융점 경질탄화물 분말과 Co, Ni 등의 인성이 우수한 분말을 결합재로 하여 소결 성형한 절삭 공구는?

① 세라믹   ② 서멧
③ 주조경질합금   ④ 소결초경합금

🔍
- 세라믹 : 알루미나를 주성분으로 소결시킨 것
- 서멧 : 분말 야금법으로 만들어진 금속과 세라믹스로 이루어지는 내열재료
- 주조경질합금(스텔라이트) : Co-Cr-W를 금형에서 주조하여 연마한 것

07 탄소강에 함유된 원소 중 백점이나 헤어크랙의 원인이 되는 원소는?

① 황(S)   ② 인(P)
③ 수소(H)   ④ 구리(Cu)

🔍
- 황(S) : 적열 메짐의 원인
- 인(P) : 냉간 가공성 증가
- 수소(H) : 헤어크랙 발생

08 전위기어의 사용 목적으로 가장 옳은 것은?

① 베어링 압력을 증대시키기 위함
② 속도비를 크게 하기 위함
③ 언더컷을 방지하기 위함
④ 전동 효율을 높이기 위함

🔍 언더컷이란 랙크 공구나 호브로 기어를 창성할 때 간섭에 의해 기어의 이뿌리가 깎여 가늘어지는 것을 말하며, 언더컷 방지를 위해 전위 기어로 가공한다.

09 전단하중 W(N)를 받는 볼트에 생기는 전단응력 τ(N/mm²)를 구하는 식으로 옳은 것은?(단, 볼트 전단면적을 Amm²이라고 한다.)

① $\tau = \dfrac{\pi A^2/4}{W}$ ② $\tau = \dfrac{A}{W}$

③ $\tau = \dfrac{W}{\pi A^2/4}$ ④ $\tau = \dfrac{W}{A}$

🔍 전단응력 $(\sigma)\tau = \dfrac{W}{A}$
볼트, 너트의 설계는 전단하중만을 받을 때, 축 하중만을 받을 때, 축 하중과 비틀림을 동시에 받을 때를 생각하여 설계한다.

10 축 이음 중 두 축이 평행하고 각 속도의 변동 없이 토크를 전달하는 가장 적합한 것은?

① 플렉시블 커플링
② 유니버설 커플링
③ 플랜지 커플링
④ 올덤 커플링

🔍 • 플렉시블 커플링 : 두 축이 동일 선상에 있는 것이 원칙이며, 두 축 사이에 약간의 상하 이동을 허용할 수 있는 축 이음
• 유니버설 커플링 : 두 축의 중심선이 어느 각도로 교차되고 그 사이의 각도가 운전 중 다소 변하여도 자유로이 운동을 전달하는 축이음
• 플랜지 커플링 : 플랜지를 축에 억지 끼워 맞춤하거나 키로 결합 후 두 플랜지를 볼트로 체결한 것

11 다음 제동장치 중 회전하는 브레이크 드럼을 브레이크 블록으로 누르게 한 것은?

① 밴드 브레이크   ② 원판 브레이크
③ 블록 브레이크   ④ 원추 브레이크

🔍 블록 브레이크 : 회전축에 고정되어 브레이크 드럼을 블록으로 눌렀을 때 생기는 마찰력을 이용하는 제동장치로 자전거의 앞 브레이크가 대표적인 블록 브레이크이다.

12 모듈이 3, 잇수가 30과 90인 한 쌍의 표준 평기어의 중심 거리로 알맞은 것은?

① 150mm   ② 180mm
③ 200mm   ④ 250mm

🔍 $D_1 = m \times Z_1 = 3 \times 30 = 90$ $D_2 = m \times Z_2 = 3 \times 90 = 270$
∴ $C = \dfrac{D_1 - D_2}{2} = \dfrac{90 - 270}{2} = 180mm$

13 홈붙이 육각너트의 윗면에 파여진 홈의 개수로 알맞은 것은?

① 2개   ② 4개
③ 6개   ④ 8개

🔍 너트의 윗면에 6개의 홈이 파여 있으며 이곳에 분할 핀을 끼워 너트가 풀리지 않도록 사용한다.

14 기어, 풀리, 커플링 등의 회전체를 축에 고정시켜서 회전운동을 전달시키는 기계요소는?

① 키   ② 나사
③ 리벳   ④ 핀

🔍 • 나사 : 볼트(수나사)와 너트(암나사)의 회전운동을 직선운동으로 변환하며 끼워 맞춤을 하는 결합요소
• 리벳 : 강판, 형강 등을 영구적으로 결합하는 기계요소
• 핀 : 2개 이상의 부품을 결합시키는 데 사용하는 기계요소

15 축방향으로만 정하중을 받는 경우 50kN을 지탱할 수 있는 훅 나사부의 바깥지름은 약 몇 mm인가?(단, 허용응력은 50N/mm²이다)

① 40mm   ② 45mm
③ 50mm   ④ 55mm

🔍 $d = \sqrt{\dfrac{2P}{\sigma_t}} = \sqrt{\dfrac{2 \times 50000}{50}} = 44.7$
계산값보다 큰 것을 선택해야 하므로 나사의 지름은 45mm이다.

16 가동하는 부분의 이동 중의 특정위치 또는 이동한 관계를 표시하는 선으로 사용되는 것은?

① 가상선   ② 해칭선
③ 기준선   ④ 중심선

> • 해칭선 : 한정된 특정 부분을 다른 부분과 구별하는 데 사용
> • 기준선 : 위치 결정의 근거가 된다는 것을 명시할 때 사용
> • 중심선 : 도형의 중심선을 간략하게 표시하는 데 사용

17 그림과 같이 제3각법으로 정투상도를 작도할 때 평면도로 가장 적합한 형상은?

(정면도)   (우측면도)

①   ②
③   ④

18 기준치수가 60, 최대허용치수가 59.96이고 치수공차가 0.02일 때 아래 치수 허용치는?

① −0.04   ② +0.04
③ +0.06   ④ −0.06

> 기준 60에 59.96은 위 치수 허용차 −0.04이고, 치수 공차가 0.02이므로 아래 치수 허용차는 −0.06인 59.94가 된다.

19 보기 도면에서 품번 ③의 부품명칭으로 알맞은 것은?

① 육각 볼트
② 육각 구멍붙이 볼트
③ 둥근머리 나사
④ 둥근머리 작은 나사

20 다음 베어링의 호칭에 대한 각각의 기호 해석으로 틀린 것은?

7206 C DB

① 72 : 단열 앵귤러 볼 베어링
② 06 : 베어링 안지름 30mm
③ C : 틈새 기호로 보통 틈새보다 작음
④ DB : 보조기호로 베어링의 조합이 뒷면 조합

> C는 내부 틈새기호로 C2는 내부 틈새보다 작고, C3는 내부 틈새보다 크고, C4는 C3보다 크고, C5는 C4보다 크며, C는 보통의 내부 틈새를 나타낸다.

21 기하공차의 기호 중 모양 공차에 해당하는 것은?

① ○   ② ∠
③ ⊥   ④ //

> ① : 진원도, ② : 경사도, ③ : 직각도, ④ : 평행도를 나타내며, 모양공차는 ①항과 진직도, 평면도, 원통도, 선의 윤곽도, 면의 윤곽도 등이 있으며, ②, ③, ④항은 자세 공차에 속하며, 위치공차는 위치도, 동축도, 대칭도가 있고, 흔들림 공차에는 원주 흔들림과 온 흔들림이 있다.

22 실제 길이가 90 mm인 것을 척도가 1 : 2인 도면에 나타내었을 때 치수를 얼마로 기입해야 하는가?

① 20   ② 45
③ 90   ④ 180

> 척도와 관계없이 도면에는 실제 치수를 기입하며, 척도가 1:2인 경우 도면에 실제 길이는 90mm의 1/2인 45mm로 그린다.

23 기계제도에서 가공 방법 기호와 그 관계가 서로 맞지 않는 것은?

① V – 보링 가공
② M – 밀링 가공
③ D – 드릴 가공
④ L – 선반 가공

> 보링 가공은 B이다.

24 그림과 같이 구멍, 홈 등을 투상한 투상도의 명칭은?

① 보조 투상도
② 부분 투상도
③ 국부 투상도
④ 회전 투상도

> • 보조 투상도 : 보이는 부분의 전체 또는 일부분을 나타내며, 경사부가 있는 물체 도시에 사용
> • 부분 투상도 : 물체의 일부만으로도 충분한 경우 필요 부분만 도시하는 데 사용
> • 국부 투상도 : 구멍, 홈과 같이 한 부분의 모양을 도시하는 것으로 충분한 경우에 사용
> • 회전 투상도 : 물체가 어느 정도 각도가 있고, 실제 모양을 나타내기 위해 그 부분을 회전해서 실제 모양을 나타낼 때 사용

25 미터나사에서 나사의 호칭 지름인 것은?

① 수나사의 골지름
② 수나사의 유효지름
③ 암나사의 유효지름
④ 수나사의 바깥지름

> 나사의 호칭 지름은 수나사의 바깥지름으로 가상적인 원통의 최대 외측 지름을 나타낸다.

26 선반의 구조는 크게 4부분으로 구분하는데 이에 해당하지 않는 것은?

① 공구대   ② 심압대
③ 주축대   ④ 베드

> 왕복대는 공구대와 새들, 에이프런과 같이 이루어져 있다.

27 수평 밀링 머신의 플레인 커터 작업에서 상향 절삭에 대한 하향 절삭의 장점은?

① 날의 마멸이 적고 수명이 길다.
② 기계에 무리를 주지 않는다.
③ 절삭열에 의한 치수 정밀도의 변화가 적다.
④ 이송 기구의 백래시가 자연히 제거된다.

> ②, ③, ④항은 상향 절삭의 장점이다.

28 다음 중 정밀도가 가장 높은 가공면을 얻을 수 있는 가공법은?

① 호닝   ② 래핑
③ 평삭   ④ 브로칭

> 래핑은 분말 입자를 이용하여 표면을 거울면이 되도록 높은 가공면을 얻을 수 있다.

29 절삭 공구의 수명에 영향을 미치는 요소(element)와 가장 관계가 없는 것은?

① 재료 무게   ② 절삭 속도
③ 가공 재료   ④ 절삭 유제

> 재료의 무게보다는 재료의 재질에 따라서도 공구 수명에 영향을 미친다.

30 선반작업에서 단면가공이 가능하도록 보통 센터의 원추형 부분을 축방향으로 반을 제거하여 제작한 센터는?

① 하프 센터
② 파이프 센터
③ 베어링 센터
④ 평 센터

> • 파이프 센터 : 파이프와 같이 중공축인 공작물 지지에 사용
> • 베어링 센터 : 센터 선단을 베어링으로 조립하여 고속으로 정밀 가공 시 센터 선단이 회전하며 마찰 없이 사용 가능
> • 평 센터 : 공작물의 단면을 평면으로 지지할 수 있도록 제작한 센터

31 선반에서 주축 회전수를 1500rpm, 이송속도 0.3mm/rev로 절삭하고자 한다. 실제 가공길이가 562.5mm라면 가공에 소요되는 시간은 얼마인가?

① 1분 25초   ② 1분 15초
③ 48초   ④ 40초

> $T = \dfrac{l}{n \times s} = \dfrac{562.5}{1500 \times 0.3} = 1.25\text{min}$ ∴ 1분 15초

32 다음 중 연삭숫돌의 구성 3요소가 아닌 것은?

① 입자
② 결합제
③ 기공
④ 형상

🔍 연삭숫돌의 구성 3요소 : 입자, 결합제, 기공

33 절삭 가공에서 절삭 유제의 사용목적으로 틀린 것은?

① 가공면에 녹이 쉽게 발생되도록 한다.
② 공구의 경도 저하를 방지한다.
③ 절삭열에 의한 공작물의 정밀도 저하를 방지한다.
④ 가공물의 가공표면을 양호하게 한다.

🔍 절삭유의 사용목적 : 냉각 작용, 윤활 작용, 세척 작용

34 선반에서 주축의 회전수는 1000rpm 이고 외경 50mm를 절삭할 때 절삭속도는 약 몇 m/min인가?

① 1.57
② 15.7
③ 157
④ 1570

🔍 $V = \dfrac{\pi dN}{1000} = \dfrac{3.14 \times 50 \times 1000}{1000} = 157(m/min)$

35 선반의 부속장치 중 3개의 조가 방사형으로 같은 거리를 동시에 움직이므로 원형, 정삼각형, 정육각형의 단면을 가진 공작물을 고정하는데 편리한 척은?

① 단동척
② 마그네틱척
③ 연동척
④ 콜릿척

🔍
- 단동척 : 4개의 조가 90°방향으로 있고, 각자의 조가 따로 움직이며 고정시키므로 고정력이 연동척에 비해 우수하며, 불규칙한 공작물도 고정시킬 수가 있다.
- 마그네틱척 : 얇은 공작물을 자력에 의해 고정 시 사용하며 조가 없어 고정력이 약하다.
- 콜릿척 : 지름이 작은 공작물이나 각 봉재 가공 시 사용하며 터릿선반, 정밀 소형선반에서 주로 사용된다.

36 연마제를 가공액과 혼합하여 압축공기와 함께 노즐로 고속 분사시켜 가공물 표면과 충돌시켜 표면을 가공하는 가공법은?

① 래핑(lapping)
② 슈퍼 피니싱(super finishing)
③ 액체 호닝(liquid honing)
④ 버니싱(burnishing)

🔍
- 래핑 : 공작물과 랩 사이에 랩제를 넣고 공작물에 압력을 가하며 상대 운동을 주고 거칠기가 우수한 가공면을 얻는 가공방법으로 주로 게이지류의 완성 가공법이다.
- 슈퍼 피니싱 : 작은 입자의 숫돌로 공작물에 압력을 주고 진동을 주어 표면 거칠기를 향상시키며 주로 정밀 롤러, 베어링 레이스, 저널 등의 가공에 사용한다.
- 버니싱 : 1차 가공된 공작물의 안지름보다 다소 큰 강구를 압입하여 공작물을 소성변형시켜 가공하는 방법이다.

37 센터리스 연삭기에 대한 설명 중 틀린 것은?

① 가늘고 긴 가공물의 연삭에 적합하다.
② 가공물을 연속적으로 가공할 수 있다.
③ 조정 숫돌과 지지대를 이용하여 가공물을 연삭한다.
④ 가공물 고정은 센터, 척, 자석척 등을 이용한다.

🔍 센터가 없어 센터리스라고 하며, 척이 없이 연삭 숫돌과 조정 숫돌 사이에서 회전하며 가공하는 연삭이다.

38 일반적으로 고속 가공기의 주축에 사용하는 베어링으로 적합하지 않은 것은?

① 마그네틱 베어링
② 에어 베어링
③ 니들 롤러 베어링
④ 세라믹 볼 베어링

🔍 니들 롤러 베어링 5mm 이하의 작은 바늘 모양의 롤러를 사용한 베어링으로 자동차같이 작으면서 큰 동력을 사용하는 기계에 많이 적용된다.

39 리머를 모양에 따라 분류할 때 날을 교환할 수 있고 날을 조정할 수 있으므로 수리공장에서 많이 사용하는 리머는?

① 솔리드 리머
② 셀 리머
③ 조정 리머
④ 랜드 리머

- 솔리드 리머 : 단체 리머라고도 하며 날과 자루가 한 몸체로 되어 있다.
- 셸 리머 : 날과 자루가 별개로 되어 있어 날의 파손 시 날만 교체하며 사용하는 리머이다.
- 랜드 리머 : 수동핸들에 고정하여 사용하며 가공 정밀도가 좋다.

40 측정 대상 부품은 측정기의 측정 축과 일직선 위에 놓여 있으면 측정 오차가 적어진다는 원리는?

① 윌라스톤의 원리
② 히스테리시스차의 원리
③ 아보트 부하곡선의 원리
④ 아베의 원리

아베의 원리에 적합한 측정기는 외측 마이크로미터이고, 어긋난 측정기는 버니어 캘리퍼스이다.

41 평면은 물론 각종 공구, 부속장치를 이용하여 불규칙하고 복잡한 면, 드릴의 홈, 기어의 치형 등도 가공할 수 있는 공작기계는?

① 선반　　　　② 플레이너
③ 호빙머신　　④ 밀링머신

- 선반 : 주로 원통형의 제품을 바이트라는 공구로 외경, 홈, 계단, 나사, 편심, 테이퍼, 널링 등을 가공
- 플레이너 : 주로 대형의 제품을 테이블에 올려놓고 이송운동을 주어 넓은 평면 가공에 사용
- 호빙머신 : 호브를 이용하여 기어를 가공하는 기계

42 선반가공에서 절삭저항이 가장 큰 것은?

① 주분력　　　② 이송분력
③ 배분력　　　④ 횡분력

주분력(10) > 배분력(1~2) > 이송분력(1~2)

43 CNC 공작기계는 프로그램의 오류가 생기면 충돌사고를 유발한다. 프로그램의 오류를 검사하는 방법으로 적절하지 않은 것은?

① 수동으로 프로그램을 검사하는 방법
② 프로그램 조작기를 이용한 모의 가공 방법
③ 드라이 런 기능을 이용하여 모의 가공하는 방법
④ 자동 가공 기능을 이용하여 가공 중 검사하는 방법

자동가공기능을 사용하여 가공하는 것은 실제 가공하는 것으로 가공 중에 프로그램의 오류를 발견하게 될 경우 해당 공작물은 이미 가공이 불량하여 재료만 낭비하는 결과를 초래할 수 있다.

44 프로그램 원점을 기준으로 직교 좌표계의 좌표값을 입력하는 방식은?

① 혼합지령 방식　　② 증분지령 방식
③ 절대지령 방식　　④ 구역지령 방식

절대지령 방식은 정해진 원점을 기준으로 하는 직교 좌표값을 따르는 방식이고, 증분지령 방식은 공구의 현재 위치가 기준이 되어 다음 지점 좌표값을 새롭게 산출하는 방식으로 매번 기준점이 변경된다.

45 CNC선반 가공에서 그림과 같이 ㉠~㉣ 가공하는 단일형 내·외경 절삭 사이클 프로그램으로 적합한 것은?

① G92 X20. Z-28. F0.25 ;
② G94 X20. Z28. F0.25 ;
③ G90 X20. Z-28. F0.25 ;
④ G72 X20. W-28. F0.25 ;

G92 : 나사 절삭 사이클, G94 : 단면 절삭 사이클, G90 : 내·외경 절삭 사이클, G72 : 단면 황삭 사이클, 이 중에서 G72는 복합 반복 사이클이며, G92, G90, G94는 단일 고정 사이클이다.

46 CAD/CAM 주변 기기에서 기억 장치에 해당되는 것은?

① 하드 디스크　　② 프린터
③ 플로터　　　　 ④ 키보드

▶ 프린터와 플로터는 출력 장치, 키보드는 입력 장치에 해당된다.

47 CNC선반에서 나사절삭 시 나사 바이트가 시작점이 동일한 점에서 시작되도록 하여 주는 기구를 무엇이라 하는가?

① 엔코더　　② 위치 검출기
③ 리졸버　　④ 볼 스크루

▶ • 엔코더 : CNC 기계에서 속도와 위치를 피드백하는 장치
• 리졸버 : CNC 기계의 움직임의 상태를 표시하는 것으로 기계적인 운동을 전기적인 신호로 바꾸는 피드백 장치
• 볼 스크루 : 서보모터의 회전을 받아 테이블을 구동시키는 데 사용되는 나사

48 다음 중 명령된 블록에 한해서만 유효한 1회 유효 G-코드(One shot G-code)는?

① G90　　② G40
③ G01　　④ G04

▶ G04(일시정지), G28(자동원점복귀), G30(제 2원점 복귀) 등이 대표적인 One shot G코드이다.

49 CNC 제어에 사용하는 기능 중 주로 ON/OFF 기능을 수행하는 것은?

① G 기능　　② S 기능
③ T 기능　　④ M 기능

▶ G : 준비기능, S : 주축기능, T : 공구기능, M : 보조기능

50 다음 CNC선반 프로그램에서 지름이 30mm인 지점에서의 주축 회전수는 몇 rpm인가?

```
G50 X100. Z100. S1500 T0100 ;
G96 S160 M03 ;
G00 X30. Z3. T0303 ;
```

① 1698　　② 1500
③ 1000　　④ 160

▶ $V = \dfrac{\pi dN}{1000}$, V=160, d=30mm

∴ $N = \dfrac{1000V}{\pi d} = \dfrac{1000 \times 160}{3.14 \times 30} = 1698.5\,(rpm)$

그러나 G50으로 지령된 주축최고회전수가 1500rpm이므로 지름 30mm 지점에서의 주축회전수는 1698rpm이 아니라 1500rpm이다.

51 기계 설비의 산업재해 예방 중 가장 바람직한 것은?

① 위험 상태의 제거
② 위험 상태의 삭감
③ 위험에의 적응
④ 보호구의 착용

▶ 산업재해 예방의 가장 확실한 방법은 근본원인이 되는 위험상태를 제거하는 것이다.

52 다음 도면에서 M40×1.5로 나타낸 부분을 CNC프로그램 할 때 [ ] 속에 알맞은 것은?

[　　] X39.3 Z-20. F1.5 ;

① G94
② G92
③ G90
④ G50

▶ G94 : 단면 절삭 사이클, G92 : 나사 절삭 사이클, G90 : 내·외경 절삭 사이클, G50 : 주축최고 회전수 지정이다. 위에 도면에서 가공하고자 하는 부분의 나사이므로 G92를 사용해야 한다.

53 CNC선반에서 원호가공의 범위는 얼마인가?

① θ ≤ 180°　　② θ ≥ 180°
③ θ ≤ 90°　　④ θ ≥ 90°

▶ 일반적으로 CNC선반에서 180° 이상의 원호가공은 불가능하다.

54 선반작업에서 안전 및 유의사항에 대한 설명으로 틀린 것은?

① 일감을 측정할 때는 주축을 정지시킨다.
② 바이트를 연삭할 때는 보안경을 착용한다.
③ 홈 바이트는 가능한 길게 고정한다.
④ 바이트는 주축을 정지시킨 다음 설치한다.

> 바이트는 가능한 짧게 장착하여야만 떨림을 최소화하여 안정된 가공을 수행할 수 있다.

55 선삭 인서트 팁의 규격이 다음과 같을 때 날 끝의 반지름(nose R)은 얼마인가?

```
DNMG120408
```

① 0.12mm
② 1.2mm
③ 0.4mm
④ 0.8mm

> D : 인서트 팁 형상, N : 여유각, M : 단면형상
> G : 단면형상, 12 : 절삭날 길이, 04 : 인선높이, 08 : 날 끝 반지름

56 간단한 프로그램을 편집과 동시에 시험적으로 실행할 때 사용하는 모드 선택 스위치는?

① 반자동 운전(MDI)
② 자동운전(AUTO)
③ 수동 이송(JOG)
④ DNC 운전

> • MDI : Manual Data Input, 반자동모드라고도 하며 한 두 블록의 짧은 프로그램을 입력하고 바로 실행할 수 있는 모드로서 프로그램에 의한 간단한 기계조작이나 시험 전 실행 시에 사용
> • AUTO : 작성된 프로그램을 자동 운전할 때 사용하는 모드
> • JOG : JOG 버튼으로 공구를 수동으로 이송시키는 모드
> • DNC : CNC 공작기계와 RS-232C 등의 통신회선으로 연결된 컴퓨터에서 송신한 가공 프로그램으로 가공하고자 할 때 사용하는 모드
> • EDIT : 프로그램을 수정하거나 신규로 작성하는 모드

57 그림의 프로그램경로에 대한 공구경로 보정 지령절로 맞는 것은?

① G40 G01 X____Y____D12 ;
② G41 G01 X____Y____D12 ;
③ G42 G01 X____Y____D12 ;
④ G43 G01 X____Y____D12 ;

> G40 : 공구지름 보정 취소, G41 : 공구지름 보정 왼쪽, G42 : 공구지름 보정 오른쪽, G43 : 공구 길이 보정(+)이다. 위의 그림은 공구를 아래쪽에서 위쪽 방향으로 진행하도록 돌려놓고 봤을 때, 프로그램경로에 대하여 공구경로가 좌측에 있기 때문에 G41을 사용해야 한다.

58 머시닝센터에서 주축 회전수를 200rpm으로 피치 2mm인 나사를 가공하고자 한다. 이때 이송속도 F는 몇 mm/min으로 지령해야 하는가?

① 100   ② 200
③ 300   ④ 400

> F = FREV × N에서 나사의 리드는 1회전당 나사의 이송을 의미하므로 이것을 1회전당 이송속도(F/REV)로 사용할 수 있다.
> ∴ F = FREV × N = 나사의 리드 × N = 2.0 × 200 = 400mm/min

59 다음 중 CNC 공작기계 운전 중 충돌위험이 발생할 때 가장 신속하게 취하여야 할 조치는?

① 전원반의 전기회로를 점검한다.
② 조작반의 비상스위치를 누른다.
③ 패널에 있는 메인 스위치를 차단한다.
④ CNC 공작기계의 전원스위치를 차단한다.

> 충돌위험이 발생할 때 가장 신속하게 조작반의 비상스위치를 누른다.

60 CNC선반의 좌표계 설정에 대한 설명으로 틀린 것은?

① 좌표계를 설정하는 명령어로 G50을 사용한다.
② 일반적으로 좌표계는 X, Z축의 직교좌표계를 사용한다.
③ 주축 방향과 직각인 축을 Z축으로 설정한다.
④ 프로그램을 작성할 때 도면 또는 일감의 기준점을 나타낸다.

> CNC선반에서 공작물좌표계설정은 G50을 사용하며, '원점'은 프로그램 좌표계의 기준점을 표시하며, 주축과 평행한 축을 Z축으로 하고, 주축과 직각인 축을 X축으로 설정한다.

정답 CBT 대비 적중모의고사 – 제2회

01 ①	02 ①	03 ③	04 ③	05 ①
06 ④	07 ③	08 ③	09 ④	10 ④
11 ③	12 ②	13 ③	14 ①	15 ②
16 ①	17 ②	18 ④	19 ②	20 ③
21 ①	22 ③	23 ①	24 ②	25 ④
26 ①	27 ①	28 ②	29 ①	30 ①
31 ②	32 ④	33 ①	34 ③	35 ③
36 ③	37 ②	38 ③	39 ③	40 ④
41 ④	42 ①	43 ④	44 ③	45 ③
46 ①	47 ②	48 ④	49 ④	50 ②
51 ①	52 ②	53 ①	54 ③	55 ④
56 ①	57 ②	58 ④	59 ②	60 ③

제3회 CBT 대비 적중모의고사

01 주조경질합금의 대표적인 스텔라이트의 주성분을 올바르게 나타낸 것은?

① 몰리브덴 - 크롬 - 바나듐 - 탄소 - 티탄
② 크롬 - 탄소 - 니켈 - 마그네슘
③ 탄소 - 텅스텐 - 크롬 - 알루미늄
④ 코발트 - 크롬 - 텅스텐 - 탄소

> 주조경질합금(Stellite) : Co-Cr-W-C, 열처리를 하지 않고 주조한 후 연삭하여 사용

02 철강 재료에 관한 올바른 설명은?

① 용광로에서 생산된 철은 강이다.
② 탄소강은 탄소함유량이 3.0%~4.3% 정도이다.
③ 합금강은 탄소강에 필요한 합금 원소를 첨가한 것이다.
④ 탄소강의 기계적 성질에 가장 큰 영향을 끼치는 원소는 규소(Si)이다.

> 합금강은 탄소강에 다른 원소를 첨가하여 기계적 성질을 개선한 강을 말한다.

03 담금질한 탄소강을 뜨임 처리하면 어떤 성질이 증가되는가?

① 강도   ② 경도
③ 인성   ④ 취성

> 담금질한 탄소강을 뜨임 처리하면 내부 응력이 제거되고 인성이 개선된다.

04 설계도면에 SM40C로 표시된 부품이 있다. 어떤 재료를 사용해야 하는가?

① 인장강도가 40MPa인 일반구조용 탄소강
② 인장강도가 40MPa인 기계구조용 탄소강
③ 탄소를 0.37%~0.43% 함유한 일반구조용 탄소강
④ 탄소를 0.37%~0.43% 함유한 기계구조용 탄소강

> 기계 구조용 탄소강재 SM40C의 탄소함유량은 0.37~0.43% 이다.

05 Cr 10~11%, Co 26~58%, Ni 10~16% 함유하는 철합금으로 온도변화에 대한 탄성율의 변화가 극히 적고 공기 중이나 수중에서 부식되지 않고, 스프링, 태엽, 기상관측용 기구의 부품에 사용되는 불변강은?

① 인바(invar)
② 코엘린바(coelinvar)
③ 퍼멀로이(permalloy)
④ 플래티나이트(platinite)

> 코엘린바(coelinvar) : Cr 10~11%, Co 26~58%, Ni 10~16% 함유하는 철합금으로 온도변화에 대한 탄성율의 변화가 극히 적고 공기 중이나 수중에서 부식되지 않고, 스프링, 태엽 기상관측용 기구의 부품에 사용된다.

06 강괴를 탈산정도에 따라 분류할 때 이에 속하지 않는 것은?

① 림드강
② 세미 림드강
③ 킬드강
④ 세미 킬드강

> 강괴(steel ingot)
> • 림드강(remmed steel) : Fe-Mn으로 약하게 탈산시킨 것 (가공 및 내부에 편석 발생)
> • 킬드강(killed steel) : Fe-Si, Al로 충분히 탈산시킨 것(상부에 수축관 생김)
> • 세미 킬드강(semi-killes steel) : 약탈산강, 용접 구조물에 사용

07 주철의 흑연화를 촉진시키는 원소가 아닌 것은?

① Al
② Mn
③ Ni
④ Si

🔍 흑연화 촉진제 : Al, Si, Ni, Ti

08 나사결합부에 진동하중이 작용하거나 심한 하중변화가 있으면 어느 순간에 너트는 풀리기 쉽다. 너트의 풀림 방지법으로 사용하지 않는 것은?

① 나비 너트
② 분할 핀
③ 로크 너트
④ 스프링 와셔

🔍 너트의 풀림 방지법
  • 탄성 와셔에 의한 법
  • 핀 또는 작은 나사를 쓰는 법
  • 로크 너트에 의한 법
  • 너트의 회전 방향에 의한 법
  • 철사에 의한 법
  • 자동 죔 너트에 의한 법
  • 세트 스크루에 의한 법

09 나사에 관한 설명으로 옳은 것은?

① 1줄 나사와 2줄 나사의 리드(lead)는 같다.
② 나사의 리드각과 비틀림 각의 합은 90°이다.
③ 수나사의 바깥지름은 암나사의 안지름과 같다.
④ 나사의 크기는 수나사의 골지름으로 나타낸다.

🔍 리드 = 줄수 × 피치
  • 나사의 크기는 수나사의 산지름으로 나타낸다.

10 압축코일스프링에서 코일의 평균지름(D)이 50mm, 감 김수가 10회, 스프링지수(C)가 5.0일 때 스프링 재료의 지름은 약 몇 mm 인가?

① 5
② 10
③ 15
④ 20

🔍 스프링지수 $C = \dfrac{D}{d}$
  $\therefore d = \dfrac{D}{C} = \dfrac{50}{5} = 10\text{mm}$

11 나사 및 너트의 이완을 방지하기 위하여 주로 사용되는 핀은?

① 테이퍼 핀
② 평행 핀
③ 스프링 핀
④ 분할 핀

🔍 분할 핀 : 두 갈래로 갈라지기 때문에 너트의 풀림방지 등에 쓰인다.

12 구름베어링 중에서 볼베어링의 구성요소와 관련이 없는 것은?

① 외륜
② 내륜
③ 니들
④ 리테이너

🔍 볼베어링의 구성요소 : 외륜, 내륜, 볼, 리테이너

13 [그림]에서 응력집중 현상이 일어나지 않는 것은?

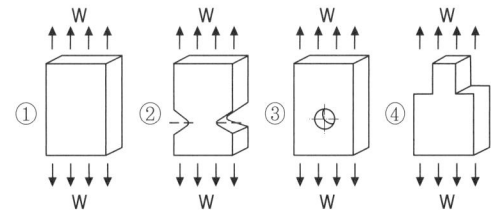

🔍 단면 형상이 균일한 재료가 인장 하중을 받으면 평균 응력이 고르게 분포해서 응력집중현상이 생기지 않는다.

14 체인 전동의 특징으로 잘못된 것은?

① 고속 회전의 전동에 적합하다.
② 내열성, 내유성, 내습성이 있다.
③ 큰 동력 전달이 가능하고 전동 효율이 높다.
④ 미끄럼이 없고 정확한 속도비를 얻을 수 있다.

🔍 체인 전동의 특성
  • 미끄럼이 없다.
  • 속도비가 정확하다.
  • 큰 동력이 전달된다.
  • 수리 및 유지가 쉽다.
  • 진동, 소음이 심하다.
  • 내열, 내유, 내습성이 있다.
  • 고속 회전에 부적당하다.
  • 체인의 탄성으로 충격이 흡수된다.

15 평기어에서 피치원의 지름이 132mm, 잇수가 44개인 기어의 모듈은?

① 1 ② 3
③ 4 ④ 6

> 피치원지름 = Z × M = 132
> M = $\frac{132}{44}$ = 3

16 베어링 호칭번호 '6308 Z NR'로 되어 있을 때 각각의 기호 및 번호에 대한 설명으로 틀린 것은?

① 63 : 베어링 계열 기호
② 08 : 베어링 안지름 번호
③ Z : 레이디얼 내부 틈새 기호
④ NR : 궤도륜 모양 기호

> 실드 기호 중 Z는 한쪽 실드, NR은 궤도륜 모양기호이다.

17 치수숫자와 함께 사용되는 기호로 45° 모떼기를 나타내는 기호는?

① C ② R
③ K ④ M

> C : 45° 모떼기, R : 반지름, M : 미터나사

18 상용하는 공차역에서 위 치수허용차와 아래 치수허용차의 절대값이 같은 것은?

① H ② js
③ h ④ E

19 기계제도 도면에 사용되는 가는 실선의 용도로 틀린 것은?

① 치수보조선 ② 치수선
③ 지시선 ④ 피치선

> • 가는 실선 : 치수보조선, 치수선, 지시선 등
> • 가는 1점쇄선 : 중심선, 피치선 등

20 그림과 같은 암나사 관련부분의 도시 기호의 설명으로 틀린 것은?

① 드릴의 지름은 8.5mm
② 암나사의 안지름은 10mm
③ 드릴 구멍의 깊이는 14mm
④ 유효 나사부의 길이는 10mm

> 암나사의 안지름(드릴경)은 8.5mm

21 그림과 같이 물체의 구멍, 홈 등 특정 부위만의 모양을 도시하는 투상도의 명칭은?

① 보조 투상도
② 국부 투상도
③ 전개 투상도
④ 회전 투상도

> 국부 투상도는 물체의 구멍, 홈 등 한 국부만의 모양을 도시하는 것으로 만족하는 경우에 사용하는 투상도법이다.

22 지시선의 화살표로 나타낸 중심면은 데이텀 중심평면 A에 대칭으로 0.08mm의 간격을 갖는 평행한 두 개의 평면 사이에 있어야 한다고 할 때 들어가야 할 기하공차 기호로 옳은 것은?

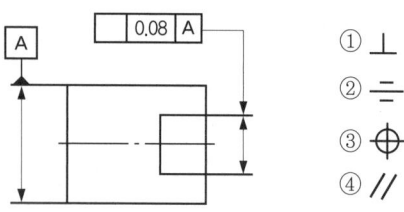

> 데이텀 A에 대해 대칭도가 되어야 한다.

23 표면거칠기 지시방법에서 '제거가공을 허용하지 않는다'는 것을 지시하는 것은?

- ㉮ : 제거가공을 해도 하지 않아도 무방하다.
- ㉯ : 제거가공을 허용하지 않는다.
- ㉰ : 수치만큼 가공해야 한다.

24 기계제도에서 최대 실체공차 방식의 기호는?

① Ⓝ ② Ⓛ
③ Ⓜ ④ Ⓟ

㉯ : 최대 실체공차 방식, ㉰ : 돌출 공차역

25 제 3각법으로 투상된 그림과 같은 투상도에서 평면도로 가장 적합한 것은?

26 절삭 유제의 특징에 해당하지 않는 것은?

① 공구수명을 감소시키고, 절삭성능을 높여준다.
② 공구와 칩 사이의 마찰을 감소시킨다.
③ 절삭열을 냉각시킨다.
④ 칩을 씻어주고 절삭부를 깨끗이 닦아 절삭작용을 한다.

절삭 유제는 공구의 수명을 좋게 하고, 절삭능률을 높여준다.

27 공작기계가 갖춰야할 구비조건으로 틀린 것은?

① 높은 정밀도를 가질 것
② 가공능력이 클 것
③ 내구력이 작을 것
④ 기계효율이 좋을 것

내구력이 커야 한다.

28 다음 끼워맞춤에서 요철틈새 0.1mm를 측정할 경우 가장 적당한 것은?

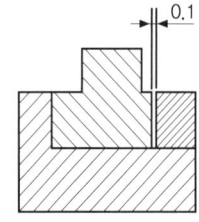

① 내경 마이크로미터
② 다이얼게이지
③ 버니어 캘리퍼스
④ 틈새게이지

두 부품을 조립상태에서 측정해야 하기 때문에 틈새게이지로 측정가능하다.

29 주로 일감의 평면을 가공하며, 기둥의 수에 따라 쌍주식과 단주식으로 구분하는 공작 기계는?

① 셰이퍼
② 슬로터
③ 플레이너
④ 브로칭 머신

플레이너(급속귀환운동)는 기둥 수에 따라 쌍주식과 단주식으로 구분한다.

30 자동 모방장치를 이용하여 모형이나 형판을 따라 절삭하는 선반은?

① 모방선반 ② 공구선반
③ 정면선반 ④ 터릿선반

- 공구선반 : 정밀한 보통 선반으로 테이퍼 절삭장치, 릴리빙 장치 등의 부속 장치가 있다.
- 정면선반 : 길이가 짧고 지름이 큰 공작물 절삭에 사용한다.
- 터릿선반 : 심압대 대신 터릿을 설치하여 절삭공구를 공정 순서대로 고정하여 작업하는 선반이다.

31 다음 중 공작물에 암나사를 가공하는 작업은?

① 보링 작업
② 탭 작업
③ 리머 작업
④ 다이스 작업

- 탭 작업 : 암나사 가공 작업
- 다이스 작업 : 수나사 가공 작업

32 일반적으로 구성인선 방지대책으로 적절하지 않은 방법은?

① 절삭 깊이를 깊게 할 것
② 경사각을 크게 할 것
③ 윤활성이 좋은 절삭 유제를 사용할 것
④ 절삭속도를 크게 할 것

절삭 깊이를 적게하여야 한다.

33 호닝(honing)에서 교차각(α)이 몇 도 일 때 다듬질량이 가장 큰가?

① 10° ~ 15°
② 23° ~ 35°
③ 40° ~ 50°
④ 55° ~ 65°

교차각이 40~50° 일 때 다듬질량이 많다.

34 선반 가공에서 가늘고 긴 가공물을 절삭할 때 사용하는 부속 장치는?

① 돌리개   ② 방진구
③ 콜릿 척   ④ 돌림판

35 절삭 저항을 변화시키는 요소에 대한 설명으로 올바른 것은 〈보기〉에서 모두 고른 것은?

[보기]
ㄱ. 절삭 면적이 커지면 절삭 저항은 감소한다.
ㄴ. 절삭 속도가 증가하면 절삭 저항은 감소한다.
ㄷ. 윗면 경사작이 감소하면 절삭 저항은 감소한다.
ㄹ. 연한 재질의 일감보다는 단단한 재질일수록 절삭 저항이 커진다.

① ㄱ, ㄷ   ② ㄴ, ㄹ
③ ㄱ, ㄴ, ㄷ   ④ ㄴ, ㄷ, ㄹ

36 밀링 작업에서 하향 절삭과 비교한 상향 절삭의 특징으로 올바른 것은?

① 절삭력이 상향으로 작용하여 고정이 불리하다.
② 가공할 때 충격이 있어 높은 강성이 필요하다.
③ 절삭날의 마멸이 적고 공구수명이 길다.
④ 백래시를 제거하여야 한다.

37 기어 가공시 잇수 분할에 사용되는 밀링 부속장치는?

① 수직축 장치
② 분할대
③ 회전 테이블
④ 래크 절삭장치

분할작업은 분할대에서 하며, 분할작업의 종류로는 직접분할, 단식분할, 차동분할이 있다.

38 절삭 공구의 구비 조건으로 틀린 것은?

① 충격에 견딜 수 있는 강인성이 있을 것
② 고온에서도 경도가 감소하지 않을 것
③ 인장강도와 내마모성이 작을 것
④ 쉽게 원하는 모양으로 제작이 가능할 것

절삭 공구는 인장강도와 내마모성이 커야 한다.

39 다음과 같은 숫돌바퀴의 표시에서 숫돌입자의 종류를 표시한 것은?

```
WA 60 K m V
```

① 60
② m
③ WA
④ V

🔍 WA : 입자의 종류, 60 : 입도, K : 결합도, m : 조직, V : 결합제

40 일반적으로 밀링머신에서 사용하는 테이블 이송과 커터 1회전 당 이송으로 가장 적합한 것은?

① mm/min, mm/rev
② mm/min, mm/stroke
③ mm/min, mm/sec
④ mm/sec, mm/stroke

🔍 • 테이블의 이송속도(mm/min) $F = f_z \times z \times n$ (f_z : 1날당 이송량, z : 날수, n : 회전수)
• 커터 1회전 당 이송(mm/rev)

41 피측정물을 양 센터에 지지하고, 360° 회전시켜 다이얼 게이지의 최대값과 최소값의 차이로서 진원도를 측정하는 것은?

① 직경법
② 반경법
③ 3점법
④ 센터법

42 회전하는 원형 테이블에 작은 공작물을 여러 개 올려 놓고 동시에 연삭할 때 주로 사용하는 평면 연삭 방식은?

① 수평 평면 연삭
② 수직 평면 연삭
③ 플런지 컷형
④ 회전 테이블 연삭

43 다음과 같은 CNC선반의 평행 나사절삭 프로그램에서 F2.0의 설명으로 맞는 것은?

```
G92 X48.7 Z-25. F2.0 ;
    X48.2 ;
```

① 나사의 높이 2mm
② 나사의 리드 2mm
③ 나사의 피치 2mm
④ 나사의 줄 수 2줄

🔍 G92 X_ Z_ F_ ;
• X, Z : 나사가공 끝점 좌표
• R : 테이퍼 나사 절삭 시 테이퍼 시작점 X좌표와 테이퍼 끝점 X좌표의 차이값(반경지령)
• F : 나사의 리드

44 인서트의 크기는 절삭이 가능한 범위 내에서 최소의 크기로 하는데 최대 절삭깊이는 인선길이의 얼마 정도로 유지하는 것이 좋은가?

① 1/2
② 1/3
③ 1/4
④ 1/5

🔍 최대 절삭깊이는 인선길이의 1/2 정도로 한다.

45 CNC선반 프로그램에서 주축회전수(rpm) 일정제어 G 코드는?

① G96
② G97
③ G98
④ G99

🔍 • G96 : 주속일정제어
• G97 : 주축회전수 일정제어

46 CNC공작기계가 가지고 있는 M(보조기능)기능이 아닌 것은?

① 스핀들 정, 역회전 기능
② 절삭유 on, off 기능
③ 절삭속도 선택기능
④ 프로그램의 선택적 정지기능

- M03, 04 : 주축정회전 역회전
- M08, 09 : 절삭유 ON, OFF
- M01 : 선택프로그램 정지
- G96 : 주속일정제어
- G97 : 주축회전수 일정제어

47 CAD/CAM 시스템에서 입력장치에 해당되는 것은?

① 프린터
② 플로터
③ 모니터
④ 스캐너

- 입력장치 : 키보드, 마우스, 태블릿, 디지타이저, 스캐너, 조이스틱, 라이트 펜 등
- 출력장치 : 플로터, 프린터, 모니터(CRT, LCD), 빔 프로젝트, 하드카피장치 등

48 CNC선반작업 중 측정기 및 공구를 사용할 때 안전사항이 틀린 것은?

① 공구는 항상 기계 위에 올려놓고 정리정돈하며 사용한다.
② 측정기는 서로 겹쳐 놓지 않는다.
③ 측정 전 측정기가 맞는지 0점 셋팅(setting)한다.
④ 측정을 할 때는 반드시 기계를 정지한다.

공구는 기계 위에 올려놓지 않고 공구상자에 놓아둔다.

49 CNC공작기계 작동 중 이상이 생겼을 때 취할 행동과 거리가 먼 것은?

① 프로그램에 문제가 없는가 점검한다.
② 비상정지 버튼을 누른다.
③ 주변상태(온도, 습도, 먼지, 노이즈)를 점검한다.
④ 일단 파라미터를 지운다.

파라미터는 작업자가 변경하거나 삭제하면 안된다.

50 선반작업에서 공작물의 가공 길이가 240mm이고, 공작물의 회전수가 1200rpm, 이송속도가 0.2 mm/rev일 때 1회 가공에 필요한 시간은 몇 분(min)인가?

① 0.2
② 0.5
③ 1.0
④ 2.0

가공시간 $T = \dfrac{l}{n \times f} = \dfrac{240}{1200 \times 0.2} = 1\,\text{min}$

51 CNC선반의 준비기능은 한번 지령 후 계속 유효한 기능과 1회 유효한 기능으로 나누어진다. 다음 중 계속 유효한 모달(Modal) G코드는?

① G01
② G04
③ G28
④ G30

G04(일시정지), G28(자동원점복귀), G30(제 2원점 복귀) 등이 대표적인 One shot G코드이다.

52 CNC선반에서 점 B에서 점 C까지 가공하는 프로그램을 올바르게 작성한 것은?

① G02 U10. W-5. R5. ;
② G02 X10. Z-5. R5. ;
③ G03 U10. W-5. R5. ;
④ G03 X10. Z-5. R5. ;

53 선반 작업의 안전 사항에 대한 내용 중 틀린 것은?

① 작업 중 칩의 처리는 기계를 멈추고 한다.
② 절삭공구는 될 수 있으면 길게 설치한다.
③ 면장갑을 끼고 작업해서는 안 된다.
④ 회전 중 속도를 변경할 때는 주축이 정지한 다음 변경한다.

🔍 절삭공구는 될 수 있으면 짧게 설치한다.

54 서보기구 중 가장 널리 사용되는 다음과 같은 제어 방식은?

① 반폐쇄회로 방식
② 하이브리드 서보 방식
③ 개방회로 방식
④ 폐쇄회로 방식

🔍 반폐쇄회로 방식(Semi-Closed Loop System)은 속도검출기와 위치 검출기를 서보모터에 연결하여 피드백 장치를 구성하는 방식이다.

55 CNC선반에서 G71로 황삭가공한 후 정삭가공하려면 G코드는 무엇을 사용해야 하는가?

① G70
② G72
③ G74
④ G76

🔍
• G70 : 정삭 싸이클
• G71 : 내·외경 황삭 싸이클
• G72 : 단면황삭 싸이클
• G74 : 단면홈가공 싸이클
• G76 : 자동나사가공 싸이클

56 CNC 공작기계에 대한 기계좌표계의 설명으로 올바른 것은?

① 자동 실행 중 블록의 나머지 이동거리를 표시해 준다.
② 일시적으로 좌표를 0(zero)으로 설정할 때 사용한다.
③ 전원 투입 후 기계 원점 복귀시 이루어진다.
④ 프로그램 작성자가 임의로 정할 수 있다.

🔍 전원 투입 후 기계 원점 복귀시 이루어진다.

57 다음 중 CNC선반에서 증분지령(incremental)으로만 프로그래밍한 것은?

① G01 X20. Z-20. ;
② G01 U20. W-20. ;
③ G01 X20. W-20. ;
④ G01 U20. Z-20. ;

58 컴퓨터에 의한 통합 생산 시스템으로 설계, 제조, 생산, 관리 등을 통합하여 운영하는 시스템은?

① CAM   ② FMS
③ DNC   ④ CIMS

🔍
• CAM : 생산계획 제품의 생산등을 컴퓨터를 통하여 제어하는 것
• FMS : 유연 생산시스템으로 지능화된 관리 시스템
• DNC : CNC 공작기계와 RS-232C 등의 통신회선으로 연결된 컴퓨터에서 송신한 가공프로그램으로 가공하고자 할 때 사용하는 모드
• CIMS : 설계에서부터 제조, 공정, 공급에 이르는 모든 과정을 컴퓨터로 통합화하는 것

59 다음은 머시닝센터에서 프로그램에 의한 보정량 입력을 나타낸 것이다. 설명으로 올바른 것은?

```
G10 P____R____;
```

① P : 보정번호 R : 공구번호
② P : 보정번호 R : 보정량
③ P : 공구번호 R : 보정번호
④ P : 보정량 R : 보정취소

60 CNC선반에서 지령값 X를 Ø50mm로 가공한 후 측정한 결과 Ø49.97mm 이었다. 기존의 X축 보정 값이 0.005 이라면 보정값을 얼마로 수정해야 하는가?

① 0.035　　② 0.135
③ 0.025　　④ 0.125

> 수정 보정값 = (지령값 − 측정값) + 기존 보정값 = (50 − 49.97) + 0.005 = 0.035

정답 CBT 대비 적중모의고사 – 제3회

01 ④	02 ③	03 ③	04 ④	05 ②
06 ②	07 ②	08 ①	09 ②	10 ②
11 ④	12 ③	13 ①	14 ①	15 ②
16 ③	17 ①	18 ②	19 ④	20 ②
21 ②	22 ②	23 ②	24 ③	25 ②
26 ①	27 ③	28 ④	29 ③	30 ①
31 ②	32 ①	33 ③	34 ②	35 ②
36 ①	37 ②	38 ③	39 ③	40 ①
41 ②	42 ④	43 ②	44 ①	45 ②
46 ③	47 ④	48 ①	49 ④	50 ③
51 ①	52 ①	53 ②	54 ①	55 ①
56 ③	57 ②	58 ④	59 ②	60 ①

제4회 CBT 대비 적중모의고사

01 담금질 응력제거, 치수의 경년변화 방지, 내마모성 향상 등을 목적으로 100~200℃에서 마텐자이트 조직을 얻도록 조작을 하는 열처리 방법은?

① 저온뜨임
② 고온뜨임
③ 항온풀림
④ 저온 풀림

02 복합 재료 중에서 섬유 강화재료에 속하지 않는 것은?

① 섬유강화 플라스틱
② 섬유강화 금속
③ 섬유강화 시멘트
④ 섬유강화 고무

🔍 복합재료란 몇 가지의 소재를 조합시켜 만든 재료를 말하며, 그 중 섬유강화 재료는 섬유강화 플라스틱(FRP), 섬유강화 금속(FRM), 섬유강화 시멘트, 섬유강화 세라믹스(FRC) 등이 있다.

03 강재의 KS 규격 기호 중 틀린 것은?

① SKH – 고속도 공구강 강재
② SM – 기계 구조용 탄소 강재
③ SS – 일반 구조용 압연 강재
④ STS – 탄소 공구강 강재

🔍 STS – 합금 공구강 강재

04 구리의 원자기호와 비중과의 관계가 옳은 것은?(단, 비중은 20℃, 무산소동이다.)

① Al – 6.86
② Ag – 6.96
③ Mg – 9.86
④ Cu – 8.96

🔍 Al – 2.69, Ag – 10.5, Mg – 1.740이며, Au – 19.3, Pb – 11.34, Fe – 7.86 등이다.

05 인장강도가 255~340MPa로 Ca-Si 나 Fe-Si 등의 접종제로 접종 처리한 것으로 바탕조직은 펄라이트이며 내마멸성이 요구되는 공작기계의 안내면이나 강도를 요하는 기관의 실린더 등에 사용되는 주철은?

① 칠드 주철
② 미하나이트 주철
③ 흑심가단 주철
④ 구상흑연 주철

🔍 • 칠드 주철 : 보통 주철보다 규소의 함유량을 적게 하고, 적당량의 망간을 첨가하여 표면은 단단하고 내부는 강인한 성질의 회주철이 되는 주철로 냉경 주철이라고도 한다.
• 흑심가단 주철 : 저탄소, 저규소의 백주철을 풀림 상자 속에서 열처리 하여 시멘타이트를 분해시켜 흑연을 입상으로 석출시킨 것으로, 고강도 부품, 커넥팅 로드 유니버설 조인트, 요크(yoke) 등에 쓰인다.
• 구상흑연 주철 : 열처리에 의해 조직을 개선하거나, 니켈, 크로뮴, 몰리브덴, 구리 등을 첨가하여 강도, 내마멸성, 내열성, 내식성 등을 향상시켜, 크랭크 축, 캠축, 브레이크 드럼 등에 사용된다.

06 탄소 공구강의 구비 조건으로 틀린 것은?

① 내마모성이 클 것
② 가공 및 열처리성이 양호할 것
③ 저온에서의 경도가 클 것
④ 강인성 및 내충격성이 우수할 것

🔍 탄소 공구강은 고온에서도 경도가 커야 한다.

07 황동은 어떤 원소의 2원 합금인가?

① 구리와 주석
② 구리와 망간
③ 구리와 납
④ 구리와 아연

08 볼트를 결합시킬 때 너트를 2회전하면 축 방향으로 10mm, 나사산 수는 4산이 진행한다. 이와 같은 나사의 조건은?

① 피치 2.5mm, 리드 5mm
② 피치 5mm, 리드 5mm
③ 피치 5mm, 리드 10mm
④ 피치 2.5mm, 리드 10mm

> 리드(L) = 줄수(n) × 피치(p)에서, 너트를 1회전 시 리드는 5mm가 되고, 나사산수는 2산이 진행하므로 5 = 2 × p에서 p = 2.5가 된다.

09 축 이음 중 두 축이 평행하고 각 속도의 변동 없이 토크를 전달하는 가장 적합한 것은?

① 올덤 커플링
② 플렉시블 커플링
③ 유니버설 커플링
④ 플랜지 커플링

> • 플렉시블 커플링 : 두 축이 동일 선상에 있는 것이 원칙이며, 두 축 사이에 약간의 상하 이동을 허용할 수 있는 축 이음
> • 유니버설 커플링 : 두 축의 중심선이 어느 각도로 교차되고 그 사이의 각도가 운전 중 다소 변하여도 자유로이 운동을 전달하는 축이음
> • 플랜지 커플링 : 플랜지를 축에 억지 끼워 맞춤하거나 키로 결합 후, 두 플랜지를 볼트로 체결한 것

10 나사의 끝을 이용하여 축에 바퀴를 고정시키거나 위치를 조정할 때 사용되는 나사는?

① 태핑 나사 ② 사각 나사
③ 볼 나사 ④ 멈춤 나사

11 다음 중 후크의 법칙에서 늘어난 길이를 구하는 공식은?(단, λ : 변형량, W : 인장하중, A : 단면적, E : 탄성계수, l : 길이이다.)

① $\lambda = \dfrac{Wl}{AE}$ ② $\lambda = \dfrac{AE}{W}$
③ $\lambda = \dfrac{AE}{Wl}$ ④ $\lambda = \dfrac{Al}{WE}$

$\sigma = \dfrac{W}{A}$, $\varepsilon = \dfrac{\lambda}{l}$, $E = \dfrac{\sigma}{\varepsilon}$ $\therefore E = \dfrac{\frac{W}{A}}{\frac{\lambda}{l}} = \dfrac{Wl}{A\lambda}$, $\lambda = \dfrac{Wl}{AE}$

12 직선운동을 회전운동으로 변환하거나, 회전운동을 직선운동으로 변환하는데 사용되는 기어는?

① 스퍼 기어
② 베벨 기어
③ 헬리컬 기어
④ 랙과 피니언

> • 스퍼 기어 : 직선 치형을 가지며 잇줄이 축에 평행하며 회전운동
> • 베벨 기어 : 교차하는 두 축의 운동을 전달하기
> • 헬리컬 기어 : 비틀림 치형을 가지며 잇줄이 축방향과 일치하지 않는 기어

13 기어, 풀리, 커플링 등의 회전체를 축에 고정시켜서 회전운동을 전달시키는 기계요소는?

① 나사   ② 리벳
③ 핀   ④ 키

> • 나사 : 볼트(수나사)와 너트(암나사)의 회전운동을 직선운동으로 변환하며 끼워맞춤을 하는 결합 요소
> • 리벳 : 강판, 형강 등을 영구적으로 결합하는 기계요소
> • 핀 : 2개 이상의 부품을 겹합시키는 데 사용하는 기계요소

14 엔드 저널로서 지름이 50mm인 전동축을 받치고 허용 최대 베어링 압력을 6N/mm², 저널길이를 80mm라 할 때 최대 베어링 하중은 몇 kN인가?

① 3.64kN ② 6.4kN
③ 24kN   ④ 30kN

> 베어링 하중(P) = 베어링 압력(Pa) × 지름(d) × 저널 길이(l)
> = 6 × 50 × 80 = 24,000[N] = 24[kN]

15 코일스프링의 전체 평균직경이 50mm, 소선의 직경이 6mm일 때 스프링 지수는 약 얼마인가?

① 1.4 ② 2.5
③ 4.3 ④ 8.3

스프링지수 (C)

$$C = \frac{D}{d} = \frac{50}{6} = 8.3$$

(D : 스프링 전체의 평균지름, d : 소선의 지름)

16 제3각법으로 나타낸 그림과 같은 투상도에 적합한 입체도는?

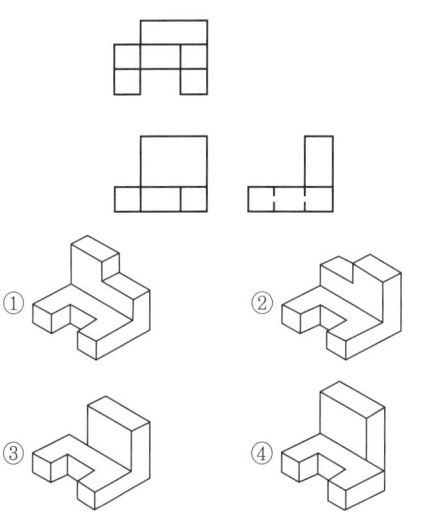

17 기준치수가 60, 최대허용치수가 59.96이고 치수공차가 0.02일 때 아래 치수 허용차는?

① -0.06　　② +0.06
③ -0.04　　④ +0.04

기준 60에 59.96은 위치수 허용차 -0.04이고, 치수 공차가 0.02이므로 아래 치수 허용차는 -0.06인 59.94가 된다.

18 제도 용지에서 A0 용지의 가로 길이 : 세로길이의 비와 그 면적으로 옳은 것은?

① $\sqrt{3}$: 1, 약 $1m^2$
② $\sqrt{2}$: 1, 약 $1m^2$
③ $\sqrt{3}$: 1, 약 $2m^2$
④ $\sqrt{2}$: 1, 약 $2m^2$

제도 용지의 가로와 세로의 비는 $\sqrt{2}$: 1이며, A열 A0의 넓이는 약 $1m^2$ 이다.

19 베어링 기호 "6203ZZ"에서 "ZZ" 부분이 의미하는 것은?

① 실드 기호
② 궤도륜 모양 기호
③ 정밀도 등급 기호
④ 레이디얼 내부 틈새 기호

62는 계열번호, 03은 안지름 번호이고, 실드 기호 중 Z는 한쪽 실드, ZZ는 양쪽 실드 기호이다.

20 기계 가공면을 모떼기 할 때 그림과 같이 "C5"라고 표시하였다. 어느 부분의 길이가 5인 것을 나타내는가?

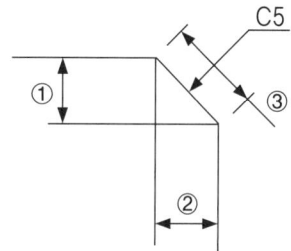

① ③이 5
② ①과②가 모두 5
③ ①+②가 5
④ ①+②+③이 5

C는 45°인 모떼기를 표시하고, 5는 그림의 ①과 ②가 모두 5임을 나타낸다.

21 스프로킷 휠의 도시방법 중 가는 1점 쇄선으로 그려야 할 곳은?

① 바깥지름
② 이뿌리원
③ 키홈
④ 피치원

바깥지름과 키 홈은 굵은 실선, 이골원(이뿌리원)은 가는 실선, 또는 굵은 파선이나 기입을 생략할 수도 있다.

22 조립 부품에 대한 치수허용차를 기입할 경우 다음 중 잘못 기입한 것은?

23 기계제도에서 가공 방법 기호와 그 관계가 서로 맞지 않는 것은?

① M – 밀링 가공　② V – 보링 가공
③ D – 드릴 가공　④ L – 선반 가공

🔍 보링 머신은 B이다.

24 세 줄 나사의 피치가 3mm일 때 리드는 얼마인가?

① 1mm　② 3mm
③ 6mm　④ 9mm

🔍 L=n×p=3×3=9

25 다음 중 용접구조용 압연강재에 속하는 재료 기호는?

① SM 35C　② SM 400C
③ SS 400　④ STKM 13C

🔍 ㉮ : 기계구조용탄소 강재, ㉯ : 일반 구조용 압연 강재, ㉰ : 기계구조용 탄소강관

26 내면 연삭기에서 내면 연삭 방식이 아닌 것은?

① 유성형　② 보통형
③ 고정형　④ 센터리스형

🔍 내면 연삭은 유성형(플래니터리형), 보통형(공작물 회전형), 센터리스형이 있다.

27 다음 중 공구재료의 구비조건 중 맞지 않는 것은?

① 마찰계수가 작을 것
② 높은 온도에서는 경도가 낮을 것
③ 내 마멸성이 클 것
④ 형상을 만들기 쉽고 가격이 저렴할 것

🔍 공구재료는 고온에서도 경도가 유지되어야 한다.

28 다음 중 정밀도가 가장 높은 가공면을 얻을 수 있는 가공법은?

① 호닝　② 래핑
③ 평삭　④ 브로칭

🔍 래핑은 분말 입자를 이용하여 표면을 거울면이 되도록 높은 가공면을 얻을 수 있다.

29 밀링에서 홈, 좁은 평면, 윤곽가공, 구멍가공 등에 적합한 공구는?

① 엔드밀　② 정면 커터
③ 메탈 소　④ 총형 커터

🔍 • 정면 커터 : 넓은 평면
• 메탈 소 : 공작물을 절단 또는 좁은 홈 가공
• 총형 커터 : 인벌류트 커터(기어 이와 이 사이 홈 가공 커터)와 같이 불규칙한 형상을 가공

30 선반작업에서 단면가공이 가능하도록 보통 센터의 원추형 부분을 축방향으로 반을 제거하여 제작한 센터는?

① 하프 센터　② 파이프 센터
③ 베어링 센터　④ 평 센터

🔍 • 파이프 센터 : 파이프와 같이 중공축인 공작물 지지에 사용
• 베어링 센터 : 센터 선단을 베어링으로 조립하여 고속으로 정밀 가공 시 센터 선단이 회전하며 마찰없이 사용가능
• 평 센터 : 공작물의 단면을 평면으로 지지할 수 있도록 제작한 센터

31 다음 중 연삭숫돌의 구성 3요소가 아닌 것은?

① 입자 ② 결합제
③ 형상 ④ 기공

32 구성인선(built-up edge)의 방지 대책으로 틀린 것은?

① 절삭 깊이를 작게 할 것
② 경사각을 크게 할 것
③ 윤활성이 좋은 절삭 유제를 사용할 것
④ 마찰계수가 큰 절삭공구를 사용할 것

🔍 마찰계수가 작고 고속으로 가공해야 방지할 수 있다.

33 선반에서 심압대에 고정하여 사용하는 것은?

① 바이트 ② 드릴
③ 이동형 방진구 ④ 면판

🔍
• 바이트 : 공구대에 고정
• 이동형 방진구 : 왕복대 새들에 고정
• 면판 : 주축 선단에 고정

34 대형이며 중량의 가공물의 강력한 중절삭에 가장 적합한 밀링 머신은?

① 만능 밀링 머신
② 수직 밀링 머신
③ 플레이너형 밀링 머신
④ 공구 밀링 머신

35 단조나 주조품에 볼트 또는 너트를 체결할 때 접촉부가 밀착되게 하기 위하여 구멍 주위를 평탄하게 하는 가공 방법은?

① 스폿 페이싱 ② 카운터 싱킹
③ 카운터 보링 ④ 보링

🔍
• 카운터 싱킹 : 접시자리 파기라 하며 카운터 싱크라는 공구로 접시머리 나사의 머리부를 가공
• 카운터 보링 : 자리파기라 하며 카운터 보어를 이용하여 원추머리 볼트의 머리부를 가공
• 보링 : 보링 바를 이용하여 드릴 등에 의해 뚫린 구멍을 확대 가공하거나 정밀도를 높이는 작업

36 드릴에 대한 설명으로 틀린 것은?

① 표준 드릴의 날끝각은 120°이다.
② 웨브는 트위스트 드릴 홈 사이의 좁은 단면 부분이다.
③ 드릴의 지름이 13mm 이하인 것은 곧은 자루다.
④ 드릴의 몸통은 백 테이퍼(back taper)로 만든다.

🔍 표준 드릴의 날 끝각은 118°이다.

37 선반에서 주축의 회전수는 1000rpm 이고 외경 50mm 를 절삭할 때 절삭속도는 약 몇 m/min인가?

① 1.571 ② 15.71
③ 157.1 ④ 1571

🔍 $V = \dfrac{\pi dN}{1000} = \dfrac{3.14 \times 50 \times 1000}{1000} = 157 \,(\text{m/min})$

38 축보다 큰 링이 축에 걸쳐 회전하며 고속 주축에 급유를 균등하게 할 목적으로 사용하는 윤활제 급유법으로 가장 적합한 것은?

① 적하 급유
② 오일링 급유
③ 분무 급유
④ 핸드 급유

🔍
• 적하 급유 : 용기에 담긴 기름을 구멍, 밸브 등을 통하여 일정량씩 필요 부분에 기름을 떨어뜨리며 급유하는 방법으로 저속, 중속 축에 많이 사용
• 분무 급유 : 압축 공기를 스프레이로 분무하듯이 급유하며 내면 연삭, 고속 베어링 등에 사용
• 핸드 급유 : 오일 건 등을 통하여 베어링, 안내면의 윤활부에 연결된 급유구로 급유

39 밀링 작업에서 떨림(chattering)이 발생할 경우 나타나는 현상으로 틀린 것은?

① 공작물의 가공면을 거칠게 한다.
② 공구 수명을 단축시킨다.
③ 생산 능률을 저하시킨다.
④ 치수 정밀도를 향상시킨다.

🔍 떨림의 발생은 ㉮, ㉯, ㉰항과 함께 치수 정밀도를 저하시킨다.

40 측정 대상 부품은 측정기의 측정 축과 일직선 위에 놓여 있으면 측정 오차가 적어진다는 원리는?

① 월라스톤의 원리
② 아베의 원리
③ 아보트 부하곡선의 원리
④ 히스테리시스차의 원리

> 아베의 원리에 적합한 측정기는 외측 마이크로미터이고, 어긋난 측정기는 버니어 캘리퍼스이다.

41 다음 중 절삭가공 기계에 해당하지 않는 것은?

① 선반
② 밀링머신
③ 호빙머신
④ 프레스

42 부품 측정의 일반적인 사항을 설명한 것으로 틀린 것은?

① 제품의 평면도는 정반과 다이얼 게이지나 다이얼 테스트 인디케이터를 이용하여 측정할 수 있다.
② 제품의 진원도는 V블록 위나 암 센터 사이에 설치한 후 회전시켜 다이얼 테스트 인디케이터를 이용하여 측정할 수 있다.
③ 3차원 측정기는 몸체 및 스케일, 측정침, 구동장치, 컴퓨터 등으로 구성되어 있다.
④ 우연 오차는 측정기의 구조, 측정압력, 측정 온도 등에 의하여 생기는 오차이다.

> 우연 오차는 반복측정을 하더라도 불규칙적으로 나타나는 계통적 오차로 열잡음, 전기잡음, 기계진동 등에 의해 발생된다.

43 CNC선반에서 G99 명령을 사용하여 F0.15로 이송 지령한다. 이때, F 값의 설명으로 맞는 것은?

① 주축 1회전 당 0.15mm의 속도로 이송
② 주축 1회전 당 0.15m의 속도로 이송
③ 1분당 15mm의 속도로 이송
④ 1분당 15m의 속도로 이송

> G98 : 분당이송지령(mm/min), G99 : 회전당 이송지령(mm/rev)

44 다음 CNC 선반의 나사가공프로그램 (a), (b)에서 F2.0은 무엇을 지령한 것인가?

```
(a) G90 X29.3 Z-26.0 F2.0 ;
(b) G76 X27.62 Z-26.0 K1.19 D350
    F2.0 A60 ;
```

① 첫번째 절입량
② 나사부 반경치
③ 나사산의 높이
④ 나사의 리드

45 머시닝센터에서 M10×1.5의 탭 가공을 위하여 주축 회전수를 200rpm으로 지령할 경우 탭 사이클의 이송 속도로 맞는 것은?

① F300
② F250
③ F200
④ F150

> 탭 가공을 위한 이송속도는 탭의 1회전당 이송속도가 탭의 리드와 동일하여야하므로 FREV는 1.5mm/rev이면 된다. 주축회전수(N)는 200rpm, 나사의 (l)는 1.5l이므로 이송속도 F = FREV × N = 1.5 × 200 = 300mm/min 이다.

46 다음 중 명령된 블록에 한해서만 유효한 1회 유효 G-코드(One shot G-code)는?

① G90
② G40
③ G04
④ G01

> G04(일시정지), G28(자동원점복귀), G30(제 2원점 복귀) 등이 대표적인 One shot G코드이다.

47 서보 기구에서 위치와 속도의 검출을 서보 모터에 내장된 엔코더(encoder)에 의해서 검출하는 그림과 같은 방식은?

① 반폐쇄 회로 방식
② 개방 회로 방식
③ 폐쇄 회로 방식
④ 반개방 회로 방식

반폐쇄회로 방식(Semi-Closed Loop System)은 속도검출기와 위치 검출기를 서보모터에 연결하여 피드백 장치를 구성하는 방식이다.

I, J는 원호시작점에서 중심점까지 X, Y축 방향에 대한 각각의 증분좌표값(벡터값)을 나타낸다.

48 다음 그림에서 B → A로 절삭할 때의 CNC선반 프로그램으로 맞는 것은?

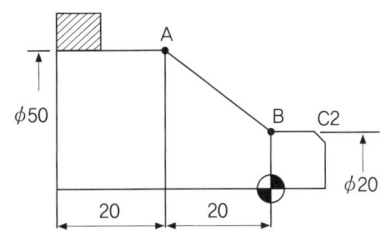

① G01 U30. W-20. ;
② G01 X50. Z20. ;
③ G01 U50. Z-20. ;
④ G01 U30. W20. ;

B→A 경로는 절대지령 증분지령 혼합지령의 방식으로 각각 다음과 같이 작성할 수 있다.
- 절대지령 : G01 X50. Z-20 ;
- 증분지령 : G01 U30. W-20 ;
- 혼합지령 : G01 X50. W-20 ;
  G01 U30. Z-20. ;

49 CAD/CAM 시스템에서 입력 장치로 볼 수 없는 것은?

① 키보드(keyboard)
② 스캐너(scanner)
③ CRT 디스플레이
④ 3차원 측정기

- 입력장치 : 키보드, 마우스, 태블릿, 디지타이저, 스캐너, 조이스틱, 라이트 펜 등
- 출력장치 : 플로터, 프린터, 모니터(CRT, LCD), 빔 프로젝트, 하드카피장치 등

50 머시닝센터에서 원호 보간시 사용되는 I, J의 의미로 올바른 것은?

① I는 Y축 보간에 사용된다.
② J는 X축 보간에 사용된다.
③ 원호의 시작점에서 원호 끝까지의 벡터 값이다.
④ 원호의 시작점에서 원호 중심까지의 벡터 값이다.

51 CNC공작기계 작업시 안전 사항 중 틀린 것은?

① 전원은 순서대로 공급하고 차단한다.
② 칩 제거는 기계를 정지 후에 한다.
③ CNC방전 가공기에서 작업시 가공액을 채운 후 작업을 한다.
④ 작업을 빨리하기 위하여 안전문을 열고 작업한다.

안전문을 열고 작업하는 것은 칩이 비산되어 매우 위험하다.

52 선반작업에서 안전 및 유의사항에 대한 설명으로 틀린 것은?

① 일감을 측정할 때는 주축을 정지시킨다.
② 바이트를 연삭할 때는 보안경을 착용한다.
③ 홈 바이트는 가능한 길게 고정한다.
④ 바이트는 주축을 정지시킨 다음 설치한다.

바이트는 가능한 짧게 장착하여야만 떨림을 최소화하여 안정된 가공을 수행할 수 있다.

53 다음 CNC선반 프로그램에서 지름이 30mm인 지점에서의 주축 회전수는 몇 rpm인가?

```
G50 X100. Z100. S1500 T0100 ;
G96 S160 M03 ;
G00 X30. Z3. T0303 ;
```

① 1698 ② 1500
③ 1000 ④ 160

$V = \dfrac{\pi d N}{1000}$, V=160, d=30mm

$\therefore N = \dfrac{1000V}{\pi d} = \dfrac{1000 \times 160}{3.14 \times 30} = 1698.5$(rpm)

그러나 G50으로 지령된 주축최고회전수가 1500rpm이므로 지름 30mm 지점에서의 주축회전수는 1698rpm이 아니라 1500rpm이다.

54 CNC선반에서 일감의 외경을 지령치 X55.0으로 가공한 후 측정한 결과 Ø54.96이었다. 기존의 X축 보정값을 0.004라고 하면 보정값을 얼마로 수정해야 하는가?

① 0.036
② 0.044
③ 0.04
④ 0.08

> 수정 보정값 = (지령값-측정값)+기존 보정값 = (55-54.96)+0.004 = 0.044

55 CNC공작기계에서 일시적으로 운전을 중지하고자 할 때 보조 기능, 주축 기능, 공구 기능은 그대로 수행되면서 프로그램 진행이 중지되는 버튼은?

① 사이클 스타트(cycle start)
② 취소(cancel)
③ 머신 레디(machine ready)
④ 이송 정지(feed hold)

> • Cycle start(자동개시) : 자동(Auto), 반자동(MDI), DNC모드에서 프로그램을 실행하는 조작버튼
> • Cancel : 프로그램이나 data를 입력 및 수정하고자 할 때, 입력하고자 하는 값을 취소하고자 할 때 사용
> • Machine Ready : 기계작동을 위하여 기계를 준비시키는 조작버튼
> • Feed Hold : 자동가공 중에 일시적으로 운전을 중지하고자 할 때, 이송만을 정지시키는 조작버튼

56 간단한 프로그램을 편집과 동시에 시험적으로 실행할 때 사용하는 모드 선택 스위치는?

① 반자동 운전(MDI)
② 자동운전(AUTO)
③ 수동 이송(JOG)
④ DNC 운전

> • MDI : Manual Data Input, 반자동모드라고도 하며 한 두 블록의 짧은 프로그램을 입력하고 바로 실행할 수 있는 모드로서 프로그램에 의한 간단한 기계조작이나 시험전 실행 시에 사용
> • AUTO : 작성된 프로그램을 자동운전할 때 사용하는 모드
> • JOG : JOG 버튼으로 공구를 수동으로 이송시키는 모드
> • DNC : CNC 공작기계와 RS-232C 등의 통신회선으로 연결된 컴퓨터에서 송신한 가공 프로그램으로 가공하고자 할 때 사용하는 모드
> • EDIT : 프로그램을 수정하거나 신규로 작성하는 모드

57 머시닝센터에서 공구지름 보정취소와 공구길이 보정취소를 의미하는 준비기능으로 맞는 것은?

① G40, G49
② G41, G49
③ G40, G43
④ G41, G80

> G40 : 공구지름 보정 취소, G41 : 공구지름 보정 왼쪽, G42 : 공구지름 보정 오른쪽, G53 : 공구길이 보정(+), G44 : 공구길이 보정(-), G49 : 공구길이보정 취소

58 다음의 보조 기능(M 기능) 중 주축의 회전 반향과 관계되는 것은?

① M02
② M04
③ M08
④ M09

> M02 : 프로그램 종료, M03 : 주축 정회전, M04 : 주축 역회전, M05 : 주축정지, M08 : 절삭유 ON, M09 : 절삭유 OFF

59 CNC선반의 단일형 고정 사이클(G90)에서 테이퍼(기울기)값을 지령하는 어드레스(Address)는?

① O
② P
③ Q
④ R

60 일반적으로 CNC선반에서 절삭동력이 전달되는 스핀들 축으로 주축과 평행한 축은?

① X축
② Y축
③ Z축
④ A축

> 대부분의 CNC 공작기계는 절삭동력이 전달되는 스핀들 축과 평행한 축을 Z축으로 규정하고 있다.

정답 CBT 대비 적중모의고사 – 제4회

01 ①	02 ④	03 ④	04 ④	05 ②
06 ③	07 ④	08 ①	09 ①	10 ④
11 ①	12 ④	13 ④	14 ③	15 ④
16 ③	17 ①	18 ②	19 ①	20 ②
21 ④	22 ①	23 ②	24 ④	25 ②
26 ③	27 ②	28 ②	29 ①	30 ①
31 ③	32 ④	33 ②	34 ③	35 ①
36 ①	37 ③	38 ②	39 ④	40 ②
41 ④	42 ①	43 ①	44 ②	45 ①
46 ③	47 ①	48 ①	49 ③	50 ④
51 ④	52 ③	53 ②	54 ④	55 ④
56 ①	57 ①	58 ②	59 ④	60 ③

제5회 CBT 대비 적중모의고사

01 주철의 성장원인이 아닌 것은?
① 흡수한 가스에 의한 팽창
② Fe₃C의 흑연화에 의한 팽창
③ 고용 원소인 Sn의 산화에 의한 팽창
④ 불균일한 가열에 의해 생기는 파열 팽창

> 주철의 성장원인
> • Fe₃C의 흑연화에 의한 팽창
> • A₁변태점 이상에서 체적의 변화
> • 페라이트 중의 규소(Si)의 산화에 의한 팽창
> • 불균일한 가열에 생기는 균열에 의한 팽창
> • 흡수한 가스에 의한 팽창

02 강을 절삭할 때 쇳밥(chip)을 잘게 하고 피삭성을 좋게 하기 위해 황, 납 등의 특수원소를 첨가하는 강은?
① 레일강　　② 쾌삭강
③ 다이스강　④ 스테인레스강

> 쾌삭강 : 강의 피삭성을 증가시켜 절삭가공을 쉽게 하기 위하여 S, Pb 등을 첨가한 강

03 일반적으로 경금속과 중금속을 구분하는 비중의 경계는?
① 1.6　　② 2.6
③ 3.6　　④ 4.6

> 경금속과 중금속을 구분하는 경계는 비중 4.6으로 이보다 가벼운 금속 티탄(4.5), 알루미늄(2.7), 베릴륨(1.85), 마그네슘(1.74)은 경금속에 속하고, 백색주석(7.3) 회색주석(5.8)은 중금속에 해당된다.

04 열처리방법 중에서 표면경화법에 속하지 않는 것은?
① 침탄법　　　② 질화법
③ 고주파경화법　④ 항온열처리법

> 항온열처리는 강을 가열 후 냉각시킬 때 냉각 도중 일정한 온도에서 열처리하는 방법이다.

05 황동의 자연균열 방지책이 아닌 것은?
① 온도 180~260℃에서 응력제거 풀림처리
② 도료나 안료를 이용하여 표면처리
③ Zn 도금으로 표면처리
④ 물에 침전처리

06 열경화성 수지가 아닌 것은?
① 아크릴수지
② 멜라민수지
③ 페놀수지
④ 규소수지

> 아크릴수지는 열가소성 수지에 속한다.

07 알루미늄의 특성에 대한 설명 중 틀린 것은?
① 내식성이 좋다.
② 열전도성이 좋다.
③ 순도가 높을수록 강하다.
④ 가볍고 전연성이 우수하다.

> 순도가 높을수록 약하다.

08 스프링을 사용하는 목적이 아닌 것은?
① 힘 축적　　② 진동 흡수
③ 동력 전달　④ 충격 완화

> 스프링은 동력전달과는 무관하다.

09 저널 베어링에서 저널의 지름이 30mm, 길이가 40mm, 베어링의 하중이 2400N일 때 베어링의 압력 [N/mm²]은?

① 1 ② 2
③ 3 ④ 4

🔍 $P = \dfrac{W}{A} = \dfrac{2400}{30 \times 40} = 2\text{N/mm}^2$ (P : 압력, W : 하중, A : 단면적)
※ 베어링 압력을 구할 때 단면적은 투영면적으로 계산한다.

10 축에 키 홈을 파지 않고 축과 키 사이의 마찰력만으로 회전력을 전달하는 키는?

① 새들 키
② 성크 키
③ 반달 키
④ 둥근 키

🔍 안장 키(saddle key) : 축은 키홈을 절삭치 않고 보스에만 홈을 파서 사용하며, 극 경하중용으로 마찰력으로 고정시킨다.

11 웜 기어에서 웜이 3줄이고 웜휠의 잇수가 60개일 때의 속도 비는?

① 1/10
② 1/20
③ 1/30
④ 1/60

🔍 속도비 $i = \dfrac{n_2}{n_1} = \dfrac{D_1}{D_2} = \dfrac{3}{60} = \dfrac{1}{20}$

12 시편의 표점거리가 40mm이고 지름이 15mm일 때 최대하중이 6kN에서 시편이 파단되었다면 연신율은 몇 %인가?(단, 연신된 길이는 10mm이다.)

① 10 ② 12.5
③ 25 ④ 30

🔍 세로변형률(ε) $= \dfrac{\lambda}{l} = \dfrac{l'-l}{l}$을 백분율로 표시한 것이 연신율이다.
∴ $\dfrac{l'-l}{l} \times 100 = \dfrac{50-40}{40} \times 100 = 25\%$

13 비틀림 모멘트를 받는 회전축으로 치수가 정밀하고 변형량이 적어 주로 공작기계의 주축에 사용하는 축은?

① 차축
② 스핀들
③ 플렉시블축
④ 크랭크축

🔍 스핀들 : 스핀들은 주로 비틀림 모멘트를 받으며 직접 일을 하는 회전축으로 치수가 정밀하며 변형량이 적다.

14 나사를 기능상으로 분류했을 때 나사에 속하지 않는 것은?

① 볼나사
② 관용나사
③ 둥근나사
④ 사다리꼴나사

🔍 산의 모양 : 볼나사, 삼각나사, 둥근나사, 사다리꼴나사, 톱니나사, 사각나사

15 부품의 위치결정 또는 고정 시에 사용되는 체결 요소가 아닌 것은?

① 핀(pin) ② 너트(nut)
③ 볼트(bolt) ④ 기어(gear)

🔍 기어는 동력전달용 기계요소이다.

16 기계제도에서 치수 기입 원칙에 관한 설명 중 틀린 것은?

① 기능, 제작, 조립 등을 고려하여 필요한 수치를 명료하게 도면에 기입한다.
② 치수는 되도록 주 투상도에 집중한다.
③ 치수 수치의 자리수가 많은 경우 3자리마다 "," 표시를 하여 자릿수를 명료하게 한다.
④ 길이의 치수는 원칙으로 mm 단위로 하고 단위 기호는 붙이지 않는다.

🔍 치수 수치의 자리수가 많은 경우, 3자리마다 숫자의 사이를 적당히 띄우고 콤마(,)는 사용하지 않는다.

17 아래와 같은 표면의 결 표시기호에서 가공 방법은?

① 밀링
② 면삭
③ 선삭
④ 줄다듬질

🔍 M : 밀링, G : 연삭, L : 선삭, FF : 줄다듬질

18 그림과 같은 입체도에서 화살표 방향 투상도로 가장 적합한 것은?

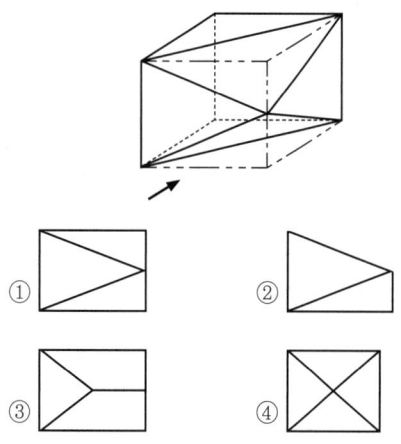

19 그림과 같은 도면에서 테이텀 표적 도시기호의 의미로 옳은 것은?

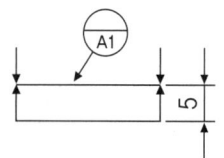

① 두 개의 X를 연결한 선의 데이텀 표적
② 두 개의 점 데이텀 표적
③ 두 개의 X를 연결한 선을 반지름으로 하는 원의 데이텀 표적
④ 10mm 높이의 직사각형 영역의 면 데이텀 표적

20 투상한 대상물의 일부를 파단한 경계 또는 일부를 떼어낸 경계를 표시하는데 사용하는 선은?

① 절단선　　　② 파단선
③ 가상선　　　④ 특수 지정선

🔍 파단선 : 투상한 대상물의 일부를 떼어낸 경계를 표시하는데 사용

21 그림과 같은 도면에서 대각선으로 교차한 가는 실선 부분은 무엇을 나타내는가?

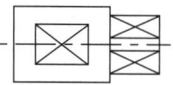

① 취급 시 주의 표시
② 다이아몬드 형상을 표시
③ 사각형 구멍 관통
④ 평면이란 것을 표시

🔍 대각선으로 교차한 가는 실선은 평면임을 나타낸다.

22 치수 공차 및 끼워 맞춤에 관한 용어 설명 중 틀린 것은?

① 허용한계 치수 : 형체의 실 치수가 그 사이에 들어가도록 정한 허용할 수 있는 대소 2개의 극한의 치수
② 기준 치수 : 위 치수 허용차 및 아래 치수 허용차를 적용하는데 따라 허용한계 치수가 주어지는 기준이 되는 치수
③ 공차 등급 : 치수공차 방식·끼워맞춤 방식으로 전체의 기준 치수에 대하여 동일 수준에 속하는 치수 공차의 한 그룹
④ 최대 실체 치수 : 형체의 실체가 최대가 되는 쪽의 허용 한계치수로서 내측 형체에 대해서는 최대허용치수, 외측 형체에 대해서는 최소허용치수를 의미

🔍 최대 실체 치수 : 형체의 실체가 최대가 되는 쪽의 허용 한계치수로서 내측 형체에 대해서는 최소허용 치수, 외측 형체에 대해서는 최대허용치수를 의미

23 나사의 각 부분을 표시하는 선에 관한 설명으로 맞는 것은?

① 수나사의 골지름과 암나사의 골지름은 굵은 실선으로 표시한다.
② 완전 나사부와 불완전 나사부의 경계는 가는 실선으로 표시 한다.
③ 나사의 골면에서 본 투상도에서는 나사의 골 밑은 굵은 실선으로 그린 원주의 3/4에 거의 같은 원의 일부로 표시한다.
④ 수나사의 바깥지금과 암나사의 안지름은 굵은 실선으로 표시한다.

> • 수나사, 암나사의 골지름은 가는 실선으로 도시
> • 완전나사부와 불완전 나사부의 경계는 굵은 실선
> • 나사의 골면에서 본 투상도에서는 나사의 골 밑은 가는 실선으로 그린 원주의 3/4에 거의 같은 원의 일부로 표시

24 보기와 같은 맞춤핀에서 호칭지름은 몇 mm 인가?

맞춤핀 KS B 1310 - 6 × 30 - A - St

① 13mm ② 6mm
③ 10mm ④ 30mm

> 명칭 규격 핀경 x 길이 등급 재질이므로 호칭지름은 6mm

25 그림과 같은 도면은 무슨 기어의 맞물리는 기어 간략도 인가?

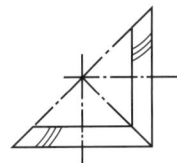

① 헬리컬 기어
② 베벨 기어
③ 웜 기어
④ 스파이럴 베벨 기어

26 나사의 유효지름 측정과 관계없는 것은?

① 삼침법 ② 피치게이지
③ 공구현미경 ④ 나사 마이크로미터

> 나사 유효지름 측정 : 삼침법, 공구현미경, 나사 마이크로미터

27 피복초경합금 공구의 재료가 아닌 것은?

① TiC ② Fe_2C
③ TiN ④ Al_2O_3

> 피복초경합금 공구의 재료 : TiC, TiN, Al_2O_3

28 선반을 이용하여 가공할 수 있는 가공의 종류와 거리가 먼 것은?

① 홈 가공 ② 단면 가공
③ 기어 가공 ④ 나사 가공

> 기어가공은 밀링, 호빙 머신을 이용한다.

29 다음 중 절삭유제의 사용목적이 아닌 것은?

① 공구인선을 냉각시킨다.
② 가공물을 냉각시킨다.
③ 공구의 마모를 크게 한다.
④ 칩을 씻어주고 절삭부를 닦아 준다.

30 밀링머신에서 생산성을 향상시키기 위한 절삭속도 선정 방법으로 올바른 것은?

① 추천 절삭속도 보다 약간 낮게 설정하는 것이 커터의 수명을 연장할 수 있어 좋다.
② 거친 절삭에서는 절삭속도를 빠르게, 이송을 빠르게, 절삭 깊이를 깊게 선정한다.
③ 다듬 절삭에서는 절삭속도를 느리게, 이송을 빠르게, 절삭 깊이를 얕게 선정한다.
④ 가공물의 재질은 절삭속도와 상관없다.

> 추천 절삭속도 보다 약간 낮게 설정하는 것이 커터의 수명을 연장할 수 있다.

31 연삭숫돌의 크기(규격)표시의 순서가 올바른 것은?

① 바깥지름 × 구멍지름 × 두께
② 두께 × 바깥지름 × 구멍지름
③ 구멍지름 × 바깥지름 × 두께
④ 바깥지름 × 두께 × 구멍지름

32 호닝에 대한 특징이 아닌 것은?

① 구멍에 대한 진원도, 진직도 및 표면 거칠기를 향상시킨다.
② 숫돌의 길이는 가공 구멍 길이의 1/2 이상으로 한다.
③ 혼은 회전 운동과 축방향 운동을 동시에 시킨다.
④ 치수 정밀도는 3~10㎛로 높일 수 있다.

🔍 숫돌의 길이는 가공 구멍 길이는 1/2 이하로 한다. 1/2 보다 크게 되면 공작물에 접촉되지 않는 곳이 있어 숫돌의 마모가 불균일하며 치수가 불량이 된다.

33 선반에서 구멍이 뚫린 일감의 바깥 원통면을 동심원으로 가공할 때 사용하는 부속품은?

① 방진구　　② 돌림판
③ 면판　　　④ 맨드릴

🔍 맨드릴(심봉) : 뚫린 구멍에 대해 외경을 동심원으로 가공

34 드릴을 재연삭할 경우 틀린 것은?

① 절삭날의 길이를 좌우 같게 한다.
② 절삭날의 여유각을 일감의 재질에 맞게 한다.
③ 절삭날의 중심선과 이루는 날끝 반각을 같게 한다.
④ 드릴의 날끝각 검사는 센터 게이지를 사용한다.

🔍 센터 게이지는 선반으로 나사를 깎을 때 나사절삭 바이트의 날끝각을 조사하거나 설치하는데 사용된다.

35 작업대 위에 설치해야 할 만큼의 소형선반으로 시계부품, 재봉틀 부품 등의 소형물을 주로 가공하는 선반은?

① 탁상선반　　② 정면선반
③ 터릿선반　　④ 공구선반

🔍 • 정면선반 : 길이가 짧고 지름이 큰 공작물 절삭에 사용
• 터릿선반 : 터릿이라 불리는 회전 공구대에 여러 공구를 공정에 맞춰 설치하여 간단하고 소형인 부품을 대량 생산
• 공구선반 : 절삭 공구의 여유면 등의 가공에 적합

36 지름이 250mm인 연삭숫돌로 지름 20mm인 일감을 연삭할 때 숫돌바퀴의 회전수는 얼마인가?(단, 숫돌바퀴 원주속도는 1800m/min)이다.

① 2575rpm
② 2363rpm
③ 2292rpm
④ 2124rpm

🔍 $V = \dfrac{\pi d N}{1000}$, $V = 1800$, $d = 250$

∴ $N = \dfrac{1000V}{\pi d} = \dfrac{1000 \times 1800}{3.14 \times 250} = 2292 \text{rpm}$

37 길이 측정에 사용되는 공구가 아닌 것은?

① 버니어 캘리퍼스
② 사인바
③ 마이크로미터
④ 측장기

🔍 사인바(Sine Bar)는 공작물품의 정확한 각도를 알아내는 데 사용하는 측정기이다.

38 탭의 종류 중 파이프 탭(pipe tap)으로 가능한 작업으로 적합하지 않은 것은?

① 오일 캡
② 리머의 가공
③ 가스 파이프 또는 파이프 이름
④ 기계 결합용 암나사 가공

🔍 파이프 탭(Pipe Tap) : 관에 나사를 내는 것이므로 리머 가공이 아니다.

39 밀링 머신의 부속장치가 아닌 것은?

① 면판
② 분할대
③ 슬로팅 장치
④ 래크 절삭장치

🔍 면판(Face Plate)은 선반 부속공구의 일종으로 큰 공작물이나 복잡한 형태의 공작물을 고정시킨다.

40 다음 중 구성인선(built-up edge)을 방지하기 위한 가공조건으로 틀린 것은?

① 절삭 깊이를 작게 할 것
② 경사각을 작게 할 것
③ 윤활성이 있는 절삭유제를 사용할 것
④ 절삭속도를 크게 할 것

🔍 경사각을 크게 해야 구성인선이 방지된다.

41 밀링 머신을 이용한 가공에서 상향 절삭과 비교하여 하향 절삭의 특징으로 틀린 것은?

① 공구 날의 마멸이 적고 수명이 길다.
② 절삭날 자리 간격이 깊고, 가공면이 거칠다.
③ 절삭된 칩이 가공된 면 위에 쌓이므로, 가공면을 잘 볼 수 있다.
④ 커터 날이 공작물을 누르며 절삭하므로 공작물 고정이 쉽다.

🔍 하향 절삭 시 절삭날 자리 간격이 짧고 가공면이 매끈하다.

42 특정한 모양이나 같은 치수의 제품을 대량 생산할 때 적합한 것으로 구조가 간단하고 조작이 편리한 공작기계는?

① 범용 공작기계 ② 전용 공작기계
③ 단능 공작기계 ④ 만능 공작기계

43 머시닝센터에서 프로그램에 의한 보정량을 입력할 수 있는 기능은?

① G33 ② G24
③ G10 ④ G04

🔍 G10은 데이터 설정 기능이다.

44 CNC선반 프로그램에서 막깎기 가공 사이클로 지정 후 다듬질 가공 사이클(G70)로 마무리하는 가공 사이클 기능이 아닌 것은?

① G71 ② G72
③ G73 ④ G74

🔍 • G71 : 바깥지름 황삭 사이클
• G72 : 단면 황삭 사이클
• G73 : 폐 Loof 절삭 사이클(주물 사이클)
• G74 : Peck drilling 사이클은 황삭, 정삭 개념이 없다.

45 CNC 프로그램에서 공구의 인선 반지름(R) 보정 기능이 가장 필요한 CNC 공작기계는?

① CNC 밀링
② CNC 선반
③ CNC 호빙머신
④ CNC 와이어 컷 방전가공기

🔍 CNC 선반
• G40 : 공구인선 반지름 보정 취소
• G41 : 공구인선 반지름 좌측 보정
• G41 : 공구인선 반지름 우측 보정

46 다음과 같은 CNC선반의 외경 가공용 프로그램에서 공구가 공작물의 외경 30mm 부위에 도달했을 때 주축 회전수는 약 몇 rpm인가?

```
G96 S180 M03 ;
```

① 1690
② 1910
③ 2000
④ 1540

🔍 $V = \dfrac{\pi dN}{1000}$, $V = 180$, $d = 30$

∴ $N = \dfrac{1000V}{\pi d} = \dfrac{1000 \times 180}{3.14 \times 30} = 1910\,rpm$

47 기계의 일상 점검 중 매일 점검에 가장 가까운 것은?

① 소음상태 점검
② 기계의 레벨점검
③ 기계의 정적정밀도 점검
④ 절연상태 점검

48 CNC선반에서 복합 반복 사이클(G71)로 거친 절삭면을 지령하려고 한다. 각 주소(address)의 설명으로 틀린 것은?

```
G71 U(△d) R(e) ;
G71 P(ns) Q(nf) U(△u) W(△w) F(f) ;
또는
G71 P(ns) Q(nf) U(△u) W(△w) D(△d) F(f) ;
```

① △u : X축 방향 다듬질 여유를 지름값으로 지정
② △w : Z축 방향 다듬질 여유
③ △d : Z축 1회 절입량을 지름값으로 지정
④ F : G71블록에서 지령된 이송속도

🔍 d : 1회 절삭량

49 머시닝센터에서 작업평면이 Y-Z평면일 때 지령되어야 할 코드는?

① G17　② G18
③ G19　④ G20

🔍 G17 : X-Y평면, G18 : Z-X평면, G19 : Y-Z평면, G20 : Inch 입력

50 CNC 프로그램에서 지령된 블록에서만 유효한 G코드(One shot G 코드)는?

① G00　② G04
③ G17　④ G41

🔍 G04(일시정지), G28(자동원점복귀), G30(제 2원점 복귀) 등이 대표적인 One shot G코드이다.

51 다음 그림에서 A(10, 20)에서 시계 방향으로 360° 원호가공을 하려고 할 때 맞게 명령한 것은?

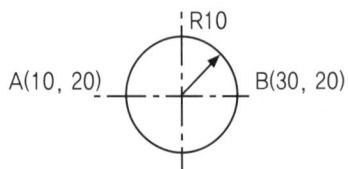

① G02, X10. R10. ;
② G03 X10. R10. ;
③ G02 I10. ;
④ G03 I10. ;

🔍 G02는 원호가공(CW)이고, G03은 원호가공(CCW)이며, I, J, K는 시작점에서 본 원호중심점의 벡터 성분이므로 A, B에서 원호가공하는 프로그램은 다음과 같다.
• A에서 시계방향 원호가공 G02 I10. ;
• A에서 반시계방향 원호가공 G03 I10. ;
• B에서 시계방향으로 원호가공 G02 J10. ;
• B에서 반시계방향으로 원호가공 G03 J10. ;

52 선반 작업시 일반적인 안전 수칙 중 잘못된 것은?

① 작업 중 일감이 튀어오지 않도록 확실히 고정시킨다.
② 작업 중 회전 공작물에 말려들지 않도록 복장을 단정하게 한다.
③ 절삭 가공을 할 때에는 반드시 보안경을 착용하여 눈을 보호한다.
④ 바이트는 가공시간의 절약을 위해 가공 중에 교환한다.

🔍 바이트는 반드시 가공을 멈추고 교환한다.

53 머시닝센터 작업시 안전 및 유의 사항으로 틀린 것은?

① 기계원점 복귀는 급속이송으로 한다.
② 가공하기 전에 공구경로 확인을 반드시 한다.
③ 공구 교환시 ATC의 작동 영역에 접근하지 않는다.
④ 항상 비상 정지 버튼을 작동시킬 수 있도록 준비한다.

🔍 기계원점 복귀는 급속이송은 위험하다.

54 절삭 공구재료로 사용되며 TiC를 주체로 하고 TiN, TiCN 등의 탄화물을 초미립화하여 소결시킨 합금은?

① 초경합금
② 세라믹(Ceramic)
③ 서멧(Cermet)
④ CBN(Cubic boron nitride)

55 CNC 프로그램에서 공구기능에 속하는 어드레스는?

① G ② F
③ T ④ M

> G : 준비기능, S : 주축기능, T : 공구기능, M : 보조기능

56 CNC 선반에서 공구 위치가 그림과 같을 때 좌표계 설정으로 올바른 것은?

① G50 X120. Z120. ;
② G50 X240. Z120. ;
③ G50 X120. Z240. ;
④ G54 X120. Z120. ;

> G50은 공구의 현재 위치를 원점으로부터의 좌표값으로 인식시켜서 공작물의 좌표계를 설정하는 기능이다.

57 DNC 시스템의 구성요소가 아닌 것은?

① CNC 공작기계
② 중앙 컴퓨터
③ 통신선
④ 플로터

> DNC시스템의 구성요소 : CNC 공작기계, 중앙 컴퓨터, 통신선

58 머시닝센터에서 가공물의 고정시간을 줄여 생산성을 높이기 위하여 부착하는 장치를 의미하는 약어는?

① FA
② ATC
③ FMS
④ APC

59 CNC 공작기계에서 작업을 수행하기 위한 제어방식이 아닌 것은?

① 윤곽절삭 제어 ② 평면절삭 제어
③ 직선절삭 제어 ④ 위치결정 제어

> CNC 공작기계의 제어방식에는 위치결정제어, 직선절삭제어, 윤곽절삭제어 등이 있다.

60 다음 보기에서 기능 취소를 나타내는 준비 기능을 모두 고른 것은?

| (A) G40 | (B) G70 | (C) G90 |
| (D) G28 | (E) G49 | (F) G80 |

① B, C, D ② A, C, E
③ B, D, F ④ A, E, F

> G40 : 공구경 보정 무시, G49 : 공구길이 보정 무시, G80 : 고정 싸이클 무시

정답 CBT 대비 적중모의고사 – 제5회

01 ③	02 ②	03 ④	04 ④	05 ④
06 ①	07 ③	08 ③	09 ②	10 ①
11 ②	12 ②	13 ②	14 ②	15 ④
16 ③	17 ①	18 ①	19 ①	20 ②
21 ④	22 ④	23 ②	24 ②	25 ②
26 ②	27 ②	28 ②	29 ②	30 ①
31 ④	32 ②	33 ②	34 ④	35 ①
36 ③	37 ②	38 ②	39 ①	40 ②
41 ②	42 ②	43 ③	44 ④	45 ②
46 ②	47 ①	48 ③	49 ③	50 ②
51 ③	52 ④	53 ①	54 ③	55 ③
56 ①	57 ④	58 ④	59 ②	60 ④

PART
04

Craftsman Computer Aided Milling

컴퓨터응용밀링기능사
기출문제

2014년 1회 기출문제

01 탄소강에 인(P)이 주는 영향이 아닌 것은?

① 연신율 증가
② 충격치 감소
③ 강도 및 경도 증가
④ 가공시 균열

> 탄소강에 인(P)은 강도 및 경도 증가, 연신율 감소, 상온취성의 원인이 된다.

02 60%Cu에 40%Zn을 첨가한 것으로 주로 열교환기, 파이프, 대포의 탄피에 쓰이는 황동 합금은?

① 톰백
② 네이벌 황동
③ 애드미럴티 황동
④ 문쯔 메탈

> 문쯔메탈(6·4황동)은 아연(Zn)을 40% 함유한 황동합금으로 인장 강도가 최대이며, 열간가공이 가능하다.

03 청동은 주석의 함유량이 몇 % 정도일 때 연신율이 최대가 되는가?

① 4~5%   ② 11~15%
③ 16~19%   ④ 20~22%

> Cu + Sn 4~5%일 때 연신율이 최대가 된다.

04 구상흑연주철에 영향을 미치는 주요 원소로 조합된 것으로 가장 적합한 것은?

① C, Mn, Al, S, Pb   ② C, Si, N, P, Cu
③ C, Si, Cr, P, Zn   ④ C, Si, Mn, P, S

> 구상흑연주철 : C, Si, Mn, P, S 주철의 5대원소와 함께 용융 상태에서 Mg, Ce, Ca 등을 첨가 처리하여 흑연을 구상화 석출 시킨 것을 말한다.

05 재료를 상온에서 다른 형상으로 변형시킨 후 원래 모양으로 회복되는 온도로 가열하면 원래 모양으로 돌아오는 것은?

① 제진 합금
② 형상기억 합금
③ 비정질 합금
④ 초전도 합금

> 형상기억 합금 : 재료를 상온에서 다른 형상으로 변형시킨 후 원래 모양으로 회복되는 온도로 가열하면 원래 모양으로 돌아 오는 것을 말한다.

06 용융온도가 3400℃ 정도로 높은 고용융점 금속으로 전구의 필라멘트 등에 쓰이는 금속재료는?

① 납   ② 금
③ 텅스텐   ④ 망간

> 납(Pb) : 327℃, 금(Au) : 1063℃, 텅스텐(W) : 3410℃, 망간(Mn) : 1245℃

07 금속에 있어서 대표적인 결정격자와 관계없는 것은?

① 체심입방격자   ② 면심입방격자
③ 조밀입방격자   ④ 조밀육방격자

> 금속의 결정 : 체심입방격자(BCC), 면심입방격자(FCC), 조밀육방격자(HCP)

08 키의 너비만큼 축을 평평하게 가공하고, 안장키보다 약간 큰 토크 전달이 가능하게 제작된 키는?

① 접선 키   ② 평 키
③ 원뿔 키   ④ 둥근 키

> 평 키(Flat Key) : 경하중에 쓰이며, 안장키보다는 강하다.

09 3,140N·mm의 비틀림 모멘트를 받는 실제 축의 지름은 약 몇 mm인가?(단, 허용전단응력(τ_a) = 2N/mm² 이다.)

① 10mm ② 12.5mm
③ 16.7mm ④ 20mm

🔍 $d = \sqrt[3]{\dfrac{5.1T}{\tau_a}} = \sqrt[3]{\dfrac{5.1 \times 3140}{2}} = 20$

10 수나사 중심선의 편심을 방지하는 목적으로 사용되는 너트는?

① 플레이트 너트 ② 슬리브 너트
③ 나비 너트 ④ 플랜지 너트

🔍 슬리브 너트 : 수나사 중심선의 편심을 방지하는 목적으로 사용된다.

11 모듈이 2이고 잇수가 각각 36, 74개인 두 기어가 맞물려 있을 때 축간 거리는 몇 mm인가?

① 100mm ② 110mm
③ 120mm ④ 130mm

🔍 $C = \dfrac{(Z_1+Z_2)m}{2} = \dfrac{(36+74) \times 2}{2} = 110$

12 유체가 나사의 접촉면 사이의 틈새나 볼트의 구멍으로 흘러나오는 것을 방지할 필요가 있을 때 사용하는 너트는?

① 캡 너트 ② 홈붙이 너트
③ 플랜지 너트 ④ 슬리브 너트

🔍 캡 너트는 유체의 누설을 막기 위해 나사구멍이 막혀 있다.

13 안전율(S) 크기의 개념에 대한 가장 적합한 표현은?

① S > 1 ② S < 1
③ S ≥ 1 ④ S ≤ 1

🔍 안전율은 재료의 파괴강도와 허용응력과의 비를 말하는 것으로 S > 1 이다.

14 캠이나 유압장치를 사용하는 브레이크로서 브레이크 슈(shoe)를 바깥쪽으로 확장하여 밀어 붙이는 것은?

① 드럼 브레이크 ② 원판 브레이크
③ 원추 브레이크 ④ 밴드 브레이크

🔍 • 원판 브레이크 : 디스크 브레이크라고도 한다. 차바퀴와 함께 회전하는 디스크 양면에 패드를 압착한 뒤 마찰을 일으켜 제동력을 얻는다.
• 원추 브레이크 : 마찰면을 원추형으로 하여 제동하는 장치이다.
• 밴드 브레이크 : 드럼에 감겨 있는 밴드에 장력을 주면 마찰력에 의해 제동되는 방식이다.

15 원뿔 베어링이라고도 하며 축 방향 및 축과 직각 방향의 하중을 동시에 받는 베어링은?

① 레이디얼 베어링 ② 테이퍼 베어링
③ 트러스트 베어링 ④ 슬라이딩 베어링

🔍 • 테이퍼 베어링 : 축 방향 및 축과 직각 방향의 하중을 동시에 받는 베어링
• 트러스트 베어링 : 축의 중심방향으로 하중을 받는 곳에 적용하는 베어링

16 다음 중 가공 방법의 기호를 옳게 나타낸 것은?

① 보링가공 : BR ② 줄 다듬질 : FL
③ 호닝가공 : GBL ④ 밀링가공 : M

🔍 보링가공 : B, 줄 다듬질 : FF, 호닝가공 : GH, 밀링가공 : M

17 기계제도에서 가는 2점 쇄선을 사용하여 도면에 표시하는 경우인 것은?

① 대상물의 일부를 파단한 경계를 표시할 경우
② 인접하는 부분이나 공구, 지그 등의 위치를 참고로 표시할 경우
③ 특수한 가공부분 등 특별한 요구사항을 적용할 범위를 표시할 경우
④ 회전도시 단면도를 절단한 곳의 전·후를 파단하여 그 사이에 그릴 경우

🔍 ① 파단선(가는 실선), ② 가상선(가는 이점 쇄선), ③ 특수처리선(굵은 일점 쇄선), ④ 회전도시 단면선(굵은 실선)

18 절단면을 사용하여 대상물을 절단하였다고 가정하고 절단면의 앞 부분을 제거하고 그리는 도형은?

① 단면도 ② 입체도
③ 전개도 ④ 투시도

🔍 단면도 : 온 단면도, 한쪽 단면도, 부분 단면도, 회전도시 단면도

19 "Ø60 H7"에서 각각의 항목에 대한 설명으로 틀린 것은?

① Ø : 지름 치수를 의미
② 60 : 기준 치수
③ H : 축의 공차역의 위치
④ 7 : IT 공차 등급

🔍 H : 구멍 공차역의 위치(축은 소문자로 쓴다.)

20 구름 베어링의 기호가 7206 C DB P5로 표시되어 있다. 이 중 정밀도 등급을 나타내는 것은?

① 72 ② 06
③ DB ④ P5

🔍 72 : 계열번호, 06 : 내경번호, C : 틈새기호, DB : 베어링 조합기호, P5 : 정밀도 등급

21 기하 공차 중 데이텀이 적용되지 않는 것은?

① 평행도 ② 평면도
③ 동심도 ④ 직각도

🔍 모양 공차(단독형상) : 진직도, 평면도, 진원도, 원통도, 선의 윤곽도, 면의 윤곽도

22 그림과 같은 도면에서 'K'의 치수 크기는 얼마인가?

	X	Y	Ø
A	20	20	13.5
B	140	20	13.5
C	200	20	13.5
D	60	60	13.5
E	100	90	26
F	180	90	26

① 50 ② 60
③ 70 ④ 80

🔍 K = B - D = 140 - 60 = 80

23 도면에서 도시된 키에 대해 "KS B 1311 TG 20×12×70"으로 지시된 경우 이에 대한 설명으로 올바른 것은?

① 나사용 구멍 없는 평행키이다.
② 키의 길이가 20mm 이다.
③ 키의 높이가 12mm 이다.
④ 둥근 바닥 형상을 가지고 있다.

🔍 KS B 1311 : 평행키, 경사키, 반달키 / TG : 경사키 머리 있음 / 20(키폭)×12(높이)×70(길이)

24 3각법으로 그린 보기와 같은 투상도의 입체도로 가장 적합한 것은?

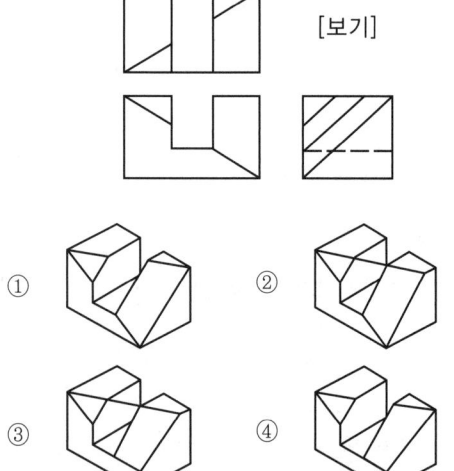

25 기계제도에서 스프링 도시에 관한 설명으로 틀린 것은?

① 코일 스프링, 벌류트 스프링, 스파이럴 스프링 등은 일반적으로 무하중 상태에서 그린다.
② 스프링의 종류 및 모양만을 간략도로 나타내는 경우에는 스프링 재료의 중심선만을 굵은 1점 쇄선으로 나타낸다.
③ 요목표에 단서가 없는 코일 스프링 및 벌류트 스프링은 모두 오른쪽 감은 것을 나타낸다.
④ 겹판 스프링을 도시할 때는 스프링 판이 수평인 상태에서 그린다.

🔍 스프링의 종류 및 모양만을 간략도로 나타내는 경우에는 스프링 재료의 중심선만을 굵은 실선으로 나타낸다.

26 다음 중 선반(lathe)을 구성하고 있는 주요 구성 부분에 속하지 않는 것은?

① 분할대   ② 왕복대
③ 주축대   ④ 베드

🔍 분할대는 밀링머신의 부속장치이다.

27 다음 공작기계 중 일반적으로 가공물이 고정된 상태에서 공구가 직선운동만을 하여 절삭하는 공작기계는?

① 호빙 머신   ② 보링 머신
③ 드릴링 머신   ④ 브로칭 머신

🔍 브로칭 머신 : 브로치라는 공구를 사용하여 표면 또는 내면을 필요한 모양으로 절삭가공하는 가공법으로 1회 통과시켜 제품을 완성한다.

28 밀링 커터 중 절단 또는 좁은 홈파기에 가장 적합한 것은?

① 총형 커터(formed cutter)
② 엔드 밀(end mill)
③ 메탈 슬리팅 소(metal slitting saw)
④ 정면 밀링 커터(face milling cutter)

🔍 메탈 슬리팅 소(metal slitting saw)는 절단 또는 좁은 홈파기에 가장 적합하다.

29 밀링머신을 이용한 가공에서 상향절삭의 특징이 아닌 것은?

① 백 래시가 발생하므로 이를 제거해야 한다.
② 기계의 강성이 낮아도 무방하다.
③ 절삭이 상향으로 작용하여 공작물의 고정에 불리하다.
④ 공구 수명이 하향 절삭에 비해 짧은 편이다.

🔍 상향절삭은 백 래시가 발생하지 않으므로 백래시 제거 장치가 필요하지 않다.

30 다음 중 절삭 공구용 재료가 가져야 할 기계적 성질 중 맞는 것을 모두 고르면?

① 고온 경도(hot hardness)
② 취성(brittleness)
③ 내마멸성(resistance to wear)
④ 강인성(toughness)

① ①, ②, ③   ② ①, ②, ④
③ ①, ③, ④   ④ ②, ③, ④

31 드릴의 각부 명칭 중 트위스트 드릴 홈 사이에 좁은 단면 부분은?

① 웨브(web)   ② 마진(margin)
③ 자루(shank)   ④ 탱(tang)

🔍 • 마진(margin) : 드릴의 위치를 잡아주는 역할을 하며, 드릴의 크기를 이 외경으로 정한다.
• 자루(shank) : 드릴을 고정하는 부분으로 평행인 것과 모스 테이퍼형이 있다.
• 자루(tang) : 드릴에 회전력을 전달하기 위한 드릴 섕크부의 납작한 부분이다.

32 나사 머리의 모양이 접시모양일 때 테이퍼 원통형으로 절삭 가공하는 것은?

① 리밍(reaming)
② 카운터 보링(counter boring)
③ 카운터 싱킹(counter sinking)
④ 스폿 페이싱(spot facing)

- 리밍 : 드릴 작업 후 구멍 내면을 다듬는 작업
- 카운터 보링 : 자리파기라 하며 카운터 보어를 이용하여 원추머리 볼트의 머리부를 가공
- 카운터싱킹 : 카운터 싱크를 이용하여 접시 자리를 파는 작업
- 스폿 페이싱 : 볼트, 너트 등이 닿는 부분을 평탄하게 가공

33 다음 중 일반적으로 절삭유제에서 요구되는 조건으로 거리가 먼 것은?

① 유막의 내압력이 높을 것
② 냉각성이 우수할 것
③ 가격이 저렴할 것
④ 마찰계수가 높을 것

절삭유 3작용 : 냉각작용, 윤활작용, 세척작용

34 선반에서 주축회전수를 1200rpm, 이송속도 0.25mm/rev으로 절삭하고자 한다. 실제 가공길이가 500mm라면 가공에 소요되는 시간은 얼마인가?

① 1분 20초   ② 1분 30초
③ 1분 40초   ④ 1분 50초

가공시간(T) = $\frac{l}{n \times s}$ = $\frac{500}{1200 \times 0.25}$ ≒ 1.66
∴ 1분 40초

35 부품의 길이 측정에 쓰이는 측정기 중 이미 알고 있는 표준치수와 비교하여 실제 치수를 도출하는 방식의 측정기는?

① 버니어 캘리퍼스
② 측장기
③ 마이크로미터
④ 다이얼 테스트 인디케이터

다이얼 테스트 인디케이터는 대표적인 비교측정기이다.

36 선반바이트에서 바이트의 옆면 및 앞면과 가공물의 마찰을 줄이기 위한 각의 명칭으로 옳은 것은?

① 경사각   ② 여유각
③ 절삭각   ④ 설치각

마찰을 줄이기 위하여 주어지는 공구각은 여유각, 절삭성을 향상시켜 주는 공구각은 경사각이라 한다.

37 다음 중 연삭 가공의 일반적인 특징이 아닌 것은?

① 경화된 강을 연삭할 수 있다.
② 연삭점의 온도가 낮다.
③ 가공 표면이 매우 매끈하다.
④ 연삭 압력 및 저항이 적다.

연삭점의 온도가 높다.

38 다음 중 연삭 숫돌의 구성 요소가 아닌 것은?

① 숫돌 입자   ② 결합제
③ 기공   ④ 드레싱

숫돌의 3구성 요소는 절삭 날을 형성하는 숫돌 입자, 섕크(자루) 역할을 하는 결합제, 칩이 빠져 나가게 하는 길과 발열을 억제시키는 역할을 하는 기공으로 구성되어 있다.

39 축에 키 홈 작업을 하려고 할 때 가장 적합한 공작기계는?

① 밀링머신
② CNC 선반
③ CNC Wire Cut 방전가공기
④ 플레이너

축에 키 홈 작업은 밀링머신에서 엔드밀과 커터로 가공한다.

40 다음 중 가공표면이 가장 매끄러운 면을 얻을 수 있는 칩은?

① 경작형 칩
② 유동형 칩
③ 전단형 칩
④ 균열형 칩

유동형 칩은 절삭공구 선단부에서 전단 응력을 받으며, 항상 미끄럼이 생기면서 절삭작용이 이루어지며 진동이 적고, 가공표면이 매끄러운 면을 얻을 수 있는 가장 이상적인 칩의 형태이다.

41 다음 중 전주 가공의 일반적인 특징이 아닌 것은?

① 가공 정밀도가 높은 편이다.
② 복잡한 형상 또는 중공축 등을 가공할 수 있다.
③ 제품의 크기에 제한을 받는다.
④ 일반적으로 생산시간이 길다.

> 전주 가공은 가공 정밀도가 높으며(±2.5μm), 제품의 크기에 제한을 받지 않는다.

42 다음 중 게이지 블록과 함께 사용하여 삼각함수 계산식을 이용하여 각도를 구하는 것은?

① 수준기
② 사인바
③ 요한슨식 각도게이지
④ 컴비네이션 세트

> 사인바(sine bar)는 직각삼각형의 삼각함수인 사인을 이용하여 임의의 각도를 설정하거나 측정하는 데 사용하는 기구이다.

43 다음 중 CNC 공작 기계에서 위치 결정(G00) 동작을 실행할 경우 가장 주의하여야 할 사항은?

① 절삭 칩의 제거
② 충돌에 의한 사고
③ 잔삭이나 미삭의 처리
④ 과절삭에 의한 치수 변화

> 급속 위치결정(G00) : 급속 이송을 하기 때문에 충돌에 의한 사고에 주의하여야 한다.

44 머시닝 센터에서 G00 G43 Z10. H12 ; 블록으로 공구 길이 보정을 하여 공작물을 가공하고 측정하였더니 도면의 치수보다 Z값이 0.5mm 작았다. 길이 보정 번호 H12의 보정값을 얼마로 수정하여 가공해야 하는가? (단, H12의 기존의 보정값은 100.0 이 입력된 상태이다.)

① 99.05
② 99.5
③ 100.05
④ 100.5

> 수정값 = 100 + 0.5 = 100.5

45 다음 중 범용 밀링 가공시의 안전 사항으로 틀린 것은?

① 측정기 및 공구는 밀링 머신의 테이블 위에 올려놓지 않는다.
② 밀링 머신의 윤활 부분에 적당량의 윤활유를 주입한 후 사용한다.
③ 정면 커터로 평면을 가공할 때 칩이 작업자의 반대쪽으로 날아가도록 한다.
④ 밀링 칩은 예리하여 위험하므로 가공 중에 청소용 브러시로 제거하여야 한다.

> 밀링 칩은 가공 중이 아니라 가공 후에 청소용 브러시로 제거하여야 한다.

46 다음 중 다듬질 사이클(G70)에 관한 설명으로 잘못된 것은?

① 다듬질 사이클이 완료되면 황삭 사이클과 마찬가지로 초기점으로 복귀하게 된다.
② 다듬질 사이클 지령은 반드시 황삭 가공 바로 다음 블록에 지령해야 한다.
③ 다듬질 사이클을 실행하면 사이클에 지령된 시퀀스(sequence) 번호를 찾아서 실행한다.
④ 하나의 프로그램 안에 2개 이상의 황삭 사이클을 사용할 때는 시퀀스(sequence) 번호를 다르게 지령해야 한다.

> 다듬질 사이클 지령은 황삭 가공 후에 초기점 복귀 다음 블록에 지령해야 한다.

47 다음 중 범용 선반 작업시 보안경을 착용하는 목적으로 가장 적합한 것은?

① 가공 중 비산되는 칩으로부터 눈을 보호
② 절삭유의 심한 냄새로부터 눈을 보호
③ 미끄러운 바닥에 넘어지는 것을 방지
④ 가공 중 강한 섬광을 차단하여 눈을 보호

> 보안경의 착용 목적은 가공 중에 비산되는 칩으로부터 작업자의 눈을 보호하기 위한 것이다.

48 CNC 선반 원보호간(G02, G3)에서 "시작점에서 원호 중심까지의 X축"의 입력 사항으로 옳은 것은?

① 어드레스 I와 벡터량
② 어드레스 K와 벡터량
③ 어드레스 I와 어드레스 K
④ 원호 반지름 R과 벡터량

49 인서트 팁의 규격 선정법에서 "N"이 나타내는 내용은?

```
DNMG 150408
```

① 공차
② 인서트 형상
③ 여유각
④ 칩 브레이커 형상

🔍 D : 인서트의 형상, N : 주절인의 여유각, M : 공차, G : 단면상, 15 : 인서트의 길이, 04 : 인선높이, 08 : 노즈 반경값

50 다음 중 머시닝 센터에서 공작물 좌표계를 설정할 때 사용하는 준비 기능은?

① G28
② G50
③ G92
④ G99

🔍 G28 : 자동원점복귀, G50 : 스케일, 밀러기능 무시, G92 : 공작물 좌표계 설정, G99 : 고정 사이클 R점 복귀

51 CNC 공작기계에 이용되고 있는 서보기구의 제어 방식이 아닌 것은?

① 개방회로 방식
② 반개방회로 방식
③ 폐쇄회로 방식
④ 반폐쇄회로 방식

🔍 • 개방회로 : 피드백장치 없이 스태핑 모터를 사용한 방식으로, 검출기가 없으므로 가공 정밀도가 좋지 않다.
• 반폐쇄회로 : 속도 검출기와 위치검출기가 모터에 부착되어 있는 방식으로 스크루의 백래시, 비틀림 및 처짐, 마찰, 열변형 등에 의한 오차는 보정할 수 없다. CNC 공작기계에서 일반적으로 많이 사용하는 방식이다.
• 폐쇄회로 : 모터에 내장된 속도 검출기에서 속도를 검출하고, 테이블에 부착한 위치 검출기에서 위치를 검출하여 피드백하는 방식, 정밀도를 향상시킬 수 있으며, 대형 및 고속 가공기에 많이 사용되는 방식이다.
• 복합회로 : 반폐쇄회로 방식과 폐쇄회로 방식을 결합하여 고정밀도로 제어하는 방식으로, 가격이 고가이다.

52 CNC 선반의 프로그램 중 절삭유 공급을 하고자 할 때 사용해야 하는 기능은?

① F 기능
② M 기능
③ S 기능
④ T 기능

🔍 M08 : 절삭유 ON, M09 : 절삭유 OFF

53 CNC 선반에서 증분값 명령 방식으로만 이루어진 것은?

① G00 U_ W_ ;
② G00 X_ Z_ ;
③ G00 X_ W_ ;
④ G00 U_ Z_ ;

🔍 • 절대지령 : G00 X00 Z00 ;
• 증분지령 : G00 U00 W00 ;
• 혼합지령 : G00 X00 W00 ; 또는 G00 U00 Z00 ;

54 프로그램의 구성에서 단어(word)는 무엇으로 구성되어 있는가?

① 주소 + 수치(address + data)
② 주소 + 주소(address + address)
③ 수치 + 수치(data + data)
④ 수치 + EOB(data + end of block)

🔍 NC프로그램의 기본단위이며, 주소와 수치로 구성된다.

55 다음 프로그램에서 공작물의 직경이 40mm일 때 주축의 회전수는 약 몇 rpm 인가?

```
G50 S1300 ;
G96 S130 ;
```

① 828
② 130
③ 1035
④ 1300

🔍 $V = \dfrac{\pi d N}{1000}$, V=130, d=40mm

∴ $N = \dfrac{1000V}{\pi d} = \dfrac{1000 \times 130}{3.14 \times 40} ≒ 1035$

56 다음 중 CNC 공작기계의 월간 점검사항과 가장 거리가 먼 것은?

① 각 부의 필터(filter) 점검
② 각 부의 팬(fan) 점검
③ 백 래시 보정
④ 유량 점검

🔍 외관, 유량, 압력점검 및 각 부의 작동검사는 매일 점검해야 하는 사항이다.

57 머시닝 센터의 고정사이클 기능에 관한 설명으로 틀린 것은?

① ㉮는 X, Y축 위치 결정 동작
② ㉯는 R점까지 급속 이송하는 동작
③ ㉰는 구멍을 절삭 가공하는 동작
④ ㉱는 R점까지 급속으로 후퇴하는 동작

🔍 ㉱는 구멍바닥에서의 동작

58 CNC 선반에서 나사 가공시 F는 어떤 값을 지령하는가?

① 나사의 피치 ② 나사산의 높이
③ 나사의 리드 ④ 나사절삭 반복회수

🔍 나사 가공시 F는 나사의 리드값을 지령한다.

59 그림과 같이 바이트가 이동하며 절삭할 때 공구인선반경 보정으로 옳은 준비기능은?

① G41 ② G42
③ G43 ④ G44

🔍 G41 : 공구 지름 좌측 보정, G42 : 공구 지름 우측 보정, G43 : +방향 공구길이 보정, G44 : −방향 공구길이 보정

60 다음 중 CAM 시스템에서 정보의 흐름을 단계별로 나타낸 것으로 가장 적합한 것은?

① CL데이터 생성 → 포스트 프로세싱 → 도형정의 → DNC
② CL데이터 생성 → 도형정의 → 포스트 프로세싱 → DNC
③ 도형정의 → 포스트 프로세싱 → CL데이터 생성 → DNC
④ 도형정의 → CL데이터 생성 → 포스트 프로세싱 → DNC

🔍 도면 → 모델링(도형정의 → 곡선정의 → 곡면정의 → 가공조건정의 → 공구경로생성) → 가공데이터생성(포스트프로세싱) → 가공데이터 전송(DNC) → CNC기계가공 → 측정

정답 기출문제 – 2014년 1회

01 ①	02 ④	03 ①	04 ④	05 ②
06 ③	07 ③	08 ②	09 ④	10 ②
11 ②	12 ①	13 ①	14 ①	15 ②
16 ④	17 ②	18 ①	19 ③	20 ④
21 ②	22 ④	23 ③	24 ①	25 ②
26 ①	27 ④	28 ②	29 ①	30 ②
31 ①	32 ③	33 ④	34 ③	35 ④
36 ②	37 ②	38 ④	39 ①	40 ②
41 ③	42 ②	43 ②	44 ②	45 ④
46 ②	47 ①	48 ①	49 ②	50 ③
51 ②	52 ②	53 ①	54 ①	55 ③
56 ④	57 ④	58 ③	59 ①	60 ④

2014년 4회 기출문제

01 주철을 고온으로 가열하였다 냉각하는 과정을 반복하면 부피가 더욱 팽창하게 되는데, 이러한 주철의 성장 원인으로 틀린 것은?

① 흡수된 가스의 팽창
② 펄라이트 조직 중 Fe₃C의 흑연화에 따른 팽창
③ 페라이트 조직 중의 Si의 산화에 의한 팽창
④ 서냉에 의한 시멘타이트의 석출로 인한 팽창

🔍 불균일한 가열에 의해 생기는 파열 팽창이 주철의 성장 원인이다.

02 열가소성 플라스틱의 일종으로 비중이 약 0.9이며, 인장강도가 약 28~38MPa 정도이고 포장용 노끈이나 테이프, 섬유, 어망, 로프 등에 사용되는 것은?

① 폴리에틸렌   ② 폴리프로필렌
③ 폴리염화비닐   ④ 스티롤

🔍 폴리프로필렌 : 열가소성 플라스틱의 일종으로 비중이 약 0.9이며, 인장강도가 약 28~38MPa 정도이고 포장용 노끈이나 테이프, 섬유, 어망, 로프 등에 사용된다.

03 다이캐스팅용 알루미늄 합금으로 피삭성과 주조성이 좋고, 용도별 기호 중 Al-Si-Cu계인 것은?

① ALDC 1   ② ALDC 3
③ ALDC 4   ④ ALDC 7

🔍 • ALDC 1 : Al-Si계로 내식성, 주조성이 좋다
• ALDC 3 : Al-Mg계로 내식성이 가장 양호하고 연신율, 충격값이 높지만 주조성은 좋지 않다.
• ALDC 4 : Al-Mg계로 내식성은 ALDC 3 다음으로 좋고, 주조성은 ALDC 3 보다 약간 좋다.

04 강에 S, Pb 등을 첨가하여 절삭가공시 연속된 가공칩의 발생을 방지하고 피삭성을 좋게 한 특수강은?

① 내식강   ② 내열강
③ 쾌삭강   ④ 자석강

🔍 쾌삭강은 일반 탄소강보다 P, S의 함유량을 많게 하거나 Pb, Se, Zr 등을 첨가하여 제조한 강을 말한다.

05 금속을 상온에서 소성변형 시켰을 때, 재질이 경화되고 연신율이 감소하는 현상은?

① 재결정   ② 가공경화
③ 고용강화 ④ 열변형

🔍 상온에서 소성 변형을 시켰다는 말은 가열하지 않은 상태에서의 가공, 즉 냉간 가공을 의미한다. 금속을 냉간 가공하면 가공경화가 일어난다.

06 알루미늄의 특성에 대한 설명으로 틀린 것은?

① 합금재질로 많이 사용한다.
② 내식성이 우수하다.
③ 용접이나 납접이 비교적 어렵다.
④ 전연성이 우수하고 복잡한 현상의 제품을 만들기 쉽다.

🔍 용접이나 납접이 비교적 어렵지 않다.

07 담금질 냉각제 중 냉각속도가 가장 큰 것은?

① 물   ② 소금물
③ 기름 ④ 공기

🔍 냉각 효과 순서 : 소금물(염욕) > 물 > 기름

08 607C2P6으로 표시된 베어링에서 안지름은?

① 7mm   ② 30mm
③ 35mm   ④ 60mm

🔍 60(계열번호), 7(1~9내경 7mm, 00-10, 01-12, 02-15, 03-17) Z(한쪽실드붙이), NR(멈춤링붙이)

09 코일 스프링에 350N의 하중을 걸어 5.6cm 늘어났다면 이 스프링의 스프링 상수(N/mm)는?

① 5.25　　② 6.25
③ 53.5　　④ 62.5

🔍 $k = \dfrac{W}{\delta} = \dfrac{350}{56} = 6.25\text{N/mm}$

10 1/100의 기울기를 가진 2개의 테이퍼 키를 한 쌍으로 하여 사용하는 키는?

① 원뿔 키　　② 둥근 키
③ 접선 키　　④ 미끄럼 키

🔍 접선 키 : 축의 접선 방향으로 끼우는 키로서 1/100의 기울기를 가진 2개의 키를 한 쌍으로 사용하며, 아주 큰 회전력을 전달하는데 적합하다.

11 축에서 토크가 67.5kN·mm이고, 지름 50mm일 때 키(key)에 발생하는 전단 응력은 몇 N/mm² 인가?(단, 키의 크기는 나비×높이×길이=15mm×10mm×60mm 이다.)

① 2　　② 3
③ 6　　④ 8

🔍 $\tau = \dfrac{2T}{b \times \ell \times d} = \dfrac{2 \times 67500}{15 \times 60 \times 50} = 3\text{N/mm}^2$

12 너트의 풀림 방지법이 아닌 것은?

① 턴 버클에 의한 방법
② 자동 죔 너트에 의한 방법
③ 분할 핀에 의한 방법
④ 로크너트에 의한 방법

🔍 턴 버클(왼나사 오른나사 양쪽에 있음)은 양쪽으로 당길 때 사용한다.

13 원동차와 종동차의 지름이 각각 400mm, 200mm일 때 중심 거리는?

① 300mm　　② 600mm
③ 150mm　　④ 200mm

🔍 $a = \dfrac{d_1 + d_2}{2} = \dfrac{400 + 200}{2} = 300$

14 체결용 기계요소가 아닌 것은?

① 나사　　② 키
③ 브레이크　　④ 핀

🔍 브레이크는 제동용 기계요소이다.

15 기어에서 이 끝 높이(addendum)가 의미하는 것은?

① 두 기어의 이가 접촉하는 거리
② 이뿌리원부터 이끝원까지의 거리
③ 피치원에서 이뿌리원까지의 거리
④ 피치원에서 이끝원까지의 거리

🔍 이 끝 높이(addendum)는 피치원에서 이끝원까지의 거리를 말한다.

16 치수에 사용되는 치수보조 기호의 설명으로 틀린 것은?

① SØ : 원의 지름
② R : 반지름
③ □ : 정사각형의 변
④ C : 45° 모따기

🔍 SØ : 구의 지름, Ø : 원의 지름

17 그림과 같은 입체의 제 3각 정투상도로 가장 적합한 것은?

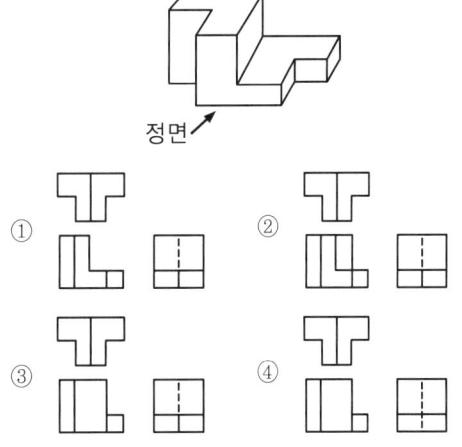

18 다음 중 도면에 Ø100 H6/p6 로 표시된 끼워 맞춤의 종류는?

① 구멍 기준식 억지 끼워 맞춤
② 구멍 기준식 중간 끼워 맞춤
③ 축 기준식 중간 끼워 맞춤
④ 축 기준식 헐거운 끼워 맞춤

🔍 Ø100 H6/p6 : H6구멍기준식 p6억지끼워맞춤

19 KS B 1311 TG 20×12×70 으로 호칭되는 키의 설명으로 옳은 것은?

① 나사용 구멍이 있는 평행키로서 양쪽 네모형이다.
② 나사용 구멍이 없는 평행키로서 양쪽 둥근형이다.
③ 머리붙이 경사키이며 호칭치수는 20×12 이고 호칭길이는 70 이다.
④ 둥근바닥 반달키이며 호칭길이는 70 이다.

🔍 KS B 1311(경사키), TG(머리 있음) 20×12×70(폭×높이×길이)

20 도형이 대칭인 경우 대칭 중심선의 한쪽 도형만을 작도할 때 중심선의 양 끝부분의 작도 방법은?

① 짧은 2개의 평행한 굵은 1점 쇄선
② 짧은 2개의 평행한 가는 1점 쇄선
③ 짧은 2개의 평행한 굵은 실선
④ 짧은 2개의 평행한 가는 실선

🔍 양 끝부분은 짧은 2개의 평행한 가는 실선을 그린다.

21 그림에서 표시된 기하 공차는?

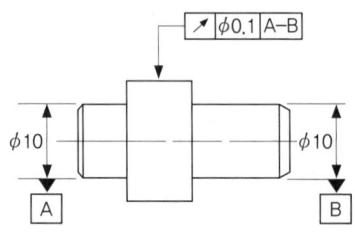

① 동심도 공차
② 경사도 공차
③ 원주 흔들림 공차
④ 온 흔들림 공차

🔍 ↗ : 원주 흔들림 공차, ↗↗ : 온 흔들림 공차

22 제품을 규격화 하는 이유로 틀린 것은?

① 품질이 향상된다.
② 생산성을 높일 수 있다.
③ 제품 상호 간 호환성이 좋아진다.
④ 생산단가를 높여 이익을 극대화 할 수 있다.

🔍 생산단가를 줄여 이익을 극대화 할 수 있다.

23 구름베어링의 안지름이 100mm 일 때, 구름 베어링의 호칭번호에서 안지름 번호로 옳은 것은?

① 10   ② 20
③ 25   ④ 100

🔍 안지름이 20mm 이상 일 때는 안지름을 5로 나눈 숫자를 두 자리수로 표시한다. 따라서, 100 / 5 = 20

24 줄 다듬질의 가공방법 약호는?

① BR   ② FF
③ GB   ④ SB

🔍 BR : 브로칭 가공, FF : 줄 다듬질, GB : 호닝, SB : 블라스팅

25 ISO 표준에 따라 관용나사의 종류를 표시하는 기호 중 테이퍼 암나사를 표시하는 기호는?

① R   ② Rc
③ Rp   ④ G

🔍 R : 테이퍼 수나사, RC : 테이퍼 암나사, RP : 평행 암나사, G : 관용 평행나사

26 수평 밀링머신과 유사하나 복잡한 형상의 지그, 게이지, 다이 등을 가공하는데 사용하는 소형 특수 밀링머신은?

① 공구 밀링머신
② 수직 밀링머신
③ 나사 밀링머신
④ 모방 밀링머신

> 공구 밀링머신은 수평 밀링머신과 유사하나 복잡한 형상의 지그, 게이지, 다이 등을 가공하는데 사용된다.

27 연삭숫돌의 입자는 크게 천연 입자와 인조 입자로 구분하는데, 천연 입자에 속하는 것은 무엇인가?

① 탄화규소
② 커런덤
③ 지르코늄 옥시드
④ 산화알루미늄

> 탄화규소, 지르코늄 옥시드, 산화알루미늄은 인조 입자에 속하며 천연입자로는 커런덤, 에머리, 다이아몬드 등이 있다.

28 밀링머신에서 생산성을 향상시키기 위한 절삭속도 선정방법으로 틀린 것은?

① 다듬질 절삭에서는 절삭속도를 빠르게, 이송을 느리게, 절삭 깊이를 적게 선정한다.
② 거친 절삭에서는 절삭속도를 느리게, 이송을 빠르게, 절삭 깊이를 크게 선정한다.
③ 추천 절삭속도 보다 약간 낮게 설정하는 것이 커터의 수명을 연장할 수 있다.
④ 커터의 날이 빠르게 마모되거나 손상될 경우 절삭 속도를 높여서 절삭한다.

> 커터의 날이 빠르게 마모되거나 손상될 경우 절삭 속도를 감소시킨다.

29 밀링작업에서 분할법의 종류가 아닌 것은?

① 직접 분할법
② 간접 분할법
③ 단식 분할법
④ 차동 분할법

> 분할법의 종류 : 직접 분할법, 단식 분할법, 차동 분할법

30 전극과 가공물을 절연성의 가공액 중에 일정한 간격을 유지시켜 아크(Arc)열에 의하여 전극의 형상으로 가공하는 방법은 무엇인가?

① 화학적 가공
② 초음파 가공
③ 레이저 가공
④ 방전 가공

> • 화학적 가공 : 가공물을 화학 가공액 속에 넣고 화학반응을 일으켜 가공물 표면에 필요한 형상으로 가공하는 방법
> • 초음파 가공 : 초음파를 이용한 전기적 에너지를 기계적 에너지로 변환시켜 금속, 비금속 등 재료에 관계없이 정밀 가공하는 방법
> • 레이저 가공 : 레이저를 이용하여 대기 중에서 비접촉으로 필요한 형상으로 가공하는 방법

31 선반 바이트에서 절인과 경사면이 평면과 이루는 각도로 절삭력에 영향을 주는 각은?

① 경사각
② 여유각
③ 절삭각
④ 공구각

> 경사각은 절삭성을 향상시키기 위한 공구각이고, 여유각은 공구와 공작물과의 마찰을 감소시키기 위한 각이다.

32 3차원 측정기에서 측정물의 측정위치를 감지하여 위치 데이터를 컴퓨터에 전송하는 기능을 가진 장치는?

① 조이스틱
② 프로브
③ 컬럼
④ 리니어 장치

33 선반의 주축을 중공축으로 하는 이유가 아닌 것은?

① 굽힘과 비틀림 응력에 강하다.
② 중량이 감소되어 베어링에 작용하는 하중을 줄여 준다.
③ 길이가 짧고 굵은 가공물 고정에 편리하다.
④ 센터를 쉽게 분리할 수 있다.

> 선반의 주축을 중공축으로 하는 이유 중 하나는 길이가 긴 가공물 고정에 편리하기 때문이다.

34 칩이 공구의 경사면을 연속적으로 흘러 나가는 모양으로 가장 바람직한 형태의 칩은?

① 유동형 칩　② 경작형 칩
③ 균열형 칩　④ 전단형 칩

🔍 유동형 칩은 절삭공구 선단부에서 전단 응력을 받으며, 항상 미끄럼이 생기면서 절삭작용이 이루어지며 진동이 적고, 가공표면이 매끄러운 면을 얻을 수 있는 가장 이상적인 칩의 형태이다.

35 내경이 20mm이고, 깊이가 50mm인 공작물의 안지름을 가장 정확하게 측정할 수 있는 기기는 무엇인가?

① 실린더 게이지
② 사인 바
③ 블록 게이지
④ M형 버니어 캘리퍼스

🔍 실린더 게이지 : 공작물의 안지름을 가장 정확하게 측정할 수 있는 기기

36 둥근 봉의 단면에 금 긋기를 할 때 사용되는 공구와 가장 거리가 먼 것은?

① 플러그 게이지　② 정반
③ 서피스 게이지　④ V-블록

🔍 플러그 게이지는 구멍용 한계 게이지이다.

37 비절삭 가공법의 종류로만 바르게 짝지어진 것은?

① 선반작업, 줄 작업
② 밀링작업, 드릴작업
③ 연삭작업, 탭 작업
④ 소성작업, 용접작업

🔍 비절삭 가공법 : 소성작업, 용접작업

38 선반가공에서 일감의 매 회전마다 바이트가 이동되는 거리를 회전당 이송량이라고 한다. 이송량의 단위는 무엇인가?

① mm　② mm/rev
③ rpm　④ kW/h

🔍 선반의 이송 단위는 1회전당 이송량의 단위로 mm/rev 이다.

39 절삭공구 재료의 일반적인 구비조건으로 틀린 것은?

① 가격이 저렴해야 한다.
② 가공성이 좋아야 한다.
③ 고온에서 경도를 유지해야 한다.
④ 마모성이 커야 한다.

🔍 절삭공구 재료는 마모성이 적어야 한다.

40 연삭가공의 특징에 대한 설명으로 옳은 것은?

① 칩의 연속적인 배출로 칩 브레이커가 필요하다.
② 열처리되지 않은 공작물만 가공할 수 있다.
③ 높은 치수 정밀도와 양호한 표면 거칠기를 얻는다.
④ 절삭날의 자생작용이 없어 가공시간이 많이 걸린다.

🔍 높은 치수 정밀도와 양호한 표면 거칠기를 얻는다.(다듬 작업)

41 10mm 지름의 드릴로 회전수 500rpm 으로 작업 시 절삭속도는 몇 약 m/min으로 해야 하는가?

① 10.7　② 12.7
③ 15.7　④ 18.7

🔍 $V = \dfrac{\pi \times D \times N}{1000} = \dfrac{3.14 \times 10 \times 500}{1000} = 15.7$

42 절삭저항에 관련된 설명으로 맞는 것은?

① 일반적으로 공구의 윗면 경사각이 커지면 절삭저항도 커진다.
② 절삭저항은 주분력, 배분력, 이송분력으로 나눌 수 있다.
③ 절삭저항은 공작물의 재질이 연할수록 크게 나타난다.
④ 배분력이 절삭에 가장 큰 영향을 미치며 주절삭력이라 한다.

> 절삭저항은 주분력, 배분력, 이송분력으로 나눌 수 있다.

43 다음 중 CNC공작기계에서 일시정지(G04) 기능으로 사용하지 않는 블록(block)은?

① G04 U5. ;   ② G04 X5. ;
③ G04 Z5. ;   ④ G04 P5000 ;

44 머시닝센터에서 기준 공구와의 길이 차이값을 입력시키는 방법 중 보정값 앞에 마이너스(−) 부호를 붙이는 경우는?

① 기준공구 길이보다 짧은 경우
② 기준공구 길이보다 길 경우
③ 기준공구 길이와 같을 경우
④ 기준공구 길이보정을 취소할 경우

> G44 : (−)방향 공구길이 보정, G43 : (+)방향 공구길이 보정

45 다음은 CAD/CAM 정보 처리 흐름도이다. ( ) 안에 알맞은 것은?

도면 → 모델링 → ( ) → 전송 및 가공

① 도형 정의   ② 가공 데이터 생성
③ 곡선 정의   ④ CNC 가공

> 도면 → 모델링(도형정의 → 곡선정의 → 곡면정의 → 가공조건정의 → 공구경로생성) → 가공데이터생성(포스트프로세싱) → 가공데이터 전송(DNC) → CNC기계가공 → 측정

46 다음은 선반용 툴 홀더의 ISO 규격이다. 두 번째 S는 무엇을 의미하는가?

C <u>S</u> K P R 25 25 M 12

① 클램핑 방식
② 인서트의 형상
③ 생크 넓이
④ 인서트의 여유각

> C 클램핑, S 인서트의 형상, K 홀더유형, P 인서트의 여유각, R 공구방향, 25 생크 높이, 25 생크 넓이, M 공구 길이, 12 절삭날 길이

47 다음 중 CNC선반에서 프로그램 원점에 관한 설명으로 틀린 것은?

① 공작물의 기준이 되는 점을 원점으로 설정한다.
② 공작물의 좌표계 설정은 G50으로 한다.
③ 프로그램 원점은 절대좌표의 원점(X0. Z0.)으로 설정한다.
④ 기계원점을 프로그램 원점이라 한다.

> 공작물 원점을 프로그램 원점이라고 한다.

48 CNC선반의 준비기능 중 시계방향 원호 가공에 해당하는 것은?

① G01   ② G02
③ G03   ④ G32

> G01(직선 절삭), G02(원호가공 시계방향) G03(원호가공 반시계방향), G32(나사 절삭)

49 다음 중 CNC 프로그램을 구성하기 위해 기본적으로 필요한 기능이 아닌 것은?

① 준비기능(G)   ② 이송기능(F)
③ 공구기능(T)   ④ 측정기능(B)

> 측정기능은 없다.

50 CNC선반에서 공구기능을 표시할 때, "T0100"에서 01의 의미는 무엇인가?

① 공구선택번호
② 공구보정번호
③ 공구선택번호 취소
④ 공구보정번호 취소

> T 기능(T0100) : 공구번호(01) 및 공구보정번호(00)

51 다음 중 밀링 작업에 관한 안전사항으로 적절하지 않은 것은?

① 엔드밀 작업시 절삭유는 비산하므로 사용하여서는 안 된다.
② 공작물 고정시 높이를 맞추기 위하여 평행블록을 사용하였다.
③ 엔드밀과 드릴의 돌출 길이는 되도록 짧게 고정한다.
④ 작업 중 위험한 상황이 발생되면 비상정지버튼을 누른다.

🔍 엔드밀 작업시 절삭유는 비산하지 않게 하여 사용한다.

52 다음은 머시닝센터 프로그램의 일부를 나타낸 것이다. ( ) 안에 내용을 옳게 나열한 것은?

```
G90 G92 X0. Y0. Z100 ;
( ① ) 1500 M03 ;
G00 Z3. ;
( ② ) X25.0 Y20. D07 M08 ;
G01 Z-10. ( ③ )50 ;
( ④ ) X110. Y40. R20. ;
X75. Y89.749 R50. ;
Y18. ;
G00 Z100. M09 ;
```

① ① F, ② M, ③ S, ④ G02
② ① F, ② G42, ③ S, ④ G01
③ ① S, ② H, ③ F, ④ G00
④ ① S, ② G42, ③ F, ④ G03

🔍 ① S, ② G42, ③ F, ④ G03

53 다음과 같은 프로그램에서 적용된 단일형 고정사이클은?

```
G28 U0. W0. ;
G50 X200. Z100. T0100 ;
G96 S180 M03 ;
G00 X55. Z3. T0101 M08;
G94 X25. Z-2, F1.5 ;
    Z-4. ;
    Z-6. ;
```

① 홈 절삭 사이클
② 단면 절삭 사이클
③ 안지름 절삭 사이클
④ 테이퍼 나사 절삭 사이클

🔍 G94 : 단면 절삭 사이클

54 CNC선반에서 나사의 피치가 2.5mm인 3줄 나사를 가공하려고 한다. 나사의 리드(F)의 값은 얼마로 해야 하는가?

① 2.5
② 5.0
③ 7.5
④ 10.0

🔍 F=n×p=3×2.5=7.5

55 머시닝센터에서 M10x1.5 탭 가공을 하기 위한 다음 프로그램에서 이송속도는 얼마인가?

```
G43 Z50. H03 S300 M03 ;
G84 G99 Z-10. R5. F_ ;
```

① 150mm/min
② 300mm/min
③ 450mm/min
④ 600mm/min

🔍 f=N×F=300×1.5=450

56 대부분의 수치제어 공작기계에 많이 사용되고 있는 방식으로 테이블에서의 위치 검출 없이 서보모터에서 위치와 속도를 검출하는 방식은?

① 폐쇄회로 방식
② 개방회로 방식
③ 반 폐쇄회로 방식
④ 복합회로 방식

- 폐쇄회로 : 모터에 내장된 속도검출기에서 속도를 검출하고, 테이블에 부착한 위치검출기에서 위치를 검출하여 피드백하는 방식으로 운동손실 오차를 보정할 수 있어 정밀도를 향상시킬 수 있으며, 대형 기계 및 정밀 고속 복합가공기에 많이 사용되는 방식이다.
- 개방회로 : 피드백장치없이 스태핑 모터를 사용한 방식으로 가공 정밀도가 좋지 않다.
- 복합회로 : 반폐쇄회로 방식과 폐쇄회로 방식을 결합하여 고정밀도로 제어하는 방식으로, 가격이 고가이다.

57 다음 중 CNC공작기계에서 매일 점검해야 할 사항으로 볼 수 없는 것은?

① 절삭유의 유량
② 습동유의 유량
③ 각 축의 작동 검사
④ 각 부의 FAN MOTOR 회전 이상 유무

각 부의 FAN MOTOR 회전 이상 유무 : 매월 점검

58 CNC선반에서 그림과 같이 지름이 30mm인 공작물을 G96 S250 M03 ; 블록으로 가공할 때, 주축 회전수는 약 얼마인가?

① 250rpm
② 2653rpm
③ 2850rpm
④ 3310rpm

$V = \dfrac{\pi \times D \times N}{1000}$ V=250, d=30

$\therefore N = \dfrac{1000V}{\pi d} = \dfrac{1000 \times 250}{3.14 \times 30} = 2653$

59 공구보정(OFFSET) 화면에서 가상 인선반경 보정을 구행하기 위하여 노즈 반경을 입력하는 곳은?

① R   ② Z
③ X   ④ T

G02(G03) X(U)__ Z(W)__ R__ F__ ;

60 다음 중 NC기계의 안전에 관한 사항으로 틀린 것은?

① 절삭 칩의 제거는 브러시나 청소용 솔을 사용한다.
② 항상 비상버튼을 누를 수 있도록 염두해 두어야 한다.
③ 먼지나 칩 등 불순물을 제거하기 위해 강전반 및 NC 유닛은 압축공기로 깨끗이 청소해야 한다.
④ 강전반 및 NC유닛문은 충격을 주지 말아야 한다.

정답 기출문제 - 2014년 4회

01 ④	02 ②	03 ④	04 ③	05 ②
06 ③	07 ②	08 ①	09 ②	10 ③
11 ②	12 ①	13 ①	14 ③	15 ④
16 ①	17 ①	18 ①	19 ③	20 ④
21 ③	22 ④	23 ②	24 ②	25 ②
26 ①	27 ①	28 ②	29 ②	30 ④
31 ①	32 ②	33 ③	34 ①	35 ①
36 ①	37 ④	38 ②	39 ④	40 ③
41 ③	42 ②	43 ②	44 ①	45 ②
46 ②	47 ②	48 ②	49 ④	50 ①
51 ①	52 ④	53 ②	54 ③	55 ③
56 ③	57 ④	58 ②	59 ①	60 ③

2015년 1회 기출문제

01 백주철을 고온으로 장시간 풀림해서 시멘타이트를 분해 또는 감소시키고 인성이나 연성을 증가시킨 주철로, 대량 생산품에 사용되는 흑심, 백심, 펄라이트계로 구분되는 것은?

① 칠드 주철　　② 회주철
③ 가단주철　　④ 구상흑연주철

> 가단주철 : 백주철을 고온으로 장시간 풀림해서 시멘타이트를 분해 또는 감소시키고 인성이나 연성을 증가시킨 주철로, 대량 생산품에 사용되는 흑심, 백심, 펄라이트계로 구분

02 강의 담금질 조직에 따라 분류한 것 중 틀린 것은?

① 시멘타이트
② 오스테나이트
③ 마텐자이트
④ 트루스타이트

> 강의 담금질 조직 : 오스테나이트, 마텐자이트(급랭), 펄라이트(서냉), 소르바이트, 트루스타이트

03 구리에 대한 설명 중 옳지 않은 것은?

① 전연성이 좋아 가공이 쉽다.
② 화학적 저항력이 작아 부식이 잘 된다.
③ 전기 및 열의 전도성이 우수하다.
④ 광택이 아름답고 귀금속적 성질이 우수하다.

> 화학적 저항력이 커서 부식되지 않는다.

04 철강의 5대 원소에 포함되지 않는 것은?

① 탄소　　② 규소
③ 아연　　④ 망간

> 탄소(C : 0.02~2.1%), 규소(Si : 0.1~0.35%), 망간(Mn : 0.2~08%), 인(P : 0.06%이하), 황(S : 0.08~0.35%)

05 열경화성 수지에 해당되지 않는 것은?

① 페놀 수지　　② 요소 수지
③ 멜라민 수지　　④ 아크릴 수지

> • 열경화성 수지 : 페놀 수지, 요소 수지, 멜라민 수지
> • 열가소성 수지 : 폴리에틸렌, 폴리프로필렌, 폴리염화비닐, 스티롤, 아크릴 수지

06 순철에 대한 설명으로 옳은 것은?

① 각 변태점에서 연속적으로 변화한다.
② 저온에서 산화작용이 심하다.
③ 온도에 따라 자성의 세기가 변화한다.
④ 알칼리에는 부식성이 크나 강산에는 부식성이 작다.

> • A_0 및 A_1 변태가 나타나지 않는다.
> • 고온에서 산화작용이 심하다.
> • 산에 부식성이 크다.

07 금속 중 Cu-Sn 합금으로 부식에 강한 밸브, 동상 베어링 합금 등에 널리 쓰이는 재료는?

① 황동　　② 청동
③ 합금강　　④ 세라믹

> 청동 : Cu(구리) + Sn(주석), 황동 : Cu(구리) + Zn(아연)

08 진동이나 충격으로 일어나는 나사의 풀림 현상을 방지하기 위하여 사용하는 기계요소가 아닌 것은?

① 태핑 나사　　② 로크 너트
③ 스프링 와셔　　④ 자동 죔 너트

> 나사의 풀림 현상을 방지 : 로크 너트, 스프링 와셔, 자동 죔 너트

09 소선의 지름 8 mm, 스프링의 지름 80 mm인 압축코일 스프링에서 하중이 200 N 작용하였을 때 처짐이 10 mm가 되었다. 이 때 스프링 상수는 몇 N/mm 인가?

① 5 ② 10
③ 15 ④ 20

🔍 $K = \dfrac{W(하중)}{\delta(처짐량)} = \dfrac{200}{10} = 20$

10 기준 랙 공구의 기준 피치선이 기어의 기준 피치원에 접하지 않는 기어는?

① 웜 기어 ② 표준 기어
③ 전위 기어 ④ 베벨 기어

🔍 전위 기어 : 기준 랙 공구의 기준 피치선이 기어의 기준 피치원에 접하지 않는 기어

11 길이가 50 mm인 표준시험편으로 인장시험하여 늘어난 길이가 65 mm 이었다. 이 시험편의 연신율은?

① 20 % ② 25 %
③ 30 % ④ 35 %

🔍 $\epsilon(연신율) = \dfrac{l_1 - l_0}{l_0} \times 100 = \dfrac{65-50}{50} \times 100 = 30$

12 피치가 2 mm인 2줄 나사를 180° 회전시키면 나사가 축 방향으로 움직인 거리는 몇 mm인가?

① 1 ② 2
③ 3 ④ 4

🔍 $L = p \times n = 2 \times 2 \times \dfrac{180}{360} = 2$

13 운동용 나사에 해당하는 것은?

① 미터 가는 나사 ② 유니파이 나사
③ 볼 나사 ④ 관용 나사

🔍 운동용 나사 : 사각나사, 사다리꼴 나사, 톱니 나사, 볼 나사

14 막대의 양끝에 나사를 깎은 머리 없는 볼트로서 한쪽 끝을 본체에 튼튼하게 박고, 다른 끝에는 너트를 끼워서 조일 수 있도록 한 볼트는?

① 관통 볼트 ② 탭 볼트
③ 스터드 볼트 ④ T 볼트

🔍 스터드 볼트 : 막대의 양끝에 나사를 깎은 머리 없는 볼트로서 한쪽 끝을 본체에 튼튼하게 박고, 다른 끝에는 너트를 끼워서 조일 수 있도록 한 볼트

15 축이음을 차단시킬 수 있는 장치인 클러치의 종류가 아닌 것은?

① 맞물림 클러치 ② 마찰 클러치
③ 유체 클러치 ④ 유니버설 클러치

🔍 유니버설 조인트는 축이음이다.

16 다음 기하공차의 종류 중 선의 윤곽도를 나타내는 기호는?

① ⌒ ② ∠
③ ▱ ④ ⌒

🔍 ⌒ : 선의 윤곽도, ⌒ : 면의 윤곽도.

17 Ø50H7/g6은 어떤 종류의 끼워 맞춤인가?

① 축 기준식 억지 끼워맞춤
② 구멍 기준식 중간 끼워맞춤
③ 축 기준식 헐거운 끼워맞춤
④ 구멍 기준식 헐거운 끼워맞춤

🔍 구멍 기준식(H) 헐거운 끼워맞춤

18 면의 지시기호에서 가공방법을 지시할 때의 기호로 맞는 것은?

①   ②
③   ④

🔍 ✓ᴹ : 지시선 위에 가공방법을 표시 M(밀링가공) 　　🔍 보조 투상도 : 경사진 부분의 실제 모양을 도시

19 구름 베어링의 호칭 번호가 6405일 때, 베어링의 안지름은 몇 mm인가?

① 20　　② 25
③ 30　　④ 405

🔍 안지름 치수가 10, 12, 15, 17mm인 경우 안지름 번호는 00, 01, 02, 03이며, 04부터는 ×5 이므로 05×5= 25이다.

20 수나사의 측면을 도시하고자 할 때, 다음 중 가장 적합하게 나타낸 것은?

 ① 　　 ②
 ③ 　　 ④

🔍 ⊕ 같이 나타낸다.

21 도형의 중심을 표시하거나 중심이 이동한 중심궤적을 표시하는데 쓰이는 선의 명칭은?

① 지시선　　② 기준선
③ 중심선　　④ 가상선

🔍 중심선(가는 일점쇄선) : 도형의 중심을 표시하거나 중심이 이동한 중심궤적을 표시

22 투상도법에서 그림과 같이 경사진 부분의 실제 모양을 도시하기 위하여 사용하는 투상도의 명칭은?

① 부분 투상도
② 국부 투상도
③ 회전 투상도
④ 보조 투상도

23 그림과 같은 입체도에서 화살표 방향을 정면으로 할 경우 평면도로 옳은 것은?

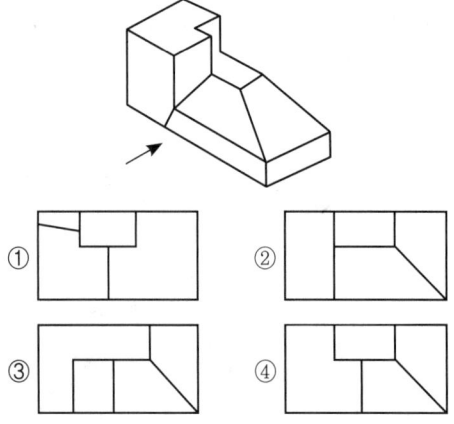

24 그림과 같이 축의 치수가 주어졌을 때 편심량 A는 얼마인가?

① 1 mm　　② 3 mm
③ 6 mm　　④ 9 mm

25 길이 치수의 허용 한계를 지시한 것 중 잘못 나타낸 것은?

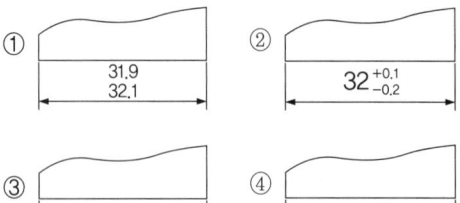

🔍 최대허용치수(윗치수허용차) 값이 항상 위쪽에 있어야 한다.
①은 최소허용치수 값이 아래쪽에 위치해야 한다.

26 수직 밀링머신의 장치 중 일반적인 운동 관계가 옳지 않은 것은?

① 테이블 – 수직 이동
② 주축 스핀들 – 회전
③ 니 – 상하 이동
④ 새들 – 전후 이동

27 수용성 절삭유에 대한 설명 중 틀린 것은?

① 광물성유를 화학적으로 처리하여 원액과 물을 혼합하여 사용한다.
② 표면 활성제와 부식 방지제를 첨가하여 사용한다.
③ 점성이 낮고 비열이 커서 냉각효과가 작다.
④ 고속절삭 및 연삭 가공액으로 많이 사용한다.

🔍 점성이 낮고 비열이 커서 냉각효과가 크다.

28 선반을 이용한 가공의 종류 중 거리가 먼 것은?

① 널링 가공   ② 원통 가공
③ 더브테일 가공   ④ 테이퍼 가공

🔍 더브테일 가공 : 밀링에서 더브테일 커터로 홈을 가공한다.

29 줄의 작업 방법이 아닌 것은?

① 직진법   ② 사진법
③ 후진법   ④ 병진법

🔍 줄의 작업 방법 : 직진법, 사진법, 병진법

30 지름이 60 mm인 연삭숫돌이 원주속도 1200m/min로 Ø20 mm인 공작물을 연삭할 때 숫돌차의 회전수는 약 몇 rpm 인가?

① 16   ② 23
③ 6370   ④ 62800

🔍 $V = \dfrac{\pi \times D \times N}{1000}$
$N = \dfrac{1000 \times V}{\pi \times D} = \dfrac{1000 \times 1200}{3.14 \times 60} = 6370$

31 다음 중 왕복대를 이루고 있는 것은?

① 공구대와 심압대
② 새들과 에이프런
③ 주축과 공구대
④ 주축과 새들

🔍 왕복대는 새들과 에이프런으로 구성된다.

32 밀링 절삭 방법 중 하향 절삭에 대한 설명이 아닌 것은?

① 백 래시를 제거해야 한다.
② 기계의 강성이 낮아도 무방하다.
③ 상향 절삭에 비하여 공구의 수명이 길다.
④ 상향 절삭에 비하여 가공면의 표면 거칠기가 좋다.

🔍 기계의 강성은 항상 높아야 한다.

33 단조나 주조품에 볼트 또는 너트를 체결할 때 접촉부가 밀착되게 하기 위하여 구멍 주위를 평탄하게 하는 가공 방법은?

① 스폿 페이싱
② 카운터 싱킹
③ 카운터 보링
④ 보링

🔍 스폿 페이싱 : 단조나 주조품에 볼트 또는 너트를 체결할 때 접촉부가 밀착되게 하기 위하여 구멍 주위를 평탄하게 하는 가공

34 주조할 때 뚫린 구멍이나 드릴로 뚫은 구멍을 깎아서 크게 하거나, 정밀도를 높게 하기 위한 가공에 사용되는 공작기계는?

① 플레이너
② 슬로터
③ 보링 머신
④ 호빙 머신

🔍 보링 머신 : 주조할 때 뚫린 구멍이나 드릴로 뚫은 구멍을 깎아서 크게 하거나, 정밀도를 높게 하기 위한 가공

35 밀링 머신에서 이송의 단위는?

① F = mm/stroke ② F = rpm
③ F = mm/min   ④ F = rpm·mm

🔍 F = mm/min

36 소성가공의 종류가 아닌 것은?

① 단조   ② 호빙
③ 압연   ④ 인발

🔍 호빙머신 : 기어를 가공하는 기계

37 측정량이 증가 또는 감소하는 방향이 다름으로써 생기는 동일치수에 대한 지시량의 차를 무엇이라 하는가?

① 개인 오차   ② 우연 오차
③ 후퇴 오차   ④ 접촉 오차

🔍 후퇴 오차 : 측정량이 증가 또는 감소하는 방향이 다름으로써 생기는 동일치수에 대한 지시량의 차

38 연성의 재료를 가공할 때 자주 발생되며, 연속되는 긴 칩으로 두께가 일정하고 가공표면이 양호하여 공구수명을 길게(연장)할 수 있는 것은?

① 유동형 칩   ② 전단형 칩
③ 열단형 칩   ④ 균열형 칩

🔍 유동형 칩 : 연성의 재료를 가공할 때 자주 발생되며, 연속되는 긴 칩으로 두께가 일정하고 가공표면이 양호하여 공구수명을 길게(연장)

39 선반가공에서 바이트날 부분과 공작물의 가공면 사이에 마찰로 인한 열이 많이 발생되어 정밀가공에 어려움이 생긴다. 이 때 생기는 열을 측정하는 방법으로 거리가 먼 것은?

① 발생되는 칩의 색깔에 의한 측정 방법
② 칼로리미터에 의한 측정 방법
③ 열전대에 의한 측정 방법
④ 수은 온도계에 의한 측정 방법

🔍 ①, ②, ③ 외에 복사고온계에 의한 방법, 시온도료를 이용하는 방법이 있다.

40 피니언 커터를 이용하여 상하 왕복운동과 회전운동을 하는 창성식 기어절삭을 할 수 있는 기계는?

① 마그 기어 셰이퍼
② 브로칭 기어 셰이퍼
③ 펠로스 기어 셰이퍼
④ 호브 기어 셰이퍼

🔍 펠로스 기어 셰이퍼 : 피니언 커터를 이용하여 상하 왕복운동과 회전운동을 하는 창성식 기어절삭

41 선반에서 척에 고정할 수 없는 불규칙하거나 대형의 가공물 또는 복잡한 가공물을 고정할 때 사용하는 것은?

① 연동척   ② 콜릿척
③ 벨척   ④ 면판

🔍 면판 : 척에 고정할 수 없는 불규칙하거나 대형의 가공물 또는 복잡한 가공물을 고정

42 금속으로 만든 작은 덩어리를 공작물 표면에 고속으로 분사하여 피로 강도를 증가시키기 위한 냉간 가공법으로 반복 하중을 받는 스프링, 기어, 축 등에 사용하는 가공법은?

① 래핑   ② 호닝
③ 숏 피닝   ④ 슈퍼 피니싱

🔍 숏 피닝 : 금속으로 만든 작은 덩어리를 공작물 표면에 고속으로 분사하여 피로 강도를 증가시키기 위한 냉간 가공법으로 반복 하중을 받는 스프링, 기어, 축 등에 사용

43 다음과 같은 CNC 선반 프로그램에서 일감의 직경이 Ø34mm일 때의 주축 회전수는 약 몇 rpm 인가?

```
G50 X__ Z__ S1800 T0100 ;
G95 S160 M03 ;
```

① 160   ② 1000
③ 1500   ④ 1800

$$V = \frac{\pi \times D \times N}{1000}$$
$$N = \frac{1000 \times V}{\pi \times D} = \frac{1000 \times 160}{3.14 \times 34} = 1499 ≒ 1500$$

44 다음 중 CNC 시스템의 제어방법이 아닌 것은?

① 위치결정 제어   ② 직선절삭 제어
③ 윤곽절삭 제어   ④ 복합절삭 제어

🔍 CNC 시스템의 제어방법 : 위치결정 제어, 직선절삭 제어, 윤곽절삭 제어

45 다음 중 CNC 공작기계 좌표계의 이동위치를 지령하는 방식에 해당하지 않는 것은?

① 절대지령 방식   ② 증분지령 방식
③ 혼합지령 방식   ④ 잔여지령 방식

🔍 좌표계의 이동위치를 지령 : 절대지령 방식, 증분지령 방식, 혼합지령 방식

46 다음 중 공작기계에서의 안전 및 유의사항으로 틀린 것은?

① 주축 회전 중에는 칩을 제거하지 않는다.
② 정면 밀링 커터 작업시 칩 커버를 설치한다.
③ 공작물 설치시는 반드시 주축을 정지시킨다.
④ 측정기와 공구는 기계 테이블 위에 놓고 작업한다.

🔍 측정기와 공구는 공구 테이블에 놓고 작업한다.

47 다음 CNC선반 프로그램에서 나사가공에 사용된 고정 사이클은?

```
G28 U0. W0. ;
G50 X150. Z150. T0700 ;
G97 S600 M03 ;
G00 X26. Z3. T0707 M08 ;
G92 X23.2 Z-20. F2. ;
    X22.7 ;
```

① G28   ② G50
③ G92   ④ G97

🔍 G28 : 기계원점복귀, G50 : 공작물 좌표계설정
G92 : 나사절삭 사이클, G97 : 주속일정제어 무시

48 다음 중 CNC 선반에서 공구기능 "T0303"의 의미로 가장 올바른 것은?

① 3번 공구 선택
② 3번 공구의 공구보정 3번 선택
③ 3번 공구의 공구보정 3번 취소
④ 3번 공구의 공구보정 3회 반복수행

🔍 T0303 : 3번 공구의 공구보정 3번 선택

49 머시닝센터에서 Ø10 엔드밀로 40×40 정사각형 외각 가공 후 측정하였더니 41×41로 가공되었다. 공구지름 보정량이 5일 때 얼마로 수정하여야 하는가?(단, 보정량은 공구의 반지름 값을 입력한다.)

① 5   ② 4.5
③ 5.5   ④ 6

🔍 가공 후 측정값이 41×41이므로 공구의 반지름은 4.5로 입력

50 다음 중 CNC 공작기계에서 사용되는 외부 기억장치에 해당하는 것은?

① 램(RAM)   ② 디지타이저
③ 플로터   ④ USB플래시메모리

🔍 외부 기억장치 : USB플래시메모리

51 다음 중 CNC 선반에서 스핀들 알람(SPINDLE ALARM)의 원인이 아닌 것은?

① 과전류
② 금지영역 침범
③ 주축모터의 과열
④ 주축모터의 과부하

🔍 스핀들 알람(SPINDLE ALARM)의 원인 : 과전류, 주축모터의 과열, 주축모터의 과부하

52 다음 프로그램의 ( ) 부분에 생략된 연속 유효(Modal) G코드(code)는?

```
N01 G01 X30. F0.25 ;
N02 (   ) Z-35. ;
N03 G00 X100. Z100. ;
```

① G00
② G01
③ G02
④ G04

🔍 G01

53 머시닝센터 작업 중 회전하는 엔드밀 공구에 칩이 부착되어 있다. 다음 중 이를 제거하기 위한 방법으로 옳은 것은?

① 입으로 불어서 제거한다.
② 장갑을 끼고 손으로 제거한다.
③ 기계를 정지시키고 칩제거 도구를 사용하여 제거한다.
④ 계속하여 작업을 수행하고 가공이 끝난 후에 제거한다.

🔍 기계를 정지시키고 칩제거 도구를 사용하여 제거한다.

54 다음 중 CNC 선반에서 다음의 단일형 고정 사이클에 대한 설명으로 틀린 것은?

```
G90 X(U)__ Z(W)__ I__ F__ ;
```

① I__ 값은 직경값으로 지령한다.
② 가공 후 시작점의 위치로 되돌아온다.
③ X(U)____ 의 좌표값은 X축의 절삭 끝점 좌표이다.
④ Z(W)____ 의 좌표값은 Z축의 절삭 끝점 좌표이다.

🔍 I__ 값은 반지름값으로 지령한다.

55 다음 중 머시닝센터의 주소(address) 중 일반적으로 소수점을 사용할 수 있는 것으로만 나열한 것은?

① 보조기능, 공구기능
② 원호반경지령, 좌표값
③ 주축기능, 공구보정번호
④ 준비기능, 보조기능

🔍 소수점을 사용 : 원호반경지령, 좌표값

56 다음 중 CNC 공작기계의 특징으로 옳지 않은 것은?

① 공작기계가 공작물을 가공하는 중에도 파트 프로그램 수정이 가능하다.
② 품질이 균일한 생산품을 얻을 수 있으나 고장 발생 시 자가진단이 어렵다.
③ 인치 단위의 프로그램을 쉽게 미터 단위로 자동 변환할 수 있다.
④ 파트 프로그램을 매크로 형태로 저장시켜 필요할 때 불러 사용할 수 있다.

🔍 품질이 균일한 생산품을 얻을 수 있으나 고장 발생 시 자가진단이 쉽다.

57 머시닝센터에서 Ø12-2날 초경합금 엔드밀을 이용하여 절삭속도 35m/min, 이송 0.05mm/날, 절삭 깊이 7mm의 절삭조건으로 가공하고자 할 때 다음 프로그램의 ( )에 적합한 데이터는?

```
G01 G91 X200.0 F(     ) ;
```

① 12.25
② 35.0
③ 92.8
④ 928.0

🔍 $V = \dfrac{\pi \times D \times N}{1000}$
$N = \dfrac{1000 \times V}{\pi \times D} = \dfrac{1000 \times 35}{3.14 \times 12} = 928.9$
$F = n \times f \times N = 2 \times 0.05 \times 928.9 = 92.8$

58 다음 중 CNC 선반에서 원호 보간을 지령하는 코드는?

① G02, G03
② G20, G21
③ G41, G42
④ G98, G99

🔍 원호 보간 : G02, G03

59 머시닝센터에서 주축 회전수를 100rpm으로 피치 3mm인 나사를 가공하고자 한다. 이때 이송속도는 몇 mm/min으로 지령해야 하는가?

① 100
② 200
③ 300
④ 400

🔍 $F = p \times N = 3 \times 100 = 300$

60 기계 상에 고정된 임의의 점으로 기계 제작시 제조사에서 위치를 정하는 점으로, 사용자가 임의로 변경해서는 안되는 점을 무엇이라 하는가?

① 기계 원점
② 공작물 원점
③ 상대 원점
④ 프로그램 원점

🔍 기계 원점 : 기계 상에 고정된 임의의 점으로 기계 제작시 제조사에서 위치를 정하는 점으로, 사용자가 임의로 변경해서는 안되는 점

정답 기출문제 – 2015년 1회

01 ③	02 ①	03 ②	04 ③	05 ④
06 ③	07 ②	08 ①	09 ④	10 ③
11 ③	12 ②	13 ③	14 ③	15 ④
16 ①	17 ④	18 ②	19 ②	20 ③
21 ③	22 ④	23 ④	24 ②	25 ①
26 ①	27 ③	28 ③	29 ③	30 ③
31 ②	32 ②	33 ①	34 ③	35 ③
36 ②	37 ③	38 ①	39 ④	40 ③
41 ④	42 ③	43 ③	44 ④	45 ④
46 ④	47 ③	48 ②	49 ②	50 ④
51 ②	52 ②	53 ③	54 ①	55 ②
56 ②	57 ③	58 ①	59 ③	60 ①

2015년 4회 기출문제

01 보통주철에 함유되는 주요 성분이 아닌 것은?

① Si ② Sn
③ P   ④ Mn

> 실용주철의 성분 : Si 0.5~3.5%), Mn(0.5~1.5%), P(0.05~1.0%), S(0.05~015%), C(2.5~4.5%)

02 같은 조성의 강재를 동일한 조건하에서 담금질 하여도 그 재료의 굵기, 두께 등이 다르면 냉각속도가 다르게 되므로 담금질 결과가 달라지게 된다. 이러한 것을 담금질의 무엇이라 하는가?

① 경화능   ② 밴드
③ 질량효과 ④ 냉각능

> 질량효과 : 질량이 큰 재료 일수록 담금질 효과가 감소하고, 질량이 작은 재료 일수록 담금질 효과가 증가한다.

03 탄소강의 표준조직이 아닌 것은?

① 페라이트
② 트루스타이트
③ 펄라이트
④ 시멘타이트

> 탄소강의 표준조직 : 페라이트, 펄라이트, 시멘타이트, 오스테나이트, 레데뷰라이트.

04 다음 열처리방법 중에서 표면경화법에 속하지 않는 것은?

① 침탄법
② 질화법
③ 고주파경화법
④ 항온열처리법

05 보통 합금보다 회복력과 회복량이 우수하여 센서(sensor)와 액추에이터(actuator)를 겸비한 기능성 재료로 사용되는 합금은?

① 비정질 합금
② 초소성 합금
③ 수소 저장 합금
④ 형상 기억 합금

> 형상 기억 합금 : 보통 합금보다 회복력과 회복량이 우수하여 센서(sensor)와 액추에이터(actuator)를 겸비한 기능성 재료로 사용

06 단일 금속에 비해 합금의 특성이 아닌 것은?

① 용융점이 낮아진다.
② 전도율이 낮아진다.
③ 강도와 경도가 커진다.
④ 전성과 연성이 커진다.

> 전성과 연성이 낮아진다.

07 구리의 원자기호와 비중과의 관계가 옳은 것은?(단, 비중은 20℃, 무산소동이다.)

① Al - 6.86   ② Ag - 6.96
③ Mg - 9.86 ④ Cu - 8.96

> Al(알루미늄) - 2.7, Ag(은) - 10.49, Mg(마그네슘) - 1.74

08 다음 중 가장 큰 회전력을 전달할 수 있는 것은?

① 안장 키   ② 평 키
③ 묻힘 키   ④ 스플라인

> 안장 키 < 평 키 < 묻힘 키 < 스플라인

09 강도와 기밀을 필요로 하는 압력용기에 쓰이는 리벳은?

① 접시머리 리벳
② 둥근머리 리벳
③ 납작머리 리벳
④ 얇은 납작머리 리벳

🔍 둥근머리 리벳 : 강도와 기밀을 필요로 하는 압력용기 및 보일러용으로 사용

10 체결하려는 부분이 두꺼워서 관통구멍을 뚫을 수 없을 때 사용되는 볼트는?

① 탭볼트
② T홈볼트
③ 아이볼트
④ 스테이볼트

🔍 탭볼트 ; 관통볼트를 사용하기 어려울 때 결합하려는 상대 쪽에 암나사를 내고, 머리붙이 볼트를 조여 부품을 결합

11 다음 중 V벨트의 단면 형상에서 단면이 가장 큰 벨트는?

① A   ② C
③ E   ④ M

🔍 V 벨트의 형별 중 단면 : M(가장 적고) < A < B < C < D < E(가장 크다.)

12 양끝을 고정한 단면적 2cm2인 사각봉이 온도 -10℃에서 가열되어 50℃가 되었을 때, 재료에 발생하는 열응력은?(단, 사각봉의 탄성계수는 21 GPa, 선팽창계수는 12×10-6/℃ 이다.)

① 15.1 MPa
② 25.2 MPa
③ 29.9 MPa
④ 35.8 MPa

🔍 $\sigma = E\epsilon = E(\frac{\lambda}{l}) = E\alpha(t_2 - t_1)$
$= 21000 \times 12 \times 10^{-6} \times (50-(-10)) = 15.1$

13 풀리의 지름 200mm, 회전수 900rpm인 평벨트 풀리가 있다. 벨트의 속도는 약 몇 m/s 인가?

① 9.42
② 10.42
③ 11.42
④ 12.42

🔍 $V = \frac{\pi DN}{1000} = \frac{3.14 \times 200 \times 900}{1000 \times 60} = 9.42$

14 나사에서 리드(L), 피치(P), 나사 줄 수(n)와의 관계식으로 옳은 것은?

① L = P
② L = 2P
③ L = nP
④ L = n

🔍 L = 줄수(n) x 피치(P) = nP

15 표준기어의 피치점에서 이끝까지의 반지름 방향으로 측정한 거리는?

① 이뿌리 높이
② 이끝 높이
③ 이끝 원
④ 이끝 틈새

🔍 이끝 높이 : 표준기어의 피치점에서 이끝까지의 반지름 방향으로 측정한 거리

16 다음 중 기하공차 기호와 그 의미의 연결이 틀린 것은?

① ▱ : 평면도
② ◎ : 동축도
③ ∠ : 경사도
④ ○ : 원통도

🔍 ○ : 진원도, ⌭ : 원통도

17 다음 도면에 대한 설명으로 옳은 것은?

① 품번 ③에서 사용하는 V벨트는 KS 규격품 중에서 그 두께가 가장 작은 것이다.
② 품번 ④는 스퍼기어로서 피치원 지름은 62mm 이다.
③ 롤러베어링이 사용되었으며 안지름치수는 15mm 이다.
④ 축과 스퍼기어는 묻힘 핀으로 고정되어 있다.

🔍 V벨트는 KS 규격품 중에서 그 두께가 가장 작은 것은 M형, 볼베어링이 사용되었으며 안지름치수는 17mm, 축과 스퍼기어는 묻힘 키로 고정

18 "Ø20 h7"의 공차 표시에서 "7"의 의미로 가장 적합한 것은?

① 기준 치수
② 공차역의 위치
③ 공차의 등급
④ 틈새의 크기

🔍 공차의 등급 : IT공차 7급임

19 다음 나사 중 리드가 가장 큰 것은?

① 피치가 2.5mm인 2줄 나사
② 피치가 2.0mm인 3줄 나사
③ 피치가 3.5mm인 2줄 나사
④ 피치가 6.5mm인 1줄 나사

🔍 L = 줄수(n) x 피치(P)에서 2x2.5=5, 3x2=6, 2x3.5=7, 1x6.5=6.5이므로 피치가 3.5mm인 2줄 나사가 크다.

20 그림과 같은 입체도에서 화살표 방향에서 본 것을 정면도로 할 때 가장 적합한 정면도는?

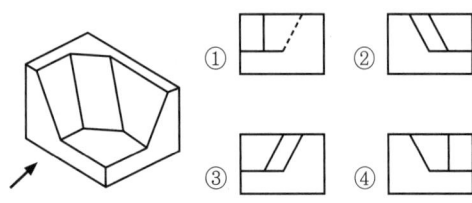

21 도면에서 2종류 이상의 선이 같은 장소에서 중복되는 경우에 우선순위를 옳게 나타낸 것은?

① 외형선 > 절단선 > 숨은선 > 치수 보조선 > 중심선 > 무게 중심선
② 외형선 > 숨은선 > 절단선 > 중심선 > 무게 중심선 > 치수 보조선
③ 숨은선 > 절단선 > 외형선 > 중심선 > 무게 중심 선 > 치수 보조선
④ 숨은선 > 절단선 > 외형선 > 치수 보조선 > 중심선 > 무게 중심선

🔍 외형선 > 숨은선 > 절단선 > 중심선 > 무게 중심선 > 치수 보조선

22 국부 투상도를 나타낼 때 주된 투상도에서 국부 투상도로 연결하는 선의 종류에 해당하지 않는 것은?

① 치수선　　② 중심선
③ 기준선　　④ 치수 보조선

🔍 가는 선이므로 중심선, 기준선, 치수 보조선이 가능하다.

23 표면의 결 도시기호가 그림과 같이 나타날 때 설명으로 틀린 것은?

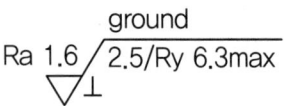

① 표면의 결은 연삭으로 제작
① R_a=1.6㎛에서 최대 R_y=6.3㎛까지로 제한

③ 투상면에 대략 수직인 줄무늬 방향
④ 샘플링 길이는 2.5μm

🔍 연삭(Grinding), 컷오프값이 2.5

24 치수 보조 기호 중 구의 반지름 기호는?

① SR
② SØ
③ Ø
④ R

🔍 SR : 구의 반지름, SØ : 구의 지름, Ø : 지름, R : 반지름

25 그림과 같이 벨트 풀이의 암 부분을 투상한 단면도법은?

① 부분 단면도
② 국부 단면도
③ 회전도시 단면도
④ 한쪽 단면도

🔍 바퀴의 암, 림, 리브, 훅, 축등의 절단면에 따라 90°회전도시 단면도로 표시

26 절삭면적을 나타낼 때 절삭깊이와 이송량과의 관계는?

① 절삭면적 = 이송량/절삭깊이
② 절삭면적 = 절삭깊이/이송량
③ 절삭면적 = 절삭깊이×이송량
④ 절삭면적 = $\dfrac{이송량 \times 절삭깊이}{2}$

🔍 절삭면적 = 절삭깊이 × 이송량

27 일반적으로 절삭가공에서 절삭유제로 사용하는 것으로 가장 거리가 먼 것은?

① 유화유
② 다이나모유
③ 광유
④ 지방질유

🔍 다이나모유는 사용하지 않는다.

28 빌트 업 에지(built up edge)의 발생을 감소시키기 위한 내용 중 틀린 것은?

① 윤활성이 좋은 절삭 유제를 사용한다.
② 공구의 윗면 경사각을 크게 한다.
③ 절삭 깊이를 크게 한다.
④ 절삭 속도를 크게 한다.

🔍 절삭 깊이를 적게 한다.

29 테이블 위에 설치하며 원형이나 윤곽 가공, 간단한 등분을 할 때 사용하는 밀링 부속장치는?

① 슬로팅 장치
② 회전 테이블
③ 밀링 바이스
④ 래크 절삭 장치

🔍 회전 테이블 : 테이블 위에 설치하며 원형이나 윤곽 가공, 간단한 등분을 할 때 사용

30 연마제를 가공액과 혼합한 것을 압축공기를 이용하여 가공물의 표면에 분사시켜 매끈한 다듬면을 얻는 가공법은?

① 슈퍼 피니싱
② 액체 호닝
③ 폴리싱
④ 버핑

🔍 액체 호닝 : 연마제를 가공액과 혼합한 것을 압축공기를 이용하여 가공물의 표면에 분사시켜 매끈한 다듬면을 얻는 가공

31 다음 연삭숫돌의 표시 방법 중 "60"은 무엇을 나타내는가?

"WA   60   K   5   V"

① 숫돌입자
② 입도
③ 결합도
④ 결합제

🔍 WA(숫돌입자), 60(입도), K(결합도), 5(조직), V(결합제)

32 일반적으로 드릴링 머신에서 가공하기 곤란한 작업은?

① 카운터 싱킹　② 스플라인 홈
③ 스폿 페이싱　④ 리밍

> 🔍 스플라인 홈은 브로칭 가공이나, 슬로터로 가공한다.

33 산화알루미늄 분말을 주성분으로 마그네슘, 규소 등의 산화물과 소량의 다른 원소를 첨가하여 소결한 절삭공구 재료는?

① 세라믹　② 다이아몬드
③ 초경합금　④ 고속도강

> 🔍 세라믹 : 알루미나(Al_2O_3) 분말에 규소(Si) 및 마그네슘(Mg) 등의 산화물을 첨가하여 소결시킨 것으로, 고온에서 경도가 높고 내마멸성이 좋으나 충격에 약한 공구재료

34 밀링머신의 분할 가공방법 중에서 분할 크랭크를 40회전하면, 주축이 1회전하는 방법을 이용한 분할법은?

① 직접 분할법　② 단식 분할법
③ 차동 분할법　④ 각도 분할

> 🔍 • 직접 분할법 : 24로 나누어지는 수(24, 12, 8, 6, 4, 3, 2)분할
> • 단식 분할법 : 분할 크랭크를 40 회전하면, 주축이 1회전하는 방법을 이용
> • 차동 분할법 : 위의 두 방법 외의 분할

35 일반적으로 오토 콜리메이터를 이용하여 측정하는 것으로 거리가 먼 것은?

① 진직도　② 직각도
③ 평행도　④ 구멍의 위치

> 🔍 오토 콜리메이터를 이용하여 측정 : 진직도, 직각도, 평행도

36 게이지 블록의 부속품 중 내측 및 외측을 측정할 때 홀더에 끼워 사용하는 부속품은?

① 둥근형 조　② 센터 포인트
③ 베이스 블록　④ 나이프 에지

> 🔍 둥근형 조 : 게이지 블록의 부속품 중 내측 및 외측을 측정할 때 홀더에 끼워 사용

37 지름이 50 mm인 연강을 선반에서 절삭할 때, 주축을 200 rpm으로 회전시키면 절삭 속도는 몇 m/min 인가?

① 21.4　② 31.4
③ 41.4　④ 51.4

> 🔍 $V = \dfrac{\pi DN}{1000} = \dfrac{3.14 \times 50 \times 200}{1000} = 31.4$

38 다음 중 수나사를 가공하는 공구는?

① 탭　② 리머
③ 다이스　④ 스크레이퍼

> 🔍 탭 : 암나사를 가공, 다이스 : 수나사를 가공

39 기어가공에서 창성법에 의한 가공이 아닌 것은?

① 호브에 의한 가공
② 형판에 의한 가공
③ 래크 커터에 의한 가공
④ 피니언 커터에 의한 가공

> 🔍 창성법 : 호브에 의한 가공, 래크 커터에 의한 가공, 피니언 커터에 의한 가공

40 재질이 연한 금속을 가공할 때 칩이 공구의 윗면 경사면 위를 연속적으로 흘러 나가는 형태의 칩은?

① 전단형 칩　② 열단형 칩
③ 유동형 칩　④ 균열형 칩

> 🔍 유동형 칩 : 재질이 연한 금속을 가공할 때 칩이 공구의 윗면 경사면 위를 연속적으로 흘러 나가는 형태

41 선반작업에서 3개의 조가 120° 간격으로 구성 배치되어 있는 척은?

① 단동척　② 콜릿척
③ 연동척　④ 마그네틱척

연동척 : 3개의 조가 120° 간격으로 구성 배치되어 있으며 3개의 조가 함께 작동되어서 원형이나 3배수가 되는 단면의 가공물을 쉽게 고정

42 일반적으로 선반작업에서 가공할 수 없는 가공법은?

① 외경 가공
② 테이퍼 가공
③ 나사 가공
④ 기어 가공

기어 가공은 전용기에서 가공

43 수치제어 공작기계에서 수치제어가 뜻하는 것은?

① 수치와 부호로써 구성된 정보로 기계의 운전을 자동으로 제어하는 것
② 사람이 기계의 손잡이를 조작하여 공구 및 공작물을 이동 제어하는 것
③ 한 사람이 여러 대의 공작 기계를 운전, 조작 제어하며 작업하는 것
④ 소재의 투입부터 가공, 출고까지 관리하는 것으로 공장전체 시스템을 무인화 하는 것

수치제어 : 수치와 부호로써 구성된 정보로 기계의 운전을 자동으로 제어하는 것

44 다음 프로그램에서 N90 블록을 실행할 때 주축의 회전수는 몇 rpm인가?

```
N70 G96 S157 M03;
N80 G00 X50. Z60.;
N90 G01 Z10. F0.1;
```

① 950
② 1000
③ 1050
④ 1100

$V = \dfrac{\pi DN}{1000}$ 에서 $N = \dfrac{1000V}{\pi D} = \dfrac{1000 \times 157}{3.14 \times 50} = 1000$

45 CNC의 서보기구를 위치 검출방식에 따라 분류할 때 해당하지 않는 것은?

① 폐쇄회로 방식(closed loop system)
② 반폐쇄회로 방식(semi-closed loop system)
③ 반개방회로 방식(semi-open loop system)
④ 복합회로 방식(hybrid servo system)

서보기구를 위치 검출방식 : 폐쇄회로 방식(closed loop system), 반폐쇄회로 방식(semi-closed loop system), 개방회로 방식(open loop system), 복합회로 방식(hybrid servo system)

46 CNC선반의 프로그램이다. ( )안에 들어갈 G-코드로 적합한 것은?

```
(    ) X110.0 Z120.0 S1300 T0100 M42 ;
```

① G60
② G50
③ G40
④ G30

G50 : 가공물 좌표계

47 CNC선반에서 증분 지령 어드레스는?

① V, X
② U, W
③ X, Z
④ Z, W

• 절대지령 : G01 X20. Z-20. ;
• 증분지령 : U20. W-20. ;
• 혼합지령 : G01 X20. W-20. ;, G01 U20. Z-20. ;

48 다음 중 서보모터가 일반적으로 갖추어야 할 특성으로 거리가 먼 것은?

① 큰 출력을 낼 수 있어야 한다.
② 진동이 적고 대형이어야 한다.
③ 온도상승이 적고 내열성이 좋아야 한다.
④ 높은 회전각 정도를 얻을 수 있어야 한다.

진동이 적고 소형이어야 한다.

49 일반적으로 CNC선반에서 절삭동력이 전달되는 스핀들 축으로 주축과 평행한 축은?

① X축
② Y축
③ Z축
④ A축

🔍 Z축 : 절삭동력이 전달되는 스핀들 축으로 주축과 평행한 축

50 머시닝센터에서 작업평면이 Y-Z평면일 때 지령되어야 할 코드는?

① G17
② G18
③ G19
④ G20

🔍 G17 : X-Y 평면, G18 : Z-X 평면, G19 : Y-Z 평면

51 CNC 공작기계의 조작반 버튼 중 한 블록씩 실행시키는데 사용되는 버튼은?

① 드라이 런(Dry run)
② 피드 홀드(Feed hold)
③ 싱글 블록(Single block)
④ 옵셔널 블록 스킵(Optional block skip)

🔍 싱글 블록(Single block) : 조작반 버튼 중 한 블록씩 실행시키는데 사용

52 밀링작업에 대한 안전사항으로 거리가 먼 것은?

① 전기의 누전여부를 작업전에 점검한다.
② 가공물은 기계를 정지한 상태에서 견고하게 고정한다.
③ 커터 날 끝과 같은 높이에서 절삭상태를 관찰한다.
④ 기계 가동 중에는 자리를 이탈하지 않는다.

🔍 커터 날 끝과 같은 높이에서 절삭상태를 관찰하지 않는다.

53 CNC 프로그램에서 EOB의 뜻은?

① 프로그램의 종료
③ 보조기능의 정지
② 블록의 종료
④ 주축의 정지

🔍 EOB(End Of Block) : 보조기능의 정지

54 다음 보조기능의 설명으로 틀린 것은?

① M00 - 프로그램 정지
② M02 - 프로그램 종료
③ M03 - 주축시계방향 회전
④ M05 - 주축반시계방향 회전

🔍 M05 - 주축의 정지

55 다음 그림에서 A에서 B로 가공하는 CNC선반 프로그램으로 옳은 것은?

① G02 X50.0 Z-10.0 R-10.0 F0.1;
② G02 X50.0 Z-10.0 R10.0 F0.1;
③ G03 X50.0 Z-10.0 R10.0 F0.1;
④ G04 X50.0 Z-10.0 I10.0 F0.1;

🔍 G02 X50.0 Z-10.0 R10.0 F0.1;

56 휴지(dwell)시간 지정을 의미하는 어드레스가 아닌 것은?

① X
② P
③ U
④ K

> 드웰 : 드릴가공에서 휴지기능을 이용하여 바닥면을 다듬질하는 기능. G04 X, U(정지시간을 지정 소수점사용가능), P(정지시간을 지정 소수점사용 불가능)-2초간 정지 시 X2.=U2.=P2000.

> 가공 후 측정값이 61.5이므로 공구의 반지름은 4.75로 수정 입력

57 다음 CNC선반의 프로그램에서 자동원점 복귀를 나타내는 준비기능은?

```
G28 U0. W0. ;
G50 X150. Z150. S2800 T0100 ;
G96 S180 M03 ;
G00 X62. Z2. T0101 M08 ;
```

① G00
② G28
③ G50
④ G96

> G28 : 자동원점 복귀

58 CNC 공작기계에서 정보 흐름의 순서가 옳은 것은?

① 지령펄스열 → 서보구동 → 수치정보 → 가공물
② 지령펄스열 → 수치정보 → 서보구동 → 가공물
③ 수치정보 → 지령펄스열 → 서보구동 → 가공물
④ 수치정보 → 서보구동 → 지령펄스열 → 가공물

> CNC 공작기계에서 정보 흐름 : 수치정보 → 지령 펄스열 → 서보구동 → 가공물

59 CNC선반에서 드릴작업 시 사용되는 기능은?

① G74
② G90
③ G92
④ G94

> G74 :Z방향 홈 가공 사이클(팩 드릴링)

60 머시닝센터에서 지름 10mm인 엔드밀을 사용하여 외측 가공 후 측정값이 Ø62.0mm가 되었다. 가공 치수를 Ø61.5 mm로 가공하려면 보정값을 얼마로 수정하여야 하는가?(단, 최초 보정은 5.0으로 반지름 값을 사용하는 머시닝센터이다.)

① 4.5
② 4.75
③ 5.5
④ 5.75

정답 기출문제 – 2015년 4회

01 ②	02 ③	03 ②	04 ④	05 ④
06 ④	07 ④	08 ④	09 ②	10 ①
11 ③	12 ①	13 ①	14 ③	15 ②
16 ④	17 ②	18 ③	19 ③	20 ②
21 ②	22 ①	23 ④	24 ①	25 ③
26 ③	27 ②	28 ②	29 ②	30 ②
31 ②	32 ②	33 ①	34 ②	35 ④
36 ①	37 ②	38 ③	39 ②	40 ③
41 ③	42 ④	43 ①	44 ②	45 ③
46 ②	47 ②	48 ②	49 ②	50 ③
51 ③	52 ②	53 ②	54 ④	55 ②
56 ④	57 ②	58 ③	59 ①	60 ②

2016년 1회 기출문제

01 강의 5대 원소에 속하지 않는 것은?

① 황(S)   ② 마그네슘(Mg)
③ 탄소(C)   ④ 규소(Si)

🔍 탄소(C : 0.02~2.1%), 규소(Si : 0.1~0.35%), 망간(Mn : 0.2~08%), 인(P : 0.06%이하), 황(S : 0.08~0.35%)

02 합금공구강 강재의 종류의 기호에 STS11로 표시된 기호의 주된 용도는?

① 냉간 금형용
② 열간 금형용
③ 절삭 공구강용
④ 내충격 공구강용

🔍 STS11 (합금공구강) : 절삭공구, 냉간드로잉용 다이스, 센터드릴

03 원자의 배열이 불규칙한 상태의 합금은?

① 비정질 합금
② 제진 합금
③ 형상 기억 합금
④ 초소성 합금

🔍 비정질 합금 : 원자의 배열이 불규칙한 상태의 합금

04 구리의 일반적인 특징으로 틀린 것은?

① 전연성이 좋다.
② 가공성이 우수하다.
③ 전기 및 열의 전도성이 우수하다.
④ 화학 저항력이 작아 부식이 잘 된다.

🔍 • 전연성이 좋다.
• 가공성이 우수하다.
• 전기 및 열의 전도성이 우수하다.

05 구상 흑연주철에서 구상화 처리 시 주물 두께에 따른 영향으로 틀린 것은?

① 두께가 얇으면 백선화가 커진다.
② 두께가 얇으면 구상흑연 정출이 되기 쉽다.
③ 두께가 두꺼우면 냉각속도가 느리다.
④ 두께가 두꺼우면 구상흑연이 되기 쉽다.

🔍 두께가 두꺼우면 냉각속도가 늦으므로 편상흑연이 되기 쉽고 구상흑연제가 너무 많아도 백선화되기 쉽다.

06 기계부품이나 자동차부품 등에 내마모성, 인성, 기계적 성질을 개선하기 위한 표면경화법은?

① 침탄법   ② 항온풀림
③ 저온풀림   ④ 고온뜨임

🔍 침탄법 : 기계부품이나 자동차부품 등에 내마모성, 인성, 기계적 성질을 개선하기 위한 표면경화법

07 부식을 방지하는 방법에서 알루미늄의 방식법에 속하지 않는 것은?

① 수산법   ② 황산법
③ 니켈산법   ④ 크롬산법

🔍 알루미늄의 방식법 : 수산법, 황산법, 크롬산법

08 축과 보스에 동일 간격의 홈을 만들어서 토크를 전달하는 것으로 축방향으로 이동이 가능하고 축과 보스의 중심을 맞추기가 쉬운 기계요소는?

① 반달 키   ② 접선 키
③ 원뿔 키   ④ 스플라인

🔍 스플라인 : 축과 보스에 동일 간격의 홈을 만들어서 토크를 전달하는 것으로 축방향으로 이동이 가능하고 축과 보스의 중심을 맞추기가 쉽다.

09 브레이크 블록의 길이와 너비가 60mm × 20mm이고, 브레이크 블록을 미는 힘이 900N일 때 브레이크 블록의 평균 압력은?

① 0.75N/mm² ② 7.5N/mm²
③ 10.8N/mm² ④ 108N/mm²

🔍 $\sigma = \dfrac{Q}{A} = \dfrac{900}{60 \times 20} = 0.75$

10 지름 5mm 이하의 바늘 모양 롤러를 사용하는 베어링으로서 단위면적당 부하용량이 커서 협소한 장소에서 고속의 강한 하중이 작용하는 곳에 주로 사용하는 베어링은?

① 스러스트 롤러 베어링
② 자동 조심형 롤러 베어링
③ 니들 롤러 베어링
④ 테이퍼 롤러 베어링

🔍 니들 롤러 베어링 : 지름 5mm 이하의 바늘 모양 롤러를 사용하는 베어링으로서 단위면적당 부하용량이 커서 협소한 장소에서 고속의 강한 하중이 작용하는 곳에 주로 사용

11 전동축이 350rpm으로 회전하고 전달 토크가 120N·m일 때 이 축이 전달하는 동력은 약 몇 kW인가?

① 2.2 ② 4.4
③ 6.6 ④ 8.8

🔍 $T = 974000 \dfrac{H_{kW}}{N} = (kg \cdot mm)$에서
$H_{kW} = \dfrac{T \times N}{974000} = \dfrac{120000 \times 350}{974000 \times 9.8} = 4.4$

12 두 축이 평행하지도 교차하지도 않으며 나사 모양을 가진 기어로 주로 큰 감속비를 얻고자 할 때 사용하는 기어 장치는?

① 웜 기어   ② 제롤 베벨 기어
③ 래크와 피니언 ④ 내접 기어

🔍 웜 기어 : 두 축이 평행하지도 교차하지도 않으며 나사 모양을 가진 기어로 주로 큰 감속비를 얻고자 할 때 사용

13 축 방향에 큰 하중을 받아 운동을 전달하는데 적합하도록 나사산을 사각모양으로 만들었으며, 하중의 방향이 일정하지 않고 교번하중을 받는 곳에 사용하기에 적합한 나사는?

① 볼나사   ② 사각나사
③ 톱니나사   ④ 너클나사

🔍 사각나사 : 축 방향에 큰 하중을 받아 운동을 전달하는데 적합하도록 나사산을 사각모양으로 만들었으며, 하중의 방향이 일정하지 않고 교번하중을 받는 곳에 사용

14 두 물체 사이의 거리를 일정하게 유지시키는데 사용하는 볼트는?

① 스터드 볼트
② 랩 볼트
③ 리머 볼트
④ 스테이 볼트

🔍 스테이 볼트 : 두 물체 사이의 거리를 일정하게 유지시키는데 사용

15 바깥지름이 500mm, 안지름이 490mm인 얇은 원통의 내부에 3MPa의 압력이 작용할 때 원주 방향의 응력은 약 몇 MPa인가?

① 75   ② 147
③ 222 ④ 294

🔍 $\sigma = \dfrac{pD}{2t} = \dfrac{3 \times 490}{2 \times 5} = 47$

16 다음 그림에서 A~D에 관한 설명으로 가장 옳은 것은?

① 선 A는 물체의 이동 한계의 위치를 나타낸다.
② 선 B는 도형의 숨은 부분을 나타낸다.
③ 선 C는 대상의 앞쪽 형상을 가상으로 나타낸다.
④ 선 D는 대상이 평면임을 나타낸다.

🔍 A : 가상선, B : 중심선, C : 파단선, D : 해칭선

17 그림의 조립도에서 부품 ①의 기능과 조립 및 가공을 고려할 때, 가장 적합하게 투상된 부품도는?

18 KS 기계제도에서 도면에 기입된 길이 치수는 단위를 표기하지 않으나 실제 단위는?

① μm
② cm
③ mm
④ m

🔍 길이의 치수 수치는 원칙적으로 mm의 단위로 기입하고 단위기호는 붙이지 않는다.

19 대칭형인 대상물을 외형도의 절반과 온단면도의 절반을 조합하여 표시한 단면도는?

① 계단 단면도
② 한쪽 단면도
③ 부분 단면도
④ 회전 도시 단면도

🔍 한쪽 단면도 : 대칭형인 대상물을 외형도의 절반과 온단면도의 절반을 조합하여 표시한 단면도

20 일반적으로 무하중 상태에서 그리는 스프링이 아닌 것은?

① 겹판 스프링
② 코일 스프링
③ 벌류트 스프링
④ 스파이럴 스프링

🔍 상용하중 상태에서 그리는 스프링 : 겹판 스프링

21 그림과 같은 정투상도에서 제3각법으로 나타낼 때 평면도로 가장 옳은 것은?

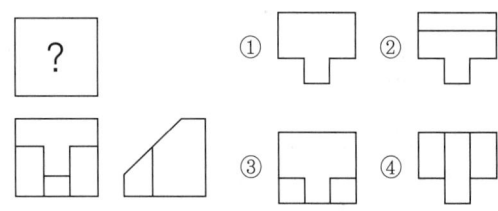

22 나사 표시 기호가 Tr10 × 2 로 표시 된 경우 이는 어떤 나사인가?

① 미터 사다리꼴나사
② 미니추어 나사
③ 관용 테이퍼 암나사
④ 유니파이 가는 나사

🔍 • 미터 사다리꼴나사 : Tr, 미니추어 나사 : S,
• 관용 테이퍼 암나사 : Rc, 유니파이 가는 나사 : UNF

23 축과 구멍의 끼워맞춤 도시기호를 옳게 나타낸 것은?

🔍 항상 구멍 끼워맞춤 기호인 대문자가 먼저 쓰고 축이 나중에 온다. "-", "/", 치수선 위에 기입한다.

24 그림과 같은 표면의 결 도시기호의 설명으로 옳은 것은?

① 10점 평균 거칠기 하한값이 25μm인 표면
② 10점 평균 거칠기 상한값이 25μm인 표면
③ 산술 평균 거칠기 하한값이 25μm인 표면
④ 산술 평균 거칠기 상한값이 25μm인 표면

🔍 산술 평균 거칠기 상한값이 25μm인 표면을 도시

25 지정 넓이 100mm×100mm에서 평면도 허용값이 0.02mm인 것을 옳게 나타낸 것은?

① ▱ | 0.02×□100
② ▱ | 0.02×□10000
③ ▱ | 0.02/100×100
④ ▱ | 0.02×100×100

🔍 ▱ 0.02/100×100 지정 넓이 100mm×100mm에서 평면도 허용값이 0.02mm

26 다음 중 바이트, 밀링 커터 및 드릴의 연삭에 가장 적합한 것은?

① 공구 연삭기
② 성형 연삭기
③ 원통 연삭기
④ 평면 연삭기

🔍 공구 연삭기 : 여러 가지 부속장치를 사용하여 밀링커터, 엔드밀, 드릴, 바이트, 호브, 리머 등을 연삭

27 버니어 캘리퍼스의 종류가 아닌 것은?

① B형
② M형
③ CB형
④ CM형

🔍 버니어 캘리퍼스의 종류 : M형, CB형, CM형

28 줄에 관한 설명으로 틀린 것은?

① 줄의 단면에 따라 황목, 중목, 세목, 유목으로 나눈다.
② 줄 작업을 할 때는 두 손의 절삭 하중은 서로 균형이 맞아야 정밀한 평면가공이 된다.
③ 줄 작업을 할 때는 양 손은 줄의 전후 운동을 조절하고, 눈은 가공물의 윗면을 주시한다.
④ 줄의 수명은 황동, 구리합금 등에 사용할 때가 가장 길고 연강, 경강, 주철의 순서가 된다.

🔍 줄은 줄눈에 따라 황목, 중목, 세목, 유목으로 나눈다.

29 공작물에 일정한 간격으로 동시에 5개의 구멍을 가공 후, 탭 가공을 하려고 할 때 가장 적합한 드릴링 머신은?

① 다두 드릴링 머신
② 다축 드릴링 머신
③ 직립 드릴링 머신
④ 레이디얼 드릴링 머신

🔍 다축 드릴링 머신 : 공작물에 일정한 간격으로 동시에 5개의 구멍을 가공 후, 탭 가공을 하려고 할 때 가장 적합

30 결합도가 높은 숫돌을 사용하는 경우로 적합하지 않은 것은?

① 접촉면이 클 때
② 연삭깊이가 얕을 때
③ 재료표면이 거칠 때
④ 숫돌차의 원주속도가 느릴 때

🔍 접촉면이 클 때 : 결합도가 낮은 숫돌을 사용

31 밀링 커터의 지름이 100mm, 한날 당 이송이 0.2mm, 커터의 날수는 10개, 커터의 회전수가 520rpm일 때, 테이블의 이송속도는 약 몇 mm/min인가?

① 640
② 840
③ 940
④ 1040

🔍 $F = f_z \times z \times n$
∴ $F = 0.2 \times 10 \times 520 = 1040$ [mm/mim]

32 절삭공구의 절삭면에 평행하게 마모되는 것으로 측면과 절삭면과의 마찰에 의해 발생하는 것은?

① 치핑
② 온도 파손
③ 플랭크 마모
④ 크레이터 마모

> 플랭크 마모 : 절삭공구의 절삭면에 평행하게 마모되는 것으로 측면과 절삭면과의 마찰에 의해 발생

33 마이크로미터 및 게이지 등의 핸들에 이용되는 널링작업에 대한 설명으로 옳은 것은?

① 널링 가공은 절삭가공이 아닌 소성가공법이다.
② 널링 작업을 할 때는 절삭유를 공급해서는 절대 안 된다.
③ 널링을 하면 다듬질 치수보다 지름이 작아지는 것을 고려하여야 한다.
④ 널이 2개인 경우 널이 가공물의 중심선에 대하여 비대칭적으로 위치하여야 한다.

> 널링 가공(소성가공법) : 마이크로미터 및 게이지 등의 핸들에 이용되는 널링작업

34 절삭공구 선단부에서 전단 응력을 받으며, 항상 미끄럼이 생기면서 절삭작용이 이루어지며 진동이 적고, 가공표면이 매끄러운 면을 얻을 수 있는 가장 이상적인 칩의 형태는?

① 균열형 칩
② 유동형 칩
③ 열단형 칩
④ 전단형 칩

> 유동형 칩(flow type chip) : 칩이 경사면 위를 연속적으로 원활하게 흘러 나가는 모양으로 연속칩이라고 한다.

35 각도를 측정하는 기기가 아닌 것은?

① 사인바
② 분도기
③ 각도 게이지
④ 하이트 게이지

> 각도를 측정하는 기기 : 사인바, 분도기, 각도 게이지

36 선반 바이트의 윗면 경사각에 대한 설명으로 틀린 것은?

① 직접 절삭저항에 영향을 준다.
② 윗면 경사각이 크면 절삭성이 좋다.
③ 공구의 끝과 일감의 마찰을 줄이기 위한 것이다.
④ 윗면 경사각이 크면 일감 표면이 깨끗하게 다듬어지지만 날 끝은 약하게 된다.

> 윗면 경사각은 선반의 바이트 공구각 중 직접 절삭력에 영향을 주는 각도이다.

37 공작기계의 급유법 중 마찰면이 넓거나 시동되는 횟수가 많을 때 저속 및 중속 축의 급유에 사용되는 급유법은?

① 강제 급유법
② 담금 급유법
③ 분무 급유법
④ 적하 급유법

> 적하 급유법 : 공작기계의 급유법 중 마찰면이 넓거나 시동되는 횟수가 많을 때 저속 및 중속 축의 급유

38 방전 가공용 전극재료의 조건으로 틀린 것은?

① 가공 정밀도가 높을 것
② 가공 전극의 소모가 많을 것
③ 구하기 쉽고 값이 저렴할 것
④ 방전이 안전하고 가공속도가 클 것

> 방전 가공용 전극재료의 조건
> • 가공 정밀도가 높을 것
> • 가공 전극의 소모가 적을 것
> • 구하기 쉽고 값이 저렴할 것
> • 방전이 안전하고 가공속도가 클 것

39 탄화물 분말인 W, Ti, Ta 등을 Co나 Ni분말과 혼합하여 고온에서 소결한 것으로 고온·고속 절삭에도 높은 경도를 유지하는 절삭공구재료는?

① 세라믹
② 고속도강
③ 주조합금
④ 초경합금

> 초경합금 : 탄화물 분말인 W, Ti, Ta 등을 Co나 Ni분말과 혼합하여 고온에서 소결한 것으로 고온·고속 절삭에도 높은 경도를 유지하는 절삭공구재료

40 다음 중 밀링작업에서 분할대를 이용하여 직접분할이 가능한 가장 큰 분할수는?

① 40　　② 32
③ 24　　④ 15

🔍 직접 분할법 : 24개의 구멍(24, 12, 8, 6, 4, 3, 2는 직접분할)

41 밀링머신의 부속장치에 속하는 것은?

① 돌리개　　② 맨드릴
③ 방진구　　④ 분할대

🔍 밀링머신의 부속장치 : 분할대

42 선반 주축대 내부의 '테이퍼로 적합한 것은?

① 모스 테이퍼(Morse taper)
② 내셔널 테이퍼(National taper)
③ 바틀그립 테이퍼(Bottle grip taper)
④ 브라운샤프 테이퍼(Brown &Sharpe taper)

🔍 주축의 끝부분은 모스 테이퍼(morse taper) 구멍으로 되어 있다.(모스 테이퍼 No 3~5번 사용)

43 다음은 원 가공을 위한 머시닝센터 가공도면 및 프로그램을 나타낸 것이다. (　) 안에 들어갈 내용으로 옳은 것은?

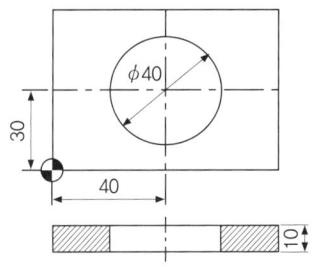

```
G00 G90 X40. Y30. ;
G01 Z-10. F90 ;
G41 Y50. D01 ;
G03 (    ) ;
G40 G01 Y30. ;
G00 Z100. ;
```

① I-20.　　② I20.
③ J-20.　　④ J20.

🔍 J-20.

44 머시닝센터에서 아래와 같이 가공하고자 한다. 알맞은 평면지정은?

G03 X_ Z_ R_ F_ ;

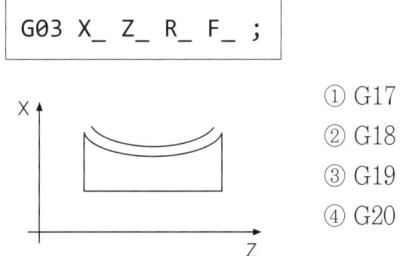

① G17
② G18
③ G19
④ G20

🔍 G17 : X-Y 작업평면, G18 : Z-X 작업평면, G19 : Y-Z 작업평면

45 아래와 같이 CNC선반에 사용되는 휴지(dwell) 기능을 나타낸 명령에서 밑줄 친 곳에 사용할 수 없는 어드레스는?

G04 _ _ ;

① G　　② P
③ U　　④ X

🔍 - G04 U1.0, - G04 X1.0, - G04 P1000 ; P는 소수점을 사용할 수 없으며, X와 U는 소수점이하 세 자리까지 유효하다.

46 CNC선반에서 나사가공과 관계없는 G코드는?

① G32
② G75
③ G76
④ G92

🔍 - G32 : 나사절삭, - G76 : 자동나사가공 사이클, - G92 : 나사절삭 사이클

47 CNC공작기계의 구성과 인체를 비교하였을 때 가장 적절하지 않은 것은?

① CNC장치 – 눈
② 유압유닛 – 심장
③ 기계본체 – 몸체
④ 서보모터 – 손과 발

> CNC장치 - 머리, 유압유닛 - 심장, 기계본체 - 몸체, 서보모터 – 손과 발

48 CNC공작기계에 주로 사용되는 방식으로, 모터에 내장된 타코 제너레이터에서 속도를 검출하고, 엔코더에서 위치를 검출하여 피드백하는 NC서보기구의 제어방식은?

① 개방회로 방식(Open loop system)
② 폐쇄회로 방식(Closed loop system)
③ 반개방회로 방식(Semi-open loop system)
④ 반폐쇄회로 방식(Semi-closed loop system)

> 반폐쇄회로 방식(Semi-closed loop system) : NC공작기계에 주로 사용되는 방식으로, 모터에 내장된 타코 제너레이터에서 속도를 검출하고, 엔코더에서 위치를 검출하여 피드백하는 NC서보기구의 제어방식

49 CNC선반 프로그램에서 G50의 기능에 대한 설명으로 틀린 것은?

① 주축 최고회전수 제한기능을 포함한다.
② one shot 코드로서 지령된 블록에서만 유효하다.
③ 좌표계 설정기능으로 머시닝센터에서 G92(공작물좌표계설정)의 기능과 같다.
④ 비상정지 시 기계원점 복귀이나 원점 복귀를 지령할 때의 중간 경유 지점을 지정할 때에도 사용한다.

> • 주축 최고회전수 제한기능을 포함한다.
> • one shot 코드로서 지령된 블록에서만 유효하다.
> • 좌표계 설정기능으로 머시닝센터에서 G92(공작물좌표계설정)의 기능과 같다.

50 머시닝센터 작업 중 절삭 칩이 공구나 일감에 부착되는 경우의 해결 방법으로 잘못된 것은?

① 장갑을 끼고 수시로 제거한다.
② 고압의 압축 공기를 이용하여 불어 낸다.
③ 칩이 가루로 배출되는 경우는 집진기로 흡입한다.
④ 많은 양의 절삭유를 공급하여 칩이 흘러내리게 한다.

> 칩은 예리하므로 직접 손을 대지 말고 청소용 솔 등으로 제거한다.

51 머시닝 센터에서 공구길이 보정량이 –20이고 보정번호 12번에 설정되어 있을 때 공구길이 보정을 올바르게 지령한 것은?

① G41 D12;   ② G42 D20;
③ G44 H12;   ④ G49 H-20;

> G44(공구길이 보정 "–") H12 ;

52 다음 중 CNC프로그램에서 워드(word)의 구성으로 옳은 것은?

① 데이터(data) + 데이터(data)
② 블록(block) + 어드레스(address)
③ 어드레스(address) + 데이터(data)
④ 어드레스(address) + 어드레스(address)

> CNC프로그램에서 워드(word)의 구성 : 어드레스(address) + 데이터(data)

53 아래와 같은 사이클 가공에서 지령워드의 설명이 틀린 것은?

```
G90 X(U)_ Z(W)_ I(R)_ F_ ;
```

① F : 나사의 피치(리드) 지령 값
② I(R) : 테이퍼 지령 X축 반경 값
③ Z(W) : Z축 방향의 절삭 지령 값
④ X(U) : X축 방향의 직경 지령 값

> F : 내외경절삭 사이클에서 이송속도(mm/rev) 값

54 아래는 CNC선반 프로그램의 설명이다. Ⓐ와 Ⓑ에 들어갈 코드로 옳은 것은?

```
Ⓐ X1600.0 Z160.0 S1500 T0100;
// 설명 : 좌표계 설정
Ⓑ S150 M03 ;
// 설명 : 절삭속도 150m/min로 주축정회전
```

① Ⓐ : G03, Ⓑ : G97
② Ⓐ : G30, Ⓑ : G96
③ Ⓐ : G50, Ⓑ : G96
④ Ⓐ : G50, Ⓑ : G98

🔍 Ⓐ : G50(공작물 좌표계 설정), Ⓑ : G96(주속일정제어)

55 CNC프로그램에서 보조 프로그램에 대한 설명으로 틀린 것은?

① 보조 프로그램의 마지막에는 M99가 필요하다.
② 보조 프로그램을 호출할 때는 M98을 사용한다.
③ 보조 프로그램은 다른 보조 프로그램을 가질 수 있다.
④ 주프로그램은 오직 하나의 보조프로그램만 가질 수 있다.

🔍 주프로그램은 여러 개의 보조프로그램을 가질 수 있다.

56 CNC선반 프로그램에서 사용되는 공구보정 중 주로 외경에 사용되는 우측 보정 준비 기능의 G 코드는?

① G40
② G41
③ G42
④ G43

🔍 G40 : 공구경보정 무시, G41 : 공구경보정 좌측, G42 : 공구경보정 우측

57 프로그램을 컴퓨터의 기억 장치에 기억시켜 놓고, 통신선을 이용해 1대의 컴퓨터에서 여러 대의 CNC공작기계를 직접 제어하는 것을 무엇이라 하는가?

① ATC
② CAM
③ DNC
④ FMC

🔍 DNC : 프로그램을 컴퓨터의 기억 장치에 기억시켜 놓고, 통신선을 이용해 1대의 컴퓨터에서 여러 대의 CNC공작기계를 직접 제어

58 CNC기계 조작반의 모드 선택 스위치 중 새로운 프로그램을 작성하고 등록된 프로그램을 삽입, 수정, 삭제할 수 있는 모드는?

① AUTO
② EDIT
③ JOG
④ MDI

🔍 EDIT : CNC기계 조작반의 모드 선택 스위치 중 새로운 프로그램을 작성하고 등록된 프로그램을 삽입, 수정, 삭제할 수 있는 모드

59 밀링작업을 할 때의 안전수칙으로 가장 적합한 것은?

① 가공 중 절삭면의 표면 조도는 손을 이용하여 확인하면서 작업한다.
② 절삭 칩의 비산 방향을 마주보고 보안경을 착용하여 작업한다.
③ 밀링 커터나 아버를 설치하거나 제거할 때는 전원 스위치를 켠 상태에서 작업한다.
④ 절삭 날은 양호한 것을 사용하며, 마모된 것은 재연삭 또는 교환하여야 한다.

🔍 · 절삭면의 표면 조도는 기계를 정지 후에 확인한다.
· 절삭 칩의 비산 방향을 피해서 보안경을 착용하여 작업한다.
· 밀링 커터나 아버를 설치하거나 제거할 때는 전원 스위치를 끄고 작업한다.

60 CNC공작기계의 안전에 관한 사항으로 틀린 것은?

① 비상정지 버튼의 위치를 숙지한 후 작업한다.
② 강전반 및 CNC장치는 어떠한 충격도 주지 말아야 한다.
③ 강전반 및 CNC장치는 압축 공기를 사용하여 항상 깨끗이 청소한다.
④ MDI로 프로그램을 입력할 때 입력이 끝나면 반드시 확인하여야 한다.

🔍 강전반 및 CNC 장치는 충격을 주어서는 안되므로 압축공기로 청소해서는 곤란하다.

정답 기출문제 – 2016년 1회

01 ②	02 ③	03 ①	04 ④	05 ④
06 ①	07 ③	08 ④	09 ①	10 ③
11 ②	12 ①	13 ②	14 ④	15 ②
16 ①	17 ④	18 ③	19 ②	20 ①
21 ②	22 ①	23 ②	24 ④	25 ③
26 ①	27 ①	28 ①	29 ②	30 ①
31 ④	32 ③	33 ①	34 ②	35 ④
36 ③	37 ④	38 ②	39 ④	40 ③
41 ④	42 ①	43 ③	44 ②	45 ①
46 ②	47 ①	48 ④	49 ④	50 ①
51 ③	52 ③	53 ①	54 ②	55 ④
56 ③	57 ③	58 ②	59 ④	60 ③

2016년 2회 기출문제

01 보통 주철에 비하여 규소가 적은 용선에 적당량의 망간을 첨가하여 금형에 주입하면 금형에 접촉된 부분은 급랭되어 아주 가벼운 백주철로 되는데 이러한 주철을 무엇이라고 하는가?

① 가단주철　　② 칠드주철
③ 고급주철　　④ 합금주철

> 칠드주철 : 보통 주철에 비하여 규소가 적은 용선에 적당량의 망간을 첨가하여 금형에 주입하면 금형에 접촉된 부분은 급랭되어 아주 가벼운 백주철

02 연신율과 단면 수축률을 시험할 수 있는 재료 시험기는?

① 피로시험기　　② 충격시험기
③ 인장시험기　　④ 크리프시험기

> 인장시험기 : 연신율과 단면 수축률을 시험

03 베어링 재료의 구비조건이 아닌 것은?

① 융착성이 좋을 것　　② 피로강도가 클 것
③ 내식성이 강할 것　　④ 내열성을 가질 것

> 베어링 재료의 구비조건
> • 피로강도가 클 것
> • 내식성이 강할 것
> • 내열성을 가질 것

04 스테인리스강의 종류에 해당되지 않는 것은?

① 페라이트계 스테인리스강
② 펄라이트계 스테인리스강
③ 마텐자이트계 스테인리스강
④ 오스테나이트계 스테인리스강

> 스테인리스강의 종류 : 페라이트계 스테인리스강, 마텐자이트계 스테인리스강, 오스테나이트계 스테인리스강

05 펄라이트 주철이며 흑연을 미세화 시켜 인장강도를 245MPa 이상으로 강화시킨 주철로서 피스톤에 가장 적합한 주철은?

① 보통 주철　　② 고급 주철
③ 구상흑연 주철　　④ 가단 주철

> 고급 주철 : 펄라이트 주철이며 흑연을 미세화 시켜 인장강도를 245MPa 이상으로 강화시킨 주철로서 피스톤에 가장 적합

06 주석(Sn), 아연(Zn), 납(Pb), 안티몬(Sb)의 합금으로, 주석계 메탈을 배빗메탈이라 하며 내연기관을 비롯한 각종 기계의 베어링에 가장 널리 사용되는 것은?

① 켈밋　　② 합성수지
③ 트리메탈　　④ 화이트메탈

> 화이트메탈 : 주석(Sn), 아연(Zn), 납(Pb), 안티몬(Sb)의 합금으로, 주석계 메탈을 배빗메탈이라 하며 내연기관을 비롯한 각종 기계의 베어링에 사용

07 표준조성이 Cu-4%, Mg-1.5%, Ni-2% 함유하고 있는 Al-Cu-Mg-Ni계의 알루미늄 합금은?

① Y합금　　② 문쯔메탈
③ 활자합금　　④ 엘린바

> Y합금 : 표준조성이 Cu-4%, Mg-1.5%, Ni-2% 함유하고 있는 Al-Cu-Mg-Ni계의 알루미늄 합금으로 고온강도가 크므로 내연기관의 실린더, 피스톤, 실린더헤드에 사용

08 평벨트 전동장치와 비교하여 V벨트 전동장치의 장점에 대한 설명으로 틀린 것은?

① 엇걸기로도 사용이 가능하다.
② 미끄럼이 적고 속도 비를 크게 할 수 있다.
③ 운전이 정숙하고 충격을 완화하는 작용을 한다.
④ 비교적 작은 장력으로 큰 회전력을 전달할 수 있다.

> V벨트 전동장치는 V홈과 축간거리가 짧기 때문에 엇걸기는 사용이 불가능하다.

> 사다리꼴나사 : 애크미 나사라고도 하며 나사산의 각도가 인치계(TW)에서는 29°이고, 미터계(TM)에서는 30°인 나사(KS, ISO규격에서는 Tr(30°))

09 12kN · m의 토크를 받는 축의 지름은 약 몇 mm 이상이어야 하는가?(단, 허용 비틀림 응력은 50MPa이라 한다.)

① 84　　② 107
③ 126　　④ 145

> $d = \sqrt[3]{\dfrac{5.1T}{\tau}} = \sqrt[3]{\dfrac{5.1 \times 12000000}{50}} = 106.969 ≒ 107$

10 나사의 풀림 방지법에 속하지 않는 것은?

① 스프링 와셔를 사용하는 방법
② 로크너트를 사용하는 방법
③ 부시를 사용하는 방법
④ 자동 조임 너트를 사용하는 방법

> 나사의 풀림 방지법
> • 스프링 와셔를 사용하는 방법
> • 로크너트를 사용하는 방법
> • 자동 조임 너트를 사용하는 방법
> • 분할 핀에 의한 방법
> • 멈춤 나사에 의한 방법

11 둥근 봉을 비틀 때 생기는 비틀림 변형을 이용하여 만드는 스프링은?

① 코일 스프링
② 벌류트 스프링
③ 접시 스프링
④ 토션 바

> 토션 바 : 둥근 봉을 비틀 때 생기는 비틀림 변형을 이용하여 만드는 스프링

12 애크미 나사라고도 하며 나사산의 각도가 인치계에서는 29°이고, 미터계에서는 30°인 나사는?

① 사다리꼴나사　　② 미터 나사
③ 유티파이 나사　　④ 너클 나사

13 모듈 5이고 잇수가 각각 40개와 60개인 한 쌍의 표준 스퍼기어에서 두 축의 중심거리는?

① 100mm　　② 150mm
③ 200mm　　④ 250mm

> $a = \dfrac{m(Z_1 - Z_2)}{2} = \dfrac{5(40+60)}{2} = 250$

14 고압 탱크나 보일러의 리벳이음 주위에 코킹(caulking)을 하는 주목적은?

① 강도를 보강하기 위해서
② 기밀을 유지하기 위해서
③ 표면을 깨끗하게 유지하기 위해서
④ 이음 부위에 파손을 방지하기 위해서

> 코킹 : 리베팅이 끝난 뒤에 리벳머리의 주위 또는 강판의 가장자리를 정으로 때려 그 부분을 밀착시켜 틈을 없애는 기밀작업

15 SI단위계의 물리량과 단위가 틀린 것은?

① 힘 – N
② 압력 – Pa
③ 에너지 – dyne
④ 일률 – W

> SI단위계의 물리량과 단위 : 힘 - N, 압력 - Pa, 에너지 - J, 일률 - W

16 기계제도에서 사용되는 재료기호 SM20C의 의미는?

① 기계 구조용 탄소 강재
② 합금 공구강 강재
③ 일반 구조용 압연 강재
④ 탄소 공구강 강재

> SM20C : 기계 구조용 탄소 강재(탄소함유량 0.15~0.25% C)

17 두상법을 나타내는 기호 중 제 3각법을 의미하는 기호는?

🔍 ⊟⊕ : 제1각법, ⊕⊟ : 제3각법

18 제 3각법에 의한 그림과 같은 정투상도의 입체도로 가장 적합한 것은?

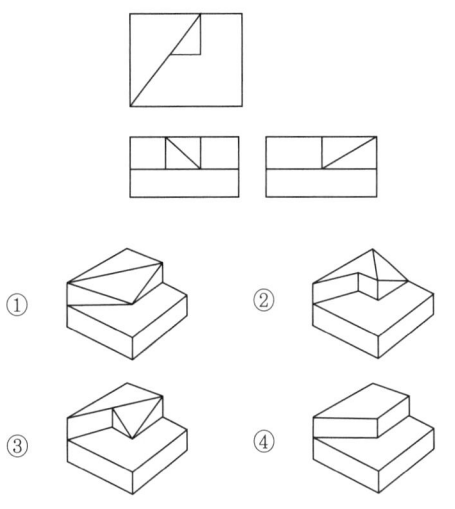

19 다음 중 스퍼 기어의 도시법으로 옳은 것은?

① 잇봉우리원은 가는 실선으로 그린다.
② 잇봉우리원은 굵은 실선으로 그린다.
③ 이골원은 가는 1점 쇄선으로 그린다.
④ 이골원은 가는 2점 쇄선으로 그린다.

🔍 스퍼기어 제도 : 피치원은 가는 1점 쇄선, 이끝 : 굵은 실선, 이골(뿌리)원 : 가는 실선으로 도시(단면은 굵은 실선도시)

20 면의 지시 기호에 대한 각 지시 기호의 위치에서 가공 방법을 표시하는 위치로 옳은 것은?

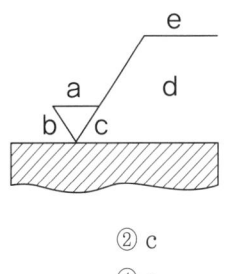

① a
② c
③ d
④ e

🔍 a : 산술평균 거칠기 상한값, c : 가공무늬, Ry, Rz값, e : 가공방법

21 다음 그림에 대한 설명으로 옳은 것은?

① 참고 치수로 기입한 곳이 2곳이 있다.
② 45°모떼기의 크기는 4mm이다.
③ 지름이 10mm인 구멍이 한 개 있다.
④ □80은 한 변의 길이가 80mm인 정사각형이다.

🔍 • 참고 치수로 기입한 곳이 1곳(30)이 있다.
• 45° 모떼기의 크기는 3mm이다.
• 지름이 10mm인 구멍이 4개 있다.

22 30° 사다리꼴나사의 종류를 표시하는 기호는?

① Rc
② Rp
③ TW
④ TM

🔍 • Rc : 관용테이퍼 암나사
• Rp : 관용테이퍼 평행 암나사
• TW : 29° 사다리꼴나사

23 그림과 같은 치수 기입법의 명칭은?

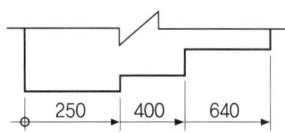

① 직렬 치수 기입법
② 누진 치수 기입법
③ 좌표 치수 기입법
④ 병렬 치수 기입법

🔍 누진 치수 기입 방법에 해당된다.

24 그림과 같이 키 홈, 구멍 등 해당부분 모양만을 도시하는 것으로 충분한 경우 사용하는 투상도로 투상 관계를 나타내기 위하여 주된 그림에 중심선, 기준선, 치수 보조선 등을 연결하여 나타내는 투상도는?

① 가상 투상도
② 요점 투상도
③ 국부 투상도
④ 회전 투상도

🔍 국부 투상도 : 키 홈, 구멍 등 해당부분 모양만을 도시하는 것으로 충분한 경우 사용하는 투상도로 투상 관계를 나타내기 위하여 주된 그림에 중심선, 기준선, 치수 보조선 등을 연결

25 기계부품을 조립하는데 있어서 치수공차와 기하공차의 호환성과 관련한 용어 설명 중 옳지 않은 것은?

① 최대 실체 조건(MMC)은 한계치수에서 최소 구멍 지름과 최대 축 지름과 같이 몸체의 형체의 실체가 최대인 조건
② 최대 실체 가상 크기(MMVS)는 같은 몸체 형태의 유도 형체에 대해 주어진 몸체 형체와 기하 공차의 최대 실체 크기의 집합적 효과에 의해서 만들어진 크기
③ 최대 실체 요구사항(MMR)은 LMVS와 같은 본질적 특성(치수)에 대해 주어진 값을 가지고 있으며, 같은 형식과 완전한 형상의 기하학적 형체를 정의하는 몸체 형체에 대한 요구사항으로 실체의 내부에 비이상적 형체를 제한
④ 상호 요구사항(RPR)은 최대 실체 요구사항(MMR) 또는 최소 실체 요구사항(LMR)에 대한 부가적 요구사항

🔍 최대 실체 요구사항(MMR)은 LMVS와 같은 본질적 특성(치수)에 대해 주어진 값을 가지고 있으며, 같은 형식과 완전한 형상의 기하학적 형체를 정의하는 몸체 형체에 대한 요구사항으로 실체의 외부에 비이상적 형체를 제한(가공물의 조립성을 제어하기 위해 사용)

26 다음 중 한계 게이지에 속하는 것은?

① 사인바
② 마이크로미터
③ 플러그 게이지
④ 버니어 캘리퍼스

🔍 한계 게이지 : 플러그 게이지, 터보게이지(구멍용), 스냅 게이지(축용),

27 다음 그림과 같은 공작물의 테이퍼를 심압대를 이용하여 가공할 때 편위량은 몇 mm인가?

① 20
② 30
③ 40
④ 60

28 밀링머신에서 소형공작물을 고정할 때 주로 사용하는 부속품은?

① 바이스
② 어댑터
③ 마그네틱 척
④ 슬로팅 장치

🔍 바이스 : 밀링머신에서 소형공작물을 고정할 때 주로 사용

29 마찰면이 넓거나 시동되는 횟수가 많을 때 저속, 중속 축에 사용되는 급유법은?

① 담금 급유법
② 적하 급유법
③ 패드 급유법
④ 핸드 급유법

🔍 적하 급유법 : 마찰면이 넓거나 시동되는 횟수가 많을 때 저속, 중속 축에 사용

30 다음 밀링 커터 형상에 대한 설명 중 옳은 것은?

밀링 커터의 각도

① A각을 크게 하면 마멸은 감소한다.
② B각을 크게 하면 날이 강하게 된다.
③ B각을 크게 하면 절삭 저항은 증가한다.
④ A각은 단단한 일감은 크게 하고, 연한 일감은 작게 한다.

🔍 A각(여유각) : 인선의 뒷면과 공작물이 마찰하지 않도록 만든 각(연한 재료 : 다소 크게, 경한 재료 : 다소 작게 함)

31 연삭 숫돌입자에 눈무딤이나 눈메움 현상으로 연삭성이 저하될 때 하는 작업은?

① 시닝(thining)
② 리밍(remming)
③ 드레싱(dressing)
④ 트루잉(truing)

🔍 드레싱(dressing) : 연삭 숫돌입자에 눈무딤이나 눈메움 현상으로 연삭성이 저하될 때 하는 작업

32 밀링 머신에 의한 가공에서 상향 절삭과 하향 절삭을 비교한 설명으로 옳은 것은?

① 상향 절삭 시 가공면이 하향 절삭 가공면보다 깨끗하다.
② 상향 절삭 시 커터 날이 공작물을 향하여 누르므로 고정이 쉽다.
③ 하향 절삭 시 커터 날의 마찰 작용이 적으므로 날의 마멸이 적고 수명이 길다.
④ 하향 절삭은 커터 날의 절삭 방향과 공작물의 이송방향의 관계상 이송기구의 백래시가 자연히 제거된다.

🔍
- 하향 절삭 시 가공면이 상향 절삭 가공면보다 깨끗하다.
- 하향 절삭 시 커터 날이 공작물을 향하여 누르므로 고정이 쉽다.
- 하향 절삭은 커터 날의 절삭 방향과 공작물의 이송방향의 관계상 이송기구의 백래시를 제거하여야 한다.

33 다음 중 나사의 피치를 측정할 수 있는 것은?

① 사인 바
② 게이지 블록
③ 공구 현미경
④ 서피스 게이지

🔍 나사의 피치를 측정 : 공구 현미경

34 공구 마모의 종류 중 유동형 칩이 공구 경사면 위를 미끄러질 때, 공구 윗면에 오목파진 부분이 생기는 현상은?

① 치핑
② 여유면 마모
③ 플랭크 마모
④ 크레이터 마모

🔍 크레이터 마모 : 공구 마모의 종류 중 유동형 칩이 공구 경사면 위를 미끄러질 때, 공구 윗면에 오목파진 부분이 생기는 현상

35 다음 중 M10 × 1.5탭 작업을 위한 기초 구멍 가공용 드릴의 지름으로 가장 적합한 것은?

① 7mm
② 7.5mm
③ 8mm
④ 8.5mm

> 드릴구멍 = 나사호칭경 - 피치 = 10 - 1.5 = 8.5

36 다음 기계공작법의 분류에서 절삭가공에 속하지 않는 가공법은?

① 래핑
② 인발
③ 호빙
④ 슈퍼 피니싱

> 절삭가공 : 래핑, 호빙, 슈퍼 피니싱

37 다음 중 연강과 같은 연질의 공작물을 초경합금 바이트로써 고속 절삭을 할 때에는 칩(chip)이 연속적으로 흘러나오게 되어 위험하므로 칩을 짧게 끊기 위한 방법으로 가장 적합한 것은?

① 절삭유를 주입한다.
② 절삭속도를 높인다.
③ 칩을 손으로 긁어낸다.
④ 칩 브레이커를 사용한다.

> 칩 브레이커 : 연강과 같은 연질의 공작물을 초경합금바이트로써 고속 절삭을 할 때에는 칩(chip)이 연속적으로 흘러나오게 되어 위험하므로 칩을 짧게 끊기 위해 사용한다.

38 센터리스 연삭기의 특징으로 틀린 것은?

① 대량 생산에 적합하다.
② 연삭 여유가 작아도 된다.
③ 속이 빈 원통을 연삭할 때 적합하다.
④ 공작물의 지름이 크거나 무거운 경우에는 연삭 가공이 쉽다.

> 공작물의 지름이 크거나 무거운 경우에는 연삭 가공이 안된다.

39 공구는 상하 직선 왕복운동을 하고 테이블은 수평면에서 직선운동과 회전운동을 하여 키 홈, 스플라인, 세레이션 등의 내경가공을 주로 하는 공작기계는?

① 슬로터
② 플레이너
③ 호빙 머신
④ 브로칭 머신

> 슬로터 : 공구는 상하 직선 왕복운동을 하고 테이블은 수평면에서 직선운동과 회전운동을 하여 키 홈, 스플라인, 세레이션 등의 내경가공

40 다음 중 디스크, 플랜지 등 길이가 짧고 지름이 큰 공작물 가공에 가장 적합한 선반은?

① 공구 선반
② 정면 선반
③ 탁상 선반
④ 터릿 선반

> 정면 선반 : 디스크, 플랜지 등 길이가 짧고 지름이 큰 공작물 가공에 가장 적합

41 다음 중 구성인선(built-up-edge)의 방지대책으로 옳은 것은?

① 절삭 깊이를 작게 한다.
② 윗면 경사각을 작게 한다.
③ 절삭유제를 사용하지 않는다.
④ 재결정 온도 이하에서만 가공한다.

> 구성인선(built-up-edge)의 방지대책
> • 윗면 경사각을 크게 한다.
> • 윤활성이 좋은 절삭유제를 사용한다.
> • 절삭속도를 크게 한다.

42 직사각형의 숫돌을 스프링으로 축에 방사형으로 부착한 원통형태의 공구로 회전운동과 동시에 왕복운동을 시켜, 원통의 내면을 가공하는 가공법은?

① 래핑
② 호닝
③ 숏 피닝
④ 배럴 가공

> 호닝 : 직사각형의 숫돌을 스프링으로 축에 방사형으로 부착한 원통형태의 공구로 회전운동과 동시에 왕복운동을 시켜, 원통의 내면을 가공

43 CNC공작기계에서 입력된 정보를 펄스화 시켜 서보기구에 보내어 여러 가지 제어역할을 하는 것은?

① 리졸버
② 서보모터
③ 컨트롤러
④ 볼 스크루

🔍 컨트롤러 : CNC공작기계에서 입력된 정보를 펄스화 시켜 서보기구에 보내어 여러 가지 제어역할

44 다음 중 CNC선반에서 아래와 같이 절삭할 때, 단차제거를 위해 사용하는 기능은?

- 홈 가공을 할 때 회전당 이송으로 생기는 단차
- 드릴 가공을 할 때 간헐 이송에 의해 생기는 단차

① M00
② M02
③ G00
④ G04

🔍 G04(휴지(일시정지)기능) : 홈 가공이나 드릴작업 등에서 간헐이송으로 칩을 절단하거나, 목표점에 도달한 후 즉시 후퇴할 때 생기는 이송량 만큼의 단차를 제거함으로써 진원도의 향상 및 깨끗한 표면을 얻는다.

45 CNC공작기계에서 일반적으로 많이 발생하는 알람해제 방법이 잘못 연결된 것은?

① 습동유 부족 – 습동유 보충 후 알람 해제
② 금지영역 침법 – 이송축을 안전위치로 이동
③ 프로그램 알람 – 알람 일람표 원인 확인 후 수정
④ 충돌로 인한 안전핀 파손 – 강도가 강한 안전핀으로 교환

🔍 충돌로 인한 안전핀 파손 - 충돌요소 제거 후 안전핀으로 교환

46 작업장 안전에 대한 내용으로서 틀린 것은?

① 방전가공 작업자의 발판을 고무 매트로 만들었다.
② 로봇의 회전 반경을 작업장 바닥에 페인트로 표시하였다.
③ 무인반송차(AGV) 이동 통로를 황색 테이프로 표시하여 주의하도록 하였다.
④ 레이저 가공시 안경이나 콘텍트 렌즈 착용자를 제외하고 전원에게 보안경을 착용하도록 하였다.

🔍 레이저 가공시 안경이나 콘텍트 렌즈 착용자를 포함하여 전원에게 보안경을 착용하도록 하였다.

47 머시닝센터에서 보링으로 가공한 내측 원의 중심을 공작물의 원점으로 세팅하려고 한다. 다음 중 원의 내측 중심을 찾는데 적합하지 않은 것은?

① 아큐 센터
② 센터게이지
③ 인디케이터
④ 터치 센서(Touch Sensor)

🔍 원의 내측중심을 찾는 공구 : 아큐 센터, 인디케이터, 터치 센서 (Touch Sensor)

48 CNC공작기계에 사용되는 서보모터가 구비하여야 할 조건 중 틀린 것은?

① 모터 자체의 안전성이 작아야 한다.
② 가·감속 특성 및 응답성이 우수해야 한다.
③ 빈번한 시동, 정지, 제동, 역전 및 저속회전의 연속작동이 가능해야 한다.
④ 큰 출력을 낼 수 있어야 하며, 설치위치나 사용환경에 적합해야 한다.

🔍 모터 자체의 안전성이 좋아야 한다.

49 고정 사이클을 이용한 프로그램의 설명 중 틀린 것은?

① 다품종 소량생성에 적합하다.
② 메모리 용량을 적게 사용한다.
③ 프로그램을 간단히 작성할 수 있다.
④ 공구경로를 임의적으로 변경할 수 있다.

🔍 공구경로를 임의적으로 변경할 수 없다.

50 선반 작업을 할 때 지켜야 할 안전수칙으로 틀린 것은?

① 돌리개는 가급적 큰 것을 사용한다.
② 편심된 가공물은 균형추를 부착시킨다.
③ 가공물 설치할 때는 전원을 끄고 장착한다.
④ 바이트는 기계를 정지시킨 다음에 설치한다.

🔍 돌리개는 가급적 적은 것을 사용한다.

51 CAD의 기본적인 명령 설명으로 올바른 것은?

> 잘못 그려졌거나 불필요한 요소를 없애는 기능으로 명령을 내린 후 없앨 요소를 선택하여 실행한다.

① 모따기(chamfer)
② 지우기(erase)
③ 복사하기(copy)
④ 선 그리기(line)

🔍 지우기(erase) : 지우기 명령

52 머시닝 센터에서 그림과 같이 1번 공구를 기준공구로 하고 G43을 이용하여 길이보정을 하였을 때 옳은 것은?

① 2번 공구의 길이 보정값은 30이다.
② 2번 공구의 길이 보정값은 -30이다.
③ 3번 공구의 길이 보정값은 20이다.
④ 3번 공구의 길이 보정값은 80이다.

🔍 G43은 "공구길이 +보정"으로 2번 공구는 기준공구보다 긴 공구의 길이 차이 값을 +30으로 입력, 3번 공구는 -20으로 입력

53 그림과 같이 실제공구위치에서 좌표지정위치로 공구를 보정하고자 할 때 공구 보정량의 값은? (단, 기존의 보정치는 X0.4, Z0.2 이며 X축은 직경 지령방식을 사용한다.)

① X-1.2, Z-1.3
② X-2.0, Z-1.3
③ X-1.2, Z1.7
④ X-2.0, Z1.7

🔍 X축 = -0.8 + (-0.4) = -1.2, Z축 1.5 - 0.2 = 1.3 (방향이 -쪽으로 -1.3임)

54 다음 G-코드 중 메트릭(metric) 입력방식을 나타내는 것은?

① G20
② G21
③ G22
④ G23

🔍 G21 : 메트릭(metric), G20 : 인치(Inch)

55 머시닝센터로 가공할 경우 고정 사이클을 취소하고 다음 블록부터 정상적인 동작을 하도록 하는 것은?

① G80
② G81
③ G98
④ G99

🔍 G80 : 고정 사이클 무시

56 아래 CNC선반 프로그램에서 지름이 20mm인 지점에서의 주축 회전수는 몇 rpm 인가?

```
G50 X100. Z100. S2000 T0100;
G96 S200 M03 ;
G00 X20. Z3. T0303 ;
```

① 200
② 1500
③ 2000
④ 3185

🔍 첫 블록에 G50(주축의 최고 회전수 설정)이 되어 있으므로 주축이 회전수는 2000rpm이다.

57 CNC선반에서 G76과 동일한 가공을 할 수 있는 G-코드는?

① G90
② G92
③ G94
④ G96

🔍 G92 : 나사절삭 사이클, G76 : 자동나사 절삭 사이클

58 CNC선반에서 일반적으로 기계 원점복귀(reference point return)를 실시하여야 하는 경우가 아닌 것은?

① 비상정지 버튼을 눌렀을 때
② CNC선반의 전원을 켰을 때
③ 정전 후 전원을 다시 공급하였을 때
④ 이송정지 버튼을 눌렀다가 다시 가공을 할 때

🔍 이송정지 버튼을 눌렀다가 다시 가공을 할 때는 기계원점 복귀하지 않음

59 머시닝센터 프로그램에서 그림과 같은 운동경로의 원호 보간은?

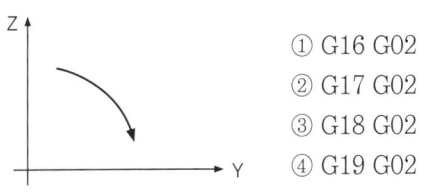

① G16 G02
② G17 G02
③ G18 G02
④ G19 G02

🔍 G19(Y-Z평면) G02(시계방향)

60 아래는 프로그램 일부분을 나타낸 것이다. 준비기능 중 실행되는 유효한 G기능은?

```
G01 G02 G00 G03 X100 T250 R100 F200 ;
```

① G01
② G00
③ G03
④ G02

🔍 G03 : 준비기능 중 실행되는 유효

정답 기출문제 - 2016년 2회

01 ②	02 ③	03 ①	04 ②	05 ②
06 ④	07 ①	08 ①	09 ②	10 ③
11 ④	12 ①	13 ④	14 ②	15 ③
16 ①	17 ①	18 ③	19 ②	20 ④
21 ④	22 ④	23 ②	24 ③	25 ③
26 ③	27 ①	28 ①	29 ②	30 ①
31 ③	32 ③	33 ①	34 ④	35 ④
36 ②	37 ④	38 ④	39 ①	40 ②
41 ①	42 ②	43 ③	44 ④	45 ④
46 ④	47 ②	48 ①	49 ④	50 ①
51 ②	52 ①	53 ①	54 ②	55 ①
56 ③	57 ②	58 ④	59 ④	60 ③

2016년 3회 기출문제

01 구리의 종류 중 전기 전도도와 가공성이 우수하고 유리에 대한 봉착성 및 전연성이 좋아 진공관용 또는 전자기기용으로 많이 사용되는 것은?

① 전기동   ② 정련동
③ 탈산동   ④ 무산소동

> 무산소동 : 구리의 종류 중 전기 전도도와 가공성이 우수하고 유리에 대한 봉착성 및 전연성이 좋아 진공관용 또는 전자기기용으로 많이 사용

02 일반적인 합성수지의 공통적인 성질에 대한 설명으로 틀린 것은?

① 가볍고 튼튼하다.
② 전기 절연성이 나쁘다.
③ 비강도는 비교적 높다.
④ 가공성이 크고 성형이 간단하다.

> 일반적으로 합성수지는 전기 절연성이 좋고, 단단하나 열에 약하다.

03 외력의 크기가 탄성한도 이상이 되면 외력을 제거하여도 재료가 원형으로 복귀되지 않고 영구 변형이 잔류하는 변형을 무엇이라 하는가?

① 소성변형   ② 탄성변형
③ 인성변형   ④ 취성변형

> 소성변형 : 력의 크기가 탄성한도 이상이 되면 외력을 제거하여도 재료가 원형으로 복귀되지 않고 영구 변형이 잔류하는 변형

04 주철에 대한 설명 중 틀린 것은?

① 주조성이 우수하다.
② 강에 비해 취성이 크다.
③ 비교적 강에 비해 강도가 높다.
④ 고온에서 소성변형이 곤란하다.

> 강에 비하여 취성이 크고 강도가 비교적 낮다.

05 공구용 특수강 중 고속도강의 기본 성분(W-Cr-V) 함유량(%)은?

① 4%W - 18%Cr - 1%V
② 18%W - 4%Cr - 1%V
③ 4%W - 1%Cr - 18%V
④ 18%W - 4%Cr - 4%V

> 표준고속도강 : 18%W - 4%Cr - 1%V

06 스테인리스강의 주성분 중 틀린 것은?

① Cr   ② Fe
③ Ni   ④ Al

> 스테인리스강의 주성분 : Cr, Fe, Ni

07 스텔라이트계 주조경질합금에 대한 설명으로 틀린 것은?

① 주성분이 Co 이다.
② 열처리가 불필요하다.
③ 단조품이 많이 쓰인다.
④ 800℃ 까지의 고온에서도 경도가 유지된다.

> 스텔라이트계 주조경질합금
> • 주성분이 Co 이다.
> • 열처리가 불필요하다.
> • 800℃ 까지의 고온에서도 경도가 유지된다.

08 페더키(fearer key)라고도 하며, 축 방향으로 보스를 슬라이딩 운동을 시킬 필요가 있을 때 사용하는 키는?

① 성크 키   ② 접선 키
③ 미끄럼 키   ④ 원뿔 키

> 미끄럼 키 : 페더키(fearer key)라고도 하며, 축 방향으로 보스를 슬라이딩 운동

09 나사의 풀림을 방지하는 용도로 사용되지 않는 것은?

① 스프링 와셔
② 캡 너트
③ 분할 핀
④ 로크 너트

> 캡 너트 : 외부 이물질이 나사의 접촉면 사이의 틈새나 볼트의 구멍으로 흘러나오는 것을 방지할 필요가 있을 때 사용

10 그림과 같은 스프링에서 스프링 상수가 k_1 = 10N/mm, k_2 = 15N/mm라면 합성 스프링 상수값은 약 몇 N/mm인가?

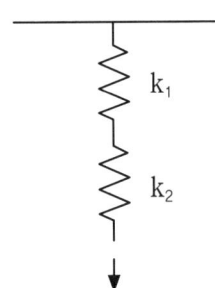

① 3
② 6
③ 9
④ 25

> 합성상수(k) = $\dfrac{1}{\dfrac{1}{10}+\dfrac{1}{15}} = \dfrac{1\times 30}{3+2} = 6$

11 다음 중 V-벨트의 단면적이 가장 작은 형식은?

① A
② B
③ E
④ M

> V 벨트의 형별 중 단면 : M(가장 적고) < A < B < C < D < E(가장 크다.)

12 지름 15mm, 표점거리 100mm인 인장 시험편을 인장시켰더니 110mm가 되었다면 길이 방향의 변형률은?

① 9.1%
② 10%
③ 11%
④ 15%

> ϵ(변형율) = $\dfrac{l_1-l_0}{l_0} \times 100 = \dfrac{110-100}{100} \times 100 = 10$

13 동력전달을 직접 전동법과 간접 전동법으로 구분할 때, 직접 전동법으로 분류되는 것은?

① 체인 전동
② 벨트 전동
③ 마찰차 전동
④ 로프 전동

> 직접 전동법 : 마찰차 전동

14 축 방향 및 축과 직각인 방향으로 하중을 동시에 받는 베어링은?

① 레이디얼 베어링
② 테이퍼 베어링
③ 스러스트 베어링
④ 슬라이딩 베어링

> 테이퍼 베어링 : 축 방향 및 축과 직각인 방향으로 하중을 동시에 받는 베어링

15 양 끝에 수나사를 깎은 머리 없는 볼트로 한쪽은 본체에 조립한 상태에서, 다른 한쪽에는 결합할 부품을 대고 너트를 조립하는 볼트는?

① 탭 볼트
② 관통 볼트
③ 기초 볼트
④ 스터드 볼트

> 스터드 볼트 : 양 끝에 수나사를 깎은 머리 없는 볼트로 한쪽은 본체에 조립한 상태에서, 다른 한쪽에는 결합할 부품을 대고 너트를 조립

16 보기는 입체도형을 제3각법으로 도시한 것이다. 완성된 평면도, 우측면도를 보고 미완성된 정면도를 옳게 도시한 것은?

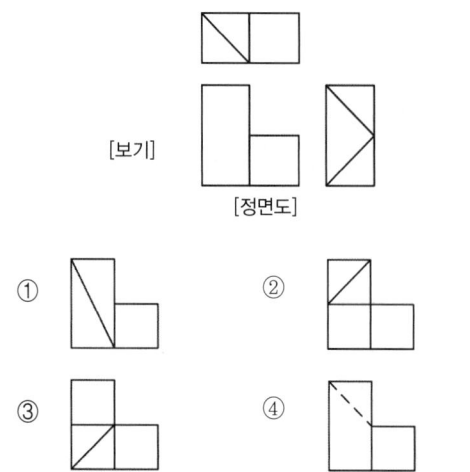

🔍 • 피치원은 가는 1점 쇄선으로 그린다.
• 잇봉우리원은 굵은 실선으로 그린다.
• 축에 직각인 방향에서 본 그림을 단면으로 도시할 때 이골의 선은 굵은 실선으로 표시한다.

19 파단선의 용도 설명으로 가장 적합한 것은?

① 단면도를 그릴 경우 그 절단위치를 표시하는 선
② 대상물의 일부를 떼어낸 경계를 표시하는 선
③ 물체의 보이지 않는 부분의 형상을 표시하는 선
④ 도형의 중심을 표시하는 선

🔍 파단선의 용도 : 대상물의 일부를 떼어낸 경계를 표시하는 선

17 아래 도시된 내용은 리벳 작업을 위한 도면 내용이다. 바르게 설명한 것은?

① 양끝 20mm 띄워서 50mm의 피치로 지름 15mm의 구멍을 12개 뚫는다.
② 양끝 20mm 띄워서 50mm의 피치로 지름 12mm의 구멍을 15개 뚫는다.
③ 양끝 20mm 띄워서 12mm의 피치로 지름 15mm의 구멍을 50개 뚫는다.
④ 양끝 20mm 띄워서 15mm의 피치로 지름 50mm의 구멍을 12개 뚫는다.

🔍 양끝 20mm 띄워서 50mm의 피치로 지름 15mm의 구멍을 12개 뚫는다.

20 표면의 줄무늬 방향기호에 대한 설명으로 맞는 것은?

① X : 가공에 의한 컷의 줄무늬 방향이 투상면에 직각
② M : 가공에 의한 컷의 줄무늬 방향이 투상면에 평행
③ C : 가공에 의한 컷의 줄무늬 방향이 중심에 동심원 모양
④ R : 가공에 의한 컷의 줄무늬 방향이 투상면에 교차 또는 경사

🔍 • X : 가공에 의한 컷의 줄무늬 방향이 투상면에 경사지고 두 방향으로 교차
• M : 가공에 의한 컷의 줄무늬 방향이 여러방향으로 교차 또는 무방향
• R : 가공에 의한 컷의 줄무늬가 기호를 기입한 면의 중심에 대하여 대략 레이디얼 모양

18 기어의 도시에 있어서 피치원을 나타내는 선은?

① 굵은 실선   ② 가는 실선
③ 가는 1점 쇄선   ④ 가는 2점 쇄선

21 그림과 같은 도면에서 'K'의 치수 크기는?

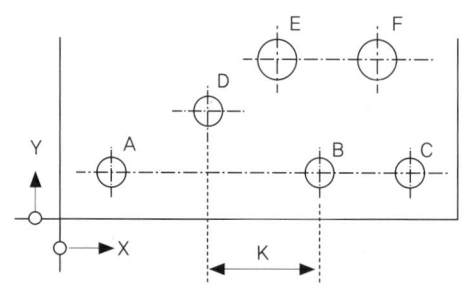

	X	Y	∅
A	20	20	13.5
B	140	20	13.5
C	200	20	13.5
D	60	60	13.5
E	100	90	26
F	180	90	26

① 50　② 60
③ 70　④ 80

🔍 K(X방향) = B - D = 140 - 60 = 80

22 투상도법 중 제1각법과 제3각법이 속하는 투상도법은?

① 경사 투상법
② 등각 투상법
③ 다이메트릭 투상법
④ 정 투상법

🔍 정 투상법 : 제1각법과 제3각법이 속함

23 공유압 기호에서 동력원의 기호 중 전동기를 나타내는 것은?

① [M]─　② Ⓜ─
③ ▶─　④ ▽─

🔍 [M] : 원동기, Ⓜ : 전동기, ▶ : 유압(동력)원,
▽ : 공기압(동력)원

24 헐거운 끼워 맞춤인 경우 구멍의 최소 허용치수에서 축의 최대 허용치수를 뺀 값은?

① 최소 틈새　② 최대 틈새
③ 최소 죔새　④ 최대 죔새

🔍 최소 틈새 : 헐거운 끼워 맞춤인 경우 구멍의 최소 허용치수에서 축의 최대 허용치수를 뺀 값

25 기하 공차 기입 틀의 설명으로 옳은 것은?

| // | 0.02 | A |

① 표준길이 100mm에 대하여 0.02mm의 평행도를 나타낸다.
② 구분구간에 대하여 0.02mm의 평면도를 나타낸다.
③ 전체 길이에 대하여 0.02mm의 평행도를 나타낸다.
④ 전체 길이에 대하여 0.02mm의 평면도를 나타낸다.

🔍 전체 길이에 대하여 0.02mm(공차 값)의 평행도(//)를 나타낸다.

26 다음 그림은 선반 가공의 종류를 나타낸 것이다. 각 그림에 대한 명칭의 연결이 틀린 것은?

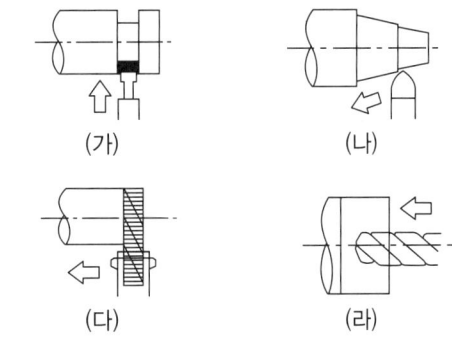

① (가) - 홈가공　② (나) - 테이퍼가공
③ (다) - 보링가공　④ (라) - 구멍가공

🔍 (다) - 널링가공

27 기계가공에서 절삭성능을 향상시키기 위하여 사용되는 절삭유제의 대표작용이 아닌 것은?

① 냉각작용　② 방온작용
③ 세척작용　④ 윤활작용

🔍 절삭유제의 대표작용 : 냉각작용, 세척작용, 윤활작용

28 연삭숫돌의 표시방법에 대한 각각의 설명으로 틀린 것은?

```
GC - 240 - T - w - V
```

① GC : 숫돌 입자의 종류
② 240 : 입도
③ T : 결합도
④ V : 조직

🔍 w : 조직, V : 결합제(비트리파이드)

29 밀링 머신에서 밀링 커터의 회전 방향이 공작물의 이송 방향과 서로 반대 방향이 되도록 가공하는 방법은?

① 상향 절삭   ② 정면 절삭
③ 평면 절삭   ④ 하향 절삭

🔍 상향 절삭 : 밀링 머신에서 밀링 커터의 회전 방향이 공작물의 이송 방향과 서로 반대 방향이 되도록 가공

30 밀링 머신에서 둥근 단면의 공작물을 사각, 육각 등으로 가공할 때 사용하면 편리하며, 변환 기어를 테이블과 연결하여 비틀림 홈가공에 사용하는 부속품은?

① 분할대   ② 밀링 바이스
③ 회전 테이블   ④ 슬로팅 장치

🔍 분할대 : 밀링 머신에서 둥근 단면의 공작물을 사각, 육각 등으로 가공할 때 사용하면 편리하며, 변환 기어를 테이블과 연결하여 비틀림 홈가공에 사용하는 부속품

31 Ø0.02~0.3mm 정도의 금속선 전극을 이용하여 공작물을 잘라내는 가공방법은?

① 레이저 가공
② 워터젯 가공
③ 전자 빔 가공
④ 와이어 컷 방전가공

🔍 와이어 컷 방전가공 : Ø0.02~0.3mm 정도의 금속선 전극을 이용하여 공작물을 잘라내는 가공

32 기계에서 발생하는 소음이나 진동 등과 같은 주위 환경 요인에 의해 생기는 측정오차는?

① 시차
② 개인 오차
③ 우연 오차
④ 측정압력 오차

🔍 우연 오차 : 기계에서 발생하는 소음이나 진동 등과 같은 주위 환경 요인에 의해 생기는 측정오차

33 다음 중 구성인선의 발생이 없어지는 임계절삭속도로 가장 적합한 것은?

① 5~10m/min
② 20~30m/min
③ 40~70m/min
④ 120~150m/min

🔍 임계절삭속도 : 120~150m/min

34 선반의 구조 중 왕복대(carriage)에는 새들(saddle)과 에이프런(apron)으로 나뉜다. 이 때 새들 위에 위치하지 않는 것은?

① 심압대
② 회전대
③ 공구 이송대
④ 복식 공구대

🔍 심압대는 주축 맞은편에 설치하여 공작물을 지지하거나 드릴 등의 공구를 고정할 때 사용한다.

35 센터리스(centerless) 연삭의 특징으로 틀린 것은?

① 대량생산에 적합하다.
② 연속적인 가공이 가능하다.
③ 가늘고 긴 공작물의 연삭이 가능하다.
④ 지름이 크거나 무거운 공작물 연삭에 적합하다.

🔍 지름이 크거나 무거운 공작물 연삭은 부적합하다.

36 절삭 공구 재료의 구비 조건으로 틀린 것은?

① 내마멸성이 클 것
② 원하는 형상으로 만들기 쉬울 것
③ 공작물보다 연하고 인성이 있을 것
④ 높은 온도에서도 경도가 떨어지지 않을 것

> 절삭 공구 재료의 구비 조건
> • 내마멸성이 클 것
> • 원하는 형상으로 만들기 쉬울 것
> • 공작물보다 외력에 의해 파손되지 않고 견딜 수 있는 강인성이 있을 것
> • 높은 온도에서도 경도가 떨어지지 않을 것

37 연동척에 대한 설명으로 틀린 것은?

① 스크롤 척이라고도 한다.
② 3개의 조가 동시에 움직인다.
③ 고정력이 단동척보다 강하다.
④ 원형이나 정삼각형 일감을 고정하기 편리하다.

> 고정력이 단동척보다 약하다.

38 다음 중 밀링 머신에서 공구의 떨림 현상을 발생하게 하는 요소와 가장 관련이 없는 것은?

① 가공의 절삭 조건
② 밀링 머신의 크기
③ 밀링 커터의 정밀도
④ 공작물의 고정 방법

> 밀링 머신에서 공구의 떨림 현상을 발생하게 하는 요소
> • 가공의 절삭 조건
> • 밀링 커터의 정밀도
> • 공작물의 고정 방법

39 절삭 공구 중 밀링 커터와 같은 회전 공구로 래크를 나선 모양으로 감고, 스파이럴에 직각이 되도록 축 방향으로 여러 개의 홈을 파서 절삭날을 형성하여 기어를 가공할 수 있는 공구는?

① 호브 ② 엔드밀
③ 플레이너 ④ 총형 커터

> 호브 : 절삭 공구 중 밀링 커터와 같은 회전 공구로 래크를 나선 모양으로 감고, 스파이럴에 직각이 되도록 축 방향으로 여러 개의 홈을 파서 절삭날을 형성하여 기어를 가공할 수 있는 공구

40 칩을 발생시켜 불필요한 부분을 제거하여 필요한 제품의 형상으로 가공하는 방법은?

① 소성 가공법
② 절삭 가공법
③ 접합 가공법
④ 탄성 가공법

> 절삭 가공법 : 칩을 발생시켜 불필요한 부분을 제거하여 필요한 제품의 형상으로 가공

41 NPL식 각도게이지를 사용하여 그림과 같이 조립하였다. 조립된 게이지의 각도는?

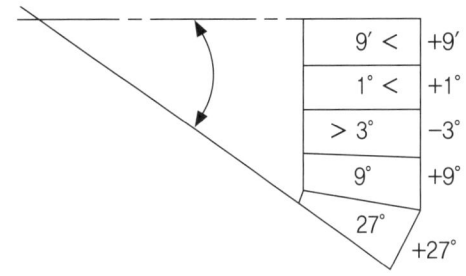

① 40°9′ ② 34°9′
③ 37°9′ ④ 39°9′

> 9′+1°+9°+27°−3° = 34°9′

42 접시머리 나사의 머리가 들어갈 부분을 원추형으로 절삭하는 가공법은?

① 리밍
② 스폿 페이싱
③ 카운터 보링
④ 카운터 싱킹

> 카운터 싱킹 : 접시머리 나사의 머리가 들어갈 부분을 원추형으로 절삭

43 공장자동화의 주요설비로 사람의 손과 팔의 동작에 해당하는 일을 담당하고 프로그램에 의해 동작하는 것은?

① PLC
② 무인 운반차
③ 터치 스크린
④ 산업용 로봇

🔍 산업용 로봇 : 공장자동화의 주요설비로 사람의 손과 팔의 동작에 해당하는 일을 담당하고 프로그램에 의해 동작

44 머시닝센터에서 M10 × 1.5의 탭 가공을 위하여 주축 회전수를 300rpm으로 지령할 경우 탭 사이클의 이송 속도는?

① 150mm/min
② 200mm/min
③ 300mm/min
④ 450mm/min

🔍 F = p × N = 1.5 × 300 = 450

45 다음 NC공작기계의 서보기구 중 가장 높은 정밀도로 제어가 가능한 방식은?

① 개방회로방식
② 폐쇄회로방식
③ 복합회로방식
④ 반폐쇄회로방식

🔍 복합회로방식 : NC공작기계의 서보기구 중 가장 높은 정밀도로 제어가 가능

46 머시닝센터에서 엔드밀이 정회전 하고 있을 때, 하향 절삭을 하는 G기능은?

① G40   ② G41
③ G42   ④ G43

🔍 G41(공구경 보정 좌측) : 머시닝센터에서 엔드밀이 정회전 하고 있을 때, 하향절삭

47 머시닝센터에서 기계원점 복귀 G-코드는?

① G22
② G28
③ G30
④ G33

🔍 G28 : 머시닝센터에서 기계원점 복귀

48 CNC선반에서 보조기능 중 주축을 정지시키기 위한 M-코드는?

① M01
② M03
③ M04
④ M05

🔍 M01 : 선택적 프로그램정지, M03 : 주축 정회전, M04 : 주축 역회전, M05 : 주축 정지

49 아래 CNC 프로그램의 설명으로 옳은 것은?

```
G04 X2.0
```

① 2초간 정지
② 2분간 정지
③ 2/100 만큼 전진
④ 2/100 만큼 후퇴

🔍 G04(휴지기능) X2.0(2초간 정지)

50 다음 CNC선반 프로그램의 설명으로 틀린 것은?

```
G92 X(U)_ Z(W)_ R_ F_ ;
```

① 단일형 내·외경 가공 사이클이다.
② F는 나사의 리드를 지정하는 기능이다.
③ X(U), Z(W)는 고정 사이클의 시작점이다.
④ R은 테이퍼나사 절삭 시 X축 기울기 양이다.

🔍 G92(나사 절삭 사이클) X(U)_ Z(W)_ R_ F_ ;

51 다음 중 머시닝센터에서 가공 전에 공구의 길이보정을 하기 위해 사용하는 기기는?

① 수준기
② 사인 바
③ 오토콜리메이터
④ 하이트 프리세터

🔍 하이트 프리세터 : 머시닝센터에서 가공 전에 공구의 길이보정을 하기 위해 사용하는 기기

52 TiC를 주체로 하고 TiN, TiCN 등의 탄화물을 초미립화하여 소결시킨 합금으로 경도가 높은 반면 항절력이 낮은 절삭공구 재료는?

① 서멧
② 세라믹
③ 초경합금
④ 코티드 초경합금

🔍 서멧 : TiC를 주체로 하고 TiN, TiCN 등의 탄화물을 초미립화하여 소결시킨 합금으로 경도가 높은 반면 항절력이 낮은 절삭공구 재료

53 머시닝센터에서 공구의 측면날을 이용하여 형상을 절삭할 경우 공구 중심과 프로그램 경로가 일치할 때 공구 반지름만큼 발생하는 편차를 보정해 주는 기능은?

① 공구 간섭 보정
② 공구 길이 보정
③ 공구 지름 보정
④ 공구 좌표계 보정

🔍 공구 지름 보정 : 머시닝센터에서 공구의 측면날을 이용하여 형상을 절삭할 경우 공구 중심과 프로그램 경로가 일치할 때 공구 반지름만큼 발생하는 편차를 보정

54 CNC선반에서 나사의 호칭지름이 30mm이고, 피치가 2mm인 3줄 나사를 가공할 때의 이송량(F값)으로 옳은 것은?

① 2.0
② 3.0
③ 4.0
④ 6.0

🔍 F=피치×줄수=2×3=6=리드값

55 머시닝센터에서 다음 그림과 같이 X15, Y0인 위치(시작점)부터 반시계방향(CCW)으로 원호를 가공하고자 할 때 옳은 것은?

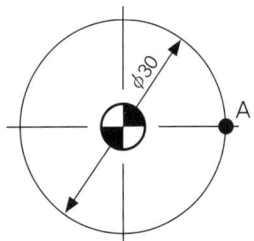

① G02 I-15. ;
② G03 I-15. ;
③ G02 X15. Y0. R-15.
④ G03 X15. Y0. R-15.;

🔍 G03 I-15. ;

56 머시닝센터 프로그램에서 X-Y 작업평면 선택 지령은?

① G17
② G18
③ G19
④ G29

🔍 G17 : X-Y 작업평면, G18 : Z-X 작업평면, G19 : Y-Z 작업평면

57 다음 CNC선반 프로그램에서 G50 기능설명이 옳은 것은?

```
G50 X250.0 Z250.0 S1500 ;
```

① 분당 이송속도 : 1500mm/min
② 회전수당 이송 : 1500mm/rev
③ 주축의 절삭속도 : 1500m/min
④ 주축의 최고회전수 : 1500 rpm

🔍 G50 : 주축의 최고회전수 : 1500 rpm

58 머시닝센터 베드면과 주축의 직각도 검사용 측정기로 적합한 것은?

① 수평계
② 마이크로미터
③ 버니어 캘리퍼스
④ 다이얼 인디게이터

> 다이얼 인디게이터 : 머시닝센터 베드면과 주축의 직각도 검사용 측정기

59 데이터 입·출력기기의 종류별 인터페이스 방법이 잘못 연결된 것은?

① FA 카드 – LAN
② 테이프 리더 – RS232C
③ 플로피 디스크 드라이버 – RS232C
④ 프로그램 파일 메이트(Program file mate) – RS442

> FA 카드 - 카드리더기

60 기계가공 작업장에서 일반적인 작업 시작 전 점검사항으로 적절하지 않은 것은?

① 주변에 위험물의 유무
② 전기 장치의 이상 유무
③ 냉·난방 설비 설치 유무
④ 작업장 조명의 정상 유무

> 기계가공 작업장에서 일반적인 작업 시작 전 점검사항 : 주변에 위험물의 유무, 전기 장치의 이상 유무, 작업장 조명의 정상 유무

정답 기출문제 – 2016년 3회

01 ④	02 ②	03 ①	04 ③	05 ②
06 ④	07 ③	08 ③	09 ②	10 ②
11 ④	12 ②	13 ③	14 ②	15 ④
16 ④	17 ①	18 ③	19 ②	20 ③
21 ④	22 ④	23 ②	24 ①	25 ③
26 ③	27 ②	28 ④	29 ①	30 ①
31 ④	32 ③	33 ④	34 ③	35 ④
36 ③	37 ③	38 ②	39 ①	40 ②
41 ②	42 ④	43 ④	44 ④	45 ③
46 ②	47 ②	48 ④	49 ①	50 ①
51 ④	52 ①	53 ③	54 ④	55 ②
56 ①	57 ④	58 ④	59 ①	60 ③

PART
05

Craftsman Computer Aided Milling

컴퓨터응용밀링기능사
CBT 대비
적중모의고사

제1회 CBT 대비 적중모의고사

01 특정 모양의 것을 인장하여 탄성한도를 넘어 소성 변형시킨 경우에도 하중을 제거하면 원래의 상태로 돌아가는 현상을 무엇이라 하는가?

① 취성　　　　　② 초탄성
③ 소성　　　　　④ 연성

- 취성 : 부서지기 쉬운 성질
- 연성 : 물체가 탄성한도를 넘는 힘에 의해 파괴되지 않고 길게 늘어나 변형하는 성질
- 소성 : 탄성한도 이상의 응력을 가하면 응력을 제거하여도 변형이 원상태로 돌아오지 않는 성질

02 알루미늄의 특성에 대한 설명으로 틀린 것은?

① 합금재질로 많이 사용한다.
② 내식성이 우수하다.
③ 용접이나 납접이 비교적 어렵다.
④ 전연성이 우수하고 복잡한 형상의 제품을 만들기 쉽다.

- 알루미늄은 ①, ②, ④항 이외에 가볍고, 가공성도 좋아 널리 사용된다.

03 공구용 재료에 요구되는 성질에 해당되지 않은 것은?

① 내마멸성 및 내충격성이 클 것
② 인성과 내마모성이 작을 것
③ 가열에 의한 경도변화가 적을 것
④ 제조 및 취급이 쉽고 가격이 저렴할 것

- 공구재료는 ①, ③, ④항 이외에도 강인성이 있으며, 열처리가 쉽고, 구입이 간편해야 하는 조건을 갖추어야 한다.

04 금속 중 항공기의 주요 구조 재료로 가장 많이 사용하는 금속은?

① 고속도강　　　② 인청동
③ 스테인리스강　④ 두랄루민

- 두랄루민은 고강도 알루미늄 합금으로 항공기의 주요 구조 재료나 리벳 등에 사용된다.

05 다음 중 Al-Cu-Si계 합금으로 주조성과 절삭성이 우수하고 시효경화가 되는 것은?

① 실루민
② 라우탈
③ Y합금
④ 로엑스

- 실루민 : Al + 10~14%의 Si를 함유한 알루미늄 합금으로 기계적 성질과 유동성이 좋다.
- Y합금 : Al + Cu(4%) + Ni(2%) + Mg(1.5%)을 함유한 합금으로 기계적 성질이 우수하고 열단 단조, 압출 가공이 쉬워 단조품, 피스톤 등에 사용된다.
- 로엑스 : Al + Si(12%) + Cu(1%) + Mg(1%) + Ni(1.6%)을 함유하며, 열팽창 계수 및 비중이 작고, 내마멸 및 고온 강도가 커서 피스톤용으로 사용된다.

06 다음 중 소결초경합금을 만들 때 사용하는 원소가 아닌 것은?

① Ti　　　　　　② Zn
③ W　　　　　　④ Ta

- 소결초경(경질)합금은 WC + TiC + TaC에 Co를 첨가제로 소결하여 제작한다.

07 풀림을 하는 주된 목적으로 거리가 먼 것은?

① 냉간 가공의 개선
② 경도의 증가
③ 절삭성의 향상
④ 재료의 연화

- 풀림은 탄소강을 연화시킬 목적으로 적정 온도까지 가열하고 그 온도를 어느 정도 유지한 후, 서서히 냉각시켜 ①, ③, ④항 이외에 잔류응력의 제거, 결정 조직의 조정, 조직의 균일화를 목적으로 하는 열처리이다.

08 마찰전동장치의 특성에 대한 설명으로 틀린 것은?

① 구름접촉이다.
② 무단변속이 쉽게 이루어진다.
③ 미끄럼이 전혀 없는 동력전달이다.
④ 동력전달에서 운전이 조용하다.

> 마찰 전동의 가장 큰 단점은 미끄럼이 발생하여 정확한 동력 전달이 어렵다. 주로 속도비가 커서 기어로 전동하기 어려운 경우, 무단 변속이 필요한 경우, 두 축 사이의 동력을 전동 중에 빈번히 연결하거나 차단시킬 필요가 있는 경우에 사용된다.

09 베어링 호칭번호가 6205인 레이디얼 볼 베어링의 안지름은?

① 5mm
② 15mm
③ 17mm
④ 25mm

> 62 : 계열번호(단열 깊은 홈 볼베어링), 05는 안지름 번호로 02 : 15mm, 03 : 17mm를 나타내며, 04부터는 × 5를 하여 안지름을 알아낸다. 따라서, 05 × 5 = 25mm 이다.

10 다공질재료에 윤활유를 함유하게 하여 급유할 필요가 없게 하는 베어링은?

① 미끄럼 베어링
② 구름 베어링
③ 오일리스 베어링
④ 스러스트 베어링

> • 미끄럼 베어링 : 저널과 베어링이 서로 미끄럼에 의해서 접촉하는 베어링
> • 구름 베어링 : 볼과 롤러에 의해서 구름 접촉하는 베어링
> • 오일리스 베어링 : 금속 입자를 가압·소결하여 성형한 뒤 윤활유를 입자 사이의 공간에 스며들게 한 것으로 급유가 곤란하거나 급유를 하지 않는 베어링
> • 스러스트 베어링 : 축선과 같은 방향(스러스트)으로 작용하는 하중을 받쳐주는 베어링

11 축방향의 하중과 비틀림을 동시에 받는 죔용 나사에 600N의 하중이 작용하고 있다. 허용인장응력이 5MPa일 때 나사의 호칭 지름으로 가장 적합한 것은?

① M12
② M14
③ M16
④ M18

> 축하중과 비틀림 하중을 동시에 받을 때에는
> 지름$(d) = \sqrt{\dfrac{8 \times P(\text{인장하중})}{3 \times \sigma(\text{인장응력})}} = \sqrt{\dfrac{8 \times 600}{3 \times 5}} \approx 18[\text{mm}]$

12 축방향에 큰 하중을 받아 운동을 전달하는데 적합하도록 나사산을 사각모양으로 만들었으며 하중의 방향이 일정하지 않고, 교번하중을 받는 곳에 사용하기에 적합한 나사는?

① 볼나사
② 사각나사
③ 톱니나사
④ 너클나사

> • 볼나사 : 볼에 의하여 작동되는 리드 나사로 정밀 기계의 이송 나사, 자동차의 스티어링 부위 등에 사용
> • 톱니나사 : 힘을 한 방향으로만 받는 부품에 이용되는 나사로 압착기, 바이스 등의 이송 나사에 사용
> • 너클나사 : 나사산과 골이 같은 반지름의 원호로 이은 모양이 둥근 모양으로 둥근 나사라고도 하며, 전구와 같이 나사산에 먼지, 모래 등이 들어갈 염려가 있을 때 사용

13 다음 중 미터계 사다리꼴 나사산의 각도는?

① 30°
② 35°
③ 50°
④ 60°

> 사다리꼴 나사에서 나사산의 각도는 미터계 30°, 인치계 29°이다.

14 스프링의 사용범위에 속하지 않는 것은?

① 제동 작용
② 충격 흡수
③ 하중 측정
④ 에너지 축적

> • 충격 흡수 : 진동, 충격을 흡수하는 자동차의 현가장치, 방진 스프링 등이 있다.
> • 하중 측정 : 측정용 스프링으로 압축, 인장에 의한 변형 길이로 힘을 측정하는 저울 등에 사용된다.
> • 에너지 축적 : 에너지의 흡수 특성을 이용한 시계의 태엽 스프링, 총의 방아쇠 스프링 등에 사용된다.

15 축과 보스에 모두 홈을 파는 것으로 가장 널리 사용되는 키(key)는?

① 안장(saddle) 키
② 묻힘(sunk) 키
③ 반달 키
④ 스플라인

> • 안장 키 : 축에 키 홈을 가동하지 않고 사용
> • 반달 키 : 우드러프 키라고도 하며, 축에 반달 모양의 홈을 만들어 반달 모양의 키를 끼워 사용하는 키
> • 스플라인 : 축에 여러 개(6개~10개)의 같은 키 홈을 파서 여기에 맞는 한 짝의 보스 부분을 만들어 서로 미끄럼 운동하게 만들어진 키의 한 종류

16 도면의 표제란에 제3각법의 투상을 나타내는 기호로 옳은 것은?

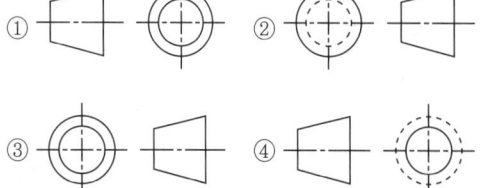

🔍 제1각법과 제3각법에서 좌우 측면도만을 두고 봤을 때 제1각법에서는 정면도를 기준으로 우측면도를 좌측에, 좌측면도를 우측에 도시하고, 제3각법에서는 우측면도는 우측에, 좌측면도는 좌측에 그리며 KS(한국산업규격)의 제도 통칙에서는 제3각법을 적용한다.

17 코일 스프링 제도하는 방법을 설명한 것으로 틀린 것은?

① 스프링은 일반적으로 하중이 걸린 상태로 도시한다.
② 종류와 모양만을 도시할 때에는 재료의 중심선만을 굵은 실선으로 그린다.
③ 요목표에 단서가 없는 코일 스프링은 오른쪽으로 감은 것을 나타낸다.
④ 코일 부분의 양 끝을 제외한 동일 모양부분의 일부를 생략할 때에는 생략하는 부분의 선지름의 중심선을 가는 1점 쇄선으로 표시한다.

🔍 스프링은 일반적으로 무하중 상태에서 그리는 것을 원칙으로 하며, 만일 하중 상태에서 그린 경우에는 치수를 기입할 때 그 때의 하중을 기입한다.

18 끼워 맞춤에서 최대 틈새를 구하는 식으로 옳은 것은?

① 축의 최대 허용 치수 – 구멍의 최소 허용 치수
② 구멍의 최대 허용 치수 – 축의 최소 허용 치수
③ 구멍의 최소 허용 치수 – 축의 최대 허용 치수
④ 축의 최대 허용 치수 – 구멍의 최대 허용 치수

🔍 구멍의 위 치수 허용차와 축의 아래 치수 허용차와의 차로도 나타낸다.

19 그림과 같은 제3각법 정투상도에서 우측면도로 가장 적합한 것은?

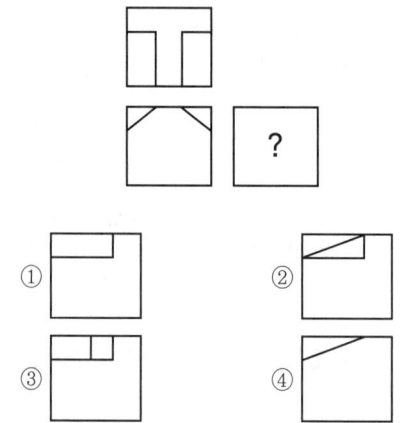

20 기계제도에서 구의 반지름을 표시하는 치수보조 기호는?

① Ø
② R
③ SR
④ SØ

🔍 ① 원의 지름, ② 원의 반지름, ③ 구의 반지름, ④ 구의 지름을 표시한다.

21 단면도의 표시방법에서 그림과 같은 단면도의 종류는?

① 온 단면도
② 한쪽 단면도
③ 부분 단면도
④ 회전 도시 단면도

🔍 그림과 같이 중심선을 기준으로 상하 대칭인 경우에는 상단은 내부, 하단은 외부를 표시하며, 상단 부분을 사선 처리(해칭)하여 단면을 표시한 방법을 반쪽 단면도 또는 한쪽 단면도라 한다.

22 다음 도면에서 표면의 결 도시 기호가 잘못 기입된 곳은?

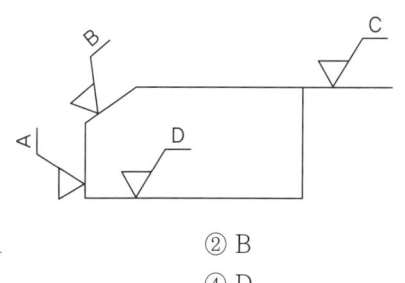

① A
② B
③ C
④ D

🔍 지시 기호는 대상면을 나타내는 외형선이나 그 연장선 또는 치수 보조선에 접하여 투상도의 바깥쪽에 기입한다.

23 다음 중 연삭 가공을 나타내는 약호는?

① L
② D
③ M
④ G

🔍 L : 선반(선삭) 가공, D : 드릴 가공, M : 밀링 가공, G : 연삭 가공을 나타낸다.

24 KS기어 제도의 도시방법 설명으로 올바른 것은?

① 잇봉우리원은 가는 실선으로 그린다.
② 피치원은 가는 1점 쇄선으로 그린다.
③ 이골원은 굵은 1점 쇄선으로 그린다.
④ 잇줄 방향은 보통 2개의 가는 1점 쇄선으로 그린다.

🔍 잇봉우리원(이끝원)은 굵은 실선으로, 이골원(이뿌리원)은 가는 실선 또는 굵은 실선으로 그리거나 완전히 생략하기도 한다.

25 도면에 Ø100 H6/m6로 표시된 끼워 맞춤의 종류는?

① 구멍 기준식 억지 끼워 맞춤
② 구멍 기준식 중간 끼워 맞춤
③ 축 기준식 중간 끼워 맞춤
④ 축 기준식 억지 끼워 맞춤

🔍 구멍 기준 H6에서 헐거운 끼워 맞춤은 f6, g5, g6, h5, h6, 중간 끼워 맞춤은 js5, js6, k5, m5, m6, 억지 끼워 맞춤은 n6, p6가 해당된다.

26 주조된 구멍이나 이미 뚫은 구멍을 필요한 크기나 정밀한 크기로 넓히는 작업을 무엇이라고 하는가?

① 태핑(tapping)
② 스폿 페이싱(spot facing)
③ 보링(boring)
④ 카운터 보링(counter boring)

🔍 • 태핑 : 탭을 이용하여 암나사를 가공하는 작업
• 스폿 페이싱 : 제품의 표면이 울퉁불퉁하여 볼트, 너트 등을 체결하기 곤란한 경우 볼트나 너트가 닿는 부분을 평탄하게 가공하여 체결력을 높이기 위해 자리를 파는 작업
• 카운터 보링 : 둥근머리 볼트의 머리 부분이 부품에 묻히도록 카운터 보어를 이용하여 자리를 파는 작업

27 수평 밀링 머신의 플레인 커터 작업에서 하향 절삭과 비교한 상향 절삭의 특징이 아닌 것은?

① 커터의 수명이 짧다.
② 절삭된 칩이 이미 가공된 면 위에 쌓인다.
③ 절삭열에 의한 치수 정밀도의 변화가 적다.
④ 표면 거칠기가 나쁘다.

🔍 상향 절삭의 특징은 ①, ③, ④항 이외에도 백래시가 자연히 제거되며, 절삭 동력이 적게 소비되는 특징이 있다.

28 선반의 베드에 대한 설명으로 맞지 않은 것은?

① 베드의 재질은 특수강으로 경도와 인성이 커야 한다.
② 베드는 강성이 크고, 방진성이 있어야 한다.
③ 내마모성이 커야 한다.
④ 정밀도와 진직도가 좋아야 한다.

🔍 선반의 베드는 인장강도 294N/mm² 이상의 고급 주철로 제작한다.

29 사인 바의 사용 용도로 가장 적합한 것은?

① 게이지블록을 이용하여 각도 측정
② 게이지블록을 이용하여 진원도 측정
③ 게이지블록을 이용하여 유효지름 측정
④ 표면거칠기 측정

🔍 삼각함수의 sin값을 이용한 계산에 의해 정반, 블록 게이지, 다이얼 게이지를 이용하여 각도를 측정하는 측정기이다.

30 자생작용을 하는 공구로 가공하는 것은?

① 스피닝 가공
② 연삭 가공
③ 선반 가공
④ 레이저 가공

> 자생작용이란 연삭 작업에서 입자가 마모되면 탈락되고 새로운 입자가 생성되어 연삭을 계속하게 하는 작용을 말한다.

31 초경합금 모재에 TiC, TiCN, TiN, Al2O3 등을 2~15μm의 두께로 증착하여 내마모성과 내열성을 향상시킨 절삭공구는?

① 세라믹(ceramic)
② 입방정 질화붕소(CBN)
③ 피복 초경합금
④ 서멧(cermet)

> 기존의 초경합금에 피복을 입혀 강인성과 내마모성을 향상시킨 공구를 피복 초경합금이라고 한다.

32 선반에서 테이퍼(taper)가공을 하는 방법으로 옳지 않은 것은?

① 심압대의 편위에 의한 방법
② 주축을 편위시키는 방법
③ 복식 공구대의 회전에 의한 방법
④ 테이퍼 절삭장치에 의한 방법

> 주축은 가공하는 공작물의 정밀도(원통도)와 밀접한 관계가 있으므로 절대로 편위를 시켜서는 안 된다.

33 다음 중 한계 게이지의 특징이 아닌 것은?

① 제품 사이의 호환성이 있다.
② 조작이 다소 복잡하므로 숙련된 경험이 필요하다.
③ 제품의 실제 치수를 읽을 수 없다.
④ 대량 생산시 측정이 간편하다.

> 한계 게이지의 통과측은 통과, 정지측은 정지를 하면 합격이기 때문에 훈련이 필요 없고 간단하다.

34 공작물을 가공액이 담긴 탱크 속에 넣고 가공할 모양과 같게 만든 공구인 전극봉을 이용하여 공작물을 양극으로 하고 공구를 음극으로 하여 가공하는 것은?

① 초음파 가공
② 방전 가공
③ 레이저 가공
④ 화학적 가공

> - 초음파 가공 : 초음파를 이용한 전기적 에너지를 기계적 에너지로 변환시켜 금속, 비금속 등 재료에 관계없이 정밀 가공하는 방법
> - 레이저 가공 : 레이저를 이용하여 대기 중에서 비접촉으로 필요한 형상으로 가공하는 방법
> - 화학적 가공 : 가공물을 화학 가공액 속에 넣고 화학반응을 일으켜 가공물 표면에 필요한 형상으로 가공하는 방법

35 선반에서 앵글 플레이트와 함께 불규칙한 형상의 공작물을 고정하기에 가장 적합한 것으로 알맞은 것은?

① 연동척
② 벨척
③ 면판
④ 방진구

> - 연동척 : 스크롤, 만능 척이라고도 하며 3개의 조가 동시에 작동되어 원형, 6각형의 일감고정이 용이한 척
> - 벨척 : 원통 둘레에 6~8개의 볼트를 이용하여 불규칙한 일감 고정에 편리하나 고정력이 약한 척
> - 방진구 : 지름보다 길이가 긴 일감의 단면, 내면가공(고정 방진구), 가늘고 길이가 긴 일감 가공(이동 방진구)에 사용하는 선반의 부속품

36 다음 가공의 종류 중 구멍의 내면에 암나사를 내는 작업은?

① 리밍(reaming)
② 보링(boring)
③ 태핑(tapping)
④ 스폿 페이싱(spot facing)

> - 리밍 : 드릴 작업이 된 구멍 내면을 매끄럽게 다듬질하는 작업
> - 보링 : 이미 뚫려 있는 구멍을 정밀하게 더 넓히는 작업
> - 스폿 페이싱 : 볼트, 너트 등의 자리를 매끄럽게 가공하여 체결력을 향상시키는 작업

37 탁상 드릴링 머신에서 일반적으로 가장 많이 사용되는 주축 회전 변속장치는?

① V벨트와 단차
② 원추형 풀리와 벨트
③ 기어 변속장치
④ 평벨트와 단차

> 탁상 드릴링 머신은 일반적으로 13mm 이하의 작은 구멍 뚫기에 많이 사용되는 장비로 주축 회전 변속에는 V벨트와 단차가 가장 많이 사용된다.

38 유동형 칩이 발생하기 쉬운 조건에 맞지 않는 것은?

① 윗면 경사각이 큰 경우
② 절삭속도가 작은 경우
③ 절삭 깊이가 작은 경우
④ 윗면의 마찰이 작은 경우

> 절삭속도가 빠를 때 유동형 칩이 발생한다.

39 연삭숫돌의 구성 3요소에 해당되지 않는 것은?

① 입자   ② 결합제
③ 기공   ④ 크기

> 연삭숫돌은 절삭날의 역할을 하는 숫돌 입자, 절삭날인 입자를 지지해 주는 결합제, 절삭 칩이 탈락되는 통로와 발열을 억제시켜 주는 기공으로 구성되어 있다.

40 밀링머신 중 공구를 수직 이동시켜 공구와 공작물의 상대 높이를 조절하며, 구조가 단순하고 튼튼하여 중절삭이 가능하고, 주로 동일 제품의 대량생산에 적합한 밀링머신은?

① 생산형 밀링머신   ② 만능 밀링머신
③ 수평 밀링머신   ④ 램형 밀링머신

> • 만능 밀링머신 : 수평 밀링머신에서 테이블의 선회가 가능하여 비틀림 홈, 헬리컬 홈 등의 가공이 가능한 밀링
> • 수평 밀링머신 : 컬럼(기둥) 상부의 스핀들에 아버를 이용하여 플레인 커터, 측면 커터 등을 이용하여 평면 홈 등을 가공하는 밀링

41 연삭숫돌의 입자가 탈락되지 않고 마모에 의해서 납작하게 둔화된 상태를 글레이징(glazing)이라고 하는 데, 글레이징이 어떤 경우에 많이 발생하는가?

① 숫돌의 원주속도가 너무 작다.
② 숫돌의 결합도가 너무 높다.
③ 숫돌 재료가 공작물 재료에 적합하다.
④ 공작물의 재질이 너무 연질이다.

> 글레이징은 무딤이라고도 하며, 무딤은 마찰에 의한 연삭열이 매우 커서 연삭 결함의 원인이 된다.

42 밀링 머신의 테이블 이송속도를 구하는 공식은?(단, f : 테이블의 이송속도, fr : 커터의 리드, fz : 밀링 커터의 날 1개마다의 이송(mm), z : 밀링 커터의 날수, n : 밀링커터의 회전수, p : 밀링 커터의 피치이다.)

① $f = f_z \times z \times n$ ② $f = f_r \times n \times p$
③ $f = f_z \times n \times p$ ④ $f = f_r \times z \times n$

> $f = f_z \times z \times n$ 이며, 밀링커터의 피치는 테이블 이송속도와 관계가 없다.

43 복합형 고정 사이클(G70, G71)에서 사이클이 종료되면 공구가 복귀하는 지점은?

① 프로그램 원점   ② 기계 원점
③ 사이클 시작점   ④ 제2원점

> 복합형 고정 사이클은 사이클 시작점에서 출발하여 사이클 시작 블록에 지정된 지점부터 사이클 종료 블록에 지정된 지점까지를 1회 절입량의 간격으로 반복가공한 후 다시 출발점인 사이클 시작점으로 되돌아온다.

44 CNC선반프로그램 G01 G99 X40. Z-20. F0.2 ; 에서 F0.2와 관계가 있는 것은?

① 절삭속도 일정제어
② 주축회전수 일정제어
③ 분당 이송속도
④ 회전당 이송속도

> G96 : 절삭속도(m/min) 일정제어, G97 : 주축회전수(rpm) 일정제어, G98 : 분당 이송지령(mm/min), G99 : 회전당 이송지령(mm/rev)

45 CNC선반 프로그램 G32 X50. Z-30. F1.5 ; 에서 1.5가 뜻하는 것은?

① 나사의 길이   ② 이송
③ 나사의 깊이   ④ 나사의 리드

> G32, G76, G92 등 나사가공에 관한 코드와 함께 사용하는 F는 나사의 리드값을 의미한다.

46 CNC기계 운전시 안전에 관한 사항 중 틀린 것은?

① 전원 공급은 공급 순서에 의한다.
② 기능을 알지 못하는 버튼은 눌러서 알아본다.
③ 그래픽 기능으로 공구 경로를 확인한다.
④ 충돌 사고에 유의하여 좌표계 설정을 확인한다.

> CNC 공작기계는 프로그램에 의하여 자동으로 운전 및 가공하는 공작기계이므로 기능을 알지 못하는 버튼을 누를 경우 대처하기가 매우 어려워서 안전사고를 초래 할 수 있다.

47 다음 중 주축의 회전 방향 지정이나 주축정지에 해당하는 보조 기능이 아닌 것은?

① M02 ② M03
③ M04 ④ M05

> M02 : 프로그램 종료, M03 : 주축 정회전, M04 : 주축역회전, M05 : 주축정지

48 인서트 팁에서 노즈 반지름(Nose radius) R에 대한 설명으로 옳은 것은?

① 절입량이 작은 다듬질 절삭에는 큰 노즈 반지름 R을 사용한다.
② 노즈 반지름 R이 클수록 표면조도는 불량해진다.
③ 노즈 반지름 R이 클수록 공구의 수명은 단축된다.
④ 노즈 반지름 R이 너무 커지면 저항이 증가하여 떨림이 발생한다.

> 절입량이 적은 다듬질 절삭에는 작은 노즈 반지름 R을 사용해야 하고, 노즈 반지름 R이 클수록 표면조도는 양호해지고, 공구의 수명은 늘어난다.

49 C머시닝센터 프로그램에서 공구 지름 보정에 관한 설명 중 맞는 것은?

① 일반적으로 공구의 지름만큼 보정한다.
② 공구의 진행방향을 기준으로 오른쪽 보정은 G41을 사용한다.
③ 공구 지름 보정 취소는 G42를 사용한다.
④ 공구를 교환하기 전에 공구 지름 보정을 취소해야 한다.

> 공구 지름 보정은 일반적으로 공구의 반지름만큼 보정하며, 공구의 진행방향을 기준으로 좌측 보정은 G41을 사용하고, 공구의 진행방향을 기준으로 우측 보정은 G42를 사용하며, 공구 지름 보정 취소는 G40을 사용한다.

50 머시닝센터에서 작업 전에 육안 검사사항이 아닌 것은?

① 전기회로는 정상 상태인가?
② 공작물은 정확히 고정되어 있는가?
③ 윤활유 탱크에 윤활유 량은 적당한가?
④ 공기압은 충분히 유지하고 있는가?

> 전기회로는 육안으로 검사할 수 있는 사항이 아니다.

51 머시닝센터에서 X-Y평면을 지정하는 G코드는 무엇인가?

① G17 ② G18
③ G19 ④ G20

> G17 : X-Y평면 지정, G18 : Z-X평면 지정, G19 : Y-Z평면 지정, G20 : inch 입력

52 다음은 범용 선반 가공시의 안전 사항이다. 틀린 것은?

① 홈깎기 바이트는 가급적 길게 물려서 사용한다.
② 센터 구멍을 뚫을 때에는 공작물의 회전수를 빠르게 한다.
③ 홈깎기 바이트의 길이 방향 여유각과 옆면 여유각은 양쪽이 같게 연삭한다.
④ 양센터 작업시 심압대 센터 끝에 그리스를 발라 공작물과의 마찰을 적게 한다.

> 공구는 작업에 지장이 없는 한, 되도록 짧게 물려야만 절삭 시 발생하는 진동을 줄일 수 있다.

53 밀링 작업시 안전사항 중 잘못된 것은?

① 칩을 제거할 때에는 브러시를 사용한다.
② 가공을 할 때에는 보안경을 착용하여 눈을 보호한다.
③ 회전하는 커터에 손을 대지 않는다.
④ 절삭 중에는 면장갑을 착용하고, 측정할 때에는 측정하지 않는다.

> 장갑을 착용하는 것은 회전하는 커터에 말릴 위험이 있으므로 절대로 착용해서는 안 된다.

54 CNC선반에서 G97 S1200 M03 ; 으로 일정하게 제어되고 있는 프로그램에서 지름 45mm의 홈을 가공한 후 2회전 일시정지(Dwell)하려고 한다. 다음 중 프로그램 중 틀린 것은?

① G04 X0.1 ;
② G04 U0.1 ;
③ G04 S100 ;
④ G04 P100 ;

> 2회전 휴지에 해당하는 시간 x는 다음과 같은 비례식으로 산출할 수 있다.
> N : 2회전 = 60 : x에서 N = 1,200이므로
> $\therefore x = \dfrac{2 \times 60}{N} = \dfrac{120}{1200} = 0.1$초
> 일시정지 지령은 G04로 하며, 0.1초를 word로 표현하면 P100, X0.1, U0.1 등으로 나타낼 수 있다.

55 Ø44 드릴 가공에서 절삭 속도 150m/min, 이송 0.08mm/rev일 때, 회전수와 이송 속도(feed rate)는?

① 1085 rpm, 86.8 mm/min
② 320 rpm, 3.52 mm/min
③ 200 rpm, 3.41 mm/min
④ 170 rpm, 34.1 mm/min

> $V = \dfrac{\pi DN}{1000}$에서 $N = \dfrac{1000V}{\pi D}$, 여기에 V=150, d=44를 대입하면
> $N = \dfrac{1000V}{\pi d} = \dfrac{1000 \times 150}{3.14 \times 44} \fallingdotseq 1085$[rpm]이고,
> $F = F_{REV} \times N = 0.08 \times 1085 \fallingdotseq 86.8$[mm/min]

56 다음의 공구 보정 화면 설명으로 틀린 것은?

공구보정번호	X축	Z축	R	T
01	0.000	0.000	0.8	3
02	0.457	1.321	0.2	2
03	2.765	2.987	0.4	3
04	1.256	-1.234	?	8
05	.	.	.	.
.	.	.	.	.

① X축 : X축 보정량
② Z축 : Z축 보정량
③ R : 공구 날끝 반경
④ T : 공구 선택 번호

> T는 가상인선 번호로서 인선의 방향에 따라 1~8을 사용한다.

57 CNC선반에서 홈 가공 시 진원도 향상을 위하여 휴지 시간을 지령하는데 사용되는 어드레스가 아닌 것은?

① X ② U
③ P ④ Q

> 일시정지코드는 G04이며, 시간을 나타내는 어드레스 P, U, X 등과 함께 사용된다.

58 다음 중 CAD/CAM시스템의 소프트웨어에 해당하지 않는 것은?

① 운영체제(OS)
② 입·출력 장치
③ 응용 소프트웨어
④ 데이터베이스 시스템

> 입력 및 출력장치는 하드웨어에 해당한다.

59 다음 프로그램을 설명한 것으로 틀린 것은?

```
N10 G50 X150.0 Z150.0 S1500 T0300 ;
N20 G96 S150 M03 ;
N30 G00 X54.0 Z2.0 T0303 ;
N40 G01 X15.0 F0.25 ;
```

① 주축의 최고 회전수는 1500rpm이다.
② 절삭속도를 150m/min로 일정하게 유지한다.
③ N40블록의 스핀들 회전수는 3185rpm이다.
④ 공작물 1회전당 이송속도는 0.25mm이다.

> G50에서 주축의 최고 회전수를 1500rpm으로 지령하였으므로 N40 블록의 지정에도 불구하고 주축의 최고 회전수로 대체하게 된다.

60 CNC공작기계에서 자동 원점 복귀 시 중간 경유점을 지정하는 이유 중 가장 적합한 것은?

① 원점 복귀를 빨리 하기 위해서
② 공구의 충돌을 방지하기 위해서
③ 기계에는 무리를 가하지 않기 위해서
④ 작업자의 안전을 위해서

> G28과 동반하는 좌표값은 중간 경유점을 의미하는데, 이것은 공구가 다른 치공구나 공작물을 회피하여 기계 원점으로 복귀할 수 있도록 한다.

정답 CBT 대비 적중모의고사 – 제1회

01 ②	02 ③	03 ②	04 ④	05 ②
06 ②	07 ②	08 ③	09 ④	10 ③
11 ④	12 ②	13 ①	14 ①	15 ②
16 ③	17 ①	18 ②	19 ①	20 ③
21 ②	22 ④	23 ④	24 ②	25 ②
26 ③	27 ②	28 ①	29 ①	30 ②
31 ②	32 ②	33 ②	34 ②	35 ③
36 ③	37 ①	38 ②	39 ④	40 ①
41 ②	42 ①	43 ③	44 ④	45 ④
46 ②	47 ①	48 ④	49 ④	50 ①
51 ①	52 ①	53 ④	54 ③	55 ①
56 ④	57 ④	58 ②	59 ③	60 ②

제2회 CBT 대비 적중모의고사

01 일반적으로 주철(회주철)의 성분 중 탄소(C) 다음으로 함유하고 있는 원소로 주철조직에 가장 많은 영향을 주는 것은?

① 황
② 규소
③ 망간
④ 인

🔍 주철에서 규소(Si)는 주철의 질을 연하게 하고 냉각 시 수축을 적게 하는 데 영향을 끼친다.

02 다음 중 7:3황동의 조성에 설명으로 맞는 것은?

① 구리 70%, 주석 30%의 합금이다.
② 구리 70%, 아연 30%의 합금이다.
③ 구리 70%, 니켈 30%의 합금이다.
④ 구리 70%, 규소 30%의 합금이다.

🔍 황동은 구리(Cu)와 아연(Zn)의 이원 합금으로 Zn을 30%(7:3황동) 또는 40%(6:4황동) 함유한 황동이 가장 널리 사용되고 있다.

03 구리에 대한 설명 중 옳지 않은 것은?

① 전연성이 좋아 가공이 쉽다.
② 화학적 저항력이 작아 부식이 잘된다.
③ 전기 및 열의 전도성이 우수하다.
④ 광택이 아름답고 귀금속적 성질이 우수하다.

🔍 구리는 ①, ③, ④항 이외에도 화학적 저항력이 커서 부식이 잘 안 되며 Zn, Sn, Ni, Ag 등과 합금하면 철강에 비하여 내식성이 좋아지고, 기계적 성질이 우수해진다.

04 알루미나(Al_2O_3)를 주성분으로 하여 거의 결합재를 사용하지 않고 소결한 공구로서 고속도 및 고온절삭에 사용되는 공구강은?

① 다이아몬드 공구
② 세라믹 공구
③ 스텔라이트 공구
④ 초경합금 공구

🔍 ①, ②, ③, ④항 모두 고속 고온 절삭에 용이하나, 세라믹과 초경합금은 소결하여 제작하고, 스텔라이트는 주조하여 제작하며, 모두 취성이 커서 진동에 약한 단점이 있는 공구이다.

05 표준 성분이 Cu 4%, Ni 2%, Mg 1.5%, 나머지가 알루미늄인 내열용 알루미늄 합금의 한 종류로써 열간 단조 및 압출가공이 쉬워 단조품 및 피스톤에 이용되는 것은?

① Y합금
② 하이드로날륨
③ 두랄루민
④ 알클래드

🔍 • 하이드로날륨 : Al + Mg(6~10%) 합금한 내식성 알루미늄 합금
• 두랄루민 : Al + Cu(4%) + Mg(0.5%) + Mn(0.5%) 성분의 고강도 알루미늄 합금
• 알클래드 : 고강도 알루미늄에 내식성 향상을 위해 내식성이 좋은 알루미늄 합금을 피막처리한 재료

06 다음 중 고강도 Al합금으로 Al-Cu-Mg-Mn의 합금은?

① 라우탈
② 두랄루민
③ 실루민
④ Y합금

🔍 두랄루민은 Al + Cu(4.0%) + Mg(0.5%) + Mn(0.5%)의 고강도 합금으로 항공기 계통의 소재로 사용된다.

07 강의 표면 경화법에서 화학적 방법에 해당되지 않는 것은?

① 침탄법
② 질화법
③ 침탄 질화법
④ 고주파 경화법

🔍 첨가 원소의 확산에 의한 화학적인 방법에는 ①, ②, ③항 이외에 금속 침투법이 있으며, 화학적 성분은 변화시키지 않고 표면만을 경화시키는 물리적인 방법에는 화염 경화법, 고주파 경화법이 있다.

08 두 축이 동일선상에 있는 것이 원칙이나 약간의 상호 이동을 허용할 수 있는 축 이음으로 기어형 축 이음, 체인 축 이음, 고무 축 이음 등에 사용되는 것은?

① 유니버설 커플링　② 플랜지 커플링
③ 플렉시블 커플링　④ 셀러 커플링

> • 플랜지 커플링 : 고정식 커플링에 속하며 두 축이 동일선상에 있도록 한 이음으로 단조 플랜지 커플링, 조립식 플랜지 커플링, 세레이션 커플링 등이 있다.
> • 유니버설 커플링 : 두 축이 같은 평면 내에 있으면서 그 중심선이 어느 각도로 교차하고 있을 때 사용하는 축 이음으로 자동차, 공작기계 등에 사용된다.
> • 셀러 커플링 : 머프 커플링을 개조한 것으로 원통과 내통(원추형)으로 되어 있어 내통을 양쪽에 끼워 3개의 볼트로 조여 축을 고정시키는 커플링이다.

09 원통 마찰차의 접선력을 F kgf, 원주속도를 v m/s라 할 때, 전달동력 H (kW)를 구하는 식은?(단, 마찰계수는 μ이다.)

① $H = \dfrac{\mu F v}{102}$　② $H = \dfrac{F v}{102 \mu}$

③ $H = \dfrac{\mu F v}{75}$　④ $H = \dfrac{F v}{75 \mu}$

> 전달력을 W(kg)이라 할 때 전달동력 $H = \dfrac{W \times v}{102} = \dfrac{v \times F \times v}{102}$

10 소선의 지름 8mm, 스프링의 지름 80mm인 압축코일 스프링에서 200N의 하중이 작용하였을 때 처짐이 10mm가 되었다. 이때 스프링 상수(K)는 몇 N/mm인가?

① 5　② 10
③ 15　④ 20

> $K = \dfrac{하중(P)}{변위량(\delta)} = \dfrac{200}{10} = 20[N/mm]$

11 다음 동력전달용 기계요소 중 간접전동요소가 아닌 것은?

① 체인　② 기어
③ 벨트　④ 로프

> 마찰차, 기어, 캠 등은 직접전동요소에 해당된다.

12 볼트 너트의 풀림 방지 방법으로 틀린 것은?

① 로크 너트에 의한 방법
② 스프링 와셔에 의한 방법
③ 플라스틱 플러그에 의한 방법
④ 아이 볼트에 의한 방법

> 볼트와 너트의 풀림 방지책으로는 ①, ②, ③항 이외에도 자동 죔 너트에 의한 방법, 핀, 작은 나사에 의한 방법, 철사에 의한 방법 등이 있다.

13 엔드 저널에서 지름 40mm의 전동축을 받치고 있는 베어링의 압력은 5N/mm2이고 저널 길이를 100mm라고 할 때 베어링의 하중은 몇 kN인가?

① 15kN　② 20kN
③ 25kN　④ 30kN

> 베어링 압력$(K) = \dfrac{하중(P)}{투상면적} = \dfrac{W}{d \times \ell}$
> ∴ $W = d \times \ell \times p = 40 \times 100 \times 5 = 20000[N] = 20[kN]$

14 체결용 요소 중 볼나사(ball screw)의 장점을 설명한 것으로 옳지 않은 것은?

① 자동체결용으로 적합하다.
② 백래시를 작게 할 수 있다.
③ 먼지에 의한 마모가 적다.
④ 나사의 효율이 좋다.

> 볼나사의 장점
> • 나사의 효율이 좋다.
> • 백래시를 작게 할 수 있다.
> • 먼지에 의한 마모가 적다.
> • 윤활에 신경 쓰지 않아도 된다.
> • 높은 정밀도가 오래 유지된다.

15 키의 전단응력이 35N/mm2이고, 키의 유효 길이가 40mm, 축과 보스의 경계면에 작용하는 접선력은 3000N일 때 키의 너비는 약 몇 mm인가?

① 1.6mm
② 1.8mm
③ 2.2mm
④ 2.8mm

전단응력$(\tau) = \dfrac{접선력(P)}{너비(b) \times 길이(\ell)}$

$\therefore b = \dfrac{P}{\ell \times \tau} = \dfrac{3000}{40 \times 35} = 2.14 ≒ 2.2[mm]$

16 KS 재료기호에서 용접 구조용 압연강재의 기호는?

① SPPS 380
② SM 570
③ STC 140
④ SC 360

- SPPS : 압력 배관용 탄소강관
- SM : 용접 구조용 압연강재
- STC : 탄소 공구강
- SC : 탄소 주강품

17 구름베어링의 안지름이 140mm 일 때, 구름베어링의 호칭번호에서 안지름 번호로 가장 적합한 것은?

① 14
② 17
③ 28
④ 45

안지름이 20mm 이상 500mm 미만까지는 5로 나눈 수를 안지름 기호(두 자리수)로 나타낸다. 따라서, 140/5 = 28 이다.

18 그림과 같은 V-벨트 풀리의 호칭 지름(피치원 지름) 값은?

① Ø30
② Ø75
③ Ø90
④ Ø100

이끝원은 Ø100, 이뿌리원은 Ø75, 호칭지름(피치원 지름)은 Ø90에 해당된다.

19 다음 동력원의 기호 중 공압을 나타내는 것은?

①
②
③
④ (M in rectangle)

② 유압, ③ 전동기, ④ 원동기

20 불규칙한 파형의 가는 실선 또는 지그재그선을 사용하는 것은?

① 절단선
② 파단선
③ 해칭선
④ 수준면선

- 절단선 : 가는 1점 쇄선을 끝부분 및 방향이 변하는 부분을 굵게 한 것
- 해칭선 : 가는 실선으로 규칙적으로 줄을 늘어놓은 것
- 수준면선 : 수면, 유면 등의 위치를 표시하는 데 사용

21 2개 이상의 부품이나 부분 조립품을 조립한 상태에서 그 상호관계와 조립에 필요한 치수 및 정보 등을 나타낸 도면은?

① 설명도
② 조립도
③ 승인도
④ 주문도

- 설명도 : 사용자에게 물품의 구조, 기능, 성능 등을 설명하기 위한 도면으로 주로 카탈로그에 사용하는 도면
- 승인도 : 주문자 또는 기타 관계자의 승인을 얻은 도면
- 주문도 : 주문하는 사람이 주문하는 물건의 크기, 형태, 정밀도 등의 주문 내용을 나타낸 도면

22 치수보조 기호로 사용되는 "C"에 대한 설명으로 맞는 것은?

① 45° 모떼기 치수의 치수 수치 앞에 붙인다.
② 이론적으로 정확한 치수를 의미한다.
③ 각의 꼭지점에서 가로, 세로 길이가 서로 다를 때에도 사용한다.
④ 참고 치수임을 의미한다.

이론적으로 정확한 치수는 "□" 테두리로 표시하고 참고 치수는 "( )"로 표시한다.

23 표면 거칠기의 지시 기호 중 가공에 의한 줄무늬 방향이 지시된 것은?

🔍 ① 대상면의 지시 기호, ③ 제거 가공을 필요로 한다는 것을 지시 하는 기호, ④ 제거 가공을 허락하지 않음을 지시하는 기호이다.

24 끼워 맞춤 기호의 치수 기입에 관한 것이다. 바르게 기입된 것은?

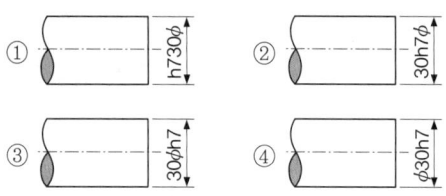

🔍 기준치수(Ø30) 다음에 치수공차(h7)를 기입하여 표시한다.

25 기하 공차 기호에서 자세 공차에 해당하는 것은?

① ⌭   ② ⌖
③ ∥   ④ ↗

🔍 자세 공차에는 평행도, 직각도, 경사도가 있다. 보기의 기호는 ① 원통도, ② 위치도, ③ 평행도, ④ 원주 흔들림을 나타내는 기하 공차이다.

26 다음과 같은 숫돌바퀴의 표시에서 숫돌입자의 종류와 결합도를 표시한 것은?

WA 60 K M V

① WA, 60   ② WA, K
③ M, 60   ④ M, V

🔍 WA(숫돌입자의 종류), 60(입도), K(결합도), M(조직), V(결합제)로 표시한다.

27 슈퍼 피니싱의 특징에 대한 설명으로 틀린 것은?
① 다듬질 면은 평활하고 방향성이 없다.
② 숫돌은 진동을 하면서 왕복 운동을 한다.
③ 공작물은 전 표면이 균일하고 매끈하게 다듬질 된다.
④ 가공에 따른 변질층의 두께가 매우 크다.

🔍 슈퍼 피니싱은 치수 가공이 목적이 아니고 표면 정밀도를 향상시키는 가공이므로 절삭량이 극히 적어 가공 변질층의 발생이 제한적이다.

28 다수의 절삭날을 일직선상에 배치한 공구를 사용해서 공작물 구멍의 내면이나 표면을 여러 가지 모양으로 절삭하는 공작기계로 적당한 것은?
① 브로칭 머신
② 슈퍼 피니싱
③ 호빙 머신
④ 슬로터

🔍 브로칭 머신은 브로치(다수의 날을 일직선으로 배열한 공구)를 이용하여 주로 복잡한 내면을 가공하는 기계이다.

29 다음 중 한계 게이지에 속하지 않는 것은?
① 하이트 게이지
② 플러그 게이지
③ 스냅 게이지
④ 테보 게이지

🔍 하이트 게이지는 정반 위에서 주로 사용하며 높이 측정이나 금긋기에 주로 사용되는 측정기이다.

30 다음 중 공작기계의 구비조건으로 거리가 먼 것은?
① 높은 정밀도를 가질 것
② 가공능력이 클 것
③ 내구력이 작을 것
④ 고장이 적고, 기계효율이 좋을 것

🔍 공작기계는 ①, ②, ④항 이외에 내구력이 크고 사용이 간편하고, 가격이 저렴하고, 운전비용이 저렴해야 하는 등의 구비 조건을 갖추어야 한다.

31 선반 작업에서 방진구를 사용하는 가장 큰 이유는?

① 센터를 쉽게 잡기 위해
② 공작물의 이탈을 방지하기 위해
③ 공작물 이송을 부드럽게 하기 위해
④ 가늘고 긴 공작물을 가공 시 떨림을 방지하기 위해

> 선반작업에서 방진구는 가늘고 긴 공작물의 가공 시 발생되는 떨림을 억제하기 위해 왕복대에 고정시켜 바이트의 이동과 같이 이동되며 공작물을 지지하는 데 사용된다.

32 저탄소 강재를 선반에서 가공할 때 절삭저항 3분력 중 가장 큰 것은?

① 주분력   ② 배분력
③ 이송분력   ④ 횡분력

> 각 분력의 크기는 주분력(10) > 배분력(2~4) > 이송분력(1~2)의 순서이다.

33 다음 그림에서 테이퍼(Taper)값이 1/8일 때 A 부분의 직경 값은 얼마인가?

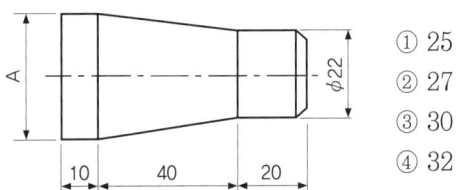

① 25
② 27
③ 30
④ 32

> 테이퍼값, $\left(\dfrac{1}{x}\right) = \dfrac{D-d}{\ell}$, $\dfrac{1}{8} = \dfrac{D-22}{40}$
> ∴ $D = \dfrac{1}{8} \times 40 + 22 = 27$

34 구성인선(build-up edge)에 관한 설명으로 틀린 것은?

① 구성인선은 공구각을 변화시키고 가공면의 표면 거칠기를 나쁘게 한다.
② 칩 두께가 얇고 절삭속도가 임계속도 이상으로 높을 때 주로 발생한다.
③ 공구의 윗면 경사각을 크게 하여 방지한다.
④ 공구와 공작물의 마찰 저항으로 칩의 일부가 단단하게 변질되어 공구에 달라붙어 절삭날과 같은 작용을 한다.

> 구성인선은 칩 두께가 얇고 절삭속도가 임계속도 이하로 낮을 때 주로 발생한다.

35 다음 중 밀링머신의 부속 장치가 아닌 것은?

① 아버   ② 회전 테이블 장치
③ 수직축 장치   ④ 왕복대

> 왕복대는 선반의 주요 구조이다.

36 원통연삭에서 바깥지름 연삭방식에 해당하지 않는 것은?

① 유성형   ② 플런지 컷형
③ 숫돌대 왕복형   ④ 테이블 왕복형

> 유성형은 공작물 고정형 또는 플래니터리형이라고도 하며, 공작물은 고정되고 숫돌대가 자전 및 공전을 하며 연삭하는 방식으로, 공작물의 회전이 연삭 정밀도에 영향을 미치는 대형 공작물의 내면 연삭에 적합한 내면 연삭기이다.

37 밀링 절삭조건을 맞추는데 고려할 사항이 아닌 것은?

① 밀링의 성능   ② 커터의 재질
③ 공작물의 재질   ④ 고정구의 크기

> ①, ②, ③항 이외에도 절삭 속도, 이송, 절삭 깊이 등을 고려해야 한다.

38 일반적인 절삭공구의 수명 판정 기준이 아닌 것은?

① 공구 인선의 마모가 일정량에 달했을 때
② 완성치수의 변화량이 일정량에 달했을 때
③ 가공면에 광택이 있는 색조 또는 반점이 생길 때
④ 공작물의 온도가 일정량에 달했을 때

> 공구수명 판정 기준
> • 공구 인선의 마모와 완성치수의 변화량이 일정량에 달했을 때
> • 가공면에 광택이 있는 색조 또는 반점이 생길 때
> • 절삭저항에서 이송분력과 배분력이 급격히 증가할 때

39 다음 특수가공법 중 가공물 표면에 공작액과 미세연삭 입자의 혼합물을 고속으로 분사하여 매끈한 다듬질면을 얻는 방법은?

① 액체 호닝(liquid honing)
② 버니싱(burnishing)
③ 버핑(buffing)
④ 숏 피닝(shot peening)

🔍 • 버니싱 : 1차로 가공된 공작물의 안지름 보다 다소 큰 강구 (steel ball)를 압입하여 통과시켜 공작물의 내면을 넓히면서 소성변형을 일으키는 가공법
• 버핑 : 버프(직물, 피혁, 고무 등으로 제작)라는 유연한 원판에 연삭 입자를 도포하여 고속 회전시켜 공작물 표면을 매끈하고 광택이 있는 표면으로 얻는 가공법
• 숏 피닝 : 숏(shot)이라는 작은 금속제 알갱이를 압축 공기로 일감 표면에 고속으로 분사시켜 표면을 다듬질하며 동시에 피로 강도를 개선시키는 가공법

40 밀링머신에서 일반적으로 평면을 절삭할 때 주로 사용하는 공구가 아닌 것은?

① 정면커터
② 엔드밀
③ 메탈 쏘
④ 셸 엔드밀

🔍 메탈 쏘는 좁은 홈이나 절단을 하고자 할 때 수평 밀링에서 사용하는 커터이다.

41 완전윤활 또는 후막윤활이라고 하며, 슬라이딩 면이 유막에 의해 완전히 분리되어 균형을 이루게 되는 윤활방법은?

① 경계 윤활
② 유체 윤활
③ 극압 윤활
④ 고체 윤활

🔍 • 경계 윤활 : 불완전 윤활이라고도 하며 유체 윤활상태에서 하중이 증가하거나 윤활제의 온도가 상승하여 점도가 떨어지면서 유막으로는 하중을 지탱할 수 없는 상태를 뜻하며 고하중 저속 상태에서 많이 발생한다.
• 극압 윤활 : 고체 윤활이라고도 하며 경계 윤활에서 하중이 더욱 증가하여 마찰 온도가 높아지면 유막으로는 하중을 지탱하지 못하고 유막이 파괴되어 슬라이딩면이 접촉된 상태의 윤활이다.

42 축을 가공한 후 일정한 치수 내에 들어있는지를 검사하고자 한다. 가장 적당한 게이지는?

① 스냅 게이지
② 플러그 게이지
③ 테보 게이지
④ 센터 게이지

🔍 한계 게이지는 치수 공차의 허용치가 통과 측과 정지 측으로 되어 있어 통과측은 통과되고 정지 측에서 정지되면 치수 내에 있음을 검사하는 게이지로 축류는 스냅게이지, 구멍 등은 플러그 게이지를 이용한다.

43 CNC선반에서 3초 동안 이송을 정지(dwell)시키고자 한다. ( ) 안에 알맞은 것은?

```
G04 P(      ) ;
```

① 3.0
② 30
③ 300
④ 3000

🔍 일시정지기능(G04)은 시간을 나타내는 어드레스 P, U, X 등과 함께 사용한다. U와 X는 소수점 이하 3자리까지 유효하며, P는 소수점을 사용할 수 없다.

44 CNC 공작기계 가공에서 유의사항으로 틀린 것은?

① 소수점 입력 여부를 확인한다.
② 좌표계 설정이 맞는지 확인한다.
③ 보안경을 착용한다.
④ 작업복을 착용하지 않아도 된다.

🔍 모든 공작기계 가공 시 작업복을 착용하는 것이 안전하다.

45 복합형 고정사이클에 대한 설명으로 옳은 것은?

① 단일형 고정사이클 보다 프로그램이 더욱 길고 프로그램 작성 시간이 많이 소요된다.
② 최종 형상과 절삭 조건을 지정해 주면 공구경로는 자동적으로 결정된다.
③ 매번 절입량을 계산하여 입력하므로 프로그램 작성에 많은 노력과 시간이 필요하다.
④ 메모리(자동) 운전이 아니어도 사용 가능하다.

🔍 복합형 고정사이클은 단일형 고정사이클보다 프로그램이 짧고 작성시간도 적게 소요되며, 자동운전에서만 사용이 가능하며, 절입량이 자동으로 계산된다.

46 머시닝센터 프로그램에서 그림의 A(15,5)에서 B(5,15)로 가공할 때의 프로그램으로 바르지 못한 내용은?

① G90 G03 X5. Y15. J-10. ;
② G90 G03 X5. Y15. R-10. ;
③ G91 G03 X-10. Y10. J10. ;
④ G91 G03 X-10. Y10. R-10. ;

🔍 A→B의 가공은 반시계방향 원호절삭(G03)이며, 종점 B의 좌표값으로 프로그램을 작성한다. 이때 반지름 값 R은 180° 이상의 원호의 경우 '―'로 표기하고, J(또는 I)는 시작점에서 중심점까지의 벡터값을 사용한다. 따라서 다음의 4가지로 프로그래밍할 수 있다.
• 절대지령 : G90 G03 X5. Y15. R-10. ; 또는 G90 G03 X5. Y15. J10. ;
• 증분지령 : G91 G03 X-10. Y10. R-10. ; 또는 G91 G03 X-10. Y10. J10. ;

47 CNC 선반에서 그림과 같이 지름이 40mm인 공작물을 G96 S314 M03 ; 블록으로 가공할 때, 주축 회전수는?

① 1500 rpm
② 2000 rpm
③ 2500 rpm
④ 3000 rpm

🔍 $V = \dfrac{\pi d N}{1000}$ 에서 $V=314, d=40$
∴ $N = \dfrac{1000V}{\pi d} = \dfrac{1000 \times 314}{3.14 \times 40} = 2500$ [rpm]

48 CNC프로그램에서 보조기능에 대한 설명 중 맞는 것은?

① M05는 주축의 정회전을 의미한다.
② M03은 주축의 역회전을 의미한다.
③ M00는 프로그램의 시작을 의미한다.
④ M02는 프로그램의 종료를 의미한다.

🔍 • M00 : 프로그램 정지
• M02 : 프로그램 종료
• M03 : 주축 정회전
• M05 : 주축 정지

49 CNC 공작기계가 자동 운전 도중에 갑자기 멈추었을 때의 조치사항으로 잘못된 것은?

① 비상 정지 버튼을 누른 후 원인을 찾는다.
② 프로그램의 이상 유무를 하나씩 확인하며 원인을 찾는다.
③ 강제로 모터를 구동시켜 프로그램을 실행시킨다.
④ 화면상의 경보(alarm) 내용을 확인한 후 원인을 찾는다.

🔍 경보가 발생하거나 갑자기 멈추었을 때, 이를 무시하고 강제로 진행시키면 더 이상 기계운전이 불가능하거나 안전하지 않을 수 있기 때문에 반드시 원인을 찾아 해결해야 한다.

50 다음 머시닝센터 프로그램에서 F200 이 의미하는 것은?

```
G94 G91 G01 X100. F200 ;
```

① 0.2mm/rev
② 200mm/rev
③ 200mm/min
④ 200m/min

🔍 G94 : 분당이송(mm/min)

51 CNC프로그램에서 공구 인선 반지름 보정과 관계없는 G-코드는?

① G40
② G41
③ G42
④ G43

- G40 : 공구인선 반지름 보정 취소
- G41 : 공구인선 반지름 좌측 보정
- G42 : 공구인선 반지름 우측 보정
- G43 : 공구길이 보정(+)

- $F = N \times \ell$ (ℓ : 나사의 리드 1.5mm, F : 이송량 450mm/min)
  $$\therefore N\left(\frac{F}{\ell}\right) = \frac{450}{1.5} = 300[\text{rpm}]$$
- G84 : 태핑 사이클, G74 : 역태핑 사이클, G85 : 보링 사이클, G76 : 정밀보링 사이클

52 밀링머신을 이용하여 가공을 할 때 유의해야 할 사항으로 틀린 것은?

① 기계를 사용하기 전에 윤활 부분에 적당량의 윤활유를 주입한다.
② 측정기 및 공구를 작업자가 쉽게 찾을 수 있도록 밀링머신 테이블 위에 올려놓아야 한다.
③ 밀링 칩은 예리하므로 직접 손을 대지 말고 청소용 솔 등으로 제거한다.
④ 정면커터로 가공할 때는 칩이 작업자의 반대쪽으로 날아가도록 공작물을 이송한다.

측정기나 공구 등을 공작기계의 테이블 위에 올려놓을 경우 가공 시 발생하는 칩과 얽혀 비산되어 매우 위험하다. 따라서 공작기계의 테이블 위에는 아무 것도 올려놓아서는 안 된다.

53 그림과 같이 M10 탭가공을 위한 프로그램을 완성시키고자 한다. ( ) 속에 차례로 들어갈 값으로 옳은 것은?(단, M10 탭의 피치는 1.5)

```
N10 G90 G92 X0. Y0. Z100. ;
N20 (    ) M03 ;
N30 G00 G43 H01 Z30. ;
N40 G90 G99 (    ) X20. Y30.
            Z-25. R10. F450 ;
N50 G91 X30. ;
N60 G00 G49 G80 Z300. M05 ;
N70 M02 ;
```

① S200, G74
② S300, G84
③ S400, G85
④ S500, G76

54 다음 중 CAD/CAM 시스템의 출력장치로 볼 수 없는 것은?

① 모니터   ② 디지타이저
③ 프린터   ④ 빔 프로젝터

- 입력장치 : 키보드, 마우스, 태블릿, 디지타이저, 스캐너, 조이스틱, 라이트 펜 등
- 출력장치 : 플로터, 프린터, 모니터(CRT, LCD), 빔 프로젝터, 하드카피장치 등

55 CNC 지령 중 기계 원점 복귀 후 중간 경유점을 거쳐 지정된 위치로 이동하는 준비 기능은?

① G27   ② G28
③ G29   ④ G32

G27 : 원점복귀 확인, G28 : 원점복귀, G29 : 원점으로부터 복귀, G32 : 나사절삭

56 다음은 CNC선반 프로그램의 일부이다. 설명으로 틀린 것은?

```
G50 X150.0 Z100.0 T0300 S2000 ;
G96 S150 M03 ;
```

① G50은 좌표계 설정을 뜻한다.
② X150.0 Z100.0은 기계원점부터 바이트 끝까지의 거리이다.
③ S2000은 주축 최고 회전수이다.
④ S150은 절삭속도가 150m/min이다.

- G50 : 주축최고회전수 지정 (또는 공작물 좌표계 설정)
- G50과 함께 사용하는 좌표값은 좌표계원점을 기준으로 공구의 위치값을 나타내는데, 기계원점 복귀 후 G50을 사용할 경우에는 기계원점부터 공작물 끝단(좌표계원점 위치)까지 거리를 지령하여 좌표계를 설정한다.
- G96 : 절삭속도(m/min) 일정제어

57 다음과 같은 CNC선반프로그램의 설명으로 틀린 것은?

```
N31 G90 X50. Z-100. R10. F0.2 ;
N32     X54. ;
```

① G90은 내·외경 절삭 사이클이다.
② 테이퍼 절삭을 한다.
③ N32 블록에서도 사이클이 계속된다.
④ 외경(바깥지름) 절삭 작업을 하는 프로그램이다.

🔍 N31 블록의 X좌표가 50, N32 블록의 X좌표가 54로, 뒤쪽의 블록의 X좌표값이 더 큰 것은 외경 절삭이 아니라 내경 절삭을 의미한다.

58 CNC공작기계의 안전 운전을 위한 점검 사항과 관계가 먼 것은?

① 기계의 동작부위에 방해물질이 있는가를 점검한다.
② 공구대의 정상 작동 상태를 점검한다.
③ 이상 소음의 발생 개소가 있는 지를 점검한다.
④ 볼 스크루의 정밀도를 점검한다.

🔍 CNC 공작기계의 안전운전을 위해서는 기계동작부위에 이물질 여부, 공구대의 정상작동 상태, 이상소음 발생부위여부 등을 점검해야 한다. 볼 스크루의 정밀도를 점검하는 것은 기계정밀도 점검에 해당한다.

59 정확한 거리의 이동이나 공구 보정 시에 사용되며 현 위치가 좌표계의 기준이 되는 좌표계는?

① 상대 좌표계
② 기계 좌표계
③ 공작물 좌표계
④ 기계 원점 좌표계

🔍 • 기계 좌표계 : 기계의 원점을 기준으로 하는 좌표계로서 공장출하 시에 파라미터에 의해 결정된다.
• 공작물 좌표계 : 공작물의 특정 위치에 절대 좌표계의 원점을 일치시켜 사용한다.

60 머시닝센터에서 그림과 같이 1번 공구를 기준공구로 하고 G43을 이용하여 길이보정을 하였을 때 옳은 것은?

① 2번 공구의 길이 보정값은 75 이다.
② 2번 공구의 길이 보정값은 −25 이다.
③ 3번 공구의 길이 보정값은 120 이다.
④ 3번 공구의 길이 보정값은 −45 이다.

🔍 G43은 공구길이+ 보정으로 기준공구보다 긴 공구의 차이값을 '+' 보정으로 표기한다. 따라서 2번 공구는 기준공구(1번 공구)에 비해 길이가 짧기 때문에 보정값은 '−차이값'으로 표기하고, 3번 공구는 기준공구(1번 공구)에 비해 길이가 길기 때문에 보정값은 '+차이값'으로 지령한다.

정답 CBT 대비 적중모의고사 – 제2회

01 ②	02 ②	03 ②	04 ②	05 ①
06 ②	07 ④	08 ③	09 ①	10 ④
11 ②	12 ④	13 ②	14 ①	15 ③
16 ②	17 ③	18 ②	19 ①	20 ②
21 ②	22 ①	23 ②	24 ④	25 ③
26 ②	27 ④	28 ①	29 ①	30 ③
31 ④	32 ①	33 ②	34 ②	35 ④
36 ①	37 ④	38 ④	39 ①	40 ③
41 ②	42 ①	43 ④	44 ④	45 ②
46 ①	47 ③	48 ④	49 ③	50 ③
51 ②	52 ②	53 ②	54 ②	55 ③
56 ②	57 ④	58 ④	59 ①	60 ②

제3회 CBT 대비 적중모의고사

01 주철의 성질에 관한 설명으로 옳지 않은 것은?

① 주철은 깨지기 쉬운 것이 큰 결점이나 고급주철은 어느 정도 충격에 견딜 수 있다.
② 주철은 자체의 흑연이 윤활제 역할을 하고, 흑연 자체가 기름을 흡수하므로 내마멸성이 커진다.
③ 흑연의 윤활작용으로 유동형 절삭칩이 발생하므로 절삭유를 사용하면서 가공해야 한다.
④ 압축강도가 매우 크기 때문에 기계류의 몸체나 베드 등의 재료로 많이 사용된다.

> 주철의 가공 시에 발생되는 칩의 형태는 취성이 많아 절삭 조건에 관계없이 부서지는 균열형의 칩이 발생되고, 절삭유가 스며들기 때문에 사용해서는 안 된다.

02 금속이 탄성한계를 초과한 힘을 받고도 파괴되지 않고 늘어나서 소성 변형이 되는 성질은?

① 연성　　　② 취성
③ 경도　　　④ 강도

> • 취성 : 부서지기 쉬운 성질
> • 경도 : 재료의 무르고 단단한 정도를 나타내는 수치
> • 강도 : 재료에 부하가 걸린 경우 재료가 파단되기까지의 변형 저항

03 Ca-Si 또는 Fe-Si 등으로 접종처리한 강인한 펄라이트 주철로 담금질 후 내마멸성이 요구되는 공작기계의 안내면과 기관의 실린더 등에 사용되는 주철은?

① 고력 합금 주철
② 미하나이트 주철
③ 흑심가단 주철
④ 칠드 주철

> 미하나이트 주철은 연성과 인성이 대단히 크며, 두께의 차에 의한 성질의 변화가 아주 적은 주철이다.

04 비중이 1.74이며 알루미늄보다 가벼운 실용 금속으로 가장 가벼운 금속은?

① 아연　　　② 니켈
③ 마그네슘　④ 코발트

> 아연(7.13), 니켈(8.9), 마그네슘(1.74), 코발트(8.83)

05 마텐자이트의 변태를 이용한 고탄성 재료인 것은?

① 세라믹
② 합금 공구강
③ 게르마늄 합금
④ 형상기억 합금

> 형상기억 합금은 각종 우주용 재료, 발동기, 발전기, 특수 강관의 접합, 집적회로의 땜질, 전기 소켓 등에 사용된다.

06 고탄소강에 W, Cr, V, Mo 등을 첨가한 합금강으로 고온경도, 내마모성 및 인성을 상승시킨 공구강은?

① 합금 공구강
② 탄소 공구강
③ 고속도 공구강
④ 초경합금 공구강

> • 합금 공구강 : 탄소강에 Cr, W, Ni, V, Co, Mn 등을 1~2종 포함한 합금강
> • 탄소 공구강 : 탄소의 함유량이 0.6~1.5% 정도인 강
> • 초경합금 공구강 : W, C에 TiC, Tac 등에 Co를 결합제로 한 경질합금

07 판유리 사이에 아세틸렌 로스나 폴리비닐수지 등의 얇은 막을 끼워 넣어 만든 것으로, 강한 충격에 잘 견디고, 깨졌을 때도 파편이 날지 않는 특수유리는?

① 강화 유리　② 안전 유리
③ 조명 유리　④ 결정화 유리

- 강화유리 : 판유리를 600℃로 가열한 후, 공기로 급랭시킨 것으로 일반 유리에 비해 5~6배의 강도를 갖고 있으며 깨질 때는 작은 알갱이로 부서지기 때문에 자동차, 기차, 비행기, 등의 창 유리로 사용된다.
- 조명 유리 : 붕규산 유리에 산화 제2납(Pb2O)을 3% 정도 넣은 것으로 자동차의 헤드라이트의 실드 빔 재료 등으로 사용한다.
- 결정화 유리 : 주성분인 산화리튬, 산화알루미늄, 이산화규소에 적은 양의 금, 은, 백금, 구리 등을 넣어 가열 처리하여 만든 유리로 볼베어링 받이, 탄환 케이스, 전기 절연재 등으로 사용한다.

08 재료의 전단 탄성 계수를 바르게 나타낸 것은?

① 굽힘 응력/전단 변형률
② 전단 응력/수직 변형률
③ 전단 응력/전단 변형률
④ 수직 응력/전단 변형률

강성률(탄성계수) $G = \dfrac{전단응력(\alpha)}{전단변형률(\gamma)}$

09 축계 기계요소에서 레이디얼 하중과 스러스트 하중을 동시에 견딜 수 있는 베어링은?

① 니들 베어링　　② 원추 롤러 베어링
③ 원통 롤러 베어링　④ 레이디얼 볼 베어링

- 니들 베어링 : 지름이 5mm 이하의 바늘 모양의 롤러를 사용한 것으로 축 지름에 비하여 바깥지름이 작고, 부하 용량이 크므로 좁은 장소나 충격 하중이 있는 곳에 사용하는 베어링이다.
- 원추 롤러 베어링 : 테이퍼 베어링과 같이 레이디얼 하중(축선에 직각으로 작용하는 하중)과 스러스트 하중(축선과 같은 방향으로 작용하는 하중)이 동시에 작용하는 하중을 받쳐준다.

10 우드러프 키라고도 하며, 일반적으로 60mm 이하의 작은 축에 사용되고, 특히 테이퍼 축에 편리한 키는?

① 평키　　② 반달키
③ 성크키　④ 원뿔키

- 평키 : 납작 키, 플랫 키라고도 하며, 키의 너비만큼 축을 평평하게 깎고 보스에 1/100의 테이퍼 키 홈을 만들어 때려박는 키
- 성크 키 : 축과 보스에 모두 키홈을 파서 토크를 전달하는 가장 기본적인 키
- 원뿔 키 : 축과 보스와의 사이에 2~3곳을 축 방향으로 쪼갠 원뿔을 때려 박아 사용하는 키

11 체결하려는 부분이 두꺼워서 관통구멍을 뚫을 수 없을 때 사용되는 볼트는?

① 탭볼트
② T홈볼트
③ 아이볼트
④ 스테이볼트

- T홈볼트 : 볼트 머리를 사각형으로 만들어 T자형 홈(공작기계의 테이블 등)에 끼워서 사용하는 볼트
- 아이볼트 : 볼트의 머리부에 핀을 끼울 구멍이 있어 자주 탈착하는 뚜껑의 결합에 사용하며, 훅 등을 걸 수 있는 고리 볼트도 있다.
- 스테이 볼트 : 두 물체 사이의 거리를 일정하게 유지시키면서 결하는 데 사용하며 간격유지 볼트라고도 한다.

12 평기어에서 잇수가 40개, 모듈이 2.5인 기어의 피치원 지름은 몇 mm인가?

① 100　　② 125
③ 150　　④ 250

모듈$(m) = \dfrac{피치원지름(D)}{잇수(Z)}$
∴ $D = Z \times m = 40 \times 2.5 = 100[mm]$

13 직접전동 기계요소인 홈 마찰차에서 홈의 각도(α)는?

① $2\alpha = 10\sim20°$
② $2\alpha = 20\sim30°$
③ $2\alpha = 30\sim40°$
④ $2\alpha = 40\sim50°$

홈 마찰차는 양 바퀴를 모두 주철로 만들고 홈의 피치는 3~20[mm]로서 보통 10[mm]정도이고, 홈의 수는 5개 정도이다.

14 하중 20kN을 지지하는 훅 볼트에서 나사부의 바깥지름은 약 몇 mm인가?(단, 허용응력 $\sigma_a = 50N/mm^2$ 이다.)

① 29　　② 57
③ 10　　④ 20

지름$(d) = \sqrt{\dfrac{2 \times 하중(P)}{허용응력(\sigma_a)}} = \sqrt{\dfrac{2 \times 20000}{50}} \approx 29[mm]$

15 스프링의 용도에 가장 적합하지 않은 것은?

① 충격 완화용
② 무게 측정용
③ 동력 전달용
④ 에너지 축적용

> • 충격 완화용 : 완충용 스프링으로 자동차의 현가장치, 방진 스프링 등에 쓰인다.
> • 무게 측정용 : 측정용 스프링으로 저울 등에 쓰인다.
> • 에너지 축적용 : 에너지의 흡수 특성을 이용한 것으로 시계의 태엽 스프링, 총의 방아쇠 스프링 등에 쓰인다.

16 베어링 번호표시가 6815 일 때 안지름 치수는 몇 m인가?

① 15mm   ② 65mm
③ 75mm   ④ 315mm

> 68 : 계열번호, 15 : 안지름 번호(15×5=75mm), 참고로 안지름에서 00 : 10mm, 01 : 12mm, 02 : 15mm, 13 : 17mm를 나타내며 04 부터는 ×5를 하여 안지름을 알아낸다.

17 표면의 결 도시기호에서 가공에 의한 컷의 줄무늬가 기호를 기입한 면 중심에 대하여 거의 동심원 모양이 될 때 사용하는 기호는?

① M   ② C
③ R   ④ X

> • M : 줄무늬가 여러 방향으로 교차 또는 무방향
> • R : 면의 중심에 대하여 레이디얼 방향(축선의 직각 방향)
> • X : 투상면에 경사지고 두 방향으로 교차되는 방향 기호

18 보기와 같이 대상물의 구멍, 홈 등 일부분의 모양을 도시하는 것으로 충분한 경우 사용되는 투상도는?

① 보조 투상도
② 국부 투상도
③ 회전 투상도
④ 부분 투상도

> 국부 투상도는 대상물의 구멍, 홈 등과 같이 한 부분의 모양을 도시하는 것으로 충분한 경우 필요 부분만을 도시하는 투상법이다.

19 그림에서 나타난 기하공차의 설명으로 틀린 것은?

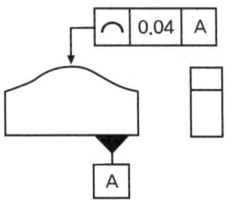

① A는 데이텀이다.
② 0.04는 공차 값이다.
③ 모양 공차에 속한다.
④ 면의 윤곽도 공차이다.

> ⌒은 선의 윤곽도를 나타내는 기하공차의 기호이다.

20 그림과 같은 입체도에서 화살표 방향을 정면으로 하는 제3각 투상도로 나타낼 때 가장 올바르게 나타낸 것은?

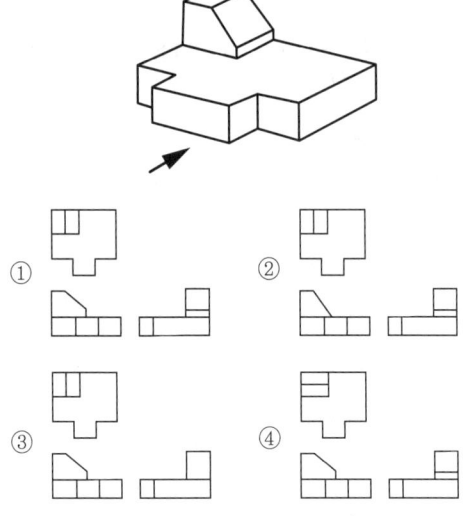

21 나사의 도시 방법에 대한 설명으로 틀린 것은?

① 단면도에 나타내는 나사 부품에서 해칭은 나사산의 봉우리를 나타내는 선까지 긋는다.
② 완전 나사부와 불완전 나사부의 경계선은 가는 실선으로 그린다.
③ 수나사와 암나사의 골을 표시하는 선은 가는 실선으로 그린다.

④ 나사의 끝면에서 본 그림에서 나사의 골 밑은 가는 실선으로 약 3/4에 가까운 원의 일부로 나타낸다.

🔍 완전 나사부의 불완전 나사부의 경계선은 굵은 실선으로 그린다.

22 물체의 보이는 면이 평면임을 나타내고자 할 때 그 면을 특정 선을 가지고 "X" 표시로 나타내는데, 이 때 사용하는 선은?

① 가는 실선
② 굵은 실선
③ 가는 1점 쇄선
④ 굵은 1점 쇄선

🔍 특수한 용도의 선은 가는 실선을 사용한다.

23 실제 길이가 50mm인 것을 "1:2"로 축척하여 그린 도면에서 치수 기입은 얼마로 해야 하는가?

① 25
② 50
③ 100
④ 150

🔍 치수 기입은 그대로 실제 치수를 기입하여야 하며, 1:2의 축적이란 그림을 50mm인 경우에는 25mm로 줄여서 그린다는 의미이다.

24 재료 기호가 "GCD 350-22"으로 표시된 경우 재료 명칭으로 옳은 것은?

① 탄소공구강
② 고속도강
③ 구상흑연주철
④ 회주철

🔍 탄소공구강 STC, 고속도강 SKH, 구상흑연주철 GCD, 회주철 GC

25 다음 공차역의 위치 기호 중 아래 치수 허용차가 0 인 기호는?

① H
② h
③ G
④ g

🔍 H는 아래 치수 허용차가 0이고, h는 위 치수 허용차가 0이다.

26 진원도란 원형부분의 기하학적 원으로부터 벗어난 크기를 말한다. 진원도 측정방법이 아닌 것은?

① 직경법
② 3점법
③ 반경법
④ 대칭법

🔍 진원도 측정 방법
• 직경법 : 정반과 다이얼 게이지를 이용하여 측정
• 3점법 : 다이얼 게이지와 V블록 사이에 피측정물을 놓고 측정
• 반경법 : 피측정물을 양 센터에 지지하고, 360°회전시켜 다이얼 게이지의 최대값과 최소값의 차이로 측정

27 절삭 공구를 사용하여 공작물을 가공할 때 연속형 칩이 생성될 수 있는 절삭조건이 아닌 것은?

① 경질의 공작물을 가공할 때
② 공구의 윗면 경사각이 클 때
③ 이송 속도가 작을 때
④ 절삭 속도가 빠를 때

🔍 연속형 칩이란 유동형 칩을 말하며, 공구의 윗면 경사각이 클 때, 이송 속도가 작을 때, 절삭 속도가 빠를 때, 연질의 공작물을 가공할 때, 절삭 깊이가 작을 때 발생된다.

28 다음 그림과 같은 원리로 원통형 내면에 강철 볼 형의 공구를 압입해 통과시켜 매끈하고 정도가 높은 면을 얻는 가공법은?

① 버니싱(burnishing)
② 폴리싱(polishing)
③ 숏 피이닝(shot-peening)
④ 버핑(buffing)

- 폴리싱 : 탄성이 있는 숫돌바퀴 표면에 미세한 입자를 접착시켜 마찰 작용에 의한 표면 가공법
- 숏 피닝 : 경화된 숏이라는 작은 강구를 고압으로 표면에 분사하여 표면을 매끄럽게 가공하는 가공법
- 버핑 : 폴리싱한 공작물을 유연성 있는 직물, 피혁 등에 입자를 고착시킨 버핑 바퀴를 사용하여 표면을 연마하는 효과를 얻는 가공법

29 연삭숫돌의 3대 요소에 해당되지 않는 것은?

① 입자 ② 결합도
③ 결합제 ④ 기공

> 연삭숫돌 3대 요소 : 입자, 결합제, 기공

30 선반 작업에서 연한 일감을 고속 절삭할 때에는 칩(chip)이 연속적으로 흘러나오게 되어 위험하다. 이러한 위험을 방지하기 위하여 칩을 짧게 끊어 주는 것은?

① 칩 컷터(chip cutter)
② 칩 셋팅(chip setting)
③ 칩 브레이커(chip breaker)
④ 칩 그라인딩(chip grinding)

> 연속된 칩이 발생하면 칩이 공작물을 휘감아 가공면도 손상시키고, 작업자에게도 위험을 줄 수 있다. 그래서 공구 상면에 칩을 끊어주는 턱을 만들어 주는데 이것을 칩 브레이커라고 한다.

31 절삭유제의 구비조건이 아닌 것은?

① 방청, 윤활성이 우수할 것
② 냉각성이 충분할 것
③ 장시간 사용해도 잘 변질되지 않을 것
④ 발화점이 낮을 것

> 절삭유제의 구비 조건은 방청, 윤활성이 우수할 것, 냉각성이 충분할 것, 장시간 사용해도 잘 변질되지 않을 것, 발화점(불이 점화되는 온도)과 인화점(연기가 발생되는 온도)도 높아야 한다.

32 공작기계 안내면의 단면 모양이 아닌 것은?

① 산형 ② 더브테일형
③ 원형 ④ 마름모형

> 공작기계의 안내면은 산형, 더브테일, 원형 이외에도 평형, 복합형 등이 있다.

33 엔드밀에 의한 가공에 관한 설명 중 틀린 것은?

① 엔드밀은 홈이나 좁은 평면 등의 절삭에 많이 이용된다.
② 엔드밀은 가능한 짧게 고정하고 사용한다.
③ 휨을 방지하기 위해 가능한 절삭량을 많게 한다.
④ 엔드밀은 가능한 지름이 큰 것을 사용한다.

> 엔드밀은 자루가 달린 밀링 커터로 외형은 드릴과 비슷하나. 단면과 더불어 측면의 날로도 절삭이 이루어지므로 절삭량이 많을 경우 저항에 의해 파손이 될 수 있으므로 절삭 조건에 신중해야 한다.

34 밀링 머신에서 가공 능률에 영향을 주는 절삭 조건으로 관계가 가장 먼 것은?

① 절삭 속도 ② 테이블의 크기
③ 이송 ④ 절삭 깊이

> 테이블의 크기는 절삭 조건이 아니고 밀링 머신의 크기를 나타내는 조건이다.

35 수직 밀링머신에서 공작물을 전후로 이송시키는 부위는?

① 테이블 ② 새들
③ 니이 ④ 컬럼

> 수직밀링머신에서 테이블은 좌우, 새들은 전후, 니이는 상하로 이동시킨다.

36 드릴링 머신에 의해 접시머리 나사의 머리 부분이 묻히도록 원뿔자리를 만드는 작업은?

① 스폿 페이싱 ② 카운터 싱킹
③ 보링 ④ 태핑

> 카운터 싱크라는 공구를 이용하여 접시 머리나사의 머리부를 공작물에 묻히도록 가공하는 작업을 카운터 싱킹 작업이라고 한다.

37 스텔라이트(stellite)가 대표적이며 철강 공구와 다르게 단조 및 열처리가 되지 않는 특징이 있고, 고온 경도와 내마모성이 크므로 고속 절삭공구로 특수용도에 사용되는 것은?

① 고속도 공구강
② 주조 경질합금
③ 세라믹 공구
④ 소결 초경합금

🔍 주조경질 합금(스텔라이트)은 C, Co, W, Cr을 주성분으로 용융 상태에서 주형에 주입하여 주조와 같이 성형으로 제작하여 취성이 많아 단조가 불가능한 단점이 있는 공구 재료이다.

38 선반에서 그림과 같은 가공물의 테이퍼를 가공하려 한다. 심압대의 편위량(e)은 몇 mm인가?(단, D=35mm, d=25mm, L=400mm, l=200mm)

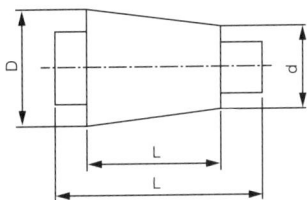

① 2.5
② 5
③ 10
④ 20

🔍 편위량$(e) = \frac{(D-d)L}{2l} = \frac{(35-25) \times 400}{2 \times 200} = 10(\text{mm})$

39 게이지 블록의 부속품 중 내측 및 외측을 측정할 때 홀더에 끼워 사용하는 부속품은?

① 둥근형 조
② 센터 포인트
③ 베이스 블록
④ 나이프 에지

🔍 • 센터 포인트 : 원을 그릴 때 중심을 지지하고, 60°의 원추각을 이용하여 나사산의 각도 검사에 사용
• 베이스 블록 : 금긋기 및 높이 측정 시 다른 부속품과 같이 조립하여 사용
• 나이프 에지 : 평면도 및 진직도 검사 등에 사용

40 일반적으로 머시닝센터 가공을 한 후 일감에 거스러미를 제거할 때 사용하는 공구는?

① 바이트
② 줄
③ 스크라이버
④ 하이트게이지

🔍 모든 제품은 거스러미 또는 버를 잘 제거하여 마무리를 해야 하나의 완성품이 되므로 매우 중요한 공정이다. 사용하는 공구는 줄을 이용하여 거스러미를 제거하는 방법이 가장 많고, 근래에는 디버링 툴이라는 전문적인 모서리를 다듬질하는 공구도 있다.

41 센터리스 연삭기의 통과 이송법에서 조정숫돌은 연삭숫돌 축에 대하여 일반적으로 몇 도 경사 시키는가?

① 1~1.5°
② 2~8°
③ 9~10°
④ 10~15°

🔍 센터리스 연삭기는 센터가 없는 연삭기를 뜻하며, 센터의 기능은 고무 결합제로 제작된 조정 숫돌에 일반적으로 2~8°의 경사를 시켜 일감에 이송과 회전을 준다.

42 다음 중 보통 선반의 심압대 대신 회전 공구대를 사용하여 여러 가지 절삭공구를 공정에 맞게 설치하여 간단한 부품을 대량 생산하는데 적합한 선반은?

① 차축 선반
② 차륜 선반
③ 터릿 선반
④ 크랭크축 선반

🔍 • 차축 선반 : 기차의 차축을 주로 가공하는 선반으로 주축이 중앙에, 심압대와 공구대가 좌우에 1개씩 있어 차축의 양쪽을 동시에 가공하게 되어있는 선반이다.
• 차륜 선반 : 기차의 바퀴를 주로 가공하는 선반으로 정면 선반 2대를 마주 세운 형상이다.
• 크랭크축 선반 : 크랭크 축의 저널과 핀을 가공하는 선반으로 베드 양쪽에 편심시켜 고정하는 주축대가 있는 선반이다.

43 현재의 위치점이 기준이 되어 이동된 량을 벡터값으로 표현하며, 현재 위치를 0(zero)으로 설정할 때 사용하는 좌표계의 종류는?

① 공작물 좌표계
② 극 좌표계
③ 상대 좌표계
④ 기계 좌표계

🔍 • 공작물 좌표계 : 공작물의 특정 위치에 절대 좌표계의 원점을 일치시켜 사용한다.
• 극 좌표계 : 각도와 거리로 위치를 나타낸다.
• 기계 좌표계 : 기계의 원점을 기준으로 하는 좌표계로서 공장출하 시에 파라미터에 의해 결정된다.

44 CNC선반 프로그램에서 T0101의 설명 중 틀린 것은?

① T0101에서 T는 공구기능을 나타낸다.
② T0101에서 앞부분 01은 공구교환에 필요하다.
③ T0101에서 뒷부분 01은 공구보정에 필요하다.
④ T0101은 1번 공구로 공구보정 없이 가공한다.

> CNC선반에서 공구지령은 T△△□□와 같이 네 자리로 지령하는데, △△는 공구번호를 의미하고, □□는 공구보정번호를 나타낸다.

45 복합형 고정 사이클 기능에서 다듬질(정삭) 가공으로 G70을 사용할 수 없으며, 피드 홀드(Feed Hold) 스위치를 누를 때 바로 정지하지 않는 기능은?

① G76　　② G73
③ G72　　④ G71

> • G70 : 정삭 사이클, G76 : 나사절삭 사이클, G73 : 형상반복 사이클, G72 : 단면 황삭 사이클, G71 : 황삭 사이클
> • 나사절삭 사이클은 정삭 사이클을 사용할 수 없으며 Feed Hold 스위치를 눌러도 1cycle 절삭 후 정지한다.

46 밀링작업시 안전 및 유의 사항으로 틀린 것은?

① 작업전에 기계 상태를 사전 점검한다.
② 가공 후 거스러미를 반드시 제거한다.
③ 공작물을 측정할 때는 반드시 주축을 정지한다.
④ 주축의 회전속도를 바꿀 때는 주축이 회전하는 상태에서 한다.

> 주축은 완전히 정지한 상태에서 변속을 하여야 한다.

47 다음 CNC프로그램에 대한 설명으로 옳은 것은?

```
G04 P200 ;
```

① 0.2초 동안 정지
② 200초 동안 정지
③ 2초 동안 정지
④ 20초 동안 정지

> 일시정지기능(G04)은 시간을 나타내는 어드레스 P, U, X 등과 함께 사용하며 U와 X는 소수점 이하 3자리까지 유효하다. 또한 P는 소수점을 사용할 수 없으며 0.01 단위를 사용한다. 따라서 P200은 0.2초를 의미한다.

48 다음과 같이 지령된 CNC선반 프로그램이 있다. N02 블록에서 F0.3의 의미는?

```
N01 G00 G99 X-1.5 ;
N02 G42 G01 Z0 F0.3 M08 ;
N03 X0 ;
N04 G40 U10. W-5. ;
```

① 0.3 m/min　　② 0.3 mm/rev
③ 30 mm/min　　④ 300 mm/rev

> G99와 함께 사용하는 이송지령(F)은 회전당 이송지령(mm/rev)을 의미한다.

49 다음 CNC프로그램의 N22 블록에서 생략 가능한 요소는?

```
N21 G00 X50. Z2. ;
N22 G01 X50. Z0. F0.1 ;
```

① G01　　② X50.
③ Z0　　④ F0.1

> 직전 블록과 동일한 워드를 다음 블록에서 생략할 수 있다. 단 1회 유효 코드는 생략할 수 없다.

50 CNC 공작기계가 자동 운전 도중 알람이 발생하여 정지하였을 경우 조치사항으로 틀린 것은?

① 프로그램의 이상 유무를 확인한다.
② 비상 정지버튼을 누른 후 원인을 찾는다.
③ 발생한 알람의 내용을 확인한 후 원인을 찾는다.
④ 해제 버튼을 누른 후 다시 프로그램을 실행시킨다.

> 경보가 발생했을 경우 경보를 무시하고 진행시키면 더 이상 기계운전이 불가능하거나 안전하지 않을 수 있기 때문에 반드시 원인을 찾아 해결해야 한다.

51 머시닝센터에서 다음 도면과 같이 내측 한 면을 70으로 가공하려고 한다. 엔드밀 지름 16mm 공구로 내측의 한쪽 면을 효율적으로 가공하기 위해 일반적으로 사용하는 보정값은?

① 7.985 ② 9.9925
③ 0.03   ④ 0.015

> 내측의 경우 기준 치수보다 더 크게 가공하기 위해서는 공구 반지름값에서 공차 중간값을 뺀 값을 공구반지름 보정값으로 사용해야 한다.
> 따라서 0.03/2=0.015, 16/2=8
> ∴ 8-0.015=7.985

52 머시닝센터에서 지름 20mm의 커터로 회전수 500rpm으로 주축을 회전시킬 때 분당 이송량(mm/min)은?(단. 커터날 수 12개, 날 1개당 이송 0.2mm 이다.)

① 600   ② 1200
③ 3000 ④ 2400

> $F=F_z \times Z \times N$ (Fz : 날당 이송 속도, Z ; 공구날 수, N ; 주축 회전수)
> ∴ F = 0.2 × 12 × 500 = 1200[mm/min]

53 다음 중 머시닝센터의 준비 기능(G 코드)에서 성질이 다른 하나는?

① G17 ② G18
③ G19 ④ G20

> G17 : X-Y평면 지정, G18 : Z-X평면 지정, G19 : Y-Z평면 지정, G20 : inch 입력

54 CNC선반에서 절삭속도가 130m/min 로 일정 제어되면서 주축이 정회전 되도록 지령된 것은?

① G97 S130 M03 ;
② G96 S130 M03 ;
③ G97 S130 M04 ;
④ G96 S130 M04 ;

> G96 : 절삭속도(m/min) 일정제어, G97 : 주축회전수(rpm) 일정제어, M03 : 주축회전, M04 : 주축역회전

55 다음 CNC 선반의 준비기능 중 틀린 것은?

① G00 : 급속위치결정
② G03 : 시계방향 원호보간
③ G41 : 인선 반지름 보정 좌측
④ G30 : 제2원점 복귀

> G03 : 반시계방향 원호보간

56 모터에 내장된 타코 제네레이터에서 속도를 검출하고 엔코더에서 위치를 검출하여 피드백하는 제어방식으로 일반 CNC공작기계에 가장 많이 사용되는 서보기구의 형식은?

① 개방회로 방식 ② 반폐쇄회로 방식
③ 폐쇄회로 방식 ④ 복합회로 방식

> • 개방회로 : 피드백장치없이 스태핑 모터를 사용한 방식으로, 검출기가 없으므로 가공 정밀도가 좋지 않다.
> • 반폐쇄회로 : 속도 검출기와 위치검출기가 모터에 부착되어 있는 방식으로 스크루의 백래시, 비틀림 및 처짐, 마찰, 열변형 등에 의한 오차는 보정할 수 없다. CNC 공작기계에서 일반적으로 많이 사용하는 방식이다.
> • 폐쇄회로 : 모터에 내장된 속도 검출기에서 속도를 검출하고, 테이블에 부착한 위치 검출기에서 위치를 검출하여 피드백하는 방식. 정밀도를 향상시킬 수 있으며, 대형 및 고속가공기에 많이 사용되는 방식이다.
> • 복합회로 : 반폐쇄회로 방식과 폐쇄회로 방식을 결합하여 고정밀도로 제어하는 방식으로 가격이 고가이다.

57 머시닝센터에서 태핑 작업시 Z축의 일정량 이송마다 주축을 1회전하도록 제어하여 가감속시에도 변하지 않으며 Float 탭 홀더가 필요 없고 고속 고정도의 태핑이 가능하도록 할 수 있는 모드는?

① 리지드(Rigid) 모드
② 드릴링 모드
③ R점 모드
④ 고속 팩 사이클 모드

> 리지드 모드 태핑은 탭 홀더가 필요 없고, 일반 밀링척이나 드릴척에 탭을 장착하여 가공해도 무방하다.

58 CNC선반에서 선택적 프로그램 정지(M01)기능을 사용하는 경우와 가장 거리가 먼 것은?

① 작업도중에 가공물을 측정하고자 할 경우
② 작업도중에 칩의 제거를 요하는 경우
③ 작업도중에 절삭유의 차단을 요하는 경우
④ 공구교환 후에 공구를 점검하고자 할 경우

> 작업 도중에 절삭유를 차단하려면 절삭유 스위치를 OFF하면 된다.

59 다음 CNG 선반 프로그램에서 자동 원점 복귀 지령으로 맞는 것은?

```
G28 U0. W0. ;
G50 X150. Z150. S3000 T0300 ;
G96 S180 M03 ;
G00 X62. Z2. T0303 M08 :
```

① G28
② G50
③ G96
④ G00

> • G28 : 자동원점복귀
> • G50 : 주축최고회전수 지정(공작물 좌표계 설정)
> • G96 : 절삭속도(m/min)일정제어
> • G00 : 위치결정

60 CAD/CAM 소프트웨어에서 작성된 가공 데이터를 읽어 특정의 CNC 공작기계 컨트롤러에 맞도록 NC 데이터를 만들어 주는 것은?

① 도형 정의
② 가공 조건
③ CL 데이터
④ 포스트 프로세서

> • 도형정의 : 가공경로에 필요한 기본 도형을 정의 한다.
> • 가공조건 : 주축회전수, 이송속도 등의 가공조건을 부여한다.
> • CL 데이터 : 공구의 이동경로에 관한 data이다.

정답 CBT 대비 적중모의고사 – 제3회

01 ③	02 ①	03 ②	04 ③	05 ④
06 ③	07 ②	08 ③	09 ②	10 ②
11 ①	12 ①	13 ③	14 ①	15 ③
16 ③	17 ②	18 ②	19 ④	20 ①
21 ②	22 ①	23 ②	24 ③	25 ①
26 ④	27 ①	28 ①	29 ③	30 ③
31 ④	32 ②	33 ③	34 ②	35 ②
36 ②	37 ②	38 ③	39 ①	40 ②
41 ②	42 ③	43 ③	44 ②	45 ①
46 ④	47 ①	48 ②	49 ②	50 ④
51 ①	52 ②	53 ④	54 ②	55 ②
56 ②	57 ①	58 ③	59 ①	60 ④

제4회 CBT 대비 적중모의고사

01 일반적인 풀림 방법의 종류에 해당되지 않는 것은?

① 완전 풀림
② 응력 제거 풀림
③ 수지상 풀림
④ 구상화 풀림

> 풀림에는 완전 풀림, 응력 제거 풀림, 구상화 풀림, 확산 풀림, 연화 풀림(중간 풀림) 등이 있다

02 보통 주철(회주철)의 성분 중 탄소(C) 다음으로 함유하고 있는 원소로 주철조직에 가장 많은 영향을 주는 것은?

① 황
② 규소
③ 망간
④ 인

> 주철에서 규소(Si)는 주철의 질을 연하게 하고 냉각 시 수축을 적게 하는 데 영향을 끼친다.

03 심랭처리(subzero cooling treatment)를 하는 주목적은?

① 시효에 의한 치수 변화를 방지한다.
② 조직을 안정하게 하여 취성을 높인다.
③ 마르텐사이트를 오스테나이트화하여 경도를 높인다.
④ 오스테나이트를 잔류하도록 한다.

> 심랭처리 : 게이지, 볼 베어링 등을 만들 때 심랭 처리를 하는 것이 좋다.

04 다음 7:3황동에 대한 설명으로 맞는 것은?

① 구리 70%, 주석 30%의 합금이다.
② 구리 70%, 아연 30%의 합금이다.
③ 구리 70%, 니켈 30%의 합금이다.
④ 구리 70%, 규소 30%의 합금이다.

> 황동은 구리(Cu)와 아연(Zn)의 이원 합금으로 Zn을 30%(7:3황동) 또는 40%(6:4황동) 함유한 황동이 가장 널리 사용되고 있다.

05 주철은 고온에서 가열과 냉각을 반복하면 부피가 불고 변형이나 균열이 일어나 주철의 강도나 수명을 저하시키게 되는데 이러한 현상을 무엇이라 하는가?

① 주철의 자연 시효
② 주철의 자기 풀림
③ 주철의 성장
④ 주철의 시효경화

> 주철의 고온에서의 성질은 성장과 내열성이다. 주철의 내열성은 400℃ 정도까지는 상온에서와 같은 내열성을 가지나 400℃가 넘으면 강도도 저하되고 내열성도 나빠진다.

06 전기저항체, 밸브, 콕크, 광학기계 부품 등에 사용되는 7:3황동에 7~30% Ni을 첨가하여 Ag 대용으로 쓰이는 것은?

① 켈멧합금
② 양은 또는 양백
③ 델타메탈
④ 애드미럴티 황동

> • 켈멧합금 : 구리에 30~40%의 납을 첨가한 청동으로 고속, 고하중용 베어링으로 자동차, 항공기 등에 사용
> • 델타메탈 : 6:4황동에 철을 1~2% 첨가한 합금으로 강도가 크고 내식성이 좋아, 광산, 선박, 화학 기계 등에 사용
> • 애드미럴티 황동 : 7:3 황동에 1%의 주석을 첨가한 주석황동으로 용접 재료, 선박, 기계부품 등에 사용

07 다음 중 고강도 Al합금으로 Al-Cu-Mg-Mn의 합금은?

① 두랄루민
② 라우탈
③ 실루민
④ Y합금

> 두랄루민은 Al+Cu(4.0%)+Mg(0.5%)+Mn(0.5%)의 고강도 합금이다.

08 나사의 리드가 피치의 2배이면 몇 줄 나사인가?

① 1줄 나사 ② 2줄 나사
③ 3줄 나사 ④ 4줄 나사

> 나사의 리드 = 줄수 × 피치이므로 2배이면 2줄, 3배이면 3줄 나사가 된다.

09 레이디얼 엔드 저널 베어링에서 저널의 지름이 d(mm)이고 레이디얼 하중이 W(N)일 때, 저널의 길이 l(mm)를 구하는 식으로 옳은 것은?(단, 베어링 압력은 p(N/mm²)이다.)

① $l = \dfrac{pd}{2W}$ ② $l = \dfrac{pd}{W}$

③ $l = \dfrac{2W}{pd}$ ④ $l = \dfrac{W}{pd}$

> $V = \dfrac{W}{d \times l}$ ∴ $l = \dfrac{W}{d \times p}$

10 스프링 상수 6N/mm인 코일 스프링에 30N의 하중을 걸면 처짐은 몇 mm인가?

① 3 ② 4
③ 5 ④ 6

> 스프링 상수(k) = $\dfrac{\text{하중}(W)}{\text{변위량}(\delta)}$ ∴ 변위량(δ) = $\dfrac{W}{k} = \dfrac{30}{6} = 5$

11 다음 동력전달용 기계요소 중 간접전동요소가 아닌 것은?

① 체인 ② 로프
③ 벨트 ④ 기어

> 직접 전동요소 : 마찰차, 기어, 캠 등이 있다.

12 체결용 요소 중 볼나사(ball screw)의 장점을 설명한 것 중 올바르지 않은 것은?

① 나사의 효율이 좋다.
② 백래시를 작게 할 수 있다.
③ 먼지에 의한 마모가 적다.
④ 자동 체결용으로 좋다.

> 볼나사의 장점
> • 나사의 효율이 좋다.
> • 백래시를 작게 할 수 있다.
> • 먼지에 의한 마모가 적다.
> • 윤활에 신경 쓰지 않아도 된다.
> • 높은 정밀도가 오래 유지된다.

13 테이퍼 축에 회전체를 결합하기에 가장 적합한 키는?

① 접선 키
② 반달 키
③ 스플라인 키
④ 납작 키

> • 접선 키 : 1/40~1/45의 기울기를 가진 2개의 키를 축에 접선 방향으로 설치하는 키로 토크가 큰 축에 사용
> • 스플라인 키 : 보스와 축의 둘레에 많은 키를 깎아 붙인 것과 같은 것으로 미끄럼 운동을 하면 큰 동력 전달에 사용
> • 납작 키 : 축을 키의 폭만큼 편평하게 깎아 보스의 키 홈과의 사이에 사용하며 안장 키(새들 키)보다 약간 큰 힘을 전달

14 너트의 풀림방지를 위해 주로 사용하는 핀은?

① 테이퍼 핀
② 스프링 핀
③ 평행 핀
④ 분할 핀

> • 테이퍼 핀 : 보통 1/50의 테이퍼로 되어 있다
> • 스프링 핀 : 길이 방향으로 갈라진 핀을 작은 구멍에 넣어 스프링 작용에 의해 결합하는 핀
> • 평행 핀 : 위치 결정이나 막대의 연결용으로 사용

15 너클 핀 이음에서 축에 발생하는 인장력이 120kN이고, 두 축을 연결한 너클 핀의 허용전단응력이 100N/mm²이라 할 때 핀의 지름은 약 몇 mm인가?

① 17.6mm ② 23.6mm
③ 27.6mm ④ 33.6mm

> $\tau = \dfrac{2W}{\pi d^2}$ [τ : 핀의 전단강도, W : 축의 하중(N), d : 지름(mm)]
> ∴ $d = \sqrt{\dfrac{2W}{\pi \tau}} = \sqrt{\dfrac{2 \times 120000N}{3.14 \times 100}} = 27.64$[mm]

16 그림과 같은 정면도와 평면도에 가장 알맞은 우측면도는?

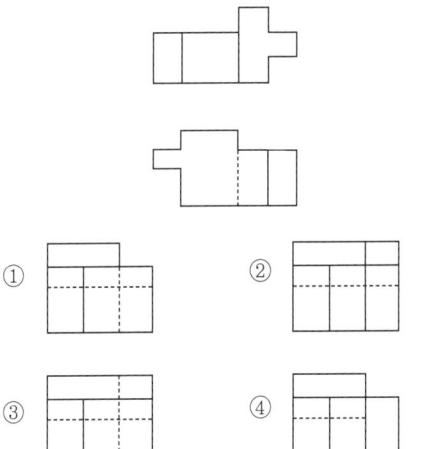

17 대칭도를 나타내는 기호는 어느 것인가?

① ⌖   ② ∥
③ ↗   ④ ⹀

🔍 ㉮ 원통도, ㉯ 평행도, ㉰ 온 흔들림

18 구름베어링의 안지름이 140mm 일 때, 구름베어링의 호칭번호에서 안지름 번호로 가장 적합한 것은?

① 14   ② 28
③ 70   ④ 140

🔍 안지름이 20mm 이상 500mm 미만까지는 5로 나눈 수를 안지름 기호(두 자리수)로 나타낸다. 따라서, 140/5 = 28 이다.

19 선형치수에 대한 공차적용 시 그 표기방법이 잘못된 것은?

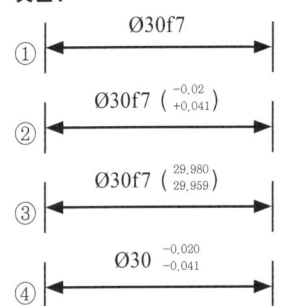

🔍 치수의 허용 한계를 치수 허용차의 기호에 의해 지시하는 경우에는 Ø30f7( )와 같이 위·아래 치수 허용차를 ( ) 안에 부기하거나 Ø30f7( )와 같이 허용한계 치수를 ( ) 안에 부기한다. 또한 Ø30f7과 같이 기준 치수 뒤에 치수 허용차의 기호를 기입하여 표시하도록 한다. Ø30   은 괄호를 사용하지 않아 틀린 표기 방법이다.

20 불규칙한 파형의 가는 실선 또는 지그재그선을 사용하는 것은?

① 파단선   ② 절단선
③ 해칭선   ④ 수준면선

🔍 • 절단선 : 가는 1점 쇄선을 끝부분 및 방향이 변하는 부분을 굵게 한 것
• 해칭선 : 가는 실선으로 규칙적으로 줄을 늘어 놓은 것
• 수준면선 : 수면, 유면 등의 위치를 표시하는 데 사용

21 바퀴의 암, 리브 등을 단면할 때 가장적합한 단면도로 그림과 같은 단면도의 명칭은?

① 부분 단면도   ② 한쪽 단면도
③ 회전도시 단면도   ④ 계단 단면도

🔍 • 부분 단면도 : 파단선으로 단면 부분을 표시하며 잘라낸 내부 모양을 그리기 위한 방법이다.
• 한쪽 단면도 : 주로 대칭인 물체의 중심선을 기준으로 내부 부분과 외부 모양을 동시에 표시하는 방법으로 반쪽 단면도라고도 한다.
• 계단 단면도 : 절단면을 투상면에 평행 또는 수직하게 계단 형태로 절단시키는 방법이다.

22 다음 표면의 결 도시기호 중 주로 호닝 가공에 의해 나타나는 모양으로 가공에 의한 컷의 줄무늬 방향이 기호를 기입한 그림의 투영면에 비스듬하게 2방향으로 교차하는 것은?

①   ②

③   ④

- C : 면의 중심에 대해 대략 동심원으로 나타나며 선반 가공에 해당
- ⊥ : 줄무늬 방향이 직각이며 셰이퍼, 평면 연삭 등에 해당
- M : 줄무늬가 여러 방향으로 교차 또는 무방향이며, 래핑, 슈퍼 피니싱, 엔드밀 가공 등에 해당

23 나사를 그릴 때 가려서 보이지 않는 나사부를 표시하는 선의 종류는?

① 가는 파선
② 가는 2점 쇄선
③ 가는 1점 쇄선
④ 굵은 1점 쇄선

🔍 가려서 보이지 않는 나사부는 파선으로 표시한다.

24 공·유압 기기에서 그림과 같은 기호의 동력원의 명칭은?

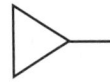

① 유압
② 원동기
③ 공기압
④ 전기

🔍 공압(공기압)은 유체 에너지의 방향, 공압원의 표시, 대기 중에의 배출을 포함한다.

25 기하학적 허용공차에서 최대실체상태(MMC)에 대한 설명으로 가장 옳은 것은?

① 부품의 길이가 가장 짧은 상태
② 부품의 길이가 가장 긴 상태
③ 재료의 형태가 최소 크기인 상태
④ 재료의 형태가 최대 크기인 상태

🔍 최대실체상태(MMC)는 재료의 형태가 최대 크기인 상태를, 최소실체상태(LMC)는 재료의 형태가 최소 크기인 상태를 말한다.

26 디스크(disk) 형상으로 원주면에 절삭날이 있어 공작물의 좁은 홈이나 절단가공에 사용되는 밀링 커터는?

① 정면 밀링 커터
② 메탈 슬리팅 소
③ 엔드밀
④ 평면 밀링 커터

🔍
- 정면 밀링 커터 : 수직 밀링에서 넓은 평면 가공에 사용된다.
- 엔드밀 : 수직 밀링에서 홈 가공에 사용된다.
- 평면 밀링 커터 : 수평 밀링에서 넓은 평면을 가공하며 플레인 커터라고도 한다.

27 평행 나사측정 방법이 아닌 것은?

① 공구 현미경에 의한 유효 지름 측정
② 사인 바에 의한 피치 측정
③ 삼선법에 의한 유효 지름 측정
④ 나사 마이크로미터에 의한 유효 지름측정

🔍 사인바는 각도를 측정하는 각도 측정기이다.

28 슈퍼 피니싱에 대한 특징 설명으로 틀린 것은?

① 다듬질 면은 평활하고 방향성이 없다.
② 숫돌은 진동을 하면서 왕복 운동을 한다.
③ 가공에 따른 변질층의 두께가 매우 크다.
④ 공작물은 전 표면이 균일하고 매끈하게 다듬질 된다.

🔍 슈퍼 피니싱은 치수 가공이 목적이 아니고 표면 정밀도를 향상시키는 가공이므로 절삭량이 극히 적어 가공 변질층의 발생은 제한적이다.

29 지름이 다른 여러 종류의 환봉에 중심선을 긋고자 한다. 다음 중 가장 적합한 공구는?

① 사인 바
② 직각자
③ 조절 각도기
④ 콤비네이션 세트

🔍
- 사인 바 : 정반과 블록 게이지 등과 같이 삼각함수 sin값을 이용하여 각도를 측정하는 측정기
- 직각자 : 공작물의 직각 상태를 측정하는 측정기

30 공작기계의 기본 운동에 속하지 않는 것은?

① 절삭 운동
② 분사 운동
③ 이송 운동
④ 위치조정 운동

🔍
- 절삭 운동 : 칩을 발생시키기 위한 운동으로 선반의 일감의 회전운동, 밀링에서의 커터의 회전 운동 등
- 이송 운동 : 절삭 위치로 이동하는 운동
- 위치조정 운동 : 절삭 깊이 등의 운동으로 절삭 시에는 위치조정운동을 하지 않는 것이 원칙이다.

31 기어 절삭기로 가공된 기어의 면을 매끄럽고 정밀하게 다듬질하는 가공은?

① 기어 셰이빙 ② 호닝
③ 슬로팅 ④ 브로칭

- 호닝 : 호브라는 공구를 이용하여 슈퍼기어, 헬리컬 기어 등을 가공하는 기어 절삭기
- 슬로팅 : 슬로터라는 기계에서 주로 내면의 키 홈, 스플라인 등을 가공하는 작업
- 브로칭 : 브로치라는 공구를 이용하여 슬로터와 비슷한 부품 가공. 내면의 키 홈, 스플라인, 세레이션 등에 용이하나 공구의 1회 왕복으로 제품을 완성시키는 가공

32 한계 게이지에 속하지 않는 것은?

① 플러그 게이지 ② 테보 게이지
③ 스냅 게이지 ④ 하이트 게이지

- 하이트 게이지는 정반 위에서 주로 사용하며 높이 측정이나 금 긋기에 주로 사용되는 측정기이다.

33 수평 밀링머신의 플레인 커터 작업에서 하향 절삭과 비교하여 상향 절삭에 대한 설명으로 올바른 것은?

① 일감 고정이 불안정하고 떨림이 일어나기 쉽다.
② 날의 마멸이 적고 수명이 길다.
③ 커터 날의 회전 방향과 일감의 진행 방향이 같다.
④ 가공 표면에 광택은 적으나 표면 거칠기가 좋다.

- 하향 절삭(내려 깎기)의 특징
  • 날의 마멸이 적고 수명이 길다.
  • 커터 날의 회전 방향과 일감의 진행 방향이 같다.
  • 가공 표면에 광택은 적으나 표면 거칠기가 좋다.

34 구성인선(build-up edge)에 관한 설명 중 틀린 것은?

① 구성인선은 공구각을 변화시키고 가공면의 표면거칠기를 나쁘게 한다.
② 공구와 공작물의 마찰 저항으로 칩의 일부가 단단하게 변질되어 공구에 달라붙어 절삭날과 같은 작용을 한다.
③ 공구의 윗면 경사각을 크게 하여 방지한다.
④ 칩 두께가 얇고 절삭속도가 임계속도 이상으로 높을 때 주로 발생한다.

- 구성인선은 칩 두께가 얇고 절삭속도가 임계속도 이하로 낮을 때 주로 발생한다.

35 센터리스 연삭기로 가공하기 가장 적합한 공작물은?

① 직경이 불규칙한 공작물
② 척에 고정하기 어려운 가늘고 긴 공작물
③ 단면이 사각형인 공작물
④ 일반적으로 평면인 공작물

- 센터리스 연삭기는 센터가 없는 연삭기로 가늘고 긴 일감 또는 파이프와 같은 일감 가공에 용이하다.

36 연삭숫돌 입자에 요구되는 요건 중 해당되지 않는 것은?

① 공작물에 용이하게 절입할 수 있는 경도
② 예리한 절삭날을 자생시키는 적당한 파생성
③ 고온에서의 화학적 안정성 및 내마멸성
④ 인성이 작아 숫돌 입자의 빠른 교환성

- 숫돌 입자가 빠르게 교환되는 현상은 자생 작용이 너무 빠르게 진행된다는 것이며, 숫돌의 입자 탈락 현상과 같으므로 드레싱을 자주 하는 경우가 발생된다. 따라서, 일감의 재질, 절삭 깊이, 숫돌의 원주 속도 등을 고려하여 사용해야 한다.

37 다음 중 원주에 많은 절삭 날(인선)을 가진 공구를 회전 운동시키면서 가공물에는 직선 이송운동을 시켜 평면을 깎는 작업은?

① 선삭 ② 태핑
③ 드릴링 ④ 밀링

- 선삭 : 공작물의 회전운동과 바이트라는 공구의 직선운동에 의해 가공하는 공작기계로 선반이 대표적인 공작기계
- 태핑 : 탭을 이용하여 암나사를 가공하는 작업
- 드릴링 : 드릴 등을 이용하여 구멍을 가공하는 작업

38 절삭 면적을 식으로 나타낸 것으로 올바른 것은?(단, F : 절삭면적(mm2), s : 이송(mm/rev), t : 절삭 깊이(mm)이다.)

① $F = s \times t$ ② $F = s \div t$
③ $F = s + t$ ④ $F = s - t$

> 절삭면적은 이송과 절삭 깊이의 곱으로 표시하며, 절삭 면적이 동일하여도 이송과 절삭 깊이의 변화에 따라 절삭 저항이 변한다.

39 밀링에서 지름 80mm인 밀링 커터로 가공물을 절삭할 때 이론적인 회전수는 약 몇 rpm인가?(단, 절삭속도 100m/min이다.)

① 398   ② 415
③ 423   ④ 435

> $N = \dfrac{1000 \times V}{\pi D} = \dfrac{1000 \times 100}{3.14 \times 80} = 398[rpm]$

40 선반용 바이트의 주요 각도 중 바이트의 옆면 및 앞면과 가공물과의 마찰을 줄이기 위한 것은?

① 경사각   ② 여유각
③ 공구각   ④ 절삭각

> 경사각은 절삭성을 향상시키기 위한 공구각이고, 여유각은 공구와 공작물과의 마찰을 감소시키기 위한 각이다.

41 선반의 주요 구성 부분이 아닌 것은?

① 주축대
② 회전 테이블
③ 심압대
④ 왕복대

> 회전 테이블은 밀링, 슬로터 등에서 공작물을 고정시키는 부속 장치이다.

42 일반적인 절삭공구의 수명 판정 기준이 아닌 것은?

① 공작물의 온도가 일정량에 달했을 때
② 공구 인선의 마모가 일정량에 달했을 때
③ 완성치수의 변화량이 일정량에 달했을 때
④ 가공면에 광택이 있는 색조 또는 반점이 생길 때

> 공구수명 판정 기준은 공구 인선의 마모와 완성치수의 변화량이 일정량에 달했을 때, 가공면에 광택이 있는 색조 또는 반점이 생길 때, 절삭저항에서 이송분력과 배분력이 급격히 증가할 때 등이 있다.

43 CNC선반에서 주축 회전수(rpm)일정제어 G코드는?

① G96   ② G97
③ G98   ④ G99

> · G96 : 절삭속도(m/min) 일정제어
> · G97 : 주축회전수(rpm) 일정제어
> · G98 : 분당 이송(mm/min) 지정
> · G99 : 회전당 이송지령(mm/rev)

44 머시닝센터에서 M8 × 1.25 탭 가공시 초기 구멍가공에 필요한 드릴의 직경은 약 몇 mm가 적당한가?

① 6.5   ② 6.75
③ 8   ④ 9.25

> 탭 가공을 위한 드릴의 직경 = 탭의 호칭직경(8) - 탭의 피치(1.25) = 6.75

45 머시닝센터에서 4날-Ø20 엔드밀을 사용하여 절삭속도 80m/min, 공구의 날당 이송량 0.05mm/tooth로 SM25C를 가공할 때 이송속도는 약 몇 mm/min인가?

① 255   ② 265
③ 275   ④ 285

> $n = \dfrac{1000V}{\pi D} = \dfrac{1000 \times 80}{3.14 \times 20} = 1274[rpm]$
> $f = f_z \times N \times z = 0.05 \times 1274 \times 4 = 254.8[mm/mm]$

46 CNC선반에서 나사를 가공하는 준비기능이 아닌 것은?

① G32   ② G92
③ G76   ④ G74

> G32 : 나사가공, G92 : 나사절삭 사이클, G76 : 나사절삭 사이클, G74 : Z방향 펙 드릴링

47 복합형 고정사이클에 대한 설명으로 맞는 것은?

① 단일형 고정사이클 보다 프로그램이 더욱 길고 프로그램 작성 시간이 많이 소요된다.
② 메모리(자동) 운전이 아니어도 사용 가능하다.
③ 매번 절입량을 계산하여 입력하므로 프로그램 작성에 많은 노력과 시간이 필요하다.

④ 최종 형상과 절삭 조건을 지정해 주면 공구 경로는 자동적으로 결정된다.

> 복합형 고정사이클은 단일형 고정사이클보다 프로그램이 짧고 작성시간도 적게 소요되며, 자동운전에서만 사용이 가능하며, 절입량이 자동으로 계산된다.

48 1대의 컴퓨터에 여러 대의 CNC공작기계를 연결하고 가공 데이터를 분배 전송하여 동시에 운전하는 방식은?

① FMS
② FMC
③ DNC
④ CIMS

> - FMS : CNC 공작기계, 핸들링 로봇, APC, ATC, 자동이송 공급 장치, 자동화 창고 등을 갖추고 있는 제조공정을 중앙 컴퓨터에서 제어하는 생산시스템으로 유연하게 대처할 수 있어서 다품종 소량 생산에 적합
> - FMC : 공작물 자동공급탈착장치, 자동 공구교환 장치, 자동 측정 감시 보정 장치를 갖추고 있어 소수의 작업자만으로 무인운전으로 요구하는 부품을 당해 장치 안에서 가공할 수 있는 기계
> - DNC : CAD/CAM 시스템과 CNC 기계를 근거리 통신망으로 연결하여 1대의 컴퓨터에서 여러 대의 CNC공작기계에 데이터를 분배 전송함으로써 운전할 수 있는 방식
> - CIMS : 사업계획과 지원, 제품설계, 공정계획, 가공공정계획, 작업장 모니터 시스템, 공정 자동화 등의 모든 계획기능과 실행계획을 컴퓨터에 의하여 통합관리하는 시스템

49 PMC(Programmable Machine Control)기능과 관계가 없는 것은?

① 공구의 교환
② 절삭유의 ON, OFF
③ 공구의 이동
④ 주축의 정지

> CNC 선반에서 일반적으로 이송속도는 1회전당 이송 거리 (mm/rev)로 지령한다.

50 CNC선반 프로그램에서 공구의 현재 위치가 시작점일 경우 공작물 좌표계 설정으로 올바른 것은?

① G50 X75. Z100. ;
② G50 X150. Z50. ;
③ G50 X30. Z40. ;
④ G50 X75. Z-50. ;

> G50은 공구의 현재 위치를 원점으로부터의 좌표값으로 인식시켜서 공작물의 좌표계를 설정하는 기능이다.

51 CNC프로그램에서 공구 인선 반지름 보정과 관계없는 G-코드는?

① G40
② G41
③ G42
④ G43

> - G40 : 공구인선 반지름 보정 취소
> - G41 : 공구인선 반지름 좌측 보정
> - G42 : 공구인선 반지름 우측 보정
> - G43 : 공구길이 보정(+)

52 다음과 같은 재해를 예방하기 위한 대책으로 거리가 가장 먼 것은?

> 금형가공 작업장에서 자동차 수리금형의 측면가공을 위해 CNC 수평 보링기로 절삭가공 후 가공면을 확인하기 위해 가공작업부에 들어가 에어건으로 스크랩을 제거하고 검사하던 중 회전중인 보링기의 엔드밀에 협착되어 중상을 입는 사고가 발생하였다.

① 공작기계에 협착되거나 말림 위험이 높은 주축 가공부에 접근시에는 공작기계를 정지한다.
② 불시 오조작에 의한 위험을 방지하기 위해 기동장치에 잠금장치 등의 방호조치를 설치한다.
③ 공작기계 주변에 방책 등을 설치하여 근로자 출입시 기계의 작동이 정지하는 연동구조로 설치한다.
④ 회전하는 주축 가공부에 가공 공작물의 면을 검사하고자 할 때는 안전 보호구를 착용 후 검사한다.

> 가공 공작물의 면을 검사하고자 할 때는 반드시 주축 회전을 정지하고 안전을 확보한 후 가공 공작물의 면을 검사해야 한다.

53 CNC서보 기구 중 그림과 같이 펄스신호를 모터에서 검출하여 피드백 시키므로 비교적 정밀도가 높고 CNC 공작기계에 많이 사용하고 있는 서보 기구는?

① 개방회로 방식
② 폐쇄회로 방식
③ 반폐쇄회로 방식
④ 하이브리드 방식

🔍
- 개방회로 : 피드백장치없이 스태핑 모터를 사용한 방식으로, 검출기가 없으므로 가공정밀도가 좋지 않다.
- 반폐쇄회로 : 속도검출기와 위치검출기가 모터에 부착되어 있는 방식으로 스크루의 백래시, 비틀림 및 처짐, 마찰, 열변형 등에 의한 오차는 보정할 수 없다. CNC 공작기계에서 일반적으로 많이 사용하는 방식이다.
- 폐쇄회로 : 모터에 내장된 속도검출기에서 속도를 검출하고, 테이블에 부착한 위치검출기에서 위치를 검출하여 피드백하는 방식, 정밀도를 향상시킬 수 있으며, 대형 및 고속가공기에 많이 사용되는 방식이다.
- 복합(하이브리드)회로 : 반폐쇄회로 방식과 폐쇄회로 방식을 결합하여 고정밀도로 제어하는 방식이다.

54 CNC선반에서 A→B로 이동시 바르게 프로그램된 것은?

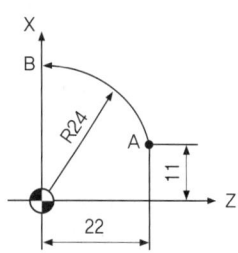

① G02 X0. Z24. I-11. K11. F0.1 ;
② G02 X0. Z24. I-22. K-11. F0.1 ;
③ G03 X48. Z0. I-11. K-22. F0.1 ;
④ G03 X48. Z0. I-22. K-22. F0.1 ;

🔍 A→B의 가공은 반시계방향 원호절삭(G03)이며, 종점 B의 좌표값으로 프로그램을 작성한다. 이 때 I와 K는 시작점에서 중심점까지의 벡터값을 사용한다.

55 머시닝센터의 작업 전에 육안점검사항이 아닌 것은?

① 윤활유의 충만 상태
② 공기압 유지 상태
③ 절삭유 충만 상태
④ 전기적 회로 연결 상태

🔍 전기적 회로 연결 상태는 육안으로 점검 할 수 없다.

56 다음 프로그램을 설명한 것으로 틀린 것은?

```
N10 G50 X150.0 Z150.0 S1500
    T0300 ;
N20 G96 S150 M03 ;
N30 G00 X54.0 Z2.0 T0303 ;
N40 G01 X15.0 F0.25 ;
```

① 주축의 최고 회전수는 1500rpm이다.
② 절삭속도를 150m/min로 일정하게 유지한다.
③ N40블록의 스핀들 회전수는 3185rpm이다.
④ 공작물 1회전당 이송속도는 0.25mm이다.

🔍 G50에서 주축최고회전수를 1500rpm으로 지령하였으므로 N40 블록의 지정에도 불구하고 주축최고의 회전수로 대체하게 된다.

57 다음 그림에서 ①→②로 이동하는 지령방법으로 잘못된 것은?

① G00 U-60. Z100. ;
② G00 U-60. W-90. ;
③ G00 X80. W-90 ;
④ G00 X100. Z80. ;

🔍 ④ G00 X80. Z100. ;

58 CNC 선반에서 공구 보정(offset) 번호 2번을 선택하여, 4번 공구를 사용하려고 할 때 공구지령으로 옳은 것은?

① T2040
② T4020
③ T0204
④ T0402

> CNC 선반에서 공구지령은 T□□△△와 같이 네 자리로 지령하는데 □□는 공구번호를 의미하고, △△는 공구보정번호를 나타낸다.

59 CNC 프로그램은 여러 개의 지령절(Block)이 모여 구성된다. 지령절과 지령절의 구분은 무엇으로 표시하는가?

① 블록(Block)
② 워드(Word)
③ 어드레스(Address)
④ EOB(End of block)

> - Block : 지령절을 의미하고 EOB로 마친다.
> - 워드(Word) : Address와 수치로 구성된다.
> - 어드레스(Address) : 각각의 기능마다 Address가 다르다. 알파벳 대문자를 사용한다.
> - EOB(End of block) : 블록의 끝을 표기하는 것으로 ';'이나 '#'으로 표기한다.

60 CNC공작기계 작업시 공구에 관한 안전사항으로서 틀린 것은?

① 공구는 기계나 재료 등의 위에 올려놓고 사용한다.
② 공구는 공구장자 내에 잘 정리 정돈하여 놓는다.
③ 공구는 항상 작업에 맞도록 점검과 보수를 한다.
④ 주위 환경에 주의해서 작업을 시작한다.

> 공구는 공구함에 보관하여야 한다.

정답 CBT 대비 적중모의고사 – 제4회

01 ③	02 ②	03 ①	04 ②	05 ③
06 ②	07 ①	08 ②	09 ④	10 ③
11 ④	12 ④	13 ②	14 ④	15 ③
16 ④	17 ④	18 ②	19 ②	20 ①
21 ③	22 ③	23 ①	24 ③	25 ④
26 ②	27 ②	28 ③	29 ④	30 ②
31 ①	32 ④	33 ①	34 ④	35 ②
36 ④	37 ④	38 ①	39 ①	40 ②
41 ②	42 ①	43 ②	44 ②	45 ①
46 ④	47 ④	48 ③	49 ③	50 ②
51 ④	52 ④	53 ③	54 ③	55 ④
56 ③	57 ④	58 ④	59 ④	60 ①

제5회 CBT 대비 적중모의고사

01 부식을 방지하는 방법에서 알루미늄(Al)의 방식법(防蝕法)이 아닌 것은?

① 수산법　　② 황산법
③ 니켈산법　④ 크롬산법

> 알루미늄 방식법에는 수산법, 황산법, 크롬산법이 있으며 특히 수산법은 2% 수산용액에서 전해하고 알루마이트(alumite)법이라고도 하며, 황산법은 15%~25% 황산액에서 피막을 형성하는 방법으로 알루미나이트(aluminite)법이라고도 한다.

02 베어링 합금이 갖추어야 할 구비조건이 아닌 것은?

① 열전도율이 커야 한다.
② 마찰계수가 크고 저항력이 작아야 한다.
③ 내식성이 좋고 충분한 인성이 있어야 한다.
④ 하중에 견딜 수 있는 경도와 내압력을 가져야 한다.

> 마찰계수가 적고, 저항력이 커야 하며 피가공성도 좋아야 한다.

03 기계재료의 성질 중 기계적 성질이 아닌 것은?

① 인장강도　② 연신율
③ 비열　　　④ 전성

> 기계적 성질은 인장강도, 연신율, 전성 이외에도 경도, 충격 저항, 피로 저항, 크리프 저항 등이 있으며, 비열은 비중, 융용점, 응고점, 열전도율이 등과 같이 물리적 성질이다.

04 철강 및 비철금속재료 중에서 회주철의 재료 기호는?

① GC 300　② SC 450
③ SS 400　④ BMC 360

> • GC 300 : 회주철품
> • SS 450 : 탄소 주강품으로 최소 인장강도 450N/mm2
> • SS 400 : 일반 구조용 압연
> • BMC 360 : 흑심 가단 주철품

05 보통주철의 특성에 대한 설명으로 틀린 내용은?

① 진동흡수 능력이 있다.
② 강에 비해 연신율이 작다.
③ 강에 비해 인장강도가 크다.
④ 용융점이 낮아 주조에 적합하다.

> 주철은 강에 비해 취성이 크고 강도가 낮다.

06 7:3 황동에 주석 1% 정도를 첨가한 동합금은?

① 네이벌 황동
② 망간 황동
③ 애드미럴티 황동
④ 쾌삭 황동

> • 네이벌 황동 : 6:4 황동에 0.75%의 주석을 첨가한 동합금
> • 망간 황동 : 황동에 소량의 망간을 함유한 동합금
> • 쾌삭 황동 : 황동에 납을 1.5~3.7%까지 첨가한 동합금

07 강의 절삭성을 향상시키기 위하여 인(P)이나 황(S)을 첨가시킨 특수강은?

① 쾌삭강　② 내식강
③ 내열강　④ 내마모강

> 쾌삭강은 인이나 황을 첨가시켜 절삭성은 향상시켰으나 인성이 떨어지므로 강도에는 문제가 되지 않는 정밀 나사나 작은 부품용으로 사용된다.

08 재료에 반복하중 및 교번하중이 작용할 때 재료 내부에 생기는 저항력은?

① 외력　② 응력
③ 구심력　④ 원심력

> 응력에는 인장응력, 압축응력, 전단응력 등이 있다.

09 기어의 잇수가 각각 40, 50개인 두 개의 기어가 서로 맞물고 회전하고 있다. 축간 거리가 90mm 일 때 모듈은?

① 1
② 2
③ 3
④ 4

🔍 $m = \dfrac{2(Z_1+Z_2)}{C} = \dfrac{2 \times 90}{90} = 2$

10 다음 중 전동용 기계요소에 해당하는 것은?

① 볼트와 너트
② 리벳
③ 체인
④ 핀

🔍 볼트, 너트, 리벳, 핀, 키, 코터, 나사 등은 결합용 기계요소이며, 전동용 기계요소는 벨트, 로프, 체인, 마찰차, 기어, 캠 등이 해당된다.

11 다음 중 나사의 리드(lead)가 가장 큰 것은?

① 피치 1mm의 4줄 미터 나사
② 8산 2줄의 유니파이 보통 나사
③ 16산 3줄 유니파이 보통 나사
④ 피치 1.5mm의 1줄 미터 가는 나사

🔍 리드는 1회전 시 축방향으로 이동한 거리를 말한다. 따라서 ① L=4×1=4mm, ② L=(25.4/8)×2=6.35mm ③ L=(25.4/16)×3=4.76mm ④ L=1×1.5=1.5mm

12 인장스프링에서 하중 100N이 작용할 때의 변형량이 10mm일 때 스프링 상수는 몇 N/mm인가?

① 0.1
② 0.2
③ 10
④ 20

🔍 스프링 상수(k) = $\dfrac{하중(W)}{변위량(\delta)} = \dfrac{100}{10} = 10$ [N/mm]

13 스프링 소재를 금속 스프링과 비금속 스프링으로 분류할 때 비금속 스프링에 속하지 않은 것은?

① 고무 스프링
② 공기 스프링
③ 동합금 스프링
④ 합성수지 스프링

🔍 금속 스프링에는 강스프링(탄소강)과 비철 스프링(동합금, 니켈합금) 등이 있다.

14 안내 키(key)라고도 하며, 축 방향으로 보스를 미끄럼 운동시킬 필요가 있을 때에 사용되는 것은?

① 성크 키
② 페더 키
③ 접선 키
④ 원뿔 키

🔍
- 성크 키 : 묻힘 키라고도 하며 축과 보스의 양 쪽에 모두 키홈이 있는 가장 기본적인 키이다.
- 페더 키 : 미끄럼 키, 안내 키라고도 한다.
- 접선 키 : 1/100의 기울기를 가진 2개의 키를 한 쌍으로 하여 사용한다.
- 원뿔 키 : 축과 보스와의 사이에 2~3곳을 축방향으로 쪼갠 원뿔을 때려 박아 사용하는 키이다.

15 다음 V벨트 종류 중 인장강도가 가장 작은 것은?

① M
② A
③ B
④ E

🔍 각각의 인장강도(kN)는 M : 0.98 이상, A : 1.76 이상, B : 2.94 이상, E : 14.70 이상이다.

16 나사의 도시방법에 관한 설명 중 틀린 것은?

① 나사의 끝면에서 본 그림에서 모떼기 원을 표시하는 굵은 선은 반드시 나타내야 한다.
② 나사의 끝면에서 본 그림에서 나사의 골 밑은 가는 실선으로 그린 원주의 3/4에 거의 같은 원의 일부로 표시한다.
③ 나사의 측면에서 본 그림에서 나사산의 봉우리를 굵은 실선으로 표시한다.
④ 나사의 측면에서 본 그림에서 나사산의 골 밑을 가는 실선으로 표시한다.

🔍 모떼기 원은 골 밑을 나타내는 선으로 대신한다.

17 다음 중 정보를 나타내기 위한 목적으로만 사용하는 치수로서 가공이나 검사공정에 영향을 주지 않고 도면 상의 기타 치수나 관련 문서의 치수로부터 산출되는 치수로서 괄호 안에 기입하는 치수는?

① 기능 치수(functional dimension)
② 비기능 치수(non-functional dimension)
③ 참고 치수(auxiliary dimension)
④ 소재 치수(basic material dimension)

> 참고 치수는 그 물품의 제작에 직접 필요한 것은 아니나 이해를 돕기 위하여 참고 목적으로 도면에 기입하는 치수이다.

18 다음 끼워맞춤에 관계된 치수 중 헐거운 끼워 맞춤을 나타낸 것은?

① Ø45 H7/p6   ② Ø45 H7/js6
③ Ø45 H7/m6   ④ Ø45 H7/g6

> • Ø45 H7/p6 : 억지 끼워맞춤
> • Ø45 H7/js6 : 중간 끼워맞춤
> • Ø45 H7/m6 : 중간 끼워맞춤
> • Ø45 H7/g6 : 헐거운 끼워맞춤

19 도면에 다음과 같이 주철제 V벨트 풀리가 호칭되어 있을 경우 이 풀리의 호칭지름은 몇 mm 인가?

```
KS B 1400 250A 1 Ⅱ
```

① 100   ② 140
③ 250   ④ 1400

> KS B 1200 : KS 규격 번호, 1400 : 바깥지름, 250 : 호칭 지름, A1 : 종류, Ⅱ : 보스 위치의 구멍을 나타낸다.

20 스프링을 도시할 경우 그림 안에 기입하기 힘든 사항은 일괄하여 스프링 요목표에 기입한다. 다음 중 압축 코일 스프링의 요목표에 기입되는 항목으로 거리가 먼 것은?

① 재료의 지름   ② 감김 방향
③ 자유 길이   ④ 초기 장력

> 초기 장력은 인장 코일 스프링의 요목표에 기입이 가능한 항목이다.

21 단면도의 표시방법에서 그림과 같은 단면도의 명칭은?

① 전단면도   ② 한쪽 단면도
③ 부분 단면도   ④ 회전 도시 단면도

> 한쪽 단면도는 그림과 같이 상하 또는 좌우 대칭인 물체는 1/4을 떼어낸 것으로 보고, 기본 중심선을 경계로 하여 1/2은 외형, 1/2은 단면으로 동시에 나타낸다.

22 그림과 같이 제3각법으로 정투상하여 나타낸 도면에서 누락된 평면도로 가장 적합한 것은?

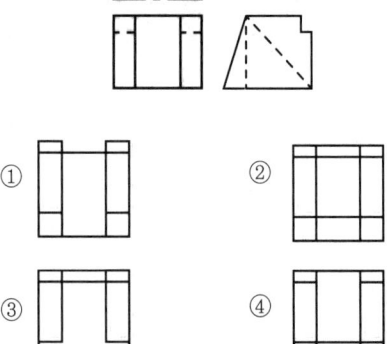

23 표면의 결 기호와 함께 사용하는 가공 방법의 약호에서 리밍 작업 기호는?

① BR   ② FR
③ SH   ④ FL

🔍 BR : 브로칭 가공, SH : 형삭(세이퍼) 가공, FL : 랩 다듬질의 약호이다.

🔍 회전수(n) = $\frac{1000 \times 절삭속도(V)}{\pi \times 커터의 지름(d)}$ = $\frac{1000 \times 120}{3.14 \times 70}$ ≒ 546[rpm]

24 도면에서 특수한 가공(고주파 담금질 등)을 실시하는 부분을 표시할 때 사용하는 선의 종류는?

① 굵은 실선
② 가는 1점 쇄선
③ 가는 실선
④ 굵은 1점 쇄선

🔍 특수 지정선은 굵은 1점 쇄선으로 표시한다.

25 KS 기하 공차 기호 중 원통도의 표시 기호는?

① ○
② ⌀
③ ⊕
④ Ø

🔍 ○ 진원도, ⊕ 위치도, Ø은 기하공차가 아니고 지름을 나타내는 치수 보조 기호이다.

26 원통 연삭에서 바깥지름 연삭 방식 중 연삭숫돌을 숫돌의 반지름 방향으로 이송하면서, 원통면, 단이 있는 면 등의 전체 길이를 동시에 연삭하는 방식은?

① 테이블 왕복형
② 숫돌대 왕복형
③ 플랜지 컷형
④ 공작물 왕복형

🔍 • 테이블 왕복형 : 일감을 설치한 테이블이 왕복하며 연삭을 하는 가장 일반적인 형식으로 소형 일감 연삭에 적합
• 숫돌대 왕복형 : 대형의 일감 가공 시에는 테이블을 왕복 시키면 기계적 무리가 발생되므로 숫돌대를 왕복하며 가공하는 형식
• 플랜지 컷형 : 숫돌을 테이블과 직각으로 이동시켜 연삭하는 형식으로 생산형 연삭기이며, 숫돌의 너비는 일감의 연삭 길이보다 커야 한다.
• 공작물 왕복형 : 테이블 왕복형과 동일

27 밀링 머신에서 지름이 70mm인 초경합금의 밀링커터로 가공물을 절삭할 때 커터의 회전수는 몇 rpm인가?(단, 절삭속도는 120m/min이다.)

① 546
② 556
③ 566
④ 576

28 밀링 머신에서 분할대는 어디에 설치하는가?

① 심압대
② 스핀들
③ 새들 위
④ 테이블 위

🔍 분할대는 테이블 위에 설치하여 일감의 원주를 분할하거나 각도 분할 등에 사용하는 부속 장치이다.

29 그림과 같이 작은 나사나 볼트의 머리를 일감에 묻히게 하기 위하여 단이 있는 구멍 뚫기를 하는 작업은?

① 카운터 보링
② 카운터 싱킹
③ 스폿 페이싱
④ 리밍

🔍 단이 있는 구멍뚫기를 하는 작업 : 공구 카운터 보어, 작업 카운터 보링

30 선반을 구성하는 4대 주요부로 짝지어진 것은?

① 주축대, 심압대, 왕복대, 베드
② 회전센터, 면판, 심압축, 정지센터
③ 복식공구대, 공구대, 새들, 에이프런
④ 리드스크루, 이송축, 기어상자, 다리

🔍 주축대, 심압대, 왕복대, 베드가 선반의 4대 구조이고 5대 구조로는 다리가 포함된다.

31 Al_2O_3 분말에 TiC 또는 TiN 분말을 혼합하여 수소 분위기 속에서 소결하여 제작하는 공구재료는?

① 세라믹(ceramic)
② 주조 경질합금(cast alloyed hard metal)
③ 서멧(cermet)
④ 소결 초경합금(sintered hard metal)

- 세라믹 : Al_2O_3의 미분말에 Mg과 Si 등의 산화물을 소결한 공구
- 주조 경질합금 : W + Cr + Co + Fe의 주성분으로 주조하여 제작하며 스텔라이트라고도 불리운다.
- 소결 초경합금 : WC +TiC+ TaC의 주성분에 Co, Ni 등을 결합제로 소결하여 제작하는 공구재료이다.

32 M5×0.8 탭 작업을 할 때 가장 적합한 드릴 지름은?

① 4mm ② 4.2mm
③ 5mm ④ 5.8mm

탭 드릴 직경은 호칭 지름 – 피치이므로 5 – 0.8 = 4.2[mm]가 된다.

33 연삭숫돌의 결합제 중 주성분이 점토이고 가장 많이 사용되고 있으며 기호를 "V"로 표시하는 결합제는?

① 비트리파이드 ② 실리케이트
③ 셀락 ④ 레지노이드

- 실리게이트 : 규산나트륨(물유리)이 주성분으로 S로 표시
- 셀락 : 천연 수지인 셰락이 주성분이고 E로 표시
- 레지노이드 : 열경화성 합성수지인 베이클라이트가 주성분이고 B로 표시

34 구멍용 한계 게이지가 아닌 것은?

① 원통형 플러그 게이지
② 봉 게이지
③ 테보 게이지
④ 스냅 게이지

스냅 게이지는 축용 한계 게이지다.

35 기계가공에서 절삭성능을 높이기 위하여 절삭유를 사용한다. 절삭유의 사용 목적으로 틀린 것은?

① 절삭공구의 절삭온도를 저하시켜 공구의 경도를 유지시킨다.
② 절삭속도를 높일 수 있어 공구수명을 연장시키는 효과가 있다.
③ 절삭 열을 제거하여 가공물의 변형을 감소시키고, 치수 정밀도를 높여 준다.
④ 냉각성과 윤활성이 좋고, 기계적 마모를 크게 한다.

절삭유의 사용 목적은 ① 공작물과 공구의 냉각 작용으로 공구 수명 연장 효과 ② 공구와 공작물의 마찰 감소인 윤활 작용으로 공구 수명 연장과 가공면의 향상 ③ 세척 작용으로 가공 시야를 좋게 하고 칩의 제거로 가공면을 보호하기 위해 사용한다.

36 다음 중 수평밀링머신에서 주로 사용하는 커터는?

① 엔드밀
② 메탈 쏘
③ T홈 커터
④ 더브테일 커터

엔드밀, T홈 커터, 더브테일 커터와 같이 자루가 달린 커터류는 수직 밀링에서 사용하고, 메탈 쏘, 플레인 커터, 측면 커터와 같이 구멍이 있는 커터는 수평 밀링에서 사용된다.

37 수평밀링머신의 플레인 커터 작업에서 상향절삭과 비교한 하향절삭(내려깎기)의 장점으로 옳은 것은?

① 날 자리 간격이 짧고, 가공면이 깨끗하다.
② 기계에 무리를 주지 않는다.
③ 이송 기구의 백래시가 자연히 제거된다.
④ 절삭열에 의한 치수 정밀도의 변화가 작다.

상향절삭의 장점
- 기계에 무리를 주지 않는다.
- 이송 기구의 백래시가 자연히 제거 된다.
- 절삭열에 의한 치수 정밀도의 변화가 작다.

38 특정한 모양이나 치수의 제품을 대량으로 생산하기 위한 목적으로 제작된 공작 기계는?

① 단능 공작 기계
② 만능 공작 기계
③ 범용 공작 기계
④ 전용 공작 기계

- 단능 공작 기계 : 단순한 기능의 공작기계로 소종 대량 생산용
- 만능 공작 기계 : 선반, 드릴링, 밀링 등을 조합하여 한 대로 만들어 다양한 가공을 위해 제작된 공작기계로 다종 소량 생산용
- 범용 공작 기계 : 다양한 가공을 할 수 있는 일반적인 공작기계로 다종 소량 생산용

39 빌트업 에지(built-up edge)의 발생을 감소시키기 위한 방법이 아닌 것은?

① 절삭 속도를 작게 한다.
② 윤활성이 좋은 절삭 유제를 사용한다.
③ 절삭 깊이를 얕게 한다.
④ 공구의 윗면 경사각을 크게 한다.

🔍 빌트업 에지의 발생을 감소시키려면 절삭속도를 120m/min(구성인선 임계속도) 이상으로 높게 하여야 한다.

40 수나사의 유효지름 측정 방법이 아닌 것은?

① 콤비네이션 세트에 의한 방법
② 삼침법에 의한 방법
③ 공구 현미경에 의한 방법
④ 나사 마이크로미터에 의한 방법

🔍 콤비네이션 세트는 스퀘어 헤드에 내장된 수준기를 이용하여 수평 및 경사도 측정 및 측정 센터 헤드를 이용하여 각도 측정을 할 수 있는 측정기이다.

41 선반 척 중 불규칙한 일감을 고정하는데 편리하며 4개의 조로 구성되어 있는 것은?

① 단동척　② 콜릿척
③ 마그네틱척　④ 연동척

🔍 • 콜릿척 : 3개의 조가 스프링 작용에 의해 소형 일감을 간단히 고정할 수 있는 척이다.
• 마그네틱척 : 자석의 힘으로 고정시키는 척으로 얇은 일감 고정 시 사용하지만 조가 없어 고정력이 약하다.
• 연동척 : 2개의 조가 동시에 움직이며 원통형 또는 6각형 등의 일감 고정에 편리하다.

42 방전 가공에 대한 일반적인 특징으로 틀린 것은?

① 전극은 구리나 흑연 등을 사용한다.
② 전기 도체이면 쉽게 가공할 수 있다.
③ 전극의 형상대로 정밀하게 가공할 수 있다.
④ 공작물은 음극, 공구는 양극으로 한다.

🔍 방전 가공은 음극보다는 양극의 소모가 크므로 일감을 양극으로 하고, 공구로 사용되는 전극을 음극으로 한다.

43 머시닝센터 작업시 공구의 길이가 그림과 같을 때 다음 프로그램에서 T02의 공구 길이 보정값은?

```
T02 ;
G90 G43 G00 Z10. H02 ;
S950 M03 ;
```

① 20　② -20
③ -40　④ 40

44 CNC 공작기계의 일상 점검 중 매일 점검 내용에 해당하지 않는 것은?

① 베드면에 습동유가 나오는지 손으로 확인한다.
② 유압 탱크의 유량은 충분한가 확인한다.
③ 각축은 원활하게 급속이동 되는지 확인한다.
④ NC 장치 필터 상태를 확인한다.

🔍 NC장치 필터 상태는 주간 또는 월간 점검 사항이다.

45 그림은 바깥지름 막깎기 사이클의 공구 경로를 나타낸 것이다. 복합형 고정 사이클의 명령어는?

① G70　② G71
③ G72　④ G73

> G70 : 내·외경 정삭 사이클, G71 : 내·외경 황삭 사이클, G72 : 단면 황삭 사이클, G73 : 형상 반복 사이클

46 다음 CNC선반 프로그램에서 분당이송(mm/min)의 값은?

```
G30 U0. W0. ;
650 X150. Z100. T0200 ;
G97 S1000 M03 ;
G00 G42 X60. Z0. T0202 M08 ;
G01 Z-20. F0.1 ;
```

① 100
② 200
③ 300
④ 400

> 1분간 회전수는 1,000rpm(G97 S1000), 회전당 이송은 0.1mm(F0.1)
> ∴ 분당 이송(F) = $F_{REV} \times N = 0.1 \times 1000 = 100$[mm/mm]

47 CNC 프로그램에서 보조 프로그램을 사용하는 방법이다. (A), (B), (C)에 차례로 들어갈 어드레스로 적당한 것은?

주 프로그램	보조 프로그램	보조 프로그램
O4567 ;	O1004 ;	O0100 ;
↓	↓	↓
↓	↓	↓
(A) P1004 ;	(A) P0100 ;	↓
↓	↓	↓
↓	↓	↓
(C) ;	(B) ;	(B) ;

① (A) : M98, (B) : M02, (C) : M99
② (A) : M98, (B) : M99, (C) : M02
③ (A) : M30, (B) : M99, (C) : M02
④ (A) : M30, (B) : M02, (C) : M99

> M02 : 프로그램 종료, M30 : 프로그램 종료 및 재시작, M98 : 보조프로그램 호출, M99 : 보조프로그램 종료(주 프로그램으로 복귀함)

48 CNC선반 절삭가공의 작업 안전에 관한 사항으로 틀린 것은?

① 절삭유의 비산을 방지하기 위하여 문(door)을 닫는다.
② 절삭 가공 중에 반드시 보안경을 착용한다.
③ 공작물이 튀어나오지 않도록 확실히 고정한다.
④ 칩의 제거는 면장갑을 끼고 손으로 제거한다.

> 칩을 제거하기 위해서는 반드시 주축의 회전을 정지시킨 상태에서 칩 제거기를 이용하여 제거하여야 한다.

49 서보 제어방식 중 모터에 내장된 타코 제너레이터에서 속도를 검출하고, 기계의 테이블에 부착된 스케일에서 위치를 검출하여 피드백 시키는 방식은?

① 개방회로 방식
② 반폐쇄회로 방식
③ 폐쇄회로 방식
④ 반개방회로 방식

> • 개방회로 : 피드백장치 없이 스태핑 모터를 사용하는 방식으로, 검출기가 없으므로 가공 정밀도가 좋지 않다.
> • 반폐쇄회로 : 속도 검출기와 위치검출기가 모터에 부착되어 있는 방식으로 스크루의 백래시, 비틀림 및 처짐, 마찰, 열변형 등에 의한 오차는 보정할 수 없다. CNC 공작기계에서 일반적으로 많이 사용하는 방식이다.
> • 복합회로 : 반폐쇄회로 방식과 폐쇄회로 방식을 결합하여 고정밀도로 제어하는 방식으로, 가격이 고가이다.

50 범용 공작기계와 CNC 공작기계를 비교하였을 때 CNC 공작기계가 유리한 점이 아닌 것은?

① 복잡한 형상의 부품가공에 성능을 발휘한다.
② 품질이 균일화되어 제품의 호환성을 유지할 수 있다.
③ 장시간 자동운전이 가능하다.
④ 숙련에 오랜 시간과 경험이 필요하다.

> 범용 공작기계는 가공 노하우의 축적과 전승이 어려워 숙련에 오랜 기간이 필요하다.

51 200rpm으로 회전하는 스핀들 5회전 휴지를 지령하는 것으로 옳은 것은?

① G04 X1.5 ;
② G04 X0.7 ;
③ G40 X1.5 ;
④ G40 X0.7 ;

> 200rpm 회전 스핀들 5회전 휴지
> N:5=60:x에서 N=200이므로
> ∴ x = $\frac{300}{N}$ = $\frac{300}{200}$ ≒ 1.5초
> 일시 정지 지령은 G04

52 다음 입출력 장치 중 출력장치가 아닌 것은?

① 하드 카피장치(hard copier)
② 플로터(plotter)
③ 프린터(printer)
④ 디지타이저(digitizer)

> • 입력장치 : 키보드, 마우스, 태블릿, 티지타이저, 스캐너, 조이스틱, 라이트 펜 등
> • 출력장치 : 플로터, 프린터, 모니터, 빔 프로젝터, 하드카피장치 등

53 기계의 기준점인 기계원점을 기준으로 정한 좌표계이며, 기계제작자가 파라미터에 의해 정하는 좌표계는?

① 공작물 좌표계
② 상대 좌표계
③ 기계 좌표계
④ 증분 좌표계

> • 공작물 좌표계 : 절대 좌표계의 원점을 일치시켜 사용한다.
> • 상대 좌표계 : 사용자 편의대로 사용할 수 있는 임의 좌표계로서 공구세팅이나 공작물 좌표계 설정 시에 편의에 따라 사용할 수 있다.
> • 기계좌표계 : 기계의 원점을 기준으로 하는 좌표계로서 공장 출하 시에 파라미터에 의해 결정된다.
> • NC프로그램에서 증분 좌표계는 없으며, 증분지령이라고 한다.

54 CNC 프로그램에서 몇 개의 단어들이 모여 구성된 한 개의 지령단위를 지령절(Block)이라고 하는데 지령절과 지령절을 구분하는 것은?

① KS
② EOB
③ ISO
④ DNC

> EOB(End of Block) : 지령절의 끝으로 지령절 사이를 구분하는 역할을 하며, ';' 또는 '#'을 사용한다.

55 CNC 공작기계에서 자동 운전을 실행하기 전에 도면의 임의의 점에 좌표계 원점을 정하고, 작성한 프로그램을 테이블 위에 있는 일감에 적용시켜 원점 위치를 설정하는 것은?

① 공작물 좌표계 설정
② 상대 좌표계 설정
③ 기계 좌표계 설정
④ 잔여 좌표계 설정

> 프로그램을 작성한 도면상의 좌표계 원점과 공작물상의 좌표계 원점을 일치시키는 것을 공작물 좌표계 설정이라고 한다.

56 다음 중 원호보간 지령과 관계 없는 것은?

① G02
② G03
③ R
④ M09

> G02 : 원호 절삭(시계방향), G03 : 원호절삭(반시계방향), R : 원호반지름, M09 : 절삭유 OFF

57 머시닝센터 가공시 평면을 선택하는 G코드가 아닌 것은?

① G17
② G18
③ G19
④ G20

> G17 : X-Y평면 지정, G18 : Z-X평면 지정, G19 : Y-Z평면 지정, G20 : inch입력

58 CNC프로그램에서 "G97 S200 ;"에 대한 설명으로 맞는 것은?

① 주축은 200rpm으로 회전한다.
② 주축속도가 200m/min이다.
③ 주축의 최고 회전수는 200rpm이다.
④ 주축의 최저 회전수는 200rpm이다.

> G97 : 주축회전수(RPM) 일정제어

59 드릴링 머신의 작업시 안전 사항 중 틀린 것은?

① 드릴의 회전시킨 후에는 테이블을 조정하지 않는다.
② 드릴을 고정하거나 풀 때는 주축이 완전히 정지한 후에 작업한다.
③ 드릴이나 드릴 소켓 등을 뽑을 때는 해머 등으로 가볍게 두드려 뽑는다.
④ 얇은 판의 구멍 뚫기에는 밑에 보조 판 나무를 사용하는 것이 좋다.

> 테이퍼 드릴의 경우에는 테이퍼부에 있는 타원 구멍에 드리프트(드릴뽑개)를 이용하여 분리시켜야 한다.

60 CNC 선반 프로그램에서 나사 가공에 대한 설명 중 틀린 것은?

```
G76 P011060 Q50 R20 ;
G76 X47.62 Z-32. P1190 Q350 F2.0 ;
```

① G76은 복합 사이클을 이용한 나사 가공이다.
② 나사산의 각도는 50°이다.
③ 나사가공의 최종지름은 47.62mm이다.
④ 나사의 리드는 2.0mm이다.

> G76 P_ Q_ R_ ;
> G76 X_ Z_ P_ Q_ R_ F_ ;
> • P : 다듬질 횟수, 면취량, 나사의 각도(예시에서 나사의 각도는 60°이다)
> • Q : 최소절입량
> • R : 다듬질 여유량
> • X, Z : 나사 끝지점 좌표
> • P : 나사산 높이(반지름 지령)
> • Q : 첫 번째 절입량(반지름 지령)
> • R : 테이퍼 나사 절삭 시 나사 끝지점 X값과 나사 시작점 X값의 거리
> • F : 이송속도(나사의 리드)

정답 CBT 대비 적중모의고사 – 제5회

01 ③	02 ②	03 ③	04 ①	05 ③
06 ③	07 ①	08 ②	09 ②	10 ③
11 ②	12 ③	13 ③	14 ②	15 ①
16 ①	17 ③	18 ④	19 ③	20 ④
21 ②	22 ④	23 ②	24 ④	25 ②
26 ③	27 ①	28 ④	29 ①	30 ①
31 ②	32 ②	33 ①	34 ②	35 ④
36 ②	37 ①	38 ④	39 ①	40 ①
41 ①	42 ④	43 ①	44 ④	45 ②
46 ①	47 ②	48 ④	49 ③	50 ④
51 ①	52 ④	53 ③	54 ②	55 ①
56 ④	57 ④	58 ①	59 ③	60 ②

컴퓨터응용 선반·밀링기능사 필기

2026년 01월 05일 인쇄
2026년 01월 20일 발행

저자	김원중
발행처	(주)도서출판 책과상상
등록번호	제2020-000205호
발행인	이강복
주소	경기도 고양시 일산동구 장항로 203-191
대표전화	(02)3272-1703~4
팩스	(02)3272-1705
홈페이지	www.sangsangbooks.co.kr
ISBN	979-11-6967-296-2

저자협의
인지생략

값 23,000원
Copyright© 2026
Book & SangSang Publishing Co.